21世纪高等院校计算机网络工程专业规划教材

# 网络安全与管理
## （第二版）

石磊　赵慧然　编著

清华大学出版社
北京

# 内 容 简 介

本书针对培养应用型人才的需求,介绍了网络安全的基本理论和安全管理工具的应用。全书共分为理论部分 10 章和实验部分 6 章。理论部分是对网络安全基本理论和技术的详细讲解,通过这一部分使读者在理论上有一个清楚的认识。实验部分选择了目前常用的几种网络安全工具,通过对工具的使用与操作,把理论和实践联系起来,达到理解运用的目的。

本书可作为网络、计算机、软件、信息管理等专业本科生的教科书,也可供从事相关专业的网络管理、教学、科研和工程人员参考。

**图书在版编目(CIP)数据**

网络安全与管理 / 石磊,赵慧然编著. --2 版. --北京:清华大学出版社,2015 (2018.8 重印)

21 世纪高等院校计算机网络工程专业规划教材

ISBN 978-7-302-40491-0

Ⅰ. ①网… Ⅱ. ①石… ②赵… Ⅲ. ①计算机网络-安全技术 Ⅳ. ①TP393.08

中国版本图书馆 CIP 数据核字(2015)第 136827 号

责任编辑:魏江江 赵晓宁
封面设计:常雪影
责任校对:焦丽丽
责任印制:杨 艳

出版发行:清华大学出版社

网　　　址:http://www.tup.com.cn,http://www.wqbook.com
地　　　址:北京清华大学学研大厦 A 座　　邮　　编:100084
社 总 机:010-62770175　　邮　　购:010-62786544
投稿与读者服务:010-62776969,c-service@tup.tsinghua.edu.cn
质 量 反 馈:010-62772015,zhiliang@tup.tsinghua.edu.cn
课 件 下 载:http://www.tup.com.cn,010-62795954

印 刷 者:北京富博印刷有限公司
装 订 者:北京市密云县京文制本装订厂
经　　销:全国新华书店
开　　本:185mm×260mm　　印　　张:26.25　　字　　数:636 千字
版　　次:2009 年 9 月第 1 版　2015 年 9 月第 2 版　印　　次:2018 年 8 月第 5 次印刷
印　　数:6001～7500
定　　价:46.00 元

产品编号:062505-01

# 前　言

  21 世纪是互联网时代,网络安全的内涵发生了根本性的变化。网络安全在信息领域中的地位从一般性的防卫手段变成了非常重要的安全防御措施;网络安全技术从之前只有少部分人研究的专门领域变成了生活中无处不在的应用。当人类步入 21 世纪这一信息社会的时候,网络安全问题成为了互联网的焦点,我们每个人都时刻关注着与自身密不可分的网络系统的安全,从应用和管理的角度建立起一套完整的网络安全体系,无论对于单位还是个人都显得尤为重要。提高网络安全意识,掌握网络安全管理工具的使用逐步提到日程上来。

  "网络安全与管理"是计算机、网络、软件、信息管理等专业的主要专业课,学生应从以下 4 个方面掌握网络安全的基本概念、应用技术、管理工具的使用及解决方案的设计。

  (1) 网络安全的基本概念

  网络安全是指网络系统的硬件、软件及其系统中的数据受到保护,不因偶然的或者恶意的原因而遭受到破坏、更改、泄露,系统连续、可靠、正常地运行,网络服务不中断。网络安全从其本质上来讲就是网络上的信息安全。从广义来说,凡是涉及网络上信息的保密性、完整性、可用性、真实性和可控性的相关技术和理论都是网络安全的研究领域。本书从网络安全的各个方面进行基本介绍,主要包括各种技术的概念、分类、原理、特点等知识,对于复杂而枯燥的算法和理论研究没有详细介绍,通过对这些知识的学习来理解网络安全体系中各部分之间的联系。

  (2) 网络安全应用技术

  网络安全应用技术是指致力于解决诸如如何有效进行访问控制,以及如何保证数据传输的安全性的技术手段,主要包括网络监控技术、密码技术、病毒防御技术、防火墙技术、入侵检测技术、VPN 技术、无线网络安全技术、电子商务安全技术,以及其他的安全服务和安全机制策略。单一的网络安全技术和网络安全产品无法解决网络安全的全部问题,应根据应用需求和安全策略,综合运用各种网络安全技术以达到全面保护网络的要求。本书对于这些技术分章节地进行详细介绍。

  (3) 网络安全管理工具

  如果想对网络安全进行综合处理,就要使用多种网络安全管理工具。同时将管理工具和系统工具配合使用,才会起到事半功倍的作用。本书的实验部分对常用的网络安全管理工具进行了相应的练习,通过学习使用这些常用的工具来理解网络安全方案的具体解决方法。

  (4) 网络安全解决方案设计

  网络安全建设是一个系统工程,网络安全解决方案的设计直接影响工程的质量。一个完善的解决方案应该包含哪些部分、应该提供哪些服务、如何评估方案的质量都是学生需要学习并理解的。

在本书的附录 A 中给出了一个网络安全知识手册，通过这个知识手册使学生能够快速了解目前常见的网络安全问题及其解答。

本书是一本以了解网络安全知识为目的，网络安全工具使用为重点，理论讲述为基础的系统性、应用性较强的网络安全教材。本教材摒弃了传统网络安全教材中理论过多、过难、实用性不强、理论和实践不配套、管理工具不通用等问题，旨在培养学生掌握基本网络安全理论知识和网络安全管理相结合为目的的教材。教材从应用的角度，系统地讲述了网络安全所涉及的理论及技术。以网络安全管理工具的使用能力为培养目的，通过实验演练，使学生能够综合运用书中所讲授的技术进行网络信息安全方面的实践。

本书分为理论部分 10 章和实验部分 6 章。理论部分是对网络安全基本理论和技术的详细讲解，通过这一部分使学生在理论上有一个清楚的认识。实验部分选择了目前常用的几种网络安全工具，通过对工具的使用与操作，把理论和实践联系起来，达到理解运用的目的。

本书至少需要 56 学时进行学习，其中理论授课 32 学时，实验 24 学时，在每章的后面都有习题供学生总结和复习所学的知识。

本书第 1、第 2、第 5、第 7、第 8、第 10～第 12 和第 16 章由石磊编写，第 3 章、第 4 章、实验 3 和实验 4 由赵慧然编写，第 6 章和实验 5 由肖建良编写，第 9 章由敖磊编写。由于作者水平有限，不当之处在所难免，敬请读者提出宝贵意见。

本书在编写过程中，计算机工程学院李彤院长和张坤副院长、网络工程系主任肖建良给予作者深切的关怀与鼓励，对于本书的编写提供了帮助与指导，在此表示衷心的感谢。

编　者

2015 年 3 月

# 目 录

XI

# 第1章　网络安全概述

## 1.1　互联网介绍

互联网（Internet，又称为网际网，或音译为因特网、英特网）是网络与网络之间所串连成的庞大网络，这些网络以一组通用的协议相连，形成逻辑上的单一巨大国际网络。这种将计算机网络互相连接在一起的方法可称作"网络互联"，在此基础上发展出覆盖全世界的全球性互联网络称为互联网，即是互相连接在一起的网络结构。互联网并不等同于万维网，万维网只是一个基于超文本相互链接而成的全球性系统，只是互联网所能提供的多种服务之一。

### 1.1.1　互联网的影响

互联网是全球性的。这就意味着我们目前使用的这个网络，不管是谁发明了它，是属于全人类的。这种"全球性"并不是一个空洞的政治口号，而是有其技术保证的。互联网的结构是按照"包交换"的方式连接的分布式网络。因此，在技术的层面上，互联网绝对不存在中央控制的问题。也就是说，不可能存在某一个国家或者某一个利益集团通过某种技术手段来控制互联网的问题。反过来，也无法把互联网封闭在一个国家之内（除非建立的不是互联网）。

然而，这样一个全球性的网络，必须要有某种方式来确定联入其中的每一台主机在互联网上绝对不能出现类似两个人同名的现象。这样，就要有一个固定的机构来为每一台主机确定名字，由此确定这台主机在互联网上的"地址"。但这仅仅是"命名权"，这种确定地址的权力并不意味着控制的权力。负责命名的机构除了命名之外，并不能做更多的事情。

同样，这个全球性的网络也需要有一个机构来制定所有主机都必须遵守的交往规则（协议），否则就不可能建立起全球所有不同的计算机、不同的操作系统都能够通用的互联网。下一代 TCP/IP 协议将对网络上的信息等级进行分类，以加快传输速度（如优先传送浏览信息，而不是电子邮件信息），就是这种机构提供的服务的例证。同样，这种制定共同遵守的"协议"的权力也不意味着控制的权力。

毫无疑问，互联网的所有这些技术特征都说明对于互联网的管理完完全全与"服务"有关，而与"控制"无关。

事实上，目前的互联网还远远不是我们经常说到的"信息高速公路"。这不仅因为目前互联网的传输速度不够，更重要的是互联网还没有定型，还一直在发展、变化。因此，任何对互联网的技术定义也只能是当下的、现时的。

与此同时，在越来越多的人加入到互联网中、越来越多地使用互联网的过程中，也会不断地从社会、文化的角度对互联网的意义、价值和本质提出新的理解。

### 1.1.2　互联网的意义

互联网也是一个面向公众的社会性组织。世界各地数以万计的人们可以利用互联网进行信息交流和资源共享。而又有成千上万的人自愿地花费自己的时间和精力，蚂蚁般地辛勤工作，构造出全人类所共同拥有的互联网，并允许他人去共享自己的劳动果实，使人们学会如何更好地和平共处。

互联网是人类社会有史以来第一个世界性的图书馆和第一个全球性论坛。任何人，无论来自世界的任何地方，在任何时候，他（她）都可以参加，互联网永远不会关闭。而且，无论你是谁，你永远是受欢迎的。你不会由于不同的肤色、不同的穿戴、不同的宗教信仰而被排挤在外。在当今的世界里，唯一没有国界、没有歧视、没有政治的生活圈只有互联网。通过网络信息的传播，全世界任何人，不分国籍、种族、性别、年龄、贫富，互相传送经验与知识，发表意见和见解。

互联网受欢迎的根本原因在于它的（使用）成本低，使用的（信息）价值超高。互联网的优点有以下几方面：

(1) 互联网能够不受空间限制来进行信息交换。

(2) 信息交换具有时域性（更新速度快）。

(3) 交换信息具有互动性（人与人，人与信息之间可以互动交流）。

(4) 信息交换的使用成本低（通过信息交换，代替实物交换）。

(5) 信息交换趋向于个性化发展（容易满足每个人的个性化需求）。

(6) 使用者众多。

(7) 有价值的信息被资源整合，信息储存量大。高效、快捷。

(8) 信息交换能以多种形式存在（视频、图片、文章等）。

互联网是人类历史发展中的一个伟大的里程碑，它正在对人类社会的文明悄悄地起着越来越大的作用。也许会像瓦特发明的蒸汽机一样导致了一场工业革命，互联网将会极大地促进人类社会的进步和发展。

### 1.1.3　我国互联网规模与使用

截至 2014 年 6 月，我国网民规模达 6.32 亿，半年共计新增网民 1442 万人。互联网普及率为 46.9%，较 2013 年年底提升了 1.1 个百分点。近年来，中国互联网网民人数与普及率情况如图 1.1 所示。

图 1.1　中国互联网网民人数与普及率

上网时长：2014 年上半年，中国网民的人均周上网时长达 25.9 小时，相比 2013 年下半年增加了 0.9 小时。WiFi 覆盖提升、3G 的成熟和 4G 的启用为网民提供了更为优质的上网环境，移动互联网应用丰富性的提升，使得多方向满足用户上网的需求，推动我国网民平均周上网时间的继续增长。近年来，中国网民平均每周上网时长情况如图 1.2 所示。

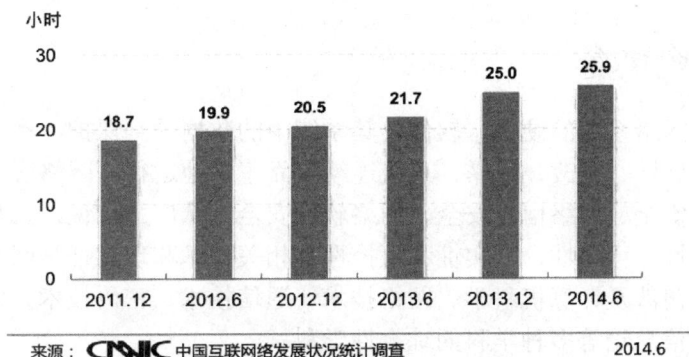

图 1.2　中国网民平均每周上网时长

手机网民规模及用户属性：截至 2014 年 6 月底，我国手机网民规模为 5.27 亿，比 2013 年年底增加 2699 万人。我国网民中使用手机上网的人群占比进一步提升，由 2013 年的 81.0%提升至 83.4%，手机网民规模首次超越传统 PC 网民规模。

我国手机网民以男性为主导，但性别分布差距有所缩小。截至 2014 年 6 月，我国手机网民中的男女比例为 55.9∶44.1。我国手机网民以年轻用户为主体，但在高年龄段群体的分布有所增加。年龄为 30 岁及以下的手机网民在总体手机网民中占比达 60%；40 岁以上群体占比为 16.1%，相比 2013 年 6 月增加了 1.9 个百分点。低学历水平人群是我国手机网民的主要人群。初中学历和高中/中专/技校学历的手机网民占比分别为 35.7%和 31.7%，构成手机网民的主体。

城镇用户是我国移动互联网发展的主力，在手机网民中所占比例达 72.4%，高出乡村手机网民比例 44.8 个百分点。在月收入 3000 元以上的人群占比明显提升，达 34.0%，相比 2013 年 6 月增长 3 个百分点，这与我国居民收入的增长趋势相符。我国手机网民以学生群体占比最大，为 24.9%。

手机网民基本上网行为状况：手机网民对手机上网的黏性进一步增加。87.8%的手机网民每天至少使用手机上网一次，其中 66.1%的手机网民每天使用手机上网多次。

手机网民使用手机上网的时长不断增加。每天上网 4 小时以上的重度手机网民比例达 36.4%，相比 2013 年增加了 16.4 个百分点。其中，每天实时在线的手机比例为 21.8%。手机上网常态化特征进一步明显。手机网民最常使用手机上网的场所为卧室/宿舍和工位/教室，占比分别为 88.2%和 49.7%，相比 2013 年 6 月增加显著。越来越多的用户从 PC 端向手机端转移，挤占计算机上网时间和传统媒体时间，对传统 PC 产生较大冲击。55%的手机网民因为使用手机而减少了对计算机的使用。

2014 年上半年，我国网民中使用手机上网的比例继续保持增长，从 81.0%上升至 83.4%，增长 2.4 个百分点，通过台式计算机和笔记本式计算机上网的网民比例略有下降，

网络安全概述

今年我国网民使用手机上网比例首次超过传统 PC（传统 PC 仅包括台式机和笔记本，不包含平板计算机等新兴个人终端设备）。传统 PC 上网比例是 80.9%，手机作为第一大上网终端设备的地位更加巩固。

# 1.2 网络安全介绍

## 1.2.1 网络安全概念

网络安全是指网络系统的硬件、软件及其系统中的数据受到保护，不因偶然的或者恶意的原因而遭受到破坏、更改、泄露，系统连续可靠正常地运行，网络服务不中断。网络安全包含网络设备安全、网络信息安全、网络软件安全。从广义来说，凡是涉及网络上信息的保密性、完整性、可用性、真实性和可控性的相关技术和理论都是网络安全的研究领域。网络安全是一门涉及计算机科学、网络技术、通信技术、密码技术、信息安全技术、应用数学、数论、信息论等多种学科的综合性学科。

## 1.2.2 网络安全的重要性

随着近年来网络技术的迅速渗透，信息安全问题受到广泛重视。互联网技术的产生和发展历程，以及当今世界网络控制权的格局，造成了世界各国网络权力的不平衡，而网络权力的大小一定意义上又决定了各国在数字空间的地位，从而催生了各国对网络安全的焦虑。与此同时，网络作为一种载体，网络技术作为一种重要的手段也对国家安全的其他方面产生重大影响，如恐怖分子利用网络制造网络恐怖主义、敌对双方利用网络摧毁对方信息系统设施等。

信息技术和网络空间的迅速发展，已悄然改变了现代国防安全的概念。在网络化时代，互联网对国家安全带来了新的威胁。网络化是将一个社会中的各个阶层和成员，包括个人、集体和机构，以及其他社会成员组织起来的主要形式。网络化赋予了社会各个阶层新的能力。随着网络化的发展，接入这个网络的社会成员将越来越广泛，甚至涵盖每一个个人、集体和单位，网络因而成为整个社会的神经系统。围绕着网络将各种重要的机构和业务活动组织起来已经成为信息时代的一个历史性的趋势，网络构成了人类社会的一种全新的社会形态。网络的不断发展不仅持续地改变着生产和服务的过程和结果，也时时地改变着权利的运行，扩大了文化的内涵，成为非传统安全领域中最突出、最核心的问题，在近十年间迅速上升成为国家安全战略的新重心和国家安全研究领域的新课题。

经济上，经济活动向网络空间迁徙，不仅改变了社会经济系统的运行方式，极大地提高了社会经济系统运行的效率，而且改变了社会经济系统的结构；政治上，网络信息资源成为各国对他国施加政治影响的便捷手段，网络被用来冲击国家主权，网络主权的概念被提出来，因此网络安全可直接作用于政治安全；文化上，互联网在加速多元文化的传播和相互交流的同时，信息优势国家压制信息弱势国家，对其文化准则、道德价值观念进行文化侵略、文化扩张，形成巨大的冲击影响；军事上，网络使战争手段更加先进，使平民有更多的机会来影响战争，经由网络而凝聚和扩大的民意可以阻止也可以推进战争的进程，对国家安全形成新的威胁。

### 1.2.3 网络安全的种类

**1. 物理安全**

自然灾害（如雷电、地震、火灾等），物理损坏（如硬盘损坏、设备使用寿命到期等），设备故障（如停电、电磁干扰等），意外事故。电磁泄漏，信息泄露，干扰他人，受他人干扰，趁机而入（如进入安全进程后半途离开），痕迹泄露（如口令密钥等保管不善）。操作失误（如删除文件、格式化硬盘、线路拆除等）、意外疏漏、计算机系统机房环境的安全。

**2. 系统安全**

操作系统的安全控制：如用户开机输入的口令（某些计算机主板有"万能口令"），对文件的读写存取的控制（如 UNIX 系统的文件属性控制机制）。网络接口模块的安全控制：在网络环境下对来自其他机器的网络通信进程进行安全控制，主要包括身份认证、客户权限设置与判别、审计日志等。网络互联设备的安全控制：对整个子网内所有主机的传输信息和运行状态进行安全监测和控制，主要通过网管软件或路由器配置实现。

**3. 电子商务**

电子商务安全从整体上可分为两大部分：计算机网络安全和商务交易安全。

1）计算机网络安全存在的主要问题

（1）未进行操作系统相关安全配置。

不论采用什么操作系统，在默认安装的条件下都会存在一些安全问题，只有专门针对操作系统安全性进行严格的安全配置，才能达到一定安全程度。千万不要以为操作系统默认安装后，再配上很强的密码系统就算作安全了。网络软件的漏洞和"后门"是进行网络攻击的首选目标。

（2）未进行网页程序代码审计。

如果是通用的网页程序问题，防范起来还稍微容易一些，但是对于网站或软件供应商专门开发的一些网页程序，很多存在严重的网页程序问题，对于电子商务站点来说，会出现恶意攻击者冒用他人账号进行网上购物等严重后果。

（3）拒绝服务（Denial of Service，DoS）攻击。

随着电子商务的兴起，对网站的实时性要求越来越高，DoS 或 DDoS 对网站的威胁越来越大。以网络瘫痪为目标的袭击效果比任何传统的恐怖主义和战争方式都来得更强烈，破坏性更大，造成危害的速度更快，范围也更广，而袭击者本身的风险却非常小，甚至可以在袭击开始前就已经消失的无影无踪，使对方没有实行报复打击的可能。

（4）安全产品使用不当。

虽然不少网站采用了一些网络安全设备，但由于安全产品本身的问题或使用问题，这些产品并没有起到应有的作用。很多安全厂商的产品对配置人员的技术背景要求很高，超出对普通网管人员的技术要求，就算是厂家在最初给用户做了正确的安装、配置，一旦系统改动，需要改动相关安全产品的设置时，很容易产生许多安全问题。

（5）缺少严格的网络安全管理制度。

网络安全最重要的还是要思想上高度重视，网站或局域网内部的安全需要用完备的安全制度来保障。建立和实施严密的计算机网络安全制度与策略是真正实现网络安全的基础。

2）计算机商务交易安全存在的主要问题

（1）窃取信息。

由于未采用加密措施，数据信息在网络上以明文形式传送，入侵者在数据包经过的网关或路由器上可以截获传送的信息。通过多次窃取和分析，可以找到信息的规律和格式，进而得到传输信息的内容，造成网上传输信息泄密。

（2）篡改信息。

当入侵者掌握了信息的格式和规律后，通过各种技术手段和方法将网络上传送的信息数据在中途修改，然后再发向目的地。这种方法并不新鲜，在路由器或网关上都可以做此类工作。

（3）假冒。

由于掌握了数据的格式，并可以篡改通过的信息，攻击者可以冒充合法用户发送假冒的信息或者主动获取信息，而远端用户通常很难分辨。

（4）恶意破坏。

由于攻击者可以接入网络，可能对网络中的信息进行修改，掌握网上的机要信息，甚至可以潜入网络内部，其后果是非常严重的。

**4. 协议安全**

由于协议的开放性的原因，TCP/IP 协议本身没有提供安全性的保证，导致存在许多协议上的漏洞和隐患。例如，TCP/IP 协议数据流采用明文传输，由此可能出现源地址欺骗或 IP 欺骗、源路由选择欺骗、路由选择信息协议攻击、鉴别攻击、TCP 序列号欺骗、TCP 序列号轰炸攻击等问题。

**5. 应用系统安全**

应用系统的安全与具体的应用有关，它涉及面广。应用系统的安全是动态的、不断变化的。应用的安全性也涉及信息的安全性，它包括很多方面。

应用的安全涉及方面很多，以 Internet 上应用最为广泛的 E-mail 系统来说，其解决方案有 sendmail、Netscape Messaging Server、Lotus Notes、Exchange Server、SUN CIMS 等几十种。其安全手段涉及 LDAP、DES、RSA 等各种方式。应用系统是不断发展且应用类型是不断增加的。在应用系统的安全性上，主要考虑尽可能建立安全的系统平台，而且通过专业的安全工具不断发现漏洞，修补漏洞，提高系统的安全性。

应用的安全性涉及信息、数据的安全性，信息的安全性涉及机密信息泄露、未经授权的访问、破坏信息完整性、假冒、破坏系统的可用性等。在某些网络系统中，涉及很多机密信息，如果一些重要信息遭到窃取或破坏，它对经济、社会和政治的影响将是很严重的。因此，对用户使用计算机必须进行身份认证，对于重要信息的通信必须授权，传输必须加密。采用多层次的访问控制与权限控制手段，实现对数据的安全保护；采用加密技术，保证网上传输信息（包括管理员口令与账户、上传信息等）的机密性与完整性。

# 1.3　威胁网络安全的因素

## 1.3.1　黑客

谈到网络安全问题，就不能不谈黑客（Hacker）。黑客泛指擅长 IT 技术的人群、计算机科学家。黑客的定义是："喜欢探索软件程序奥秘,并从中增长其个人才干的人。他们不像绝大多数计算机使用者,只规规矩矩地了解别人指定了解的范围狭小的部分知识。"

"黑客"是一个中文词语,在中国台湾地区对应的中文词语为"骇客",皆源自英文hacker,不同地区的中文使用习惯造成了翻译的差别。实际上,黑客(或骇客)与英文原文 Hacker、Cracker 等含义不能够达到完全对译,这是中英文语言词汇各自发展中形成的差异。Hacker 一词,最初曾指热心于计算机技术、水平高超的计算机专家,尤其是程序设计人员,逐渐区分为白帽、灰帽、黑帽等,其中黑帽(Black Hat)实际就是 Cracker。到了今天,缺乏常识的人们都认为:"黑客"一词泛指那些专门利用计算机病毒搞破坏的家伙,但事实上黑客只是指在计算机方面有造诣的人。在媒体报道中,"黑客"一词常指那些软件骇客(Software Cracker),而与黑客相对的是红客。当然,也有正义的黑客。

"黑客"大都是程序员,他们对于操作系统和编程语言有着深刻的认识,乐于探索操作系统的奥秘且善于通过探索了解系统中的漏洞及其原因所在,他们恪守这样一条准则:Never damage any system(永不破坏任何系统)。他们近乎疯狂地钻研计算机系统知识并乐于与他人共享成果。他们一度是计算机发展史上的英雄,为推动计算机的发展起到了重要的作用。在网络刚兴起时,从事黑客活动就意味着对计算机的潜力进行人类智力上最大程度的发掘。国际上的著名黑客均强烈支持信息共享论,认为信息、技术和知识都应当被所有人共享,而不能为少数人所垄断。大多数黑客都具有反社会或反传统的色彩,同时,另外一个特征是十分重视团队的合作精神。

显然,"黑客"一词原来并没有丝毫的贬义成分。直到后来,少数怀着不良的企图,利用非法手段获得的系统访问权去闯入远程计算机系统、破坏重要数据,或为了自己的私利而制造麻烦的具有恶意行为特征的人(他们其实是骇客 Crack)慢慢玷污了"黑客"的名声,"黑客"才逐渐演变成入侵者、破坏者的代名词。

目前,黑客已成为一个特殊的社会群体,在欧美等国有不少完全合法的黑客组织,黑客们经常召开黑客技术交流会。1997 年 11 月,在纽约就召开了第一次世界黑客大会,与会者达四五千人,堪称一次"黑客"大阅兵。黑客竞赛是大会最吸引人的主题,顶尖黑客会获得不菲的奖金。2006 年 4 月,韩国首尔举行的为期两天的"黑客竞技擂台"上,美军就有人在现场等着"挖人"。来自瑞典、西班牙、美国、意大利、韩国等 36 名参赛者,组成 8 个"顶级黑客"小组,各自显示高超的黑客技术。其中,只有那些被各国安全部门列入"重点监控对象"名单的世界顶级黑客才能跻身决赛选手之列。举办方负责人说:"举办这次大赛的目的是挖掘出之前未被发现的黑客,在确认其实力后,培养成专家。"2010 年 8 月,美国一个名为"警戒"的网站人员在出席拉斯维加斯"世界黑客大会"时声称,他们作为民间组织,一直与政府有秘密合作,任务是"通过网络搜寻线索,以打击网络袭击、恐怖主义和贩毒集团"。"警戒"还宣称,他们在 22 个国家设有情报收集员,并准备扩招1750 名"通过审查的志愿者","做政府不能做的事"。2011 年,在"世界黑客大会"上,主办方首次开设一个儿童班,计划招收 8～16 岁的孩子。其中大多数报名者都是黑客们自己的孩子或亲戚。2014 年,黑客大会的一个重要议题是"怎样能破解一切",从这些大会的内容上可以看出网络威胁越来越严峻。

另一方面,黑客组织在因特网上利用自己的网站介绍黑客攻击手段、免费提供各种黑客工具软件、出版网上黑客杂志。这使得普通人也很容易下载并学会使用一些简单的黑客手段或工具对网络进行某种程度的攻击，进一步恶化了网络安全环境。

## 1.3.2 黑客会做什么

很多人曾经问："黑客平时都做什么？是不是非常刺激？"也有人对黑客的理解是"天天做无聊且重复的事情"。实际上这些又是一个错误的认识，黑客平时需要用大量的时间学习，由于学习黑客技术完全出于个人爱好，因此无所谓"无聊"；重复是不可避免的，因为"熟能生巧"，只有经过不断的练习、实践，才可能自己体会出一些只可意会、不可言传的心得。

在学习之余，黑客应该将自己所掌握的知识应用到实际当中。无论是哪种黑客做出来的事情，根本目的无非是在实际中掌握自己所学习的内容。黑客的行为主要有以下几种：

### 1. 学习技术

互联网上的新技术一旦出现，黑客就必须立刻学习，并用最短的时间掌握这项技术，这里所说的掌握并不是一般的了解，而是阅读有关的"协议"、深入了解此技术的机理，否则一旦停止学习，那么依靠他以前掌握的内容维持他的"黑客身份"超不过一年。

初级黑客要学习知识是比较困难的，因为他们没有基础，所以学习起来要接触非常多的基本内容。当今的互联网能够给使用者提供足够多的信息，初学者需要在其中进行筛选：太深的内容可能会给学习带来困难；太"花哨"的内容又对学习黑客没有用处。所以初学者不能贪多，应该尽量寻找一本书和适合自己的完整教材，循序渐进地进行学习。

### 2. 伪装自己

黑客的一举一动都会被服务器记录下来，所以黑客必须伪装自己使得对方无法辨别其真实身份，这需要有熟练的技巧，用来伪装自己的 IP 地址、使用跳板逃避跟踪、清理记录扰乱对方线索、巧妙躲开防火墙等。

伪装是需要非常过硬的基本功才能实现的，这对于初学者来说是很困难的，也就是说初学者不可能用很短的时间学会伪装，所以不鼓励初学者利用自己所学习的知识对网络进行攻击，否则一旦自己的行迹败露，最终受害的是自己。

### 3. 发现漏洞

漏洞对黑客来说是最重要的信息，黑客要经常学习别人发现的漏洞，努力寻找未知的漏洞，并从海量的漏洞中寻找有价值的、可被利用的漏洞进行试验。当然，他们最终的目的是通过漏洞进行破坏或修补这个漏洞。

黑客对寻找漏洞的执着是常人难以想象的，他们的口号是"打破权威"。从一次又一次的黑客实践中，黑客也用自己的实际行动向世人印证了这一点——世界上没有"不存在漏洞"的程序。在黑客眼中，所谓的"天衣无缝"不过是"没有找到"而已。

### 4. 利用漏洞

对于正派黑客来说，漏洞要被修补；对于邪派黑客来说，漏洞要用来搞破坏。而他们的基本前提是"利用漏洞"，黑客利用漏洞可以做下面的事情：

（1）获得系统信息。有些漏洞可以泄露系统信息，暴露敏感资料，从而进一步入侵系统。

（2）入侵系统。通过漏洞进入系统内部，取得服务器上的内部资料，或完全掌管服务器。

（3）寻找下一个目标。一个胜利意味着下一个目标的出现，黑客应该充分利用自己已经掌管的服务器作为工具，寻找并入侵下一个系统。

（4）做一些好事。正派黑客在完成上面的工作后，就会修复漏洞或者通知系统管理员，做出一些维护网络安全的事情。

（5）做一些坏事。邪派黑客在完成上面的工作后，会判断服务器是否还有利用价值。如果有利用价值，他们会在服务器上植入木马或者后门，便于下一次来访；而对于没有利用价值的服务器他们绝不留情，系统崩溃会让他们有无限的快感。

### 1.3.3　黑客攻击

黑客攻击即黑客破坏和破解计算机程序、系统从而危及网络安全，是网络攻击中最常见的现象。其攻击手段可以分为破坏性攻击和非破坏性攻击两类。前者是以侵入他人计算机系统，盗窃系统的保护信息，破坏目标系统数据为目的。后者通常是为了扰乱系统的运行，并不是盗窃系统资料，攻击手段包括拒绝服务攻击和信息炸弹。

2011 年年初，美国南加州一家大型供水企业计划探测工业控制系统的漏洞，便雇用洛杉矶著名黑客马克·迈弗雷特进行测试。仅一天时间，迈弗雷特就控制了对饮用水进行化学处理的设备。他只需轻点几下鼠标，就能让数百万家庭的饮用水不能饮用。事实上，被迈弗雷特攻击劫持的工业控制系统还广泛应用在输油管道、化工厂、电力网络等基础设施上。一旦系统遭到攻击，街区就可能爆炸、银行数据可能丢失、飞机导航可能失灵，甚至造成全国性的大面积停电事故，危害极为巨大。

黑客攻击经常是有组织的网络犯罪。互联网作为个人、政治和商业活动的平台，以及金融、知识产权交易的重要媒介，自然会被犯罪分子所利用。与传统的有组织犯罪所不同，有组织的网络犯罪活动既包括借助互联网而进行的传统犯罪活动，诸如网络赌博、网络洗钱、网络色情等；也包括互联网所独有的犯罪活动，如网络推手炒作、网络私服外挂诈骗、窃取重要网络信息、非法网络集资诈骗等。21 世纪的网络犯罪组织有着高超的网络技术，甚至有着完善的人事组织制度，它们注重组织内部的合作，在互联网上进行跨区域、跨国界的有组织犯罪。单靠某一国的力量，对这一类犯罪已无法彻底根除，必须形成一种国际间的联合，才能给其以有效打击。

我国是世界上黑客攻击的主要受害国之一。据不完全统计，2009 年中国被境外控制的计算机 IP 地址达 100 多万个；被黑客篡改的网站达 4.2 万个；被"飞客"蠕虫网络病毒感染的计算机每月达 1800 万台，约占全球感染主机数量的 30%。值得注意的是，黑客攻击行为正在呈现出政治化、集团化的趋势，甚至被某些国家上升为获得国际利益的手段。

2011 年 8 月 29 日，最高人民法院和最高人民检察院联合发布《关于办理危害计算机信息系统安全刑事案件应用法律若干问题的解释》。该司法解释规定，黑客非法获取支付结算、证券交易、期货交易等网络金融服务的账号、口令、密码等信息 10 组以上，可处 3 年以下有期徒刑等刑罚；获取上述信息 50 组以上的，处 3 年以上 7 年以下有期徒刑。

### 1.3.4　史上最危险的计算机黑客

#### 1. 凯文·米特尼克（Kevin Mitnick）

从某种意义上讲，凯文·米特尼克也许已经成为黑客的同义词。美国司法部曾经将米特尼克称为"美国历史上被通缉的头号计算机罪犯"，他的所作所为已经被记录在两部好莱坞电影中，分别是 *Takedown* 和 *Freedom Downtime*。

米特尼克"事业"的起点是破解洛杉矶公交车打卡系统，他因此得以免费乘车。在此之后，他也同苹果联合创始人史蒂夫·沃兹尼亚克（Steve Wozniak）一样，试图盗打电话。米特尼克首次被宣判有罪是因为非法侵入 Digital Equipment 公司的计算机网络，并窃取软件。

之后的两年半时间里，米特尼克展开了疯狂的黑客行动。他开始侵入计算机，破坏电话网络，窃取公司商业秘密，并最终闯入了美国国防部预警系统。最终，他因为入侵计算机专家、黑客 Tsutomu Shimomura 的家用计算机而落网。在长达 5 年零 8 个月的单独监禁之后，米特尼克现在的身份是一位计算机安全作家、顾问和演讲者。

**2．阿德里安·拉莫（Adrian Lamo）**

拉莫专门找大公司或组织下手，如入侵微软公司和《纽约时报》的内部网络。他经常利用咖啡店、复印店或图书馆的网络来从事黑客行为，因此他获得了一个"不回家的黑客"的绰号。拉莫经常能发现安全漏洞，并对其加以利用。通常情况下，他会通知企业有关漏洞的信息。

在拉莫的受害者名单上包括雅虎、花旗银行、美洲银行和 Cingular 等知名公司。白帽黑客这样做并不违法，因为他们受雇于公司。但是，拉莫却从事着非法行为。由于侵入《纽约时报》内部网络，拉莫成为顶尖数码罪犯之一。也正是因为这一罪行，他被处以 6.5 万美元罚款，以及 6 个月家庭禁闭和两年缓刑。拉莫现在是一位著名的公共发言人，同时还是一名获奖记者。

**3．乔纳森·詹姆斯（Jonathan James）**

在 16 岁时，詹姆斯成为了第一名因为黑客行为而被送入监狱的未成年人，并因此恶名远播。他此后承认自己当初只是为了好玩和寻求挑战。

詹姆斯曾经入侵过很多著名组织，包括美国国防部下设的国防威胁降低局。通过此次黑客行动，他可以捕获用户名和密码，并浏览高度机密的电子邮件。詹姆斯还曾入侵过美国宇航局的计算机，并窃走价值 170 万美元的软件。据美国司法部长称，他所窃取的软件主要用于维护国际空间站的物理环境，包括对湿度和温度的控制。

当詹姆斯的入侵行为被发现后，美国宇航局被迫关闭了整个计算机系统，并因此花费了纳税人的 4.1 万美元。目前，詹姆斯成立了一家计算机安全公司。

**4．罗伯特·塔潘·莫里斯（Robert Tappan Morris）**

莫里斯的父亲是前美国国家安全局的一名科学家，他是莫里斯蠕虫的制造者，这是首个通过互联网传播的蠕虫。正因为如此，他成为了首位依据 1986 年《计算机欺诈和滥用法》被起诉的人。

莫里斯在康奈尔大学就读期间制作了蠕虫，当时的目的仅仅是探究互联网有多大。然而，莫里斯蠕虫以无法控制的方式自我复制，造成很多计算机死机。据专家称，约有 6000 台计算机遭到破坏。他最后被判处 3 年缓刑、400 小时社区服务和 1.05 万美元罚款。

莫里斯目前是麻省理工大学计算机科学和人工智能实验室的一名终身教授，主攻方向是计算机网络架构。

**5．凯文·普尔森（Kevin Poulsen）**

普尔森经常被称为"黑暗但丁"，他因非法入侵洛杉矶 KIIS-FM 电话线路而全美闻名，同时也因此获得了一辆保时捷汽车。就连美国联邦调查局（FBI）也开始追查普尔森，因为他闯入了 FBI 数据库和联邦计算机，目的是获取敏感的窃听信息。

普尔森的专长是入侵电话线路，他经常占据一个基站的全部电话线路。普尔森还经常重新激活黄页上的电话号码，并提供给自己的伙伴用于出售。他最终在一家超市被捕，并被处以 5 年监禁。

在监狱服刑期间，普尔森担任了《连线》杂志的记者，并升任高级编辑。在他最著名的一篇文章中，主要讲述了他如何通过 Myspace 个人资料找到 744 名性犯罪者。

### 1.3.5 网络攻击分类

网络攻击的方法多种多样，它攻击的主要目标有网络信息的保密性、网络信息的完整性、网络服务的可用性、网络信息的非否认性及网络运营的可控性。攻击可被分为两类：主动攻击和被动攻击。

（1）主动攻击：包含攻击者访问他所需信息的故意行为。例如，远程登录到指定机器的 25 端口找出公司运行的邮件服务器的信息；伪造无效 IP 地址去连接服务器，使收到错误 IP 地址的系统浪费时间去连接那个非法地址。攻击者是在主动地做一些不利于你或你的公司系统的事情。正因为如此，如果要找到他们是很容易的。主动攻击包括拒绝服务攻击、信息篡改、资源使用、欺骗等攻击方式。

（2）被动攻击：主要是收集信息而不是进行访问，数据的合法用户对这种活动一点也不会觉察到。被动攻击包括嗅探、信息收集等攻击方法。

这样的分类方法并不能说明主动攻击不能收集信息或被动攻击不能被用来访问系统。多数情况下这两种类型被联合用于入侵一个站点。但是，大多数被动攻击不一定包括可被跟踪的行为，因此更难被发现。实际上黑客实施一次入侵行为，为达到他的攻击目的会结合采用多种攻击手段，在不同的入侵阶段使用不同的方法。下面将对各种攻击形式分别介绍。

### 1.3.6 常见网络攻击形式

网络攻击中的牺牲者往往是一些中小型的局域网，因为它们的网络安全的防御和反击能力都相对较差，故而在各种"江湖纷争"中总是成为借刀杀人中的"人"或"刀"。这里简单地列出常见的攻击形式，如图 1.3 所示。

图 1.3　常见的网络攻击形式

网络安全概述

### 1．逻辑炸弹

所谓"逻辑炸弹"是指在特定逻辑条件满足时，实施破坏的计算机程序。该程序触发后造成计算机数据丢失、计算机不能从硬盘或者软盘引导，甚至会使整个系统瘫痪，并出现物理损坏的虚假现象。"逻辑炸弹"引发时的症状与某些病毒的作用结果相似，并会对社会引发连带性的灾难。与病毒相比，它强调破坏作用本身，而实施破坏的程序不具有传染性。逻辑炸弹作为一种程序，或任何部分的程序存在，这是冬眠，直到一个具体作品的程序逻辑被激活。这样的一个逻辑炸弹非常类似于真实世界的地雷。使用逻辑炸弹的一个经典应用是要确保用户支付软件的使用费用。如果到某一特定日期仍然没有付款，逻辑炸弹就会激活，使软件自动删除其自身。一个更恶意的形式，即逻辑炸弹会删除系统上的其他数据。

### 2．系统 Bug

Bug 一词的原意是"臭虫"或"虫子"。但是现在，在计算机系统或程序中，如果隐藏着一些未被发现的缺陷或问题，人们也叫它 Bug。所谓 Bug 是指计算机系统的硬件、系统软件（如操作系统）或应用软件（如文字处理软件）出错。硬件的出错有两个原因：一是设计错误；二是硬件部件老化失效等。

现在的软件复杂程度早已超出了一般人能控制的范围，如 Windows 操作系统会不定期地公布其中的 Bug，这些 Bug 对网络安全也会造成重大影响，如何减少以至消灭程序中的 Bug 一直是程序员极为重视的课题。

### 3．社会工程学

黑客将社会工程定义为非计算机 Bug，通过对受害者心理弱点、本能反应、好奇心、信任、贪婪等心理陷阱进行诸如欺骗、伤害等危害手段，并最终获得信息为最终目的学科，在计算机入侵中此词条被经常使用和广泛定义。

社会工程学是黑客米特尼克在《欺骗的艺术》中所提出，但其初始目的是让全球的网民们能够懂得网络安全，提高警惕，防止没必要的个人损失。但在我国黑客集体中还在不断使用其手段欺骗无知网民制造违法行为，社会影响恶劣，一直受到公安机关的严厉打击。一切通过各种渠道散布、传播、教授黑客技术的行为都构成传授犯罪方法罪，如出版的《黑客社会工程学》已被公安机关网安部门所关注，予以打击。一切使用黑客技术犯罪的行为都将受到法律严厉制裁，请读者慎用这把"双刃剑"。

所有社会工程学攻击都建立在使人决断产生认知偏差的基础上。有时候这些偏差被称为"人类硬件漏洞"，足以产生众多攻击方式，其中一些包括：

（1）假托。假托是一种制造虚假情形，以迫使针对受害人吐露平时不愿泄露的信息的手段。该方法通常包括对特殊情景专用术语的研究，以建立合情合理的假象。

（2）等价交换。攻击者伪装成公司内部技术人员或问卷调查人员，要求对方给出密码等关键信息。在 2003 年信息安全调查中，90%的办公室人员答应给出自己的密码以换取调查人员声称提供的一支廉价钢笔。后续的一些调查中也发现用巧克力和诸如其他一些小诱惑可以得到同样的结果（得到的密码有效性未检验）。攻击者也可能伪装成公司技术支持人员，"帮助"解决技术问题，悄悄植入恶意程序或盗取信息。

### 4．后门和隐蔽通道

事实上没有完美无缺的代码，也许系统的某处正潜伏着重大的隐蔽通道或后门等待人们的发现，区别只是在于谁先发现它。只有本着怀疑一切的态度，从各个方面检查所输入信息的正确性，才能回避这些缺陷。例如，如果程序有固定尺寸的缓冲区，无论是什么类型，一定要保证它不溢出；如果使用动态内存分配，一定要为内存或文件系统的耗尽做好准备，并且牢记恢复策略可能也需要内存和磁盘空间。

### 5. 拒绝服务攻击

拒绝服务攻击即攻击者想办法让目标机器停止提供服务或资源访问，是黑客常用的攻击手段之一。这些资源包括磁盘空间、内存、进程甚至网络带宽，从而阻止正常用户的访问。其实对网络带宽进行的消耗性攻击只是拒绝服务攻击的一小部分，只要能够对目标造成麻烦，使某些服务被暂停甚至主机死机，都属于拒绝服务攻击。拒绝服务攻击问题也一直得不到合理的解决，究其原因是由于网络协议本身的安全缺陷造成的，因此拒绝服务攻击往往成为攻击者的终极手法。攻击者进行拒绝服务攻击，实际上让服务器实现两种效果：一是迫使服务器的缓冲区满，不接受新的请求；二是使用 IP 欺骗，迫使服务器把合法用户的连接复位，影响合法用户的连接。

### 6. 病毒、蠕虫和特洛伊木马

随着互联网的日益流行，各种病毒木马也猖獗起来，几乎每天都有新的病毒产生，大肆传播破坏，给广大互联网用户造成了极大的危害，几乎到了令人谈毒色变的地步。各种病毒、蠕虫、木马纷至沓来，令人防不胜防，苦恼无比。

病毒、蠕虫和特洛伊木马是可导致计算机系统和计算机上的信息损坏的恶意程序。它们可使网络和操作系统速度变慢，危害严重时甚至会完全破坏整个系统。它们还可使感染到的计算机将它们传播给朋友、家人、同事及 Web 的其他地方，在更大范围内造成危害。这三种东西都是人为编制出的恶意代码，都会对用户造成危害，人们往往将它们统称为病毒。但其实这种称法并不准确，它们之间虽然有着共性，但也有着很大的差别。详细内容见第 5 章。

### 7. 网络监听

网络监听是一种监视网络状态、数据流及网络上传输信息的管理工具，它可以将网络接口设置在监听模式，并且可以截获网上传输的信息。也就是说，当黑客登录网络主机并取得超级用户权限后，若要登录其他主机，使用网络监听可以有效地截获网上的数据，这是黑客使用最多的方法。但是，网络监听只能应用于物理上连接于同一网段的主机，通常被用做获取用户口令。

### 8. SQL 注入攻击

一般是从正常的广域网端口进行访问的，表面上看与普通的 Web 页面访问类似，以至于有许多防火墙都没有对 SQL 注入发出警报。在访问数据库的时候，应用程序用输入的内容来运行动态 SQL 语句便会发生 SQL 注入攻击；还有当代码在存储过程中，只要这种存储过程传递了包含未筛选的用户输入的字符串也可能发生 SQL 注入攻击，但是黑客在连接数据库时的应用程序使用了权限过高的账户，就会将问题严重化。这就要求服务器管理员要经常查看 IIS 日志，将这种破坏带来的损失降到最低。SQL 注入首先要判断环境，寻找注入点，判断数据库类型，然后根据注入参数类型，最后构造 SQL 注入语句。

成功的 SQL 注入攻击可能带来下面的严重后果：

（1）系统管理员账户被窜改，数据库服务器遭遇攻击。

（2）数据表中的资料被"盗取"，例如用户机密数据、密码和账户数据等。

（3）黑客探知到数据结构，得以做进一步攻击。例如为了获取所有 schema 的具体内容，可以通过执行查询 select * from sys.tables 来实现。

（4）系统的较高权限被获取后，恶意连接或 XSS 可能加入到网页中。

（5）操作系统是由数据库服务器提供支持的，可能被黑客修改或者控制。

（6）致使硬盘数据被破坏，从而造成整个系统的瘫痪。

**9．ARP 欺骗**

ARP 欺骗是黑客常用的攻击手段之一。ARP 欺骗分为两种：一种是对路由器 ARP 表的欺骗；另一种是对内网 PC 的网关欺骗。

第一种 ARP 欺骗的原理是截获网关数据。它通知路由器一系列错误的内网 MAC 地址，并按照一定的频率不断进行，使真实的地址信息无法通过更新保存在路由器中，结果路由器的所有数据只能发送给错误的 MAC 地址，造成正常 PC 无法收到信息。第二种 ARP 欺骗的原理是伪造网关。它的原理是建立假网关，让被它欺骗的 PC 向假网关发送数据，而不是通过正常的路由器途径上网。在 PC 看来，就是上不了网了，"网络掉线了"。

一般来说，ARP 欺骗攻击的后果非常严重，大多数情况下会造成大面积掉线。除了掉线之外，进行 ARP 欺骗攻击时还会出现以下一些现象：

（1）网上银行、游戏及 QQ 账号的频繁丢失。

一些人为了获取非法利益，利用 ARP 欺骗程序在网内进行非法活动，此类程序的主要目的在于破解账号登录时的加密解密算法，通过截取局域网中的数据包，然后以分析数据通信协议的方法截获用户的信息。运行这类木马病毒，就可以获得整个局域网中上网用户账号的详细信息并盗取。

（2）网速时快时慢，极其不稳定，但单机进行光纤数据测试时一切正常。

当局域内的某台计算机被 ARP 的欺骗程序非法侵入后，它就会持续地向网内所有的计算机及网络设备发送大量的非法 ARP 欺骗数据包，阻塞网络通道，造成网络设备的承载过重，导致网络的通信质量不稳定。

（3）局域网内频繁性区域或整体掉线，重启计算机或网络设备后恢复正常。

当带有 ARP 欺骗程序的计算机在网内进行通信时就会导致频繁掉线，出现此类问题后重启计算机或禁用网卡会暂时解决问题，但掉线情况还会发生。

ARP 欺骗也有正当用途。其一是在一个需要登录的网络中，让未登录的计算机将其浏览网页强制转向到登录页面，以便登录后才可使用网络。另外，有些备援机制的网络设备或服务器，也需要利用 ARP 欺骗以在设备出现故障时将信息导到备用的设备上。

也许用户还遇到过其他的攻击方式，在这里不能一一列举，总而言之一句话：网络之路，步步凶险。

# 1.4　国内网络安全的基本现状

在网络黑客们的眼中，中国的网络信息几乎毫不设防，网络安全极为脆弱。这一现象的产生主要是因为以下几点：

（1）我国核心网络技术严重依赖国外。从最基本的计算机芯片、骨干路由器到操作系统、数据库管理系统等核心技术都靠进口，对国外技术的依赖性很大。

（2）网络安全意识有待提高。由于知识匮乏，信息不对称，国内很多用户认为中国不会发生普遍性的服务器瘫痪、黑客攻击、病毒感染等网络安全事件，甚至网站管理人员都缺乏防护意识，更没有采取相应的安全措施。

（3）中国网络安防产业起步比较晚，处在起步阶段，产业规模水平有待提升。据世界经济论坛（WEF）于 2010 年发布的《全球信息技术报告》（The Global Information Technology Report 2009—2010）显示，测试互联网安全服务器指标，中国仅排名第 104 位。由于对网络安全产业政策支持不够，当前我国网络安全产业基本在挣扎中求生存。以个人计算机防病毒软件的发展为例，为了争夺客户，目前各大杀毒软件商还处于亏损状态。同时，频发的网站用户信息泄露事件也预示着，未来会有更多的攻击针对网站服务器展开，而网民熟悉的杀毒软件重点在于保护用户端的网络安全，对于存储在网站服务器上的信息安全只能鞭长莫及。

（4）网络安全管理技术不够先进。与 CSDN 被泄露的信息一样，"天涯论坛"被泄露的用户密码全部以明文方式保存，尽管其 2009 年 11 月修改了密码保存方式，改成加密密码，但并未清理旧的明文密码，导致数千万注册用户信息泄露。

2014 年 3 月提交全国人大审议的政府工作报告首次出现"维护网络安全"这一表述，部分全国人大代表在接受记者采访时表示，这意味着网络安全已上升到国家战略。就在两会前夕，中央网络安全和信息化领导小组于 2014 年 2 月 27 日成立，习近平总书记担任组长，李克强、刘云山任副组长。中央网络安全和信息化领导小组成立后，短期内会调整部分政策和法律；中期会进行制度设计，对投资方向、部门结构等进行调整；长期会实现在技术力量、操作系统、基础设施等方面的提升。

## 1.4.1 中国网民信息安全总体现状

整体上，我国信息安全环境不容乐观，有 74.1%的网民在 2014 年上半年遇到过信息安全问题，总人数达 4.38 亿。

手机垃圾短信、骚扰短信、骚扰电话发生比例仍然较高，在整体网民中发生比例分别达 59.2%、49.0%；其次为手机欺诈、诱骗信息，发生比例为 36.3%；再次为手机恶意软件，发生比例达 23.9%；其他方面，假冒网站、诈骗网站发生比例为 21.6%；中病毒或木马发生比例为 17.6%；个人信息泄露发生比例为 13.4%；账号或密码被盗发生比例为 8.9%。

信息安全事件对人们的影响较大。遭受安全事件的人群中，50.4%的人认为"花费时间和精力"，有 28.2%的人学习或工作受到了影响，13.1%的人重要资料或联系人信息丢失；还有 8.8%的人经济受到了损失。安全事件造成的各种损失如图 1.4 所示。

在遭受经济损失的人群中，平均每人损失了 509.2 元，2014 年上半年全国因信息安全遭受的经济损失高达 196.3 亿元。

根据安全事件发生的种类数及遭受损失的数量来划分用户群体，重度受害人群占 16.2%，轻度受害人群占 28.3%，风险人群占 29.6%，安全人群占 25.9%。

## 1.4.2 中国网民计算机上网安全状况

### 1. 搜索引擎安全事件类型及发生比例

因计算机搜索发生安全问题的网民数占整体计算机上网人数的 6.0%，影响人口达

3004.6 万人。虽然发生问题的比例不是非常高，但由于网民基数大，影响人口总数也较大。

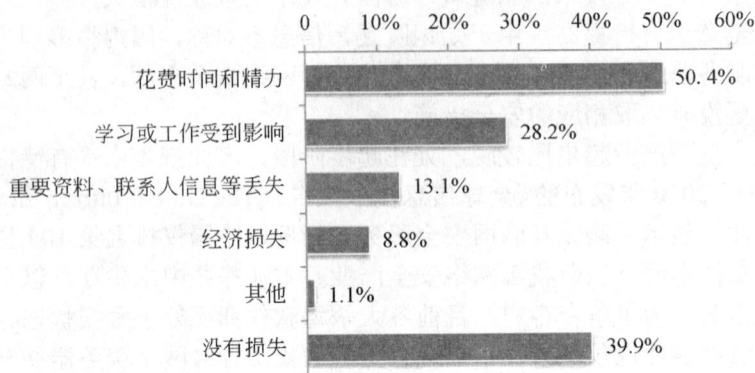

图 1.4　安全事件造成的各种损失

使用搜索引擎发生安全事件的人群中，遇到诈骗信息、诈骗网站、网页附带木马或病毒的比例非常高，分别为 72.7%、71.9%、67.2%。结果搜索出来后，用户不小心就会点击进入到一些网站（分类网站、论坛、贴吧等）所发布的诈骗信息中，稍有不慎就会被骗。近期钓鱼网站/假冒网站发生概率也较大，常模仿正常的网站页面，以中奖、彩票、领取礼品等方式骗取用户金钱和个人信息。搜索结果中鱼目混杂，很多不良网站上附带木马或病毒，也会导致用户发生安全事件。虽然部分搜索引擎加大了非法网站过滤力度，并采用认证的方式引导用户点击安全网站，但仍不能完全杜绝此类事件发生。

**2．网络购物安全事件类型及发生比例**

因计算机网上购物发生安全问题的网民数占整体计算机上网人数的 4.0%，影响人口达 2010.6 万人。计算机网上购物发生安全事故较多的是遇到欺诈信息，在网购安全事故发生人群中的发生比例达 75.0%；其次为假冒网站/诈骗网站，比例为 60.7%；其他方面，个人信息泄露比例达 42.9%；账号密码被盗比例达 23.8%；中病毒和木马的情况为 22.6%。

网购时发生这些安全事件，给购物者造成损失的同时，也扰乱了网上购物秩序，影响网络购物行业的健康发展。对于网购安全防范措施，部分受安全困扰的网民防范措施做得不太到位：虽然有 92.1% 的人会选择密码保护或修改密码，但仅有 86.5% 的人会仔细验证卖家信誉，85.4% 的人不去不知名的网站上购买货物，83.1% 的人申请账号验证。

**3．计算机浏览网页安全状况**

浏览网页是发生安全事件较为普遍的上网活动之一，2014 年上半年有 13.0% 的计算机端网民浏览网页时发生过安全事件。

在浏览网页时发生安全事件的网民中，接触欺诈诱骗信息的比例达 72.7%，遇到病毒或木马的比例达 70.9%，浏览到假冒网站/诈骗网站的比例为 63.0%，账号密码被盗的比例为 18.3%。当前尽管互联网监管措施日渐完善，但仍然无法避免一些诈骗信息和网站横行于互联网上。

**4．计算机即时通信安全状况**

即时通信也是发生安全事件较为普遍的活动之一，2014 年上半年有 11.5% 的计算机网民发生过即时通信类的安全事件。在使用即时通信时发生安全事件的人群中，63.5% 的人使用聊天工具时接收到了欺诈信息，53.0%的人通过即时通信工具接触到了假冒网站或诈骗网站，还有52.6%的人账号或密码被盗，40.6%的人中了病毒或者木马，32.9%的人个人信息遭到泄露。

当前很多即时通信工具都推出了识别链接或数据包安全性的工具，此类安全事件发生比例已经有所减少，但仍然不能完全识别所有通信工具上来往信息的真伪，造成部分用户利益受损。

**5. 计算机网上下载安全状况**

网上下载是所有互联网应用中发生安全事件比例最高的应用，2014年上半年有13.3%的计算机网民下载时发生过安全事件。

在因特网上下载发生安全事件的人群中，有86.1%的人遇到了数据包加载木马/病毒等情况，53.8%的人遇到过网上发布的欺诈、诱骗信息，还有48.6%的人遇到过假冒网站/诈骗网站。当前很多不知名的下载网站提供免费的文件下载，但常附带很多安装条件，且常伴随着木马病毒等恶意程序，用户下载后如不进行杀毒即运行，很容易遇到上述安全事件。

对于网上下载遇到安全问题的人群中，只有82.4%的受害者不安装软件捆绑附带的功能，82.1%的网民不点击运行不明工具，78.4%的人下载后先用杀毒工具杀毒后再打开，76.7%的人从不去不知名的网站上下载软件。部分网民网上下载过程中，安全措施做得不到位，导致各种安全事件有了可乘之机。

**6. 计算机网络游戏安全状况**

网络游戏安全事件在计算机网民中的发生比例为4.2%，整体比例不是很高，但因为网络游戏安全事件常常是账号被盗、装备被卖等，此类安全事件对网民的影响较大。网络游戏安全问题中，最常见的是游戏被盗号后装备被卖，占因玩网络游戏发生安全事件的网民的56.0%，这也是职业盗号者的首要目的。其他常见的安全事件为中病毒或木马、账号密码被盗、游戏中欺诈信息、个人信息泄露等，发生比例分别为52.7%、51.6%、51.6%、22.0%。

## 1.4.3 中国网民手机信息安全状况

智能手机上网用户群中，接收到手机垃圾短信/骚扰短信、骚扰电话的比例较高，分别达68.6%和57.2%，遇到恶意软件的比例也达到了33.2%。

发生手机安全的人群中，除了骚扰电话和骚扰短信外，发生概率最多的是手机浏览网页，比例达16.8%；其次为手机游戏，发生比例达13.8%；再次为手机聊天工具和手机下载文件，发生比例在12%左右。手机搜索、手机购物、手机支付等也可能导致安全事件。

96.5%的网民在计算机上安装了安全软件，远高于智能手机用户安装安全软件70.0%的比例。网民之所以不安装安全软件，"没发生过安全事件，不需要"是主要原因，还有15%左右的人担心安装后设备运行或上网速度变慢。此外，安装知识欠缺、对安全软件不信任，也是网民不安装安全软件的原因。

## 1.4.4 中国网民信息安全环境

近年来，随着网民信息安全意识逐渐提高，维护安全的工具性能的提升，中国网民大规模遭受到同一安全事件的概率逐渐降低。但近年来各种恶意程序的变种新生速度不断加快，每天都有海量新生的恶意程序威胁着普通用户的上网设备（包括计算机、智能手机等），而且除恶意程序之外的其他安全问题也层出不穷，网民面临的信息安全环境仍然复杂。当前主要的信息安全类型如下：

**1. 恶意程序或病毒**

此类恶意程序利用人们访问网页、下载文件或网络聊天等上网行为，潜伏到人们的计算机或手机中，通过删除文件、破坏用户设备系统、盗取网民资料、窃取账号密码、恶意刷网页或广告流量，损害他人利益或为自己谋利。

**2. 假冒网站或诈骗网站**

假冒网站也称为钓鱼网站，通过模仿银行、购物网站及其他权威网站的网页设计，骗取网络用户的钱财或盗取密码等信息。一方面，通过设立虚假网站骗取用户登录，进而获取用户账号密码；另一方面，通过虚假抽奖页面，造成用户中奖的假象，骗取用户钱财。其他方式还有通过虚假购物、虚假医药销售等方式来非法牟利。此类网站往往通过手机短信、即时通信工具发送网址，或通过木马强制弹出或转移用户访问其页面，以达到其非法目的。

**3. 垃圾/诈骗短信或电话**

通过电话或手机短信等方式发布各种诈骗信息或大量垃圾广告，骗取用户钱财或者非法牟利，常用方式有：通过语音和短信告知用户中大奖，或者以熟人身份向用户"借"钱，以达到骗取用户钱财的目的；拨打用户电话，接通之后便挂掉，让用户回拨以收取高价通信费等方式骗取钱财；或发送大量广告信息，骚扰用户。此类事件常因手机信息网上泄露而产生，因此与信息安全息息相关。

**4. 网络其他诈骗**

通过在论坛、通信工具及正常网页上发布招聘、购物等信息，一步一步引导网民陷入其编制的诈骗圈套中，让用户受害。

当前，针对上述安全问题而开发的安全软件也较多，常见的有安全卫士、计算机管家、手机管家、杀毒软件及防火墙等。尽管这些安全软件功能已经较为完备，但由于针对信息安全的诈骗和攻击手段变化多端，仅安装这些安全软件并不能完全使用户解决信息安全问题。

# 1.5 个人数据信息面临的网络威胁

## 1.5.1 Cookie 的使用

Cookie 是由网络服务商或者网络托管商为了跟踪用户今后的访问而储存在用户计算机里的一小段信息。它被植入能在用户计算机和服务商之间不断来回传输的 HTML 信息中。通过 Cookie 对用户信息的收集和传输，网站就能针对网络用户的喜好、习惯等为其提供量身定制的网页内容。例如，提供个性化的网络搜索引擎、储存用户在购物网站的消费清单等。而且在大多数情况下，用户很难察觉 Cookie 的存在及是否遭到存取。只要用户访问了网页，网络服务商就会自动地接入相关的 Cookie 读取和储存数据。Cookie 的运作包括两个步骤：首先，在没有得到用户同意和确认的情况下被植入用户的计算机。例如，Google 这种个性化的网络搜索引擎，当用户从网页上选择了自己感兴趣的类别后，网络服务商就会创建一个 Cookie 发送到用户计算机上，它实质上是一连串含有用户喜好的跟踪字符。用户的网络浏览器在收到 Cookie 后就将它储存在一个名为"Cookie 列表"的特定文件夹中。以上的所有行为都是在没有任何批准和用户同意的情况下进行的。然后，再自动秘密地将 Cookie 由用户计算机发往网络服务商。无论何时，一旦用户通过网络浏览器访问某一网页，浏览器未经用户批准，就将含有用户个人信息的 Cookie 发送至网络服务商。

目前，Cookie 被广泛运用于以下几个方面：

**1. 在线购物**

通过 Cookie，购物网站能够记住用户所购买的东西。例如，某一用户在购物网站上订购 CD 时突然掉线而不得不退出浏览，但是当他立即或者更久以后重新登录，那些商品仍然在他的购物清单里。另一方面，网站根据 Cookie 反馈的信息判断用户的购物偏好，从而向其发送特定的商品信息。例如，在淘宝网购物时，当登录进入"我的淘宝"页面时，在左下角就会出现"猜你喜欢的宝贝"这一模块，其中展示的商品与用户最近浏览较多的商品类似。

**2. 提供个性化网页**

这是最受欢迎的一个服务。例如，某用户登录某门户网站，他可以通过对页面进行设置只显示自己感兴趣的信息，这也同样适用于网络首页的设置。

**3. 简化在线登录**

用户初次访问某网页时，Cookie 在用户的计算机上创立一个文件并写一段信息，以此来识别用户。当用户下一次登录时，该网站就自动认证用户身份，而不需要再次输入用户名和密码。

**4. 网站追踪**

这是关于 Cookie 最有争议的一点。如果网站经营者想知道用户的兴趣爱好，通过 Cookie 的记录，他就能够了解到用户浏览了哪些网站、访问时间和停留时间等，很多人认为这是对个人信息的侵犯。

不可否认，Cookie 的应用给人们的网络生活带来了极大方便，但一些商家也开始利用 Cookie 的特点大肆收集网络用户的个人信息。特别是随着大量的商务和社交活动通过互联网完成，网络上汇集的个人信息种类越来越多，敏感度也越来越高。Cookie 已经成为人们网络信息安全的一大威胁。

## 1.5.2 利用木马程序侵入计算机

木马程序，全称叫做特洛伊木马程序（Trojan Horse），这个名称来源于荷马史诗中希腊人巧施木马计攻克特洛伊城的故事。一个完整的木马程序一般由两个部分组成：一个是服务器程序；另一个是控制器程序。一旦计算机被安装了服务器程序，则拥有控制器程序的人就将享有服务端的大部分操作权限。例如，给计算机增加口令，浏览、移动、复制、删除文件，修改注册表，更改计算机配置等。这时用户的任何操作都在攻击者的监控之下，用户计算机上的各种文件、程序及使用的账号、密码就无安全可言了。木马程序同病毒、蠕虫等其他恶意程序一样，会自动删除、修改文件、格式化硬盘等。但是木马程序还有其独一无二的窃取内容和远程控制功能，这也使它们成为最危险的恶意软件。由于木马可以记录和监视用户按键顺序，攻击者就能够轻松窃取用户的账号、密码，从而威胁个人医疗

20

信息、银行账户的安全。例如，国家计算机病毒应急处理中心公布的叫做 TrojSpy_Banker.YY 的恶意诱骗用户暴露个人银行账号密码的网银木马。该木马会监视浏览器正在访问的网页，如果发现用户正在登录工商银行个人银行，就会弹出伪造的登录对话框，诱骗用户输入登录密码和支付密码，通过邮件将窃取的信息发送出去。根据《瑞星 2010 年度安全报告》显示，2010 年中国网民因为病毒破坏计算机，木马窃取网银、网游的账号密码等受到的直接经济损失已超过 10 亿元人民币。而如果用户的计算机还带有麦克风或者摄像头，木马程序则能自动启动这些设备，窃听谈话内容和捕获视频内容。

### 1.5.3　钓鱼网站

"钓鱼网站"是指不法分子利用各种手段，仿冒真实网站的 URL 地址及页面内容，或者利用真实网站服务器程序上的漏洞在站点的某些网页中插入危险的 HTML 代码，以此来骗取用户"自愿"提供银行或信用卡账号、密码等私人资料。在这种侵权方式中，不法分子不需要主动攻击，他只需要静静等候，一旦有人落入圈套，其填写的账号、密码等个人信息就成为不法分子的囊中之物。正所谓"姜太公钓鱼，愿者上钩"。

根据《2012 年中国反钓鱼网站联盟工作报告》显示，截至 2012 年 11 月 20 日，联盟已累计认定并处理钓鱼网站 100 402 个，其中 2012 年 1～11 月共处理 24 535 个，网络交易类（74.38%）、虚假中奖类（12.96%）、金融证券类（12%）网站位列钓鱼攻击的前三位。其具体操作方法为：在网络交易和金融证券中，钓鱼者通过模仿电子商务网站和银行等在线支付网页，骗取网民银行卡信息或支付宝账户和密码。2011 年春节期间，许多中国银行网上银行用户都收到了这样的一条短信："尊敬的网银用户：您申请的中行 E 令行卡即将过期，请尽快登入 www.boczs.com 进行升级。给您带来不便，敬请谅解（中国银行）"。而事实上，中国银行的网址为 www.boc.cn，短信中提及的 www.boczs.com 就是典型的钓鱼网站。它的页面伪造的与真正的中国银行页面完全一致，用户为了升级而输入的账号和密码就这样落到"钓鱼者"手里，然后"钓鱼者"再登录真正的网上银行将用户账上的存款转移。虚假中奖类的操作方式为"钓鱼者"冒充著名节目或网站向用户发送中奖网页为诱饵，欺骗网民填写身份信息、银行账户等信息，如 2010 年出现的多起仿冒"非常 6+1"节目中奖信息骗取网民钱财的网络诈骗事件。根据《第 27 次中国互联网络发展状况调查统计报告》的统计，截至 2010 年 12 月，网上支付用户规模达到 1.37 亿人，使用率为 30%，比 2009 年年底增加了 4313 万，增长率高达 45.9%。这一广阔的市场让"钓鱼网站"看到了巨大的利益空间，用户个人信息的网络安全仍面临严峻考验。

### 1.5.4　监视网络通信记录

电子邮件和 QQ、MSN、SKYPE 这样的聊天软件是互联网上最常用的通信工具。它们快速、便捷的特点也使得其在企业日常运作中得到广泛运用，成为企业提高快速反应力、扩大生产力、减少纸张使用等方面的得力助手。网络监控网站 Royal Pingdom 发布的《2010 互联网数据》和《让人震惊的关于即时通信的数据和事实》这两份统计数据显示：2010 年全球共发送 107 万亿封电子邮件，除去 89%的垃圾邮件，一年的发送量仍然达到惊人的 11 万亿，平均每天 300 多亿封，而其中的 1/4 都是企业发出的。在即时信息方面，2009 年全球 10 亿即时通信用户平均每天产生 470 亿条信息，其中 32%来源于企业内部网络。由此可见，网络通信已成为企业员工日常办公不可缺少的交流工具。

一些企业为了防止员工在工作时间利用即时通信闲聊而怠工，以及出于防止职员泄露企业信息的目的，开始在工作场所安装"电子监控系统"检查职员的电子邮件内容和聊天记录。我们认为，企业的此种行为是否属于侵犯职员个人信息安全的行为，应根据职员在工作场所收发电子邮件和即时信息的情况而区别定性：第一种情形是职员通过公共网络中企业注册的电子邮件和即时通信账户发送信息，此时职员对通信内容没有隐私期待权，企业的监督是合理的。这是因为既然是以企业名义注册的邮箱和账户，那么就可推知其只能用于收发与工作内容有关的信息，企业对于这类信息当然享有知情权。第二种情形是职员通过自己在公共网络中注册的电子邮件和即时通信账户收发信息。这种情况下职员就享有对这部分信息的隐私权，企业应对其监视行为承担侵权责任。第三种情况是电子邮件和即时信息的收发是在企业内部网络中完成的，此时企业对该网络的监督也是合理的。

## 1.5.5 手机厂商侵犯隐私

2011 年国外媒体称苹果 iPhone 和谷歌 Android 智能手机定期收集用户的地理位置信息，并回传给苹果和谷歌。这引发了人们对个人隐私问题的担忧。

隐私权是指公民"享有的私人生活安宁与私人信息依法受到保护，不被他人非法侵扰、知悉、搜集、利用和公开的一种人格权"。用通俗的话讲，隐私权就是保护个人不欲为外人所知的私人事务。这是一种范围非常广的概念，因而没有任何一部立法对隐私做出明确而又具体的定义，然而隐私已涵盖了个人及个人生活的几乎所有环节，成为现代社会保护个人利益最全面、最有力的"借口"和"手段"。

2014 年 7 月央视《新闻直播间》曝光了苹果 iPhone 未经用户许可擅自采集个人隐私一事。央视调查揭秘指出，在苹果 IOS 7.0 版本中，用户只要在苹果手机上使用软件、连接 WiFi，用户使用软件的时间、地点等日常行迹信息就会被完全记录下来。面对质疑，苹果首次公开承认了收集用户信息的事实，这一行为引发了国内用户的普遍不满，也为消费者购机再次敲响了安全警钟。

根据央视对苹果安全门事件的调查显示，苹果在我国拥有数以亿计的手机用户，而大部分 iPhone 用户对其擅自采集个人信息一事并不知情。在北京、青岛、太原三个城市随机走访的 60 位苹果手机用户，知道苹果收集个人隐私信息的用户占比不足 10%。大部分用户在了解这一事实后均表示十分惊讶，对此颇为不满。

苹果手机中的定位功能可以显示手机用户经常活动的地点、活动的时间、活动的频率。即使用户将定位功能关掉，后台系统还是能将手机软件使用时所在地点、时间等信息完整地记录下来。针对央视的曝光，苹果公司强调不会将手机用户的详细资料透露给任何第三方，但是并未对传送用户数据至数据库进行否认。但实际上出于国家安全的考虑，美国情报部门的特工可以轻易地调取相应数据进行分析。

不少用户表示，苹果的这一行为严重侵犯了个人隐私安全，且毫无正面作用，负面性很大。多位业内专家认为，苹果的侵权行为无论是对个人安全还是国家信息安全都有着严重的威胁，这次事件从行业规范和法律角度都存在着严重的问题。已经有业内人士呼吁，由于苹果手机是硬件、软件和云服务等完全一体化的封闭系统，外部企业和安全厂商无法插手，应要求党政军及掌控关键基础设施的人员禁止使用苹果手机。另有律师建议，在苹果公司存在监控窃取用户秘密信息功能的情况下，相关部门应暂时叫停苹果手机在中国大陆的销售。

据报道，2010 年时，苹果公司曾向美国国会解释手机定位功能，称用户数据只会被匿名储存，不会暴露用户身份。2011 年，美国国会能源与商业委员会向苹果发函，要求苹果公司解释追踪用户信息的详情。苹果公司表示，定位数据并非用户所在位置，而是苹果一个关于用户所在地周围无线网络"热点"和手机信号塔位置的数据库。2013 年，美国一名法官审理了类似的侵权诉讼，原告被裁定在购买 iPhone 前没有阅读苹果的隐私条款。

2014 年 12 月中国台湾地区国家通信传播委员会（NCC）宣布，发现包括苹果在内的 12 家世界主要手机厂商违反了个人信息保护法案，有收集、处理和使用个人信息的行为。中国台湾地区国家通信传播委员会相当于美国的 FCC，该机构并没有公布侵犯隐私法的细节，不过表示与这些公司提供的云服务有关。NCC 在调查中国小米公司在没有授权的情况下收集和传输用户数据时发现了这几家公司的问题。

从移动互联网信息安全的理论上看，手机通信安全系统有 4 个层次，第一层是从空中通道加密保护，第二层是在软件系统上进行保护，第三层是在数据存储上加密保护，第四层是物理隔离保护。只有做到这 4 种层次全方位保护，才可以说是一个完整的安全解决方案。在安全解决方案上，工信部近一年来出台了多条制度规定以保护消费者信息安全，国家信息安全协会也对个人信息安全保护大声呼吁。业内人士指出，在很长一段时间里，手机安全将成为用户在选择智能手机时考量的一个重要因素。

# 1.6　常用网络安全技术简介

网络安全技术是指致力于解决诸如如何有效进行介入控制，以及如何保证数据传输的安全性的技术手段，常用到的包括以下几个方面的技术：

**1．网络监控技术**

网络监控是针对局域网内的计算机进行监视和控制，针对内部的计算机上互联网活动（上网监控）及非上网相关的内部行为（内网监控）。网络监控产品主要分为监控软件与监控硬件两种。随着互联网的飞速发展，互联网的使用越来越普遍，网络和互联网不仅成为企业内部的沟通桥梁，也是企业和外部进行各类业务往来的重要管道。

**2．认证签名技术**

认证技术主要解决网络通信过程中通信双方的身份认可，数字签名作为身份认证技术中的一种具体技术，同时还可用于通信过程中不可抵赖要求的实现。

**3．安全扫描技术**

网络安全技术中，另一类重要的技术为安全扫描技术。安全扫描技术与防火墙、安全监控系统互相配合能够提供很高安全性的网络。安全扫描工具通常也分为基于服务器和基于网络的扫描器。

**4. 密码技术**

密码学是信息安全等相关议题，如认证、访问控制的核心。密码学的首要目的是隐藏信息的涵义，并不是隐藏信息的存在。密码学也促进了计算机科学，特别是计算机与网络安全所使用的技术，如访问控制与信息的机密性。密码学已被应用在日常生活中，包括自动柜员机的芯片卡、计算机使用者存取密码、电子商务等。

**5. 防病毒技术**

计算机病毒的预防技术就是通过一定的技术手段防止计算机病毒对系统的传染和破坏。实际上这是一种动态判定技术，即一种行为规则判定技术。也就是说，计算机病毒的预防是采用对病毒的规则进行分类处理，而后在程序运作中凡有类似的规则出现则认定是计算机病毒。具体来说，计算机病毒的预防是通过阻止计算机病毒进入系统内存或阻止计算机病毒对磁盘的操作，尤其是写操作。预防病毒技术包括磁盘引导区保护、加密可执行程序、读写控制技术、系统监控技术等。

**6. 防火墙技术**

网络防火墙技术是一种用来加强网络之间访问控制，防止外部网络用户以非法手段通过外部网络进入内部网络，访问内部网络资源，保护内部网络操作环境的特殊网络互联设备。它对两个或多个网络之间传输的数据包如链接方式按照一定的安全策略来实施检查，以决定网络之间的通信是否被允许，并监视网络运行状态。

防火墙产品主要有堡垒主机、包过滤路由器、应用层网关（代理服务器）及电路层网关、屏蔽主机防火墙、双宿主机等类型。

**7. VPN 技术**

VPN（虚拟专用网络）的功能是在公用网络上建立专用网络，进行加密通信，在企业网络中有着广泛的应用。VPN 网关通过对数据包的加密和数据包目标地址的转换实现远程访问。VPN 有多种分类方式，主要是按协议进行分类。VPN 可通过服务器、硬件、软件等多种方式实现。VPN 具有成本低，易于使用等特点。

网络安全的技术主要包括监控、扫描、检测、加密、认证、防攻击、防病毒、审计等几个方面，其中加密技术是核心技术，已经渗透到大部分安全产品之中，并正向芯片化方向发展。

# 1.7　常用网络密码安全保护技巧

当前，大部分用户密码被盗，多是因为缺少网络安全保护意识及自我保护意识，以致被黑客盗取引起经济损失。下面将讨论一下针对 10 类破解方法的对策，也举出 10 类密码安全和保护技巧，希望可以提高读者的网络安全意识。

**1. 使用复杂的密码**

密码穷举对于简单的长度较短的密码非常有效，但是如果网络用户把密码设的较长一些，而且没有明显的规律特征（如用一些特殊字符和数字字母组合），那么穷举破解工具的破解过程就变得非常困难，破解者往往会对长时间的穷举失去耐性。通常认为，密码长度应该至少大于 6 位，最好大于 8 位，密码中最好包含字母、数字和符号，不要使用纯数字、常用英文单词的组合、自己的姓名、生日做密码。

**2. 使用软键盘**

对付击键记录，目前有一种比较普遍的方法就是通过软键盘输入。软键盘也叫虚拟键盘，用户在输入密码时，先打开软键盘，然后用鼠标选择相应的字母输入，这样就可以避免木马记录击键。另外，为了更进一步保护密码，用户还可以打乱输入密码的顺序，这样就进一步增加了黑客破解密码的难度。

**3. 使用动态密码（一次性密码）**

动态密码（Dynamic Password）指用户的密码按照时间或使用次数不断动态变化，每个密码只使用一次。动态密码对于截屏破解非常有效，因为即使截屏破解了密码，也仅仅破解了一个密码，下一次登录不会使用这个密码。不过鉴于成本问题，目前大多数动态密码卡都是刮纸片的那种原始的密码卡，而不是真正意义上的一次性动态密码，其安全性还是难以保证。真正的动态密码锁采用一种称为动态令牌的专用硬件，内置电源、密码生成芯片和显示屏。其中，数字键用于输入用户 PIN 码；显示屏用于显示一次性密码。每次输入正确的 PIN 码，都可以得到一个当前可用的一次性动态密码。由于每次使用的密码必须由动态令牌来产生，而用户每次使用的密码都不相同，因此黑客很难计算出下一次出现的动态密码。不过真正的动态密码卡成本在 100～200 元，较高的成本限制了其大规模的使用。

**4. 网络钓鱼的防范**

防范钓鱼网站的方法，首先要提高警惕，不登录不熟悉的网站，不要打开陌生人的电子邮件，安装杀毒软件并及时升级病毒知识库和操作系统补丁。使用安全的邮件系统，发送重要邮件要加密，将钓鱼邮件归为垃圾邮件。IE7 和 FireFox 有网页防钓鱼的功能，访问钓鱼网站会有提示信息。

**5. 使用 SSL 防范 Sniffer**

传统的网络服务程序，HTTP、FTP、SMTP、POP3 和 TELNET 等在本质上都是不安全的，因为它们在网络上用明文传送口令和数据，Sniffer（网络嗅探器）非常容易就可以截获这些口令和数据。对于 Sniffer，可以采用会话加密的方案，把所有传输的数据进行加密，这样 Sniffer 即使嗅探到了数据，这些加密的数据也是难以解密还原的。目前广泛应用的是 SSL（Secure Socket Layer），可以方便安全的实现加密数据包传输。当用户输入口令时应该使用支持 SSL 协议的方式进行登录，如 HTTPS、SFTP、SSH 而不是 HTTP、FTP、POP、SMTP、TELNET 等协议，以防止 Sniffer 的监听。SSL 的安全验证可以在不安全的网络中进行安全的通信。

**6. 尽量不要将密码保存在本地**

将密码保存在本地是一个不好的习惯，很多应用软件（如某些 FTP 等）保存的密码并没有设计得非常安全，如果本地没有一个很好的加密策略，那将为黑客破解密码大开方便之门。

**7. 使用 USB Key**

USB Key 是一种 USB 接口的硬件设备，它内置单片机或智能卡芯片，有一定的存储空间，可以存储用户的私钥及数字证书，利用 USB Key 内置的公钥算法实现对用户身份的认证。由于用户私钥保存在密码锁中，理论上使用任何方式都无法读取，因此保证了用户认证的安全性。

**8. 个人密码管理**

要保持严格的密码管理观念，实施定期更换密码，可每月或每季更换一次。永远不要将密码写在纸上，不要使用容易被别人猜到的密码。对一些比较难记的密码要做存储并加密，加密后的文件即使被盗，或无意中在网络中散布，也不会导致重要信息泄露出去。

**9. 密码分级**

对于不同的网络系统使用不同的密码，对于重要的系统使用更为安全的密码。绝对不要所有系统使用同一个密码。对于那些偶尔登录的论坛，可以设置简单的密码；对于重要的信息、电子邮件、网上银行之类，必须设置为复杂的密码。永远也不要把论坛、电子邮箱和银行账户设置成同一个密码。

**10. 生物特征识别**

生物特征识别技术是指通过计算机，利用人体所固有的生理特征或行为特征来进行个人身份鉴定。常用的生物特征包括指纹、掌纹、虹膜、声音、笔迹、脸像等。生物特征识别是一种简单可靠的生物密码技术，生物识别技术认定的是人本身，由于每个人的生物特征具有与其他人不同的唯一性，以及在一定时期内不变的稳定性，不易被伪造和假冒，因此可以最大限度地保证个人资料的安全。目前人体特征识别技术市场上占有率最高的是指纹机和手形机，这两种识别方式也是目前技术发展中最成熟的。

# 1.8 网络安全的目标

## 1.8.1 第 38 届世界电信日主题

第 38 界世界电信日主题——让全球网络更安全（Promoting Global Cyber Security）。

在一个日益网络化的社会，保证网络及信息通信技术系统和基础设施的安全已成为当务之急。因此，必须树立对网上交易、电子商务、电子银行、远程医疗、电子政务和一系列其他应用的信心。这对于全球经济社会的未来发展至关重要。

实现网络安全取决于每个互联网国家、企业和公民采取的安全措施。为防范高技能的网络犯罪分子，必须培育全球网络安全文化。这不仅需要良好的监管和立法，还需要敏于察觉威胁，并制定出基于信息通信技术的严厉对策。

## 1.8.2 我国网络安全的战略目标

提升网络普及水平、信息资源开发利用水平和信息安全保障水平。抓住网络技术转型的机遇，基本建成国际领先、多网融合、安全可靠的综合信息基础设施。信息安全的长效机制基本形成，国家信息安全保障体系较为完善，信息安全保障能力显著增强。这就是我国网络安全的战略目标，参见《2006—2020 年国家信息化发展战略》。

## 1.8.3 网络安全的主要目标

通俗地说，网络安全的主要目标是保护网络信息系统，使其没有危险，不受威胁，不出事故。在这里用 5 个通俗的说法来形象地描绘网络安全的目标，如图 1.5 所示。

将上述说法归纳总结为以下 4 个方面讨论：

**1. 可用性**

可用性指信息或者信息系统可被合法用户访问，并按其要求运行的特性。

如图 1.5 所示，"进不来"、"改不了"和"拿不走"都实现了信息系统的可用性。

人们通常采用一些技术措施或网络安全设备来实现这些目标。例如使用防火墙，把攻击者阻挡在网络外部，让它们"进不来"。即使攻击者进入了网络内部，由于有加密机制，会使他们"改不了"和"拿不走"关键信息和资源。

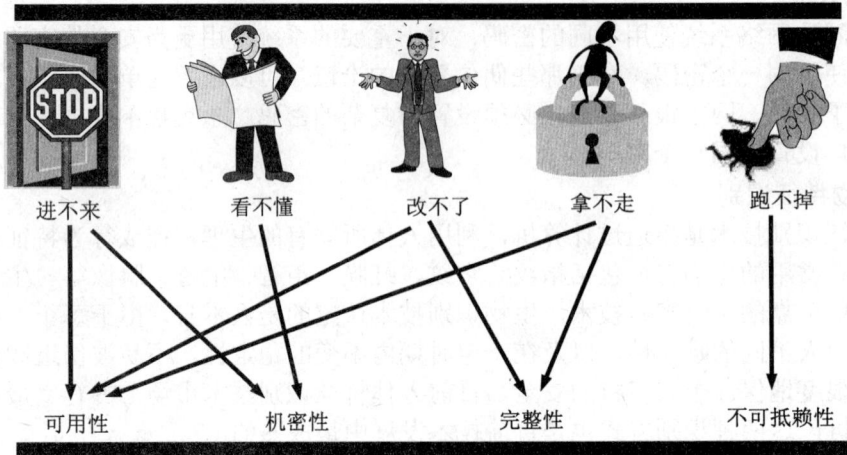

图 1.5　网络安全的主要目标

## 2．机密性

机密性将对敏感数据的访问权限制在那些经授权的个人，只有他们才能查看数据。机密性可防止向未经授权的个人泄露信息，或防止信息被加工。

"进不来"和"看不懂"都实现了信息系统的机密性。

人们使用口令对进入系统的用户进行身份鉴别，非法用户没有口令就"进不来"，这就保证了信息系统的机密性。即使攻击者破解了口令而进入系统，加密机制也会使得他们"看不懂"关键信息。例如，甲给乙发送加密文件，只有乙通过解密才能读懂其内容，其他人看到的是乱码。由此便实现了信息的机密性。

## 3．完整性

完整性指防止数据未经授权或意外改动，包括数据插入、删除、修改等。为了确保数据的完整性，系统必须能够检测出未经授权的数据修改。其目标是使数据的接收方能够证实数据没有被改动过。

如图 1.5 所示，"改不了"和"拿不走"都实现了信息系统的完整性。

使用加密机制，可以保证信息系统的完整性，攻击者无法对加密信息进行修改或者复制。完整性与机密性不同，机密性要求信息不被泄露给未授权的人，而完整性则要求信息不能受到各种原因的任意破坏。

## 4．不可抵赖性

不可抵赖性也叫不可否认性，即防止个人否认先前已执行的动作，其目标是确保数据的接收方能够确信发送方的身份。例如，接收者不能否认收到消息，发送者也不能否认发送过消息。如图 1.5 所示，"跑不掉"就实现了信息系统的不可抵赖性。如果攻击者进行了非法操作，系统管理员使用审计机制或签名机制也可让他们无处遁形。

# 课 后 习 题

## 一、选择题

1．网络安全不包含以下（　　　）。

A. 网络设备安全 B. 网络信息安全

C. 网络协议安全 D. 网络软件安全

2. 下列关于用户口令说法错误的是（ ）。

 A. 口令不能设置为空

 B. 口令长度越长，安全性越高

 C. 复杂口令安全性足够高，不需要定期修改

 D. 口令认证是最常见的认证机制

3. 在使用复杂度不高的口令时，容易产生弱口令的安全脆弱性，被攻击者利用，从而破解用户账户，下列（ ）具有最好的口令复杂度。

 A. morrison B. Wm．$*F2m5@

 C. 27776394 D. wangjing1977

4. 网络信息未经授权不能进行改变的特性是（ ）。

 A. 完整性 B. 可用性

 C. 可靠性 D. 保密性

5. 确保信息在存储、使用、传输过程中不会泄露给非授权的用户或者实体的特性是（ ）。

 A. 完整性 B. 可用性

 C. 可靠性 D. 保密性

6. 下列（ ）不属于物理安全控制措施。

 A. 门锁 B. 警卫

 C. 口令 D. 围墙

7. 统计数据表明，网络和信息系统最大的人为安全威胁来自于（ ）。

 A. 恶意竞争对手 B. 内部人员

 C. 互联网黑客 D. 第三方人员

8. 在需要保护的信息资产中，（ ）是最重要的。

 A. 环境 B. 硬件

 C. 数据 D. 软件

9. （ ）手段可以有效应对较大范围的安全事件的不良影响，保证关键服务和数据的可用性。

 A. 定期备份 B. 异地备份

 C. 人工备份 D. 本地备份

10. 网页恶意代码通常利用（ ）来实现植入并进行攻击。

 A. 口令攻击 B. U盘工具

 C. IE浏览器的漏洞 D. 拒绝服务攻击

11. 覆盖地理范围最大的网络是（ ）。

 A. 广域网 B. 城域网

 C. 无线网 D. 国际互联网

12. 要安全浏览网页，不应该（ ）。

 A. 定期清理浏览器缓存和上网历史记录

B. 禁止使用 ActiveX 控件和 Java 脚本

C. 定期清理浏览器 Cookies

D. 在他人计算机上使用"自动登录"和"记住密码"功能

13. 系统攻击不能实现（　　）。

A. 盗走硬盘　　　　　　　　　　　　B. 口令攻击

C. 进入他人计算机系统　　　　　　　D. IP 欺骗

14. 网络安全最终是一个折中的方案，即安全强度和安全操作代价的折中，除了增加安全设施投资外，还应考虑（　　）。

A. 用户的方便性　　　　　　　　　　B. 管理的复杂性

C. 对现有系统的影响及对不同平台的支持　D. 上面三项都是

15. 网络安全的基本属性是（　　）。

A. 机密性　　　　　　　　　　　　　B. 可用性

C. 完整性　　　　　　　　　　　　　D. 上面三项都是

16. 从攻击方式区分攻击类型，可分为被动攻击和主动攻击。被动攻击难以（　　），然而（　　）这些攻击是可行的；主动攻击难以（　　），然而（　　）这些攻击是可行的。

A. 阻止，检测，阻止，检测　　　　　B. 检测，阻止，检测，阻止

C. 检测，阻止，阻止，检测　　　　　D. 上面三项都不是

17. 窃听是一种（　　）攻击，攻击者（　　）将自己的系统插入到发送站和接收站之间。截获是一种（　　）攻击，攻击者（　　）将自己的系统插入到发送站和接收站之间。

A. 被动，无须，主动，必须　　　　　B. 主动，必须，被动，无须

C. 主动，无须，被动，必须　　　　　D. 被动，必须，主动，无须

18. 拒绝服务攻击的后果是（　　）。

A. 信息不可用　　　　　　　　　　　B. 应用程序不可用

C. 阻止通信　　　　　　　　　　　　D. 上面几项都是

19. 攻击者用传输数据来冲击网络接口，使服务器过于繁忙以至于不能应答请求的攻击方式是（　　）。

A. 拒绝服务攻击　　　　　　　　　　B. 地址欺骗攻击

C. 会话劫持　　　　　　　　　　　　D. 信号包探测程序攻击

20. 攻击者截获并记录了从 A 到 B 的数据，然后又从早些时候所截获的数据中提取出信息重新发往 B 称为（　　）攻击。

A. 中间人　　　　　　　　　　　　　B. 口令猜测器和字典

C. 强力　　　　　　　　　　　　　　D. 回放

21. 口令破解的最好方法是（　　）

A. 暴力破解　　　　　　　　　　　　B. 组合破解

C. 字典攻击　　　　　　　　　　　　D. 生日攻击

22. 可以被数据完整性机制防止的攻击方式是（　　）

A. 假冒　　　　　　　　　　　　　　B. 抵赖

C. 窃取　　　　　　　　　　　　　　D. 篡改

23. 网络安全的特征包含保密性、完整性、（　　）4 个方面。

A. 可用性和可靠性　　　　　　　　　　B. 可用性和合法性

C. 可用性和有效性　　　　　　　　　　D. 可用性和可控性

24. 如果认为自己已经落入网络钓鱼的圈套，则应采取的措施是（　　）。

    A. 向电子邮件地址或网站被伪造的公司报告该情形

    B. 更改账户的密码

    C. 立即检查财务报表

    D. 以上全部都是

25. 下面技术中不能防止网络钓鱼攻击的是（　　）。

    A. 在主页的底部设有一个明显链接，以提醒用户注意有关电子邮件诈骗的问题

    B. 利用数字证书（如 USB KEY）进行登录

    C. 根据互联网内容分级联盟（ICRA）提供的内容分级标准对网站内容进行分级

    D. 安装杀毒软件和防火墙，及时升级，打补丁，加强员工安全意识

26. 下面不会帮助减少收到的垃圾邮件数量的是（　　）。

    A. 使用垃圾邮件筛选器帮助阻止垃圾邮件

    B. 共享电子邮件地址或即时消息地址时应小心谨慎

    C. 安装 VPN 系统

    D. 收到垃圾邮件后向有关部门举报

## 二、填空题

1. _____是第一大上网终端设备。

2. 网络安全是指网络系统的硬件、软件及其系统中的数据受到_____，不因偶然的或者恶意的原因而遭受到破坏、_____、_____，系统连续可靠正常地运行，网络服务不中断。

3. 网络安全包含网络设备安全、_____、_____。

4. 网络互联设备的安全控制中对整个子网内的所有主机的传输信息和运行状态进行安全监测和控制，主要通过_____或_____实现。

5. 电子商务安全从整体上可分为_____和_____两大部分。

6. 非破坏性攻击通常是为了扰乱系统的运行，并不是盗窃系统资料，攻击手段包括_____和_____。

7. 黑客非法获取支付结算、证券交易、期货交易等网络金融服务的账号、口令、密码等信息 10 组以上，可处_____年以下有期徒刑等刑罚；获取上述信息 50 组以上的，处 3 年以上_____年以下有期徒刑。

8. 网络攻击可被分为_____和_____两类。

## 三、简答题

1. 互联网的优点有哪些？

2. 网络安全涉及哪些学科？

3. 网络安全的重要性都体现在哪些方面？

4. 网络安全有哪些种类？

5. 电子商务安全中的计算机网络安全存在哪些主要问题内容？

6. 电子商务安全中的计算机商务交易安全存在哪些主要问题内容？

29

第 1 章

网络安全概述

7. 黑客的行为主要有哪几种？

8. 网络的主动攻击包括哪些形式？

9. 常见网络攻击包括哪些形式？

10. 为什么说我国的网络安全现状极为脆弱？

11. Cookie 运用于哪几个方面？

12. 个人数据信息面临哪些网络威胁？

13. 常用网络安全技术有哪些？

14. 常用网络密码安全保护技巧有哪些？

15. 我国网络安全的战略目标是什么？

16. 网络安全的目标可归纳为哪 4 个方面？

# 第2章 网络监控原理

## 2.1 网络监控介绍

计算机网络的普及应用已渗透到社会各个层面，网络给各行各业带来便利的同时也带来了安全和管理问题。互联网络是一把双刃剑，有了网络，企业员工在实现网络办公的同时，通过网络从事一些业务范围之外的活动，如在工作时间利用网络看新闻、玩游戏、干私活、聊天、泄密公司资料、炒股票、下载电影、在线听歌曲，甚至利用公司的网络为自己找工作等。这些网络活动，消耗了公司的资源，影响工作效率、泄露企业机密，甚至因此丢失了客户资源。利用局域网网络监控软件对非法网络行为实行监控，并结合企业的内部管理机制对企业信息进行管理可以有效地预防和避免上述事件的发生，能够达到事半功倍的效果，这一方法已经为大家所认知。

### 2.1.1 为什么要使用网络监控

很多单位对网络及计算机设备的投入很大，但却不对应用软件特别是安全软件的投入，组建了性能出色的网络环境及购买了现代化的办公设备，这些高端设备却成了浪费公司人力和财力，甚至是纵容员工上班时间做工作之外的事情的"帮凶"，不仅降低了工作效率，甚至会造成更大的损失。设置网络监控管理，防患于未然，尤为重要。

目前很多企业配备了专门的网络管理人员管理企业所构建的网站，虽然管好了设备，但设备所带来的方便却降低了企业员工的工作效率（都用网络干别的事情去了），加大了商业信息泄露的风险（因为缺乏管理，客户资料很可能被自己人传送给竞争对手，成为对方的资源）。因此企业内部网络的管理，仅仅靠购买设备是不够的，仅仅建设网站也是不够的，只管理网络设备是不够的，还需要把员工使用网络的内容做监控，把使用网络的行为管理起来。尤其是外贸企业、技术研发类企业（如软件开发、机械工程）、政府机关、银行、医院、部队等关键任务机构，对员工的上网监督管理必不可少。

### 2.1.2 网络监控的主要目标

网络监控系统总体目标是能有效防止员工通过网络以各种方式泄密，防止并追查重要资料、机密文件的外泄渠道，实现对网络计算机及网络资源的统一管理和有效监控。监督、审查、限制、规范网络使用行为，未经授权不得以任何方式外发文件，不得在上班时间利用网络做不应该做的事（如聊天、游戏、外发资料、BT 恶性下载、买卖股票等），能够记录网络往来的内容（如外贸企业的订单过程、QQ/MSN 聊天记录内容和行为过程），对计算机的各种端口和设备实施全面管理和控制，对使用计算机、上网、收发邮件、网上聊天和计算机游戏进行严格管理，能够进行流量限制及网站访问统计，分析员工使用网络的情况等。

## 2.1.3 网络监控的分类

网络监控是针对局域网内的计算机进行监视和控制，针对内部的计算机在互联网上的活动（上网监控）及非上网相关的内部行为与资产等过程管理（内网监控）。随着互联网的飞速发展，互联网的使用越来越普遍，网络和互联网不仅成为企业内部的沟通桥梁，也是企业和外部进行各类业务往来的重要管道。网络监控产品主要分为监控硬件与监控软件两种。

网络监控硬件其实是软硬件结合的产品，主要在主机或服务器上部署软件，在路由上部署硬件，无须再在其他被控计算机中安装部署。硬件的功能是固定的，它在功能的扩展方面有其自身的局限性，在新的需求不断增加时，就很可能要通过设备的更换才能满足企业持续管理的需求。硬件的购买成本都比软件高。有的监控硬件设备还要配套的周边硬件支持，需要加大硬件的前期投资预算。就资金这一点，软件的优势非常明显：一套软件，最多再加一张网卡、两条网线，就可以实现有效的网络监控管理了。维护方面，硬件无论是从前期产品的试用，还是后期产品的维护方面，都相对专业且维护成本较高。监控硬件设备一旦出现较大或无法确认的问题，维护人员无法擅自维护，只能送往厂家维修或通知厂家人员上门维修，进一步增大了维护成本开销（不论是服务费用还是运输费用），最重要的是耽误时间、影响了工作的进度。软件就不存在这个问题。它可以无条件的前期试用，在购买后可以不断地升级，功能、稳定性都会越来越强大，越来越完善。而且目前大多数软件都有免费升级年限，即使超过免费升级年限，升级费用和硬件的维护费用比较起来也是很低的。技术难度方面，硬件需要专门的管理人员去维护，而软件的操作都是非常人性化的，不管是网络管理人员，还是公司高层管理人员，可以说只要能够使用计算机，就能够操作网络监控软件，软件上手更加容易，方便管理人员直接管理查看。综上所述，软件更加适合对网络监管一般性需求的单位进行配置。下面重点介绍网络监控软件的内容。

网络监控软件按照运行原理可分为监听模式和网关模式两种。

**1．监听模式**

通过抓取总线 MAC 层数据帧方式获得监听数据，并利用网络通信协议原理实现控制的方法。采用如下方法之一来解决安装问题：

（1）通过共享式网络。

共享式网络结构简单，主要的设计思想就是将网络中心设备设置成 Hub（集线器），这样形成的网络就成为共享式网络。其中，中心设备集线器工作模式是共享模式，并且是工作在 OSI 的物理层面上。一旦网络设计成共享式网络，即局域网的交换中心设备是用集线器来实现的，就可以在该网络的任何一台计算机上安装相关的网络协议分析软件。在这种环境下，该分析软件能够捕获到整个网络中所有节点之间的通信数据包。这个模式是一个比较通用的方法，但由于 Hub 基本都是 10M 的，因此在网络性能上将受到很大限制，也意味着丢包的危险。Hub 不适合大型网络环境，有很大局限，目前已经基本被淘汰。共享式网络的网络安装结构图如图 2.1 所示。

（2）通过拥有镜像备份功能的交换式网络。

交换式网络是指将网络的交换中心设备设置成交换机（即 Switch），这样的网络就叫交换式网络。在交换式网络中，中心设备即交换机是在 OSI 模型的链接数据层工作的，中心设备的各端口两两之间可以高效地分离冲突域，所以通过交换机相互连接的网络能够将整个大的网络分离成许多小的网络子域。在拥有镜像备份功能的交换式网络中，由于网络的中心设备具有镜像功能，如果在交换机中心设备上设置好相应的镜像端口，然后在与镜像端口相连接的主机上面安装网络协议分析，就能够抓取到整个交换式网络中的全部数据通信报。交换式网络的网络安装结构图如图 2.2 所示。

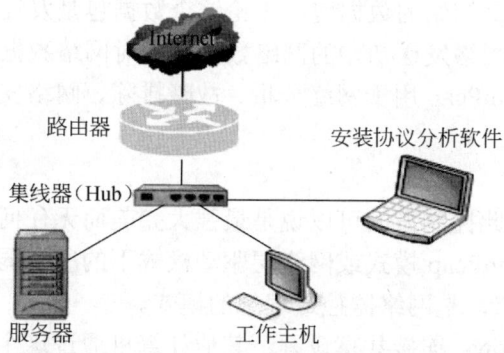

图 2.1　共享式网络　　　　　　图 2.2　交换式网络

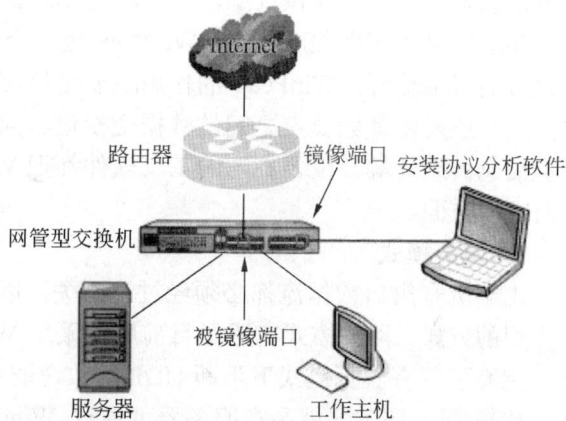

（3）通过拥有镜像功能的相互交换式网络。

在实际中，考虑到成本或者技术上的原因，许多交换机设计和制造都很简单，它们并不拥有镜像备份的功能，于是对于这类交换机，在实际中就不可能利用端口镜像来对网络进行监控和分析。此时，可以采取其他方法来实现。为了实现对网络数据的抓取，考虑在路由器或者网络防火墙与交换机之间连接一个集线器或分路器，连接方式为串联，这种网络就叫相互交换式网络。相互交换式网络的网络安装结构图如图 2.3 所示。

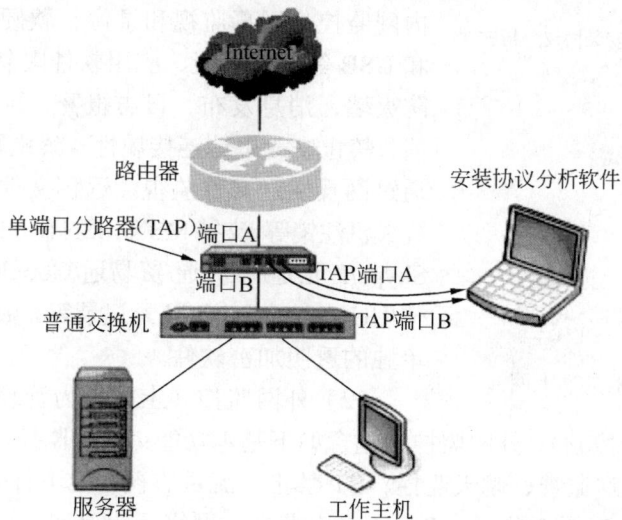

图 2.3　相互交换式网络

从上面文字的描述中看到，其实所有监听模式的解决方法都是不太可靠的，监听模式下只能对网络数据进行监视和记录，对网络数据无法进行访问控制和限制，而目前所有使用 WinPcap 驱动的网络监控软件及使用网络层驱动的软件都是监听模式。如果要求使用前面的三个安装方法之一就肯定是监听模式软件。因此，真正商业运行的话强烈建议使用网关模式。

WinPcap 是用于网络封包抓取的一套工具，可适用于 32/64 位的操作平台上解析网络封包，包含了核心的封包过滤，一个底层动态链接库和一个高层系统函数库，以及可用来直接存取封包的应用程序界面。WinPcap 是一个免费公开的软件系统，用于 Windows 系统下直接的网络编程。WinPcap 的作用主要是捕获最初始的数据包，无论这个数据包是发往本节点，还是跟其他节点之间的数据交换包、向网络发送初始的网络数据包、对网络数据流量信息做统计等。很多不同的工具软件都把 WinPcap 用于网络分析、故障排除、网络安全监控等方面。

**2. 网关模式**

由于所有出口数据流都必须经过该网关，因此控制方面可以说是最强大完美而无任何副作用的方式，网关模式克服了目前所有采用 WinPcap 模式或网络层驱动模式下的所有弱点，克服了所有监听模式下阻断 UDP 的致命弱点，是网络监控最理想的模式。

代理/网关服务器就是在服务器上通过 Windows 连接共享设置，其他计算机通过这个代理/网关服务器分享上网。一般都是双网卡模式：一个网卡连接外网；另外一个网卡连接内网。通常只需要在代理服务器上直接安装网络分析软件就可以实现了，但现在大部分的网络已经不再使用这个模式，直接通过路由的 NAT 上网共享模式。代理/网关服务器的网络安装结构图如图 2.4 所示。

网关模式按照管理目标区分为内网监控和外网监控两种。

（1）内网监控（内网行为管理、屏幕监视、软硬件资产管理、数据安全）。内网监控包含如下基本功能：内网监控、屏幕监视和录像、软硬件资产管理、光驱和 USB 等硬件禁止、应用软件限制、打印监控、ARP 防火墙、消息发布、日志报警、远程文件自动备份功能、禁止修改本地连接属性、禁止聊天工具传输文件、通过网页发送文件监视、远程文件资源管理、支持远程关机注销等、支持 MSN/MSN Shell/新浪 UC/ICQ/AOL/Skype/E 话通/雅虎通/贸易通/Google Talk/淘宝旺旺/飞信/UU Call/TM/QQ 聊天记录等。数据安全部分一般为单独的透明加密软件。

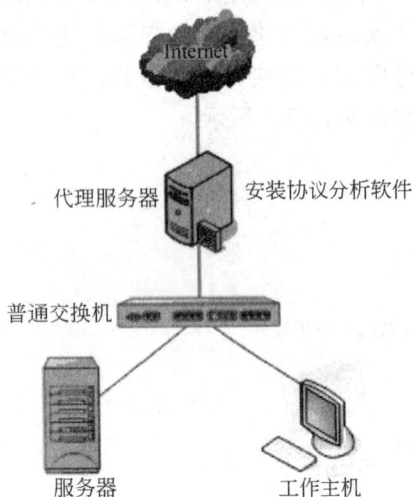

图 2.4 代理服务器共享上网

（2）外网监控（上网行为管理、网络行为审计、内容监视、上网行为控制）。外网监控应包含如下基本功能：上网监控、网页浏览监控、邮件监控、Webmail 发送监视、聊天监控、BT 禁止、流量监视、上下行分离流量带宽限制、并发连接数限制、FTP 命令监视、Telnet 命令监视、网络行为审计、操作员审计、软网关功能、端口映射和 PPPoE 拨号支持、通过 Web 方式发送文件的监视、通过 IM 聊天工具发送文件的监视和控制等。

无论是硬件还是软件方式的解决方法，都应包含内网监控和外网监控产品，通过合理的投资组合获得不断升级更新对资源和行为的管理。硬件在性能上相比软件来说较为具有优势，但在拓展性、升级更新、投资成本上却会造成很大的麻烦。

## 2.2 Sniffer 工具

### 2.2.1 Sniffer 介绍

Sniffer 是利用计算机的网络接口截获目的地为其他计算机的数据报文的一种工具。简单地说，Sniffer 就是一个网络上的抓包工具，同时还可以对抓到的包进行分析。

Sniffer 既可以是硬件，也可以是软件。软件 Sniffer 易于学习和使用，价格也比较便宜，但是往往无法抓取网络上所有的传输（如碎片），某些情况下也就可能无法真正了解网络的故障和运行情况；硬件的 Sniffer 通常称为协议分析仪，可以获取网络上所有的数据，因此对网络状况的分析更为准确，但是价格昂贵。目前主要使用的是软件。

以太网 Sniffer 是指对以太网设备上传送的数据包进行侦听，发现感兴趣的包。如果发现符合条件的包，就把它存到一个 log 的文件中去。通常设置的这些条件是包含字 username 或 password 的包，它的目的是将网络层放到"混杂"模式。"混杂"模式是指网络上的设备对总线上传送的所有数据进行侦听，并不仅仅是它们自己的数据。Sniffer 通常运行在路由器，或有路由器功能的主机上，这样就能对大量的数据进行监控。

### 2.2.2 Sniffer 原理

Sniffer 用英文翻译的意思为"嗅探器"，而 Sniffer 也可以比喻为卧底。它就像进入敌人内部的卧底一样，不断地将敌方的情报送出来。Sniffer 一般运行在路由器或有路由器功能的主机上，这样就可以达到监控大量数据的目的。它的运行平台也比较多，如 Windows、Linux、LanPatrol、LanWatch、Netmon 等。Sniffer 属于数据链路层的攻击，一般是攻击者进入目标系统，然后利用 Sniffer 来得到更多的信息（如用户名、口令、银行账户、密码等），它几乎能得到以太网上传送的任何数据包。通常 Sniffer 程序只需要看到一个数据包的前 200~350 个字节的数据就可以得到用户名和密码等信息。由此可见，这种攻击手段是非常危险的。

通常在同一个网段的所有网络接口都有访问在物理媒体上传输的所有数据的能力，而每个网络接口都还应该有一个硬件 MAC 地址，该硬件 MAC 地址不同于网络中存在的其他网络接口的硬件 MAC 地址，同时每个网络至少还要一个广播地址（代表所有的接口地址）。在正常情况下，一个合法的网络接口应该只响应这样的两种数据帧：帧的目标区域具有和本地网络接口相匹配的硬件 MAC 地址或帧的目标区域具有"广播地址"。在收到上面两种情况的数据包时网络接口通过 CPU 产生一个硬件中断，该中断能引起操作系统注意，然后将帧中所包含的数据传送给系统进一步处理。而 Sniffer 就是一种能将本地网络接口状态设成"混杂"状态的软件，当网络接口处于这种"混杂"方式时，该网络接口具备"广播地址"，它对所有遭遇到的每一个帧都产生一个硬件中断，以便提醒操作系统处理流经该物理媒体上的每一个报文包（绝大多数的网络接口具备置成"混杂"方式的能力）。

可见，Sniffer 工作在网络环境中的底层，它会拦截所有正在网络上传送的数据，并且通过相应的软件处理，可以实时分析这些数据的内容，进而分析所处的网络状态和整体布局。需要注意的是，Sniffer 是极其安静的，它是一种被动的安全攻击。

### 2.2.3　Sniffer 的工作环境

Sniffer 就是能够捕获网络报文的设备。Sniffer 的正当用处在于分析网络的流量，以便找出所关心的网络中潜在的问题。例如，假设网络的某一段运行有问题，报文的发送比较慢，而又不知道问题出在什么地方，此时就可以用 Sniffer 来做出精确的问题判断。Sniffer 在功能和设计方面有很多不同。有些只能分析一种协议，而另一些可能能够分析几百种协议。一般情况下，大多数的 Sniffer 至少能够分析 TCP/IP 和 IPX 协议。Sniffer 与一般的键盘捕获程序不同，键盘捕获程序捕获在终端上输入的键值，而 Sniffer 则捕获真实的网络报文。Sniffer 通过将其置身于网络接口来达到这个目的。

数据在网络上是以很小的被称为帧（Frame）的单位传输的。帧由好几个部分组成，不同的部分执行不同的功能。帧通过特定的称为网络驱动程序的软件进行成型，然后通过网卡发送到网线上。通过网线到达它们的目的机器，在目的机器的一端执行相反的过程。接收端机器的以太网卡捕获到这些帧，并告诉操作系统帧的到达，然后对其进行存储。就是在这个传输和接收的过程中，Sniffer 会造成安全方面的问题。每一个在 LAN 上的工作站都有其硬件地址，这些地址唯一地表示着网络上的机器。当用户发送一个报文时，这些报文就会发送到 LAN 上所有可用的机器。在一般情况下，网络上所有的机器都可以"听"到通过的流量，但对不属于自己的报文则不予响应。如果某工作站的网络接口处于"混杂"模式，那么它就可以捕获网络上所有的报文和帧。如果一个工作站被配置成这样的方式，它就是一个 Sniffer。Sniffer 可能造成的危害：

（1）能够捕获口令。

（2）能够捕获专用的或机密的信息。

（3）可以用来危害网络邻居的安全，或者用来获取更高级别的访问权限。

事实上，如果在网络上存在非授权的 Sniffer 就意味着自己的系统已经暴露在别人面前了。

### 2.2.4　Sniffer 攻击

Sniffer 攻击属于一种被动攻击，它通过拦截网络上正在传送的数据获取有用信息，通常是欺骗或攻击行为的开始。

**1. 捕获口令**

如果网络上传输的数据使用的是明文传输，Sniffer 可以记录明文数据中的信息，包括用户名和密码。一个位置好的 Sniffer 可以捕获成千上万个口令。

**2. 窃取专用的或机密的信息**

通过在网络上安装 Sniffer 可以窃取到一些敏感数据，如金融账号。许多用户很放心在网上使用自己的信用卡或现金账号，然而 Sniffer 可以很轻松地截获在网上传送的用户姓名、口令、信用卡号码、截止日期、账号等资料。通过拦截数据帧，入侵者可以利用 Sniffer

方便地记录用户之间的敏感信息传送，甚至拦截整个会话过程。

### 3．获取底层协议信息

Sniffer 可以记录下底层的协议信息，如两台通信主机之间的网络接口地址、远程网络接口 IP 地址、IP 路由信息和 TCP 连接的序列号等。这些信息被非法入侵者掌握后会对网络安全构成极大的危害。

### 4．交换环境中的 Sniffer 攻击

现代网络中常常采用交换机作为网络连接设备，每个端口所连接设备的 MAC 地址及相应端口的映射被保存到交换机缓存的 MAC 地址表中。当一个数据帧的目的地址在 MAC 地址表中有映射时，它会被转发到连接目的节点的端口而不是所有端口（如果该数据帧为广播帧则转发至所有端口）。因此，通过交换机连接的所有网络节点只能收到目的地址是本机地址和广播地址的数据帧。但是，在交换环境中，进行 Sniffer 攻击不是完全不可能的，只要让安装了 Sniffer 的计算机能够收到网络上所有的数据帧就可以了。一个简单的方法就是伪装成网关。

网关是一个网络连接到另一个网络的"关口"，所有其他网络上的数据帧都必须由网关转发出去。同样，网络中所有发往其他网络的数据帧也都必须由网关转发。如果网络中的所有计算机都把安装了 Sniffer 的计算机当成网关，那么 Sniffer 同样能嗅探到网络中的数据。在局域网中，数据通信是按照 MAC 地址进行传输的，ARP 协议在收到应答数据帧时会对本地的 ARP 缓存进行更新，将应答中的 IP 和 MAC 地址存储在 ARP 缓存中。ARP 欺骗就是利用 ARP 协议的这个特性，给网络上其他计算机发送伪造的 ARP 应答，将安装了 Sniffer 的计算机伪造成网关，使得网络上的其他计算机把它当作网关，这样所有的传输数据都经由它中转一次，从而达到窃取通信数据的目的。

## 2.2.5　如何防御 Sniffer 攻击

### 1．合理的规划网络

从工作原理可以知道，Sniffer 只能在当前网段进行数据捕获。因此，网络分段工作得越细，Sniffer 能够收集到的信息就越少。合理地利用交换机、路由器、网桥等设备对网络进行分段，可以减少 Sniffer 的危害。

### 2．使用检测工具

使用检测工具可以检测系统是否被入侵。Tripwire 是 UNIX 下文件系统完整性检查的软件工具，它会根据管理员设置的配置文件对指定要监控的文件进行读取，对每个文件生成对应的数字签名，并把结果保存到自己的数据库中，当文件现在的数字签名与数据库中保留的数字签名不一致时说明系统被入侵了。另外，AntiSniffer 可以检测本地网络中是否有网卡处于混杂模式，从而发现被安装了 Sniffer 的计算机。

### 3．会话加密

对安全性要求较高的数据进行加密，使得攻击者即使获取了数据，也很难还原数据的原文。一次性口令技术可以使窃听账号失去意义。例如，S/key 一次性口令系统，能够对访问者的身份与设备进行综合验证。S/key 协议分配给访问者的口令每次都不同，可以有效地解决口令泄露问题。另外，SSH 协议也是目前比较可靠的，专门为远程登录会话和其他网络服务提供安全性的协议。它可以把所有传输的数据进行加密，同时对传输的数据进行

压缩，这样还可以加快传输速度。利用 SSH 协议可以有效地防止远程管理过程中的信息泄露问题。

**4. 应对交换环境中的嗅探攻击**

在交换环境下需要先进行 ARP 欺骗才能使用 Sniffer 攻击。因此，在关键设备上设置静态 ARP，可以应对交换环境下的 ARP 欺骗，如在防火墙和边界路由器上设置静态 ARP。在大型网络上可以采用 ARPwatch、Antiarp 等软件来监测 IP 与 ARP 之间对应的变化，从而发现 ARP 欺骗。

**5. 多注意网络异常情况**

因为 Sniffer 是一种被动监听的程序，一般不会留下什么核查线索，所以不容易被发现。但是 Sniffer 在工作时要占用大量的网络资源，特别是当 Sniffer 对很多网络流量同时进行嗅探时。虽然很多 Sniffer 都做了改进，只对数据帧的前面若干字节进行嗅探，不过仍会消耗大量的网络资源。监控网络经常出现的异常情况，也可以发现网络中存在的 Sniffer。Sniffer 对信息安全的威胁来自其被动性和非干扰性，这使得它具有很强的隐蔽性，往往使信息泄密不易被发现。黑客正是利用这一点来进行网络信息窃取的，因此采取一定的防范措施保障网络中的信息安全是很有必要的。Sniffer 使得黑客成功入侵网络内某台安全防护相对薄弱的计算机后，可进一步获取其他计算机上用户的账号和口令等关键信息，扩大攻击范围。因而，一个网络上存在 Sniffer 对该网络将构成极大的威胁。根据网络环境和实际条件的不同，可以灵活采取各种检测防范措施，最大限度地减小 Sniffer 的威胁。

## 2.2.6 Sniffer 的应用

Sniffer 在当前网络技术中应用得非常广泛。Sniffer 既可以作为网络故障的诊断工具，也可以作为黑客嗅探和监听的工具。最近两年，网络监听技术出现了新的重要特征。传统的 Sniffer 技术是被动地监听网络通信、用户名和口令，而新的 Sniffer 技术出现了主动地控制通信数据的特点，把 Sniffer 技术扩展到了一个新的领域。Sniffer 主要有以下几个方面的应用：

（1）Sniffer 可以帮助评估业务运行状态。如果网管员能告诉老板说，公司的业务运行正常，性能良好，比起跟老板报告说网络没有问题，老板会更愿意听到前面的汇报，但要做出这样的汇报，光说是不行的，必须有根据，Sniffer 能够提供这样的根据，如各个应用的响应时间、一个操作需要的时间、应用带宽的消耗、应用的行为特征、应用性能的瓶颈等，这些 Sniffer 都可以提供相应的数据。

（2）Sniffer 能够帮助评估网络的性能。例如，各链路的使用率、网络的性能趋势、网络中哪一些应用消耗带宽最多、网络上哪一些用户消耗带宽最多、各分支机构流量状况、影响网络性能的主要因素、可否做一些相应的控制等。

（3）Sniffer 帮助快速定位故障。Sniffer 的监测、专家系统、解码三大功能都可以帮助快速定位故障。

（4）Sniffer 可以帮助排除潜在的威胁。网络中有各种各样的应用，有的是关键应用；有的是办公软件；有的是业务应用；还有的就是威胁，威胁不但对业务没有帮助，还可能带来危害，如病毒、木马、扫描等，Sniffer 可以快速地发现它们，并且发现攻击的来源，这就为网管员控制提供了根据。例如，在 2003 年"冲击波"病毒发作的时候，很多 Sniffer

的用户通过 Sniffer 快速定位受感染的计算机。

（5）Sniffer 可以做流量的趋势分析。通过长期监控，可以发现网络流量的发展趋势，为将来网络改造提供建议和依据。

（6）Sniffer 可以做应用性能预测。Sniffer 能够根据捕获的流量分析一个应用的行为特征，还可以用 Sniffer 来评估应用的瓶颈在哪，不同的应用瓶颈不同，Sniffer 能比较准确地预测出具体的位置。

# 2.3　Sniffer Pro 软件介绍

## 2.3.1　Sniffer Pro 软件简介

Sniffer Pro 是美国 Network Associates 公司出品的一款利用计算机网络接口设备截取在网络传输的数据包并对数据包进行解码分析的网络分析软件，具有捕获网络流量进行详细分析、实时监控网络活动、利用专家分析系统诊断问题、收集网络利用率和错误等功能。它智能化的专家分析系统能够协助用户在运行数据包捕获、实时解码的同时，快速识别各种异常事件；数据包解码模块支持广泛的网络和应用协议，不仅限于 Oracle，还包括 VoIP 类协议，以及金融行业专用协议和移动网络类协议等。

Sniffer Pro 还提供了直观易用的仪表板和各种统计数据、逻辑拓扑视图，并且提供能够深入到数据包的点击关联分析能力。因此，Sniffer Pro 的网络功能正好为用户提供了一个网络协议学习和实践的优秀平台。

Sinffer Pro 可用于网络故障与性能管理，在局域网领域应用非常广泛。它是一款很好的网络分析程序，允许管理员分析通过网络的实际数据和协议，从而了解网络的运行情况。Sinffer Pro 具有以下特点：

（1）Sniffer Pro 可以解码 TCP/IP、IPX、SPX 等几乎所有的网络传输标准协议。

（2）支持局域网、城域网、广域网等网络技术。

（3）提供对网络问题的分析和诊断，并推荐针对分析所应该采取的措施。

（4）可以离线捕获数据，并对捕获的数据进行存储，以方便网络管理人员对所捕获的数据进行细致的分析。

有了 Sniffer Pro，网络管理员就能够在一个容纳几十台甚至更多计算机的网络中查找网络故障并及时进行修复。网络技术人员往往要借助它找出网络中的问题，这时 Sniffer 又被称为网络协议分析仪。然而黑客也可以利用它截获网络上的通信信息，获取其他用户的账号及密码等重要信息，这时 Sniffer 就可作为黑客的攻击工具。

## 2.3.2　Sniffer Pro 软件使用

通过 Sniffer Pro 实时监控，及时发现网络环境中的故障（如病毒、攻击、流量超限等非正常行为）。对于很多企业、网吧网络环境中，网关（路由、代理等）自身不具备流量监控、查询功能，Sniffer Pro 将是一个很好的管理工具。Sniffer Pro 强大的实用功能还包括网内任意终端流量实时查询、网内终端与终端之间流量实时查询、终端流量 TOP 排行、异常告警等。同时，将数据包捕获后，通过 Sniffer Pro 的专家分析系统帮助我们更进一步分析数据包，以便更好地分析、解决网络异常问题。

（1）部署 Sniffer Pro 软件的网络拓扑，如图 2.5 所示。

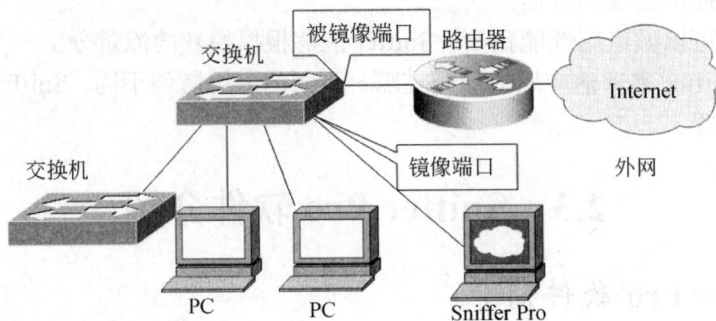

图 2.5　带有 Sniffer Pro 的网络拓扑

（2）配置交换机端口镜像。

端口镜像就是把交换机一个或多个端口（VLAN）的数据镜像到一个或多个端口的方法。交换机的工作原理与 Hub 有很大的不同，Hub 组建的网络数据交换都是通过广播方式进行的，而交换机组建的网络是根据交换机内部 MAC 表（通常也称为 IP-MAC 表）进行数据转发的，因此需要通过配置交换机来把一个或多个端口的数据转发到某一个端口来实现对网络的监听。

Sniffer Pro 的安装、启动、配置详见第 11 章。

# 2.4　网路岗软件介绍

## 2.4.1　网路岗的基本功能

"网路岗"由深圳德尔软件公司开发，是国内广泛使用且专业的网络监控软件及局域网监控产品。只需要通过一台计算机即可监控整个网络的网络活动，是政府机构、企事业单位和校园网吧上网的管理软件之一。

网路岗软件通过旁路对网络数据流进行采集、分析和识别，实时监视网络系统的运行状态，记录网络事件，发现安全隐患，并对网络活动的相关信息进行存储、分析和协议还原。该产品可监视企业内部员工是否将公司机密资料通过因特网外传到竞争对手的手中。

网路岗软件可以监控的内容包括监控邮件内容和附件（包括 Web 邮件监控）、监控聊天内容、监控上网网站、监控 FTP 外传文件、监控 Telnet 命令、监控上网流量；IP 过滤、端口过滤、网页过滤、封堵聊天游戏；限制外发资料邮件大小；限制网络流量；IP-MAC 绑定；截取屏幕等。

## 2.4.2　网路岗对上网的监控程度

（1）让某人只能在规定时间上网，且只能上指定的网站。

（2）让某人只能在哪个网站上收发邮件，只能收发哪类的邮箱。

（3）谁什么时候通过什么软件发送了什么邮件或通过哪个网站发了什么软件，邮件的内容和附件是什么，以及附件在发送者计算机的具体位置。

（4）规定某人只能发送多大的邮件。

（5）规定某些人只能发送到哪些目标邮箱。

（6）轻松抓取指定人的计算机屏幕。

（7）所有机器在一天内各时间段的上网流量。

（8）某台机器哪些外部端口不能用，或只能通过哪些端口和外界联系等。

### 2.4.3　网路岗安装方式

（1）网路岗安装在代理服务器上，通过安装"代理服务器软件"或"网路岗 NAT"，实现所有机器共享一个出口上网，如图 2.6 所示。

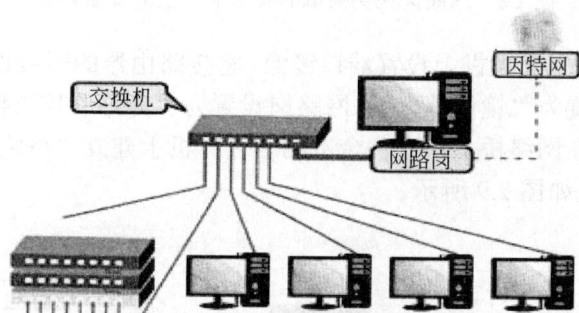

图 2.6　网路岗在代理服务器上的安装拓扑

安装方法：将网路岗安装在代理服务器上，绑定内网的网卡，网路岗设置为"非旁路监控"模式，重新启动计算机。

（2）网路岗安装在 Hub 的一个端口上，通过"IP 分享器、路由器或防火墙"实现整个网络共享一个出口上网，且内部交换机均不具备设置镜像端口的功能，如图 2.7 所示。

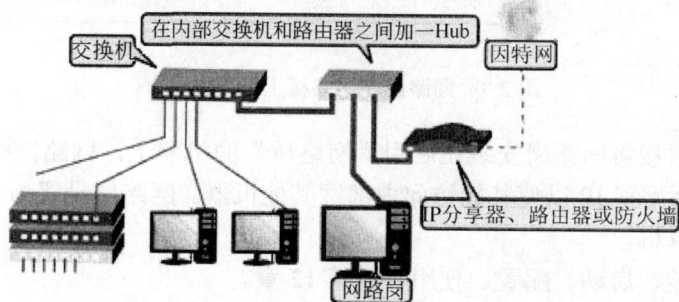

图 2.7　网路岗在 Hub 的一个端口上的安装拓扑

安装方法：在内部交换机和路由器之间加一共享式 Hub，再将安装网路岗的机器网线也接入到 Hub 上，网路岗设置为"旁路监控"模式。

（3）网路岗安装在交换机的镜像端口上，通过"IP 分享器、路由器或防火墙"实现整个网络共享一个出口上网，且内部主交换机具备设置镜像端口的功能，如图 2.8 所示。

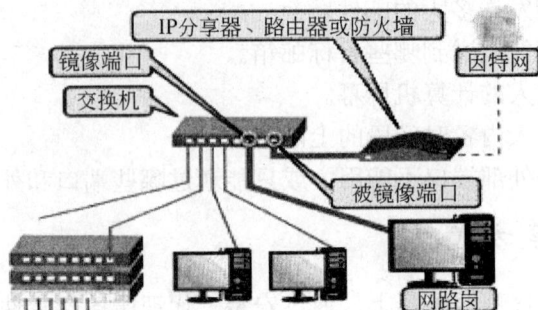

图 2.8　网路岗在交换机的镜像端口上的安装拓扑

安装方法：在内部主交换机上设置端口镜像，将接路由器的网线设置为"被镜像端口"，将接网路岗的网线设置为"镜像端口"。网路岗设置为"旁路监控"模式。

（4）网路岗安装在网络桥上，在一台双网卡计算机上建立"网络桥"，将该"网络桥"放在 Internet 出口处，如图 2.9 所示。

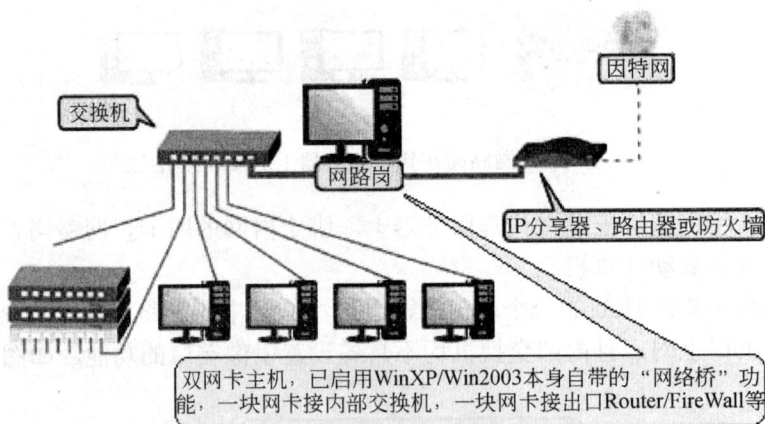

图 2.9　网路岗在网络桥上的安装拓扑

安装方法：直接将网路岗安装在启用"网络桥"的机器上，网路岗绑定在内网的网卡上，同时给网络桥配置 IP 以使其能访问内部网其他机器。网路岗设置为"非旁路监控"模式，重新启动计算机。

网路岗的安装、启动、配置、使用详见第 12 章。

# 课 后 习 题

**一、选择题**

1．下面（　　）不是内网监控基本功能。

A．内网行为管理         B．软硬件资产管理

C．内容监视                   D．屏幕监视

2．下面（     ）不是外网监控基本功能。

    A．上网行为管理         B．网络行为审计

    C．内容监视                   D．屏幕监视

3．Sniffer 攻击不能窃取下面（     ）数据。

    A．口令                    B．计算机上的文本信息

    C．机密的信息            D．底层协议信息

4．Sniffer 的（     ）功能不能帮助快速定位故障。

    A．监测                    B．解码

    C．专家系统             D．流量统计

5．计算机网络硬件设备中无交换能力的集线器属于（     ）共享设备。

    A．物理层                 B．数据链路层

    C．传输层                D．网络层

6．共享式网络结构简单，主要的设计思想就是将网络中心设备设置成（     ）。

    A．集线器                 B．交换机

    C．路由器                D．防火墙

## 二、填空题

1．网络监控产品主要分为_____和_____两种。

2．网络监控软件按照运行原理区分为_____和_____两种。

3．监听模式是通过抓取总线 MAC 层_____方式获得监听数据，并利用_____协议原理实现控制的方法。

4．网关模式按照管理目标区分为_____和_____两种。

5．Sniffer 是利用计算机的_____截获目的地为其他计算机的_____的一种工具。

6．"混杂"模式是指网络上的设备对_____上传送的所有数据进行侦听，并不仅仅是它们自己的数据。

7．Sniffer 一般运行在_____或_____的主机上。

8．大多数的 Sniffer 至少能够分析下面的协议：_____和_____。

## 三、简答题

1．网络监控的主要目标是什么？

2．网络监控软件相比网络监控硬件有哪些优点？

3．网络监控软件中监听模式有哪些主要形式？

4．网关模式下内网监控的基本功能有哪些？

5．网关模式下外网监控的基本功能有哪些？

6．简述一下"混杂"方式的工作原理。

7．Sniffer 可能造成哪些危害？

8．如何防御 Sniffer 攻击？

9．Sniffer 有哪些应用？

10．Sniffer Pro 软件主要有哪些功能？

11．网路岗软件可以监控哪些内容？

# 第 3 章　操作系统安全

## 3.1　国际安全评价标准的发展及其联系

计算机系统安全评价标准是一种技术性法规。在信息安全这一特殊领域，如果没有这一标准，与此相关的立法、执法就会有失偏颇，最终会给国家的信息安全带来严重后果。由于信息安全产品和系统的安全评价事关国家的安全利益，因此许多国家都在充分借鉴国际标准的前提下，积极制定本国的计算机安全评价认证标准。

第一个有关信息技术安全评价的标准诞生于 20 世纪 80 年代的美国，就是著名的"可信计算机系统评价准则（Trusted Computer System Evaluation Criteri，TCSEC，又称为橘皮书）"。该准则对计算机操作系统的安全性规定了不同的等级。从 20 世纪 90 年代开始，一些国家和国际组织相继提出了新的安全评价准则。1991 年，欧共体发布了"信息技术安全评价准则（Information Technology Security Evaluation Criteria，ITSEC）"。1993 年，加拿大发布了"加拿大可信计算机产品评价准则（Canadian Trusted Computer Product Evaluation Criteria，CTCPEC）"，CTCPEC 综合 TCSEC 和 ITSEC 两个准则的优点。同年，美国在对 TCSEC 进行修改补充并吸收 ITSEC 优点的基础上发布了"信息技术安全评价联邦准则（FC）"，如图 3.1 所示。

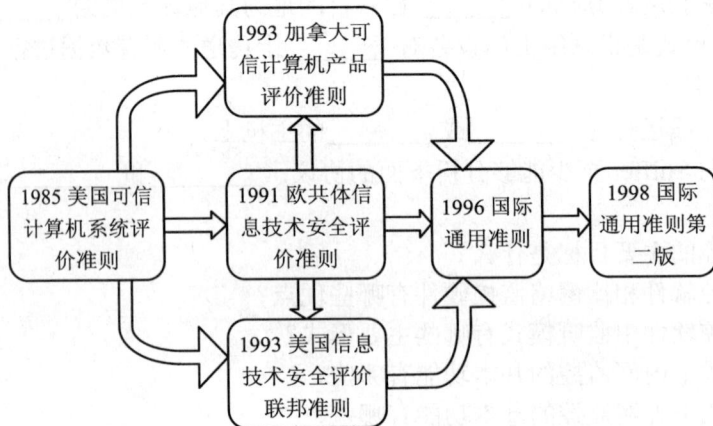

图 3.1　安全评价标准的发展

1996 年 6 月，上述国家共同起草了一份通用准则（CC），并将 CC 推广为国际标准。CC 发布的目的是建立一个各国都能接受的通用的安全评价准则，国家与国家之间可以通过签订互认协议来决定相互接受的认可级别，这样能使基础性安全产品在通过 CC 准则评价并得到许可进入国际市场时不需要再作评价。此外，国际标准化组织和国际电工委也已经制定了上百项安全标准，其中包括专门针对银行业务制定的信息安全标准。国际电信联盟和欧洲计算机制造商协会也推出了许多安全标准。

## 3.1.1　计算机安全评价标准

计算机安全评价标准（TCSEC）是计算机系统安全评估的第一个正式标准，具有划时代的意义。该准则于 1970 年由美国国防科学委员会提出，并于 1985 年 12 月由美国国防部公布。TCSEC 最初只是军用标准，后来延至民用领域。TCSEC 将计算机系统的安全划分为 4 个等级、7 个级别。

- D 类安全等级：D 类安全等级只包括 D1 一个级别。D1 的安全等级最低，D1 系统只为文件和用户提供安全保护。D1 系统最普通的形式是本地操作系统，或者是一个完全没有保护的网络。

- C 类安全等级：该类安全等级能够提供审慎的保护，并为用户的行动和责任提供审计能力。C 类安全等级可划分为 C1 和 C2 两类。C1 系统的可信任运算基础体制，通过将用户和数据分开来达到安全的目的。在 C1 系统中，所有的用户以同样的灵敏度来处理数据，即用户认为 C1 系统中的所有文档都具有相同的机密性。C2 系统比 C1 系统加强了可调的审慎控制。在连接到网络上时，C2 系统的用户分别对各自的行为负责。C2 系统通过登录过程、安全事件和资源隔离来增强这种控制。C2 系统具有 C1 系统中所有的安全性特征。

- B 类安全等级：B 类安全等级可分为 B1、B2 和 B3 三类。B 类系统具有强制性保护功能。强制性保护意味着如果用户没有与安全等级相连，系统就不会让用户存取对象。B1 系统满足下列要求：系统对网络控制下的每个对象都进行灵敏度标记，系统使用灵敏度标记作为所有强迫访问控制的基础。系统在把导入的、非标记的对象放入系统前标记。灵敏度标记必须准确地表示其所联系的对象的安全级别。当系统管理员创建系统或增加新的通信通道或 I/O 设备时，管理员必须指定每个通信通道和 I/O 设备是单级还是多级，并且管理员只能手工改变指定。单级设备并不保持传输信息的灵敏度级别，所有直接面向用户位置的输出（无论是虚拟的还是物理的）都必须产生标记来指示关于输出对象的灵敏度，系统必须使用用户的口令或证明来决定用户的安全访问级别，系统必须通过审计来记录未授权访问的企图。B2 系统必须满足 B1 系统的所有要求。另外，B2 系统的管理员必须使用一个明确的、文档化的安全策略模式作为系统的可信任运算基础体制。B2 系统必须满足下列要求：系统必须立即通知系统中的每一个用户所有与之相关的网络连接的改变。只有用户能够在可信任通信路径中进行初始化通信，可信任运算基础体制能够支持独立的操作者和管理员。B3 系统必须符合 B2 系统的所有安全需求。B3 系统具有很强的监视委托管理访问能力和抗干扰能力。B3 系统必须设有安全管理员。B3 系统应满足以下要求：除了控制对个别对象的访问外，B3 系统必须产生一个可读的安全列表，每个被命名的对象提供对该对象没有访问权的用户列表说明，B3 系统在进行任何操作前要求用户进行身份验证。B3 系统验证每个用户，同时还会发送一个取消访问的审计跟踪消息。设计者必须正确区分可信任的通信路径和其他路径，可信任的通信基础体制为每一个被命名的对象建立安全审计跟踪，可信任的运算基础体制支持独立的安全管理。

- A 类安全等级。A 系统的安全级别最高。目前，A 类安全等级只包含 A1 一个安全类别。A1 类与 B3 类相似，对系统的结构和策略不作特别要求。A1 系统的显著特征是系统的设计者必须按照一个正式的设计规范来分析系统。对系统分析后，设计者必须运用核对技术来确保系统符合设计规范。A1 系统必须满足下列要求：系统管理员必须从开发者那里接收一个安全策略的正式模型，所有的安装操作都必须由系统管理员进行，系统管理员进行的每一步安装操作都必须有正式文档。

### 3.1.2 欧洲的安全评价标准

ITSEC 是欧洲多国安全评价方法的综合产物，应用领域为军队、政府和商业。该标准将安全概念分为功能与评估两部分。功能准则从 F1～F10 共分 10 级。F1～F5 级对应于 TCSEC 的 D～A。F6～F10 级分别对应数据和程序的完整性、系统的可用性、数据通信的完整性、数据通信的保密性及机密性和完整性的网络安全。评估准则分为 6 级，分别是测试、配置控制和可控的分配、能访问详细设计和源码、详细的脆弱性分析、设计与源码明显对应及设计与源码在形式上一致。

ITSEC 定义了从 E0 级（不满足品质）～E6 级（形式化验证）的 7 个安全等级，对于每个系统，安全功能可分别定义。这 7 个安全等级分别是：

- E0 级：该级别表示不充分的安全保证。
- E1 级：该级别必须有一个安全目标和一个对产品或系统的体系结构设计的非形式化的描述，还需要有功能测试，以表明是否达到安全目标。
- E2 级：除了 E1 级的要求外，还必须对详细的设计有非形式化描述。另外，功能测试的证据必须被评估，必须有配置控制系统和认可的分配过程。
- E3 级：除了 E2 级的要求外，不仅要评估与安全机制相对应的源代码和硬件设计图，还要评估测试这些机制的证据。
- E4 级：除了 E3 级的要求外，必须有支持安全目标的安全策略的基本形式模型。
- E5 级：除了 E4 级的要求外，在详细的设计和源代码或硬件设计图之间有紧密的对应关系。
- E6 级：除了 E5 级的要求外，必须正式说明安全加强功能和体系结构设计，使其与安全策略的基本形式模型一致。

### 3.1.3 加拿大的评价标准

CTCPEC 专门针对政府需求而设计。与 ITSEC 类似，该标准将安全分为功能性需求和保证性需要两部分。功能性需求共划分为 4 大类：机密性、完整性、可用性和可控性。每种安全需求又可以分成很多小类来表示安全性上的差别，分级条数为 0～5 级。

### 3.1.4 美国联邦准则

FC 是对 TCSEC 的升级，并引入了"保护轮廓（PP）"的概念。每个轮廓都包括功能、开发保证和评价三个部分。FC 充分吸取了 ITSEC 和 CTCPEC 的优点，在美国的政府、民间和商业领域得到广泛应用。但 FC 有很多缺陷，是一个过渡标准，后来结合 ITSEC 发展为国际通用准则。

### 3.1.5　国际通用准则

CC 是国际标准化组织统一现有多种准则的结果，是目前最全面的评价准则。1996 年 6 月，CC 第一版发布；1998 年 5 月，CC 第二版发布；1999 年 10 月，CC v2.1 版发布，并且成为 ISO 标准。CC 的主要思想和框架都取自 ITSEC 和 FC，并充分突出了"保护轮廓"概念。CC 将评估过程划分为功能和保证两部分，评估等级分为 eal1、eal2、eal3、eal4、eal5、eal6 和 eal7 共 7 个等级。每一级均需评估 7 个功能类，分别是配置管理、分发和操作、开发过程、指导文献、生命期的技术支持、测试和脆弱性评估。

# 3.2　我国安全标准简介

我国信息安全研究经历了通信保密和计算机数据保护两个发展阶段，正在进入网络信息安全的研究阶段。通过学习、吸收、消化 TCSEC 的原则进行了安全操作系统、多级安全数据库的研制，但由于系统安全内核受控于人，以及国外产品的不断更新升级，基于具体产品的增强安全功能的成果，难以保证没有漏洞，难以得到推广应用。在学习借鉴国外技术的基础上，国内一些部门也开发研制了一些防火墙、安全路由器、安全网关、黑客入侵检测、系统脆弱性扫描软件等。但是，这些产品安全技术的完善性、规范化实用性还存在许多不足，特别是在多平台的兼容性及安全工具的协作配合和互动性方面存在很大距离，理论基础和自主的技术手段也需要发展和强化。

以前，国内主要是等同采用国际标准。现在，由公安部主持制定、国家技术标准局发布的中华人民共和国国家标准 GB 17895—1999《计算机信息系统安全保护等级划分准则》已经正式颁布并使用了。该准则将信息系统安全分为 5 个等级，分别是自主保护级、系统审计保护级、安全标记保护级、结构化保护级和访问验证保护级。主要的安全考核指标有身份认证、自主访问控制、数据完整性、审计、隐蔽信道分析、客体重用、强制访问控制、安全标记、可信路径和可信恢复等，这些指标涵盖了不同级别的安全要求。

### 3.2.1　用户自主保护级

本级的可信计算基通过隔离用户与数据，使用户具备自主安全保护的能力。它具有多种形式的控制能力，对用户实施访问控制，即为用户提供可行的手段，保护用户和用户组信息，避免其他用户对数据的非法读写与破坏。具体表现在如下几个方面：

（1）可信计算基定义和控制系统中命名用户对命名客体的访问。实施机制（如访问控制表）允许命名用户以用户和（或）用户组的身份规定并控制客体的共享，阻止非授权用户读取敏感信息。

（2）可信计算基初始执行时，首先要求用户标识自己的身份，并使用保护机制（如口令）来鉴别用户的身份，阻止非授权用户访问用户身份鉴别数据。

（3）可信计算基通过自主完整性策略，阻止非授权用户修改或破坏敏感信息。

*操作系统安全*

### 3.2.2　系统审计保护级

与用户自主保护级相比，本级的可信计算基实施了粒度更细的自主访问控制，它通过登录规程、审计安全性相关事件和隔离资源，使用户对自己的行为负责。它增加了客体重用及安全审计方面的内容，并进一步增强了自主访问控制及身份鉴别机制，具体表现在：

（1）自主访问控制机制根据用户指定方式或默认方式阻止非授权用户访问客体。访问控制的粒度是单个用户。控制访问权限扩散，没有存取权的用户只允许由授权用户指定对客体的访问权。

（2）通过为用户提供唯一标识，可信计算基能够使用户对自己的行为负责。可信计算基还具备将身份标识与该用户所有可审计行为相关联的能力。

（3）在可信计算基的空闲存储客体空间中，对客体初始指定、分配或再分配一个主体之前，撤销该客体所含信息的所有授权。当主体获得对一个已被释放的客体的访问权时，当前主体不能获得原主体活动所产生的任何信息。

（4）可信计算基能创建和维护受保护客体的访问审计跟踪记录，并能阻止非授权的用户对它访问或破坏。可信计算基能记录下述事件：使用身份鉴别机制；将客体引入用户地址空间（如打开文件、程序初始化）；删除客体；由操作员、系统管理员或（和）系统安全管理员实施的动作，以及其他与系统安全有关的事件。对于每一个事件，其审计记录包括事件的日期和时间、用户、事件类型、事件是否成功。对于身份鉴别事件，审计记录包含的来源（如终端标识符）；对于客体引入用户地址空间的事件及客体删除事件，审计记录包含客体名。对不能由可信计算基独立分辨的审计事件，审计机制提供审计记录接口，可由授权主体调用。这些审计记录区别于可信计算基独立分辨的审计记录。

### 3.2.3　安全标记保护级

本级的可信计算基具有系统审计保护级的所有功能。此外，还提供有关安全策略模型、数据标记及主体对客体强制访问控制的非形式化描述；具有准确地标记输出信息的能力；消除通过测试发现的任何错误。它增加了强制访问控制机制，具体表现在：

（1）可信计算基对所有主体及其所控制的客体（如进程、文件、段、设备）实施强制访问控制，为这些主体及客体指定敏感标记，这些标记是等级分类和非等级类别的组合，它们是实施强制访问控制的依据。可信计算基支持两种或两种以上成分组成的安全级。可信计算基控制的所有主体对客体的访问应满足：仅当主体安全级中的等级分类高于或等于客体安全级中的等级分类，且主体安全级中的非等级类别包含了客体安全级中的全部非等级类别，主体才能读客体；仅当主体安全级中的等级分类低于或等于客体安全级中的等级分类，且主体安全级中的非等级类别包含了客体安全级中的非等级类别，主体才能写客体。可信计算基使用身份和鉴别数据，鉴别用户的身份，并保证用户创建的可信计算基外部主体的安全级和授权该用户的安全级。

（2）可信计算基应维护与主体及其控制的存储客体（如进程、文件、段、设备）相关的敏感标记，这些标记是实施强制访问的基础。为了输入未加安全标记的数据，可信计算基向授权用户要求并接受这些数据的安全级别，且可由可信计算基审计。

（3）在审计记录的内容中，对于客体引入用户地址空间的事件及客体删除事件，审计记录包含客体名及客体的安全级别。此外，可信计算基具有审计更改可读输出记号的能力。

（4）在网络环境中，使用完整性敏感标记来确认信息在传送中未受损。

### 3.2.4 结构化保护级

本级的可信计算基建立于一个明确定义的形式化安全策略模型之上，它要求将第三级系统中的自主和强制访问控制扩展到所有主体与客体。此外，还要考虑隐蔽通道。本级的可信计算基必须结构化为关键保护元素和非关键保护元素。可信计算基的接口也必须明确定义，使其设计与实现能经受更充分的测试和更完整的复审。加强了鉴别机制；支持系统管理员和操作员的职能；提供可信设施管理；增强了配置管理控制。系统具有相当的抗渗透能力。增加的内容主要表现在如下几个方面：

（1）可信计算基对外部主体能够直接或间接访问的所有资源（如主体、存储客体和输入输出资源）实施强制访问控制。

（2）可信计算基能够审计利用隐蔽存储信道时可能被使用的事件。

（3）系统开发者应彻底搜索隐蔽存储信道，并根据实际测量或工程估算确定每一个被标识信道的最大带宽。

（4）对用户的初始登录和鉴别，可信计算基在它与用户之间提供可信通信路径。该路径上的通信只能由该用户初始化。

### 3.2.5 访问验证保护级

本级的可信计算基满足引用监视器需求，引用监视器仲裁主体对客体的全部访问。引用监视器本身是抗篡改的，必须足够小，能够分析和测试。为了满足引用监视器需求，可信计算基在其构造时，排除那些对实施安全策略来说并非必要的代码；在设计和实现时，从系统工程角度将其复杂性降低到最小程度。支持安全管理员职能；扩充审计机制，当发生与安全相关的事件时发出信号；提供系统恢复机制。系统具有很高的抗渗透能力。增加的内容主要表现在如下几个方面：

（1）在审计方面，可信计算基包含能够监控可审计安全事件发生与积累的机制，当超过阈值时，能够立即向安全管理员发出报警。并且，如果这些与安全相关的事件继续发生或积累，系统应以最小的代价中止它们。

（2）可信路径上的通信只能由该用户或可信计算基激活，在逻辑上与其他路径上的通信相隔离，且能正确地加以区分。

（3）可信计算基提供过程和机制，保证计算机信息系统失效或中断后，可以进行不损害任何安全保护性能的恢复。

## 3.3 安全操作系统的基本特征

### 3.3.1 最小特权原则

最小特权原则是系统安全中基本的原则之一。所谓最小特权指的是"在完成某种操作时所赋予网络中每个主体（用户或进程）必不可少的特权"。最小特权原则是指"应限定网络中每个主体所必需的最小特权，确保可能的事故、错误、网络部件的篡改等原因造成的损失最小”。

最小特权原则一方面给予主体“必不可少”的特权，这就保证了所有的主体都能在所赋予的特权之下完成所需要完成的任务或操作；另一方面，它只给予主体“必不可少”的特权，这就限制了每个主体所能进行的操作。

最小特权原则要求每个用户和程序在操作时应当使用尽可能少的特权，而角色允许主体以参与某特定工作所需要的最小特权去进入系统。被授权拥有强力角色的主体，不需要动辄运用到其所有的特权，只有在那些特权有实际需求时，主体才去运用它们。如此一来，将可减少由于不注意的错误或是侵入者假装合法主体所造成的损坏发生，限制了事故、错误或攻击带来的危害。它还减少了特权程序之间潜在的相互作用，从而使对特权无意的、没必要的或不适当的使用等情况不太可能发生。这种想法还可以引申到程序内部：只有程序中需要那些特权的最小部分才拥有特权。

## 3.3.2 访问控制

访问控制是主体依据某些控制策略或权限对自身或其资源进行不同授权的访问。访问控制的目的是为了限制访问主体对访问客体的访问权限，从而使计算机系统在合法范围内使用。访问控制又可以分为自主访问控制和强制访问控制。

访问控制三要素：

- 主体（Subject）：可以对其他实体施加动作的主动实体，如用户、进程、I/O 设备等。
- 客体（Object）：接受其他实体访问的被动实体，如文件、共享内存、管道等。
- 控制策略（Control Strategy）：主体对客体的操作行为集和约束条件集，如访问矩阵、访问控制表等。

访问控制是操作系统安全机制的主要内容，也是操作系统安全的核心。访问控制的基本功能是允许授权用户按照权限对相关客体进行相应的操作，阻止非授权用户对相关客体进行任何操作，以此来规范和控制系统内部主体对客体的访问操作。在系统中访问控制需要完成以下两种任务：

（1）识别和确认访问系统的用户。

（2）决定该用户可以对某一系统资源进行何种类型的访问。

**1. 自主访问控制**

自主访问控制（Discretionary Access Control，DAC）是一种最普遍的访问控制安全策略，其最早出现在 20 世纪 70 年代初期的分时系统中，基本思想伴随着访问矩阵被提出，在目前流行的操作系统（如 AIX、HP-UX、Solaris、Windows Server、Linux Server 等）中被广泛使用，是由客体的属主对自己的客体进行管理的一种控制方式。这种控制方式是自由的，也就是说，由属主自己决定是否将自己的客体访问权或部分访问权授予其他主体。在自主访问控制下，用户可以按自己的意愿，有选择地与其他用户共享他的文件。自主访问控制的实现方式通常包括目录式访问控制模式、访问控制表、访问控制矩阵和面向过程的访问控制等方式。

自主访问控制是基于对主体的识别来限制对客体的访问，这种控制是自主的，在自主访问控制下，一个用户可以自主选择哪些用户能共享他的文件。其基本特征是用户所创建的文件的访问权限由用户自己来控制，系统通过设置的自主访问控制策略为用户提供这种支持。也就是说，用户在创建了一个文件以后，其自身首先就具有了对该文件的一切访问操作权限，同时创建者用户还可以通过"授权"操作将这些访问操作权限有选择地授予其他用户，而且这种"授权"的权限也可以通过称为"权限转移"的操作授予其他用户，使具有使用"授权"操作的用户授予对该文件进行访问操作权限的能力。

**2. 强制访问控制**

强制访问控制（Mandatory Access Control，MAC）是"强加"给访问主体的，即系统强制主体服从访问控制政策。强制访问控制的主要特征是对所有主体及其所控制的客体（如进程、文件、段、设备）实施强制访问控制。为这些主体及客体指定敏感标记，这些标记是等级分类和非等级类别的组合，它们是实施强制访问控制的依据。系统通过比较主体和客体的敏感标记来决定一个主体是否能够访问某个客体。用户的程序不能改变他自己及任何其他客体的敏感标记，从而系统可以防止特洛伊木马的攻击。

强制访问控制一般与自主访问控制结合使用，并且实施一些附加的、更强的访问限制。一个主体只有通过了自主与强制性访问限制检查后才能访问某个客体。用户可以利用自主访问控制来防范其他用户对自己客体的攻击，由于用户不能直接改变强制访问控制属性，因此强制访问控制提供了一个不可逾越的、更强的安全保护层以防止其他用户偶然或故意地滥用自主访问控制。

强制访问策略将每个用户及文件赋予一个访问级别，如最高秘密级（Top Secret，T）、秘密级（Secret，S）、机密级（Confidential，C）及无级别级（Unclassified，U）。其级别为T>S>C>U，系统根据主体和客体的敏感标记来决定访问模式。访问模式包括：

- 下读（Read Down）：用户级别大于文件级别的读操作。
- 上写（Write Up）：用户级别小于文件级别的写操作。
- 下写（Write Down）：用户级别等于文件级别的写操作。
- 上读（Read Up）：用户级别小于文件级别的读操作。

### 3.3.3 安全审计功能

安全审计是识别与防止网络攻击行为、追查网络泄密行为的重要措施之一。其包括两方面的内容：一是采用网络监控与入侵防范系统，识别网络中的各种违规操作与攻击行为，即时响应（如报警）并进行阻断；二是对信息内容的审计，可以防止内部机密或敏感信息的非法泄露。

审计作为安全系统的重要组成部分，在美国的 TCSEC 中对于安全审计的定义是这样的：一个安全系统中的安全审计系统是对系统中任一或所有安全相关事件进行记录、分析和再现的处理系统。因此，在 TCSEC 中规定了对于安全审计系统的一般要求，主要包括如下 5 个方面：

（1）记录与再现。要求安全审计系统必须能够记录系统中所有的安全相关事件，同时，如果有必要，应该能够再现产生系统某一状态的主要行为。

（2）入侵检测。安全审计系统应该能够检查出大多数常见的系统入侵的行为，同时，经过适当的设计，应该能够阻止这些入侵行为。

（3）记录入侵行为。安全审计系统应该记录所有的入侵行为，即使某次入侵已经成功，这也是事后调查取证和系统恢复必需的。

（4）威慑作用。应该对系统中具有的安全审计系统及其性能进行适当宣传，这样可以对企图入侵者起到威慑作用，又可以减少合法用户在无意中违反系统的安全策略。

（5）系统本身的安全性。安全审计系统本身的安全性必须保证，这包括两个方面的内容：一是操作系统和软件的安全性；二是审计数据的安全性。一般来说，要保证审计系统本身的安全，必须与系统中其他安全措施（如认证、授权、加密等）相配合。

另外，TCSEC 还要求 C2 级以上的安全操作系统必须包含审计功能。我国计算机信息系统安全保护等级划分准则（GB 17859—1999）对安全审计也有相应的要求。审计为系统进行事故原因的查询、定位、事故发生前的预测、报警及事故发生之后的实时处理提供详细、可靠的依据和支持，以便有违反系统安全规则的事件发生后能够有效地追查事件发生的地点和过程。

### 3.3.4　安全域隔离功能

安全域是指在其中实施认证、授权和访问控制的安全策略的计算环境。当安装和配置操作系统时，将创建称为管理域的初始安全域。安全域理论不仅为建设信息安全保障体系提供基础，而且在风险评估中如果能较好地应用安全域，还会起到事半功倍的作用。安全域可以将一个单独资产联系起来，在等级保护当中也有比较好的应用。总之，安全域理论是安全方面的最佳实践，对于信息安全建设具有非常重要的指导意义。

# 3.4　Windows 操作系统安全

从 1998 年开始，微软公司平均每年对自己的产品公布大约 70 份以上的安全报告，一直在坚持不懈地给人们发现的那些漏洞打补丁。Windows 这种操作系统之所以安全风险最高主要是因为它的功能广泛和市场占有率高，从 NT 3.51 到 Windows 8，操作系统的代码差不多增加了几十倍，因为版本要更新，所以 Windows 系统上被悄悄激活的功能会越来越多，因此越来越多的漏洞会被人们发现。

### 3.4.1　远程攻击 Windows 系统的途径

（1）对用户账户密码的猜测。Windows 系统登录时主要的安全保护措施就是密码，通过字典密码猜测和认证欺骗的方法都可以实现对系统的攻击。

（2）系统的网络服务。现代工具使得存在漏洞的网络服务被攻击相当容易，点击之间即可实现。

（3）软件客户端漏洞。诸如 IE 浏览器、MSN、Office 和其他客户端软件都受到攻击者的密切监视，发现其中的漏洞，并伺机直接访问用户数据。

（4）设备驱动。攻击者持续不断地分析操作系统上的无线网络接口，USB 和 CD-ROM 等设备提交的所有原始数据中发现新的攻击点。

例如，如果系统开放了 SMB 服务，入侵系统最有效、最简单的方法是远程共享加载：

试着连接一个发现的共享卷（如 C$共享卷或 IPC$），尝试各种用户名/密码组合，直到找出一个能进入目标系统的组合为止。其中很容易用脚本语言实现对密码的猜测，如在 Windows 的命令窗口里用 net use 命令和 for 语句编写一个简单的循环就可以进行自动化密码猜测。

（5）针对密码猜测活动的防范措施。使用网络防火墙来限制对可能存在漏洞的服务（如在 TCP 139 和 445 号端口上的 SMB 服务，TCP 1355 上的 MSRPC 服务，TCP 3389 上的 TS 服务）的访问；使用 Windows 的主机防火墙（Windows XP 和更高版本）来限制对有关服务的访问；禁用不必要的服务（尤其注意 TCP 139 和 445 号端口上的 SMB 服务）；制订和实施强口令字策略；设置一个账户锁定值，并确保该值已应用于内建的 Administrator 账户；记录账户登录失败事件，并定期查看 event logs 日志文件。

### 3.4.2 取得合法身份后的攻击手段

#### 1. 权限提升

在 Windows 系统上获得用户账户，之后就要获得 Administrator 或 System 账户。Windows 系统最伟大的黑客技术之一就是所谓的 Getadmin 系列，它是一个针对 Windows NT4 的重要权限提升攻击工具，尽管相关漏洞的补丁已经发布，该攻击所采用的基本技术"dll 注入"仍然具有生命力。因为 Getadmin 必须在目标系统本地以交换方式运行，所以其强大的功能受到了局限。

对于权限提升的防范措施：首先要及时更新补丁，并且对于存储私人信息的计算机交互登录权限做出非常严格限制，因为一旦获得了这个重要的立足点之后，这些权限提升攻击手段就非常容易实现了。在 Windows 2000 和更高版本上检查交互登录权限的方法是运行"本地安全策略"工具，找到"本地策略"下的"用户权限分配"节点，然后检查"本地登录"权限的授予情况，如图 3.2 所示。

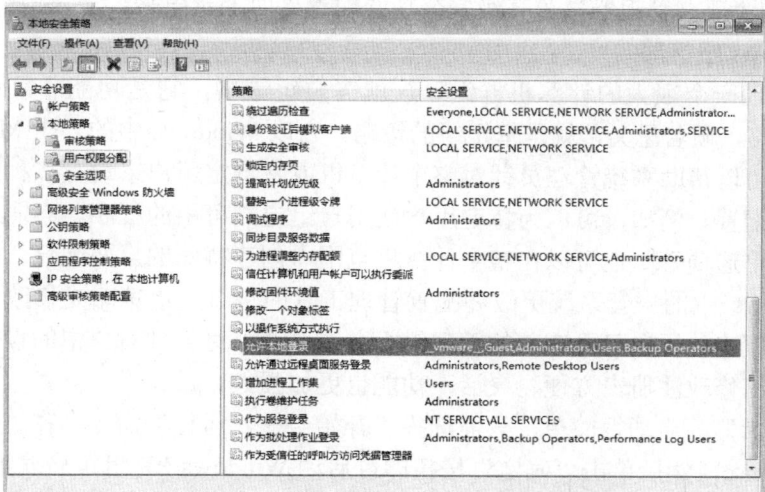

图 3.2　检查"本地登录"权限的授予情况

#### 2. 获取并破解密码

获得相当于 Administrator 的地位之后，攻击者需要安装一些攻击工具才能更近一步地控制用户计算机，所以攻击者攻击系统之后的活动之一就是收集更多的用户名和密码。针对 Windows XP SP2 及以后的版本，攻击者侵入用户计算机后首先做的一件事就是关闭防火墙，因为默认配置的系统防火墙能够阻挡很多依赖于 Windows 网络辅助的工具制造的入侵。

对于密码破解攻击的防范措施：最简单的方法就是选择高强度密码，现在多数 Windows 系统都默认使用的安全规则——密码必须满足复杂性要求，创建和更改用户密码时要满足以下要求：

（1）不能包含用户名和用户名字中两个以上的连贯字符。

（2）密码长度至少要 6 位。

（3）必须包含以下 4 组符号中的三组以上：大写字母（A～Z）、小写字母（a～z）、数字（0～9）、其他字符（如$、%、&、*）。

### 3.4.3　Windows 安全功能

#### 1．Windows 防火墙

Windows XP 里有一个名为"ICF 因特网连接防火墙"的组件，微软公司在 XP 后续版本里对这个防火墙做了很多改进并把它重新命名为 Windows Firewall。新名字的防火墙提供了更好的用户操作界面：保留了 Exception（例外）设置项，可以只允许"例外"的应用程序通过防火墙；新增加了一个 Advanced（高级）选项卡，用户可以对防火墙的各种细节配置做出调整。另外，现在还可以通过组策略去配置防火墙，为需要对很多系统的防火墙进行分布式管理的系统管理员提供了便捷。

#### 2．Windows 安全中心

安全中心可以让用户查看和配置很多系统安全防护功能：防火墙、自动更新、因特网选项。安全中心的目标用户是普通消费者而并不是 IT 专业人员，这一点可以从它没有提供"安全策略"和"证书管理器"等高级安全功能配置界面上看出来。

#### 3．Windows 组策略

怎样去管理一个很大的计算机群组？这就需要组策略，它是功能非常强大的工具之一。所谓组策略，顾名思义，就是基于组的策略。它以 Windows 中的一个 MMC 管理单元的形式存在，可以帮助系统管理员针对整个计算机或是特定用户来设置多种配置，包括桌面配置和安全配置。例如，可以为特定用户或用户组定制可用的程序、桌面上的内容，以及"开始"菜单选项等，也可以在整个计算机范围内创建特殊的桌面配置。简而言之，组策略是 Windows 中的一套系统更改和配置管理工具的集合。组策略是修改注册表中的配置。当然，组策略使用自己更完善的管理组织方法，可以对各种对象中的设置进行管理和配置，远比手工修改注册表方便、灵活，功能也更加强大。

组策略编辑器的启动很简单，只需选择"开始"→"运行"命令，在"运行"对话框中输入 gpedit.msc，然后单击"确定"按扭即可启动 Windows XP 组策略编辑器。

例如，要启动 Windows 的文件保护功能，只需打开"组策略"窗口，在左侧列表里展开"计算机配置"→"管理模板"→"系统"→"Windows 文件保护"节点，在右侧列表中显示已有的文件保护策略，如图 3.3 所示，双击列表中的某项，打开设置窗口。在该窗口中可设置"已启用"这一项安全策略。这样就实现了 Windows 的文件保护功能。

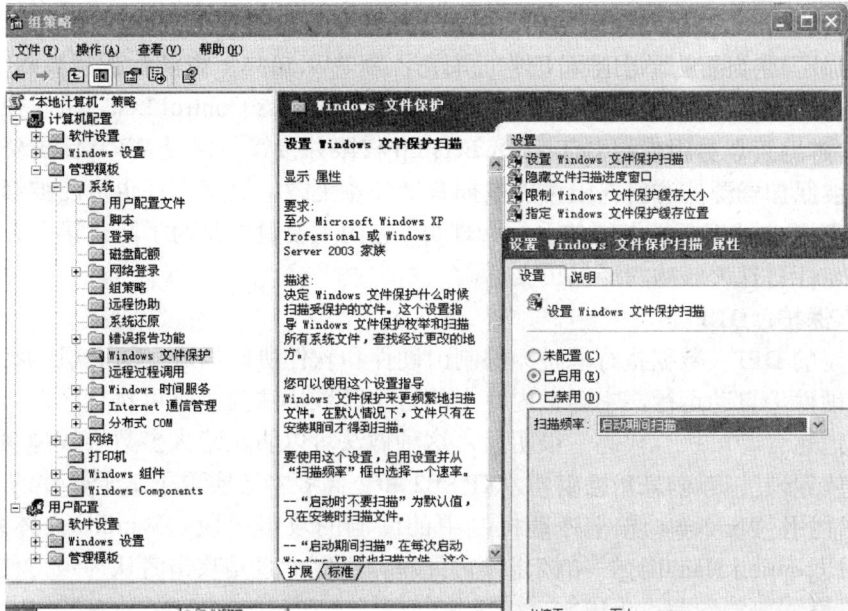

图 3.3　Windows 文件保护

### 4．本地安全策略

Windows 系统自带的"本地安全策略"是一个很不错的系统安全管理工具，它可以对本机的许多属性（如用户、密码、审核、用户权限分配等）进行设置，这些设置只影响本计算机的安全设置。

启用 Windows 的管理工具"本地安全策略"，依次选择"开始"→"程序"→"管理工具"→"本地安全策略"命令，打开"本地安全设置"窗口，如图 3.4 所示。主要包括账户策略、本地策略、公钥策略、IP 安全策略配置。

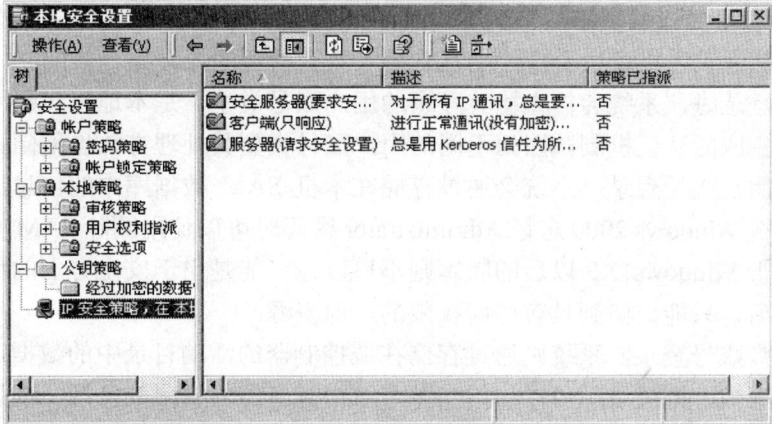

图 3.4　系统安全配置

### 5．Windows 资源保护

Windows 2000 和 XP 开始新增一项名为"Windows 文件保护（WFP）"的功能，它能保护由 Windows 安装程序安装的系统文件不被覆盖。并且之后在 Windows Vista 版本中做了更新，增加了重要的注册键值和文件，并更名为"Windows 资源保护（WRP）"。WRP 有一个弱点在于管理员用于更改被保护资源的 ACL（Access Control List，访问控制列表）。默认设置下，本地管理员组使用 SeTakeOwnership 权限并接管任何受 WRP 保护资源的所有权。因此，被保护资源的访问权限可能被拥有者任意更改，这些文件也可能被修改、替换或删除。WRP 并非被用于抵御假的系统管理员，它的主要目的是为了防止第三方安装者修改对系统稳定性有重大影响的受保护文件。

**6．内存保护：DEP**

微软公司的 DEP（数据执行保护）机制由硬件和软件协同构成。DEP 机制将在满足其运行要求的硬件上自动运行，它会把内存中的特定区域标注为"不可执行区"——除非这个区域明确地包含着可执行代码。很明显，这种做法可以防止绝大多数堆栈型缓冲区溢出攻击。除了依靠硬件实现 DEP 机制外，XP SP2 和更高版本还实现了基于软件的 DEP 机制去阻断各种利用 Windows 异常处理机制中的漏洞的攻击手段。Windows 体系的 SHE（Structured Exception Handling，结构化异常处理）机制一直是攻击者认为最方便的可执行代码注入点。

## 3.4.4 Windows 认证机制

平常在使用 Windows 时总是要先进行登录。Windows 的登录认证机制和原理都是严格复杂的，理解并掌握 Windows 的登录认证机制和原理对用户来说很重要，能增强对系统安全的认识，并能够有效预防、解决黑客和病毒的入侵。

常见的 Windows 的几种登录类型如下。

**1．交互式登录**

交互式登录是最常见的登录类型，就是用户通过相应的用户账号和密码在本机进行登录。有人认为"交互式登录"就是"本地登录"，其实这是错误的。"交互式登录"还包括"域账号登录"，而"本地登录"仅限于"本地账号登录"。这里有必要提及的是，通过终端服务和远程桌面登录主机可以看作"交互式登录"其验证的原理是一样的。

在交互式登录时，系统会首先检验登录的用户账号类型，是本地用户账号还是域用户账号，再采用相应的认证机制。因为不同的用户账号类型其处理方法也不同。

采用本地用户账号登录，系统会通过存储在本机 SAM 数据库中的信息进行验证。所以也就是为什么 Windows 2000 忘记 Administrator 密码时可以使用删除 SAM 文件的方法来解决。不过对于 Windows XP 以后的版本则不可以，可能是出于安全方面的考虑。用本地用户账号登录后，只能访问到具有访问权限的本地资源。

采用域用户账号登录，系统则通过存储在域控制器的活动目录中的数据进行验证。如果该用户账号有效，则登录后可以访问到整个域中具有访问权限的资源。如果计算机加入域以后，登录对话框就会显示"登录到："选项，可以从中选择登录到域还是登录到本机。

**2．网络登录**

如果计算机加入到工作组或域，当要访问其他计算机的资源时就需要"网络登录"了。当要登录主机时，输入该主机的用户名和密码后进行验证。这里需要提醒的是，输入的用户账号必须是对方主机上的，而非自己主机上的用户账号。因为进行网络登录时，用户账号的有效性是由受访主机进行的。

**3. 服务登录**

服务登录是一种特殊的登录方式。平时，系统启动服务和程序时，都是先以某些用户账号进行登录后运行的，这些用户账号可以是域用户账号、本地用户账号或 SYSTEM 账号。采用不同的用户账号登录，其对系统的访问、控制权限也不同，而且用本地用户账号登录只能访问具有访问权限的本地资源，不能访问到其他计算机上的资源，这点和"交互式登录"类似。

从任务管理器中可以看到，系统的进程所使用的账号是不同的。当系统启动时，一些基于 Win32 的服务会被预先登录到系统上，从而实现对系统的访问和控制。运行 services.msc 可以设置这些服务。正是因为系统服务有着举足轻重的地位，它们一般都以 SYSTEM 账号登录，对系统有绝对的控制权限，所以很多病毒和木马也争着加入到这个账号中。除了 SYSTEM 外，有些服务还以 Local Service 和 Network Service 这两个账号登录。而在系统初始化后，用户运行的一切程序都是以用户本身账号登录的。

从上面讲到的原理不难看出，平时使用计算机时要以 Users 组的用户登录，因为即使运行了病毒、木马程序，由于受到登录用户账号相应的权限限制，最多也只能破坏属于用户本身的资源，而对维护系统安全和稳定性的重要信息无破坏性。

**4. 批处理登录**

批处理登录一般用户很少用到，通常被执行批处理操作的程序所使用。在执行批处理登录时，所用账号要具有批处理工作的权利，否则不能进行登录。

为了安全起见，平时进入 Windows 时都要输入账号和密码。而一般都是使用一个固定的账号登录的。面对每次烦琐的输入密码，有的人干脆设置为空密码或者类似 123 等弱口令，而这些账号也多数为管理员账号。殊不知黑客用一般的扫描工具，很容易就能扫描到一段 IP 中所有弱口令的计算机，所以还是建议要把密码尽量设置得复杂些。

另一方面，账号和密码是明文保存在注册表中的，所以只要具有访问注册表权限的人都可以通过网络查看。因此，如果要设置登录，最好不要设置为管理员账号，可以设置为 USERS 组的用户账号。

## 3.4.5 Windows 文件系统安全

文件系统安全是操作系统安全的核心。Windows 文件系统控制谁能访问信息及他们能做些什么。即使外层账号安全被突破，攻击者也还必须击败文件系统根据文件拥有权和权限精心设置的防御措施。当建立文件的权限时，必须先确定文件系统格式为 Windows NT 文件系统（NTFS），当然也可以使用 FAT 格式，但是并不支持文件级的权限。一旦实施了 NTFS 的文件系统格式，就可通过 Windows 的资源管理器直接来管理文件的安全。

NTFS 权限及使用有以下几个原则：

（1）权限最大原则。当一个用户同时属于多个组，而这些组又有可能被赋予了对某种资源的不同访问权限，则用户对该资源最终有效权限是在这些组中最宽松的权限，即加权权限，将所有的权限加在一起即为该用户的权限（"完全控制"权限为所有权限的总和）。

（2）文件权限超越文件夹权限原则。当用户或组对某个文件夹及该文件夹下的文件有不同的访问权限时，用户对文件的最终权限是访问该文件的权限，即文件权限超越文件的上级文件夹的权限，用户访问该文件夹下的文件不受文件夹权限的限制，而只受被赋予的文件权限的限制。

（3）拒绝权限超越其他权限原则。当用户对某个资源有拒绝权限时，该权限覆盖其他任何权限，即在访问该资源的时候只有拒绝权限是有效的。当有拒绝权限时权限最大法则无效，因此对于拒绝权限的授予应该慎重考虑。

在同一个 NTFS 分区内或不同的 NTFS 分区之间移动或复制一个文件或文件夹时，该文件或文件夹的 NTFS 权限会发生不同的变化。这时 NTFS 权限的继承性就起到了作用，关于 NTFS 权限的继承性有以下几个方面：

（1）在同一个 NTFS 分区内移动文件或文件夹。在同一分区内移动的实质就是在目的位置将原位置上的文件或文件夹"搬"过来，因此文件和文件夹仍然保留有在原位置的一切 NTFS 权限（准确地讲，就是该文件或文件夹的权限不变）。

（2）在不同 NTFS 分区之间移动文件或文件夹。在这种情况下文件和文件夹会继承目的分区中文件夹的权限（ACL），实质就是在原位置删除该文件或文件夹，并且在目的位置新建该文件或文件夹（要从 NTFS 分区中移动文件或文件夹，操作者必须具有相应的权限。在原位置上必须有"修改"的权限，在目的位置上必须有"写"权限）。

（3）在同一个 NTFS 分区内复制文件或文件夹。在这种情况下复制文件和文件夹将继承目的位置中文件夹的权限。

（4）在不同 NTFS 分区之间复制文件或文件夹。在这种情况下复制文件和文件夹将继承目的位置中文件夹的权限（当从 NTFS 分区向 FAT 分区中复制或移动文件和文件夹都将导致文件和文件夹的权限丢失，因为 FAT 分区不支持 NTFS 权限）。

### 3.4.6 Windows 的加密机制

加密文件系统（Encrypting File System，EFS）是 Windows 2003/XP 以上版本所特有的一个实用功能，对于 NTFS 卷上的文件和数据都可以直接被操作系统加密保存，在很大程度上提高了数据的安全性。

EFS 加密是基于公钥策略的。在使用 EFS 加密一个文件或文件夹时，系统首先会生成一个由伪随机数组成的文件密钥（File Encryption Key，FEK），然后将利用 FEK 和数据扩展标准 X 算法创建加密后的文件，并把它存储到硬盘上，同时删除未加密的原始文件。随后系统利用公钥加密 FEK，并把加密后的 FEK 存储在同一个加密文件中。而在访问被加密的文件时，系统首先利用当前用户的私钥解密 FEK，然后利用 FEK 解密出文件。在首次使用 EFS 时，如果用户还没有公钥/私钥对（统称为密钥），则会首先生成密钥，然后加密数据。如果登录到了域环境中，密钥的生成依赖于域控制器，否则它就依赖于本地机器。

EFS 加密有以下两点好处：首先，EFS 加密机制和操作系统紧密结合，因此不必为了加密数据安装额外的软件，这节约了使用成本；其次，EFS 加密系统对用户是透明的。这也就是说，如果加密了一些数据，那么对这些数据的访问将是完全允许的，并不会受到任何限制。而其他非授权用户试图访问加密过的数据时，就会收到"访问拒绝"的错误提示。EFS 加密的用户验证过程是在登录 Windows 时进行的，只要登录到 Windows 就可以打开任何一个被授权的加密文件。

要使用 EFS 加密，首先要保证操作系统符合要求。目前支持 EFS 加密的 Windows 操作系统主要有 Windows 2000/XP 及更新版本的操作系统。其次，EFS 加密只对 NTFS5 分区上的数据有效（注意，这里提到的 NTFS5 分区是指由 Windows 2003/XP 格式化过的 NTFS 分区；而由 Windows NT 格式化的 NTFS 分区是 NTFS4 格式的，虽然同样是 NTFS 文件系统，但它不支持 EFS 加密），无法加密保存在 FAT 和 FAT32 分区上的数据。

对于想加密的文件或文件夹，只需要用鼠标右键单击，从弹出的快捷菜单中选择"属性"命令，在打开对话框中的"常规"选项卡中单击"高级"按钮，在弹出的"高级属性"对话框中选中"加密内容以便保护数据"复选框，然后单击"确定"按钮，等待片刻数据就加密好了。如果加密的是一个文件夹，系统还会询问是把这个加密属性应用到文件夹上，还是文件夹及内部的所有子文件夹，按照实际情况来操作即可。解密数据也是很简单的，同样是按照上面的方法，取消对"加密内容以便保护数据"复选框的勾选，然后单击"确定"按钮。

注意：如果把未加密的文件复制到具有加密属性的文件夹中，这些文件将会被自动加密。若是将加密数据移出来，如果移动到 NTFS 分区上，数据依旧保持加密属性；如果移动到 FAT 分区上，这些数据将会被自动解密。被 EFS 加密过的数据不能在 Windows 中直接共享。如果通过网络传输经 EFS 加密过的数据，这些数据在网络上将会以明文的形式传输。NTFS 分区上保存的数据还可以被压缩，不过一个文件不能同时被压缩和加密。最后，Windows 的系统文件和系统文件夹无法被加密。

### 3.4.7 Windows 备份与还原

如果系统的硬件或存储媒体发生故障，"备份"工具可以保护数据免受意外的损失。例如，可以使用"备份"创建硬盘中数据的副本，然后将数据存储到其他存储设备。备份存储媒体既可以是逻辑驱动器（如硬盘）、独立的存储设备（如可移动磁盘），也可以是由自动转换器组织和控制的整个磁盘库或磁带库。如果硬盘上的原始数据被意外删除或覆盖，或因为硬盘故障而不能访问该数据，那么用户可以十分方便地从存档副本中还原该数据。为了保护服务器，应该安排对所有数据进行定期备份。数据备份的类型大致分为以下几种：

（1）副本备份。可以复制所有选定的文件，但不将这些文件标记为已经备份（换言之，不清除存档属性）。如果要在正常和增量备份之间备份文件，复制是很有用的，因为它不影响其他备份操作。

（2）每日备份。用于复制执行每日备份的当天修改过的所有选定文件。备份的文件将不会标记为已经备份（换言之，不清除存档属性）。

（3）差异备份。用于复制自上次正常或增量备份以来所创建或更改的文件。它不将文件标记为已经备份（换言之，不清除存档属性）。如果要执行正常备份和差异备份的组合，则还原文件和文件夹将需要上次已执行过正常备份和差异备份。

（4）增量备份。仅备份自上次正常或增量备份以来创建或更改的文件。它将文件标记为已经备份（换言之，清除存档属性）。如果将正常和增量备份结合使用，需要具有上次的正常备份集和所有增量备份集才能还原数据。

（5）正常备份。用于复制所有选定的文件，并且在备份后标记每个文件（换言之，清除存档属性）。使用正常备份，只需备份文件或磁带的最新副本就可以还原所有文件。通常，在首次创建备份集时执行一次正常备份。

组合使用正常备份和增量备份来备份数据，需要的存储空间最少，并且是最快的备份方法。然而，恢复文件可能比较耗时，而且比较困难，因为备份集可能存储在不同的磁盘或磁带上。

组合使用正常备份和差异备份来备份数据更加耗时，尤其当数据经常更改时，但是它更容易还原数据，因为备份集通常只存储在少量磁盘和磁带上。

Windows 自带的备份工具如图 3.5 所示，具体备份方法请参见第 13 章。

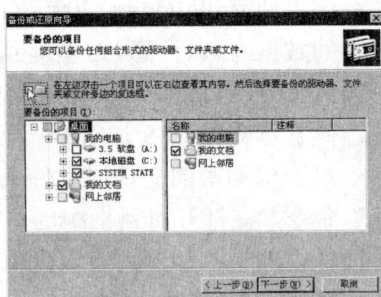

图 3.5　备份和还原工具

# 3.5　Android 操作系统安全

Android 是一个开放的移动设备操作系统。根据 IDC 2013 年 11 月份的数据统计，Android 手机的市场份额为 80%。丰富的 Android 应用程序（简称应用）极大地方便了人们的生活，同时系统的安全性也越来越引起用户的关注。Android 应用可以操作设备上的各种硬件、软件，以及本地数据和服务器数据，并能够访问网络。因此，Android 操作系统为了保护数据、程序、设备、网络等资源，必须为程序提供一个安全的运行环境。

## 3.5.1　Android 安全体系结构

操作系统的安全性目的就是为了保护移动设备软件、硬件资源，包括 CPU、内存、外部设备、文件系统和网络等。Android 系统为了安全性，提供如下主要安全特征：操作系统严格的分层结构、应用沙盒、安全进程通信、授权和签名等。Android 作为开放平台，它的设计和实现细节完全暴露，因此对安全性要求更加严格，设计时首先要重点考虑的就是平台结构设计问题，Android 系统的体系结构设计为多层结构，如图 3.6 所示。这种结构在给用户提供安全保护的同时还保持了开放平台的灵活性。

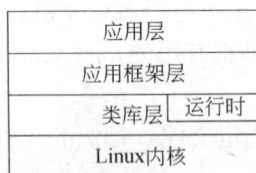

图 3.6　Android 操作系统分层的安全体系结构

Android 系统结构由 4 层组成，从上到下分别是应用层、应用框架层、系统运行类库层和 Linux 内核层。应用层由运行在 Android 设备上的所有应用构成，包括预装的系统应用和用户自己安装的第三方应用。大部分应用是由 Java 语言编写并运行在 Dalvik 虚拟机中；另一部分应用是通过 C/C++语言编写的本地应用。不论采用何种编程语言，两类应用运行的安全环境相同，都在应用沙箱中运行。应用框架层集中体现 Android 系统的组件设计思想。框架层由多个系统服务组成。Android 应用由若干个组件构成，组件和组件之间的通信是通过框架层提供的服务集中调度和传递消息实现的，而不是组件之间直接进行的。框架层协调应用层的应用工作提升了系统的整体安全性。类库层主要由类库和 Android 运行时两部分组成。其中类库由一系列的二进制动态库构成，大部分来源于优秀的第三方类库，另一部分是系统原生类库，通常使用 C/C++语言开发。Android 运行时由 Java 核心类库和 Android 虚拟机 Dalvik 共同构成。Java 核心类库包括框架层和应用层所用到的基本 Java 库。Dalvik 是为 Android 量身打造的 Java 虚拟机，它与标准 Java

虚拟机（JVM）的主要差别在于 Dalvik 是基于寄存器设计的，而 JVM 是基于数据栈的，前者能够更快的编译较大的应用程序。Dalvik 允许在有限的内存中同时运行多个虚拟机的实例，每一个 Dalvik 应用作为一个独立的 Linux 进程执行，可防止在某一虚拟机崩溃时所有应用都被关闭。最后一层是 Linux 内核层，该层提供的核心系统服务包括安全、内存、进程、网络和设备驱动等功能。

## 3.5.2  Linux 安全性

Android 平台的基础是 Linux 内核。Linux 操作系统经过多年的发展，已经成为一个稳定的、安全的被许多公司和安全专家信任的安全平台。作为移动平台的基础，Linux 内核为 Android 提供了如下安全功能：基于用户授权的模式、进程隔离、可扩展的安全 IPC 和移除不必要的不安全的内核代码。作为多用户操作系统，Linux 内核提供了相互隔离用户资源的功能。通过隔离功能，一个用户不能使用另一个用户的文件、内存、CPU 和设备等。

## 3.5.3  文件系统许可/加密

在 Linux 环境中，文件系统许可（Permission）可以保证一个用户不能修改或读取另一个用户的文件。Android 系统中每个应用都分配一个用户 ID，应用作为一个用户存在，因此除非开发者明确指定某文件可以供其他应用访问，否则一个应用创建的文件其他应用不能读取或修改。文件系统加密功能可以对整个文件系统进行加密。内核利用 dm-crypt 技术创建加密文件系统。dm-crypt 技术是建立在 Linux 内核 2.6 版本的 device-mapper 特性之上的。device-mapper 是在实际的块设备之上添加虚拟层，以方便开发人员实现镜像、快照、级联和加密等处理。为了防止系统口令攻击，例如通过彩虹表（彩虹表就是将各种可能的数字、字母组合的哈希值预先计算好，通过查表的方式快速匹配，提高破解速度）或暴力破解等方法，口令采用 SHA1 加密算法进行保存。为了防止口令字典攻击，系统提供口令复杂性规则，规则由设备管理员制定，由操作系统实施。

## 3.5.4  Android 应用安全

Android 系统为移动设备提供了一个开源的平台和应用程序开发环境。通常程序开发语言采用 Java，并运行在 Dalvik 虚拟机中，对于游戏等性能要求较高的程序也可以采用 C/C++ 编写。程序安装包以 .apk 为扩展名。一个应用程序通常由配置文件（AndroidManifest.xml）、活动（Activity）、服务（Service）、广播接收器（Broadcast Receiver）等组成。

### 1. Android 权限模式

所有的应用程序都运行在应用沙盒中，默认情况下，应用只能存取受限的系统资源。这种受限机制的实现方式有多种，包括不提供获取敏感功能的 API 函数、采用角色分离技术和采用权限模式。权限模式最常用，通过这种方式把用于存取敏感资源的 API 函数只授权给值得信任的应用程序，这些函数主要涉及的功能包括摄像头、GPS、蓝牙、电话、短信、网络等。应用程序为了能够存取这些敏感资源，必须在它的配置文件中声明存取所需资源的能力。当用户安装这种程序时，系统会显示对话框提示程序需要的权限并询问用户是否需要继续安装。如果用户继续安装，系统就把这些权限授予对应的程序。安装过程中，针对用户只想授权其中的某些权限的情况系统是不支持的。安装完毕后，用户可以通过"系统设置"功能允许或拒绝某些权限。对于系统自带的应用程序，系统不会提示请求用户授权。如果程序的配置文件中没有指定受保护资源的授权，但程序中调用了资源对应的 API 函数，则系统抛出安全异常。程序的配置文件中还可以定义安全级别（Protection Level）属性，这个属性告诉系统其他哪些应用可以访问此应用。

**2. 安全进程通信**

尽管 Linux 内核提供了多种进程通信（IPC）机制，包括管道、信号、报文、信号量、共享内存和套接字等，但出于安全性考虑，Android 增加了新的安全 IPC 机制，主要包括 Binder、Service、Intent 和 ContentProvider。Binder 是一个轻量级的远程过程调用机制，它可以高效安全地实现进程内和进程间调用。Service 运行在后台并通过 Binder 向外提供接口服务，通常设有可见的用户界面。Intent 是一个简单的消息对象，此对象表示想要做某事的"意向"。ContentProvider 是一个数据仓库，通过它可以向外提供数据。例如，一个程序可以获取另一个应用通过 ContentProvider 向外公布的数据。在编写程序时如果需要进程通信，虽然可以使用 Linux 提供的传统的方式，但还是推荐使用 Android 提供的安全 IPC 框架，这样可以避免传统方式存在的通信安全缺陷。

**3. 应用程序安装包签名**

所有的 Android 应用程序安装包（apk文件）必须进行签名，否则程序不能安装在 Android 设备或模拟器中。签名的目的用于标识程序作者、升级应用程序。当没有签名的应用在安装时，包管理器就会拒绝安装。签名的应用在安装时，包管理器首先验证 apk 文件中的签名证书是否正确，如果正确，首先把应用放置在应用沙盒中，然后系统为它分配一个 UID，不同的应用有不同的 UID；如果证书签名与设备中其他签名的应用相同，表示是同一个应用，则提示用户是否用新的应用更新旧的应用。该签名证书可以由开发者自己设定称之为自签名（Self-signed）证书，也可以由第三方的认证机构授权。系统提供自签名证书功能使得开发者不再需要借助外部的帮助或授权即可以自己进行签名。Google 公司提供了完整方便的签名工具为用户开发提供便利。

# 课 后 习 题

**一、选择题**

1. Windows 主机推荐使用（    ）格式。

    A．NTFS                      B．FAT32

    C．FAT                      D．Linux

2. 对文件和对象的审核，错误的一项是（    ）。

    A．文件和对象访问的成功和失败

    B．用户及组管理的成功和失败

    C．安全规则更改的成功和失败

    D．文件名更改的成功和失败

3. 不属于服务器的安全措施的是（    ）。

    A．保证注册账户的时效性

B．删除死账户

C．强制用户使用不易被破解的密码

D．所有用户使用一次性密码

4．不属于数据备份类型的是（　　）。

    A．每日备份               B．差异备份

    C．增量备份               D．随机备份

5．TCSEC 是（　　）国家标准。

    A．英国                 B．意大利

    C．美国                 D．俄罗斯

6．身份认证的含义是（　　）一个用户。

    A．注册                 B．标识

    C．验证                 D．授权

7．口令机制通常用于（　　）。

    A．认证                 B．标识

    C．注册                 D．授权

8．在生成系统账号时，系统管理员应该分配给合法用户一个（　　），用户在第一次登录时应更改口令。

    A．唯一的口令           B．登录的位置

    C．使用的说明           D．系统的规则

9．信息安全评测标准 CC 是（　　）标准。

    A．美国                 B．国际

    C．英国                 D．澳大利亚

10．下面（　　）数据备份策略不是常用类型。

    A．完全备份            B．增量备份

    C．选择性备份           D．差异备份

11．数据保密性安全服务的基础是（　　）。

    A．数据完整性机制      B．数字签名机制

    C．访问控制机制        D．加密机制

12．Windows 系统的用户账号有两种基本类型，分别是全局账号和（　　）。

    A．本地账号            B．域账号

    C．来宾账号            D．局部账号

13．Windows 系统安装完成后，默认情况下系统将产生两个账号，分别是管理员账号和（　　）。

    A．本地账号            B．域账号

    C．来宾账号            D．局部账号

14．某公司的工作时间是上午 8 点半至 12 点，下午 1 点至 5 点半，每次系统备份需要一个半小时，下列适合作为系统数据备份的时间是（　　）。

    A．上午 8 点           B．中午 12 点

    C．下午 3 点           D．凌晨 1 点

15. 下面不是 UNIX/Linux 操作系统的密码设置原则的是（　　　）。

　　A．密码最好是英文字母、数字、标点符号、控制字符等的结合

　　B．不要使用英文单词，容易遭到字典攻击

　　C．不要使用自己、家人、宠物的名字

　　D．一定要选择字符长度为 8 位的字符串作为密码

16. 1999 年，我国发布第一个信息安全等级保护的国家标准 GB 17859—1999，提出将信息系统的安全等级划分为（　　　）个等级。

　　A．7　　　　　　　　　　　　　　B．8

　　C．4　　　　　　　　　　　　　　D．5

17. 定期对系统和数据进行备份，在发生灾难时进行恢复。该机制是为了满足信息安全的（　　　）属性。

　　A．真实性　　　　　　　　　　　　B．完整性

　　C．不可否认性　　　　　　　　　　D．可用性

二、填空题

1. _____年，欧共体发布了"信息技术安全评价准则"。_____年，加拿大发布了"加拿大可信计算机产品评价准则"。

2. 计算机安全评价标准（TCSEC）是计算机系统安全评估的第一个正式标准，于_____年 12 月由美国国防部公布。

3. D1 系统只为_____和_____用户提供安全保护。

4. C 类安全等级可划分为_____和_____两类。

5. 计算机系统安全评估的第一个正式标准是_____。

6. 自主访问控制（DAC）是一个接入控制服务，它执行基于系统实体身份及系统资源的接入授权。这包括在文件、_____和_____中设置许可。

7. 安全审计是识别与防止_____、追查_____的重要措施之一。

8. C1 系统的可信任运算基础体制，通过将_____和_____分开来达到安全的目的。

9. _____账号一般被用于在域中或计算机中没有固定账号的用户临时访问域或计算机时使用的。

10. _____账号被赋予域中和在计算机中具有不受限制的权利，该账号被设计用于对本地计算机或域进行管理，可以从事创建其他用户账号、创建组、实施安全策略、管理打印机及分配用户对资源的访问权限等工作。

11. 中华人民共和国国家标准 GB 17895—1999《计算机信息系统安全保护等级划分准则》已经正式颁布并使用。该准则将信息系统安全分为 5 个等级，分别是自主保护级、_____、_____、_____和访问验证保护级。

12. B2 级别的系统管理员必须使用一个_____、_____的安全策略模式作为系统的可信任运算基础体制。

13. B3 级别的系统具有很强的_____和_____。

14. 访问控制三要素：主体、_____和_____。

15. 自主访问控制的实现方式通常包括目录式访问控制模式、_____、_____和

面向过程的访问控制等方式。

16. 组策略是 Windows 中的一套系统_____和_____管理工具的集合。

17. Android 系统结构由 4 层组成，从上到下分别是应用层、应用框架层、_____和_____组成。

**三、简答题**

1. 简述 TCSEC 中 C1、C2、B1 级的主要安全要求。

2. 简述审核策略、密码策略和账户策略的含义。这些策略如何保护操作系统不被入侵？如何关闭不需要的端口和服务？

3. 计算机安全评价标准中 B 类安全等级都包括哪些内容？

4. 计算机安全评价标准中 A 类安全等级都包括哪些内容？

5. 计算机信息系统安全保护等级划分准则中将信息系统安全分为几个等级？主要的安全考核指标是什么？

6. 安全操作系统的基本特征有哪些？

7. 安全审计主要包括哪几个方面的内容？

8. 远程攻击 Windows 系统的途径有哪些？

9. 取得合法身份后的攻击手段有哪些？

10. Windows 安全功能有哪些？

11. 常见的 Windows 的登录类型有哪几种？

12. NTFS 权限及使用原则有哪些？

13. NTFS 权限的继承性有哪几个方面的内容？

14. 文件加密系统的原理是什么？

15. 数据备份的类型大致分为哪几种？

16. 本地安全策略由哪几部分组成？

操作系统安全

# 第4章 密码技术

密码是通信双方按约定的法则进行信息特殊变换的一种重要保密手段。依照这些法则，变明文为密文，称为加密变换；变密文为明文，称为解密变换。密码在早期仅对文字或数码进行加、解密变换，随着通信技术的发展，对语音、图像、数据等都可实施加、解密变换。

密码学是研究如何隐密地传递信息的学科。在现代特别指对信息及其传输的数学性研究，常被认为是数学和计算机科学的分支，和信息论也密切相关。著名的密码学者 Ron Rivest 解释道："密码学是关于如何在敌人存在的环境中通信"。从工程学的角度来看，这相当于密码学与纯数学的异同。密码学是信息安全等相关议题（如认证、访问控制等）的核心。密码学的首要目的是隐藏信息的涵义，而不是隐藏信息的存在。密码学也促进了计算机科学的发展，特别是在计算机与网络安全方面，如访问控制与信息的机密性。密码学已被应用在日常生活的各个方面，这包括自动柜员机的芯片卡、计算机使用者存取密码、电子商务等。

## 4.1 密码学的发展历史

密码学是在编码与破译的斗争实践中逐步发展起来的，并随着先进科学技术的应用，已成为一门综合性的尖端技术科学，它与语言学、数学、电子学、声学、信息论、计算机科学等有着广泛而密切的联系。它的研究成果，特别是各国政府现在使用的密码编制及破译手段等都具有高度的机密性。

进行明密变换的法则称为密码的体制，指示这种变换的参数称为密钥，它们是密码编制的重要组成部分。密码体制的基本类型可以分为 4 种：

（1）错乱：按照规定的图形和线路，改变明文字母或数码等的位置成为密文。

（2）代替：用一个或多个代替表将明文字母或数码等代替为密文。

（3）密本：用预先编定的字母或数字密码组代替一定的词组单词等变明文为密文。

（4）加乱：用有限元素组成的一串序列作为乱数，按规定的算法同明文序列相结合变成密文。

以上 4 种密码体制既可单独使用，也可混合使用，以编制出各种复杂度很高的实用密码。

密码学根据其研究的范围可分为密码编码学和密码分析学。密码编码学是研究密码体制的设计，对信息进行编码实现隐蔽信息的一门学科；密码分析学是研究如何破译被加密信息或信息伪造的学科。它们是相互对立、相互依存、相互促进并发展的。密码学的发展大致可以分为三个阶段：

第一阶段是从几千年前到 1949 年，这一阶段被称为古典密码（以字符为基本加密单元的密码）。第二阶段是从 1949—1975 年，这一阶段主要进行的是利用计算机技术实现密码技术的研究。第三阶段为 1976 年至今，这一阶段被称为现代密码（以信息块为基本加密单元的密码）。

## 4.1.1　古典密码

在计算机出现以前，密码学的算法主要是通过字符之间代替或易位实现的，这些密码体制被称为古典密码，其中包括易位密码、代替密码（单表代替密码、多表代替密码等）。这些密码算法大都十分简单，现在已经很少在实际应用中使用了。这一时期密码学还没有成为一门真正的科学，而是一门艺术。密码学专家常常是凭自己的直觉和信念来进行密码设计，而对密码的分析也多基于密码分析者（即破译者）的直觉和经验来进行的。

密码学在公元前 400 多年就已经产生了，正如《破译者》一书中所说"人类使用密码的历史几乎与使用文字的时间一样长"。密码学的起源的确要追溯到人类刚刚出现，并且尝试去学习如何通信时，为了确保他们通信的机密，最先是有意识地使用一些简单的方法来加密信息，通过一些象形文字（密码）相互传达信息。接着由于文字的出现和使用，确保通信的机密性就成为一种艺术，古代发明了不少加密信息和传达信息的方法。例如，我国古代的烽火就是一种传递军情的方法，再如古代的兵符就是用来传达信息的密令。就连闯荡江湖的侠士都有秘密的黑道行话，更何况是那些不堪忍受压迫的义士在秘密起义前进行地下联络的暗语，这都促进了密码学的发展。

事实上，密码学真正成为科学是在 19 世纪末和 20 世纪初期，由于军事、数学、通信等相关技术的发展，特别是两次世界大战中对军事信息保密传递和破获敌方信息的需求，密码学得到了空前的发展，并广泛地用于军事情报部门的决策。例如，在希特勒一上台时，德国就试验并使用了一种命名为恩尼格玛的密码机，恩尼格玛密码机能产生 220 亿种不同的密钥组合，假如一个人日夜不停地工作，每分钟测试一种密钥的话，需要约 4.2 万年才能将所有的密钥可能组合试完，希特勒完全相信了这种密码机的安全性。然而，英国获知了恩尼格玛密码机的密码原理，完成了一部针对恩尼格玛密码机的绰号叫"炸弹"的密码破译机，每秒钟可处理 2000 个字符，它几乎可以破译截获德国的所有情报。后来又研制出一种每秒可处理 5000 个字符的"巨人"型密码破译机并投入使用，至此同盟国几乎掌握了德国纳粹的绝大多数军事秘密和机密，而德国军方却对此一无所知。太平洋战争中，美军成功破译了日本海军的密码，读懂了日本舰队发给各级指挥官的命令，在中途岛彻底击溃了日本海军，取得了太平洋战争的决定性胜利。因此，可以说密码学为战争的胜利立了大功。

古典密码学主要有两大基本方法：

（1）代替密码。就是将明文的字符替换为密文中的另一种字符，接收者只要对密文做反向替换就可以恢复出明文。

（2）置换密码（又称为易位密码）。明文的字母保持相同，但顺序被打乱了。

下面介绍几种经典的古典密码。

**1. 滚桶密码**

在古代为了确保通信的机密，先是有意识地使用一些简单的方法对信息进行加密。例如，斯巴达人于公元前 400 年应用一根叫 Scytale 的棍子将信息进行加密，然后在军官间传递秘密信息。送信人先将一张羊皮条绕棍子螺旋形卷起来（如图 4.1 所示），然后把要写的信息按某种顺序写在上面，接着打开羊皮条卷，通过其他渠道将信送给收信人。如果不知道棍子的宽度（这里作为密匙）是不容易解密里面的内容的，但是收信人可以根据事先和写信人的约定，用同样叫 Scytale 的棍子将书信解密，就能看到原始的消息。

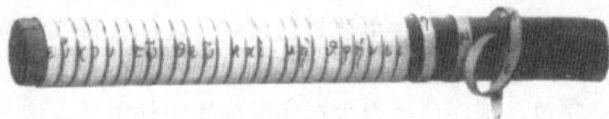

图 4.1　Scytale 棍子

## 2．棋盘密码

世界上最早的棋盘密码产生于公元前二世纪，是由一位希腊人提出的。首先建立一张表，使每一个字符对应一个数，这样每个字母就对应了由两个数构成的字符 α、β，α 是该字母所在行的标号；β 是列标号。如 c 对应 13，s 对应 43 等。如果接收到密文为 43 15 13 45 42 15 32 15 43 43 11 22 15，则对应的明文即为 securemessage。

密码将 26 个字母放在 5×5 的方格里，i、j 放在一个格子里，具体情况如表 4.1 所示。

表 4.1　棋盘密码

| | 1 | 2 | 3 | 4 | 5 |
|---|---|---|---|---|---|
| 1 | a | b | c | d | e |
| 2 | f | g | h | i、j | k |
| 3 | l | m | n | o | p |
| 4 | q | r | s | t | u |
| 5 | v | w | x | y | z |

另一个比较著名的棋盘密码是 ADFGX 密码（如表 4.2 所示）。1918 年，第一次世界大战将要结束时，法军截获了一份德军电报，电文中的所有单词都由 A、D、F、G、X 这 5 个字母拼成，因此被称为 ADFGX 密码。ADFGX 密码是 1918 年 3 月由德军上校 Fritz Nebel 发明的，是结合了 Polybius 密码和置换密码的双重加密方案。A、D、F、G、X 即方阵中对应数字替换的 5 个字母。

表 4.2　ADFGX 密码

| | A | D | F | G | X |
|---|---|---|---|---|---|
| A | b | t | a | l | p |
| D | d | h | o | z | k |
| F | q | f | v | s | n |
| G | g | i、j | c | u | x |
| X | m | r | e | w | y |

假设现在需要发送明文信息 Attack at once，用上面的密码方阵填充后，像是这样：
明文：A T T A C K A T O N C E

经过棋盘变换：AF AD AD AF GF DX AF AD DF FX GF XF

下一步，利用一个移位密钥加密。假设密钥是 CARGO，将之写在新格子的第一列，再将上一阶段的密码文一列一列写进新方格里（如表 4.3 所示）。

表 4.3　移位密钥加密表

| C | A | R | G | O |
|---|---|---|---|---|
| A | F | A | D | A |
| D | A | F | G | F |
| D | X | A | F | A |
| D | D | F | F | X |
| G | F | X | F | X |

最后，密钥按照字母表顺序 ACGOR 排序，再按照此顺序依次抄下每个字母下面的整列信息，形成新密文如下：

FAXDF ADDDG DGFFF AFAXX AFAFX

在实际应用中，移位密钥通常有两打字符那么长，且分解密钥和移位密钥都是每天更换的。

1918 年 6 月，再加入一个字母 V 扩充，变成以 6×6 格共 36 个字符加密，称为 ADFGVX 密码。这使得所有英文字母（不再将 i 和 j 视为同一个字母）及数字 0～9 都可混合使用。这次增改是因为以原来的加密法发送含有大量数字的简短信息有问题。

### 3. 凯撒（Caesar）密码

据记载，在罗马帝国时期，凯撒大帝曾经设计过一种简单的移位密码用于战时通信。这种加密方法就是将明文的字母按照字母顺序，往后依次递推相同的字母，就可以得到加密的密文。而解密的过程正好和加密的过程相反，它是将英文字母向前推移 $k$ 位。例如，$k=5$，则密文字母与明文有如下对应关系：

a b c d e f g h i j k l m n o p q r s t u v w x y z

F G H I J K L M N O P Q R S T U V W X Y Z A B C D E

于是对应于明文 secure message，可得密文为 XJHZWJRJXXFLJ。此时，$k$ 就是密钥。为了传送方便，可以将 26 个字母一一对应于从 0～25 的 26 个整数。如 a 对 1、b 对 2……y 对 25、z 对 0。这样，凯撒加密变换实际就是一个同余式：

$$c \equiv m + k \bmod 26$$

其中，$m$ 是明文字母对应的数；$c$ 是与明文对应的密文的数。

随后，为了提高凯撒密码的安全性，人们对凯撒密码进行了改进。选取 $k$、$b$ 作为两个参数，其中要求 $k$ 与 26 互素，明文与密文的对应规则为：

$$c \equiv km + b \bmod 26$$

可以看出，$k=1$ 就是前面提到的凯撒密码。这种加密变换是凯撒加密变换的推广，并且其保密程度也比凯撒密码高。

以上介绍的密码体制都属于单表置换，意思是一个明文字母对应的密文字母是确定的。根据这个特点，利用频率分析可以对这样的密码体制进行有效的攻击。方法是在大量的书籍、报刊和文章中统计各个字母出现的频率。例如，e 出现的次数最多达到 12.5%左右，其次是 t、a、o、l 等。破译者通过对密文中各字母出现频率的分析，结合自然语言的字母频率特征，就可以将该密码体制破译。

鉴于单表置换密码体制具有这样的攻击弱点，人们自然就会想办法对其进行改进来弥补这个弱点，增加抗攻击能力。

**4. 栅栏密码**

栅栏密码也称为栅栏易位，即把将要传递的信息中的字母交替排成上下两行，再将下面一行字母排在上面一行的后边，从而形成一段密码。栅栏密码是一种置换密码。

例如密文：TEOGSDYUTAENNHLNETAMSHVAED

解密过程：先将密文分为两行

TEOGSDYUTAENN

HLNETAMSHVAED

再按上下、上下……的顺序组合成一句话：

THE LONGEST DAY MUST HAVE AN END.

加密时不一定非用两栏。例如，密文为：

PFEE SESN RETM MFHA IRWE OOIG MEEN NRMA ENET SHAS DCNS IIAA IEER BRNK FBLE LODI

去掉空格：

PFEESESNRETMMFHAIRWEOOIGMEENNRMAENETSHASDCNSIIAAIEERBRNKF BLELODI

共 64 个字符，以 8 个字符为一栏，排列成 8×8 的方阵（凯撒方阵）如下：

| P | F | E | E | S | E | S | N |
|---|---|---|---|---|---|---|---|
| R | E | T | M | M | F | H | A |
| I | R | W | E | O | O | I | G |
| M | E | E | N | N | R | M | A |
| E | N | E | T | S | H | A | S |
| D | C | N | S | I | I | A | A |
| I | E | E | R | B | R | N | K |
| F | B | L | E | L | O | D | I |

从上向下竖着读：

PRIMEDIFFERENCEBETWEENELEMENTSRESMONSIBLEFORHIROSHIMAANDN AGASAKI

插入空格：PRIME DIFFERENCE BETWEEN ELEMENTS RESMONSIBLE FOR HIROSHIMA AND NAGASAKI （广岛和长崎的原子弹轰炸的最主要区别）

**5. 维吉尼亚（Vigenere）密码**

法国密码学家维吉尼亚于 1586 年提出一种多表式密码，即一个明文字母可以表示成多个密文字母中的一个。其原理是这样的：给出密钥 $K=k[1]k[2]\cdots k[n]$，若明文为 $M=m[1]m[2]\cdots m[n]$，则对应的密文为 $C=c[1]c[2]\cdots c[n]$。其中，$C[i]=(m[i]+k[i]) \bmod 26$。例如，若明文 $M$ 为 data security，密钥 $k$=best，将明文分解为长度为 4 的序列 data secu rity，对每 4 个字母，用 $k$=best 加密后得密文为 $C$=EELT TIUN SMLR。从中可以看出，当 $K$ 为一个字母时就是凯撒密码。而且容易看出，K 越长，保密程度就越高，当密钥 K 取的词组很长时，截获者就很难将密文破解。显然，这样的密码体制比单表置换密码体制具有更强的抗攻击能力，而且其加密、解密均可用所谓的维吉尼亚方阵来进行，从而在操作上简单易行。该密码曾被认为是 300 年内破译不了的密码，因而这种密码在今天仍被使用着。

我国在古典密码方面也有许多研究，如宋代曾公亮、丁度等编撰的《武经总要》"字验"记载，北宋前期，在作战中曾用一首五言律诗的 40 个汉字分别代表 40 种情况或要求，这种方式已具有了密本体制的特点。1871 年，由上海大北水线电报公司选用 6899 个汉字，代以四码数字，成为中国最初的商用明码本，同时也设计了由明码本改编为密本及进行加乱的方法。在此基础上，逐步发展为各种比较复杂的密码。

## 4.1.2　隐写术

隐写术是最为人们所熟悉的古典加密方法，通常将秘密消息隐藏于其他消息中，使真正的秘密消息通过一份无伤大雅的消息发送出去，它是不让计划接收者之外的任何人知道信息传递事件的一门技巧与科学。要注意的是，隐写术和一般的密码术是不同的。密码术只是对信息进行加密，再发送给接收者。对间谍来说，密码术也非常重要，要是被发现在传递一串谁也看不懂的文字，十有八九会被有关部门盯上。隐写术则相对安全，隐写的信息通常被藏在图片、购物清单、诗文等事物中。如果说密码术是一个隐士，那么隐写术看起来就像大街上一个毫不起眼的人。换句话说，密码术隐藏的是信息，而隐写术隐藏的则是传递信息的过程，这两者常常结伴出现。将信息加密后，再附在图片等载体上发送出去，这样即使他人碰巧截获了图片，也得费一番工夫才能将信息破解出来。

隐写术的由来源远流长，早在希腊时代隐写术就有应用了。有一个名叫 Histaiaeus 的希腊人打算策划一场反抗波斯国王的叛乱，他需要隐秘地传递信息。于是他将一名奴隶的头发剃光，在头皮上写下信息，等奴隶的头发重新长出来时就派他出去送信，对方只需再一次剃光奴隶的头发就可获取信息。除了奴隶的头皮外，兔子的腹部也是一个传递信息的优良载体。这个方法在当时应该算是最先进的加密手段了。不过缺点就是要找一个头发长得快的，还不能让他洗头。

公元前 480 年，波斯国王薛西斯一世亲率 30 万大军征战希腊。战前，一个被流放的希腊人 Demaratus 想方设法给斯巴达报信，他使用的是一种书写板。他去掉书写板上的蜡，将消息写在木板上，再用蜡覆盖。据说是斯巴达国王的妻子通过占卜，预言出蜡的背后有东西，他们得到这块木板后将蜡刮掉，得知了波斯的阴谋，从而在温泉关布置防御，抵抗了波斯大军的入侵。温泉关之战是人类史上最残酷的战争之一，在电影《斯巴达 300 勇士》里有详细描述。

传递隐秘信息的方法多不胜数，如文字游戏藏头诗、电影《风声》里那件绣有莫斯密码的旗袍等。简单地改变某些字母的高度、在特定字上打十分微小的孔、用特殊墨水标记字母及改变行间距等方法都曾被用来传递这些信息。

隐写术可以分为语言隐写术和技术隐写术两种。

**1．语言隐写术**

语言隐写术与密码编码学关系比较密切，它主要提供两种类型的方法：符号码和公开代码。

符号码是以可见的方式，如手写体字或图形隐藏秘密的书写。在书或报纸上标记所选择的字母，如用点或短划线，这比上述方法更容易被人怀疑，除非使用显隐墨水，但此方法易于实现。一种变形的应用是降低所关心的字母，使其水平位置略低于其他字母，这种降低几乎让人觉察不到。

一份秘密的信件或伪装的消息要通过公开信道传送，需要双方事前的约定，也就是需要一种公开代码。这可能是保密技术的最古老形式，公开文献中经常可以看到。东方和远东的商人和赌徒在这方面有独到之处，他们非常熟练地掌握了手势和表情的应用。在美国的纸牌骗子中较为盛行的方法有：手拿一支烟或用手挠一下头，表示所持的牌不错；一只手放在胸前并且跷起大拇指，意思是"我将赢得这局，有人愿意跟我吗？"；右手手掌朝下放在桌子上，表示"是"，手握成拳头表示"不"。

特定行业或社会阶层经常使用的语言往往被称为行话。一些乞丐、流浪汉及地痞流氓使用的语言还被称为黑话，它们是这些社会群体的护身符。其实这也是利用了伪装，伪装的秘密因此也称为专门隐语。

黑社会犯罪团伙使用的语言特别具有隐语的特性，法语中黑话有很多例子，其中有的现在还成了通俗用法。例如，Rossignol（夜莺）表示"万能钥匙"，Mouche（飞行）表示"告密者"等。

第二次世界大战中，印第安纳瓦约土著语言被美军用作密码，从吴宇森导演的《风语者》中能窥其一二。所谓风语者，是指美国"二战"时候特别征募使用的印第安纳瓦约通信兵。在第二次世界大战的太平洋战场上，美国海军军部让北墨西哥和亚历桑那印第安纳瓦约族人使用纳瓦约语进行情报传递。纳瓦约语的语法、音调及词汇都极为独特，不为世人所知，当时纳瓦约族以外的美国人中，能听懂这种语言的也就一二十人。这是密码学和语言学的成功结合，纳瓦约语密码成为历史上从未被破译的密码。

公开代码的第二种类型就是利用虚码和漏格进行隐藏，隐藏消息的规则比较常见："某个特定字符后的第几个字符"，如空格后的下一个字母，更好一点的还有空格后的第三个字母，或者标点符号后的第三个字母。

漏格方法可以追溯到卡尔达诺（Cardano，1550 年）时代，这是一种容易掌握的方法，但不足之处是双方需要相同的漏格，特别是战场上的士兵，使用时不太方便。

藏头诗也是语言隐写术的一种形式，它有三种形式：一是首联与中二联六句皆言所寓之景，而不点破题意，直到结联才点出主题；二是将诗句头一字暗藏于末一字中；三是将所说之事分藏于诗句之首。现在常见的是第三种，每句的第一个字连起来读，可以传达作者的某种特有思想。同时，藏头诗是诗歌中一种特殊形式的诗体，它以每句诗的头一个字嵌入要表达的内容中的一个字。全诗的每句中头一个字又组成一个完整的人名、地名、企业名或一句祝福。藏头诗涵义深、品位高、价值重，可谓一字千金。

例如，《水浒传》中梁山为了拉卢俊义入伙，"智多星"吴用和宋江便生出一段"吴用智取玉麒麟"的故事来，利用卢俊义正为躲避"血光之灾"的惶恐心理，口占四句卦歌："芦花丛中一扁舟，俊杰俄从此地游。义士若能知此理，反躬难逃可无忧。"暗藏"卢俊义反"4 字，广为传播，成了官府治罪的证据，终于把卢俊义"逼"上了梁山。

当然，藏头诗和其他文学形式一样，如果使用不当也会带来不必要的麻烦。2004 年 11月 15 日，便民眼镜城在《迁安时讯》报上登载由自己提供广告词的广告，其内容为："便民诚信规模大，民心所向送光明。伟业不亢又不卑，大胆创新非昔比。"广告词的每句话在报上上下排列，四句的第一字连起来是"便民伟大"，最后一字连起来是"大明卑比（鄙）"。该广告刊载后被大明眼镜有限公司告上法庭。法院审理认为，便民眼镜城公开抬高自己贬低他人，损害了大明眼镜有限公司的名誉，是违法行为。鉴于被告存在着主观故意过错，判决便民眼镜城在《迁安时讯》报上为大明眼镜有限公司恢复名誉，并赔礼道歉。

### 2. 技术隐写术

在传统的隐蔽通信中，信鸽传书、隐形墨水、缩微摄影等都曾是非常重要的信息隐藏技术手段，也不乏许多成功的应用实例。例如，用隐形墨水在报纸上标记确定的字母实现情报密传；通过在乐谱的确定位置增加不明显的回声来向间谍发送信息；近代又发明了很多方法用于隐蔽通信的应用技术，包括高分辨率缩微胶片、流星余迹散射通信、语义编码等。前几种方法多用于军事，使敌手难以检测和干扰通信信号，而语义编码则是用非文字的东西来表示文字消息内容实现秘密通信，如把手表指针定位在不同位置表示不同的含义，或以图画、乐谱等表示确定的语义。这些近代的隐写技术在隐蔽通信中也发挥了很重要的作用。

随着数字化技术的兴起与因特网的普及，人们开始用现代的技术对原始的隐写术进行数字仿真，这也为隐写术的发展提供了另一片广阔的天地，隐蔽通信与知识产权保护两大应用需求使信息隐藏这种古老艺术在当今数字时代得以复兴。

2001 年年初，美国各大媒体，包括 CNN、ABC 及 FOX news 等相继报道本·拉登恐怖组织可能用隐写工具传递了与恐怖活动有关的秘密信息。另有报道指出，一些著名网站如 eBay 和 Amazon 等已成为传播隐写信息的渠道。目前 Internet 上已经出现了很多隐写系统，大部分是业余的爱好者们研究出来的，而其他一些则是公司的产品。

在人们不断增强的信息安全需求的驱动下，作为隐蔽通信、版权保护、证件防伪等的重要手段，包括隐写术在内的信息隐藏技术得以快速地发展，迅速成为国际的研究热点，其理论和算法研究在世界各国，尤其是发达国家都非常重视，并为此投入了大量的人力物力。国外众多知名研究机构如麻省理工学院的多媒体实验室、剑桥大学的多媒体实验室、IBM 数字实验室、德国国家信息技术研究中心、日本 NEC 等研究机构都在从事这一领域的研究。有关这一学科的论文也呈现了一种几何级数增长趋势，IEEE 分别于 1998 年和 1999 年出版了两个关于隐写术和数字水印方面的专集。

国家"863 计划"、"973 项目"、国家自然科学基金等都对信息隐藏领域的研究有项目资金支持。国内已有不少研究机构及大学正在从事隐写术和数字水印方面的研究，并于1999 年年底在北京电子技术应用研究所召开了"第一届全国信息隐藏学术研讨会（CIHW）"，至今该研讨会已举办多届。

对隐写术而言，相对于其他的技术指标，隐写术最强调的就是隐蔽性，其次是容量。人们对隐写术进行研究的目标就是找到更好的能够隐藏更多信息且不被发觉的算法。因此，一个成功的隐写术算法首先应该具有很高的安全性，同时可以隐藏很多的信息。

根据信息载体的不同，隐写术的应用可分为隐写术在文本中的应用、隐写术在图像中的应用、隐写术在音频中的应用等。

隐写术在文本中的应用就是将所传达的秘密信息嵌入一篇看似普通的消息中，从而达到信息隐藏的效果。随着网络技术的发展，越来越多的网络应用要求对通信内容加密，隐写术也逐渐应用到网络中的传输文本中来。目前基于文本的隐藏技术包括映射、词（词组）替换、字（行）编码及字符特征编码等。其中，映射的思想是将待嵌入信息按一定的规则与语言空间的元素相对应；词（词组）替换是根据待嵌入信息及预先确定的对应关系，将文档内容中的词（词组）用其他不影响意义表达的词（或词组，如同义词、近义词等）替换；行编码、字编码分别是通过行的垂直移动和字的水平移动来表达信息；字符特征编码利用的是字符特征信息，如对 b、d、h、k 等字符的垂直线的长度稍作修改，达到隐藏的目的。最近业界又提出了基于标点的隐写技术，即在标点全角和半角之分的基础上，用 0 代表全角标点，1 代表半角标点，将所传达的信息用其表示。

隐写术在图像中的应用就是利用图像这种载体源本身所具有的数据冗余，以及人类感官器官的生理、心理特性，将秘密消息以一定的编码或加密方式嵌入到公开的图像中，对载有秘密信息的图像进行传输，以达到隐蔽通信的目的。随着数字图像的广泛使用，以载体为数字图像的情况不断增多。在 Internet 上的每个网站中都存在着数字图像，所以数字图像也成为最有效的隐藏信息的载体。基于图像中的信息隐藏算法也层出不穷，包括时空域算法、变换域算法和压缩域算法，现在又出现了频率域的算法。时空域算法是将秘密信息嵌入载体的时间或空间域中，其特点是易于实现和隐藏容量大，但其稳健性较差，适用于隐蔽通信。变换域算法是将秘密消息嵌入数字作品的某一变换域中。压缩域算法主要应用于 JPEG 图像的压缩隐写。

隐写术在音频中的应用就是利用音频中载体源本身所具有的数据冗余，对加密数据进行编码或加密嵌入到公开的音频文件中，然后进行传输，达到隐蔽通信的目的。众所周知，人们对于相同频率的音频的敏感度有很大的差异，所以利用隐写术在音频中编码不是那么容易。人们的听觉系统中存在一个听觉阈值电平，低于这个电平的信号就听不到。听觉阈值的大小随声音频率的改变而改变，每个人的听觉阈值也不同，大多数人的听觉系统对 2～5kHz 之间的声音最敏感。一个人是否能听到声音取决于声音的频率及声音的强度是否大于频率对应的听觉阈值，因为人类听觉系统是一个动态系统。根据这一特性，将秘密信息隐藏于较弱的音频中，也就是说在某一强度之上的声音人能听到，这一强度之下的声音人就不能听到。因此可以将相应的时间轴上的信号转换到音频轴上，计算出各频率的强度，然后将秘密信息嵌入到比这些频率强度低的各频率中去。

微博上传照片也会暗藏"隐写"信息。你是否已习惯随手将好玩的照片上传到微博？这个习惯并不好。因为用数码相机或手机拍下的任何一张照片，其实也像一张用隐写术处理过的图片一样，本身会携带大量信息，也就是通常所说的 EXIF 信息（可交换图像文件数据）。这些数据中包含了相机型号、快门速度等诸多摄像参数，有的还记录了照片拍摄日期。不止这些，尤其是 iPhone 和 Android 手机所配的摄像头还会存储照片拍摄地点的 GPS 信息。这就意味着，凭着这张照片，任何人都可以轻而易举地获得你的住址和电话。

近几年来，隐写术领域已经成为信息安全的焦点。每个 Web 站点都依赖多媒体，如音频、视频和图像。隐写术这项技术可以将秘密信息嵌入到数字媒介中而不损坏它的载体的质量。第三方既觉察不到秘密信息的存在，也不知道存在秘密信息。因此密钥、数字签名和私密信息都可以在开放的环境（如 Internet）中安全的传送。所以，在这个信息时代，不是只有间谍或者反间谍才需要了解隐写术，计算机使用者最起码也该了解一下，如何才能保护自己的隐私。

### 4.1.3 转轮密码机

20 世纪 20 年代，随着机械和机电技术的成熟，以及电报和无线电需求的出现，引起了密码设备方面的一场革命——发明了转轮密码机（简称转轮机，Rotor），转轮机的出现是密码学发展的重要标志之一。

在第二次世界大战中，转轮密码机的使用相当普遍。它主要利用机械运动和简单电子线路，有一个键盘和若干转轮，实际上它是维吉尼亚密码的一种实现。每个转轮由绝缘的圆形胶板组成，胶板正反两面边缘线上有金属凸块，每个金属凸块上标有字母，字母的位置相互对齐。胶板正反两面的字母用金属连线接通，形成一个置换运算。不同的转轮固定在一个同心轴上，它们可以独立自由转动，每个转轮可选取一定的转动速度。例如，一个转轮可能被导线连通以完成用 F 代替 A，用 U 代替 B，用 L 代替 C 等。

为了防止密码分析，有的转轮密码机还在每个转轮上设定不同的位置号，使得转轮的位置、转轮的数量、转轮上的齿轮结合起来，增大机器的周期。

最著名的转轮密码机是德国人舍尔比乌斯设计的恩尼格玛密码机和瑞典人哈格林设计的哈格林密码机（美国军方称为 M-209）。

#### 1. 恩尼格玛密码机

德国人使用的恩尼格玛密码机共有 5 个转轮，可选择三个使用。如图 4.2 所示，转轮机中设计的一块插板及一个反射轮可对一个明文字母操作两次。另一个特点是转轮由齿轮控制，以形成不规则进位。

恩尼格玛密码机的加密原理是键盘一共有 26 个键，键盘排列与广为使用的计算机键盘基本一样，只不过为了使通信尽量地短和难以破译，空格、数字和标点符号都被取消，而只有字母键。键盘上方是显示器，这不是普通意义上的屏幕显示器，而是标示了同样字母的 26 个小灯泡，当键盘上的某个键被按下时，和这个字母被加密后的密文字母所对应的小灯泡就亮起来，这是一种近乎原始的"显示"。在显示器的上方是三个直径为 6cm 的转子，它们的主要部分隐藏在面板下，转子才是恩尼格玛密码机最核心关键的部分。如果转子的作用仅仅是把一个字母换成另一个字母，那就是密码学中所说的"简单替换密码"，而在公元 9 世纪，阿拉伯的密码破译专家就已经能够娴熟地运用统计字母出现频率的方法来破译简单替换密码，柯南·道尔在他著名的福尔摩斯探案《跳舞的小人》里就非常详细地叙述了福尔摩斯使用频率统计法破译跳舞人形密码（也就是简单替换密码）的过程。之所以叫"转子"，是因为它会转，这就是关键。当按下键盘上的一个字母键，相应加密后的字母在显示器上通过灯泡闪亮来显示，而转子就自动地转动一个字母的位置。举例来说，当第一次输入 A，灯泡 B 亮，转子转动一格，各字母

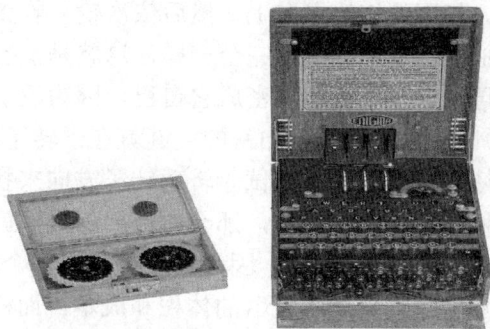

图 4.2　ENIGMA 转轮密码机

所对应的密码就改变了。第二次再输入 A 时，它所对应的字母就可能变成了 C。同样地，第三次输入 A 时，又可能是灯泡 D 亮了。这就是"恩尼格玛"难以被破译的关键所在，这不是一种简单替换密码。同一个字母在明文的不同位置时，可以被不同的字母替换，而密文中不同位置的同一个字母又可以代表明文中的不同字母，字母频率分析法在这里丝毫无用武之地了。这种加密方式在密码学上被称为"复式替换密码"。

但是如果连续输入 26 个字母，转子就会整整转一圈，回到原始的方向上，这时编码就和最初重复了。而在加密过程中，重复的现象很可能就是最大的破绽，因为这可以使破译密码的人从中发现规律。于是"恩尼格玛"又增加了一个转子，当第一个转子转动整整一圈以后，它上面有一个齿轮拨动第二个转子，使得它的方向转动一个字母的位置。假设第一个转子已经整整转了一圈，按 A 键时显示器上 D 灯泡亮；当放开 A 键时第一个转子上的齿轮也带动第二个转子同时转动一格，于是第二次输入 A 时，加密的字母可能为 E；再次放开 A 键时，就只有第一个转子转动了，于是第三次输入 A 时，与之相对应的字母就可能是 F 了。

因此，只有在 26×26=676 个字母后才会重复原来的编码。而事实上"恩尼格玛"有三个转子（"二战"后期德国海军使用的"恩尼格玛"甚至有 4 个转子），那么重复的概率就达到 26×26×26=17 576 个字母之后。在此基础上，谢尔比乌斯十分巧妙地在三个转子的一端加上了一个反射器，把键盘和显示器中的相同字母用电线连在一起。反射器和转子一样，把某一个字母连在另一个字母上，但是它并不转动。乍一看这么一个固定的反射器好像没什么用处，它并不增加可以使用的编码数目，但是把它和解码联系起来就会看出这种设计的别具匠心了。当一个键被按下时，信号不是直接从键盘传到显示器，而是首先通过三个转子连成的一条线路，然后经过反射器再回到三个转子，通过另一条线路再到达显示器上，例如，图 4.2 中 A 键被按下时，亮的是 D 灯泡。如果这时按的不是 A 键而是 D 键，那么信号恰好按照上面 A 键被按下时的相反方向通行，最后到达 A 灯泡。换句话说，在这种设计下，反射器虽然没有像转子那样增加不重复的方向，但是它可以使解码过程完全重现编码过程。

使用"恩尼格玛"通信时，发信人首先要调节三个转子的方向（而这个转子的初始方向就是密匙，是收发双方必须预先约定好的），然后依次输入明文，并把显示器上灯泡闪亮的字母依次记下来，最后把记录下的闪亮字母按照顺序用正常的电报方式发送出去。收信方收到电文后，只要也使用一台"恩尼格玛"，按照原来的约定把转子的方向调整到和发信方相同的初始方向上，然后依次输入收到的密文，显示器上自动闪亮的字母就是明文了。加密和解密的过程完全一样，这就是反射器的作用，同时反射器的一个副作用就是一个字母永远也不会被加密成它自己，因为反射器中一个字母总是被连接到另一个不同的字母。

"恩尼格玛"加密的关键就在于转子的初始方向。当然，如果敌人收到了完整的密文，还是可以通过不断试验转动转子方向来找到这个密匙，特别是如果破译者同时使用许多台机器进行这项工作，那么所需的时间就会大大缩短。可以通过增加转子的数量来对付这种"暴力破译法"，因为只要每增加一个转子，就能使试验的数量乘上 26 倍。不过由于增加转子就会增加机器的体积和成本，而密码机又是需要能够便于携带的，而不是一个带有几十个甚至上百个转子的庞然大物。那么方法也很简单，"恩尼格玛"密码机的三个转子是可以拆卸下来并互相交换位置，这样一来初始方向的可能性一下就增加了 6 倍。假设三个转子的编号为 1，2，3，那么它们可以被放成 123—132—213—231—312—321 这 6 种不同位置，当然收发密文的双方除了要约定转子自身的初始方向外，还要约好这 6 种排列中的一种。

而除了转子方向和排列位置外，"恩尼格玛"还有一道保障安全的关卡。在键盘和第一个转子之间有一块连接板，通过这块连接板可以用一根连线把某个字母和另一个字母连接起来，这样这个字母的信号在进入转子之前就会转变为另一个字母的信号。这种连线最多可以有 6 根（后期的"恩尼格玛"甚至达到 10 根连线），这样就可以使 6 对字母的信号两两互换，其他没有插上连线的字母则保持不变。当然，连接板上的连线状况也是收发双方预先约定好的。

这样转子的初始方向、转子之间的相互位置及连接板的连线状况就组成了"恩尼格玛"三道牢不可破的保密防线，其中连接板是一个简单替换密码系统，而不停转动的转子虽然数量不多，但却是点睛之笔，使整个系统变成了复式替换系统。连接板虽然只是简单替换，却能使可能性数目大大增加，在转子的复式作用下进一步加强了保密性。下面来算一算经过这样处理，要想通过"暴力破解法"还原明文，需要试验多少种可能性。

（1）三个转子不同的方向组成了 $26 \times 26 \times 26 = 17\,576$ 种可能性。

（2）三个转子间不同的相对位置为 6 种可能性。

（3）连接板上两两交换 6 对字母的可能性则是异常庞大，有 100 391 791 500 种。

于是一共有 17 576×6×100 391 791 500，其结果大约为 10 000 000 000 000 000，即一亿亿种可能性。这样庞大的可能性，换言之，即便能动员大量的人力物力，要想靠"暴力破解法"来逐一试验可能性，那几乎是不可能的。而收发双方则只要按照约定的转子方向、位置和连接板连线状况，就可以非常轻松简单地进行通信了。这就是恩尼格玛密码机的保密原理。

德国海军是德国第一支使用恩尼格玛密码机的部队。海军型号从 1925 年开始生产，于 1926 年开始使用。到了 1928 年 7 月 15 日，德国陆军已经有了他们自己的恩尼格玛密码机，即"恩尼格玛 G 型"，它在 1930 年 6 月经过改进成为了"恩尼格玛 I 型"。1930 年，德国陆军建议海军采用他们的恩尼格玛密码机，他们说（有接线板的）陆军版安全性更高，并且各军种之间的通信也会变得简单。海军最终同意了陆军的提议，并且在 1934 年启用了陆军用恩尼格玛密码机的海军改型，代号为 M3。当陆军仍然在使用 3 转子恩尼格玛密码机时，海军为了提高安全性可能要开始使用 5 个转子了。1938 年 12 月，陆军又为每台恩尼格玛密码机配备了两个转子，这样操作员就可以从一套 5 个转子中随意选择三个使用。同样在 1938 年，德国海军也加了两个转子，1939 年又加了一个，所以操作员可以从一套 8 个转子中选择 3 个使用。1935 年 8 月，德国空军也开始使用恩尼格玛密码机。1942 年 2 月 1 日，海军为 U 型潜艇配备了一种 4 转子恩尼格玛密码机，代号为 M4，在"二战"结束以后，盟军认为这些机器仍然很安全，于是将缴获的恩尼格玛密码机卖给了发展中国家。

**2. 哈格林密码机**

瑞典的哈格林研制出了哈格林密码机。它有 6 个鼓轮转盘，可以产生 101 405 850 个加密字母而不重复一次，这个数字要比有 5 个密钥转盘的密码机大 10 倍。哈格林带着这项设计图纸和样机，远涉美国去推销，得到了美国军方的肯定，一下子就订购了 14 万部来装备各通信机构，美国谍报机关也把它叫做 M-209 转换机。

M-209 转换机如图 4.3 所示，由 Smith-Corna 公司负责为美国陆军生产，曾装备美军师到营级部队。M-209 是"二战"中美军的主要加密设备，在朝鲜战争期间还在使用。M-209 转换机增加了一个有 26 个齿的密钥轮，共由 6 个共轴转轮组成，每个转轮外边缘分别有 17，19，21，23，25，26 个齿，它们互为素数，从而使它的密码周期达到了 $26 \times 25 \times 23 \times 21 \times 19 \times 17 = 101\ 405\ 850$。

图 4.3　M-209 密码转换机

### 3．TYPEX 密码机

英国的 TYPEX 密码机是德国 3 轮 Enigma 的改进型密码机，它增加了两个轮使得破译更加困难，在英军通信中使用广泛，并帮助英军破译了德军信号。

### 4．破译机

1940 年 7 月，德国空军司令戈林下达一项绝密命令：尽快准备大规模空袭英国，进而派遣陆海军攻占英国。但是，英国首相丘吉尔却出人意料地对此做出了迅速反应，他向全世界宣告：英国将在海滩上，乃至城市的街道中抗击并打击德国人。戈林大为吃惊，他不知道如此高度的机密怎么会如此迅速地被英国人获悉？这个疯狂的纳粹头子当然也想不到，在英国海滨边一个叫"布雷契莱"的小庄园里，有一支当时世界上技术力量最强大的破译机构，还有一台当时最为先进的电子破译机。

1943 年年底，布雷契莱庄园又运来了一台可以任意编写程序的电子计算机，它的信息储存容量很大，不仅能够用来破译德国"西门子"的保密电传打字机的密码，而且破译的速度也大大快于以前的破译机。美国最早的破译密码机构是在 1917 年成立的，代号为 MI8，也叫做"黑房间"。第二次世界大战时，日本海军联合舰队司令官山本五十六率领的日本海军把美国海军打的节节败退。这时山本五十六又密令对中途岛的美国舰队实施一次毁灭性的打击，这封密码电报被设在珍珠港一个戒备森严的地下室中的美国海军作战情报团截获，情报官罗奇福特开动了一台"IBM 密码破译机"，把日本海军有 45 000 个码组和 50 000 个加密码组的"JN25 密码"输入"IBM 破译机"中，经过运算，把这份破译的情报记录在穿空卡上，情报内容是"大日本海军将袭击 AF"。罗奇福特不知道 AF 是指何地，但他分析很可能是指中途岛，为了证实这一点，他要了一个花招，让美国在中途岛上的驻军用已经被日本人暗中破译的密码（这一点美军已知道，但依然佯装不知）拍发了一条中途岛缺少淡水的电文。果然在两天后，日本海军总部向各舰队发出了一封电报，罗奇福特赶忙把这条截获的电文立即输入"IBM 破译机"，破译出来的情报是："AF 缺少淡水，有利我军偷袭"。几天后，美国空军出其不意地起飞"地狱式"俯冲轰炸机，把几千磅等级的大量炸弹倾泻到日本正准备突袭中途岛的军舰上，一举炸沉了 4 艘主力航空母舰，使日本海军陷于瘫痪。一年后，美国太平洋舰队驻夏威夷密码破译部队同样使用这台"IBM 破译机"，又截取并破译了山本五十六将对所属海军舰队进行秘密视察的电文，当山本五十六的座机飞上天空时，14 架美国"闪电式"战斗机突然出现在山本五十六的座机周围，发射出密集的炮火，炸掉了飞机的翅膀，山本五十六的座机一头栽进丛林。

破译密码也并非仅仅只靠破译机，关键是有了先进的破译机，还需要操纵破译机的人员必须拥有较高的智慧和极其清晰的头脑，根据具体的截获电波，运用合理的程序和方法进行多渠道的破译试验。例如，有的密码的密钥量很多，保密性和保密时间也很高、很长。这就好比找钥匙开锁，从 10 万把各不相同的钥匙中去找出一把合适的开锁钥匙，所花的时间要很多很多，而且成功的希望也没有完全把握。根据现代密码的一般情况，战术保密级的密码最低的密钥量为 $10^6$，假定破译机的破译速度（换密钥的速度）为每秒 1 次，那么需要 6 个昼夜才有可能破译这一密码。而战略保密级的密码最低的密钥量为 $10^{30}$，假定破译机的破译速度为每秒 1 亿次，那么也需要用 100 万亿年才能将它破译。因此，破译密码就不能把截获的电波不用任何变通方法便输到破译机中去进行按部就班的换密钥运用，而应当采用像罗奇福特那样一些巧妙的方法来快速准确地破译敌方电文。

古典密码的发展已有悠久的历史了，尽管这些密码大都比较简单，但它在今天仍有广泛的使用。

## 4.1.4 现代密码（计算机阶段）

密码形成一门新的学科是在 20 世纪 70 年代，这是受计算机科学蓬勃发展刺激和推动的结果。快速电子计算机和现代数学方法，一方面为加密技术提供了新的概念和工具；另一方面也给破译者提供了有力武器。计算机和电子学时代的到来给密码设计者带来了前所未有的自由，他们可以摆脱原先用铅笔和纸进行手工设计时易犯的错误，也不用再面对用电子机械方式实现的密码机的高额费用。总之，利用电子计算机可以设计更为复杂的密码系统。

1949 年，美国数学家、信息论的创始人克劳德·香农发表了《保密系统的信息理论》一文，文中提出的主要观点是数据安全基于密钥而不是算法的保密，它标志着密码学阶段的开始。同时以这篇文章为标志的信息论为对称密钥密码系统建立了理论基础，从此密码学成为一门科学。由于保密的需要，这时人们基本上看不到关于密码学的文献和资料，平常人们是接触不到密码的。1967 年，David Kahn 出版了一本叫做《破译者》的小说，使人们知道了密码学。20 世纪 70 年代初期，IBM 公司发表了有关密码学的几篇技术报告，从而使更多的人了解了密码学的存在。但科学理论的产生并没有使密码学失去艺术的一面，如今，密码学仍是一门具有艺术性的科学。

1976 年，Diffie 和 Hellman 发表了《密码学的新方向》一文，首次证明了在发送端和接收端不需要传输密钥保密通信的可能性，文中提出的主要观点是公钥密码使得发送端和接收端无密钥传输的保密通信成为可能，从而开创了公钥密码学的新纪元。受他们的思想启迪，各种公钥密码体制被提出。该文章也成了区分古典密码和现代密码的标志。1978 年，RSA 公钥密码体制的出现，成为公钥密码的杰出代表，并成为事实标准，在密码学史上是一个里程碑。可以这么说："没有公钥密码的研究就没有近代密码学"。同年，美国国家标准局（NBS，即现在的国家标准与技术研究所 NIST）正式公布实施了美国的数据加密标准（Data Encryption Standard，DES），公开它的加密算法，并被批准用于政府等非机密单位及商业上的保密通信。上述两篇重要的论文和美国数据加密标准的实施，标志着密码学的理论与技术的划时代的革命性变革，宣布了近代密码学的开始。

近代密码学与计算机技术、电子通信技术紧密相关。在这一阶段，密码理论蓬勃发展，密码算法设计与分析互相促进，出现了大量的密码算法和各种攻击方法。另外，密码使用的范围也在不断扩张，而且出现了许多通用的加密标准，促进了网络和技术的发展。

现在，由于现实生活的实际需要及计算机技术的进步，密码学有了突飞猛进的发展，密码学研究领域出现了许多新的课题、新的方向。例如在分组密码领域，由于 DES 已经无法满足高保密性的要求，美国于 1997 年 1 月开始征集新一代数据加密标准，即高级数据加密标准（Advanced Encryption Standard，AES）。目前，AES 的征集已经选择了比利时密码学家所设计的 Rijndael 算法作为标准草案，并正在对 Rijndael 算法做进一步评估。AES 征集活动使国际密码学界又掀起了一次分组密码研究高潮。同时，在公开密钥密码领域，椭圆曲线密码体制由于其安全性高、计算速度快等优点引起了人们的普遍关注，许多公司与科研机构都投入到对椭圆曲线密码的研究当中。目前，椭圆曲线密码已经被列入一些标准中作为推荐算法。另外，由于嵌入式系统的发展、智能卡的应用，这些设备上所使用的密码算法由于系统本身资源的限制，要求密码算法以较小的资源快速实现，这样公开密钥密码的快速实现成为一个新的研究热点。随着其他技术的发展，一些具有潜在密码应用价值的技术也逐渐得到了密码学家极大的重视，出现了一些新的密码技术，如混沌密码、量子密码等，这些新的密码技术正在逐步地走向实用化。

## 4.1.5  密码学在网络信息安全中的作用

在现实世界中，安全是一个相当简单的概念。例如，房子门窗上要安装足够坚固的锁以阻止窃贼的闯入；安装报警器是阻止入侵者破门而入的进一步措施；当有人想从他人的银行账户上骗取钱款时，出纳员要求其出示相关身份证明也是为了保证存款安全；签署商业合同时，需要双方在合同上签名以产生法律效力也是保证合同的实施安全。

在数字世界中，安全以类似的方式工作着。机密性就像大门上的锁，它可以阻止非法者闯入用户的文件夹读取用户的敏感数据或盗取钱财（如信用卡号或网上证券账户信息）。数据完整性提供了一种当某些内容被修改时可以使用户得知的机制，相当于报警器。通过认证，可以验证实体的身份，就像从银行取钱时需要用户提供合法的身份（ID）一样。基于密码体制的数字签名具有防否认功能，同样有法律效力，可使人们遵守数字领域的承诺。

以上思想是密码技术在保护信息安全方面所起作用的具体体现。密码是一门古老的技术，但自密码技术诞生直至第二次世界大战结束，对于公众而言，密码技术始终处于一种未知的保密状态，常与军事、机要、间谍等工作联系在一起，让人在感到神秘之余，又有几分畏惧。信息技术的迅速发展改变了这一切。随着计算机和通信技术的迅猛发展，大量的敏感信息常通过公共通信设施或计算机网络进行交换，特别是 Internet 的广泛应用、电子商务和电子政务的迅速发展，越来越多的个人信息需要严格保密，如银行账号、个人隐私等。正是这种对信息的机密性和真实性的需求，密码学才逐渐揭去了神秘的面纱，走进公众的日常生活中。

密码技术是实现网络信息安全的核心技术，是保护数据最重要的工具之一。通过加密变换，将可读的文件变换成不可理解的乱码，从而起到保护信息和数据的作用。它直接支持机密性、完整性和非否认性。当前信息安全的主流技术和理论都是基于以算法复杂性理论为特征的现代密码学。从 Diffie 和 Hellman 发起密码学革命起，该领域最近几十年的发展表明，信息安全技术的一个创新生长点是信息安全的编译码理论和方法的深入研究，这方面具有代表性的工作有数据加密标准、高级加密标准（AES）、RSA 算法、椭圆曲线密码算法（ECC）、IDEA 算法、PGP 系统等。

今天，在计算机被广泛应用的信息时代，由于计算机网络技术的迅速发展，大量信息以数字形式存放在计算机系统里，信息的传输则通过公共信道。这些计算机系统和公共信道在不设防的情况下是很脆弱的，容易受到攻击和破坏，信息的失窃不容易被发现，而后果可能是极其严重的。如何保护信息的安全已成为许多人感兴趣的迫切话题，作为网络安全基础理论之一的密码学引起人们的极大关注，吸引着越来越多的科技人员投入到密码学领域的研究之中。

密码学尽管在网络信息安全中具有举足轻重的作用，但密码学绝不是确保网络信息安全的唯一工具，它也不能解决所有的安全问题。同时，密码编码与密码分析是一对矛和盾的关系，它们在发展中始终处于一种动态的平衡。在网络信息安全领域，除了技术之外，管理也是一个非常重要的方面。如果密码技术使用不当，或者攻击者绕过了密码技术的使用，就不可能提供真正的安全性。

# 4.2 密码学基础

## 4.2.1 密码学相关概念

密码学（Cryptology）作为数学的一个分支，是密码编码学和密码分析学的统称。或许与最早的密码起源于古希腊有关，cryptology 这个词来源于希腊语，crypto 是隐藏、秘密的意思，logo 是单词的意思，grapho 是书写、写法的意思，cryptography 就是"如何秘密地书写单词"。

使消息保密的技术和科学叫做密码编码学（Cryptography）。密码编码学是密码体制的设计学，即怎样编码，采用什么样的密码体制以保证信息被安全地加密。从事此行业的人员叫做密码编码者（Cryptographer）。与之相对应，密码分析学（Cryptanalysis）就是破译密文的科学和技术。密码分析学是在未知密钥的情况下从密文推演出明文或密钥的技术。密码分析者（Cryptanalyst）是从事密码分析的专业人员。

在密码学中，有一个五元组：明文、密文、密钥、加密算法、解密算法，对应的加密方案称为密码体制（或密码）。

- 明文：作为加密输入的原始信息，即消息的原始形式，通常用 $m$ 或 $p$ 表示。所有可能明文的有限集称为明文空间，通常用 $M$ 或 $P$ 来表示。
- 密文：明文经加密变换后的结果，即消息被加密处理后的形式，通常用 $c$ 表示。所有可能密文的有限集称为密文空间，通常用 $C$ 来表示。
- 密钥：参与密码变换的参数，通常用 $k$ 表示。一切可能的密钥构成的有限集称为密钥空间，通常用 $K$ 表示。
- 加密算法：将明文变换为密文的变换函数，相应的变换过程称为加密，即编码的过程（通常用 $E$ 表示，即 $c=E_k(p)$）。

- 解密算法：将密文恢复为明文的变换函数，相应的变换过程称为解密，即解码的过程（通常用 $D$ 表示，即 $p=D_k(c)$）。

对于有实用意义的密码体制而言，总是要求它满足 $p=D_k((E_k(p))$，即用加密算法得到的密文总是能用一定的解密算法恢复出原始的明文来。而密文消息的获取同时依赖于初始明文和密钥的值。

根据密码分析者对明文、密文等信息掌握的多少，可将密码分析分为以下 5 种情形。

**1．唯密文攻击（Ciphertext Only）**

对于这种形式的密码分析，破译者已知的东西只有两样：加密算法、待破译的密文。

**2．已知明文攻击（Known Plaintext）**

在已知明文攻击中，破译者已知的东西包括加密算法和经密钥加密形成的一个或多个明文-密文对，即知道一定数量的密文和对应的明文。

**3．选择明文攻击（Chosen Plaintext）**

选择明文攻击的破译者除了知道加密算法外，还可以选定明文消息，并可以知道对应的加密得到的密文，即知道选择的明文和对应的密文。例如，公钥密码体制中，攻击者可以利用公钥加密任意选定的明文，这种攻击就是选择明文攻击。

**4．选择密文攻击（Chosen Ciphertext）**

与选择性明文攻击相对应，破译者除了知道加密算法外，还包括自己选定的密文和对应的、已解密的原文，即知道选择的密文和对应的明文。

**5．选择文本攻击（Chosen Text）**

选择文本攻击是选择明文攻击与选择密文攻击的结合。破译者已知的东西包括加密算法、由密码破译者选择的明文消息和它对应的密文，以及由密码破译者选择的猜测性密文和它对应的已破译的明文。

很明显，唯密文攻击是最困难的，因为分析者可供利用的信息最少。上述攻击的强度是递增的。一个密码体制是安全的，通常是指在前 3 种攻击下的安全性，即攻击者一般容易具备进行前 3 种攻击的条件。

加密和解密算法的操作通常是在一组密钥控制下进行的，分别称为加密密钥和解密密钥。密钥未知情况下进行的解密推演过程称为破译，也称为密码分析或者密码攻击。它们之间的关系如图 4.4 所示。

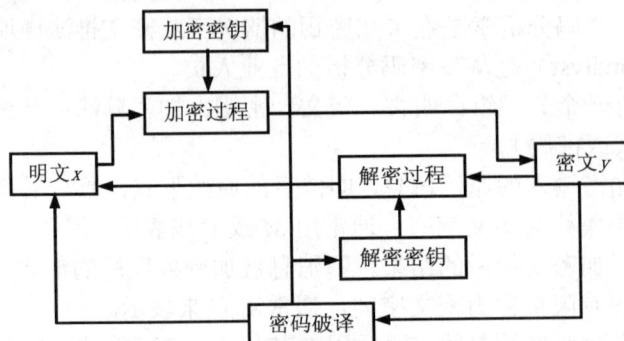

图 4.4　加解密过程示意图

## 4.2.2  密码系统

密码系统是用于加密与解密的系统，就是明文与加密密钥作为加密变换的输入参数，经过一定的加密变换处理以后得到输出密文，由它们所组成的一个系统。一个完整的密码系统由密码体制（包括密码算法及所有可能的明文、密文和密钥）、信源、信宿和攻击者构成。

在设计和使用密码系统时，有一个著名的"柯克霍夫原则"需要遵循，它是荷兰密码学家 Kerckhoffs 于 1883 年在其名著《军事密码学》中提出的密码学的基本假设：密码系统中的算法即使为密码分析者所知，也对推导出明文或密钥没有帮助。也就是说，密码系统的安全性不应取决于不易被改变的事物（算法），而应只取决于可随时改变的密钥。

如果密码系统的强度依赖于攻击者不知道算法的内部机理，那么注定会失败。如果相信保持算法的内部秘密比让研究团体公开分析它更能改进密码系统的安全性，那就错了。如果认为别人不能反汇编代码和逆向设计算法，那就太天真了。最好的算法是那些已经公开的，并经过世界上最好的密码分析家们多年的攻击，却还是不能破译的算法（美国国家安全局曾对外保持他们的算法的秘密，而且有世界上最好的密码分析家在为他们工作。另外，他们互相讨论他们的算法，通过反复的审查发现他们工作中的弱点）。

认为密码分析者不知道密码系统的算法是一种很危险的假定，因为：

（1）密码算法在多次使用过程中难免被敌方侦察获悉。

（2）在某个场合可能使用某类密码更合适，再加上某些设计者可能对某种密码系统有偏好等因素，敌方往往可以"猜出"所用的密码算法。

（3）通常只要经过一些统计试验和其他测试就不难分辨出不同的密码类型。

**1. 密码系统的安全条件**

如果算法的保密性是基于保持算法的秘密，这种算法称为受限制的（Restricted）算法。受限制的算法的特点表现为：

（1）密码分析时因为不知道算法本身，还需要对算法进行恢复。

（2）处于保密状态的算法只为少量的用户知道，产生破译动机的用户也就更少。

（3）不了解算法的人或组织不可用。但这样的算法不可能进行质量控制或标准化，而且要求每个用户和组织必须有自己唯一的算法。

现代密码学用密钥解决了这个问题。所有这些算法的安全性都基于密钥的安全性，而不是基于算法的安全性。这就意味着算法可以公开，也可以被分析，即使攻击者知道算法也没有关系。算法公开的优点包括：

（1）它是评估算法安全性的唯一可用的方式。

（2）防止算法设计者在算法中隐藏后门。

（3）可以获得大量的实现，最终可走向低成本和高性能的实现。

（4）有助于软件实现。

（5）可以成为国内、国际标准。

（6）可以大量生产使用该算法的产品。

所以，在密码学中有一条不成文的规定：密码系统的安全性只取决于密钥，通常假定算法是公开的。这就要求加密算法本身要非常安全。

评价密码体制安全性的 3 个途径如下：

（1）计算安全性。计算安全性是指攻破密码体制所做的计算上的努力。如果使用最好的算法攻破一个密码体制需要至少 $N$ 次操作（$N$ 是一个特定的非常大的数字），则可以定义这个密码体制是安全的。存在的问题是没有一个已知的实际密码体制在该定义下可以被证明是安全的。通常的处理办法是使用一些特定的攻击类型来研究计算上的安全性，如使用穷举搜索方法。很明显，这种判断方法对于一种攻击类型安全的结论并不适用于其他攻击方法。

（2）可证明安全性。这种方法是将密码体制的安全性归结为某个经过深入研究的数学难题，数学难题被证明求解困难。这种判断方法存在的问题是它只说明了安全和另一个问题相关，并没有完全证明问题本身的安全性。

（3）无条件安全性。这种判断方法考虑的是对攻击者的计算资源没有限制时的安全性。即使提供了无穷的计算资源，依然无法被攻破，则称这种密码体制是无条件安全的。

**2. 密码系统的分类**

密码编码系统通常有 3 种分类方式。

（1）明文变换到密文的操作类型。

- 代替（Substitution）。即明文中的每个元素（位、字母、位组合或字母组合）被映射为另一个元素。该操作主要达到非线性变换的目的。
- 换位（Transposition）。即明文中的元素被重新排列，这是一种线性变换，对它们的基本要求是不丢失信息（即所有操作都是可逆的）。

（2）所用的密钥数量。

- 单密钥加密（Single Key Cipher）。即发送者和接收者双方使用相同的密钥。该系统也称为对称加密、秘密密钥加密或常规加密。
- 双密钥加密（Dual Key Cipher）。即发送者和接收者各自使用一个不同的密钥，这两个密钥形成一个密钥对，其中一个可以公开，称为公钥；另一个必须为密钥持有人秘密保管，称为私钥。该系统也称为非对称加密或公钥加密。

（3）明文被处理的方式。

- 分组加密（Block Cipher）。一次处理一块（组）元素的输入，对每个输入块产生一个输出块，即一个明文分组被当做一个整体来产生一个等长的密文分组输出。通常使用的是 64 位或 128 位的分组大小。
- 流加密（Stream Cipher）。也称为序列密码，即连续地处理输入元素，并随着该过程的进行，一次产生一个元素的输出，即一次加密一位或一个字节。

人们在分析分组密码方面做出的努力要比在分析流密码方面做出的努力多得多。一般而言，分组密码比流密码的应用范围广。绝大部分基于网络的常规加密应用都使用分组密码。

## 4.2.3　密码学的基本功能

数据加密的基本思想是通过变换信息的表示形式来伪装需要保护的敏感信息，使非授权者不能了解被保护信息的内容。网络安全使用密码学来辅助完成传递敏感信息的相关问题，主要包括：

（1）机密性。仅有发送方和指定的接收方能够理解传输的报文内容。窃听者可以截取到加密了的报文，但不能还原原来的信息，即不能获取报文内容。

（2）鉴别。发送方和接收方都应该能证实通信过程所涉及的另一方，通信的另一方确实具有他们所声称的身份。即第三者不能冒充跟你通信的对方，能对对方的身份进行鉴别。

（3）报文完整性。即使发送方和接收方可以互相鉴别对方，但还需要确保其通信的内容在传输过程中未被改变。

（4）不可否认性。如果收到通信对方的报文后，还要证实报文确实来自所宣称的发送方，发送方也不能在发送报文以后否认自己发送过报文。

# 4.3 密码体制

密码体制就是完成加密和解密功能的密码方案。密码学发展至今，已有两大类密码体制：第一类为对称密钥（单密钥）密码体制；第二类为非对称密钥(公共钥匙)密码体制。

## 4.3.1 对称密码体制

对称密码体制是一种传统密码体制，也称为私钥密码体制。在对称加密系统中，加密和解密采用相同的密钥。因为加、解密密钥相同，需要通信的双方必须选择和保存他们共同的密钥，各方必须信任对方不会将密钥泄密出去，这样就可以实现数据的机密性和完整性，如图 4.5 所示。

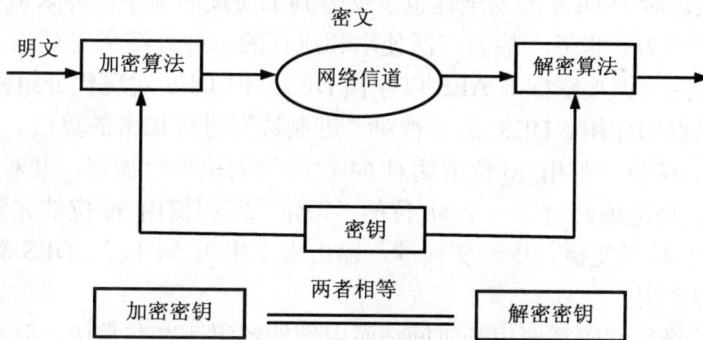

图 4.5  对称密码体制

比较典型的算法有 DES 算法及其变形 Triple DES（三重 DES）、GDES（广义 DES）；欧洲的 IDEA；日本的 FEAL N、RC5 等。

对称密码体制的安全性主要取决于两个因素：

（1）加密算法必须足够安全，使得不必为算法保密，仅根据密文就能破译出消息是不可行的。

（2）密钥的安全性。密钥必须保密并保证有足够大的密钥空间，对称密码体制要求基于密文和加密/解密算法的知识能破译出消息的做法是不可行的。

对称密码算法的优缺点如下：

（1）优点。加密、解密处理速度快、保密度高等。

（2）缺点。

① 密钥是保密通信安全的关键，发信方必须安全、妥善地把密钥护送到收信方，不能泄露其内容，如何才能把密钥安全地送到收信方是对称密码算法的突出问题。对称密码算法的密钥分发过程十分复杂，所花代价高。

② 多人通信时密钥组合的数量会出现爆炸性膨胀，使密钥分发更加复杂化，$N$ 个人进行两两通信，需要的密钥数为 $N(N-1)/2$ 个。

③ 通信双方必须统一密钥才能发送保密的信息。如果发信者与收信人素不相识，这就无法向对方发送秘密信息了。

④ 除了密钥管理与分发问题外，对称密码算法还存在数字签名困难问题（通信双方拥有同样的消息，接收方可以伪造签名，发送方也可以否认发送过某消息）。

## 4.3.2 常用的对称密钥算法

### 1. DES（数据加密标准）

DES 是由 IBM 公司在 1971 年设计出的一个加密算法。DES 在 1977 年经过美国国家标准局采用为联邦标准之后，已成为金融界及其他各种行业最广泛应用的对称密钥密码系统。DES 是分组密码的典型代表，也是第一个被公布出来的标准算法。1977 年，美国正式公布美国数据加密标准——DES，并广泛用于商用数据加密，算法完全公开，这在密码学史上是一个创举。尽管计算机硬件及破解密码技术的发展日新月异，若撇开 DES 的密钥太短，易于被使用穷举密钥搜寻法找到密钥的攻击法不谈，目前所知攻击法，如差分攻击法或是线性攻击法，对于 DES 的安全性也仅仅做到了质疑的地步，并未从根本上破解 DES。

DES 仍是迄今为止世界上最为广泛使用和流行的一种分组密码算法。美国政府已经征集评估并决定新的数据加密标准 AES 以取代 DES，但 DES 对现代分组密码理论的发展和应用起到了奠基性的作用。DES 是一种对二进制数据进行加密的算法。数据分组长为 64 位，密钥长也为 64 位。使用 56 位密钥对 64 位的数据块进行加密，并对 64 位的数据块进行 16 轮编码。在每轮编码时，一个 48 位的"每轮"密钥值由 56 位的完整密钥得出来。经过 16 轮的迭代、乘积变换、压缩变换等，输出密文也为 64 位。 DES 算法的安全性完全依赖于其所用的密钥。

DES 用软件进行解码需要很长时间，而用硬件解码速度非常快，但幸运的是当时大多数黑客并没有足够的设备制造出这种硬件设备。

在 1977 年，人们估计要耗资 2000 万美元才能建成一个专门计算机用于 DES 的解密，而且需要 12 个小时的破解才能得到结果，所以当时 DES 被认为是一种十分强壮的加密方法。

1997 年开始，RSA 公司发起了一个称作"向 DES 挑战"的竞技赛。1997 年 1 月，参赛者用了 96 天时间，成功地破解了用 DES 加密的一段信息；一年之后，在第二届赛事上，这一记录被改写为 41 天；1998 年 7 月，"第 2-2 届 DES 挑战赛（DES Challenge II-2）"把破解 DES 的时间缩短到了只需 56 个小时；"第三届 DES 挑战赛（DES Challenge III）"把破解 DES 的时间缩短到了只需 22.5 个小时。

### 2. AES（高级加密标准）

AES 是美国联邦政府采用的一种区块加密标准。这个标准用来替代原先的 DES，已经被多方分析且广为全世界所使用。经过 5 年的甄选流程，高级加密标准由美国国家标准与技术研究院（NIST）于 2001 年 11 月 26 日发布于 FIPS PUB 197，并在 2002 年 5 月 26 日成为有效的标准。2006 年，高级加密标准已然成为对称密钥加密中流行的算法之一。

AES 的基本要求是采用对称分组密码体制，密钥长度的最少支持为 128、192、256，分组长度为 128 位，算法应易于各种硬件和软件实现。1998 年 NIST 开始 AES 第一轮分析、测试和征集，共产生了 15 个候选算法。1999 年 3 月完成了第二轮 AES2 的分析、测试。2000 年 10 月 2 日，美国政府正式宣布选中比利时密码学家 Joan Daemen 和 Vincent Rijmen 提出的一种密码算法 RIJNDAEL 作为 AES。

在应用方面，尽管 DES 在安全上是脆弱的，但由于快速 DES 芯片的大量生产，使得 DES 仍能暂时继续使用，为提高安全强度，通常使用独立密钥的三级 DES。但是 DES 迟早要被 AES 代替。流密码体制较之分组密码在理论上成熟且安全，但未被列入下一代加密标准。

AES 加密数据块分组长度必须为 128 位，密钥长度可以是 128 位、192 位、256 位中的任意一个（如果数据块及密钥长度不足时会补齐）。AES 加密有很多轮的重复和变换。

**3．3DES**

3DES 是三重数据加密算法块密码的通称，它相当于是对每个数据块应用三次 DES 加密算法。由于计算机运算能力的增强，原版 DES 密码的密钥长度变得容易被暴力破解。3DES 是设计用来提供一种相对简单的方法，即通过增加 DES 的密钥长度来避免类似的攻击，而不是设计一种全新的块密码算法。

3DES 是 DES 向 AES 过渡的加密算法（1999 年 NIST 将 3DES 指定为过渡的加密标准），是 DES 的一个更安全的变形。它以 DES 为基本模块，通过组合分组方法设计出分组加密算法。

**4．RC2**

RC（Rivest Ciphers）2 是由著名密码学家 Ron Rivest 设计的一种传统对称分组加密算法，它可作为 DES 算法的建议替代算法。RC2 的商业版本允许使用 1～2048 位的密钥，在被用于出口的软件中其密钥长度被限制在 40 位，仅使用 40 位密钥的 RC2 加密算法的安全性相对较低。

## 4.3.3 非对称密码体制

非对称密码体制也叫公开密钥密码体制、双密钥密码体制。该技术就是针对对称密码体制的缺陷被提出来的。在公钥加密系统中，加密和解密是相对独立的，加密和解密会使用两把不同的密钥，加密密钥(公开密钥)向公众公开，谁都可以使用，解密密钥(秘密密钥)只有解密人自己知道，非法使用者根据公开的加密密钥无法推算出解密密钥，所以也被称为公钥密码体制，如图 4.6 所示。

公钥密码体制的发展是整个密码学发展史上最伟大的一次革命，它与以前的密码体制完全不同。因为，公钥密码算法基于数学问题求解的困难性，而不再是基于代替和换位方法。公钥密码体制是非对称的，它使用两个独立的密钥，一个可以公开，称为公钥；另一个不能公开，称为私钥。

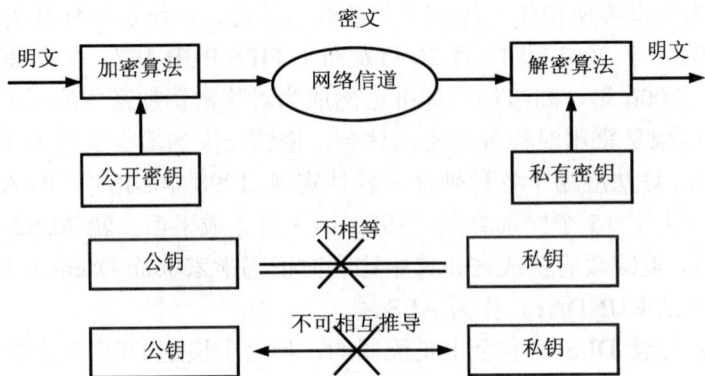

图 4.6　非对称密码体制

　　公钥密码体制的产生主要基于以下两个原因：一是为了解决常规密钥密码体制的密钥管理与分配的问题；二是为了满足对数字签名的需求。因此，公钥密码体制在消息的保密性、密钥分配和认证领域有着重要的意义。

　　公钥密码体制的算法中最著名的代表是 RSA 系统，此外还有背包密码、McEliece 密码、Diffe_Hellman、Rabin、零知识证明、椭圆曲线、EIGamal 算法等。公钥加密系统除了用于数据加密外，还可用于数字签名。公钥加密系统可提供以下功能：

　　（1）机密性。保证非授权人员不能非法获取信息，通过数据加密来实现。

　　（2）确认性。保证对方属于所声称的实体，通过数字签名来实现。

　　（3）数据完整性。保证信息内容不被篡改，入侵者不可能用假消息代替合法消息，通过数字签名来实现。

　　（4）不可抵赖性。发送者不可能事后否认他发送过消息，消息的接收者可以向中立的第三方证实所指的发送者确实发出了消息，通过数字签名来实现。

　　可见，公钥加密系统满足信息安全的所有主要目标。

　　公钥密码体制的优点：

　　（1）网络中的每一个用户只需要保存自己的私有密钥，则 N 个用户仅需产生 N 对密钥。密钥少，便于管理。

　　（2）密钥分配简单，不需要秘密的通道和复杂的协议来传送密钥。公开密钥可基于公开的渠道（如密钥分发中心）分发给其他用户，而私有密钥则由用户自己保管。

　　（3）可以实现数字签名。

　　公钥密码体制的缺点：与对称密码体制相比，公开密钥密码体制的加密、解密处理速度较慢，同等安全强度下公开密钥密码体制的密钥位数要求多一些。

　　公钥密码体制可用于以下三个方面：

　　（1）通信保密。此时将公钥作为加密密钥，私钥作为解密密钥，通信双方不需要交换密钥就可以实现保密通信。这时，通过公钥或密文分析出明文或私钥是不可行的。如图 4.7 所示，Bob 拥有多个人的公钥，当需要向 Alice 发送机密消息时，他用 Alice 公布的公钥对明文消息加密，当 Alice 接收到后用她的私钥解密。由于私钥只有 Alice 本人知道，因此能实现通信保密。

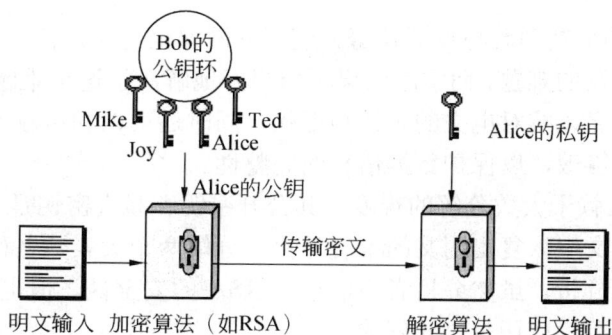

图 4.7 通信保密

（2）数字签名。将私钥作为加密密钥，公钥作为解密密钥，可实现由一个用户对数据加密而使多个用户解读。如图 4.8 所示，Bob 用私钥对明文进行加密并发布，Alice 收到密文后用 Bob 公布的公钥解密。由于 Bob 的私钥只有 Bob 本人知道，因此 Alice 看到的明文肯定是 Bob 发出的，从而实现了数字签名。

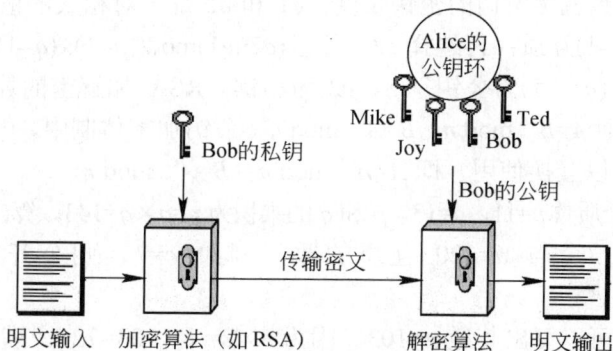

图 4.8 数字签名

（3）密钥交换。通信双方交换会话密钥，以加密通信双方后续连接所传输的信息。每次逻辑连接使用一把新的会话密钥，用完就丢弃。

## 4.3.4 常用公开密钥算法

### 1. RSA

RSA 是目前最有影响力的公钥加密算法，它能够抵抗到目前为止已知的绝大多数密码攻击，已被 ISO 推荐为公钥数据加密标准。RSA 是 1977 年由 MIT 教授 Ronald L.Rivest、Adi Shamir 和 Leonard M.Adleman 共同开发的，分别取自三名数学家的名字的第一个字母来构成。

RSA 使用两个密钥，一个公开密钥，一个私有密钥。如用其中一个加密，则可用另一个解密，密钥长度从 40～2048 位可变，加密时也把明文分成块，块的大小可变，但不能超过密钥的长度，RSA 算法把每一块明文转化为与密钥长度相同的密文块。密钥越长，加密效果越好，但加密解密的开销也大，所以要在安全与性能之间折中考虑。

RSA 算法研制的最初理念与目标是努力使互联网安全可靠，旨在解决 DES 算法密钥利用公开信道传输分发的难题。而实际结果不但很好地解决了这个难题，还可利用 RSA 来完成对电文的数字签名以抗对电文的否认与抵赖，同时还可以利用数字签名较容易地发现攻击者对电文的非法篡改，以保护数据信息的完整性。

RSA 的安全性依赖于大数分解的难度，其公开密钥和私人密钥是一对大素数的函数。从一个公开密钥和密文中恢复出明文的难度等价于分解两个大素数之积的难度。该算法经受了多年深入的密码分析，虽然分析者不能证明 RSA 的安全性，但也没有证明 RSA 的不安全，表明该算法的可信度还是比较好的。

RSA 算法很好地完成了对电文的数字签名以对抗数据的否认与抵赖。利用数字签名较容易地发现攻击者对电文的非法篡改，以保护数据信息的完整性。目前为止，很多种加密技术采用了 RSA 算法，如 PGP（Pretty Good Privacy）加密系统，它是一个工具软件，向认证中心注册后就可以用它对文件进行加解密或数字签名，PGP 所采用的就是 RSA 算法。由此可以看出 RSA 有很好的应用，是迄今理论上最为成熟完善的一种公钥密码体制。

RSA 的算法涉及三个参数：$n$、$e1$、$e2$。其中，$n$ 是两个大质数 $p$、$q$ 的积，$n$ 的二进制表示时所占用的位数就是所谓的密钥长度。$e1$ 和 $e2$ 是一对相关的值，$e1$ 可以任意取，但要求 $e1$ 与 $(p-1)\times(q-1)$ 互质；再选择 $e2$，要求 $(e2 \times e1) \mod ((p-1)\times(q-1))=1$。$(n，e1)$、$(n，e2)$ 就是密钥对。其中 $(n，e1)$ 为公钥，$(n，e2)$ 为私钥。RSA 加解密的算法完全相同，设 $A$ 为明文，$B$ 为密文，则 $A=B^{e2} \mod n$；$B=A^{e1} \mod n$（公钥加密体制中，一般用公钥加密，私钥解密）。$e1$ 和 $e2$ 可以互换使用，即 $A=B^{e1} \mod n$；$B=A^{e2} \mod n$。

举例说明，取两个质数 $p=11$，$q=13$，$p$ 和 $q$ 的乘积为 $n=p \times q=143$，算出另一个数 $d=(p-1)\times(q-1)=120$；再选取一个与 $d=120$ 互质的数，例如 $e=7$，则公开密钥为 $(n，e)=(143，7)$。

对于这个 $e$ 值，可以算出其逆 $a=103$。因为 $e \times a=7 \times 103=721$，满足 $e \times a \mod d =1$，即 $721 \mod 120=1$ 成立，则秘密密钥为 $(n，a)=(143，103)$。假设小王需要发送机密信息（明文）$m=85$ 给小李，小王已经从公开媒体得到了小李的公开密钥 $(n，e)=(143，7)$，于是她算出加密值 $c=m^e \mod n=85^7 \mod 143=123$ 并发送给小李。小李在收到密文 $c=123$ 后，利用只有自己知道的秘密密钥计算 $m= c^a \mod n =123^{103} \mod 143=85$，所以小李可以得到小王发给他的真正的信息 $m=85$，实现了解密。

由于 RSA 进行的都是大数计算，使得 RSA 最快的情况也比 DES 慢上好几倍。无论是软件还是硬件实现，速度一直是 RSA 的缺陷，一般来说只用于少量数据加密。RSA 的速度比对应同样安全级别的对称密码算法要慢 1000 倍左右。

比起 DES 和其他对称算法来说，RSA 要慢得多。实际上用户一般使用一种对称算法来加密信息，然后用 RSA 来加密比较短的对称密码，最后将用 RSA 加密的对称密码和用对称算法加密的消息送给对方用户。这样一来对随机数的要求就更高了，尤其对产生对称密码的要求非常高，否则的话可以越过 RSA 来直接攻击对称密码。

RSA 的缺点主要有：

（1）产生密钥很麻烦，受到素数产生技术的限制，因而难以做到一次一密。

（2）速度太慢，分组长度太大，为保证安全性，$n$ 至少也要 1024 位以上，使运算代价很高。较对称密码算法慢几个数量级，且随着大数分解技术的发展，这个长度还在增加，不利于数据格式的标准化。为了速度问题，人们广泛使用单钥、公钥密码结合使用的方法，优缺点互补：单钥密码加密速度快，人们用它来加密较长的文件，然后用 RSA 来给文件密钥加密，极好地解决了单钥密码的密钥分发问题。

（3）RSA 密钥长度随着保密级别提高，增加很快。RSA 的安全性依赖于大数的因子分解，现今，人们已能分解 1024 位的大素数，这就要求使用更长的密钥。

**2. 背包算法**

1977 年，Merkle 与 Hellman 合作设计了使用背包问题实现信息加密的方法，背包问题是一种组合优化的 NP 完全问题。问题可以描述为：给定一组物品，每种物品都有自己的重量和价格，在限定的总重量内如何选择才能使得物品的总价格最高。背包问题应用到信息加密上的工作原理是：假定 A 想加密，则先产生一个较易求解的背包问题，并用它的解作为专用密钥；然后从这个问题出发，生成另一个难解的背包问题，并作为公共密钥。如果 B 想向 A 发送报文，B 就可以使用难解的背包问题对报文进行加密。由于这个问题十分难解，因此一般没有人能够破译密文。A 收到密文后，可以使用易解的专用密钥解密。

背包加密分为加法背包和乘法背包。

（1）加法背包。已知，1<2，1+2<4，1+2+4<8，1+2+4+8<16，…，那么如果选择这样一些数，这些数从小到大排列。如果前面所有的数加起来的值总小于后面的数，那么这些数就可以构成一个背包，然后给一个背包里面某些数的和，这个数就是被加密的数，由这个背包组成这个数只有一种组合方式，这个方式就是秘密了。例如给大家一个背包（2，3，6，12，24，48），由这个背包里的某些数构成的数 86，你知道 86 怎么来的吗？当然，你看着背包里面的内容，可以知道是由 2+12+24+48 得到的，如果没有这个背包，而是直接得到这个 86，你知道组成这个 86 的最小数是多少吗？你无法知道，因为加起来等于 86 的数非常多，如 85+1=86，84+2=86 等，所以背包加密非常难破。

（2）乘法背包。乘法背包比加法背包更复杂，不仅是运算量大了很多，更重要的是得到的一个被加密了的数据更大，一般都是上亿的，而且在许多机密的部门里面，背包的数据都不是用"数"这个单位，而是用"位"。我们知道，1<2，1×2<3，1×2×3<7，1×2×3×7<43，1×2×3×7×42<1765，数字的增长还是很快的，之所以复杂，就是因为数字很大。背包的特点是，如果背包里面的数据按从小到大排列，那么前面所有数据的乘积小于后面的任何一个元素。虽然很简单，但是要知道乘积的数字的增长是非常快的。

背包加密是一种相当高级的加密方式，不容易破解，而且还原也相对容易，因此采用这种加密方式加密游戏数据也是非常好的，只要知道背包，就可以轻易算出来。

这么复杂的加密，怎么解密？有如下两种破解方法：利用孤立点破解和利用背包破解。所谓孤立点，还是以上面的背包为例子，可以把密码设为 a，得到的密码为 1，如果把密码设为 b，得到的密码为 2。同理，可以把背包里面的所有元素都利用孤立点的方法枚举出来，这样就把背包弄到手了，对下面的破解就不成问题了，是不是很简单？其实在加密的时候，也许它们会利用异或运算先加密一下，再利用背包加密，这样更难破。孤立点方法非常有效，但不是万能的，要结合前面的方法配合使用。利用背包，这个就简单了，想一想，要加密也得有背包才能完成加密，要解密也要背包，这就是说，不管是用户端还是服务器端，都会有该背包的，找到该背包就解决问题了。

# 4.4 哈希算法

哈希算法（Hash Algorithm），也叫信息标记算法（Message-Digest Algorithm），可以提供数据完整性方面的判断依据。

哈希算法将任意长度的二进制值映射为固定长度的较小二进制值，这个小的二进制值称为哈希值。哈希值是一段数据唯一且极其紧凑的数值表示形式。如果散列一段明文，而且哪怕只更改该段落的一个字母，随后的哈希都将产生不同的值。要找到散列为同一个值的两个不同的输入，在计算上是不可能的，所以数据的哈希值可以检验数据的完整性，流程如图 4.9 所示。

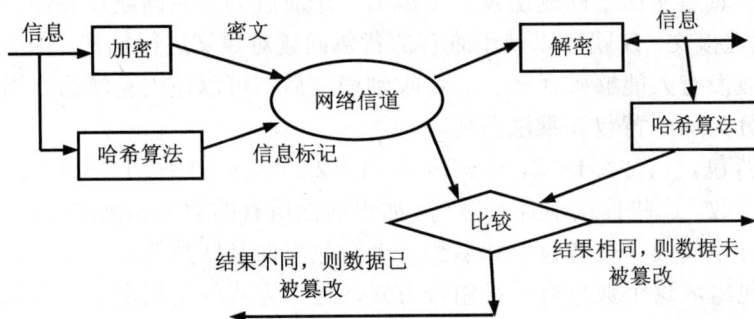

图 4.9  哈希算法

哈希表是根据设定的哈希函数和处理冲突方法将一组关键字映射到一个有限的地址区间上，并以关键字在地址区间中的映射作为记录表示在表中的存储位置，这种表称为哈希表或散列，所得存储位置称为哈希地址或散列地址。作为线性数据结构与表格和队列等结构相比，哈希表无疑是查找速度比较快的一种。

哈希算法通过将单向数学函数应用到任意数量的数据上计算后会得到固定大小的结果。如果输入数据中有变化，则哈希也会发生变化。哈希可用于许多操作，包括身份验证和数字签名，也称为"消息摘要"。

哈希算法是用来产生一些数据片段（如消息或会话项）的哈希值的算法。使用好的哈希算法，在输入数据中所做的更改就可以更改结果哈希值中的所有位。因此，哈希对于检测数据对象（如消息）中的修改很有用。此外，好的哈希算法使得构造两个相互独立且具有相同哈希的输入不能通过计算方法实现。典型的哈希算法包括 MD2、MD4、MD5 和 SHA-1。哈希算法也称为"哈希函数"。

哈希算法以一条信息为输入，输出一个固定长度的数字，称为"标记（Digest）"。哈希算法具备三个特性：

（1）不可能以信息标记为依据推导出输入信息的内容。

（2）不可能人为控制某个消息与某个标记的对应关系（必须用 Hash 算法得到）。

（3）要想找到具有同样标记的信息在计算方面是行不通的。

哈希算法与加密算法共同使用，加强数据通信的安全性。采用这一技术的应用有数字签名、数字证书、网上交易、终端的安全连接、安全的电子邮件系统、PGP 加密软件等。

# 4.5　MD5 简介

MD5（Message-Digest Algorithm 5，信息-摘要算法）在 20 世纪 90 年代初由 Ronald L. Rivest 开发出来，经 MD2、MD3 和 MD4 发展而来。MD5 是一种散列（Hash）算法，散列算法的用途不是对明文加密，让别人看不懂，而是通过对信息摘要的比对，防止对原文的篡改。通常对散列算法而言，所谓的"破解"就是找碰撞。

MD5 是把一个任意长度的字节串加密成一个固定长度的大整数（通常是 16 位或 32 位），加密的过程中要筛选过滤掉一些原文的数据信息，因此想通过对加密的结果进行逆运算来得出原文是不可能的。

关于 MD5 的应用，举个具体的例子。例如用户在一个论坛注册了一个账号，密码设为 qiuyu21。此密码经过 MD5 运算后变成 287F1E255D930496EE01037339CD978D，当单击"提交"按钮提交时，服务器的数据库中不记录用户的真正密码 qiuyu21，而是记录那个 MD5 的运算结果。然后，用户在此论坛登录，登录时用的密码是 qiuyu21，计算机再次进行 MD5 运算，把 qiuyu21 转为 287F1E255D930496EE01037339CD978D，最后传送到服务器那边。这时服务器就把传过来的 MD5 运算结果与数据库中用户注册时的 MD5 运算结果比较，如果相同则登录成功。也就是说，服务器只是把 MD5 运算结果作比较。服务器为什么不用直接对用户的密码 qiuyu21 进行校验呢？因为如果服务器的数据库里存的是真实密码，那么黑客只要破解了服务器的数据库，就得到了所有人的密码，黑客可以用里面的任意密码进行登录。但是，如果数据库里面的密码都是 MD5 格式的，那么即使黑客得到了 287F1E255D930496EE01037339CD978D 这一串数字，也不能以此作为密码来登录。

下面介绍 MD5 的破解问题。假设攻击者已经得到了 287F1E255D930496EE01037339CD978D 这一串数字，那么攻击者怎么能得出密码是 qiuyu21 呢？因为 MD5 算法是不可逆的，只能用暴力法（穷举法）来破解，就是列举所有可能的字母和数字的排列组合，然后一一进行 MD5 运算来验证运算结果是否为 287F1E255D930496EE01037339CD978D。qiuyu21 这个密码是 7 位英文字符和数字混合，这样的排列组合的数量是一个天文数字，如果一一列举，那么在有生之年是看不到的。所以只有使用黑客字典才是一种有效可行的方法。黑客字典可以根据一些规则自动生成，例如 qiuyu21 这个密码就是一种常见的组合，规则是：拼音＋拼音＋数字，拼音总共大约 400 个，数字以 100 个两位数来算，这种规则总共约 $400 \times 400 \times 100 = 16\,000\,000$ 种可能，使用优化的算法，估计用 1s 就能破解。就算考虑到字母开头大写或全部大写的习惯，也只会花大约十几秒时间。如果是破解熟悉的某个人的密码，那么可以根据对他的了解来缩小词典的范围，以便更快速的破解。这种破解方法在很大程度上依赖于运气。

最后谈谈 MD5 的碰撞。根据密码学的定义，如果内容不同的明文通过散列算法得出的结果（密码学称为信息摘要）相同，就称为发生了"碰撞"。因为 MD5 值可以由任意长度的字符计算出来，所以可以把一篇文章或者一个软件的所有字节进行 MD5 运算得出一个数值，如果这篇文章或软件的数据改动了，那么再计算出的 MD5 值也会产生变化，这种方法常常用作数字签名校验。因为明文的长度可以大于 MD5 值的长度，所以可能会有多个明文具有相同的 MD5 值，如果找到了两个相同 MD5 值的明文，就是找到了 MD5 的"碰撞"。

散列算法的碰撞分为强无碰撞和弱无碰撞两种。以前面那个密码为例：假如已知 287F1E255D930496EE01037339CD978D 这个 MD5 值，然后找出了一个单词碰巧也能计算出和 qiuyu21 相同的 MD5 值，那么就找到了 MD5 的"弱无碰撞"，其实这就意味着已经破解了 MD5。如果不给指定的 MD5 值，随便去找任意两个相同 MD5 值的明文，即找"强无碰撞"，显然要相对容易些了，但对于好的散列算法来说，做到这一点也很不容易了。

对 MD5 算法简要的叙述可以为：MD5 以 512 位分组来处理输入的信息，且每一分组又被划分为 16 个 32 位子分组，经过了一系列的处理后，算法的输出由 4 个 32 位分组组成，将这 4 个 32 位分组级联后将生成一个 128 位散列值。在 MD5 算法中，首先需要对信息进行填充，使其字节长度对 512 求余的结果等于 448。因此，信息的字节长度将被扩展至 $N\times512+448$，即 $N\times64+56$ 字节，$N$ 为一个正整数。填充的方法如下：在信息的后面填充一个 1 和无数个 0，直到满足上面的条件时才停止用 0 对信息的填充。然后，再在这个结果后面附加一个以 64 位二进制表示的填充前信息长度。经过这两步的处理，现在的信息字节长度为 $N\times512+448+64=(N+1)\times512$，即长度恰好是 512 的整数倍。这样做的原因是为满足后面处理中对信息长度的要求。

MD5 中有 4 个 32 位被称作链接变量的整数参数，分别为 $A=0\times01234567$，$B=0\times89abcdef$，$C=0\times fedcba98$，$D=0\times76543210$。当设置好这 4 个链接变量后，就开始进入算法的 4 轮循环运算。循环的次数是信息中 512 位信息分组的数目。将上面 4 个链接变量复制到另外 4 个变量中：$A$ 到 $a$，$B$ 到 $b$，$C$ 到 $c$，$D$ 到 $d$。主循环有 4 轮（MD4 只有三轮），每轮循环都很相似。第一轮进行 16 次操作。每次操作对 $a$、$b$、$c$、$d$ 中的三个作一次非线性函数运算，然后将所得结果加上第四个变量。再将所得结果向右移一个不定的数，并加上 $a$、$b$、$c$、$d$ 之一。最后用该结果取代 $a$、$b$、$c$、$d$ 之一。

按照上面所说的方法实现 MD5 算法以后，可以用以下几个信息对程序作一个简单的测试，看看程序有没有错误。

MD5 ("") = d41d8cd98f00b204e9800998ecf8427e

MD5 ("a") = 0cc175b9c0f1b6a831c399e269772661

MD5 ("abc") = 900150983cd24fb0d6963f7d28e17f72

MD5 ("message digest") = f96b697d7cb7938d525a2f31aaf161d0

MD5 相对 MD4 所作的改进：

（1）增加了第四轮。

（2）每一步均有唯一的加法常数。

（3）为减弱第二轮中函数 $G$ 的对称性，从 $(X\&Y)|(X\&Z)|(Y\&Z)$ 变为 $(X\&Z)|(Y\&(\sim Z))$。

（4）第（1）步加上了第（3）步的结果，这将引起更快的雪崩效应。

（5）改变了第二轮和第三轮中访问消息子分组的次序，使其更不相似。

（6）近似优化了每一轮中的循环左移位移量以实现更快的雪崩效应。各轮的位移量互不相同。

# 4.6　PGP 加密软件

PGP（Pretty Good Privacy）是一种在信息安全传输领域首选的加密软件，其技术特性是采用了非对称的公钥加密体系。由于美国对信息加密产品有严格的法律约束，特别是对向美国、加拿大之外国家散播该类信息，以及出售、发布该类软件约束更为严格，因而限制了 PGP 的一些发展和普及，现在该软件的主要使用对象为情报机构、政府机构、信息安全工作者（如较有水平的安全专家和有一定资历的黑客）。PGP 最初的设计主要是用于邮件加密，如今已经发展到了可以加密整个硬盘、分区、文件、文件夹、集成进邮件软件进行邮件加密，甚至可以对 ICQ 的聊天信息实时加密。聊天者只要安装了 PGP，就可利用其 ICQ 加密组件在双方聊天的同时进行加密或解密，最大程度的保证聊天信息不被窃取或监视。

PGP 使用加密及效验的方式，提供了多种功能和工具，帮助保证电子邮件、文件、磁盘及网络通信的安全。可以使用 PGP 做以下这些事：

（1）在任何软件中进行加密/签名及解密/校验。通过 PGP 选项和电子邮件插件，可以在任何软件当中使用 PGP 的功能。

（2）创建及管理密钥。使用 PGPkeys 创建、查看和维护自己的 PGP 密钥对，以及把任何人的公钥加入自己的公钥库中。

（3）创建自解密压缩文档。可以建立一个自动解密的可执行文件，任何人不需要事先安装 PGP，只要得知该文件的加密密码，就可以把这个文件解密。这个功能尤其在需要把文件发送给没有安装 PGP 的人时特别好用，并且此功能还能对内嵌其中的文件进行压缩，压缩率与 ZIP 相似，比 RAR 略低（某些时候略高，如含有大量文本）。

（4）创建 PGPdisk 加密文件。该功能可以创建一个.pgd 的文件，此文件用 PGP Disk 功能加载后将以新分区的形式出现，可以在此分区内放入需要保密的任何文件。其使用私钥和密码两者共用的方式保存加密数据，保密性坚不可摧。但需要注意的是，一定要在重装系统前记得备份"我的文档"中 PGP 文件夹里的所有文件，以备重装后恢复自己的私钥。该步骤一定不能落掉,否则将永远没有可能再次打开曾经在该系统下创建的任何加密文件。

（5）永久的粉碎销毁文件、文件夹，并释放出磁盘空间。可以使用 PGP 粉碎工具来永久地删除那些敏感的文件和文件夹,而不会遗留任何的数据片段在硬盘上。也可以使用 PGP 自由空间粉碎器再次清除已经被删除的文件实际占用的硬盘空间。这两个工具都是要确保所删除的数据将永远不可能被别有用心的人恢复。

（6）9.x 新增的全盘加密功能，也称为完整磁盘加密。该功能可将整个硬盘上的所有数据加密，甚至包括操作系统本身。提供极高的安全性，没有密码之人绝不可能使用加密过的系统或查看硬盘里面存放的文件、文件夹等数据。即便是硬盘被拆卸到另外的计算机上，该功能仍将忠实的保护被加密的数据、加密后的数据维持原有的结构，文件和文件夹的位置都不会改变。

（7）9.x 增强的即时消息工具加密功能。该功能可将支持的即时消息工具所发送的信息完全经由 PGP 处理，只有拥有对应私钥的和密码的对方才可以解开消息的内容。任何人截获到也没有任何意义，仅仅是一堆乱码。

（8）9.x 新增的 PGP 压缩包技术。该功能可以创建类似其他压缩软件打包压缩后的文件包，但不同的是其拥有坚不可摧的安全性。

（9）9.x 增强的网络共享技术。可以使用 PGP 接管共享文件夹本身及其中的文件，安全性远远高于操作系统本身提供的账号验证功能。并且可以方便的管理允许的授权用户可以进行的操作。极大地方便了需要经常在内部网络中共享文件的企业用户，免于受蠕虫病毒和黑客的侵袭。

### 4.6.1　PGP 的技术原理

PGP 加密系统是采用公开密钥加密与传统密钥加密相结合的一种加密技术。它使用一对数学上相关的钥匙，其中一个（公钥）用来加密信息，另一个（私钥）用来解密信息。

PGP 采用的传统加密技术部分所使用的密钥称为"会话密钥（sek）"。每次使用时，PGP 都随机产生一个 128 位的 IDEA 会话密钥用来加密报文。公开密钥加密技术中的公钥和私钥则用来加密会话密钥，并通过它间接地保护报文内容。

PGP 中的每个公钥和私钥都伴随着一个密钥证书。它一般包含以下内容：

（1）密钥内容（用长达百位的大数字表示的密钥）。

（2）密钥类型（表示该密钥为公钥还是私钥）。

（3）密钥长度（密钥的长度，以二进制位表示）。

（4）密钥编号（用以唯一标识该密钥）。

（5）创建时间。

（6）用户标识　（密钥创建人的信息，如姓名、电子邮件等）。

（7）密钥指纹（为 128 位的数字，是密钥内容的提要，表示密钥唯一的特征）。

（8）中介人签名（中介人的数字签名，声明该密钥及其所有者的真实性，包括中介人的密钥编号和标识信息）。

PGP 把公钥和私钥存放在密钥环文件中。PGP 提供有效的算法查找用户需要的密钥。PGP 在多处需要用到口令，它主要起到保护私钥的作用。由于私钥太长且无规律，因此难以记忆。PGP 把它用口令加密后存入密钥环，这样用户可以用易记的口令间接使用私钥。

PGP 的每个私钥都由一个相应的口令加密。PGP 主要在三处需要用户输入口令：

（1）需要解开收到的加密信息时，PGP 需要用户输入口令，取出私钥解密信息。

（2）当用户需要为文件或信息签字时，用户输入口令，取出私钥加密。

（3）对磁盘上的文件进行传统加密时，需要用户输入口令。

### 4.6.2　PGP 的密钥管理

PGP 使用了 4 种类型的密钥：一次性会话对称密钥、公钥、私钥和基于口令短语的对称密钥。

（1）会话密钥。使用 CAST-128 算法本身来产生随机的 128 位数字。将 128 位的密钥和两个作为明文的 64 位块作为输入，CAST-128 算法用密码反馈模式加密这两个 64 位块，并将密文块连接起来形成 128 位的会话密钥。两个作为明文输入到随机数发生器的 64 位块来自于 128 位的随机数据流。这个随机数据流的产生是以用户的击键为基础的，击键时间和键值用于产生随机数据流。

（2）密钥标识符。在 PGP 中，加密的消息与加密的会话密钥一起发送给消息的接收者。会话密钥是使用接收者的公钥加密的，因此只有接收者才能够恢复会话密钥，从而解密消息。如果接收者只有一个公钥/私钥对，接收者就会自动知道用哪个密钥来解密会话密钥。但如上所述，一个用户可能拥有多个公钥/私钥对，这种情况下，接收者如何知道会话密钥是使用哪个公钥加密的呢？一个简单的办法就是消息的发送者将加密会话密钥的公钥与消息一起传过去，接收者验证收到的公钥确实是自己的以后进行解密操作。但这样做会造成空间的浪费，因为 RSA 的密钥很大，可能由几百个十进制位组成。

PGP 采用的解决办法是为每个公钥分配一个密钥 ID，并且很有可能这个密钥 ID 在用户 ID 内是唯一的。与每个公钥关联的密钥 ID 包含公钥的低 64 位，这个长度足以保证密钥发生重复的概率非常小。详细的使用操作请参见第 14 章。

# 4.7　软件与硬件加密技术

## 4.7.1　软件加密

软件加密一般是用户在发送信息前，先调用信息安全模块对信息进行加密，然后发送，到达接收方后，由用户使用相应的解密软件进行解密并还原。软件加密的方法有密码表加密、软件子校验方式、序列号加密、许可证管理方式、钥匙盘方式、光盘加密等方法。

**1. 序列号加密**

现今很多共享软件大多采用这种加密方式，用户在软件的试用期是不需要交费的，一旦试用期满还希望继续使用这个软件，就必须到软件公司进行注册，然后软件公司会根据提交的信息（一般是用户的名字）来生成一个序列号，当收到这个序列号以后，在软件运行的时候输入进去，软件会验证你的名字与序列号之间的关系是否正确，如果正确说明你已经购买了这个软件，也就没有日期的限制了。

**2. 许可证加密**

许可证加密是序列号加密的一个变种。从网上下载或购买的软件并不能直接使用，软件在安装或运行时会对你的计算机进行一番检测，并根据检测结果生成一个特定指纹，这个指纹是一个数据文件，把这个指纹数据通过 Internet、E-mail、电话、传真等方式发送到开发商那里，开发商再根据这个指纹给你一个注册码或注册文件，你得到这个注册码或注册文件并按软件要求的步骤在计算机上完成注册后方能使用。

但是，采用软件加密方式有一些安全隐患：

（1）密钥的管理很复杂，这也是安全 API 实现的一个难题，从目前的几个 API 产品来讲，密钥分配协议均有缺陷。

（2）使用软件加密，因为是在用户的计算机内部进行，容易使攻击者采用分析程序进行跟踪、反编译等手段进行攻击。

（3）目前国内尚无自己的安全 API 产品，另外软件加密速度相对较慢。

## 4.7.2　硬件加密

硬件加密则是采用硬件（电路、器件、部件等）和软件结合来实现加密，对硬件本身和软件采取加密、隐藏、防护技术，防止被保护对象被攻击者破析、破译。硬件加解密是商业或军事上的主流。硬件加密的方法有加密卡、软件狗、微狗等。硬件加密具有以下几个特点：

（1）速度问题：针对位的操作，不占用计算机主处理器。

（2）安全性：可进行物理保护，由硬件完成加密解密和权限检查，防止破译者通过反汇编、反编译分析破译。

（3）易于安装。不需要使用计算机的电话、传真、数据线路。计算机环境下，使用硬件加密可对用户透明；而用软件实现，则需要在操作系统深层安装，不易实现。

（4）在硬件内设置自毁装置，一旦发现硬件被拆卸或程序被跟踪，促使硬件自毁，使破译者不敢进行动态跟踪。

硬件加密是目前广泛采用的加密手段，加密后软件执行时需访问相应的硬件，如插在计算机扩展槽上的卡或插在计算机并口上的"狗"。采用硬加密的软件执行时需和相应的硬件交换数据，若没有相应的硬件，加密后的软件将无法执行。

# 4.8 数字签名与数字证书

## 4.8.1 数字签名

所谓数字签名就是附加在数据单元上的一些数据，或是对数据单元所做的密码变换。这种数据或变换允许数据单元的接收者用以确认数据单元的来源和数据单元的完整性并保护数据，防止被人（如接收者）伪造。它是对电子形式的消息进行签名的一种方法，一个签名消息能在一个通信网络中传输。基于公钥密码体制和私钥密码体制都可以获得数字签名，目前主要是基于公钥密码体制的数字签名，包括普通数字签名和特殊数字签名。普通数字签名算法有 RSA、ElGamal、Fiat-Shamir、Guillou-Quisquarter、Schnorr、Ong-Schnorr-Shamir 数字签名算法、DES/DSA，椭圆曲线数字签名算法和有限自动机数字签名算法等。特殊数字签名有盲签名、代理签名、群签名、不可否认签名、公平盲签名、门限签名、具有消息恢复功能的签名等，它与具体应用环境密切相关。显然，数字签名的应用涉及法律问题，美国联邦政府基于有限域上的离散对数问题制定了自己的数字签名标准（DSS）。

数字签名技术是不对称加密算法的典型应用。数字签名的应用过程是数据源发送方使用自己的私钥对数据校验和其他与数据内容有关的变量进行加密处理，完成对数据的合法"签名"；数据接收方则利用对方的公钥来解读收到的"数字签名"，并将解读结果用于对数据完整性的检验，以确认签名的合法性。数字签名技术是在网络系统虚拟环境中确认身份的重要技术，完全可以代替现实过程中的"亲笔签字"，在技术和法律上有保证。在公钥与私钥管理方面，数字签名应用与加密邮件 PGP 技术正好相反。在数字签名应用中，发送者的公钥可以很方便地得到，但他的私钥则需要严格保密。

数字签名的主要功能是保证信息传输的完整性、发送者的身份认证、防止交易中的抵赖发生。

数字签名技术是将摘要信息用发送者的私钥加密，与原文一起传送给接收者。接收者只有用发送的公钥才能解密被加密的摘要信息，然后用哈希函数对收到的原文产生一个摘要信息，与解密的摘要信息对比。如果相同，则说明收到的信息是完整的，在传输过程中没有被修改，否则说明信息被修改过，因此数字签名能够验证信息的完整性。

假定 A 需要传送一份合同给 B，B 需要确认合同的确是 A 发送的，同时还需要确定合同在传输途中未被修改。

通过比较标记 1 和标记 2，就可以确认合同是否是 A 发送的，以及合同在传输途中是否被修改。工作流程如图 4.10 所示。

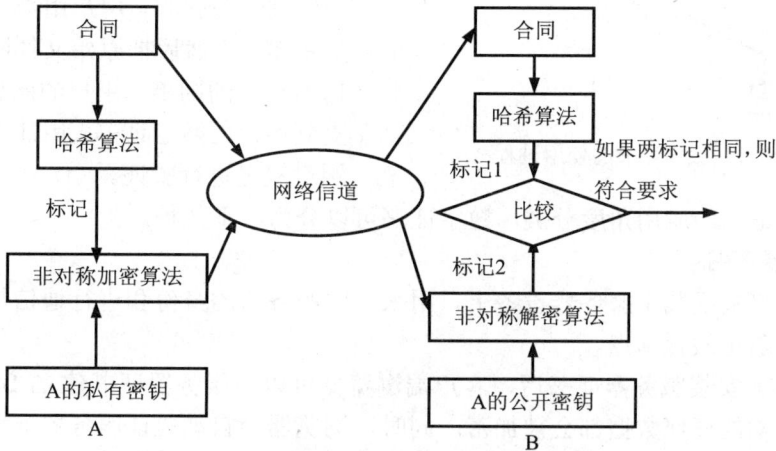

图 4.10　数字签名的工作流程

## 4.8.2　数字证书

当对签名人同公开密钥的对应关系产生疑问时，就需要第三方颁证机构——证书认证中心（Certificate Authorities，CA）的帮助。

由于电子商务技术使在网上购物的顾客能够极其方便地获得商家和企业的信息，但同时也增加了对某些敏感或有价值的数据被滥用的风险。为了保证互联网上电子交易及支付的安全性和保密性，防范交易及支付过程中的欺诈行为，必须在网上建立一种信任机制。这就要求参加电子商务的买方和卖方都必须拥有合法的身份，并且在网上能够有效无误的被进行验证。数字证书是一种权威性的电子文档，它提供了一种在 Internet 上验证身份的方式，其作用类似于司机的驾驶执照或日常生活中的身份证。它是由权威机构 CA 发行的，人们可以在互联网交往中用它来识别对方的身份。当然，在数字证书认证的过程中，证书认证中心作为权威的、公正的、可信赖的第三方，其作用是至关重要的。

数字证书必须具有唯一性和可靠性。为了达到这一目的，需要采用很多技术来实现。通常数字证书采用公钥体制，即利用一对互相匹配的密钥进行加密、解密。每个用户自己设定一把特定的仅为本人所有的私钥，用它进行解密和签名；同时设定一把公钥并由本人公开，为一组用户所共享，用于加密和验证签名。当发送一份保密文件时，发送方使用接收方的公钥对数据加密，而接收方则使用自己的私钥解密，这样信息就可以安全无误地到达目的地了。通过数字的手段保证加密过程是一个不可逆过程，即只有用私有密钥才能解密。公开密钥技术解决了密钥发布的管理问题，用户可以公开其公开密钥，而保留其私有密钥。

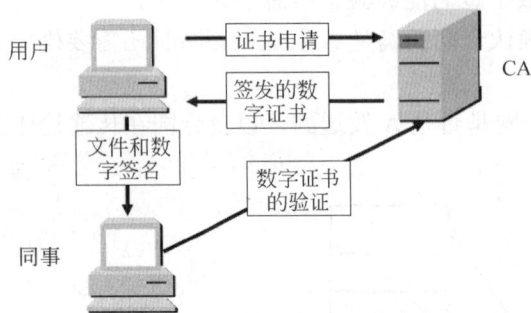

图 4.11　数字证书的使用过程

数字证书使用过程如图 4.11 所示，用户首先向 CA 机构申请一份数字证书，申请过程会生成他的公开/私有密钥对。公开密钥被发送给 CA 机构，CA 机构生成证书，并用自己的私有密钥签发，同时向用户发送一份拷贝。用户用数字证书把文件加上签名，然后把原始文件同签名一起发送给自己的同事。用户的同事从 CA 机构查到用户的数字证书，用证书中的公开密钥对签名进行验证。

基于数字证书的应用角度分类，数字证书可以分为以下几种。

**1．服务器证书**

服务器证书被安装于服务器设备上，用来证明服务器的身份和进行通信加密。服务器证书可以用来防止假冒站点。

在服务器上安装服务器证书后，客户端浏览器可以与服务器证书建立 SSL 连接，在 SSL 连接上传输的任何数据都会被加密。同时，浏览器会自动验证服务器证书是否有效，验证所访问的站点是否是假冒站点。服务器证书保护的站点多被用来进行密码登录、订单处理、网上银行交易等。全球知名的服务器证书品牌是 verisign、thawte、geotrust 等，其服务器证书编制起来的可信网络已覆盖全球。

SSL 证书主要用于服务器的数据传输链路加密和身份认证，绑定网站域名，不同的产品对于不同价值的数据要求不同的身份认证。超真 SSL 和超快 SSL 在颁发时间上已经没有什么区别，主要区别在于：超快 SSL 只验证域名所有权，证书中不显示单位名称；而超真 SSL 需要验证域名所有权、营业执照和第三方数据库验证，证书中显示单位名称。

**2．电子邮件证书**

电子邮件证书可以用来证明电子邮件发件人的真实性。它并不证明数字证书上面 CN 一项所标识的证书所有者姓名的真实性，它只证明邮件地址的真实性。

收到具有有效电子签名的电子邮件，除了能相信邮件确实由指定邮箱发出外，还可以确信该邮件从被发出后没有被篡改过。

另外，使用接收的邮件证书还可以向接收方发送加密邮件。该加密邮件可以在非安全网络传输，只有接收方的持有者才可能打开该邮件。

**3．客户端个人证书**

客户端证书主要被用来进行身份验证和电子签名。安全的客户端证书被存储于专用的 usbkey 中。存储于 key 中的证书不能被导出或复制，且 key 使用时需要输入 key 的保护密码。使用该证书需要物理上获得其存储介质 usbkey，且需要知道 key 的保护密码，这也被称为双因子认证。这种认证手段是目前 Internet 上最安全的身份认证手段。

客户端证书分为超真单位证书、超真个人证书、超快个人证书、PDF 文件签名证书等。

数字证书相当于电子化的身份证明，应有值得信赖的颁证机构（CA 机构）的数字签名，可以用来强力验证某个用户或某个系统的身份及其公开密钥。

数字证书既可以向一家公共的办证机构申请，也可以向运转在企业内部的证书服务器申请。这些机构提供证书的签发和失效证明服务。

# 4.9 PKI 基础知识

PKI（Public Key Infrastructure，公开密钥体系）是一种遵循既定标准的密钥管理平台，它能够为所有网络应用提供加密和数字签名等密码服务及所必需的密钥和证书管理体系。简单来说，PKI 就是利用公钥理论和技术建立的提供安全服务的基础设施。PKI 技术是信息安全技术的核心，也是电子商务的关键和基础技术。

## 4.9.1 PKI 的基本组成

完整的 PKI 系统必须具有权威认证机构（CA）、数字证书库、密钥备份及恢复系统、证书作废系统、应用接口（API）等基本构成部分，构建 PKI 也将围绕着这 5 大系统来着手构建。

（1）认证机构。即数字证书的申请及签发机关，CA 必须具备权威性的特征。

（2）数字证书库。用于存储已签发的数字证书及公钥，用户可由此获得所需的其他用户的证书及公钥。

（3）密钥备份及恢复系统。如果用户丢失了用于解密数据的密钥，则数据将无法被解密，这将造成合法数据丢失。为避免这种情况，PKI 提供备份与恢复密钥的机制。但需注意，密钥的备份与恢复必须由可信的机构来完成。并且密钥备份与恢复只能针对解密密钥，签名私钥为确保其唯一性而不能够作备份。

（4）证书作废系统。PKI 的一个必备的组件。与日常生活中的各种身份证件一样，证书有效期以内也可能需要作废，原因可能是密钥介质丢失或用户身份变更等。为实现这一点，PKI 必须提供作废证书的一系列机制。

（5）应用接口。PKI 的价值在于使用户能够方便地使用加密、数字签名等安全服务，因此一个完整的 PKI 必须提供良好的应用接口系统，使得各种各样的应用能够以安全、一致、可信的方式与 PKI 交互，确保安全网络环境的完整性和易用性。

## 4.9.2 PKI 的安全服务功能

建设 PKI 体系是为网上金融、网上银行、网上证券、电子商务、电子政务、网上交税、网上工商等多种网上办公、交易提供完备的安全服务功能，是公钥基础设施最基本、最核心的功能。作为基础设施要做到：遵循必要的原则，不同的实体可以方便地使用 PKI 安全基础设施提供的服务。安全服务功能包括身份认证、完整性、机密性、不可否认性、时间戳和数据的公正性服务。

### 1. 网上身份安全认证

由于网络使用者匿名的特点，每个人都可以通过一定的手段假冒别人的身份实施非法的操作和网上交易，从而对系统或合法用户造成危害。因此，网上的身份认证在网络出现以来就一直是人们关注和研究的热点。人们已经认识到网上身份认证是一切电子商务应用的基础。

认证的实质就是证实被认证对象是否属实和是否有效的过程，常常被用于通信双方相互确认身份，以保证通信的安全。其基本思想是通过验证被认证对象的某个专有属性，达到确认被认证对象是否真实、有效的目的。被认证对象的属性可以是口令、数字签名或者指纹、声音、视网膜这样的生理特征等。目前，实现认证的技术手段很多，通常有口令技术加 ID（实体唯一标识）、双因素认证、挑战应答式认证、著名的 Kerberos 认证系统，以及 X.509 证书及认证框架。这些不同的认证方法所提供的安全认证强度也不一样，具有各自的优势、不足，以及所适用的安全强度要求不同的应用环境。而解决网上电子身份认证的 PKI 技术近年来被广泛应用，并取得了飞速的发展，在网上银行、电子政务等保护用户信息资产等领域发挥了巨大的作用。

数字签名技术是基于公钥密码学的强认证技术，其中每个参与交易的实体都拥有一对签名的密钥。每个参与的交易者都自己掌握进行签名的私钥，私钥不在网上传输，因此只有签名者自己知道签名私钥，从而保证其安全。公开的是进行验证签名的公钥。因此只要私钥安全，就可以有效地对产生该签名的声称者进行身份验证，保证交互双方的身份真实性。

为了保证公钥的可靠性，即保证公钥与其拥有者的有效绑定，通过 PKI 体系中的权威、公正的第三方——认证中心，为所服务的 PKI 域内的相关实体签发一个网上身份证，即数字证书来保证公钥的可靠性，以及它与合法用户的对应关系。数字证书中主要包含的就是证书所有者的信息、证书所有者的公开密钥和证书颁发机构的签名，以及有关的扩展内容等。具备了这些条件，就可以在具体的业务中有效实现交易双方的身份认证。

**2．保证数据完整性**

数据的完整性就是防止非法篡改信息，如修改、复制、插入、删除等。在交易过程中，要确保交易双方接收到的数据和从数据源发出的数据完全一致，数据在传输和存储的过程中不能被篡改，否则交易将无法完成或所做交易违背交易意图。

但直接观察原始数据的状态来判断其是否改变在很多情况下是不可行的。如果数据量很大，将很难判断其是否被篡改，即完整性很难得到保证。为了保证数据的完整性，已出现了各种不同的安全机制和方法。其中在电子商务和网络安全领域使用最多的就是密码学，它为我们提供了数据完整性机制和方法。

在国内 PKI 体系所实现的方案中，目前采用的标准散列算法有 SHA1、MD5 作为可选的 Hash 算法来保证数据的完整性。在实际应用中，通信双方通过协商以确定使用的算法和密钥，从而在两端计算条件一致的情况下，对同一数据应当计算出相同的算法来保证数据不被篡改，实现数据的完整性。

**3．保证网上交易的抗否认性**

不可否认用于从技术上保证实体对他们行为的诚实，即参与交互的双方都不能事后否认自己曾经处理过的每笔业务。在这中间，人们更关注的是数据来源的不可否认性、发送方的不可否认性，以及接收方在接收后的不可否认性。此外，还有传输的不可否认性、创建的不可否认性、同意的不可否认性等。PKI 所提供的不可否认功能是基于数字签名，以及其所提供的时间戳服务功能的。

在进行数字签名时，签名私钥只能被签名者自己掌握，系统中的其他参与实体无法得到该密钥，这样只有签名者自己能做出相应的签名，其他实体是无法做出这样的签名的。这样，签名者从技术上就不能否认自己做过该签名。为了保证签名私钥的安全，一般要求这种密钥只能在防篡改的硬件令牌上产生，并且永远不能离开令牌，以保证签名私钥的安全。

再利用 PKI 提供的时间戳功能，安全时间戳服务用来证明某个特别事件发生在某个特定的时间，或某段特别数据在某个日期已存在。这样，签名者对自己所做的签名将无法进行否认。

**4. 提供时间戳服务**

时间戳也叫做安全时间戳，是一个可信的时间权威，使用一段可以认证的完整数据表示的时间戳。最重要的不是时间本身的精确性，而是相关时间、日期的安全性。支持不可否认服务的一个关键因素就是在 PKI 中使用安全时间戳，也就是说，时间源是可信的，时间值必须特别安全地传送。

PKI 中必须存在用户可信任的权威时间源，权威时间源提供的时间并不需要正确，仅仅需要用户作为一个参照"时间"，以便完成基于 PKI 的事物处理，如事件 A 发生在事件 B 的前面等。一般的 PKI 系统中都设置一个时钟系统统一 PKI 的时间。当然，也可以使用世界官方时间源所提供的时间，其实现方法是从网络中这个时钟位置获得安全时间。要求实体在需要的时候向这些权威请求在数据上盖上时间戳。一份文档上的时间戳涉及对时间和文档内容的哈希值的数字签名。权威的签名提供了数据的真实性和完整性。

虽然安全时间戳是 PKI 支撑的服务，但它依然可以在不依赖 PKI 的情况下实现安全时间戳服务。一个 PKI 体系中是否需要实现时间戳服务，完全依照应用的需求来决定。

**5. 保证数据的公正性**

PKI 中支持的公证服务是指"数据认证"，也就是说，公证人要证明的是数据的有效性和正确性，这种公证取决于数据验证的方式。与公证服务、一般社会公证人提供的服务有所不同，在 PKI 中被验证的数据是基于杂凑值的数字签名、公钥在数学上的正确性和签名私钥的合法性。

PKI 的公证人是一个被其他 PKI 实体所信任的实体，能够正确地提供公证服务。它主要是通过数字签名机制证明数据的正确性，所以其他实体需要保存公证人的验证公钥的正确拷贝，以便验证和相信作为公证的签名数据。

通常来说，CA 是证书的签发机构，它是 PKI 的核心。众所周知，构建密码服务系统的核心内容是如何实现密钥的管理。公钥体制涉及一对密钥（即私钥和公钥），私钥只由用户独立掌握，无须在网上传输；而公钥则是公开的，需要在网上传送，故公钥体制的密钥管理主要是针对公钥的管理问题，目前较好的解决方案是数字证书机制。

# 4.10 认 证 机 构

CA（Certificate Authority，认证机构）是负责签发证书、认证证书、管理已颁发证书的机构，是 PKI 的核心。CA 要制定政策和具体步骤来验证、识别用户的身份，对用户证书进行签名，以确保证书持有者的身份和公钥的拥有权。CA 也拥有自己的证书（内含公钥）和私钥，网上用户通过验证 CA 的签字从而信任 CA，任何用户都可以得到 CA 的证书，用以验证它所签发的证书。CA 必须是各行业各部门及公众共同信任的、认可的、权威的、不参与交易的第三方网上身份认证机构。

## 4.10.1　CA 认证机构的功能

### 1．证书的颁发

认证中心接收、验证用户（包括下级认证中心和最终用户）的数字证书的申请，将申请的内容进行备案，并根据申请的内容确定是否受理该数字证书申请。如果认证中心接受该数字证书申请，则进一步确定给用户颁发何种类型的证书。新证书用认证中心的私钥签名以后发送到目录服务器供用户下载和查询。为了保证消息的完整性，返回给用户的所有应答信息都要使用认证中心的签名。

### 2．证书的更新

认证中心可以定期更新所有用户的证书，或者根据用户的请求来更新用户的证书。

### 3．证书的查询

证书的查询可以分为两类：其一是证书申请的查询，认证中心根据用户的查询请求返回当前用户证书申请的处理过程；其二是用户证书的查询，这类查询由目录服务器来完成，目录服务器根据用户的请求返回适当的证书。

### 4．证书的作废

当用户的私钥由于泄密等原因造成用户证书需要申请作废时，用户需要向认证中心提出证书作废的请求，认证中心根据用户的请求确定是否将该证书作废。另外一种证书作废的情况是证书已经过了有效期，认证中心自动将该证书作废。认证中心通过维护证书作废列表（Certificate Revocation List，CRL）来完成上述功能。

### 5．证书的归档

证书具有一定的有效期，证书过了有效期之后就将作废，但是不能将作废的证书简单地丢弃，因为有时可能需要验证以前的某个交易过程中产生的数字签名，这时就需要查询作废的证书。基于此类考虑，认证中心还应当具备管理作废证书和作废私钥的功能。

## 4.10.2　CA 系统的组成

一个典型的 CA 系统包括安全服务器、注册机构（RA）、CA 服务器、LDAP 目录服务器、数据库服务器等，如图 4.12 所示。

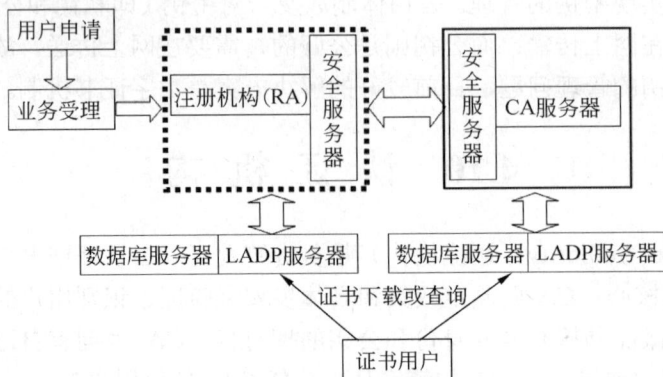

图 4.12　典型 CA 中心示意图

**1．安全服务器**

面向普通用户，用于提供证书申请、浏览、证书撤销列表、证书下载等安全服务。安全服务器与用户的通信采取安全信道方式（如 SSL 的方式，不需要对用户进行身份认证）。用户首先得到安全服务器的证书（该证书由 CA 颁发），然后用户与服务器之间的所有通信，包括用户填写的申请信息及浏览器生成的公钥均以安全服务器的密钥进行加密传输，只有安全服务器利用自己的私钥解密才能得到明文，这样可以防止其他人通过窃听得到明文，从而保证了证书申请和传输过程中的信息安全性。

**2．CA 服务器**

CA 服务器是整个证书机构的核心，负责证书的签发。CA 首先产生自身的私钥和公钥（密钥长度至少为 1024 位），然后生成数字证书，并且将数字证书传输给安全服务器。CA 还负责为操作员、安全服务器及注册机构服务器生成数字证书。安全服务器的数字证书和私钥也需要传输给安全服务器。CA 服务器是整个结构中最为重要的部分，存有 CA 的私钥及发行证书的脚本文件，出于安全的考虑，应将 CA 服务器与其他服务器隔离，任何通信采用人工干预的方式，确保认证中心的安全。

**3．注册机构**

面向登记中心操作员，在 CA 体系结构中起到承上启下的作用，一方面向 CA 转发安全服务器传输过来的证书申请请求，另一方面向 LDAP 服务器和安全服务器转发 CA 颁发的数字证书和证书撤销列表。

**4．LDAP 服务器**

提供目录浏览服务，负责将注册机构服务器传输过来的用户信息及数字证书加入到服务器上。这样，其他用户通过访问 LDAP 服务器就能够得到其他用户的数字证书。

**5．数据库服务器**

数据库服务器是认证机构中的核心部分，用于认证机构中数据（如密钥和用户信息等）、日志和统计信息的存储和管理。实际的数据库系统应采用多种措施，如磁盘阵列、双机备份和多处理器等方式，以维护数据库系统的安全性、稳定性、可伸缩性和高性能。

## 4.10.3　国内 CA 现状

为促进电子商务在中国的顺利开展，一些行业都已建成了自己的一套 CA 体系，如中国电信安全认证体系（CTCA）、中国金融认证中心（CFCA）等；还有一些行政区也建立了或正在建立区域性的 CA 体系，如上海电子商务认证中心（SHECA）、广东省电子商务认证中心（CNCA）、海南省电子商务认证中心（CNCA）、云南省电子商务认证中心（CNCA）等。

**1．中国电信安全认证系统**

中国电信自 1997 年年底开始在长沙进行电子商务试点工作，由长沙电信局负责组织。CTCA 是国内最早的 CA 中心。1999 年 8 月 3 日，中国电信安全认证系统通过国家密码委员会和信息产业部的联合鉴定，并获得国家信息产品安全认证中心颁发的认证证书，成为首家允许在公网上运营的 CA 安全认证系统。目前，中国电信可以在全国范围内向用户提供 CA 证书服务。

中国电信安全认证系统有一套完善的证书发放体系和管理制度。体系采用三级管理结构：全国 CA 安全认证中心（包括全国 CTCA 中心、CTCA 湖南备份中心），省级 RA 中心及地市业务受理点，在 2000 年 6 月形成覆盖全国的 CA 证书申请、发放、管理的完整体系。系统为参与电子商务的不同用户提供个人证书、企业证书和服务器证书。同时，中国电信还组织制定了《中国电信电子商务总体技术规范》、《中国电信 CTCA 接口标准》、《网上支付系统的接口标准》、《中国电信电子商务业务管理办法》等，而且中国电信向社会免费公布 CTCA 接口标准和 API 软件包，为更多的电子商务应用开发商提供 CTCA 的支持与服务。中国电信已经与银行、证券、民航、工商、税务等多个行业联合开发出了网上安全支付系统、电子缴费系统、电子银行系统、电子证券系统、安全电子邮件系统、电子订票系统、网上购物系统、网上报税等一系列基于中国电信安全认证系统的电子商务应用，已经初步建立起中国电信电子商务平台。

**2．中国金融认证中心**

由中国人民银行牵头，联合中国工商银行、中国农业银行、中国银行、中国建设银行、交通银行、招商银行、中信实业银行、华夏银行、广东发展银行、深圳发展银行、光大银行、民生银行等 12 家商业银行共同建设了中国金融认证中心（China Financial Certificate Authority，CFCA）。中国金融认证中心的项目包括建设 SET CA 和 Non-SET CA 两套系统，工程于 1999 年 8 月 30 日开始实施。SET CA 由 IBM 公司负责承建，Non-SET CA 由 Entrust、SUN 和得达创新等公司联合建设。

Non-SET CA 系统于 2000 年 1 月 19 日发放了第一批试验证书，SET 系统于 2000 年 3 月 30 日试发了第一批证书。于 2000 年 6 月 20 日通过了由国家密码管理委员会和人民银行支付科技司联合主持的密码产品本地化工作的安全性审查。于 2000 年 6 月 29 日开始对社会各界提供证书服务，系统进入运行状态。

中国金融认证中心专门负责为金融业的各种认证需求提供证书服务，包括电子商务、网上银行、网上证券交易、支付系统和管理信息系统等，为参与网上交易的各方提供安全的基础，建立彼此信任的机制。

CFCA 在建设过程中，因为技术上的问题，使得正式发证的时间比以前计划的时间大大推迟。因为在操作上、证书申请的方式上还存在一些问题，因此发放的证书不多。

**3．国富安电子商务安全认证中心**

国富安电子商务安全认证中心是中国国际电子商务中心下属的专业从事电子商务及信息安全的公司。根据国家"金关工程"网络发展的需要，负责建立、维护、管理、运营中国国际电子商务安全认证中心，并向社会提供数字证书服务。"商业电子信息安全认证系统"已于 1999 年 2 月通过国家科技部和国家密码管理委员会的技术鉴定。

据了解，国富安电子商务安全认证中心的建立是借助国外公司的力量完成的，国富安电子商务安全认证中心自己本身的开发力量一直不强，因此在它的电子商务证书基础上还没有较多的成功应用，国富安本身在数字证书的基础上也没有完整的应用软件。外经贸部在网上的电子交易很多，但是其认证系统并没有采用国富安的证书系统，因此其发证量一直比较少。

**4．上海市电子商务安全证书管理中心**

上海市电子商务安全证书管理中心由上海市电子商务安全证书管理中心有限公司负责经营管理。上海市电子商务安全证书管理中心属于上海市政府。

SHECA 在上海市政府的大力推广之下，目前发证量相对来说比较多，并且在 1999 年和 2000 年，SHECA 进行了一些比较成功的推广应用。例如，东方航空公司网上安全售票系统、上海热线的安全电子邮件服务、基于 SHECA 认证的港澳上证证券之星网上证券交易系统、上海银行卡网络服务中心支付网关、上海网上化工交易中心、基于 SHECA 安全认证的企业名录。在上海市政府的介入下，要求上海的各家银行采用 SHECA 颁发的证书。因此 SHECA 在上海得到了比较好的应用。

另外，还有一些其他的省级电子商务认证中心，如北京市电子商务认证中心、天津市电子商务认证中心、云南省电子商务认证中心、山东省电子商务认证中心、湖南省电子商务认证中心、湖北省电子商务认证中心、广东省电子商务认证中心、广西电子商务认证中心、海南省电子商务认证中心、山西省电子商务认证中心、吉林省电子商务认证中心、福建省电子商务认证中心、深圳市电子商务认证中心等。另外，我国还有其他一些省市和企业机关也在着手建立自己的电子商务认证中心，特别是一些大型企业和事业单位，也使用 CA 和证书机制来对企业用户的身份和权限进行认证和管理。

目前，我国的 CA 建设还处于一个起步的阶段，没有完整的统筹和协调，CA 的发展还处于各自为政，独立发展的混乱局面，没有建立一个政策上固定的全国范围的根 CA（如美国的邮政 CA），这对处于权威认证机构的 CA 来说不仅是基础设施的浪费，也对电子商务中的身份认证带来一系列问题，如交叉认证的互不兼容等。相信经过若干年的发展，我国的 CA 建设在积累经验和教训的基础上，一定会形成一个全国性的、完整的和层次性合理的 CA 基础设施，真正为我国的电子商务发展保驾护航。

# 课 后 习 题

**一、选择题**

1. 为了防御网络监听，最常用的方法是（　　　）。
   A. 采用物理传输（非网络）　　　　　B. 信息加密
   C. 无线网　　　　　　　　　　　　　D. 使用专线传输

2. 下列环节中无法实现信息加密的是（　　　）。
   A. 链路加密　　　　　　　　　　　　B. 上传加密
   C. 节点加密　　　　　　　　　　　　D. 端到端加密

3. 基于公开密钥密码体制的信息认证方法采用的算法是（　　　）。
   A. 素数检测　　　　　　　　　　　　B. 非对称算法
   C. RSA 算法　　　　　　　　　　　　D. 对称加密算法

4. RSA 算法建立的理论基础是（　　　）。
   A. DES　　　　　　　　　　　　　　B. 替代相组合
   C. 大数分解和素数检测　　　　　　　D. 哈希函数

5. 防止他人对传输的文件进行破坏需要（　　　）。
   A. 数字签名及验证　　　　　　　　　B. 对文件进行加密
   C. 身份认证　　　　　　　　　　　　D. 时间戳

6. 下面的机构如果都是认证中心，你认为可以作为资信认证的是（　　　）。

    A. 国家工商局                B. 著名企业

    C. 商务部                   D. 中国人民银行

7. PGP 都随机产生一个（　　）位的 IDEA 会话密钥。

    A. 56                     B. 64

    C. 124                  D. 128

8. SHA 的含义是（　　）。

    A. 加密密钥                B. 数字水印

    C. 常用的哈希算法         D. 消息摘要

9. 保证商业服务不可否认的手段主要是（　　）。

    A. 数字水印               B. 数据加密

    C. 身份认证               D. 数字签名

10. DES 加密算法所采用的密钥的有效长度为（　　）。

    A. 32                     B. 56

    C. 64                    D. 128

11. 数字证书不包含（　　）。

    A. 证书的申请日期         B. 颁发证书的单位

    C. 证书拥有者的身份       D. 证书拥有者姓名

12. 数字签名是解决（　　）问题的方法。

    A. 未经授权擅自访问网络    B. 数据被泄或篡改

    C. 冒名发送数据或发送数据后抵赖 D. 以上三种

13. 在互联网上，不单纯使用对称密钥加密技术对信息进行加密是因为（　　）。

    A. 对称加密技术落后       B. 加密技术不成熟

    C. 密钥难以管理            D. 人们不了解

14. DES 是一个（　　）加密算法标准。

    A. 非对称                B. 对称

    C. PGP                  D. SSL

15. 利用电子商务进行网上交易，通过（　　）方式保证信息的收发各方都有足够的证据证明操作的不可否认性。

    A. 数字信封               B. 双方信誉

    C. 数字签名               D. 数字时间戳

16. PKI 系统没有使用的加密算法是（　　）。

    A. 非对称算法            B. 对称算法

    C. 散列算法               D. 错乱算法

17. 网上银行系统的一次转账操作过程中发生了转账金额被非法篡改的行为，这破坏了信息安全的（　　）属性。

    A. 保密性                B. 完整性

    C. 不可否认性            D. 可用性

18. 用户身份鉴别是通过（　　）完成的。

    A. 口令验证               B. 审计策略

C．存取控制　　　　　　　　　　　　D．查询功能

19．公钥密码基础设施 PKI 解决了信息系统中的（　　）问题。

    A．身份信任　　　　　　　　　　　B．权限管理

    C．安全审计　　　　　　　　　　　D．加密

20．PKI 所管理的基本元素是（　　）。

    A．密钥　　　　　　　　　　　　　B．用户身份

    C．数字证书　　　　　　　　　　　D．数字签名

21．（　　）最好地描述了数字证书。

    A．等同于在网络上证明个人和公司身份的身份证

    B．浏览器的一个标准特性，它使得黑客不能得知用户的身份

    C．网站要求用户使用用户名和密码登录的安全机制

    D．伴随在线交易证明购买的收据

22．（　　）是最常用的公钥密码算法。

    A．RSA　　　　　　　　　　　　　B．DSA

    C．椭圆曲线　　　　　　　　　　　D．量子密码

23．PKI 的主要理论基础是（　　）。

    A．对称密码算法　　　　　　　　　B．公钥密码算法

    C．量子密码　　　　　　　　　　　D．摘要算法

24．PKI 中进行数字证书管理的核心组成模块是（　　）。

    A．注册中心　　　　　　　　　　　B．证书中心

    C．目录服务器　　　　　　　　　　D．证书作废列表

25．常用的对称密码算法有（　　）。

    A．ElGamal 算法　　　　　　　　　B．DES 数据加密标准

    C．椭圆曲线密码算法　　　　　　　D．RSA 公钥加密算法

26．密码学的目的是（　　）。

    A．研究数据加密　　　　　　　　　B．研究数据解密

    C．研究数据保密　　　　　　　　　D．研究信息安全

27．假设使用一种加密算法，它的加密方法很简单：将每一个字母加 5，即 a 加密成 f。这种算法的密钥就是 5，那么它属于（　　）技术。

    A．对称加密　　　　　　　　　　　B．分组密码

    C．公钥加密　　　　　　　　　　　D．单向函数密码

28．A 方有一对密钥（KA 公开，KA 秘密），B 方有一对密钥（KB 公开，KB 秘密），A 方向 B 方发送数字签名 M，对信息 M 加密为：M′= KB 公开（KA 秘密（M））。B 方收到密文的解密方案是（　　）。

    A．KB 公开（KA 秘密（M′））　　　B．KA 公开（KA 公开（M′））

    C．KA 公开（KB 秘密（M′））　　　D．KB 秘密（KA 公开（M′））

29．公开密钥密码体制的含义是（　　）。

    A．将所有密钥公开　　　　　　　　B．将私有密钥公开，公开密钥保密

    C．将公开密钥公开，私有密钥保密　D．两个密钥相同

30. 数字签名要预先使用单向 Hash 函数进行处理的原因是（　　　）。

　　A．多一道加密工序使密文更难破译

　　B．提高密文的计算速度

　　C．缩小签名密文的长度，加快数字签名和验证签名的运算速度

　　D．保证密文能正确还原成明文

31. 基于通信双方共同拥有的但是不为别人知道的秘密，利用计算机强大的计算能力，以该秘密作为加密和解密的密钥的认证是（　　　）。

　　A．公钥认证　　　　　　　　　　　B．零知识认证

　　C．共享密钥认证　　　　　　　　　D．口令认证

32. PKI 支持的服务不包括（　　　）。

　　A．非对称密钥技术及证书管理　　　B．目录服务

　　C．对称密钥的产生和分发　　　　　D．访问控制服务

33. PKI 的主要组成不包括（　　　）。

　　A．证书授权（CA）　　　　　　　　B．SSL

　　C．注册授权（RA）　　　　　　　　D．证书存储库（CR）

34. PKI 管理对象不包括（　　　）。

　　A．ID 和口令　　　　　　　　　　　B．证书

　　C．密钥　　　　　　　　　　　　　D．证书撤销

35. 下面不属于 PKI 组成部分的是（　　　）。

　　A．证书主体　　　　　　　　　　　B．使用证书的应用和系统

　　C．证书权威机构　　　　　　　　　D．AS

36. 关于密码学的讨论中，下列（　　　）观点是不正确的。

　　A．密码学是研究与信息安全相关的方面，如机密性、完整性、实体鉴别、抗否认等的综合技术

　　B．密码学的两大分支是密码编码学和密码分析学

　　C．密码并不是提供安全的单一手段，而是一组技术

　　D．密码学中存在一次一密的密码体制，它是绝对安全的

37. 一个完整的密码体制不包括以下（　　　）要素。

　　A．明文空间　　　　　　　　　　　B．密文空间

　　C．数字签名　　　　　　　　　　　D．密钥空间

38. 关于 DES 算法，除了（　　　）以外，下列描述 DES 算法子密钥产生过程是正确的。

　　A．首先将 DES 算法所接受的输入密钥 $K$（64 位）去除奇偶校验位，得到 56 位密钥（即经过 PC-1 置换，得到 56 位密钥）

　　B．在计算第 $i$ 轮迭代所需的子密钥时，首先进行循环左移，循环左移的位数取决于 $i$ 的值，这些经过循环移位的值作为下一次循环左移的输入

　　C．在计算第 $i$ 轮迭代所需的子密钥时，首先进行循环左移，每轮循环左移的位数都相同，这些经过循环移位的值作为下一次循环左移的输入

　　D．将每轮循环移位后的值经 PC-2 置换，所得到的置换结果即为第 $i$ 轮所需的子

密钥 *Ki*

39. 完整的数字签名过程（包括从发送方发送消息到接收方安全的接收到消息）包括（　　）和验证过程。

    A．加密                    B．解密

    C．签名                    D．保密传输

40. 密码学在信息安全中的应用是多样的，以下（　　）不属于密码学的具体应用。

    A．生成网络协议           B．消息认证，确保信息完整性

    C．加密技术，保护传输信息     D．进行身份认证

41. 把明文变成密文的过程叫做（　　）。

    A．加密                    B．密文

    C．解密                    D．加密算法

42. 关于密钥的安全保护，下列说法不正确的是（　　）。

    A．私钥送给 CA

    B．公钥送给 CA

    C．密钥加密后存入计算机的文件中

    D．定期更换密钥

43. （　　）在 CA 体系中提供目录浏览服务。

    A．安全服务器               B．CA 服务器

    C．注册机构（RA）         D．LDAP 服务器

44. 通常为保证信息处理对象的认证性采用的手段是（　　）。

    A．信息加密和解密         B．信息隐匿

    C．数字签名和身份认证技术    D．数字水印

45. 以下（　　）不在证书数据的组成中。

    A．版本信息                B．有效使用期限

    C．签名算法                D．版权信息

46. 网络安全的最后一道防线是（　　）。

    A．数据加密                B．访问控制

    C．接入控制                D．身份识别

## 二、填空题

1. 密码是通信双方按约定的法则进行信息特殊变换的一种重要保密手段。依照这些法则，变明文为密文，称为_____变换；变密文为明文，称为_____变换。

2. 密码学是研究如何_____传递信息的学科。

3. 进行明密变换的法则称为密码的_____。

4. 在密码体制中，按照规定的图形和线路，改变明文字母或数码等的位置成为密文的方法称为_____；用一个或多个代替表将明文字母或数码等代替为密文的方法称为_____；用预先编定的字母或数字密码组代替一定的词组单词等变明文为密文的方法称为_____；用有限元素组成的一串序列作为乱数，按规定的算法，同明文序列相结合变成密文的方法称为_____。

5. 古典密码中主要包括_____和_____。

6．目前基于文本的隐藏技术包括_____、_____替换、字（行）编码及字符特征编码等。

7．《保密系统的信息理论》一文中提出的主要观点是数据安全基于_____而不是_____的保密，它标志着密码学阶段的开始。

8．在密码学中，有一个五元组：明文、_____、_____、加密算法、解密算法，对应的加密方案称为_____。

9．一个完整的密码系统由密码体制（包括密码算法及所有可能的明文、密文和密钥）、_____、_____和攻击者构成。

10．密码编码系统按照明文变换到密文的操作类型可分为_____和_____。

11．密码编码系统按照所用的密钥数量可分为_____和_____。

12．密码编码系统按照明文被处理的方式可分为_____和_____。

13．典型的哈希算法包括 MD2、MD4、_____和_____。

14．基于数字证书的应用角度分类，数字证书可以分为以下几种：服务器证书、_____和_____。

15．PKI 系统所有的安全操作都是通过_____来实现的。

16．密码技术的分类有很多种，其中对称密码体制又可分为按字符逐位加密的_____和按固定数据块大小加密的_____。

17．密码系统的安全性取决于用户对于密钥的保护，实际应用中的密钥种类有很多，从密钥管理的角度可以分为_____、_____、密钥加密密钥和_____。

18．DES 数据加密标准是_____加密系统，RSA 是_____加密系统。

三、简答题

1．密码体制的基本类型有哪几种？

2．密码学的发展大致可以分为哪几个阶段？

3．简述 ADFGX 密码的工作原理。

4．根据信息载体的不同，隐写术主要有哪些方面的应用？

5．密码学在网络信息安全中有哪些作用？

6．密码分析分为哪几种情形？

7．密码学的基本功能有哪些？

8．对称密码算法的优缺点有哪些？

9．公钥加密系统可提供哪些功能？

10．简述 RSA 算法的工作原理。

11．PGP 中的密钥证书一般包含哪些内容？

12．软件加密的方法有哪些？

13．硬件加密具有哪几个特点？

14．数字签名主要的功能有哪些？

15．数字签名的主要流程有哪些？

16．PKI 的基本组成包括哪些系统？

17．PKI 的安全服务功能有哪些？

18．CA 认证机构的功能有哪些？

19．CA 系统的组成有哪些？

20．具有 $N$ 个节点的网络如果使用公开密钥密码算法，每个节点的密钥有多少？网络中的密钥共有多少？

21．用户 A 需要通过计算机网络安全地将一份机密文件传送给用户 B，请问如何实现？

22．古典密码体制中代换密码有哪几种？各有什么特点？

23．描述说明 DES 算法的加解密过程（也可以画图说明）。

# 第 5 章 病毒技术

## 5.1 病毒的基本概念

### 5.1.1 计算机病毒的定义

计算机病毒（Computer Virus）在《中华人民共和国计算机信息系统安全保护条例》中被明确定义，病毒是指"编制或者在计算机程序中插入的破坏计算机功能或者破坏数据，影响计算机使用并且能够自我复制的一组计算机指令或者程序代码"。

病毒往往会利用计算机操作系统的弱点进行传播，提高系统的安全性是防病毒的一个重要方面。完美的系统是不存在的，过于强调提高系统的安全性将使系统多数时间用于病毒检查，系统失去了可用性、实用性和易用性。另一方面，信息保密的要求让人们在泄密和抓住病毒之间无法选择。病毒与反病毒将作为一种技术对抗长期存在，两种技术都将随计算机技术的发展而得到长期的发展。

病毒不是来源于突发或偶然的原因。一次突发的停电和偶然的错误会在计算机的磁盘和内存中产生一些乱码和随机指令，但这些代码是无序和混乱的。而病毒是一种比较完美的、精巧严谨的代码，按照严格的秩序组织起来，与所在的系统网络环境相适应和配合起来的代码。病毒不会通过偶然形成，其代码本身需要有一定的长度，这个基本的长度从概率上来讲是不可能通过随机代码产生的。现在流行的病毒是由人故意编写的，多数病毒可以找到作者和产地信息。从大量的统计分析来看，病毒作者的主要情况和目的是：一些天才的程序员为了表现自己和证明自己的能力，对上司的不满、好奇、报复、为了祝贺和求爱、为了得到控制口令、为了软件拿不到报酬而预留的陷阱等。当然，也有因政治、军事、宗教、民族、专利等方面的需求而专门编写的，其中也包括一些病毒研究机构和黑客的测试病毒。

### 5.1.2 计算机病毒的特点

计算机病毒具有以下几个特点：

（1）寄生性。计算机病毒寄生在其他程序之中，当执行这个程序时，病毒就起破坏作用，而在未启动这个程序之前，它是不易被人发觉的。

（2）传染性。计算机病毒不但本身具有破坏性，更有害的是具有传染性，一旦病毒被复制或产生变种，其速度之快令人难以预防。传染性是病毒的基本特征。在生物界，病毒通过传染从一个生物体扩散到另一个生物体。在适当的条件下，它可得到大量繁殖，并使被感染的生物体表现出病症甚至死亡。同样，计算机病毒也会通过各种渠道从已被感染的计算机扩散到未被感染的计算机，在某些情况下造成被感染的计算机工作失常甚至瘫痪。

与生物病毒不同的是，计算机病毒是一段人为编制的计算机程序代码，这段程序代码一旦进入计算机并得以执行，它就会搜寻其他符合其传染条件的程序或存储介质，确定目标后再将自身代码插入其中，达到自我繁殖的目的。只要一台计算机染毒，如不及时处理，那么病毒会在这台机子上迅速扩散，其中的大量文件（一般是可执行文件）会被感染。而被感染的文件又成了新的传染源，再与其他机器进行数据交换或通过网络接触，病毒会继续进行传染。正常的计算机程序一般是不会将自身的代码强行连接到其他程序之上的，而病毒却能使自身的代码强行传染到一切符合其传染条件的未受到传染的程序之上。计算机病毒可通过各种可能的渠道，如软盘、计算机网络去传染其他的计算机。当在一台计算机上发现了病毒时，往往曾在这台计算机上用过的软盘已感染上了病毒，而与这台计算机联网的其他计算机也许也被该病毒感染上了。是否具有传染性是判别一个程序是否为计算机病毒的最重要条件。病毒程序通过修改磁盘扇区信息或文件内容并把自身嵌入到其中的方法达到病毒的传染和扩散。被嵌入的程序叫做宿主程序。

（3）潜伏性。有些病毒像定时炸弹一样，让它什么时间发作是预先设计好的。例如，"黑色星期五"病毒，不到预定时间一点都觉察不出来，等到条件具备的时候一下子就爆发了，对系统进行破坏。一个编制精巧的计算机病毒程序进入系统之后一般不会马上发作，可以在几周或者几个月内甚至几年内隐藏在合法文件中，对其他系统进行传染，而不被人发现，潜伏性越好，其在系统中的存在时间就会越长，病毒的传染范围就会越大。潜伏性的第一种表现是指病毒程序不用专用检测程序是检查不出来的，因此病毒可以静静地躲在磁盘或磁带里待上几天，甚至几年，一旦时机成熟，得到运行机会，就又要四处繁殖、扩散，继续为害；潜伏性的第二种表现是指计算机病毒的内部往往有一种触发机制，不满足触发条件时，计算机病毒除了传染外不做什么破坏。触发条件一旦得到满足，有的在屏幕上显示信息、图形或特殊标识，有的则执行破坏系统的操作，如格式化磁盘、删除磁盘文件、对数据文件做加密、封锁键盘及使系统死锁等。

（4）隐蔽性。计算机病毒具有很强的隐蔽性，有的可以通过病毒软件检查出来，有的根本就查不出来，有的时隐时现、变化无常，这类病毒处理起来通常很困难。

（5）破坏性。计算机中毒后，可能会导致正常的程序无法运行，计算机内的文件被删除或受到不同程度的损坏。

（6）可触发性。病毒因某个事件或数值的出现，诱使病毒实施感染或进行攻击的特性称为可触发性。为了隐蔽自己，病毒必须潜伏，少做动作。如果完全不动，一直潜伏的话，病毒既不能感染也不能进行破坏，便失去了杀伤力。病毒既要隐蔽又要维持杀伤力，它必须具有可触发性。病毒的触发机制就是用来控制感染和破坏动作的频率。病毒具有预定的触发条件，这些条件可能是时间、日期、文件类型或某些特定数据等。病毒运行时，触发机制检查预定条件是否满足，如果满足，启动感染或破坏动作，使病毒进行感染或攻击；如果不满足，使病毒继续潜伏。

## 5.1.3 计算机病毒分类

根据计算机病毒属性进行如下分类：

（1）根据病毒存在的媒体进行分类，病毒可以划分为网络病毒、文件病毒、引导型病毒。

① 网络病毒。通过计算机网络传播感染网络中的可执行文件。

② 文件病毒。感染计算机中的文件（如 COM、EXE、DOC 等）。

③ 引导型病毒。感染启动扇区（Boot）和硬盘的系统引导扇区（MBR）。

还有这三种情况的混合型，如多型病毒（文件和引导型）感染文件和引导扇区两种目标，这样的病毒通常都具有复杂的算法，它们使用非常规的办法侵入系统，同时使用了加密和变形算法。

（2）按照计算机病毒传染的方法进行分类，可分为驻留型病毒和非驻留型病毒。

① 驻留型病毒。感染计算机后，把自身的内存驻留部分放在内存（RAM）中，这一部分程序挂接系统调用并合并到操作系统中去，它处于激活状态，一直到关机或重新启动。

② 非驻留型病毒。在得到机会激活时并不感染计算机内存，另外一些病毒在内存中留有小部分，但是并不通过这一部分进行传染，这类病毒也被划归为非驻留型病毒。

（3）根据病毒破坏的能力可划分为以下几种：

① 无害型。除了传染时减少磁盘的可用空间外，对系统没有其他影响。

② 无危险型。这类病毒仅仅是减少内存、显示图像、发出声音及同类音响。

③ 危险型。这类病毒在计算机系统操作中造成严重的错误。

④ 非常危险型。这类病毒删除程序、破坏数据、清除系统内存区和操作系统中重要的信息。

这些病毒对系统造成的危害并不是本身的算法中存在危险的调用，而是当它们传染时会引起无法预料的和灾难性的破坏。由病毒引起其他程序产生的错误也会破坏文件和扇区，这些病毒也按照引起的破坏能力划分。一些现在的无害型病毒也可能会对新版的 DOS、Windows 和其他操作系统造成破坏。例如，在早期的病毒中，有一个 Denzuk 病毒在 360KB 磁盘上很好的工作，不会造成任何破坏，但是在后来的高密度软盘上却能引起大量的数据丢失。

（4）根据病毒特有的算法，病毒可以划分为：

① 伴随型病毒。这一类病毒并不改变文件本身，它们根据算法产生 EXE 文件的伴随体，具有同样的名字和不同的扩展名（COM），例如 XCOPY．EXE 的伴随体是 XCOPY．COM。病毒把自身写入 COM 文件并不改变 EXE 文件，当 DOS 加载文件时，伴随体优先被执行，再由伴随体加载执行原来的 EXE 文件。

②"蠕虫"型病毒。通过计算机网络传播，不改变文件和资料信息，利用网络从一台机器的内存传播到其他机器的内存，计算网络地址，将自身的病毒通过网络发送。有时它们在系统中存在，一般除了内存不占用其他资源。

③ 寄生型病毒。除了伴随和"蠕虫"型外，其他病毒均可称为寄生型病毒，它们依附在系统的引导扇区或文件中，通过系统的功能进行传播。

④ 诡秘型病毒。它们一般不直接修改 DOS 中断和扇区数据，而是通过设备技术和文件缓冲区等 DOS 内部修改，不易看到资源，使用比较高级的技术。利用 DOS 空闲的数据区进行工作。

⑤ 变型病毒（又称为幽灵病毒）。这一类病毒使用一个复杂的算法，使自己每传播一份都具有不同的内容和长度。它们一般的作法是由一段混有无关指令的解码算法和被变化过的病毒体组成。

### 5.1.4 计算机病毒的发展史

#### 1. 计算机病毒的雏形

1949 年，计算机之父约翰·冯·诺依曼在《复杂自动机组织》一书中提出了计算机程序能够在内存中自我复制。10 年之后，在美国的贝尔实验室，程序员们利用闲暇时间编写了一种能吃掉其他程序的程序，并让其互相攻击作为消遣。例如有一个叫"爬行者（Creeper）"的程序，每一次执行都会自动生成一个副本，很快计算机中原有的资料就会被这"爬行者"侵蚀；又如"侏儒（Dwarf）"程序，它可以在记忆系统中行进，每到第 5 个"地址"便把那里所储存的信息全部清除，严重损坏原本的程序；还有一个叫"小恶魔（Imp）"的程序，它只有一行移动指令——MOV 0，1，然而这条移动指令可以把程序身处地址中所载的 0 写入下一行地址当中，以致最后计算机中所有的指令都被改为 MOV 0，1，最终导致系统瘫痪。因为这些神奇的程序都在计算机的记忆磁芯中进行，因此这次实验得到了"磁芯大战"之名。这些程序已经具备了一定的破坏性和传染性，成为计算机病毒的雏形。

#### 2. 第一个计算机病毒

1987 年，巴基斯坦盗拷软件的风气盛行一时，一对经营贩卖个人计算机的巴基斯坦兄弟巴斯特（Basit）和阿姆捷特（Amjad）为了防止他们的软件被任意盗拷，编写出了一个叫做 C-BRAIN 的程序。只要有人盗拷他们的软件，C-BRAIN 就会发作，将盗拷者的剩余硬盘空间给"吃掉"。虽然在当时这个病毒并没有太大的破坏性，但许多有心的同行以此为蓝图，衍生制作出一些该病毒的"变种"，以此为契机，许多个人或团队创作的新型病毒如雨后春笋似的纷纷涌现。因此，业界公认 C-BRAIN 是真正具备完整特征的计算机病毒始祖。

#### 3. 第一代计算机病毒

习惯上人们一般称之为 DOS 时期病毒。1987 年，计算机病毒主要是引导型病毒，具有代表性的是"小球"和"石头"病毒。当时的计算机硬件较少，功能简单，一般需要通过软盘启动后使用。引导型病毒利用软盘的启动原理工作，它们修改系统启动扇区，在计算机启动时首先取得控制权，减少系统内存，修改磁盘读写中断，影响系统工作效率，在系统存取磁盘时进行传播。1989 年，可执行文件型病毒出现，它们利用 DOS 系统加载执行文件的机制工作，代表为"耶路撒冷"、"星期天"病毒，病毒代码在系统执行文件时取得控制权，修改 DOS 中断，在系统调用时进行传染，并将自己附加在可执行文件中，使文件长度增加。1990 年发展为复合型病毒，可感染 COM 和 EXE 文件。1992 年，伴随型病毒出现，它们利用 DOS 加载文件的优先顺序进行工作，具有代表性的是"金蝉"病毒，它感染 EXE 文件时生成一个和 EXE 同名但扩展名为 COM 的伴随体。这样，在 DOS 加载文件时，病毒就取得控制权。1994 年，随着汇编语言的发展，实现同一功能可以用不同的方式进行完成，这些方式的组合使得一段看似随机的代码产生相同的运算结果。幽灵病毒就是利用这个特点，每感染一次就产生不同的代码。例如"一半"病毒就是产生一段有上亿种可能的解码运算程序，病毒体被隐藏在解码前的数据中，查解这类病毒就必须能对这段数据进行解码，加大了查毒的难度。

DOS 时期病毒种类相当繁杂，不断有人改写现有的病毒。到了后期甚至有人写出所谓的"双体引擎"，可以把一种病毒创造出更多元化的面貌，让人防不胜防。而病毒发作的症状更是各式各样，有的会唱歌、有的会删除文件、有的会格式化硬盘、有的还会在屏幕上显示出各式各样的图形与音效。不过幸运的是，这些 DOS 时期的病毒，由于大部分的杀毒软件都可以轻易地扫除，因此杀伤力已经大不如前了。

**4．第二代计算机病毒**

自从互联网的出现，基于网络的计算机病毒开始迅猛发展。这种新的病毒由于本质上与传统病毒有着本质区别，因此称之为第二代计算机病毒。第二代病毒与第一代病毒最大的差异就在于第二代病毒传染的途径是基于浏览器的。为了方便网页设计者在网页上能制造出更精彩的动画，让网页能更有空间感，几家大公司联手制定出 ActiveX 及 Java 的技术。而透过这些技术，甚至能够分辨使用的软件版本，建议应该下载哪些软件来更新版本，对于大部分的一般使用者来说是颇为方便的工具。但若想让这些网页的动画能够正常执行，浏览器会自动将这些 ActiveX 及 Java Applets 的程序下载到硬盘中。在这个过程中，恶性程序的开发者也就利用同样的渠道，经由网络渗透到个人计算机之中了。这就是目前流行的"第二代病毒"，也就是所谓的"网络病毒"。

而今，随着现在电子邮件被用作一个重要的企业通信工具，病毒就比以往任何时候都要扩展得快。附着在电子邮件信息中的病毒，仅仅在几分钟内就可以浸染整个企业，让公司每年在生产损失和清除病毒开销上花费数百万美元。今后任何时候病毒都不会很快地消失。按美国国家计算机安全协会发布的统计资料，已有超过数万种病毒被辨认出来，而且每个月都在产生几百至几千种新型病毒。为了安全，可以说大部分机构必须常规性地对付病毒的突然爆发。没有一个使用多台计算机的机构是对病毒免疫的。

## 5.1.5　其他的破坏行为

计算机病毒的破坏行为体现了病毒的杀伤能力。病毒破坏行为的激烈程度取决于病毒作者的主观愿望和所具有的技术能力。数以万计不断发展扩张的病毒，其破坏行为千奇百怪，不可能穷举其破坏行为，而且难以做全面的描述。根据现有的病毒资料可以把病毒的破坏目标和攻击部位归纳如下：

（1）攻击系统数据区。攻击部位包括硬盘主引导扇区、Boot 扇区、FAT 表、文件目录等。一般来说，攻击系统数据区的病毒是恶性病毒，受损的数据不易恢复。

（2）攻击文件。病毒对文件的攻击方式很多，可列举如下：删除、改名、替换内容、丢失部分程序代码、内容颠倒、写入时间空白、变碎片、假冒文件、丢失文件簇、丢失数据文件等。

（3）攻击内存。内存是计算机的重要资源，也是病毒攻击的主要目标之一，病毒额外地占用和消耗系统的内存资源，可以导致一些较大的程序难以运行。病毒攻击内存的方式如下：占用大量内存、改变内存总量、禁止分配内存、蚕食内存等。

（4）干扰系统运行。此类型病毒会干扰系统的正常运行，以此作为自己的破坏行为。此类行为也是花样繁多，可以列举下述诸方式：不执行命令、干扰内部命令的执行、虚假报警、使文件打不开、使内部栈溢出、占用特殊数据区、时钟倒转、重启动、死机、强制游戏、扰乱串行口、并行口等。

（5）速度下降。病毒激活时，其内部的时间延迟程序启动，在时钟中纳入了时间的循环计数，迫使计算机空转，计算机速度明显下降。攻击磁盘数据、不写盘、写操作变读操作、写盘时丢字节等。

（6）扰乱屏幕显示。可列举如下：字符跌落、环绕、倒置、显示前一屏、光标下跌、滚屏、抖动、乱写、吃字符等。

（7）键盘病毒。干扰键盘操作，已发现有下述方式：响铃、封锁键盘、换字、抹掉缓存区字符、重复、输入紊乱等。

（8）喇叭病毒。许多病毒运行时会使计算机的喇叭发出响声。有的病毒作者通过喇叭发出种种声音，有的病毒作者让病毒演奏旋律优美的世界名曲，在高雅的曲调中去杀戮人们的信息财富。已发现的喇叭发声有以下方式：演奏曲子、警笛声、炸弹噪声、鸣叫、咔咔声、嘀嗒声等。

（9）攻击 CMOS。在机器的 CMOS 区中保存着系统的重要数据，如系统时钟、磁盘类型、内存容量等。有的病毒激活时，能够对 CMOS 区进行写入动作，破坏系统 CMOS 中的数据。

## 5.1.6　计算机病毒的危害性

在计算机病毒出现的初期，说到计算机病毒的危害，往往注重于病毒对信息系统的直接破坏作用，如格式化硬盘、删除文件数据等，并以此来区分恶性病毒和良性病毒。其实这些只是病毒劣迹的一部分，随着计算机应用的发展，人们深刻地认识到凡是病毒都可能对计算机信息系统造成严重的破坏。

计算机病毒的主要危害有：

**1．病毒激发对计算机数据信息的直接破坏作用**

大部分病毒在激发的时候直接破坏计算机的重要信息数据，所利用的手段有格式化磁盘、改写文件分配表和目录区、删除重要文件，或者用无意义的"垃圾"数据改写文件、破坏 CMOS 设置等。例如，磁盘杀手病毒（Disk Killer）内含计数器，在硬盘染毒后累计开机时间 48 小时内激发，激发的时候屏幕上显示"Warning!! Don't turn off power or remove diskette while Disk Killer is Processing！（警告！！Disk Killer 在工作，不要关闭电源或取出磁盘）"，改写硬盘数据。被 Disk Killer 破坏的硬盘可以用杀毒软件修复，不要轻易放弃。

**2．占用磁盘空间和对信息的破坏**

寄生在磁盘上的病毒总要非法占用一部分磁盘空间。引导型病毒的一般侵占方式是由病毒本身占据磁盘引导扇区，而把原来的引导区转移到其他扇区，也就是引导型病毒要覆盖一个磁盘扇区。被覆盖的扇区数据永久性丢失，无法恢复。文件型病毒利用一些 DOS 功能进行传染，这些 DOS 功能能够检测出磁盘的未用空间，把病毒的传染部分写到磁盘的未用部位去。所以在传染过程中一般不破坏磁盘上的原有数据，但非法侵占了磁盘空间。一些文件型病毒传染速度很快，在短时间内感染大量文件，每个文件都不同程度地加长了，这就造成磁盘空间的严重浪费。

**3．抢占系统资源**

除少数病毒外，其他大多数病毒在动态下都是常驻内存的，这就必然抢占一部分系统资源。病毒所占用的基本内存长度大致与病毒本身长度相当。病毒抢占内存，导致内存减少，一部分软件不能运行。除占用内存外，病毒还抢占中断，干扰系统运行。计算机操作系统的很多功能是通过中断调用技术来实现的。病毒为了传染激发，总是修改一些有关的中断地址，在正常中断过程中加入病毒的"私货"，从而干扰了系统的正常运行。

**4．影响计算机运行速度**

病毒进驻内存后不但干扰系统运行，还影响计算机速度，主要表现在：

（1）病毒为了判断传染激发条件，总要对计算机的工作状态进行监视，这相对于计算机的正常运行状态既多余又有害。

（2）有些病毒为了保护自己，不但对磁盘上的静态病毒加密，而且进驻内存后的动态病毒也处在加密状态，CPU 每次寻址到病毒处时要运行一段解密程序把加密的病毒解密成合法的 CPU 指令再执行，而病毒运行结束时再用一段程序对病毒重新加密。这样，CPU 额外执行数千条以至上万条指令。

（3）病毒在进行传染时同样要插入非法的额外操作，特别是传染软盘时不但计算机速度明显变慢，而且软盘正常的读写顺序被打乱，发出刺耳的噪声。

**5．计算机病毒错误与不可预见的危害**

计算机病毒与其他计算机软件的最大差别是病毒的无责任性。编制一个完善的计算机软件需要耗费大量的人力、物力，经过长时间调试完善，软件才能推出。但在病毒编制者看来既没有必要这样做，也不可能这样做。很多计算机病毒都是个别人在一台计算机上匆匆编制调试后就向外抛出，反病毒专家在分析大量病毒后发现绝大部分病毒都存在不同程度的错误。错误病毒的另一个主要来源是变种病毒。有些初学计算机者尚不具备独立编制软件的能力，出于好奇或其他原因修改别人的病毒，造成错误。计算机病毒错误所产生的后果往往是不可预见的，反病毒工作者曾经详细指出"黑色星期五"病毒存在 9 处错误，"乒乓"病毒有 5 处错误等。但是人们不可能花费大量时间去分析数万种病毒的错误所在。大量含有未知错误的病毒扩散传播，其后果是难以预料的。

**6．计算机病毒的兼容性对系统运行的影响**

兼容性是计算机软件的一项重要指标，兼容性好的软件可以在各种计算机环境下运行，反之，兼容性差的软件则对运行条件"挑肥拣瘦"，要求机型和操作系统版本等。病毒的编制者一般不会在各种计算机环境下对病毒进行测试，因此病毒的兼容性较差，常常导致死机。

**7．计算机病毒给用户造成严重的心理压力**

据有关计算机销售部门统计，计算机售后用户怀疑"计算机有病毒"而提出咨询约占售后服务工作量的 60%以上。经检测确实存在病毒的约占 70%，另有 30%的情况只是用户怀疑，而实际上计算机并没有病毒。那么用户怀疑病毒的理由是什么呢？多半是出现诸如计算机死机、软件运行异常等现象。这些现象确实很有可能是计算机病毒造成的，但又不全是，实际上在计算机工作"异常"的时候很难要求一位普通用户去准确判断是否是病毒所为。大多数用户对病毒采取宁可信其有的态度，这对于保护计算机安全无疑是十分必要的，然而往往要付出时间、金钱等方面的代价。仅仅怀疑病毒而贸然格式化磁盘所带来的损失更是难以弥补。不仅是个人单机用户，在一些大型网络系统中也难免为甄别病毒而停机。总之，计算机病毒像"幽灵"一样笼罩在广大计算机用户心头，给人们造成巨大的心理压力，极大地影响了现代计算机的使用效率，由此带来的无形损失是难以估量的。

病毒对计算机的危害是众所周知的，轻则影响机器速度，重则破坏文件或造成死机。计算机病毒不仅对计算机产生影响，而且对人也会产生一定影响。当然，计算机病毒是不会与人交叉感染的，那么它是怎样对人产生影响的呢？其实很简单，它是通过控制屏幕的输出来对人的心理进行影响。有些按破坏能力分类归为"无害"的病毒，虽然不会损坏数据，但在发作时并不只是播放一段音乐这样简单。有些病毒会进行反动宣传，有些病毒会显示一些对人身心健康不利的文字或图像。在2000年年底，人们发现了一个通过电子邮件传播的病毒——"女鬼"病毒。当打开感染了"女鬼"病毒的邮件的附件时，病毒发作，在屏幕上显示一个美食家杀害妻子的恐怖故事。之后，一切恢复正常。一般人会以为这个病毒的发作只是这样而已。但是，5分钟后，屏幕突然变黑，一个恐怖的女尸的图像就会显示出来，让没有丝毫心理准备的人吓一跳。据报道，有人因此突发心脏病身亡。所以，计算机病毒的这个危害也是不可小视的。

## 5.1.7  知名计算机病毒简介

### 1. CIH

CIH病毒是一位名叫陈盈豪的中国台湾大学生编写的，从中国台湾传入大陆地区，是公认的有史以来危险程度最高、破坏强度最大的病毒。损失估计：全球约5亿美元。

CIH感染Windows 95/98/ME等操作系统的可执行文件，能够驻留在计算机内存中，并据此继续感染其他可执行文件。CIH的危险之处在于，一旦被激活，它可以覆盖主机硬盘上的数据并导致硬盘失效。它还具备覆盖主板BIOS芯片的能力，从而使计算机引导失败。CIH的一些变种的触发日期恰好是切尔诺贝利核电站事故发生之日，因此它也被称为切尔诺贝利病毒。1999年4月26日，公众开始关注CIH，首次发作时，全球不计其数的计算机硬盘被垃圾数据覆盖，甚至破坏BIOS信息，无法启动。其发作特征是：

（1）以2048个扇区为单位，从硬盘主引导区开始依次往硬盘中写入垃圾数据，直到硬盘数据被全部破坏为止。最坏的情况下硬盘所有数据（含全部逻辑盘数据）均被破坏，如果重要信息没有备份，那损失更是无法想象。

（2）某些主板上的Flash Rom中的BIOS信息将被清除。

（3）v1.4版本每月26日发作，v1.3版本每年6月26日发作，以下版本每年4月26日发作。

### 2. 梅利莎

1999年3月26日，星期五，梅利莎（Melissa）登上了全球各地报纸的头版。这个Word宏脚本病毒感染了全球15%～20%的商用PC。病毒传播速度之快令英特尔公司、微软公司，以及其他许多使用Outlook的公司措手不及，为了防止损害，被迫关闭整个电子邮件系统。"梅利莎"病毒的编写者大卫·史密斯后被判处在联邦监狱服刑20个月，也算得到一点惩戒。损失估计：全球约3亿～6亿美元。

梅利莎通过微软公司的Outlook软件向用户通讯簿名单中的50位联系人发送邮件来传播自身。该邮件包含以下这句话："这就是你请求的文档，不要给别人看"，此外还夹带一个Word文档附件。而单击这个文件，就会使病毒感染主机并且重复自我复制，一旦被激活，病毒就用动画片《辛普森一家》的台词修改用户的Word文档。

### 3. 我爱你

又称为情书或爱虫，是一个VB脚本，2000年5月3日，"我爱你"蠕虫病毒首次在中国香港被发现。"我爱你"蠕虫病毒通过一封标题为"我爱你（I LOVE YOU）"，附件名称为"Love-Letter-For-You.TXT.vbs"的邮件进行传输。和梅利莎类似，该病毒也向 Outlook 通讯簿中的联系人发送自身。它还大肆复制自身覆盖音乐和图片文件。它还会在受到感染的机器上搜索用户的账号和密码，并发送给病毒作者。打开病毒邮件附件会观察到计算机的硬盘灯狂闪，系统速度显著变慢，计算机中出现大量的扩展名为 vbs 的文件。所有快捷方式被改变为与系统目录下 wscript.exe 建立关联，进一步消耗系统资源，造成系统崩溃。由于当时菲律宾并无制裁编写病毒程序的法律，"我爱你"病毒的作者因此逃过一劫。损失估计：全球超过 100 亿美元。

### 4. 红色代码

"红色代码（Code Red）"是一种蠕虫病毒，能够通过网络进行传播。2001 年 7 月 13 日，红色代码从网络服务器上传播开来。它是专门针对运行微软公司互联网信息服务软件的网络服务器来进行攻击。"红色代码"还被称为 Bady，设计者蓄意进行最大程度的破坏。被它感染后，遭受攻击的主机所控制的网络站点上会显示这样的信息："你好！欢迎光临 www.worm.com！"。随后，病毒便会主动寻找其他易受攻击的主机进行感染。这个行为持续大约 20 天，之后它便对某些特定 IP 地址发起拒绝服务攻击。在短短不到一周的时间内，这个病毒感染了近 40 万台服务器，据估计多达 100 万台计算机受到感染。损失估计：全球约 26 亿美元。

### 5. SQL Slammer

SQL Slammer 也被称为"蓝宝石"，2003 年 1 月 25 日首次出现。它是一个非同寻常的蠕虫病毒，给互联网的流量造成了显而易见的负面影响。它的目标并非终端计算机用户，而是服务器。它是一个单包的、长度为 376 字节的蠕虫病毒，它随机产生 IP 地址，并向这些 IP 地址发送自身。如果某个 IP 地址恰好是一台运行着未打补丁的微软公司 SQL 服务器桌面引擎软件的计算机，它会迅速开始向随机 IP 地址的主机发射病毒。正是运用这种效果显著的传播方式，SQL Slammer 在 10 分钟之内感染了 7.5 万台计算机。庞大的数据流量令全球的路由器不堪重负，导致它们一个个被关闭。损失估计：全球约上百亿美元。

### 6. 冲击波

对于依赖计算机运行的商业领域而言，2003 年夏天是一个艰难的时期。一波未平，一波又起。IT 人士在此期间受到了"冲击波（Blaster）"和"霸王虫"蠕虫的双面夹击。"冲击波"首先发起攻击。病毒最早于当年 8 月 11 日被检测出来并迅速传播，两天之内就达到了攻击顶峰。病毒通过网络连接和网络流量传播，利用了 Windows 2000/XP 的一个弱点进行攻击，被激活以后，它会向计算机用户展示一个恶意对话框，提示系统将关闭，如图 5.1 所示。在病毒的可执行文件中隐藏着这些信息："桑，我只想说爱你！"以及"比尔·盖茨，你为什么让这种事情发生？别再敛财了，修补你的软件吧！"。

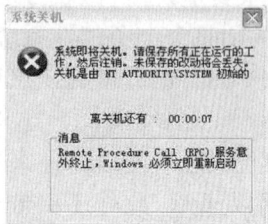

图 5.1　冲击波中毒症状

病毒还包含了可于 4 月 15 日向 Windows 升级网站发起分布式 DoS 攻击的代码。但那时，"冲击波"造成的损害已经过了高峰期，基本上得到了控制。损失估计：数百亿美元。

### 7. 霸王虫

"冲击波"一走，"霸王虫（Sobig.F）"蠕虫便接踵而至，对企业和家庭计算机用户而言，2003 年 8 月可谓悲惨的一个月。最具破坏力的变种是 Sobig.F，它于 8 月 19 日开始迅速传播，在最初的 24 小时之内，自身复制了 100 万次，创下了历史纪录（后来被 Mydoom 病毒打破）。病毒伪装在文件名看似无害的邮件附件之中，被激活之后，这个蠕虫便向用户的本地文件类型中发现的电子邮件地址传播自身，最终结果是造成互联网流量激增。损失估计：50 亿～100 亿美元。

2003 年 9 月 10 日，病毒禁用了自身，从此不再成为威胁。为得到线索，找出 Sobig.F 病毒的始作俑者，微软公司宣布悬赏 25 万美元，但至今为止，这个作恶者也没有被抓到。

### 8．Bagle

Bagle 是一个经典而复杂的蠕虫病毒，2004 年 1 月 18 日首次露面。这个恶意代码采取传统的机制，电子邮件附件感染用户系统，然后彻查视窗文件，寻找到电子邮件地址发送以复制自身。

Bagle 及其 60～100 个变种的真正危险在于，蠕虫感染了一台计算机之后，便在其 TCP 端口开启一个后门，远程用户和应用程序利用这个后门得到受感染系统上的数据（包括金融和个人信息在内的任何数据）访问权限。Bagle.B 变种被设计成在 2004 年 1 月 28 日之后停止传播，但是到目前为止还有大量的其他变种继续困扰用户。损失估计：100 亿～200 亿美元。

### 9．MyDoom

2004 年 1 月 26 日几个小时之间，MyDoom 通过电子邮件在互联网上以史无前例的速度迅速传播，顷刻之间全球都能感受到它所带来的冲击波。它还有一个名称叫做 Norvarg，它传播自身的方式极为迂回曲折：它把自己伪装成一封包含错误信息"邮件处理失败"，看似电子邮件错误信息邮件的附件，单击这个附件，它就被传播到了地址簿中的其他地址。MyDoom 还试图通过 P2P 软件 Kazaa 用户账户的共享文件夹来进行传播。

这个复制进程相当成功，计算机安全专家估计，在受到感染的最初一个小时，每 10 封电子邮件中就有一封携带病毒。MyDoom 病毒程序自身设计成 2004 年 2 月 12 日以后停止传播。损失估计：385 亿美元以上。

### 10．震荡波

"震荡波（Sasser）"自 2004 年 8 月 30 日起开始传播，其破坏能力之大令法国一些新闻机构不得不关闭了卫星通信。它还导致德尔塔航空公司（Delta）取消了数个航班，全球范围内的许多公司不得不关闭了系统。"震荡波"的传播并非通过电子邮件，也不需要用户的交互动作。"震荡波"病毒是利用了未升级的 Windows 2000/XP 系统的一个安全漏洞。一旦成功复制，蠕虫便主动扫描其他未受保护的系统并将自身传播到那里。受感染的系统会不断发生崩溃和不稳定的情况。

"震荡波"是德国一名高中生编写的，他在 18 岁生日那天释放了这个病毒。由于编写这些代码的时候他还是一个未成年人，德国一家法庭认定他从事计算机破坏活动，因此仅被判处 21 个月监禁（缓期执行）及社区服务。损失估计：5 亿～10 亿美元。

### 11．网游大盗

网游大盗出现于 2007 年，是一例专门盗取网络游戏账号和密码的病毒，其变种 wm 是典型品种。英文名为 Trojan/PSW.GamePass.jws 的"网游大盗"变种中，jws 是"网游大盗"木马家族最新变种，采用 Visual C++编写，并经过加壳处理。"网游大盗"变种 jws 运行后会将自我复制到 Windows 目录下，自我注册为 Windows_Down 系统服务，实现开机自启。该病毒会盗取包括"魔兽世界"、"完美世界"、"征途"等多款网游玩家的账户和密码，并且会下载其他病毒到本地运行。玩家计算机一旦中毒，就可能导致游戏账号、装备等丢失。网游大盗在 2007 年轰动一时，网游玩家提心吊胆。损失估计：数千万美元。

# 5.2　网　络　病　毒

网络病毒通过计算机网络传播感染网络中的可执行文件（如 COM、EXE、DOC 等），主要进行游戏等账号的盗取工作，远程操控，或把受控者的计算机当作"肉鸡"使用。

具有开放性的互联网成为计算机病毒广泛传播的有利环境，而互联网本身的安全漏洞为培育新一代病毒提供了绝佳的条件。人们为了让网页更加精彩漂亮、功能更加强大而开发出 Active X 技术和 Java 技术，然而病毒程序的制造者也利用同样的渠道把病毒程序由网络渗透到个人计算机中。这就是近几年崛起的第二代病毒，即所谓的"网络病毒"。可以说："网络是病毒的天堂"。

2000 年出现的"罗密欧与朱丽叶"病毒是一个典型的网络病毒，它改写了病毒的历史。在当时，人们还以为病毒技术的发展速度不会太快，然而"罗密欧与朱丽叶"病毒彻底击碎了人们的侥幸心理。"罗密欧与朱丽叶"病毒具有邮件病毒的所有特性，但它不再藏身于电子邮件的附件中，而是直接存在于邮件正文中，一旦计算机用户用 Outlook 打开邮件进行阅读，病毒就会立即发作，并将复制出的新病毒通过邮件发送给其他人，计算机用户几乎无法躲避。

网络病毒的出现似乎拓展了病毒制造者们的思路，在随后的时间里，千奇百怪的网络病毒孕育而生。这些病毒具有更强的繁殖能力和破坏能力，它们不再局限于电子邮件之中，而是直接植入 Web 服务器的网页代码中，当计算机用户浏览了带有病毒的网页之后，系统就会被感染，随即崩溃。当然，这些病毒也不会放过自己寄生的服务器，在适当的时候病毒会与服务器系统同归于尽。

公安部国家计算机病毒应急处理中心、计算机病毒防治产品检验中心联合发布了"2008 年我国信息网络安全状况暨计算机病毒疫情调查报告"。调查结果显示，我国信息网络安全事件发生比例继前三年连续增长后，今年略有下降，信息网络安全事件发生比例为 62.7%，比去年下降了 3%；计算机病毒感染率也出现下降，为 85.5%，比去年减少了 6%。奥运期间，全国互联网安全状况基本平稳，未出现重大网络安全事件。

近年来病毒功能越来越强大，不仅拥有蠕虫病毒传播速度和破坏能力，还具有木马的控制计算机和盗窃重要信息的功能。2000 年以来，病毒制造者为了获得经济利益，纷纷开始制作各类木马，一时间网上木马横行。

2006 年"熊猫烧香"这一复合型病毒的出现改变了病毒制造者的想法。利用蠕虫的传播能力和多种传播渠道，可以更快更多地帮助木马传播，从而攫取更大的非法经济效益。因此，"熊猫烧香"病毒在几个月的时间里感染了大量机器，给被感染的用户带来重大损失。

据悉，通过对 2007 年十大病毒的统计，结果显示 2006 年十大病毒的一半还在 2007 年十大病毒的列表中，并且"木马代理"继 2006 年之后，再度成为 2007 年的最流行病毒。2007 年十大病毒排行榜分别为木马代理、网游大盗、艾妮、熊猫烧香、梅勒斯、Delf（德芙）、灰鸽子、Small 及其变种、QQ 木马、传奇木马。2008 年十大病毒排行榜分别为网游大盗、AutoRun、JS.Agent、Delf、AV 终结者、灰鸽子、Small 及其变种、JS.RealPlr、JS.Psyme、HTML.Iframe。

自 2001 年开始病毒疫情调查工作以来，没有出现过同一种病毒连续两年成为十大病毒榜首的情况，而 2006 年到 2008 年的数据中木马代理、网游大盗连续出现，这也表明木马具有强大的生存能力。十大病毒与盗取密码有关的病毒还有网游大盗、艾妮、熊猫烧香、梅勒斯、QQ 木马、传奇木马和灰鸽子，它们都具有窃取用户的游戏账号和密码的功能。

## 5.2.1 木马病毒的概念

特洛伊木马（Trojan Horse，简称木马），其名称取自希腊神话的特洛伊木马记。故事说的是希腊人围攻特洛伊城 10 年后仍不能得手，于是阿迦门农受雅典娜的启发：把士兵藏匿于巨大无比的木马中，然后佯作退兵。当特洛伊人将木马作为战利品拖入城内时，高大的木马正好卡在城门间，进退两难。夜晚木马内的士兵爬出来，与城外的部队里应外合而攻下了特洛伊城。计算机世界的特洛伊木马是指隐藏在正常程序中的一段具有特殊功能的恶意代码，是具备破坏和删除文件、发送密码、记录键盘和 DoS 攻击等特殊功能的后门程序。它是一种基于远程控制的黑客工具，具有隐蔽性和非授权性的特点。木马病毒的产生严重危害着现代网络的安全运行。

所谓隐蔽性是指木马的设计者为了防止木马被发现，会采用多种手段隐藏木马，这样服务端即使发现感染了木马，由于不能确定其具体位置，往往只能望"马"兴叹。

所谓非授权性是指一旦控制端与服务端连接后，控制端将享有服务端的大部分操作权限，包括修改文件，修改注册表，控制鼠标、键盘等，这些权力并不是服务端赋予的，而是通过木马程序窃取的。

木马和病毒都是一种人为的程序，都属于计算机病毒，为什么木马要单独提出来说？大家都知道，以前的计算机病毒其实完全就是为了搞破坏，破坏计算机里的资料数据。除了破坏之外，有些病毒制造者为了达到某些目的而进行的威慑和敲诈勒索的行为，就是为了炫耀自己的技术。木马不一样，木马的作用是赤裸裸地偷偷监视别人和盗窃别人密码、数据等。例如，盗窃管理员密码、子网密码搞破坏，或者好玩，偷窃上网密码用于它用，游戏账号、股票账号、网上银行账户等，达到偷窥别人隐私和得到经济利益的目的。所以木马比早期的计算机病毒更加有害，更能够直接达到使用者的目的，导致许多别有用心的程序开发者大量编写这类带有偷窃和监视别人计算机的侵入性程序，这就是目前网上大量木马泛滥成灾的原因。鉴于木马的这些巨大危害性和它与早期病毒的作用性质不一样，因此木马虽然属于病毒中的一类，但是要单独地从病毒类型中间剥离出来，称为"木马"程序。

"木马"程序是指通过一段特定的程序来控制另一台计算机。木马通常有两个可执行程序：一个是客户端，即控制端；另一个是服务端，即被控制端。植入被控制计算机的是"服务器"部分，而所谓的"黑客"正是利用"控制器"进入运行了"服务器"的计算机。运行了木马程序的"服务器"以后，被植入的计算机就会有一个或几个端口被打开，使黑客可以利用这些打开的端口进入计算机系统，安全和个人隐私也就全无保障了。木马的设计者为了防止木马被发现而采用多种手段隐藏木马。木马的服务一旦运行并被控制端连接，其控制端将享有服务端的大部分操作权限，例如给计算机增加口令，浏览、移动、复制、删除文件，修改注册表，更改计算机配置等。随着病毒编写技术的发展，木马程序对用户的威胁越来越大，尤其是一些木马程序采用了极其狡猾的手段来隐蔽自己，使普通用户很难在中毒后发觉。

木马的发展可以分为以下几个阶段：

**1. 第一代木马：伪装型病毒**

这种病毒通过伪装成一个合法性程序诱骗用户上当。世界上第一个计算机木马是出现在 1986 年的 PC-Write 木马。它伪装成共享软件 PC-Write 的 2.72 版本（事实上，编写 PC-Write 的 Quicksoft 公司从未发行过 2.72 版本），一旦用户信以为真，运行该木马程序，那么他的下场就是硬盘被格式化。有人用 BASIC 作了一个登录界面木马程序，当用户把他的用户 ID、密码输入一个和正常的登录界面一模一样的伪登录界面后，木马程序一面保存用户的 ID 和密码，一面提示用户密码错误让用户重新输入，当用户第二次登录时，就已成了木马的牺牲品。此时的第一代木马还不具备传染特征。

**2. 第二代木马：AIDS 型木马**

继 PC-Write 之后，1989 年出现了 AIDS 木马。由于当时很少有人使用电子邮件，因此 AIDS 的作者就利用现实生活中的邮件进行散播：给其他人寄去一封封含有木马程序软盘的邮件。之所以叫这个名称是因为软盘中包含有 AIDS 和 HIV 疾病的药品、价格、预防措施等相关信息。软盘中的木马程序在运行后，虽然不会破坏数据，但是它将硬盘加密锁死，然后提示受感染用户花钱消灾。可以说第二代木马已具备了传播特征（尽管通过传统的邮递方式）。

**3. 第三代木马：网络传播性木马**

随着 Internet 的普及，这一代木马兼备伪装和传播两种特征并结合 TCP/IP 网络技术四处泛滥。同时它还添加了新的特征——"后门"功能。所谓后门就是一种可以为计算机系统秘密开启访问入口的程序。一旦被安装，这些程序就能够使攻击者绕过安全程序进入系统。该功能的目的就是收集系统中的重要信息，例如财务报告、口令及信用卡号。此外，攻击者还可以利用后门控制系统，使之成为攻击其他计算机的帮凶。由于后门是隐藏在系统背后运行的，因此很难被检测到。它们不像病毒和蠕虫那样通过消耗内存而引起注意。图 5.2 为 QQ 软件中木马病毒时的现象。

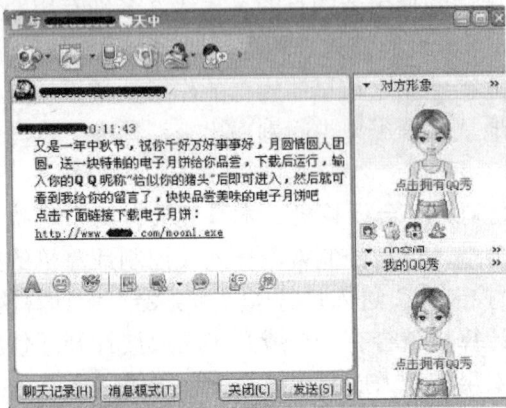

图 5.2  QQ 软件中木马病毒时的现象

添加了击键记录功能。从名称上就可以知道，该功能主要是记录用户所有的击键内容，然后形成击键记录的日志文件发送给恶意用户。恶意用户可以从中找到用户名、口令及信用卡号等用户信息。这一代木马比较有名的有国外的 BO2000 和国内的冰河木马。它们有如下共同特点：基于网络的客户端/服务器应用程序，具有搜集信息、执行系统命令、重新设置机器、重新定向等功能。当木马程序攻击得手后，计算机就完全成为黑客控制的傀儡主机，黑客成了超级用户，用户的所有计算机操作不但没有任何秘密而言，而且黑客可以远程控制傀儡主机对别的主机发动攻击，这时候被俘获的傀儡主机成了黑客进行进一步攻击的挡箭牌和跳板。

**4．网页挂马**

网页挂马指的是把一个木马程序上传到一个网站上，然后用木马生成器生成一个木马，再上传到网站空间里面，再添加代码使得木马在打开网页时运行。

网页挂马常见方式主要有以下几种：

（1）将木马伪装为页面元素。木马则会被浏览器自动下载到本地。

（2）利用脚本运行的漏洞下载木马。

（3）利用脚本运行的漏洞释放隐含在网页脚本中的木马。

（4）将木马伪装为缺失的组件，或和缺失的组件捆绑在一起（如 flash 播放插件）。这样既达到了下载的目的，下载的组件又会被浏览器自动执行。

（5）通过脚本运行调用某些 com 组件，利用其漏洞下载木马。

（6）在渲染页面内容的过程中利用格式溢出释放木马（如 ani 格式溢出漏洞）。

（7）在渲染页面内容的过程中利用格式溢出下载木马（如 flash9.0.115 的播放漏洞）。

虽然木马程序手段越来越隐蔽，只要加强个人安全防范意识，还是可以大大降低"中招"的几率。对此有如下建议：安装个人防病毒软件、个人防火墙软件；及时安装系统补丁；对不明来历的电子邮件和插件不予理睬；经常去安全网站转一转，以便及时了解一些新木马的底细，做到知己知彼，百战不殆。

## 5.2.2　木马的种类

**1．网游木马**

随着网络在线游戏的普及和升温，中国拥有规模庞大的网游玩家。网络游戏中的金钱、装备等虚拟财富与现实财富之间的界限越来越模糊。与此同时，以盗取网游账号密码为目的的木马病毒也随之发展泛滥起来。网络游戏木马通常采用记录用户键盘输入、Hook 游戏进程 API 函数等方法获取用户的密码和账号。窃取到的信息一般通过发送电子邮件或向远程脚本程序提交的方式发送给木马作者。

网络游戏木马的种类和数量在国产木马病毒中都首屈一指。流行的网络游戏无一不受网游木马的威胁。一款新游戏正式发布后，往往在一到两个星期内就会有相应的木马程序被制作出来。大量的木马生成器和黑客网站的公开销售也是网游木马泛滥的原因之一。

**2．网银木马**

网银木马是针对网上交易系统编写的木马病毒，其目的是盗取用户的卡号、密码，甚至安全证书。此类木马种类数量虽然比不上网游木马，但它的危害更加直接，受害用户的损失更加惨重。

网银木马通常针对性较强，木马作者可能首先对某银行的网上交易系统进行仔细分析，然后针对安全薄弱环节编写病毒程序。2013 年，安全软件计算机管家截获网银木马最新变种"弼马温"，弼马温病毒能够毫无痕迹的修改支付界面，使用户根本无法察觉。通过不良网站提供假 QVOD 下载地址进行广泛传播，当用户下载这一挂马播放器文件安装后就会中木马，该病毒运行后即开始监视用户网络交易，屏蔽余额支付和快捷支付，强制用户使用网银，并借机篡改订单，盗取财产。随着中国网上交易的普及，受到外来网银木马威胁的用户也在不断增加。

### 3. 下载器木马

这种木马程序的体积一般很小，其功能是从网络上下载其他病毒程序或安装广告软件。由于体积很小，下载器木马更容易传播，传播速度也更快。通常功能强大、体积也很大的后门类病毒，如"灰鸽子"、"黑洞"等传播时都单独编写一个小巧的下载型木马，用户中毒后会把后门主程序下载到本机运行。

### 4. 代理类木马

用户感染此类木马程序后，会在本机开启 HTTP、SOCKS 等代理服务功能。黑客把受感染计算机作为跳板，以被感染用户的身份进行黑客活动，达到隐藏自己的目的。

### 5. FTP 木马

FTP 型木马打开被控制计算机的 21 号端口（FTP 所使用的默认端口），使每一个人都可以用一个 FTP 客户端程序来不用密码连接到受控制端计算机，并且可以进行最高权限的上传和下载，窃取受害者的机密文件。新 FTP 木马还加上了密码功能，这样，只有攻击者本人才知道正确的密码，从而进入对方计算机。

### 6. 通信软件类木马

此类木马可以感染即时通信软件，而国内即时通信软件百花齐放。QQ、新浪 UC、网易泡泡、盛大圈圈……网上聊天的用户群十分庞大。常见的此类木马一般有三种：

（1）发送消息型。

通过即时通信软件自动发送含有恶意网址的消息，目的在于让收到消息的用户点击网址中毒，用户中毒后又会向更多好友发送病毒消息。此类病毒常用技术是搜索聊天窗口，进而控制该窗口自动发送文本内容。发送消息型木马常常充当网游木马的广告，如"武汉男生 2005"木马，可以通过 MSN、QQ、UC 等多种聊天软件发送带毒网址，其主要功能是盗取传奇游戏的账号和密码。

（2）盗号型。

主要目标在于即时通信软件的登录账号和密码。工作原理和网游木马类似。病毒作者盗得他人账号后，可能偷窥聊天记录等隐私内容，在各种通信软件内向好友发送不良信息、广告推销等语句，或将账号卖掉赚取利润。

（3）传播自身型。

2005 年年初，"MSN 性感鸡"等通过 MSN 传播的蠕虫泛滥了一阵之后，MSN 推出新版本，禁止用户传送可执行文件。2005 年上半年，"QQ 龟"和"QQ 爱虫"这两个国产病毒通过 QQ 聊天软件发送自身进行传播，感染用户数量极大，在江民公司统计的 2005 年上半年十大病毒排行榜上分列第一名和第四名。从技术角度分析，发送文件类的 QQ 蠕虫是以前发送消息类 QQ 木马的进化，采用的基本技术都是搜寻到聊天窗口后，对聊天窗口进行控制来达到发送文件或消息的目的，只不过发送文件的操作比发送消息复杂很多。

### 7. 网页点击类木马

此类木马会恶意模拟用户点击广告等动作，在短时间内可以产生数以万计的点击量。病毒作者的编写目的一般是为了赚取高额的广告推广费用。此类病毒的技术简单，一般只是向服务器发送 HTTP GET 请求。

### 5.2.3  木马病毒案例

木马病毒在互联网时代让无数网民深受其害。无论是"网购"、"网银"还是"网游"的账户密码，只要与钱有关的网络交易都是当下木马攻击的重灾区，用户稍有不慎极有可能遭受重大钱财损失甚至隐私被窃。下面列举一些比较典型的案例。

**1. "支付大盗"花钱上百度首页**

2012年12月6日，一款名为"支付大盗"的新型网购木马被发现。木马网站利用百度排名机制伪装为"阿里旺旺官网"，诱骗网友下载运行木马，再暗中劫持受害者网上支付资金，把付款对象篡改为黑客账户。

**2. "新鬼影"借《江南Style》疯传**

火遍全球的《江南Style》很不幸被一种名为"新鬼影"的木马盯上了。只要下载打开《江南Style》相关视频文件，浏览器主页就被篡改为陌生网址导航。此木马主要寄生在硬盘MBR（主引导扇区）中，如果用户计算机没有开启安全软件防护，中招后无论重装系统还是格式化硬盘，都无法将其彻底清除干净。

**3. "图片大盗"最爱私密照**

绝大多数网民都有一个困惑，为什么自己计算机中的私密照会莫名其妙的出现在网上。"图片大盗"木马运行后会全盘扫描搜集JPG、PNG格式图片，并筛选大小在100KB～2MB之间的文件，暗中将其发送到黑客服务器上，对受害者隐私造成严重危害。

**4. "浮云"木马震惊全国**

盗取网民钱财高达千万元的"浮云"成为了2012年度震惊全国的木马。首先诱骗网民支付一笔小额假订单，却在后台执行另外一个高额订单，用户确认后，高额转账资金就会进入黑客的账户。该木马可以对20多家银行的网上交易系统实施盗窃。

**5. "黏虫"木马专盗QQ**

"QQ黏虫"在2011年度就被业界评为十大高危木马之一，2012年该木马变种卷土重来，伪装成QQ登录框窃取用户QQ账号及密码。值得警惕的是，不法分子盗窃QQ后，除了窃取账号关联的虚拟财产外，还有可能假冒身份向被害者的亲友借钱。

**6. "怪鱼"木马袭击微博**

2012年"十一"长假刚刚结束，一种名为"怪鱼"的新型木马开始肆虐网络。该木马充分利用了新兴的社交网络，在中招计算机上自动登录受害者微博账号，发布虚假中奖等钓鱼网站链接，绝对是2012年最具欺骗性的钓鱼攻击方式。

**7. "打印机木马"疯狂消耗纸张**

2012年6月，号称史上最不环保的"打印机木马（Trojan.Milicenso）"现身，美国、印度、北欧等地区大批企业计算机中招，导致数千台打印机疯狂打印毫无意义的内容，直到耗完纸张或强行关闭打印机才会停止。

**8. "网银刺客"木马暗算多家网银**

2012年，"3·15"期间大名鼎鼎的"网银刺客"木马开始大规模爆发，该木马恶意利用某截图软件，把正当合法软件作为自身保护伞，从而避开了不少杀毒软件的监控。运行后会暗中劫持网银支付资金，影响十余家主流网上银行。

### 9. "遥控弹窗机"木马爱上偷菜

"遥控弹窗机"是一款伪装成"QQ农牧餐大师"等游戏外挂的恶意木马，运行后会劫持正常的QQ弹窗，不断弹出大量低俗页面及网购钓鱼弹窗，并暗中与黑客服务器连接，随时获取更新指令，使受害者面临网络账号被盗、个人隐私泄露的危险。

### 10. "Q币木马"元旦来袭

新年历来是木马病毒活跃的高峰期，2012年元旦爆发的"Q币木马"令不少网民深受其害。该木马伪造"元旦五折充值Q币"的虚假QQ弹窗，诱骗中招用户在Q币充值页面上进行支付，充值对象则被木马篡改为黑客的QQ号码，相当于掏钱替黑客买Q币。

### 11. "修改中奖号码"

2009年6月，深圳一起涉及3305万元的福利彩票诈骗案成了社会关注的焦点。深圳市某技术公司软件开发工程师程某，利用在深圳福彩中心实施技术合作项目的机会，通过木马程序攻击了存储福彩信息的数据库，并进一步进行了篡改彩票中奖数据的恶意行为，以期达到其牟取非法利益的目的。

## 5.2.4　木马病毒的防治

### 1. 防范木马攻击的主要措施

（1）运行反木马实时监控程序。

我们在上网时必须运行反木马实时监控程序，实时监控程序可即时显示当前所有运行程序并配有相关的详细描述信息。另外，也可以采用一些专业的最新杀毒软件、个人防火墙进行监控。

（2）不要执行任何来历不明的软件。

对于网上下载的软件在安装、使用前一定要用反病毒软件进行检查，最好是专门查杀木马程序的软件，确定没有木马程序后再执行、使用。

（3）不要轻易打开不熟悉的邮件。

现在，很多木马程序附加在邮件的附件之中，收邮件者一旦点击附件，它就会立即运行。所以千万不要打开那些不熟悉的邮件，特别是标题有点乱的邮件，这些邮件往往就是木马的携带者。

（4）不要轻信他人。

不要因为是我们的好朋友发来的软件就运行，因为不能确保他的计算机上就不会有木马程序。当然，好朋友故意欺骗你的可能性不大，但也许他中了木马程序自己还不知道呢。况且今天的互联网到处充满了危机，也不能保证这一定是好朋友发给我们的，也许是别人冒名给我们发的文件，或者就是木马程序本身发来的。例如，最常见的QQ尾巴病毒，经常会冒充主人给好友发来附件。

（5）不要随意下载软件。

不要随便在网上下载一些盗版软件，特别是一些不可靠的FTP站点、公众新闻组、论坛或BBS，因为这些地方正是新木马发布的首选之地。

（6）将Windows资源管理器配置成始终显示扩展名。

因为一些扩展名为VBS、SHS、PIF的文件多为木马程序的特征文件，一经发现要立即删除，千万不要打开。

（7）尽量少用共享文件夹。

如果计算机连接在互联网或局域网上，要少用、尽量不用共享文件夹。如果因工作等其他原因必须设置成共享，则最好单独开一个共享文件夹，把所有需共享的文件都放在这个共享文件夹中。注意，千万不能把系统目录设置成共享。

（8）隐藏 IP 地址。

这一点非常重要。在上网时，最好用一些工具软件隐藏自己计算机的 IP 地址。

前面讲了防范木马程序攻击的 8 个方法，似乎已经很安全了。但是，我们知道的方法，木马程序设计者自然也会知道，他们会想尽一切办法，尽量避免被我们预防到。

**2．木马病毒的检测**

如果怀疑自己的计算机上被别人安装了木马，或者是中了病毒，就要进行相应的检测与查杀了，可以按照以下步骤来进行。

（1）检测网络连接。

可以使用 Windows 自带的网络命令来看看谁在连接你的计算机。

具体的命令格式是 netstat　-an，这个命令能看到所有和本地计算机建立连接的 IP，它包含 4 个部分——Proto（连接方式）、Local Address（本地连接地址）、Foreign Address（和本地建立连接的地址）和 State（当前端口状态）。通过这个命令的详细信息，就可以完全监控计算机上的连接，从而达到控制计算机的目的。

（2）禁用不明服务。

如果在某天系统重新启动后发现计算机速度变慢了，不管怎么优化都慢，用杀毒软件也查不出问题，这个时候很可能是别人通过入侵你的计算机后开放了某种特别的服务，如 IIS 信息服务等，这样杀毒软件是查不出来的。但是可以通过 net start 来查看系统中究竟有什么服务在开启，如果发现了不是自己开放的服务，就可以有针对性地禁用这个服务。方法就是在命令窗口中直接输入 net start 来查看服务，再用 net stop server 来禁止服务。

（3）轻松检查账户。

很长一段时间，恶意的攻击者非常喜欢使用克隆账号的方法来控制计算机。采用的方法就是激活一个系统中的默认账户，但这个账户是不经常用的，然后使用工具把这个账户提升到管理员权限，从表面上看来这个账户还是和原来一样，但是这个克隆的账户却是系统中最大的安全隐患。恶意的攻击者可以通过这个账户任意地控制计算机。

为了避免这种情况，可以对账户进行检测。首先在命令行下输入 net user，查看计算机上有些什么用户，然后再使用"net user 用户名"查看这个用户是属于什么权限的，一般除了 Administrator 是 administrators 组的外，其他都不是，如果发现一个系统内置的用户是属于 administrators 组的，那几乎肯定被入侵了，而且别人在计算机上克隆了账户。可以使用"net user 用户名/del"来删掉这个用户。

对于没有联网的客户端，当其联网之后也会在第一时间内收到更新信息将病毒特征库更新到最新版本。不仅省去了用户手动更新的烦琐过程，也使用户的计算机时刻处于最佳的保护环境之下。

（4）对比系统服务项。

首先选择"开始"→"运行"命令，在打开的对话框中输入 msconfig.exe 后按 Enter 键，打开系统配置实用程序，然后在"服务"选项卡中勾选"隐藏所有 Microsoft 服务"复选框，这时列表中显示的服务项都是非系统程序。

再选择"开始"→"运行"命令，在打开的对话框中输入 Services.msc 后按 Enter 键，打开系统服务管理，对比两张表，在该"服务列表"中可以逐一找出刚才显示的非系统服务项。

然后在"系统服务"管理界面中找到那些服务后双击打开，在"常规"选项卡中的可执行文件路径中可以看到服务的可执行文件位置，一般正常安装的程序，如杀毒、MSN、防火墙等都会建立自己的系统服务，不在系统目录下，如果有第三方服务指向的路径是在系统目录下，那么它就是"木马"。选中它，选择表中的"禁止"，重新启动计算机即可。

**3．木马病毒的查杀**

木马的查杀可以采用手动和自动两种方式。最简单的方式是安装杀毒软件，当今国内很多杀毒软件像 360、瑞星、金山毒霸等都能删除网络中最猖獗的木马。用杀毒软件时的步骤如下：

（1）升级杀毒软件到最新版本，保证病毒库是最新的。

（2）对于局域网内部用户，在杀毒之前请断掉网络。

（3）重启计算机，开机后按 F8 键，再按 Enter 键，进到"安全模式"里进行杀毒。在 Windows 下杀毒会有些不放心，因为它们极有可能会交叉感染。而一些杀毒程序又无法在 DOS 下运行，这时可以把系统启动至安全模式，使 Windows 只加载最基本的驱动程序，这样杀起病毒来就更彻底、更干净了。

（4）杀毒之前确认扫描选项中的"杀毒前备份染毒文件"、"在杀毒前先扫描内存中的病毒"被选中，不要选中"染毒文件清除失败后删除此文件"选项。因为经验证明，很多病毒都是内存驻留型，备份染毒文件是因为没有哪个杀毒软件能保证杀过毒之后的文件 100%能够正常使用。

（5）碰到病毒已经清除，但系统重新启动又出现中毒情况的，请确认所在网络无毒，然后制作 USB 启动盘在 Windows PE 环境下查杀。如果网络中毒，请联系网络管理员，断网杀毒（Windows PE 是在 Windows 内核上构建的具有有限服务的最小 Win32 子系统，可以方便地从网络文件服务器上复制磁盘映像并启动 Windows 安装程序）。

（6）如果经过以上步骤后还能发现木马病毒，就需要到网上查找是否有相关病毒的专用杀毒工具了。专用杀毒工具杀毒精确性相对较高，因此推荐在条件许可的情况下使用专用杀毒工具。

**4．木马病毒的手工查杀**

用杀毒软件相对简单方便，但杀毒软件的升级通常慢于新木马的出现，因此学会手工查杀很有必要。常用方法有：

（1）检查注册表。从"开始"菜单运行 regedit，打开注册表编辑器，注意在检查注册表之前要先给注册表备份。HKEY_LOCAL_MACHINE\Software\Microsoft\Windows\Current Version\Run 和 HKEY_LOCAL_MACHINE\Software\Microsoft\Windows\CurrentVersion\Runserveice，查看键值中有没有自己不熟悉的自启动文件，它的扩展名一般为 EXE，然后记住木马程序的文件名，再在整个注册表中搜索，凡是看到一样的文件名的键值就删除，接着到计算机中找到木马文件的藏身地将其彻底删除。

（2）检查 HKEY_LOCAL_MACHINE 和 HKEY_CURRENT_USER\SOFTWARE\Microsoft\

Internet Explorer\Main 中的几项（如 Local Page），如果发现键值被修改了，只要根据判断改回去即可。恶意代码（如"万花谷"）就经常修改这几项。

（3）检查 HKEY_CLASSES_ROOT\inifile\shell\open\command 和 HKEY_CLASSES_ROOT\txtfile\shell\open\command 等几个常用文件类型的默认打开程序是否被更改，若有更改一定要改回来，很多病毒就是通过修改 txt 和 ini 等的默认打开程序而清除不了。

（4）检查系统配置文件。从"开始"菜单运行 msconfig，打开系统配置实用程序。检查 win.ini 文件（在 C:\windows 下），在 WINDOWS 下面 run= 和 load= 是加载木马程序的一种途径。一般情况下，在它们的等号后面什么都没有，如果发现后面跟着不熟悉的启动程序，那个程序就是木马程序。

（5）检查 system.ini 文件（在 C:\windows 下），在 BOOT 下面有一个 "shell=文件名"。正确的文件名应该是 explorer.exe，如果是 "shell=explorer.exe 程序名"，那么后面跟着的那个程序也是木马程序。不管出现以上哪种情况，先将程序名删除，然后再在硬盘上找到这个程序进行删除。

### 5.2.5　蠕虫病毒的概念

"蠕虫"这个生物学名词于 1982 年由 Xerox PARC 的 John F.Shoeh 等人最早引入计算机领域，并给出了计算机蠕虫的两个最基本的特征："可以从一台计算机移动到另一台计算机"和"可以自我复制"。最初，他们编写蠕虫的目的是做分布式计算的模型试验。1988年 Morris 蠕虫爆发后，Eugene H.Spafford 为了区分蠕虫和病毒，给出了蠕虫的技术角度的定义："计算机蠕虫可以独立运行，并能把自身的一个包含所有功能的版本传播到另外的计算机上"。计算机蠕虫和计算机病毒都具有传染性和复制功能，这两个主要特性上的一致导致二者之间是非常难区分的。近年来，越来越多的病毒采取了蠕虫技术来达到其在网络上迅速感染的目的。因而，"蠕虫"本身只是"计算机病毒"利用的一种技术手段。

蠕虫病毒的传染机理是利用网络进行复制和传播，传染途径是通过网络、电子邮件及 U 盘、移动硬盘等移动存储设备。例如，2006 年年底的"熊猫烧香"病毒就是蠕虫病毒的一种。蠕虫程序主要利用系统漏洞进行传播。它通过网络、电子邮件和其他的传播方式，像生物蠕虫一样从一台计算机传染到另一台计算机。因为蠕虫使用多种方式进行传播，所以蠕虫程序的传播速度是非常快的。

蠕虫病毒侵入一台计算机后，首先获取其他计算机的 IP 地址，然后将自身副本发送给这些计算机。蠕虫病毒也使用存储在染毒计算机上的邮件客户端地址簿里的地址来传播程序。虽然有的蠕虫程序也在被感染的计算机中生成文件，但一般情况下，蠕虫程序只占用内存资源而不占用其他资源。

蠕虫病毒也是一种病毒，因此具有病毒的共同特征。一般的病毒是需要寄生的，它可以通过自己指令的执行，将自己的指令代码写到其他程序的体内，而被感染的文件被称为"宿主"。例如，Windows 下可执行文件的格式为 PE 格式，需要感染 PE 文件时，首先在宿主程序中建立一个新段，将病毒代码写到新段中，修改程序入口点等，这样，宿主程序执行的时候就可以先执行病毒程序，病毒程序运行完之后，再把控制权交给宿主原来的程序指令。可见，病毒主要是感染文件，当然也有像 DIRII 这种链接型病毒，还有引导区病毒。引导区病毒是感染磁盘的引导区，如果是软盘、U 盘、移动硬盘等被感染，其受感染的盘在其他机器上使用后，同样也会感染其他机器，所以传播方式也可以是移动存储设备。

蠕虫一般不采取利用 PE 格式插入文件的方法，而是复制自身在互联网环境下进行传播，病毒的传染能力主要是针对计算机内的文件系统而言，而蠕虫病毒的传染目标是互联网内的所有计算机。局域网条件下的共享文件夹、电子邮件、网络中的恶意网页、大量存在着漏洞的服务器等都成为蠕虫传播的良好途径。网络的发展也使得蠕虫病毒可以在几个小时内蔓延全球，而且蠕虫的主动攻击性和突然爆发性将使得人们手足无措。

**1．蠕虫病毒的组成**

蠕虫病毒由两部分组成：一个主程序和一个引导程序。主程序一旦在计算机上建立就会去收集与当前计算机联网的其他计算机的信息。它能通过读取公共配置文件并运行显示当前网上联机状态信息的系统实用程序而做到这一点。随后，它尝试利用前面所描述的那些缺陷在这些远程计算机上建立其引导程序。

蠕虫病毒程序常驻于一台或多台计算机中，并有自动重新定位的能力。如果它检测到网络中的某台计算机未被占用，它就把自身的一个备份（一个程序段）发送给那台计算机。每个程序段都能把自身的备份重新定位于另一台计算机中，并且能识别它占用的那台计算机。

**2．蠕虫病毒的特征**

蠕虫病毒的一般特征如下：

（1）独立个体，单独运行。

（2）大部分利用操作系统和应用程序的漏洞主动进行攻击。

（3）传播方式多样。

（4）造成网络拥塞，消耗系统资源。

（5）制作技术与传统的病毒不同，与黑客技术相结合。

蠕虫病毒的行为特征主要包括主动攻击、行踪隐蔽、利用系统和网络应用服务漏洞、造成网络拥塞、降低系统性能、产生安全隐患、反复性、破坏性等。

**3．蠕虫病毒的分类**

根据攻击对象不同可分为两类：一类是面向企业用户和局域网的，这类利用系统漏洞主动进行攻击，可以使得整个因特网瘫痪，主要以"红色代码"和"SQL 蠕虫王"为代表；另一类是针对个人用户的，通过网络迅速传播的蠕虫病毒，以"爱虫"病毒和"求职信"病毒为代表。

**4．传播过程**

（1）扫描。由蠕虫的扫描功能模块负责探测存在漏洞的主机。

（2）攻击。攻击模块按漏洞攻击步骤自动攻击找到的对象，取得该主机的权限（一般为管理员权限），获得一个 shell。

（3）现场处理。进入被感染的系统后，要做现场处理工作，现场处理部分工作主要包括隐藏、信息搜集等。

（4）复制。复制模块通过原主机和新主机的交互将蠕虫程序复制到新主机并启动。

## 5.2.6 蠕虫病毒案例

**1．"熊猫烧香"病毒**

"熊猫烧香"是一个由 Delphi 工具编写的蠕虫，终止大量的反病毒软件和防火墙软件进程。病毒会删除扩展名为 GHO 的文件，使用户无法使用 ghost 软件恢复操作系统。"熊猫烧香"感染系统的 EXE、COM、PIF、SRC、HTML、ASP 文件，添加病毒网址，导致用户一打开这些网页文件，IE 就会自动连接到指定的病毒网址中下载病毒。在硬盘各个分区下生成文件 autorun.inf 和 setup.exe，可以通过 U 盘和移动硬盘等方式进行传播，并且利用 Windows 系统的自动播放功能来运行，搜索硬盘中的 EXE 可执行文件并感染，感染后的文件图标变成"熊猫烧香"图案，如图 5.3 所示。"熊猫烧香"还可以通过共享文件夹、系统弱口令等多种方式进行传播。

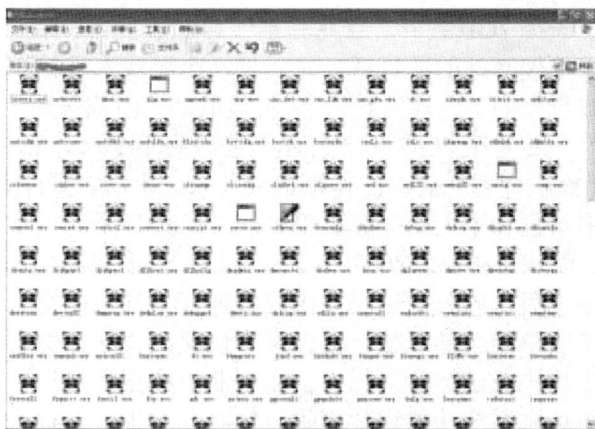

图 5.3　感染"熊猫烧香"病毒现象

据瑞星反病毒专家介绍，"熊猫烧香"其实是"尼姆亚"病毒的新变种，最早出现在 2006 年的 11 月，由于它一直在不停地进行变种，而且该病毒会将中毒计算机中所有的网页文件尾部添加病毒代码，因此一旦一些网站编辑人员的计算机被该病毒感染，网站编辑在上传网页到网站后，就会导致所有浏览该网页的计算机用户也被感染上该病毒。

同时，金山毒霸反病毒中心表示，"熊猫烧香"除了通过网站带毒感染用户之外，还会通过 QQ 最新漏洞传播，通过网络文件共享、默认共享、系统弱口令、U 盘及移动硬盘等多种途径传播。而局域网中只要有一台计算机感染，就可以瞬间传遍整个网络，甚至在极短时间之内就可以感染几千台计算机，严重时可以导致网络瘫痪。中毒症状表现为计算机中所有可执行的 EXE 文件都变成了一种怪异的图案，该图案显示为"熊猫烧香"，继而系统蓝屏、频繁重启、硬盘数据被破坏等，严重的整个公司局域网内所有计算机全部中毒。

对此，江民公司的反病毒专家分析认为：目前存在三大原因导致病毒快速传播。一是大量的企业用户使用国外杀毒软件，而国外杀毒软件对于此类国产病毒响应速度特别慢。二是由于被种植"熊猫烧香"病毒网站的点击量的全球排名均在前 300 名之列，而当一部分网站编辑本身计算机感染了病毒之后，当他们把受感染文件上传到服务器后，访问者点击此类受感染网页即中毒，因此该病毒才会得以迅速传播。三是其病毒具有极强的变种能力，仅从 2006 年 11 月至年底短短一个多月的时间，该病毒就变种将近三十余次，因此在许多用户疏于防范而没有更新杀毒软件时，该病毒即可借机迅速传播。

下面简单叙述一下"熊猫烧香"的案件过程。李俊于 2006 年 10 月开始制作计算机病毒"熊猫烧香"，并请雷磊对该病毒提修改建议。雷磊认为，该病毒会修改被感染文件的图标，且没有隐藏病毒进程，容易被发现，建议李俊从这两个方面对该病毒进行修改。李俊

病毒技术

按照雷磊的建议修改了"熊猫烧香"病毒，由于其技术方面的原因而使修改后的病毒虽然能不改变别人的图标，但会使别人的图标变花、变模糊，隐藏病毒进程问题也没有解决。2007年1月，雷磊亲自对该病毒进行修改，也未能解决上述两个问题。2006年11月中旬，李俊在互联网上叫卖该病毒，同时也请王磊及其他网友帮助出售该病毒。随着病毒的出售和赠送给网友，"熊猫烧香"病毒迅速在互联网上传播，由此导致自动链接李俊个人网站www.krvkr.com的流量大幅上升。王磊得知此情形后，主动提出为李俊卖"流量"，并联系被告人张顺购买李俊网站的"流量"，所得收入由王磊和李俊平分。为了提高访问李俊网站的速度，减少网络拥堵，王磊和李俊商量后，由王磊化名董磊为李俊的网站在南昌锋讯网络科技有限公司租用了一个2GB内存、百兆独享线路的服务器，租金由李俊、王磊每月各负担800元。张顺购买李俊网站的流量后，先后将9个游戏木马挂在李俊的网站上，盗取自动链接李俊网站游戏玩家的"游戏信封"，并将盗取的"游戏信封"进行拆封、转卖，从而获取利益。从2006年12月至2007年2月，李俊获利145 149元，王磊获利80 000元，张顺获利12 000元。"熊猫烧香"病毒的传播造成北京、上海、天津、山西、河北、辽宁、广东、湖北等省市众多单位和个人的计算机受到病毒感染，不能正常运行，同时也使众多游戏玩家的游戏装备、游戏币被盗。2007年2月2日，李俊将其网站关闭，之后再未开启该网站。被告人李俊归案后，向公安机关提供线索抓获了其他同案人。案发后，被告人李俊、王磊、张顺退回了所得的全部赃款。被告人李俊交出"熊猫烧香"病毒专杀工具。

　　法院认为：4被告均构成破坏计算机信息系统罪。根据刑法第二百八十六条规定：违法国家规定，对计算机信息系统功能进行删除、修改、增加、干扰，造成计算机信息系统不能正常运行，后果严重的，处五年以下有期徒刑或者拘役；后果特别严重的，处五年以上有期徒刑；故意制作、传播计算机病毒等破坏性程序，影响计算机系统正常运行，后果严重的依照第一款的规定处罚。

- 被告人李俊犯破坏计算机信息系统罪，判处有期徒刑四年；
- 被告人王磊犯破坏计算机信息系统罪，判处有期徒刑两年六个月；
- 被告人张顺犯破坏计算机信息系统罪，判处有期徒刑两年；
- 被告人雷磊犯破坏计算机信息系统罪，判处有期徒刑一年。

　　被告人李俊的违法所得人民币145 149元，被告人王磊的违法所得人民币80 000元，被告人张顺的违法所得人民币12 000元，予以没收，上缴国库。

　　预防"熊猫烧香"这类病毒的措施：

　　（1）立即检查本机administrators组成员口令，一定要放弃简单口令甚至空口令，安全的口令是字母数字特殊字符的组合，自己记得住，别让病毒猜到就行。

　　修改方法：右键单击"我的计算机"，从弹出的快捷菜单中选择"管理"命令，在打开的"计算机管理"窗口中选择"本地用户和组"节点，在右边的窗格中选择具备管理员权限的用户名右击，从弹出的快捷菜单中选择"设置密码"命令，输入新密码即可，如图5.4所示。

　　（2）利用组策略，关闭所有驱动器的自动播放功能。

　　修改方法：选择"开始"→"运行"命令，在打开的对话框中输入gpedit.msc，打开"组策略"窗口，选择"计算机配置"→"管理模板"→"系统"节点，在右边的窗格中双击"关闭自动播放"，该配置缺省是未配置。在弹出对话框中的下拉框中选择"所有驱动器"，再选取"已启用"单选按钮，单击"确定"按钮后关闭。最后，选择"开始"→"运行"命令，在打开的对话框中输入gpupdate，单击"确定"按钮后该策略就生效了。

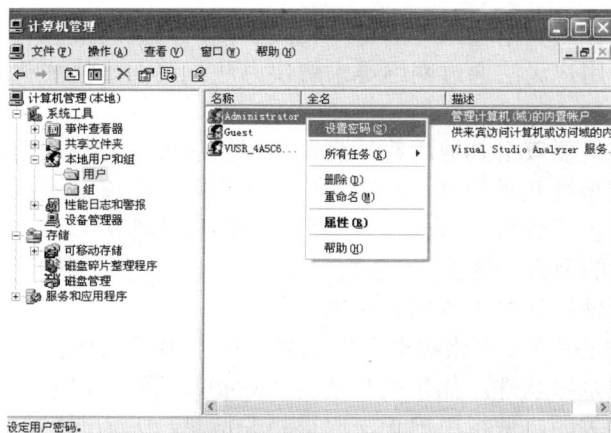

图 5.4 设置用户密码

（3）修改文件夹选项，以查看不明文件的真实属性，避免无意双击骗子程序中毒。

修改方法：打开资源管理器（按 Windows 徽标键+E 组合键），选择"工具"→"文件夹选项"命令，再选择"查看"选项卡，在"高级设置"列表框中选择查看所有文件，取消对"隐藏受保护的操作系统文件"和"隐藏已知文件类型的扩展名"复选框的勾选。

（4）时刻保持操作系统获得最新的安全更新，不要随意访问来源不明的网站，特别是微软公司的 MS06-014 漏洞，应立即打好该漏洞补丁。同时，QQ、MSN 的漏洞也可以被该病毒利用，因此，用户应该去官方网站打好最新补丁。此外，由于该病毒会利用 IE 浏览器的漏洞进行攻击，因此用户还应该给 IE 打好所有的补丁。如果必要的话，用户可以暂时换用 Firefox、Opera 等比较安全的浏览器。

（5）启用 Windows 防火墙保护本地计算机。局域网用户尽量避免创建可写的共享目录，已经创建共享目录的应立即停止共享。

此外，对于未感染的用户，病毒专家建议不要登录不良网站，及时下载微软公司公布的最新补丁来避免病毒利用漏洞袭击用户的计算机，同时上网时应采用"杀毒软件＋防火墙"的立体防御体系。

**2."U 盘寄生虫"病毒**

金山反病毒中心将该病毒统称为"AV 终结者"，瑞星反病毒中心将该病毒称为"帕虫"，江民反病毒中心将该病毒称为"U 盘寄生虫"。

"U 盘寄生虫"是一款利用 U 盘等移动存储设备传播的蠕虫病毒，通过网络大规模自动传播，传播方式包括电子邮件、网络共享、系统漏洞、即时通信软件等。"U 盘寄生虫"会利用 U 盘、MP3、移动硬盘等设备中的自动播放文件发作，大量占用系统资源，使计算机运行缓慢、无法上网，甚至导致系统瘫痪。此外，受到攻击的局域网还可能出现网络堵塞、瘫痪等严重症状。

"U 盘寄生虫"是蠕虫家族的重要成员之一，采用 Delphi 语言编写，并经过加壳处理。"U 盘寄生虫"运行后自我复制到系统盘根目录下，文件名为 test.exe，将文件属性设置为"隐藏"，并在相同目录下创建 autorun.inf 文件，达到双击盘符就可启动"U 盘寄生虫"病毒的目的。普通用户一旦感染该病毒，从病毒进入计算机，到实施破坏，4 步就可导致用户计算机彻底崩溃。第一步禁用所有杀毒软件及相关安全工具，让计算机失去安全保障；第二步破坏安全模式，致使用户根本无法进入安全模式清除病毒；第三步强行关闭带有病

病毒技术

毒字样的网页，只要在网页中输入"病毒"相关字样，网页遂被强行关闭，即使是一些安全论坛也无法登录，用户无法通过网络寻求解决办法；第四步格式化系统盘重装后很容易被再次感染。

用户格式化后，只要双击其他盘符，病毒将再次运行。此外，用户计算机的安全防御体系被彻底摧毁，安全性几乎为零，而"AV 终结者"自动连接到拥有病毒的网站，并下载数百种木马病毒，各类盗号木马、广告木马、风险程序在用户计算机毫无抵抗力的情况下，鱼贯而来，用户的网银、网游、QQ 账号密码及机密文件都处于极度危险之中。因此，提醒计算机用户目前使用计算机需慎之又慎。

据瑞星反病毒中心表示："该病毒采用了多种技术手段来保护自身不被清除，例如它会终结几十种常用的杀毒软件，如果用户使用 Google、百度等搜索引擎搜索"病毒"，浏览器也会被病毒强制关闭，使得用户无法取得相关信息。尤为恶劣的是，该病毒还采用了IFEO 劫持（Windows 文件映像劫持）技术，修改注册表，使 QQ 医生、360 安全卫士等几十种常用软件无法正常运行，从而使得用户很难手工清除该病毒"。

此外，据反病毒专家介绍："该病毒通过映像劫持技术将大量杀毒软件"绑架"，使其无法正常应用，而用户在点击相关安全软件后，实际上已经运行了病毒文件，实现病毒的"先劫持后掉包"计划。该病毒不但可以劫持大量杀毒软件及安全工具，而且还可禁止Windows 的自动更新和系统自带的防火墙，大大降低了用户系统的安全性，这也是近几年来对用户的系统安全破坏程度最大的一个病毒之一。而且该病毒还会在每个磁盘分区上建立自动运行文件（包括 U 盘），从而使得通过 U 盘传播的概率大大增加。同时，由于每个分区上都有病毒留下的文件，普通用户即使格式化 C 盘重装系统，也无法彻底清除该病毒"。

病毒专家建议，计算机用户应及时升级杀毒软件，开启杀毒软件"实时监控"和"系统监测"功能，防范已知和未知病毒。针对越来越多的病毒通过 U 盘传播的特征，专家建议用户在使用 U 盘前务必先使用杀毒软件进行扫描，确认无毒后再打开。此外，用户应养成良好的安全习惯，不随意点击不明链接和运行不明文件，及时为操作系统打好补丁，关闭系统共享及为系统设置复杂的口令都可有效减少病毒侵害。

### 3. Mydoom 邮件病毒

Novarg/Mydoom.a 蠕虫是 2004 年 1 月 28 日开始传入我国的一个通过邮件传播的蠕虫。在全球所造成的直接经济损失至少达 400 亿美元，是 2004 年 1 月份十大病毒之首。该蠕虫利用欺骗性的邮件主题和内容来诱使用户运行邮件中的附件。拒绝服务的方式是向网站的Web 服务发送大量 GET 请求，在传播和攻击过程中会占用大量系统资源，导致系统运行变慢。蠕虫还会在系统上留下后门，通过该后门入侵者可以完全控制被感染的主机。

该蠕虫没有使用特别的技术和系统漏洞，之所以能造成如此大的危害，主要还是由于人们防范意识的薄弱和蠕虫本身传播速度较快的缘故。该蠕虫主要通过电子邮件进行传播，它的邮件主题、正文和所带附件的文件名都是随机的，另外它还会利用 Kazaa 的共享网络来进行传播。病毒文件的图标和 Windows 系统的记事本（Notepad.exe）图标非常相似，运行后会打开记事本程序，显示一些乱码信息，其实病毒已经开始运行了。病毒会创建名为SwebSipcSmtxSO 的排斥体来判断系统是否已经被感染。

蠕虫在系统中寻找所有可能包含邮件地址的文件，包括地址簿文件、各种网页文件等，从中提取邮件地址作为发送的目标。病毒会避免包含以下信息的域名：gov、mil、borlan、bsd、example 等，包含以下信息的电子邮件账户：accoun、ca、certific、icrosoft、info、linux等。当病毒检测到邮件地址中含有上述域名或账户时则忽略该地址，不将其加入到发送地址链表中。

Mydoom 蠕虫病毒除了造成网络资源的浪费，阻塞网络，被攻击网站不能提供正常服务外，最大的危险在于安装了后门程序。该后门即 shimgapi.dll，通过修改注册表，使自身随着 Explorer 的启动而运行，将自己加载到了资源管理器的进程空间中。后门监听 3127 端口，如果该端口被占用，则递增，但不大于 3198。后门提供了两个功能：

（1）作为端口转发代理。

（2）作为后门接收上传程序并执行。

当 3127 端口收到连接之后，如果接收的第一个字符是 x04，转入端口转发流程。若第二个字符是 0x01，则取 3、4 两个字符作为目标端口，取第 5～8 这 4 个字节作为目标 IP 地址，进行连接并和当前 socket 数据转发。接收的第一个字符如果是 x85，则转入执行命令流程。先接收 4 个字节，转成主机字节序后验证是否是 x133c9ea2，验证通过则创建临时文件接收数据，接收完毕运行该文件。也就是说，只要把任意一个可执行文件的头部加上 5 个字符 x85133c9ea2 作为数据发送到感染了 Mydoom.a 蠕虫计算机的 3127 端口，这个文件就会在系统上被执行，从而对被感染系统的安全造成了极大的威胁。

**4．Nimda 蠕虫病毒**

在 Nimda 蠕虫病毒出现以前，"蠕虫"技术一直是独立发展的。Nimda 病毒第一次将"蠕虫"技术和"计算机病毒"技术结合起来。从 Nimda 的攻击方式来看，Nimda 蠕虫病毒只攻击微软公司的 Windows 系列操作系统。Nimda 蠕虫病毒在技术实现上与许多蠕虫病毒都有一些共性的特点，主要有以下几个方面：

（1）被利用的系统漏洞。它通过电子邮件、网络临近共享文件、微软公司 IE 异常处理 MIME 头漏洞、Microsoft IIS UniCode 解码目录遍历漏洞、Microsoft IIS CGI 文件名错误解码漏洞、Code Red II 和 Sadmind/IIS 蠕虫留下的后门程序共 6 种方式进行传播，其中前三种方式是病毒传播方式。

（2）传播方式。邮件传播、IIS Web 服务器传播、文件共享传播、通过网页进行传播、通过修改 EXE 文件进行传播、通过 Word 文档进行传播、感染病毒文件并修改 System.ini 配置、后门安装技术。

**5．冲击波病毒**

冲击波病毒的行为特征如下：

（1）病毒运行时会将自身复制为%systemdir%\msblast.exe。%systemdir%是一个变量，它指的是操作系统安装目录中的系统目录，默认是 c:\windows\system 或 c:\Winnt\system32。

（2）病毒运行时会在系统中建立一个名为 BILLY 的互斥量，目的是病毒保证在内存中只有一份病毒体，避免用户发现。

（3）病毒运行时会在内存中建立一个名为 msblast.exe 的进程，该进程就是活的病毒体。

（4）病毒会修改注册表，在 HKEY_LOCAL_MACHINE\SOFTWARE\Microsoft\ Windows\ CurrentVersion\Run 中添加键值 " windows auto update " = " msblast.exe "，以便每次启动系统时病毒都会运行。

（5）病毒体内隐藏有一段文本信息 I just want to say LOVE YOU SAN!! Billy gates why do you make this possible? Stop making money and you're your software!!。

（6）病毒会以 20s 为间隔，每 20s 检测一次网络状态，当网络可用时，病毒会在本地的 UDP/69 端口上建立一个 TFTP 服务器，并启动一个攻击传播线程，不断地随机生成攻击地址进行攻击。另外，该病毒攻击时会首先搜索子网的 IP 地址，以便就近攻击。

（7）当病毒扫描到计算机后，就会向目标计算机的 TCP/135 端口发送数据。

（8）当病毒攻击成功后，目标计算机便会将监听的 TCP/4444 端口作为后门，并绑定 cmd.exe。然后蠕虫会连接到这个端口，发送 TFTP 下载信息，目标主机通过 TFTP 下载病毒并运行病毒。

（9）当病毒攻击失败时，可能会造成没有打补丁的 Windows 系统的 RCP 服务崩溃，Window XP 系统可能会自动重启计算机。

（10）病毒检测到当前系统月份是 8 月之后或者当月日期的 15 日之后，就会向微软公司的更新站点 windowsupdate.com 发动拒绝服务攻击，使微软公司网站的更新站点无法为用户提供服务。

从上面冲击波病毒的行为特征可以看出，冲击波病毒与其他两个病毒的不同点在于其传播方式。冲击波病毒利用了 Windows 系统的 DCOM RPC 缓冲区漏洞攻击系统，一旦攻击成功，病毒体将会被传送到对方计算机中进行感染，不需要用户的参与，而其他两种是通过邮件附件的方式引诱用户点击执行。破坏性方面因病毒而异，病毒的执行、自启动方面三种病毒都相似。

Remote Procedure Call（RPC）是运用于 Windows 操作系统上的一种协议。RPC 提供相互处理通信机制，允许运行该程序的计算机在一个远程系统上执行代码。RPC 协议本身源于 OSF（Open Software Foundation）RPC 协议，后来又另外增加了一些 Microsoft 专用扩展功能。RPC 中处理 TCP/IP 信息交换的模块由于错误的处理畸形信息，导致存在缓冲区溢出漏洞，远程攻击者可利用此缺陷以本地系统权限在系统上执行任意指令，如安装程序、查看或更改、删除数据或建立系统管理员权限的账户。

据 CERT 安全小组称，操作系统中超过 50%的安全漏洞都是由内存溢出引起的，其中大多数与微软公司技术有关，这些与内存溢出相关的安全漏洞正在被越来越多的蠕虫病毒所利用。缓冲区溢出是指当计算机程序向缓冲区内填充的数据位数超过缓冲区本身的容量时，溢出的数据就会覆盖在合法数据上，这些数据可能是数值、下一条指令的指针，或者是其他程序的输出内容。一般情况下，覆盖其他数据区的数据是没有意义的，最多造成应用程序错误。但是，如果输入的数据是经过"黑客"或者病毒精心设计的，覆盖缓冲区的数据恰恰是"黑客"或者病毒的入侵程序代码，一旦多余字节被编译执行，"黑客"或者病毒就有可能为所欲为，获取系统的控制权。

溢出根源在于编程：缓冲区溢出是由编程错误引起的。如果缓冲区被写满，而程序没有去检查缓冲区边界，也没有停止接收数据，这时缓冲区溢出就会发生。因此，防止利用缓冲区溢出发起的攻击，关键在于程序开发者在开发程序时仔细检查溢出情况，不允许数据溢出缓冲区。此外，用户需要经常登录操作系统和应用程序提供商的网站，跟踪公布的系统漏洞，及时下载补丁程序，弥补系统漏洞。

## 5.2.7　蠕虫病毒的防治

蠕虫病毒的一般防治方法是使用具有实时监控功能的杀毒软件，防范邮件蠕虫的最好办法就是提高自己的安全意识，不要轻易打开带有附件的电子邮件。另外，可以启用杀毒软件的"邮件发送监控"和"邮件接收监控"功能，也可以提高自己对病毒邮件的防护能力。

### 1. 一般防治措施

因为目前的蠕虫病毒越来越表现出三种传播趋势：邮件附件、无口令或弱口令共享、利用操作系统或者应用系统漏洞来传播病毒，所以防治蠕虫也应从这三方面下手：

（1）针对通过邮件附件传播的病毒。

在邮件服务器上安装杀毒软件，对附件进行杀毒。在客户端（主要是 Outlook）限制访问附件中的特定扩展名的文件，如 PIF、VBS、JS、EXE 等；用户不运行可疑邮件携带的附件。

（2）针对弱口令共享传播的病毒。

严格来说，通过共享和弱口令传播的蠕虫大多也利用了系统漏洞。这类病毒会搜索网络上的开放共享并复制病毒文件，更进一步的蠕虫还自带了口令猜测的字典来破解薄弱用户口令，尤其是薄弱管理员口令。对于此类病毒，在安全策略上需要增加口令的强度策略，保证必要的长度和复杂度；通过网络上的其他主机定期扫描开放共享和对登录口令进行破解尝试，发现问题及时整改。

（3）针对通过系统漏洞传播的病毒。

配置 Windows Update 自动升级功能，使主机能够及时安装系统补丁，防患于未然；定期通过漏洞扫描产品查找主机存在的漏洞，发现漏洞，及时升级；关注系统提供商、安全厂商的安全警告，如有问题则采取相应措施。

（4）重命名或删除命令解释器。

例如，Windows 系统下的 WScript.exe，通过防火墙禁止除服务端口外的其他端口，切断蠕虫的传播通道和通信通道。

**2．个人用户对蠕虫病毒的防范措施**

通过上述的分析和介绍可以知道，病毒并不是非常可怕的，网络蠕虫病毒对个人用户的攻击主要还是通过社会工程学，而不是利用系统漏洞，所以防范此类病毒需要注意以下几点：

（1）选购合适的杀毒软件。网络蠕虫病毒的发展已经使传统的杀毒软件的"文件级实时监控系统"落伍，杀毒软件必须向内存实时监控和邮件实时监控发展。另外，面对防不胜防的网页病毒，也使得用户对杀毒软件的要求越来越高。

（2）经常升级病毒库。杀毒软件对病毒的查杀是以病毒的特征码为依据的，而病毒每天都层出不穷，尤其是在网络时代，蠕虫病毒的传播速度快、变种多，所以必须随时更新病毒库，以便能够查杀最新的病毒。

（3）提高防杀毒意识。不要轻易去点击陌生的站点，有可能里面就含有恶意代码。当运行 IE 时，选择"工具"→"Internet 选项"命令，在打开的"Internet 属性"对话框中选择"安全"选项卡，在"该区域的安全级别"区域将安全级别由"中"改为"高"。因为这一类网页主要是含有恶意代码的 ActiveX 或 Applet、JavaScript 的网页文件，所以在 IE 设置中将 ActiveX 插件和控件、Java 脚本等全部禁止，就可以大大减少被网页恶意代码感染的几率。具体操作是在 IE 窗口中选择"工具"→"Internet 选项"命令，在弹出的"Internet 属性"对话框中选择"安全"选项卡，单击"自定义级别"按钮，如图 5.5 所示。在弹出的"安全设置"对话框中，将所有 ActiveX 控件和插件及与 Java 相关的全部选项选择"禁用"单选按钮。但是，这样做在以后的网页浏览过程中有可能会使一些正常应用 ActiveX 的网站无法浏览。

（4）不随意查看陌生邮件，尤其是带有附件的邮件。由于有的病毒邮件能够利用 IE 和 Outlook 的漏洞自动执行，因此计算机用户需要升级 IE 和 Outlook 程序，以及其他常用的应用程序。

（5）打好相应的系统补丁。可以应用瑞星杀毒软件的"漏洞扫描"或 360 安全卫士等工具，这些工具可以引导用户打好补丁并进行相应的安全设置，彻底杜绝病毒的感染。

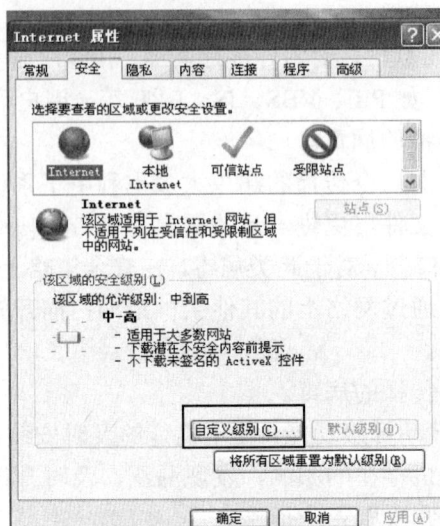

图 5.5　定义安全级别

（6）警惕聊天软件发来的信息。从 2004 年起，MSN、QQ 等聊天软件开始成为蠕虫病毒传播的途径之一。"性感烤鸡"病毒就通过 MSN 软件传播，在很短时间内席卷全球，一度造成中国大陆地区部分网络运行异常。对于普通用户来讲，防范聊天蠕虫的主要措施之一就是提高安全防范意识，对于通过聊天软件发送的任何文件和信息，都要经过好友确认后再运行，不要随意点击聊天软件发送的网络链接。

**3．蠕虫技术发展的趋势**

（1）与病毒技术的结合。很早的病毒编写者就提出过这样的思路，现在已经变成了现实。越来越多的蠕虫开始结合病毒技术，在攻击计算机系统之后继续攻击文件系统，从而导致传播机制的多样化。

（2）动态功能升级技术。提出动态调整蠕虫程序的思路顺理成章，这样的蠕虫可以升级上文提到的功能模型中除控制模块外的所有功能模块，从而获得更强的生存能力和攻击能力。

（3）通信技术。蠕虫之间、编写者与蠕虫之间传递信息和指令的功能将成为未来蠕虫编写的重点技术。

（4）隐身技术。操作系统内核一级的黑客攻防技术将会进一步纳入到蠕虫的功能中来隐藏蠕虫的踪迹。

（5）巨型蠕虫。蠕虫程序包含多操作系统的运行程序版本，包含丰富的漏洞库，从而具有更强大的传染能力。

（6）分布式蠕虫。数据部分同运行代码分布在不同的计算机之间，运行代码在攻击时从数据存放地获取攻击信息。同时，攻击代码用一定的算法来在多台计算机上寻找、复制数据的存放地。不同功能模块分布在不同的计算机之间，协调工作，产生更强的隐蔽性和攻击能力。

# 5.2.8　病毒、木马、蠕虫比较

通过网络传播的病毒不是网络病毒，只有蠕虫等一些威胁可以算作网络病毒。蠕虫病毒也不是普通病毒所能比拟的，网络的发展使得蠕虫可以在短短的时间内蔓延整个网络，造成网络瘫痪。表 5.1 列出了病毒、木马、蠕虫的各自特点和区别，便于理解。

表 5.1　病毒、木马、蠕虫比较

| | 计算机病毒 | 特洛伊木马 | 计算机蠕虫 |
|---|---|---|---|
| 感染其他档案 | 会 | 不会 | 不会 |
| 被动散播自己 | 是 | 是 | 不是 |
| 主动散播自己 | 不是 | 不是 | 是 |
| 造成程序增加数目 | 计算机使用率越高，档案受感染的数目越多 | 不会增加 | 取决于网络连接情况，范围越广，散布的数目越多 |
| 破坏力 | 取决于病毒作者 | 取决于病毒作者 | 无 |
| 对企业的影响 | 中 | 低 | 高 |

　　网络用户所受网络攻击类型统计如图 5.6 所示，计算机病毒、蠕虫和木马程序造成的安全事件占发生安全事件单位总数的 79%；拒绝服务、端口扫描和篡改网页等网络攻击事件占 43%；大规模垃圾邮件传播造成的安全事件占 36%；54%的被调查单位网络安全事件造成的损失比较轻微；损失严重和非常严重的占发生安全事件单位总数的 10%。

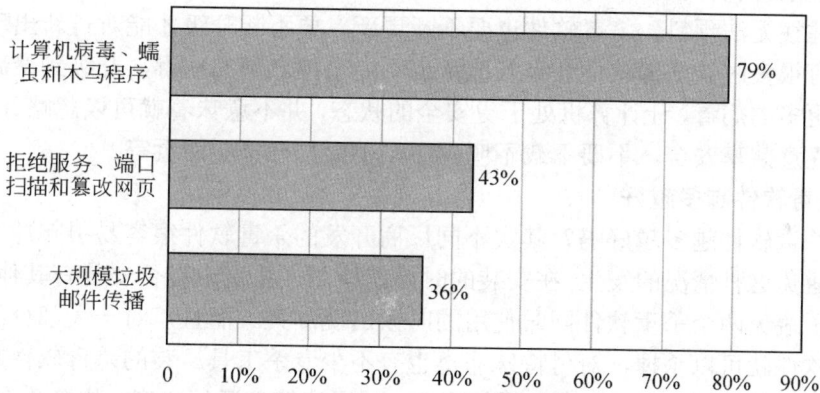

图 5.6　网络用户所受网络攻击类型

## 5.2.9　网络病毒的发展趋势

　　随着网络的发展，网络病毒呈现出一些新的发展趋势，主要有以下几点：

　　（1）传播介质与攻击对象多元化，传播速度更快，覆盖面更广。网络病毒的传播不仅可利用磁介质，更多的是通过各种通信端口、网络和邮件等迅速传播。攻击对象由单一的个人计算机变为所有具备通信功能的工作站、服务器甚至掌上型移动通信工具和 PDA。

　　（2）破坏性更强。网络病毒的破坏性日益增强，它们可以造成网络拥塞、进而瘫痪，重要数据丢失，机密信息失窃，甚至通过病毒完全控制计算机信息系统和网络。

　　（3）难以控制和根治。在网络中，只要有一台计算机感染病毒，就可通过内部机制进行传播，很快使整个网络受到影响甚至拥塞或瘫痪。

（4）病毒携带形式多样化。在网络环境下，可执行程序、脚本文件、HTML 网页、电子邮件、网上贺卡甚至卡通图片等都有可能携带计算机病毒。

（5）编写方式多样化，病毒变种多。网络环境下除了传统的汇编语言、C 语言等，以 JavaScript 和 VBScript 为首的脚本语言已成为最流行的病毒语言。利用新的编程语言与编程技术实现的病毒更易于被修改以产生新的变种，从而逃避反病毒软件的检查。另外，已经出现了专门生产病毒的病毒生产机程序，使得新病毒出现的频率大大提高。

（6）触发条件增多，感染与发作的几率增大。

（7）智能化，隐蔽化。目前网络病毒常常用到隐形技术、反跟踪技术、加密技术、自变异技术、自我保护技术、针对某种反病毒技术的反措施技术及突破计算机网络防护措施的技术等，这使得网络环境下的病毒更加智能化、隐蔽化。

（8）攻击目的明确化。一些高级病毒出于某种经济或政治上的目的，被研制出来扰乱或破坏社会信息、政治、经济秩序，甚至是作为一种信息战略武器。

## 5.2.10　计算机防毒杀毒的常见误区

### 1．有了杀毒软件就可以什么毒都不怕

真的有了杀毒软件就什么毒也不怕吗？答案肯定是不行的，不断有新的病毒出现，而且它的出现往往无法预料，杀毒软件也要不断更新，要不断升级才能对付新出现的病毒。即使这样，有很多时候杀毒软件升级到最新也不能杀掉全部的病毒，升级到最新只是能让计算机拒绝更多的病毒，让计算机处于更安全的状态，并不意味着就可以忽略计算机安全，平时还是要注意共享安全。不要下载不明程序，不要打开不明网页等。

### 2．装杀毒软件越多越好

真的装杀毒软件越多越好吗？其实不同厂商开发的杀毒软件很容易引起冲突。不少杀毒厂商为了避免这种情况的发生，在安装的时候就检测计算机中是否安装有其他杀毒软件，目的就是为了避免两个杀毒软件同时使用的时候出现冲突。而且，对于大部分的病毒，一般一个杀毒软件就可以杀掉，对付特殊病毒也有不少专杀工具。装的杀毒软件越多，除了可能出现冲突以外，还会消耗更多的系统资源，减慢计算机运行速度。装多几个杀毒软件，得益没多少，效能却损失很大。所以，并不是杀毒软件越多越好。

### 3．杀毒软件能杀毒就行了

杀毒软件能杀毒就行？是不是等到病毒入侵然后才来杀毒？有些人关闭了杀毒软件，想减小系统资源的消耗，当病毒入侵的时候才用杀毒软件来杀毒。这种意识是不行的，现在病毒肆虐，无孔不入，一不小心就会"中毒"，况且现在硬盘之大，令很多杀毒软件杀毒时间都很长。而且假如病毒入侵的时候才杀毒，那么可能系统早已崩溃，数据早已丢失，为时已晚，到时候损失就大了。因此，杀毒不是重点，防毒才是最重要的。与其说是杀毒软件，不如说是防毒软件更好。

### 4．只要我不上网就不会有病毒

有些人的计算机连接到因特网，以为只要不打开网页上网就不会感染病毒，所以想不打开杀毒软件防毒。其实，虽然不少病毒是通过网页传播的，但是也有不少病毒不等打开网页就早已入侵到计算机中，这个是必须防范的。冲击波、蠕虫病毒等都会在不知不觉中进入计算机。而且，U 盘、移动硬盘也会存在病毒。因此，只要计算机开着，最好就防着。

**5. 文件设置只读就可以避免病毒**

设置只读只是调用系统几个命令而已，而病毒也可以调用系统命令。因此，病毒可以改掉文件属性，严重的可以删掉重要文件，格式化硬盘，让系统崩溃。设置只读并不能有效防毒，不过对于局域网中为了共享安全，防止误删除，设置只读属性还是比较有用的。

**6. 病毒不感染数据文件**

有人觉得病毒是一段程序，而数据文件如 TXT、PCX 等格式文件一般不会包含程序，因此不会感染病毒。殊不知像 Word、Excel 等数据文件由于包含了可执行码却会被病毒感染，而且有些病毒可以让硬盘里面的文件全部格式化掉，因此不能忽视数据文件的备份。

上面只介绍了常见的防毒杀毒误区，还有一些其他的误区，在我们使用计算机的时候都有可能慢慢碰到。在使用计算机的时候，最重要的还是防毒，而要做好防毒，那就需要不断更新杀毒软件，同时注意对系统进行升级。

# 5.3 流 氓 软 件

"流氓软件"是介于病毒和正规软件之间的软件，通俗地讲是指在使用计算机上网时，不断跳出的窗口让自己的鼠标无所适从；有时计算机浏览器被莫名修改增加了许多工作条，当用户打开网页却变成不相干的奇怪画面，甚至是黄色广告。有些流氓软件只是为了达到某种目的，如广告宣传，这些流氓软件虽然不会影响用户计算机的正常使用，但在启动浏览器的时候会多弹出来一个网页，从而达到宣传的目的。

"流氓软件"起源于国外的 Badware 一词，在著名的网站上对 Badware 的定义为：是一种跟踪你上网行为并将你的个人信息反馈给"躲在阴暗处的"市场利益集团的软件，并且可以通过该软件向你弹出广告。Badware 又可分为间谍软件（Spyware）、恶意软件（Malware）和欺骗性广告软件（Deceptive Adware）。

国内互联网业界人士一般将该类软件称为"流氓软件"，并归纳出间谍软件、行为记录软件、浏览器劫持软件、搜索引擎劫持软件、广告软件、自动拨号软件、盗窃密码软件等。

## 5.3.1 流氓软件定义

流氓软件定义为："在未明确提示用户或未经用户许可的情况下，在用户计算机或其他终端上强行安装运行，侵犯用户合法权益的软件，但已被我国法律法规规定的计算机病毒除外"。它具有如下特点：

**1. 强制安装**

指在未明确提示用户或未经用户许可的情况下，在用户计算机或其他终端上强行安装软件的行为。强制安装，安装时不能结束它的进程，不能选择它的安装路径，带有大量色情广告甚至计算机病毒。

**2. 难以卸载**

指未提供通用的卸载方式，或在不受其他软件影响、人为破坏的情况下，卸载后仍活动或残存程序的行为。

**3. 浏览器劫持**

指未经用户许可，修改用户浏览器或其他相关设置，迫使用户访问特定网站或导致用户无法正常上网的行为。

**4. 广告弹出**

指未明确提示用户或未经用户许可的情况下，利用安装在用户计算机或其他终端上的软件弹出色情广告等广告的行为。

**5. 恶意收集用户信息**

指未明确提示用户或未经用户许可，恶意收集用户信息的行为。

**6. 恶意卸载**

指未明确提示用户、未经用户许可，或误导、欺骗用户卸载非恶意软件的行为。

**7. 恶意捆绑**

指在软件中捆绑已被认定为恶意软件的行为。

**8. 恶意安装**

未经许可的情况下，强制在用户计算机里安装其他非附带的独立软件。

**9. 其他**

强制安装到系统盘的软件或侵犯用户知情权、选择权的恶意行为的软件也被称为流氓软件。

## 5.3.2 流氓软件的分类

根据不同的特征和危害，困扰广大计算机用户的流氓软件主要有如下几类：

**1. 广告软件**

定义：广告软件（Adware）是指未经用户允许，下载并安装在用户计算机上；或与其他软件捆绑，通过弹出式广告等形式牟取商业利益的程序。

危害：此类软件往往会强制安装并无法卸载；在后台收集用户信息牟利，危及用户隐私；频繁弹出广告，消耗系统资源，使其运行变慢等。

例如，用户安装了某下载软件后，会一直弹出带有广告内容的窗口，干扰正常使用。还有一些软件安装后，会在 IE 浏览器的工具栏位置添加与其功能不相干的广告图标，普通用户很难清除。

**2. 间谍软件**

定义：间谍软件（Spyware）是一种能够在用户不知情的情况下，在其计算机上安装后门、收集用户信息的软件。

危害：用户的隐私数据和重要信息会被"后门程序"捕获，并被发送给黑客、商业公司等。这些"后门程序"甚至能使用户的计算机被远程操纵，组成庞大的"僵尸网络"，这是网络安全的重要隐患之一。

例如，某些软件会获取用户的软硬件配置，并发送出去用于商业目的。

**3. 浏览器劫持**

定义：浏览器劫持是一种恶意程序，通过浏览器插件、BHO（浏览器辅助对象）、Winsock LSP 等形式对用户的浏览器进行篡改，使用户的浏览器配置不正常，被强行引导到商业网站。

危害：用户在浏览网站时会被强行安装此类插件，普通用户根本无法将其卸载，被劫持后，用户只要上网就会被强行引导到其指定的网站，严重影响正常上网浏览。

例如，一些不良站点会频繁弹出安装窗口，迫使用户安装某浏览器插件，甚至根本不征求用户意见，利用系统漏洞在后台强制安装到用户计算机中。这种插件还采用了不规范的软件编写技术（此技术通常被病毒使用）来逃避用户卸载，往往会造成浏览器错误、系统异常重启等。

**4．行为记录软件**

定义：行为记录软件（Track Ware）是指未经用户许可，窃取并分析用户隐私数据，记录用户计算机使用习惯、网络浏览习惯等个人行为的软件。

危害：危及用户隐私，可能被黑客利用来进行网络诈骗。

例如，一些软件会在后台记录用户访问过的网站并加以分析，有的甚至会发送给专门的商业公司或机构，此类机构会据此窥测用户的爱好，并进行相应的广告推广或商业活动。

**5．恶意共享软件**

定义：恶意共享软件（Malicious Shareware）是指某些共享软件为了获取利益，采用诱骗手段、试用陷阱等方式强迫用户注册，或在软件体内捆绑各类恶意插件，未经允许即将其安装到用户计算机里。

危害：使用"试用陷阱"强迫用户进行注册，否则可能会丢失个人资料等数据。软件集成的插件可能会造成用户浏览器被劫持、隐私被窃取等。

例如，用户安装某款媒体播放软件后，会被强迫安装与播放功能毫不相干的软件（搜索插件、下载软件）而不给出明确提示，并且用户卸载播放器软件时不会自动卸载这些附加安装的软件。又例如某加密软件，试用期过后所有被加密的资料都会丢失，只有交费购买该软件才能找回丢失的数据。

**6．其他**

随着网络的发展，"流氓软件"的分类也越来越细，一些新种类的流氓软件在不断出现，分类标准必然会随之调整。

### 5.3.3 流氓软件的防治

流氓软件实在是令人憎恶，但是流氓软件都能很好地隐藏自己，因此相对而言，杀毒软件及时杀除流氓软件的可能性就大大降低了，这就要求用户要有一定的流氓软件的防护能力，才能使上网更加安全。

**1．要有安全的上网意识**

不要轻易登录不了解的网站，因为这样很可能遇到网页脚本病毒的袭击，从而使系统感染上流氓软件。不要随便下载不熟悉的软件。安装软件时应仔细阅读软件附带的用户协议及使用说明，有些软件在安装的过程中会以不引起用户注意的方式提示用户安装流氓软件，这时如果用户不认真看提示信息就会安装上流氓软件。在安装操作系统后，应该先上网给系统打补丁，堵住一些已知漏洞，这样能够避免利用已知漏洞的流氓软件驻留。如果用户使用 IE 浏览器上网，则应该将浏览器的安全级别调到中高级别，或者在自定义里将Active X 控件、脚本程序都禁止执行，这样能够防止一些隐藏在网页中的流氓软件入侵。

**2．判断流氓软件**

判断自己是否已经中了流氓软件，要根据流氓软件的中招症状来看。一般地，浏览器首页被无故修改、总是弹出广告窗口、CPU 的资源被大量占用、系统变得很慢、浏览器经常崩溃或出现找不到某个 DLL 文件的提示框，这些都是中了流氓软件最常见的现象。如果发现计算机中出现这些现象，则很有可能是中了流氓软件，就要采取相应的措施。而如果出现 CPU 的资源被大量占用，系统变得很慢这样的情况，则很有可能是中了多种流氓软件的原因，更应该尽快进行相应处理。

流氓软件无论多么复杂，它们的传播流程几乎是一样的，都是会通过软件捆绑或网页下载先进入到计算机的一个临时目录里，一般是系统的根目录或者系统默认的临时目录，然后将自己激活，这时流氓软件进入内存中正常运行。为了下一次能够自动运行，它们往往会修改注册表的自启动项，从而达到自动启动的目的。然后流氓软件会将自己复制到系统目录隐藏起来，然后将临时的安装文件删除，最后监听系统端口，进行各种各样的"流氓"行为。

如果用户喜欢下载安装一些小的工具软件，或者去一些小的网站上浏览网页，也极有可能感染上流氓软件，这时也应该关注一下计算机，看是否真正中招，可以按照流氓软件的这个传播链去一一排查。

首先利用一些第三方的内存查看工具来看看内存中是否有一些可疑的进程或线程，这需要用户对系统中的进程或一些常用软件的进程有所了解，这样才有可能看出问题。其次，用户在查看进程的过程中应该看看这些进程的路径，如果有一些进程的路径不是正常的安装目录，而是系统的临时目录，那有可能是流氓软件。另外，用户还要看看注册表里（选择"开始"→"运行"命令，在弹出的对话框中输入 regedit）的自启动（HKEY_LOCAL_MACHINE\SOFTWARE\ Microsoft\ Windows\CurrentVersion\Run）中是否有一些用户不认识的程序键值，这些很可能就是流氓软件建立的。

### 3. 清理流氓软件

确诊自己中了流氓软件，清除就相对比较简单了。对于已知的流氓软件，建议用户用专门的清除工具进行清除，目前这些工具都是免费的，用户很轻松就能够在网站上下载到它们。很多流氓软件在进入系统之前就对系统进行了修改和关联，当用户擅自删除流氓软件文件时，系统无法恢复到最初的那个状态，从而导致流氓软件虽然清除了，但系统也总是出现各种错误。而专业的清除工具往往已经考虑到这一点，能够帮助用户完全恢复系统。如果在一些特殊场合用户需要手动清除流氓软件，则按照流氓软件的传播链条，按照先删除内存的进程，再删除注册表中的键值，最后再删除流氓软件，将系统配置修改为默认属性这样一个过程进行处理。

## 5.4  计算机病毒发展趋势

近年来，我国计算机病毒感染率呈现了连续下降的趋势，我国联网计算机用户的病毒防范意识明显增强，并且随着防病毒产品的普及，尤其是个人安全产品的免费化时代的到来，大多数计算机都安装了一些基本的安全软件。2012 年，一向被视为难以入侵的 Mac 操作系统经历了大规模感染事件。还发生了多起大规模的信息泄露事件，用户的私密信息受到严重的威胁和侵害，同时拥有大量用户的门户网站、社交网络、金融系统、大型企业的系统等成为不法分子攻击的主要目标，通过攻击可从中攫取大量有价值的商业机密和个人用户的私密信息。Java 漏洞成为黑客的新宠。微信、二维码等新型应用在给用户带来良好体验的同时，也给移动终端的安全带来了新的问题和隐患。2012 年，安卓系统的移动终端病毒呈现爆炸式增长，移动终端安全形势不容乐观。云服务在面临大量市场需求的同时，随之而来的是难以回避的安全问题，海量数据的存储必定成为不法分子新的攻击目标。网络支付的交易规模大幅度增长，支付安全受到普遍关注。

**1. 计算机病毒传播的主要途径**

受经济利益的驱动，网上银行、网络支付等仍然是病毒的主攻目标，在盗取钱财的同时，不法分子还会窃取用户的私密信息。微博也成为新的关注点。针对大型企业、重点行业的病毒传播和攻击增多调查显示，通过网络下载或浏览传播病毒的比例占75%，操作系统、浏览器和应用软件中存在的大量未修补的漏洞是联网用户的重大安全隐患，也是不法分子用来传播病毒、挂马和发动攻击的最主要途径。下载应用软件中含有的病毒、木马等恶意程序仍然是威胁用户安全的主要因素，尤其是各类游戏网站和低俗网站更是病毒、木马散布的温床。通过移动存储介质和电子邮件传播也是其主要传播方式。

**2. 计算机病毒造成的主要危害**

目前计算机病毒主要造成密码和账号被盗、受到远程控制、系统（网络）无法使用、浏览器配置被修改等破坏后果，其中超过半数的用户浏览器配置被修改；系统（网络无法使用）；有接近四成用户密码、账号被盗。整体形势不容乐观，虽然大多数用户安装使用了防病毒软件和防火墙，但用户对安全软件的依赖性过高，认为有了安全软件就可以高枕无忧，但安全软件也有其局限性。如何保护用户的私密信息，应对和解决频频爆发的大规模信息泄露事件，已经成为信息安全领域的焦点问题。

**3. 移动终端病毒逐渐增多**

调查显示，移动终端的病毒感染比例每年都在30%以上。但在受感染用户中，多次感染的比率在半数以上，目前出现了利用手机操作系统的僵尸程序，利用微信、微博的钓鱼和欺诈迅猛增长，钓鱼欺诈仿冒技术不断推陈出新，反钓鱼技术的自动化、智能化水平提高。移动终端的安全问题仍然是安全领域的重点和难点。

移动终端病毒感染的途径中，排名第一的是网站浏览，其次是计算机连接和网络聊天，存储介质和电子邮件也占有较高比例。用户感染移动终端病毒后造成的后果主要有影响手机正常运行、信息泄露、恶意扣费、远程受控等。感染后影响手机正常运行成为在感染移动终端病毒后造成的最主要危害，在感染移动终端病毒后产生了恶意扣费、发生了信息泄露等也占有较高比例。

**4. 隐藏技术越来越强**

隐藏是计算机病毒的一个重要技术。病毒得以有效和广泛传播，被发现的时间长短是关键。隐藏技术的进步是利用数码水印技术来隐藏病毒；可通过操作系统或网络层面来实现隐藏的网络，如使用编码技术（红色代码）；心理学也将被用来隐藏，如使用人类的好奇心或知名品牌的信任（如假冒知名病毒软件应用程序）；主动防御技术势必将成为病毒的重要隐蔽手段，甚至可能形成专杀防病毒软件和反病毒软件的病毒。

**5. 混合攻击手段更加多样化**

所谓的混合攻击，一方面是指同样的攻击，都含有病毒、黑客攻击，也包括隐蔽通道攻击、拒绝服务攻击，并且可能包含密码攻击、中间人攻击等多种攻击路线；另外一方面是指来自不同的地方，或从系统的不同部分，如服务器、客户端、网关等混合式攻击更多的计算机来传播病毒，造成更大的伤害和更快的攻击。混合攻击的主要攻击目标为微软公

*病毒技术*

司的 IIS 服务器、IE 浏览器等市场占有率较高的系统和软件。混合病毒攻击的复杂性将会越来越高，黑客技术和计算机病毒技术日益紧密结合。越来越多的病毒能够在未来的攻击中采用各种组合，从而提高病毒的生存能力和传播能力。

**6. 发生和传播的速度会越来越快**

病毒利用系统漏洞的速度和传播速度会越来越快。目前新的计算机系统漏洞不断地被发现。有些漏洞从发现到针对漏洞产生的病毒爆发时间比较短，所以很多用户还来不及修补系统。随着互联网带来的快捷，病毒式传播迅速也在迅速发展，只要漏洞是已知的，黑客用于开发新的病毒来造成系统崩溃的时间就会更短。一些软件厂商停止对其旧版本的软件进行升级维护，也会造成漏洞不能及时修补，这样也会使用户更加容易受到病毒的攻击。

**7. 跨平台病毒越来越多**

自从 1995 年开放式语言 Java 诞生起，跨平台便渐成热点，它实现了很多人"一次编译，跨平台运行"的设计理想，Java 语言短时间内风靡全球。目前 Java 和 ActiveX Web 技术正逐渐被广泛应用于因特网，从而使跨平台病毒的设计更容易。例如，国外研究人员发现了一种只在 Linux 和 Mac OS X 上存在的木马，当计算机被入侵之后，该木马会在计算机上安装 Wirenet-1 键盘记录软件，捕获用户输入的密码和敏感信息，包括 Opera、Firefox、Chrome 浏览器提交的信息，一些 app 存储的信息，以及 E-mail、Web 组件和聊天应用程序的密码。还出现了通过互联网浏览病毒作者所设计的网站来感染在 Linux 或 Windows 系统的病毒，该病毒会在感染用户的计算机上运行 Java 控件和 Java 虚拟机。跨平台病毒的出现必将对计算机系统带来更大的伤害。

# 5.5 病毒检测技术

随着计算机病毒技术的不断发展，检测和查杀计算机病毒的技术也在不断地更新并趋于复杂化和智能化。为了选取有效的病毒检测技术，在这一部分首先将对传统的病毒诊断技术进行分析和对比，其次对基于网络的病毒检测技术进行分析。

## 5.5.1 传统的病毒检测技术

**1. 程序和数据完整性检测技术**

完整性病毒检测技术是一种相当古老的病毒检测方法。它的基本原理是对每个程序或者代码根据某种算法生成校验码（提取签名），一旦程序发生变化，所产生的校验码必然与原来生成的校验码不同，这时可以初步判断该程序已经被病毒感染。这种技术具有很多弱点，以至于现在几乎不被采用了。其中包括病毒检测软件需要建立一个统一的校验码库，不能对经常发生变化的数据文件进行检测和保护。有时，程序被改动并不是病毒感染造成的，从而造成检测的误报率相当高。这种检测方法不能明确地判定病毒的具体类型，而且如果程序在生成校验码前已经被病毒感染，则逃脱了以后的完整性检测。

**2. 病毒特征码检测技术**

病毒特征码检测技术是目前被广泛使用的一种病毒检测技术。它的基本原理是通过对病毒源程序的分析，提取出能够唯一代表该病毒的一串病毒代码，该串代码经过测试是其他程序所没有的。这种病毒检测的方法非常高效，如果病毒特征码提取质量高的话，病毒的检测率相当高，而误报率会非常小。这种病毒检测方法能够唯一的确定病毒的种类和名字，为下一步的杀毒提供依据。这种检测技术的弱点是它仅仅能够检测已知病毒，而对于未知病毒往往需要经过人工分析，提取特征码后才能进行。随着病毒技术的不断发展，特别是变形病毒的出现，病毒每次传染后病毒代码本身都会加密而各次代码都不相同。这时就不存在一个单一的病毒特征码了，所以病毒特征码检测技术对于变形病毒可以说是无能为力。

**3．启发式规则（或广谱特征码）病毒检测技术**

启发式规则病毒检测是一种专门针对未知病毒的病毒检测技术。基本原理是通过对一系列病毒代码的分析，提取一种广谱特征码，即代表病毒的某一种行为特征的特殊程序代码。当然，仅仅是一段特征码还不能确定一定是某一种病毒，通过多种广谱特征码，也就是启发式规则的判断，综合考虑各种因素，确定到底是否是病毒，是哪一种病毒。这种病毒检测方法的优点就是针对未知病毒，而缺点在于它的诊断的正确率（包括检测率和误报率）和规则的选取有密切的关系。往往是某些规则对某种病毒很有效，但是却影响其他类型的病毒检测。规则选取的困难和相互矛盾决定了这种方法只能是一种辅助的检测手段。

**4．基于操作系统的监视和检测技术**

较早的操作系统监视和检测技术是从中断向量监视开始的，病毒诊断软件通过监视系统的中断向量表来判定是否有病毒入侵。此外，内存检测也是操作系统检测技术的手段之一。随着技术的不断发展，现在的一些杀毒产品采用的是嵌入操作系统内核的检测，它不仅检测中断向量表等一些关键数据结构，还要监视系统的一些关键调用，系统的运行状况，文件系统的访问状况等多个指标，从而判定系统是否工作不正常，程序是否被病毒感染。这种监视和检测技术的实现难度很大，需要操作系统厂商的配合。而且，这种方法同样无法确定究竟是何种病毒，误报率很高。

**5．传统虚拟机病毒检测技术**

虚拟机病毒检测技术是一种最新的病毒检测技术。它的基本原理是为可能的病毒程序构建一个虚拟的运行环境，诱使病毒程序进行感染和破坏活动。虚拟机病毒检测技术的最大优点是能够很高效率地检测出病毒，特别是特征码技术很难解决的变形病毒技术。早期的虚拟机并不是真正意义上的虚拟机，它们仅仅是利用 Windows 操作系统的一些特殊功能来构造一个伪虚拟机，但是聪明的病毒程序往往可以破坏虚拟机本身。而且虚拟机的运行需要相当的系统资源，可能会影响正常程序的运行。

通过对以上技术的比较可以看出，无论哪一种技术都不能说是十全十美的。就目前计算机病毒的诊断技术而言，无论是哪一种诊断软件都不可能仅仅采用某一种诊断方法。最新的病毒诊断技术往往把多种技术融合在一起，发挥各种技术的长处，达到最好的效果。

## 5.5.2 基于网络的病毒检测技术

从本质上讲，基于网络的病毒检测技术并没有在传统的病毒检测技术上做出本质性的更新，新的技术往往是针对网络病毒的特点，对传统的病毒监测技术进行优化并应用在网络环境中。

**1．实时网络流量检测**

从原理上，实时网络流量检测继承了自病毒特征码检测技术，但是网络病毒检测有其独到之处。网络病毒的实时检测将实时地截取网络文件传输的信息流，从传播途径上对病毒进行及时的检测，并能够实时做出反馈行为。网络病毒实时检测的目标是已知的病毒。其优点在于它能实时的监测网络流量，发现绝大多数已知病毒。缺点在于随着网络流量呈几何级数增长，对巨大的流量进行实时地监测往往需要占用大量的系统资源，同时这种方法对未知病毒完全无能为力。在系统中也使用了实时的网络流量监测，并针对它存在的缺陷进行了改进和完善。

**2．异常流量分析**

网络流量异常的种类较多，从不同的角度分析有不同的分类结果。从产生异常流量的原因分析可以将其分成三个广义的异常类：网络操作异常、闪现拥挤异常和网络滥用异常。网络操作异常是指网络设备的停机、配置改变等导致的网络行为的显著变化，以及流量达到环境极限引起的台阶行为。闪现拥挤异常出现的原因通常是软件版本的问题，或者是国家公开带来的 Web 站点的外部利益问题。特定类型流量的快速增长（如 FTP 流），或者知名 IP 地址的流量随着时间渐渐降低都是闪现拥挤的显著表现。网络滥用异常主要是由以 DoS 洪泛攻击和端口扫描为代表的各种网络攻击导致的，这种网络异常也是网络病毒检测系统所感兴趣的。

基于网络滥用异常的流量分析可以看作是对启发式规则病毒检测技术的一种衍生，这种技术的优势是能发现未知的网络病毒，同时可以通过流量信息直接定位可能感染了病毒的计算机，对于一些蠕虫的变种及新的网络病毒有较好的发现效果。

**3．蜜罐系统**

蜜罐系统可以看作是传统的虚拟机病毒检测技术在网络环境中的一种新的应用。蜜罐定义为一种安全资源，它并没有任何业务上的用途，它的价值就是吸引攻击者对它进行非法使用。蜜罐技术本质上是一种对攻击者进行欺骗的技术，通过布置一些作为诱饵的主机、网络服务及信息诱使攻击者对其进行攻击，减少对实际系统所造成的安全威胁。更重要的是，蜜罐技术可以对攻击行为进行监控和分析，了解攻击者所使用的攻击工具和攻击方法，推测攻击者的意图和动机，在此基础上尽可能地追踪攻击者的来源，对其攻击行为进行审计和取证，从而能够让防御者清晰地了解他们所面对的安全威胁，并通过法律手段去追究攻击者的责任，或者通过技术和管理手段来增强对实际系统的安全防护能力。蜜罐技术最大的应用目标是提供一个高度可控的环境对互联网上的各种安全威胁（包括黑客攻击、恶意软件传播、垃圾邮件、僵尸网络和网络钓鱼等）进行深入的了解与分析，从而为安全防御提供知识和经验支持。

# 课 后 习 题

**一、选择题**

1．不属于计算机病毒防治策略的是（　　）。

    A．确认手头常备一张真正"干净"的引导盘

    B．及时、可靠升级反病毒产品

    C．新购置的计算机软件也要进行病毒检测

    D．整理磁盘

2．计算机病毒的特征之一是（　　）。

A. 非授权不可执行性　　　　　　　　B. 非授权可执行性

C. 授权不可执行性　　　　　　　　　D. 授权可执行性

3. 计算机病毒最重要的特征是（　　　）。

    A. 隐蔽性　　　　　　　　　　　　　B. 传染性

    C. 潜伏性　　　　　　　　　　　　　D. 破坏性

4. 计算机病毒（　　　）。

    A. 不影响计算机的运算速度　　　　　B. 可能会造成计算机器件的永久失效

    C. 不影响计算机的运算结果　　　　　D. 不影响程序执行，破坏数据与程序

5. CIH 病毒破坏计算机的 BIOS，使计算机无法启动。它是由时间条件来触发的，其
发作的时间是每月的 26 日，这主要说明病毒具有（　　　）。

    A. 可传染性　　　　　　　　　　　　B. 可触发性

    C. 破坏性　　　　　　　　　　　　　D. 免疫性

6. 计算机病毒最本质的特性是（　　　）。

    A. 寄生性　　　　　　　　　　　　　B. 潜伏性

    C. 破坏性　　　　　　　　　　　　　D. 攻击性

7. 针对操作系统安全漏洞的蠕虫病毒根治的技术措施是（　　　）。

    A. 防火墙隔离

    B. 安装安全补丁程序

    C. 专用病毒查杀工具

    D. 部署网络入侵检测系统

8. 下列不属于网络蠕虫病毒的是（　　　）。

    A. 冲击波　　　　　　　　　　　　　B. SQL SLAMMER

    C. CIH　　　　　　　　　　　　　　D. 振荡波

9. 传统的文件型病毒以计算机操作系统作为攻击对象，而现在越来越多的网络蠕虫
病毒将攻击范围扩大到了（　　　）等重要网络资源。

    A. 网络带宽　　　　　　　　　　　　B. 数据包

    C. 防火墙　　　　　　　　　　　　　D. Linux

10. （　　　）不是计算机病毒所具有的特点。

    A. 传染性　　　　　　　　　　　　　B. 破坏性

    C. 潜伏性　　　　　　　　　　　　　D. 可预见性

11. 下列四项中不属于计算机病毒特征的是（　　　）。

    A. 潜伏性　　　　　　　　　　　　　B. 传染性

    C. 免疫性　　　　　　　　　　　　　D. 破坏性

12. 在目前的信息网络中，（　　　）病毒是最主要的病毒类型。

    A. 引导型　　　　　　　　　　　　　B. 文件型

    C. 网络蠕虫　　　　　　　　　　　　D. 木马型

13. 编制或者在计算机程序中插入的破坏计算机功能或者毁坏数据，影响计算机使
用，并能自我复制的一组计算机指令或者程序代码是（　　　）。

    A. 计算机病毒　　　　　　　　　　　B. 计算机系统

*病毒技术*

C．计算机游戏　　　　　　　　　　D．计算机程序

14．要实现有效的计算机和网络病毒防治，（　　）应承担责任。

A．高级管理层　　　　　　　　　　B．部门经理

C．系统管理员　　　　　　　　　　D．所有计算机用户

15．（　　）不属于在局域网中计算机病毒的防范策略。

A．仅保护工作站　　　　　　　　　B．完全保护工作站和服务器

C．保护打印机　　　　　　　　　　D．仅保护服务器

16．现代病毒木马融合了（　　）新技术。

A．进程注入　　　　　　　　　　　B．注册表隐藏

C．漏洞扫描　　　　　　　　　　　D．都是

17．当收到认识的人发来的电子邮件并发现其中有附件，应该（　　）。

A．打开附件，然后将它保存到硬盘

B．打开附件，但是如果它有病毒，立即关闭它

C．用防病毒软件扫描以后再打开附件

D．直接删除该邮件

18．不能防止计算机感染病毒的措施是（　　）。

A．定时备份重要文件

B．经常更新操作系统

C．除非确切知道附件内容，否则不要打开电子邮件附件

D．重要部门的计算机尽量专机专用，与外界隔绝

二、填空题

1．网络病毒主要进行游戏等＿＿＿＿＿＿＿的盗取工作，远程操控，或把你的计算机当作＿＿＿＿＿＿＿使用。

2．特洛伊木马简称木马，它是一种基于＿＿＿＿＿＿的黑客工具，具有＿＿＿＿＿＿和＿＿＿＿＿＿的特点。

3．木马通常有两个可执行程序：一个是＿＿＿＿＿＿，另一个是＿＿＿＿＿＿。

4．蠕虫程序主要利用＿＿＿＿＿＿进行传播。

5．蠕虫病毒采取的传播方式一般为＿＿＿＿＿＿及＿＿＿＿＿＿。

6．＿＿＿＿＿＿可以阻挡 90%的黑客、蠕虫病毒及消除系统漏洞引起的安全性问题。

7．网络流量异常的种类较多，从产生异常流量的原因分析可以将其分成三个广义的异常类：＿＿＿＿＿＿、＿＿＿＿＿＿和网络滥用异常。

8．受经济利益的驱动，＿＿＿＿＿＿、＿＿＿＿＿＿等仍然是病毒的主攻目标。

9．通过＿＿＿＿＿＿和＿＿＿＿＿＿是病毒的主要传播方式。

10．移动终端病毒感染的途径中，排名第一的是＿＿＿＿＿＿，其次是计算机连接和＿＿＿＿＿＿。

11．流氓软件定义为"在＿＿＿＿＿＿或＿＿＿＿＿＿未明确提示用户或未经用户许可的情况下，在用户计算机或其他终端上强行安装运行，侵犯用户合法权益的软件，但已被我国法律法规规定的计算机病毒除外"。

12．网络蠕虫病毒越来越多地借助网络作为传播途径，主要包括互联网浏览、文件下

载、_____、_____、局域网文件共享等。

三、简答题

1. 什么是计算机病毒？
2. 计算机病毒的特点有哪些？
3. 计算机病毒的破坏行为有哪些？
4. 计算机病毒的主要危害有哪些？
5. 什么是木马？
6. 网页挂马常见方式主要有哪几种？
7. 木马的种类有哪些？
8. 防范木马攻击的主要措施有哪些？
9. 木马病毒的检测步骤有哪些？
10. 木马病毒的查杀步骤有哪些？
11. 什么是蠕虫？
12. 蠕虫病毒的特征有哪些？
13. 蠕虫病毒的防治措施有哪些？
14. 蠕虫技术发展的趋势有哪些？
15. 网络病毒的发展趋势有哪些？
16. 计算机防毒杀毒的常见误区有哪些？
17. 流氓软件有哪些特点？
18. 流氓软件分为哪些类型？
19. 计算机病毒的发展趋势有哪几点？
20. 病毒检测技术主要有哪些种类？

第 5 章

病毒技术

# 第6章　防火墙技术

## 6.1　防火墙概述

所谓防火墙指的是一个由软件和硬件设备组合而成、在内部网和外部网之间、专用网与公共网之间的界面上构造的保护屏障。防火墙是一种获取安全性方法的形象说法，是一种计算机硬件和软件的结合，使 Internet 与 Intranet 之间建立起一个安全网关，从而保护内部网免受非法用户的侵入。防火墙主要由服务访问规则、验证工具、包过滤和应用网关 4个部分组成。防火墙结构示意图如图 6.1 所示。计算机流入流出的所有网络通信均要经过此防火墙。

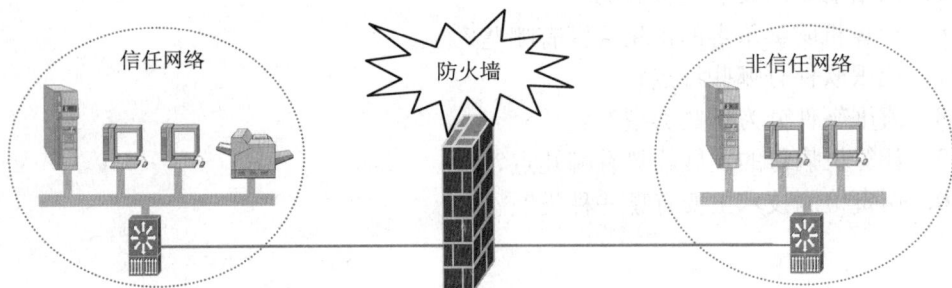

图 6.1　防火墙示意图

### 6.1.1　防火墙的功能

防火墙在网络中像一堵真正的墙。从防火墙的过滤机制来形象化地说，防火墙就像一个二极管。而二极管具有单向导电性，这样也就形象地说明了防火墙具有单向导通性。这看起来与现在防火墙过滤机制有些矛盾，不过它却完全体现了防火墙初期的设计思想，同时也在相当大程度上体现了当前防火墙的过滤机制。因为防火墙最初的设计思想是对内部网络总是信任的，而对外部网络却总是不信任的，所以最初的防火墙只对外部进来的通信进行过滤，而对内部网络用户发出的通信不作限制。当然，目前的防火墙在过滤机制上有所改变，不仅对外部网络发出的通信连接要进行过滤，对内部网络用户发出的部分连接请求和数据包同样需要过滤。但防火墙仍只允许符合安全策略的通信通过，也可以说具有单向导通性。

防火墙的原意是指古代构筑和使用木制结构房屋的时候，为防止火灾的发生和蔓延，人们将坚固的石块堆砌在房屋周围作为屏障，这种防护构筑物就被称为"防火墙"。其实与防火墙一起起作用的就是"门"。如果没有门，各房间的人如何沟通呢？这些房间的人又如何进去呢？当火灾发生时，这些人又如何逃离现场呢？这个门就相当于这里所讲的防火墙的"安全策略"，所以在此处所说的防火墙实际并不是一堵实心墙，而是带有一些小孔的墙。这些小孔就是用来留给那些允许进行的通信，在这些小孔中安装了过滤机制，也就是上面所介绍的单向导通性。

防火墙的功能可以归纳为以下几个方面：

**1．防火墙是网络安全的屏障**

一个防火墙（作为阻塞点、控制点）能极大地提高一个内部网络的安全性，并通过过滤不安全的服务而降低风险。由于只有经过精心选择的应用协议才能通过防火墙，因此网络环境变的更安全。如防火墙可以禁止诸如众所周知的不安全的 NFS 协议进出受保护网络，这样外部的攻击者就不可能利用这些脆弱的协议来攻击内部网络。防火墙同时可以保护网络免受基于路由的攻击，如 IP 选项中的源路由攻击和 ICMP 重定向中的重定向路径。防火墙应该可以拒绝所有以上类型攻击的报文并通知防火墙管理员。

**2．防火墙可以强化网络安全策略**

通过以防火墙为中心的安全方案配置，能将所有安全软件（如口令、加密、身份认证、审计等）配置在防火墙上。与将网络安全问题分散到各个主机上相比，防火墙的集中安全管理更经济。例如在网络访问时，动态口令系统和其他的身份认证系统完全可以不必分散在各个主机上，而是集中在防火墙身上。

**3．对网络存取和访问进行监控审计**

如果所有的访问都经过防火墙，那么防火墙就能记录下这些访问并做出日志记录，同时也能提供网络使用情况的统计数据。当发生可疑动作时，防火墙能进行适当的报警，并提供网络是否受到监测和攻击的详细信息。另外，收集一个网络的使用和误用情况也是非常重要的。首先的理由是可以清楚防火墙是否能够抵挡攻击者的探测和攻击，并且清楚防火墙的控制是否充足。而网络使用情况的统计对网络需求分析和威胁分析等而言也是非常重要的。

**4．防止内部信息的外泄**

通过利用防火墙对内部网络的划分，可实现内部网重点网段的隔离，从而限制了局部重点或敏感网络安全问题对全局网络造成的影响。再者，隐私是内部网络非常关心的问题，一个内部网络中不引人注意的细节可能包含了有关安全的线索而引起外部攻击者的兴趣，甚至因此而暴露了内部网络的某些安全漏洞。使用防火墙就可以隐蔽那些透漏内部细节，如 Finger、DNS 等服务。Finger 显示了主机的所有用户的注册名、真名、最后登录时间和使用 shell 类型等，但是 Finger 显示的信息非常容易被攻击者所获悉。攻击者可以知道一个系统使用的频繁程度，这个系统是否有用户正在连线上网，这个系统是否在被攻击时引起注意等。防火墙可以同样阻塞有关内部网络中的 DNS 信息，这样一台主机的域名和 IP 地址就不会被外界所了解。

除了安全作用外，防火墙还支持具有 VPN（虚拟专用网）、NAT（网络地址转换）等功能。

## 6.1.2　防火墙的基本特性

防火墙可以使企业内部局域网网络与 Internet 之间或者与其他外部网络互相隔离、限制网络互访用来保护内部网络。典型的防火墙具有以下几个方面的基本特性：

**1．内部网络和外部网络之间的所有网络数据流都必须经过防火墙**

这是防火墙所处网络位置特性，同时也是一个前提。因为只有当防火墙是内、外部网络之间通信的唯一通道，才可以全面、有效地保护企业内部网络不受侵害。

根据美国国家安全局制定的《信息保障技术框架》，防火墙适用于用户网络系统的边界，属于用户网络边界的安全保护设备。所谓网络边界即是采用不同安全策略的两个网络连接处，如用户网络和互联网之间连接、和其他业务往来单位的网络连接、用户内部网络不同部门之间的连接等。防火墙的目的就是在网络连接之间建立一个安全控制点，通过允许、拒绝或重新定向经过防火墙的数据流，实现对进、出内部网络的服务和访问的审计和控制。

典型的防火墙体系结构如图 6.2 所示。从图中可以看出，防火墙的一端连接企事业单位内部的局域网，而另一端则连接着互联网。所有的内、外部网络之间的通信都要经过防火墙，而内部网络之间也可通过安全防火墙来实现数据流的控制。

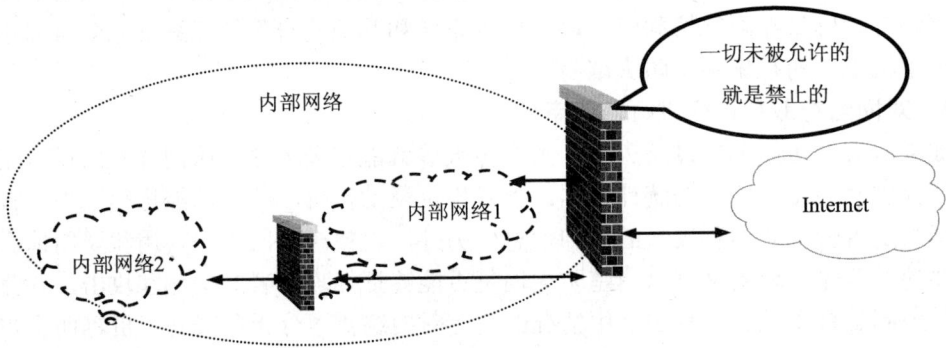

图 6.2 防火墙体系结构

**2．只有符合安全策略的数据流才能通过防火墙**

防火墙最基本的功能是确保网络流量的合法性，并在此前提下将网络的流量快速的从一条链路转发到另外的链路上去。从最早的防火墙模型开始谈起，原始的防火墙是一台"双穴主机"，即具备两个网络接口，同时拥有两个网络层地址。防火墙将网络上的流量通过相应的网络接口接收上来，按照 OSI 协议栈的 7 层结构顺序上传，在适当的协议层进行访问规则和安全审查，然后将符合通过条件的报文从相应的网络接口送出，而对于那些不符合通过条件的报文则予以阻断。因此，从这个角度上来说，防火墙是一个类似于桥接或路由器的、多端口的（网络接口大于等于 2）转发设备，它跨接于多个分离的物理网段之间，并在报文转发过程中完成对报文的审查工作。

**3．防火墙自身应具有非常强的抗攻击免疫力**

这是防火墙之所以能担当企业内部网络安全防护重任的先决条件。防火墙处于网络边缘，它就像一个边界卫士一样，每时每刻都要面对黑客的入侵，这样就要求防火墙自身要具有非常强的抗击入侵本领。它之所以具有这么强的本领，防火墙操作系统本身是关键，只有自身具有完整信任关系的操作系统才可以谈论系统的安全性。其次就是防火墙自身具有非常低的服务功能，除了专门的防火墙嵌入系统外，再没有其他应用程序在防火墙上运行。当然，这些安全性也只能说是相对的。

目前国内的防火墙几乎被国外的品牌占据了一半的市场，国外品牌的优势主要是在技术和知名度上比国内产品高；而国内防火墙厂商对国内用户了解更加透彻，价格上也更具有优势。防火墙产品中，国外主流厂商为 Cisco、CheckPoint、NetScreen 等，国内主流厂商为东软、天融信、联想、方正等，它们都提供不同级别的防火墙产品。

**4．应用层防火墙具备更细致的防护能力**

自从 Gartner 提出下一代防火墙概念以来，信息安全行业越来越认识到应用层攻击成为当下取代传统攻击，最大程度危害用户的信息安全，而传统防火墙由于不具备区分端口和应用的能力，以至于只能防御传统的攻击，基于应用层的攻击则毫无办法。

从 2011 年开始，国内厂家通过多年的技术积累，开始推出下一代防火墙。在国内从第一家推出真正意义的下一代防火墙的网康科技开始，至今包括东软、天融信等在内的传统防火墙厂商也开始相互效仿，陆续推出了下一代防火墙。下一代防火墙具备应用层分析的能力，能够基于不同的应用特征，实现应用层的攻击过滤，在具备传统防火墙、IPS、防毒等功能的同时，还能够对用户和内容进行识别管理，兼具了应用层的高性能和智能联动两大特性，能够更好地针对应用层攻击进行防护。

**5．数据库防火墙针对数据库恶意攻击的阻断能力**

（1）虚拟补丁技术：针对 CVE 公布的数据库漏洞，提供漏洞特征检测技术。

（2）高危访问控制技术：提供对数据库用户的登录、操作行为，提供根据地点、时间、用户、操作类型、对象等特征定义高危访问行为。

（3）SQL 注入禁止技术：提供 SQL 注入特征库。

（4）返回行超标禁止技术：提供对敏感表的返回行数控制。

（5）SQL 黑名单技术：提供对非法 SQL 的语法抽象描述。

## 6.1.3　防火墙的主要缺点

防火墙可以提高网络的安全性，具有很多优点，但它也存在缺点，主要表现在：

**1．防火墙不能防范恶意的知情者**

防火墙可以禁止通过网络传输机密信息，但用户可以不通过网络，如将数据复制到磁盘或磁带上，然后放在公文包中带出去。如果入侵者是在防火墙内部，那么它也是无能为力的。内部用户可以不通过防火墙而偷窃数据、破坏硬件和软件等。对于内部的威胁只能通过加强管理来防范，如主机安全防范和用户教育等。

**2．防火墙不能防范不通过它的连接**

防火墙能够有效地防止通过它的信息传输，但它不能防止不通过它的信息传输。例如，如果允许对防火墙后面的内部系统进行拨号访问，那么防火墙绝对没有办法阻止入侵者进行拨号入侵。

**3．防火墙不能防备全部的威胁**

防火墙是一种被动式的防护手段，用来防备已知的威胁，一个很好的防火墙设计方案可以防备新威胁，但没有一个防火墙能自动地防御所有新的威胁。

#### 4．防火墙不能防范病毒

防火墙不能防范网络上或计算机中的病毒。虽然许多防火墙可以扫描所有通过它的信息，以决定是否允许它通过，但这种扫描是针对源地址、目标地址和端口号，而不是数据的具体内容。即使是先进的数据包过滤系统也难以防范病毒，因为病毒的种类太多，而病毒可以通过许多种手段隐藏在数据中。防火墙要检测网络数据中的病毒十分困难，它要求：

（1）确认数据包是程序的一部分。

（2）确定程序的功能。

（3）确定病毒引起的改变。

事实上，大多数防火墙采用不同的方式来保护不同类型的计算机。当数据在网络上进行传输时，要被打包并经常被压缩，这样便给病毒带来了可乘之机。所以无论防火墙是多么安全，用户只能在防火墙后面消除病毒。

#### 5．防火墙极有可能限制某些有用的网络服务

防火墙为了提高被保护网络的安全性，限制或关闭了很多有用但存在安全缺陷的网络服务。由于大多数网络服务在设计之初根本没考虑安全性，只考虑使用的方便性和资源共享，因此都存在安全问题。防火墙一旦限制了这些网络服务，就等于从一个极端走到了另外一个极端。

#### 6．防火墙无法防范数据驱动式攻击

数据驱动式攻击从表面上看是无害的数据被邮寄或复制到 Internet 主机上，一旦执行就开始攻击。例如，一个数据驱动式攻击可能导致主机修改与安全相关的文件，使得入侵者很容易获得对系统的访问权限。

# 6.2　DMZ 简介

## 6.2.1　DMZ 的概念

DMZ（Demilitarized Zone，隔离区）也称为"非军事化区"，是为了解决安装防火墙后外部网络不能访问内部网络服务器的问题而设立的一个非安全系统与安全系统之间的缓冲区。这个缓冲区位于企业内部网络和外部网络之间的小网络区域内，在这个小网络区域内可以放置一些必须公开的服务器设施，如企业 Web 服务器、FTP 服务器和论坛等。另一方面，通过这样一个 DMZ 区域，更加有效地保护了内部网络，因为这种网络部署比起一般的防火墙方案对攻击者来说又多了一道关卡。DMZ 示意图如图 6.3 所示。

网络设备开发商利用这一技术开发出了相应的防火墙解决方案，称为"非军事区结构模式"。DMZ 通常是一个过滤的子网，在内部网络和外部网络之间构造了一个安全地带。

DMZ 防火墙方案为要保护的内部网络增加了一道安全防线，通常认为是非常安全的。同时它提供了一个区域放置公共服务器，从而又能有效地避免一些互联应用需要公开，却与内部安全策略相矛盾的情况发生。在 DMZ 区域中通常包括堡垒主机、Modem 池及所有的公共服务器。需要注意的是，电子商务服务器只能用作用户连接，真正的电子商务后台数据需要放在内部网络中。

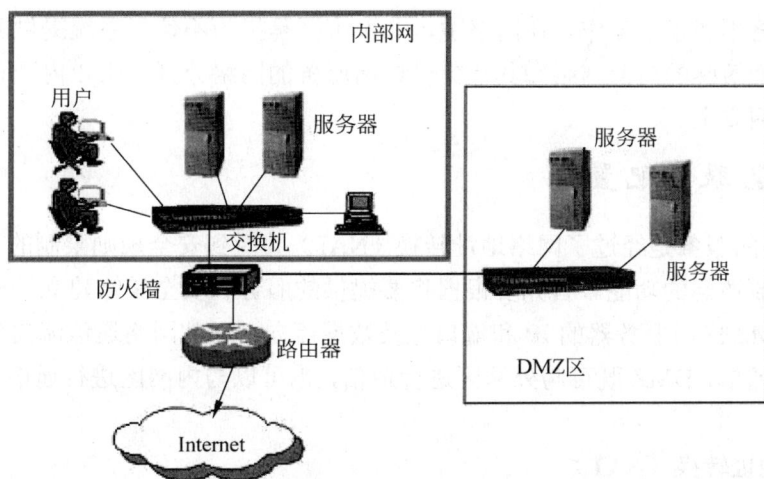

图 6.3  DMZ 示意图

在这个防火墙方案中包括两个防火墙，外部防火墙抵挡外部网络的攻击，并管理所有内部网络对 DMZ 的访问；内部防火墙管理 DMZ 对于内部网络的访问。内部防火墙是内部网络的第三道安全防线（前面有了外部防火墙和堡垒主机），当外部防火墙失效的时候，它还可以起到保护内部网络的功能。而局域网内部，对于 Internet 的访问由内部防火墙和位于 DMZ 的堡垒主机控制。在这样的结构里，一个黑客必须通过三个独立的区域（外部防火墙、内部防火墙和堡垒主机）才能够到达局域网。攻击难度大大加强，相应内部网络的安全性也就大大加强，但投资成本也是最高的。

如果计算机不提供网站或其他的网络服务的话不要设置。DMZ 是把计算机的所有端口开放到网络。

## 6.2.2  DMZ 网络访问控制策略

当规划一个拥有 DMZ 的网络时，可以明确各个网络之间的访问关系，可以确定以下 6 条访问控制策略：

（1）内网可以访问外网。内网的用户显然需要自由地访问外网。在这一策略中，防火墙需要进行源地址转换。

（2）内网可以访问 DMZ。此策略是为了方便内网用户使用和管理 DMZ 中的服务器。

（3）外网不能访问内网。很显然，内网中存放的是公司内部数据，这些数据不允许外网的用户进行访问。

（4）外网可以访问 DMZ。DMZ 中的服务器本身就是要给外界提供服务的，所以外网必须可以访问 DMZ。同时，外网访问 DMZ 需要由防火墙完成对外地址到服务器实际地址的转换。

（5）DMZ 不能访问内网。很明显，如果违背此策略，则当入侵者攻陷 DMZ 时就可以进一步进攻到内网的重要数据。

（6）DMZ 不能访问外网。此条策略也有例外，如 DMZ 中放置邮件服务器时就需要访问外网，否则将不能正常工作。在网络中，非军事区是指为不信任系统提供服务的孤立网段，其目的是把敏感的内部网络和其他提供访问服务的网络分开，阻止内网和外网直接通信，以保证内网安全。

## 6.2.3　DMZ 服务配置

DMZ 提供的服务是经过了网络地址转换（NAT）并受到安全规则限制的，以达到隐蔽真实地址、控制访问的功能。首先要根据将要提供的服务和安全策略建立一个清晰的网络拓扑，确定 DMZ 应用服务器的 IP 和端口号及数据流向。通常网络通信流向为禁止外网区与内网区直接通信，DMZ 既可与外网区进行通信，也可以与内网区进行通信，受到安全规则限制。

### 1．网络地址转换（NAT）

DMZ 服务器与内网区、外网区的通信是经过网络地址转换实现的。网络地址转换用于将一个地址域（如专用 Intranet）映射到另一个地址域（如 Internet），以达到隐藏专用网络的目的。DMZ 服务器对内服务时映射成内网地址，对外服务时映射成外网地址。采用静态映射配置网络地址转换时，服务用 IP 和真实 IP 要一一映射，源地址转换和目的地址转换都必须要有。

### 2．DMZ 安全规则制定

安全规则集是安全策略的技术实现，一个可靠、高效的安全规则集是实现一个成功、安全的防火墙非常关键的一步。如果防火墙规则集配置错误，再好的防火墙也只是摆设。在建立规则集时必须注意规则次序，因为防火墙大多以顺序方式检查信息包，同样的规则，以不同的次序放置，可能会完全改变防火墙的运转情况。如果信息包经过每一条规则而没有发现匹配，这个信息包便会被拒绝。一般来说，通常的顺序是较特殊的规则在前，较普通的规则在后，防止在找到一个特殊规则之前一个普通规则被匹配，避免防火墙配置错误。

DMZ 安全规则指定了非军事区内的某一主机（IP 地址）对应的安全策略。由于 DMZ 内放置的服务器主机将提供公共服务，其地址是公开的，可以被外部网的用户访问，因此正确设置 DMZ 安全规则对保证网络安全是十分重要的。

防火墙可以根据数据包的地址、协议和端口进行访问控制。它将每个连接作为一个数据流，通过规则表与连接表共同配合，对网络连接和会话的当前状态进行分析和监控。其用于过滤和监控的 IP 包信息主要有源 IP 地址、目的 IP 地址、协议类型（IP、ICMP、TCP、UDP）、源 TCP/UDP 端口、目的 TCP/UDP 端口、ICMP 报文类型域和代码域、碎片包和其他标志位（如 SYN、ACK 位）等。

为了让 DMZ 的应用服务器能与内网中服务器通信，需增加 DMZ 安全规则， 这样一个基于 DMZ 的安全应用服务便配置好了。其他的应用服务可根据安全策略逐个配置。

DMZ 无疑是网络安全防御体系中的重要组成部分，再加上入侵检测和基于主机的其他安全措施，将极大地提高公共服务及整个系统的安全性。

# 6.3　防火墙的技术发展历程

## 6.3.1　第一代防火墙：基于路由器的防火墙

由于多数路由器本身就包含有分组过滤功能，故网络访问控制可通过路由控制来实现，从而使具有分组过滤功能的路由器成为第一代防火墙产品。

**1．基于路由器防火墙的特点**

（1）利用路由器本身对分组的解析，以访问控制表方式实现对分组的过滤。

（2）过滤判决的依据可以是 IP 地址、端口号及其他网络特征。

（3）只有分组过滤功能，且防火墙与路由器是一体的，对安全要求低的网络采用路由器附带防火墙功能的方法，对安全性要求高的网络则可单独利用一台路由器作为防火墙。

**2．基于路由器防火墙的不足**

（1）本身具有安全漏洞，外部网络要探寻内部网络十分容易。例如，在使用 FTP 协议时，外部服务器容易从 21 端口上与内部网相连，即使在路由器上设置了过滤规则，内部网络的 21 端口仍可由外部探寻。

（2）分组过滤规则的设置和配置存在安全隐患。对路由器中过滤规则的设置和配置十分复杂，它涉及规则的逻辑一致性、作用端口的有效性和规则集的正确性，一般的网络系统管理员难于胜任，加之一旦出现新的协议，管理员就要加上更多的规则去限制，这往往会带来很多错误。

（3）攻击者可"假冒"地址，黑客可以在网络上伪造假的路由信息欺骗防火墙。

（4）由于路由器的主要功能是为网络访问提供动态的、灵活的路由，而防火墙则要对访问行为实施静态的、固定的控制，这是一对难以调和的矛盾，防火墙的规则设置会大大降低路由器的性能。

## 6.3.2　第二代防火墙：用户化的防火墙

**1．用户化防火墙的特点**

（1）将过滤功能从路由器中独立出来，并加上审计和告警功能。

（2）针对用户需求，提供模块化的软件包。

（3）软件可通过网络发送，用户可自己动手构造防火墙。

（4）与第一代防火墙相比，安全性提高而价格降低了。

由于是纯软件产品，第二代防火墙产品无论在实现还是在维护上都对系统管理员提出了相当复杂的要求。

**2．用户化防火墙的不足**

（1）配置和维护过程复杂、费时。

（2）对用户的技术要求高。

（3）全软件实现、安全性和处理速度均有局限。

（4）实践表明，使用中出现差错的情况很多。

### 6.3.3 第三代防火墙：建立在通用操作系统上的防火墙

基于软件的防火墙在销售、使用和维护上的问题迫使防火墙开发商很快推出了建立在通用操作系统上的商用防火墙产品，近年来在市场上广泛使用的就是这一代产品。

**1．通用操作系统防火墙的特点**

（1）批量上市的专用防火墙产品。

（2）包括分组过滤或借用了路由器的分组过滤功能。

（3）装有专用的代理系统，监控所有协议的数据和指令。

（4）保护用户编程空间和用户可配置内核参数的设置。

（5）安全性和速度大为提高。

第三代防火墙有以纯软件实现的，也有以硬件方式实现的。但随着安全需求的变化和使用时间的推延，仍表现出不少问题。

**2．通用操作系统防火墙的不足**

（1）作为基础的操作系统，其内核往往不为防火墙管理者所知，由于原码的保密，其安全性无从保证。

（2）大多数防火墙厂商并非通用操作系统的厂商，通用操作系统厂商不会对操作系统的安全性负责。

上述问题在基于 Windows NT 开发的防火墙产品中表现得十分明显。

### 6.3.4 第四代防火墙：具有安全操作系统的防火墙

这是目前防火墙产品的主要发展趋势。具有安全操作系统的防火墙本身就是一个操作系统，因而在安全性上较第三代防火墙有质的提高。获得安全操作系统的办法有两种：一种是通过许可证方式获得操作系统的源码；另一种是通过固化操作系统内核来提高可靠性。

安全操作系统防火墙的特点如下：

（1）防火墙厂商具有操作系统的源代码，并可实现安全内核。

（2）对安全内核实现加固处理，即去掉不必要的系统特性，加上内核特性，强化安全保护。

（3）对每个服务器、子系统都作了安全处理，一旦黑客攻破了一个服务器，它将会被隔离在此服务器内，不会对网络的其他部分构成威胁。

（4）在功能上包括了分组过滤、应用网关、电路级网关，且具有加密与鉴别功能。

（5）透明性好，易于使用。

上述阶段的划分主要以产品为对象，目的在于对防火墙的发展有一个总体勾画。

## 6.4 防火墙的分类

如果从防火墙的软、硬件形式来分的话，防火墙可以分为软件防火墙和硬件防火墙两种。如果防火墙根据防范的方式和侧重点的不同来进行分类，可以分为三大类：包过滤、状态检测包过滤、应用代理。

## 6.4.1 软件防火墙

软件防火墙运行于特定的计算机上，它需要用户预先安装好的计算机操作系统的支持，一般来说这台计算机就是整个网络的网关。软件防火墙就像其他的软件产品一样需要先在计算机上安装并做好配置才可以使用。使用这类防火墙，需要用户对所工作的操作系统平台比较熟悉。

个人防火墙是软件防火墙中比较常见的一种，可为个人计算机提供简单的防火墙功能。目前常用的个人防火墙有 360 防火墙、天网个人防火墙、瑞星个人防火墙等。个人防火墙是安装在个人计算机上，而不是放置在网络边界，因此个人防火墙关心的不是一个网络到另外一个网络的安全，而是单个主机和与之相连接的主机或网络之间的安全。

个人防火墙使用方便，配置简单，但也具有一定的局限性，其应用范围较小，且只支持 Windows 系统，功能相对来说要弱很多，并且安全性和并发连接处理能力较差。

作为网络防火墙的软件防火墙具有比个人防火墙更强的控制功能和更高的性能。不仅支持 Windows 系统，而且多数都支持 UNIX 或 Linux 系统，如十分著名的 Check Point FireWall、Microsoft ISA Server 等。

软件防火墙与硬件防火墙相比在性能上和抗攻击能力上都比较弱，如果所在的网络环境中攻击频度不是很高，用软件防火墙就能满足要求。但如果是较大型的网络，就需要硬件防火墙来进行保护了。

## 6.4.2 包过滤防火墙

包过滤防火墙是用一个软件查看所流经的数据包的包头（Header），由此决定整个包的命运。它可能会决定丢弃这个包，可能会接受这个包（让这个包通过），也可能执行其他更复杂的动作。

在 Linux 系统下，包过滤功能是内建于核心的（作为一个核心模块，或者直接内建），同时还有一些可以运用于数据包之上的技巧，不过最常用的依然是查看包头以决定包的命运。

包过滤是一种内置于 Linux 内核路由功能之上的防火墙类型，其防火墙工作在网络层。包过滤防火墙的工作层次如图 6.4 所示。

**1．工作原理**

包过滤防火墙的工作原理可以分为以下几个方面。

（1）使用过滤器。

数据包过滤用在内部主机和外部主机之间，过滤系统是一台路由器或是一台主机。当执行数据包时，过滤规则用来匹配数据包内容以决定哪些包被允许和哪些包被拒绝。当拒绝流量时，可以采用两个操作：通知流量的发送者其数据将丢弃，或者没有任何通知直接丢弃这些数据。

包过滤防火墙能过滤以下类型的信息：

防火墙技术

① 第 3 层的源和目的地址。

② 第 3 层的协议信息。

③ 第 4 层的协议信息。

④ 发送或接收流量的端口号。

数据包过滤是通过对数据包的 IP 头和 TCP 头或 UDP 头的检查来实现的，在 TCP/IP 中存在着一些标准的服务端口号，例如 HTTP 的端口号为 80。通过屏蔽特定的端口可以禁止特定的服务。包过滤系统可以阻塞内部主机和外部主机或另外一个网络之间的连接，例如可以阻塞一些被视为是有敌意的或不可信的主机或网络连接到内部网络中。

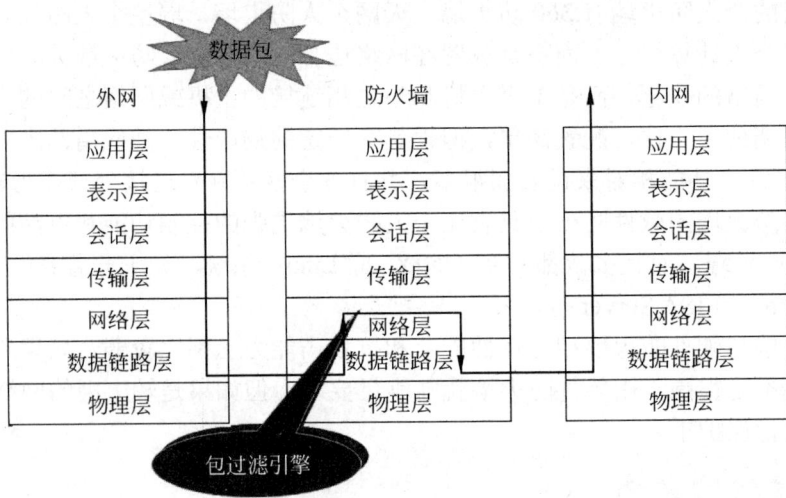

图 6.4  包过滤防火墙的工作层次

（2）过滤器的实现。

数据包过滤一般使用过滤路由器来实现，这种路由器与普通的路由器有所不同。普通的路由器只检查数据包的目标地址，并选择一个达到目的地址的最佳路径。它处理数据包是以目标地址为基础的，存在着两种可能性：若路由器可以找到一个路径到达目标地址则发送出去；若路由器不知道如何发送数据包，则通知数据包的发送者"数据包不可达"。

过滤路由器会更加仔细地检查数据包，除了决定是否有到达目标地址的路径外，还要决定是否应该发送数据包。应该与否是由路由器的过滤策略决定并强行执行的。

（3）包过滤器操作过程。

包过滤器操作的基本过程如图 6.5 所示。下面做个简单的叙述。

① 包过滤规则必须被包过滤设备端口存储在安全策略设置里。

② 当包到达端口时，对包报头进行语法分析。大多数包过滤设备只检查 IP、TCP 或 UDP 报头中的字段。

③ 包过滤规则以特殊的方式存储。应用于包的规则的顺序与包过滤器规则存储顺序必须相同。

④ 若一条规则阻止包传输或接收，则此包便不符合条件，并被丢弃。

⑤ 若一条规则允许包传输或接收，则此包便符合条件，可以被继续处理。

⑥ 符合条件的包将检查路由信息并被转发出去。

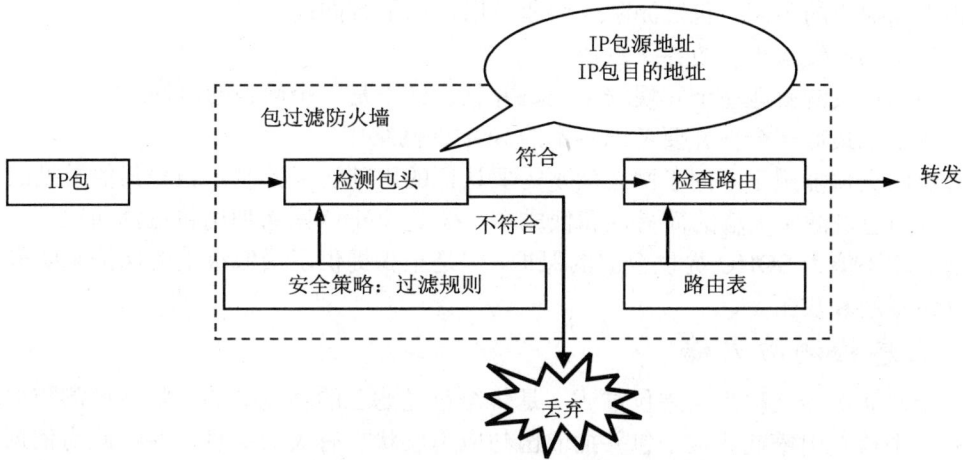

图 6.5　包过滤器操作过程

**2．包过滤技术的优缺点**

包过滤型防火墙具有以下优点：

（1）处理包的速度比代理服务器快，过滤路由器为用户提供了一种透明的服务，用户不用改变客户端程序或改变自己的行为。

（2）实现包过滤几乎不再需要费用（或极少的费用），因为这些特点都包含在标准的路由器软件中。

（3）包过滤路由器对用户和应用来讲是透明的。

包过滤型防火墙存在以下缺点：

（1）防火墙的维护比较困难，定义数据包过滤器会比较复杂，因为网络管理员需要对各种 Internet 服务、包头格式及每个域的意义有非常深入的理解，才能将过滤规则集尽量定义的完善。

（2）只能阻止一种类型的 IP 欺骗，即外部主机伪装内部主机的 IP，对于外部主机伪装其他可信任外部主机的 IP 却不可阻止。

（3）任何直接经过路由器的数据包都有被用做数据驱动攻击的潜在危险。

（4）一些包过滤网关不支持有效的用户认证。

（5）不可能提供有用的日志，日志功能被局限在第 3 层和第 4 层的信息。例如，不能记录封装在 HTTP 传输报文中的应用层数据，这使用户发觉网络受攻击的难度加大，也就谈不上根据日志进行网络的优化、完善及追查责任。

（6）随着过滤器数目的增加，路由器的吞吐量会下降。

（7）IP 包过滤器无法对网络上流动的信息提供全面的控制。

（8）允许外部网络直接连接到内部网络的主机上，易造成敏感数据的泄露。

虽然包过滤防火墙有上述缺点，但是在管理良好的小规模网络上，它能够正常的发挥其作用。一般情况下，人们不单独使用包过滤网关，而是将它和其他设备（如堡垒主机等）

联合使用。

### 3．包过滤防火墙的使用

因为上面缺点的限制，包过滤防火墙通常用在以下方面：

（1）作为第一线防御（边界路由器）。

（2）当用包过滤就能完全实现安全策略并且认证不是一个问题的时候。

（3）在要求最低安全性并要考虑成本的 SOHO 网络中。

包过滤防火墙能用于不同子网之间不需要认证的内部访问控制。当和其他类型的防火墙相比，因为包过滤防火墙的简易性和低成本，很多 SOHO 网络使用包过滤防火墙。虽然包过滤防火墙不能为 SOHO 提供全面的保护，但是至少提供了最低级别的保护来防御很多类型的网络威胁和攻击。

## 6.4.3 状态检测防火墙

状态检测防火墙又称为动态包过滤，是传统包过滤上的功能扩展。状态检测防火墙在网络层有一个检查引擎截获数据包并抽取出与应用层状态有关的信息，并以此为依据决定对该连接是接受还是拒绝。这种技术提供了高度安全的解决方案，同时具有较好的适应性和扩展性。

### 1．状态检测防火墙的基本原理

状态检测防火墙一般也包括一些代理级的服务，它们提供附加的对特定应用程序数据内容的支持。状态检测技术最适合提供对 UDP 协议的有限支持。它将所有通过防火墙的 UDP 分组均视为一个虚连接，当反向应答分组送达时就认为一个虚拟连接已经建立。状态检测防火墙克服了包过滤防火墙和应用代理服务器的局限性，不仅仅检测 to 和 from 的地址，而且不要求每个访问的应用都有代理。

状态检测防火墙工作于传输层，与包过滤防火墙相比，状态检测防火墙判断允许还是禁止数据流的依据也是源 IP 地址、目的 IP 地址、源端口、目的端口和通信协议等。与包过滤防火墙不同的是，状态检测防火墙是基于会话信息做出决策的，而不是包的信息。状态检测防火墙摒弃了包过滤防火墙仅考查数据包的 IP 地址等几个参数，而且不关心数据包连接状态变化的缺点，在防火墙的核心部分建立状态连接表，并将进出网络的数据当成一个个的会话，利用状态表跟踪每一个会话状态。状态监测对每一个包的检查不仅根据规则表，更考虑了数据包是否符合会话所处的状态，因此提供了完整的对传输层的控制能力。

### 2．状态检测包过滤器操作过程

状态检测包过滤器操作的基本过程如图 6.6 所示。下面做个简单的叙述。

（1）包过滤规则必须被存储在安全策略设置里。

（2）当包到达端口时，对包报头进行语法分析，同时在会话连接状态缓存表中保持一个状态。

（3）数据包还要和会话连接状态缓存表中的会话所处的状态进行对比，符合规则的才算检测通过。

（4）若一条规则阻止包传输或接收，则此包便不符合条件，并被丢弃。

（5）若一条规则允许包传输或接收，则此包便符合条件，可以被继续处理。

（6）符合条件的包将检查路由信息并被转发出去。

状态检测防火墙保持对连接状态的跟踪：连接是否处于初始化、数据传输或终止状态。当想拒绝来自外部设备的连接初始化，但允许用户和这些设备建立连接并允许响应通过状态防火墙返回时，这种防火墙很有用。

从传输层的角度看，状态防火墙检查第 3 层数据包头和第 4 层报文头中的信息。例如，查看 TCP 头中的 SYN、RST、ACK、FIN 和其他控制代码来确定连接的状态。

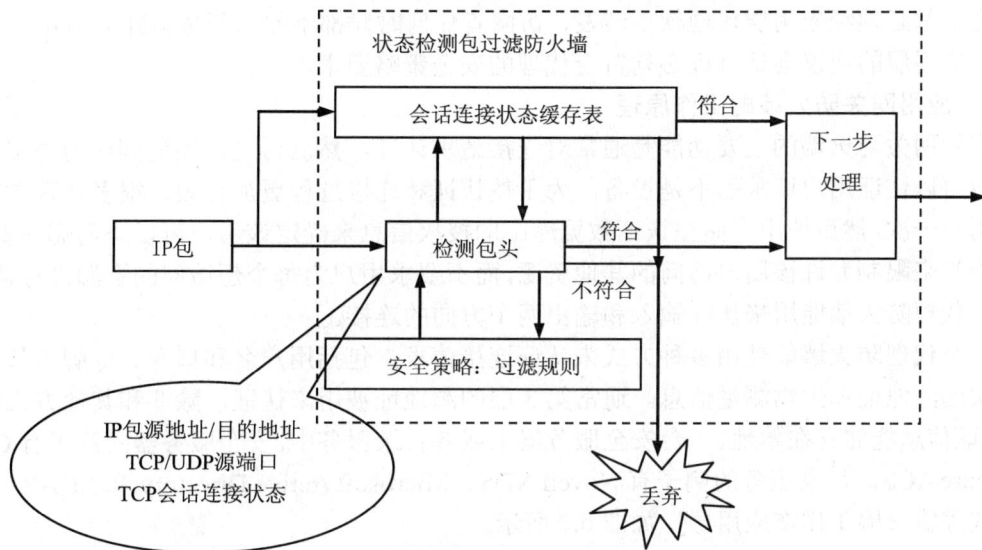

图 6.6　状态检测防火墙的工作原理

### 3．状态检测防火墙优缺点

状态检测防火墙具有以下优点：

（1）具有检查 IP 包的每个字段的能力，并遵从基于包中信息的过滤规则。

（2）知道连接的状态。

（3）无须打开很大范围的端口以允许通信。

（4）比包过滤防火墙阻止更多类型的 DoS 攻击，并有更丰富的日志功能。

状态检测防火墙具有以下缺点：

（1）所有这些记录、测试和分析工作可能会造成网络连接的某种迟滞，特别是在同时有许多连接激活或是有大量的过滤网络通信的规则存在时，维护状态表的开销会非常大。

（2）可能很复杂，不易配置。

（3）不能阻止应用层的攻击。

（4）不支持用户的连接认证。

（5）不是所有的协议都包含状态信息。

（6）一些应用会打开多个连接，其中的一些为附加连接，使用动态端口号，这样记录状态比较困难。

### 4．状态检测防火墙的使用

状态检测防火墙通常用在以下方面：

（1）作为防御的主要方式。

（2）作为防御第一线的智能设备（带状态能力的边界路由器）。

（3）在需要比包过滤更严格的安全机制，而不用增加太多成本的情况下。

### 6.4.4 应用网关（代理）防火墙

应用网关防火墙通常也称为代理防火墙，代理防火墙彻底隔断内网与外网的直接通信，内网用户对外网的访问变成防火墙对外网的访问，然后再由防火墙转发给内网用户。所有通信都必须经应用层代理软件转发，访问者任何时候都不能与服务器建立直接的 TCP 连接，应用层的协议会话过程必须符合代理的安全策略要求。

#### 1. 应用网关防火墙的工作原理

应用网关防火墙的主要功能是通常对连接请求认证，然后再允许流量到达内外资源。这使得可以认证用户请求而不是设备。为了使认证和连接过程更加有效，很多代理防火墙认证用户一次，然后使用存储在认证数据库中的授权信息来确定该用户可以访问哪些资源。通过授权来限制允许该用户访问的其他资源，而不要求用户为每个想访问的资源进行认证。同时，代理防火墙能用来认证输入和输出两个方向的连接。

一个代理防火墙能使用多种方式来认证连接请求，包括用户名和口令、令牌卡信息、第 3 层的源地址和生物测量信息。通常第 3 层的源地址被用来认证，除非和其他方式相结合。认证信息能储存在本地、一台安全服务器上或者目录服务中。安全服务器的例子有 Cisco 的 Secure ACS，目录服务的例子有 Novell NDS、Microsoft Active Directory 和 LDAP。

代理防火墙工作在应用层，如图 6.7 所示。

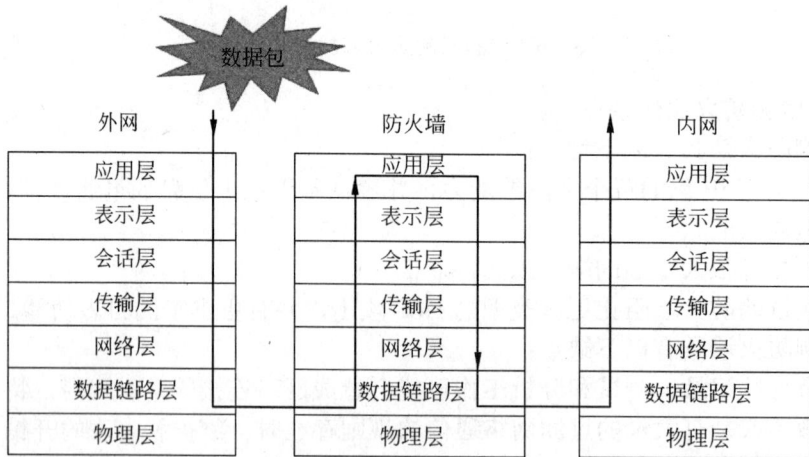

图 6.7 代理防火墙的工作层次

#### 2. 应用网关防火墙的优缺点

同包过滤和状态防火墙相比，应用网关防火墙具有下列优点：
（1）认证个人，而不是设备。
（2）黑客几乎没有时间来进行欺骗和实施 DoS 攻击。
（3）能监控和过滤应用层数据。
（4）能提供详细的日志。
应用网关防火墙能认证试图访问内部资源的个人。能监控连接上的所有数据，这能检测应用攻击，甚至能基于认证和授权信息控制允许用户执行哪些命令和功能。可以生成非常详细的日志。能监控用户正在通过连接发送的实际数据。

应用网关防火墙具有下列缺点：

（1）难于配置。

（2）处理速度非常慢。

（3）不能支持大规模的并发连接。

由于每个应用都要求单独的代理进程，这就要求网管能理解每项应用协议的弱点，并能合理的配置安全策略。由于配置烦琐，难于理解，容易出现配置失误，最终影响内网的安全防范能力。

断掉所有的连接，由防火墙重新建立连接，理论上可以使应用网关防火墙具有极高的安全性。但是实际应用中并不可行，因为对于内网的每个 Web 访问请求，应用网关都需要开一个单独的代理进程，建立一个个的服务代理，它要保护内网的 Web 服务器、数据库服务器、文件服务器、邮件服务器及业务程序等，以处理客户端的访问请求。这样，应用网关的处理延迟会很大，内网用户的正常 Web 访问不能及时得到响应。

总之，应用网关防火墙不能支持大规模的并发连接，在对速度敏感的行业使用这类防火墙时简直是灾难。另外，防火墙核心要求预先内置一些已知应用程序的代理，使得一些新出现的应用在代理防火墙内被无情地阻断，不能很好地支持新应用。

**3．应用网关防火墙的使用**

与包过滤和状态检测防火墙相比，应用防火墙增加了智能功能，所以通常用在以下地方：

（1）作为主要的过滤功能设备。

（2）作为边界防御设备。

（3）一台应用代理用来日志过载，以及监控和记录其他类型的流量。

在 IT 领域中，新应用、新技术、新协议层出不穷，应用网关防火墙很难适应这种局面。因此，在一些重要的领域和行业的核心业务应用中，应用网关防火墙正被逐渐疏远。

但是，自适应代理技术的出现让应用代理防火墙技术出现了新的转机，它结合了代理防火墙的安全性和包过滤防火墙的高速度等优点，在不损失安全性的基础上将代理防火墙的性能提高了 10 倍。

# 6.5 防火墙硬件平台的发展

## 6.5.1 x86 平台

x86 是一个 Intel 通用计算机系列的标准编号缩写，也标识一套通用的计算机指令集合。x 与处理器没有任何关系，它是一个对所有 x86 系统的简单的通配符定义，例如 i386、586、奔腾。由于早期 Intel 的 CPU 编号都是用 8086、80286 来编号，整个系列的 CPU 都是指令兼容的，因此都用 x86 来标识所使用的指令集合，如今的奔腾、赛扬、酷睿系列都是支持 x86 指令系统的，所以都属于 x86 家族。

x86 指令集是美国 Intel 公司为其第一块 16 位 CPU（i8086）专门开发的。美国 IBM 公司于 1981 年推出的世界上第一台计算机中的 CPU 使用的也是 x86 指令，同时计算机中为提高浮点数据处理能力而增加的 x87 芯片系列数学协处理器则另外使用 x87 指令，以后就将 x86 指令集和 x87 指令集统称为 x86 指令集。虽然随着 CPU 技术的不断发展，Intel 陆续研制出更新型的 i80386、i80486 直到后来的 Pentium 4（以下简称为 P4）系列，但为了保证计算机能继续运行以往开发的各类应用程序以保护和继承丰富的软件资源，Intel 公司所生产的所有 CPU 仍然继续使用 x86 指令集，它的 CPU 仍属于 x86 系列。

另外，除 Intel 公司之外，AMD 和 Cyrix 等厂家也相继生产出能使用 x86 指令集的 CPU。由于这些 CPU 能运行所有的为 Intel CPU 所开发的各种软件，计算机业内人士就将这些 CPU 列为 Intel 的 CPU 兼容产品。由于 Intel x86 系列及其兼容 CPU 都使用 x86 指令集，因此就形成了今天庞大的 x86 系列及兼容 CPU 阵容。

最初的硬件防火墙都是基于 x86 架构。x86 架构采用通用 CPU 和计算机 I 总线接口，具有很高的灵活性和可扩展性，过去一直是防火墙开发的主要平台。其具有开发、设计门槛低，技术成熟等优点，曾经以其高灵活性和扩展性在百兆防火墙上获得过巨大的成功。但是，缺陷也是显而易见的，由于 x86 架构的硬件并非为了网络数据传输而设计，它对数据包的转发性能相对较弱，无法适应日益增长的网络性能要求。

由于国内安全厂商并不掌握 x86 架构的核心技术，其 BIOS 中存在着隐藏的漏洞，有可能影响防火墙的安全可靠性。而且 x86 的产业链条非常复杂，国内厂商在其中能发挥的影响力很有限，不利于国内信息安全产业的长期发展。

## 6.5.2 ASIC 平台

目前，在集成电路界 ASIC（Application Specific Integrated Circuit，专用集成电路）被认为是一种为专门目的而设计的集成电路，是指应特定用户要求和特定电子系统的需要而设计、制造的集成电路。ASIC 的特点是面向特定用户的需求，ASIC 在批量生产时与通用集成电路相比具有体积更小、功耗更低、可靠性提高、性能提高、保密性增强、成本降低等优点。

ASIC 分为全定制和半定制。全定制设计需要设计者完成所有电路的设计，因此需要大量人力、物力，灵活性好，但开发效率低下。如果设计较为理想，全定制能够比半定制的 ASIC 芯片运行速度更快。半定制使用库里的标准逻辑单元，设计时可以从标准逻辑单元库中选择 SSI（门电路）、MSI（如加法器、比较器等）、数据通路（如 ALU、存储器、总线等）、存储器甚至系统级模块（如乘法器、微控制器等）和 IP 核，这些逻辑单元已经布局完毕，设计者可以较方便地完成系统设计。

相比之下，ASIC 防火墙通过专门设计的 ASIC 芯片逻辑进行硬件加速处理。ASIC 通过把指令或计算逻辑固化到芯片中，获得了很高的处理能力，因而明显提升了防火墙的性能。新一代的高可编程 ASIC 采用了更灵活的设计，能够通过软件改变应用逻辑，具有更广泛的适应能力。但是，ASIC 的缺点也同样明显，它的灵活性和扩展性不够，开发费用高，开发周期太长，一般耗时接近两年。

虽然研发成本较高，灵活性受限制，无法支持太多的功能，但其性能具有先天的优势，非常适合应用于模式简单、对吞吐量和时延指标要求较高的电信级大流量的处理。目前，NetScreen 在 ASIC 防火墙领域占有优势地位，而我国的首信也推出了我国基于自主技术的 ASIC 千兆防火墙产品。

### 6.5.3　NP 平台

根据国际网络处理器会议的定义：网络处理器（Network Processor，NP）是一种可编程器件，它特定地应用于通信领域的各种任务，如包处理、协议分析、路由查找、防火墙、QoS 等。

网络处理器器件内部通常由若干个微码处理器和若干硬件协处理器组成，且多个微码处理器在 NP 内部并行处理，通过预先编制的微码来控制处理流程。对于某些复杂的标准操作，如内存操作、路由表查找算法、QoS 的拥塞控制算法、流量调度算法等，则采用硬件协处理器来进一步提高处理性能，从而实现了业务灵活性和高性能的有机结合。

目前 NP 主要用于网络骨干设备和网络接入设备，用来开发从网络第 2～第 7 层的各种服务和应用。目前采用 NP 处理分组交换的厂家，既有第一梯队的网络公司，如思科、北电和朗讯等公司；也有不少后起之秀，如华为、中兴等公司。

由于各厂商所专注的 NP 技术领域不同，决定了 NP 产品之间的差异。目前，国内多数安全厂商在 NP 技术上大都选择了 IBM 或 Intel 的 NP 技术。其实，具体选用哪种 NP 技术开发防火墙，因素有很多，包括所选 NP 技术的性能和成熟度，提供 NP 技术的厂商实力和重视程度，以及 NP 技术厂商可提供的支持力度及价格。

IBM 研发的 Power NP 系列芯片不仅支持多线程，且每个线程都有充足的指令空间，在一个线程里完成防火墙功能绰绰有余。其系列产品中以 NP4GS3 为代表，该芯片最高端口速率可达 OC-48（2488.32Mb/s），具有 4.5Mb/s 的报文处理能力和最大 4GB 的端口容量，并且其拥有 IBM 创新的带宽分配技术（BAT），是进行下一代系统设计的强大部件。而且，IBM 还为开发者提供了软件架构的解决方案和仿真平台，大大缩短了开发难度和周期。目前，已经有不少厂家采用 IBM 的芯片开发高端防火墙产品，如联想网御于 2003 年 10 月推出了国内第一款基于 NP 技术的千兆线速防火墙。2005 年，在解决了多项基于多 NP 协同工作的技术难题的基础上，联想网御成功推出了万兆级的超性能防火墙。

Intel 推出的 IXP2000 系列芯片支持微码开发，在性能上有了长足的提高，如 IXP2400 理论上最多可支持 2.5Gb/s 的应用，IXP2800 则支持 10Gb/s 以上的应用。其 SDK 开发包一般功能十分齐全，模块化很好，便于开发人员控制。不足的是，IXP2400 的每个微引擎仅能存储 4k×32 位的指令，比较适合开发路由器和交换机这类产品；IXP2800 的每个微引擎能存储 8k×32 位的指令，基本可以满足防火墙功能开发的需要，但是由于其性能提高带来了产品设计与应用复杂度的成倍提高，造成价格十分昂贵。此外，该系列产品的硬件查表功能比较弱，这对于防火墙这类需要大量查表操作的设备来讲是致命的弱点。

随着新一代网络的继续发展，NP 将更加倚重线速、智能化的包处理技术，而不仅仅是简单的基本性能，NP 技术的发展将直接影响到 NP 防火墙的发展。据业内专家调查分析，NP 技术将向着更高的性能、更多功能支持、多种技术并存和标准化等特征发展，基于 NP 的防火墙产品将随着 NP 的发展大步前行。

近年来，网络的传输速度每年翻一番，几年前的主干网速度是 1Gb/s，现在已经到了 10Gb/s 甚至提高到了 40Gb/s，网络处理器也必须满足这种变化。NP 性能的提高将直接推动防火墙性能的提高。

随着网络处理器在更多领域中的应用，网络处理器必须具有更多的功能支持，如深度内容处理和 IPV6 协议识别，以能适应防火墙等安全设备的需求。

NP 不是万能的，它并不会完全取代通用处理器和 ASIC 在网络设备中的应用。在对处理性能需求很高的高端设备中，ASIC 仍然具有很强的生命力，可以预见的是，在数据层面、控制层面和管理层，通用处理器、NP 和 ASIC 将各司其职，共同为防火墙应用提供灵活的服务。

总之，防火墙技术与 NP 技术开始紧密地联系在一起，NP 技术的变革将推动防火墙技术向着更高性能、更多功能及标准化的方向发展。

# 6.6　防火墙关键技术

## 6.6.1　访问控制

访问控制是策略和机制的集合，它允许对限定资源的授权访问。它也可保护资源，防止那些无权访问资源的用户恶意访问或偶然访问。然而，它无法阻止被授权组织的故意破坏。

按用户身份及其所归属的某预定义组来限制用户对某些信息项的访问，或限制对某些控制功能的使用。访问控制通常用于系统管理员控制用户对服务器、目录、文件等网络资源的访问。访问控制机制决定用户及代表一定用户利益的程序能做什么，以及做到什么程度。

访问控制是信息安全保障机制的核心内容，它是实现数据保密性和完整性机制的主要手段。它是对信息系统资源进行保护的重要措施，也是计算机系统中最重要和最基础的安全机制。访问控制包括三个要素，即主体、客体和控制策略。

防火墙上应用的访问控制技术是网络安全防范和保护的主要核心策略，它的主要任务是保证网络资源不被非法使用和访问。访问控制规定了主体对客体访问的限制，并在身份识别的基础上，根据身份对提出资源访问的请求加以控制。网络访问控制技术是对网络信息系统资源进行保护的重要措施，也是计算机系统中最重要和最基础的安全机制。

## 6.6.2　NAT

NAT（网络地址转换）被广泛应用于各种类型的 Internet 接入方式和各种类型的网络中。原因很简单，NAT 不仅完美地解决了 IP 地址不足的问题，而且还能够有效地避免来自网络外部的攻击，隐藏并保护网络内部的计算机。

虽然 NAT 可以借助于某些代理服务器来实现，但考虑到运算成本和网络性能，很多时候都是在路由器和防火墙上来实现。

随着接入 Internet 的计算机数量的不断猛增，IP 地址资源也就越加显得捉襟见肘。事实上，除了中国教育网（CERNET）外，一般用户几乎申请不到整段的 C 类 IP 地址。在其他 ISP 那里，即使是拥有几百台计算机的大型局域网用户，当他们申请 IP 地址时，所分配的地址也不过只有几个或十几个 IP 地址。显然，这样少的 IP 地址根本无法满足网络用户的需求，于是也就产生了 NAT 技术。

借助于 NAT，私有（保留）地址的内部网络通过防火墙发送数据包时，私有地址被转换成合法的 IP 地址, 一个局域网只需使用少量 IP 地址 (甚至是一个) 即可实现私有地址网络内所有计算机与 Internet 的通信需求。

NAT 将自动修改 IP 报头的源 IP 地址和目的 IP 地址, IP 地址校验则在 NAT 处理过程中自动完成。有些应用程序将源 IP 地址嵌入到 IP 报文的数据部分中, 所以还需要同时对报文进行修改, 以匹配 IP 头中已经修改过的源 IP 地址; 否则, 在报文数据分别嵌入 IP 地址的应用程序就不能正常工作。

NAT 的实现方式有三种, 即静态转换 (Static Nat)、动态转换 (Dynamic Nat) 和端口地址转换 (Port Address Translation, PAT)。

(1) 静态转换是指将内部网络的私有 IP 地址转换为公有 IP 地址时, IP 地址对是一对一的, 是一成不变的, 某个私有 IP 地址只转换为某个公有 IP 地址。借助于静态转换, 可以实现外部网络对内部网络中某些特定设备 (如服务器) 的访问。

(2) 动态转换是指将内部网络的私有 IP 地址转换为公有 IP 地址时, IP 地址对是不确定的, 是随机的, 所有被授权访问上 Internet 的私有 IP 地址可随机转换为任何指定的合法 IP 地址。也就是说, 只要指定哪些内部地址可以进行转换, 以及用哪些合法地址作为外部地址时, 就可以进行动态转换。动态转换可以使用多个合法外部地址集。当 ISP 提供的合法 IP 地址略少于网络内部的计算机数量时, 可以采用动态转换的方式。

(3) 端口地址转换是指改变外出数据包的源端口并进行端口转换。采用端口地址转换方式时, 内部网络的所有主机均可共享一个合法外部 IP 地址实现对 Internet 的访问, 从而可以最大限度地节约 IP 地址资源。同时又可隐藏网络内部的所有主机, 有效避免来自 Internet 的攻击。因此, 目前网络中应用最多的就是端口地址转换方式。

在配置网络地址转换的过程之前, 首先必须搞清楚内部接口和外部接口, 以及在哪个外部接口上启用 NAT。通常情况下, 连接到用户内部网络的接口是 NAT 内部接口, 而连接到外部网络 (如 Internet) 的接口是 NAT 外部接口。在网络中的具体配置如图 6.8 所示。

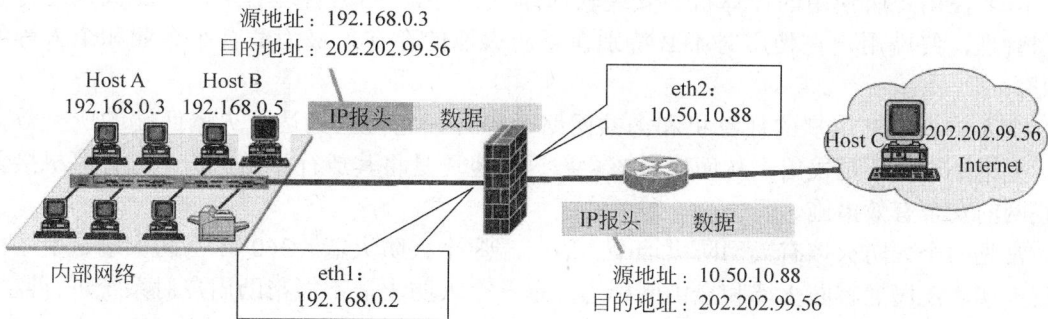

图 6.8　NAT 的配置

### 6.6.3　VPN

可以把 VPN (Virtual Private Network, 虚拟专用网络) 理解成是虚拟出来的企业内部专线。它可以通过加密的通信协议在 Internet 上建立一条位于不同地方的两个或多个企业内部网之间的通信线路，就好比是架设了一条专线一样，但是它并不需要真正的去铺设光缆之类的物理线路，在网络中的实现如图 6.9 所示。这就好比去电信局申请到了专线，但是不用给铺设线路的费用，也不用购买路由器等硬件设备。VPN 技术原是路由器具有的重要技术之一，目前在交换机、防火墙设备或 Windows 2003 等软件里也都支持 VPN 功能，VPN 的核心就是利用公共网络建立虚拟私有网。

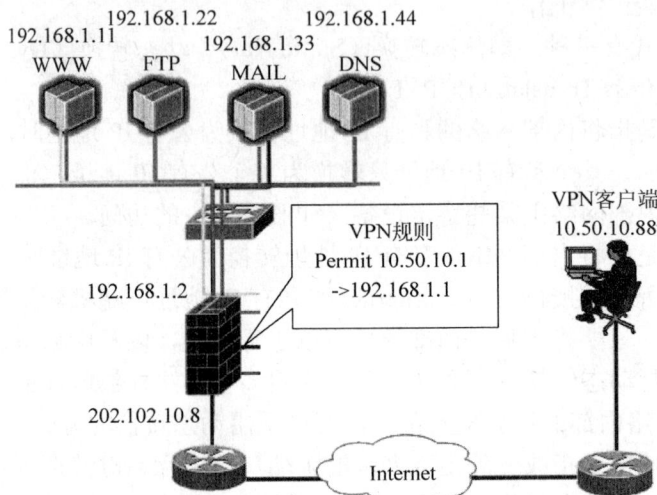

图 6.9　VPN 的实现

# 6.7　个人防火墙

个人防火墙，顾名思义是一种个人行为的防范措施，这种防火墙不需要特定的网络设备，只要在用户所使用的计算机上安装软件即可。 由于网络管理者可以远距离地进行设置和管理，终端用户在使用时不必特别在意防火墙的存在，极为适合小企业和个人等的使用。

个人防火墙把用户的计算机和公共网络分隔开，它检查到达防火墙两端的所有数据包，无论是进入还是发出，从而决定该拦截这个包还是将其放行，是保护个人计算机接入互联网的安全有效措施。

常见的个人防火墙有天网防火墙个人版、瑞星个人防火墙、360 木马防火墙、费尔个人防火墙、江民黑客防火墙和金山网标等。这些个人防火墙都能帮助用户对系统进行监控及管理，防止计算机病毒、流氓软件等程序通过网络进入用户的计算机或在用户未知情况下向外部扩散。这些软件都能够独立运行于整个系统中或针对个别程序、项目，所以在使用时十分方便及实用。

**1．个人防火墙的主要功能**

（1）网络数据包处理。

个人防火墙会检查所有通过的信息包中的包头信息，并按照用户所设定的安全过滤规则过滤信息包。如果防火墙设定某一 IP 为危险的话，从这个地址而来的所有信息都会被防火墙屏蔽掉。由此可见，个人防火墙核心技术是实现在 Windows 操作系统下的网络数据包拦截。

（2）安全规则设置。

防火墙的安全规则就是对计算机所使用的局域网、互联网的内制协议进行设置，使网络数据包处理模块可以根据设置对网络数据包进行处理，从而达到系统的最佳安全状态。个人防火墙软件的安全规则方式可分为两种：一种是定义好的安全规则。就是把安全规则定义成几种方案，一般分为低、中、高三种，这样不懂网络协议的用户也可以根据自己的需要灵活的设置不同的安全方案。还有一种就是用户自定义的安全规则。这需要用户在了解了网络协议的情况下，根据自己的安全需要对某个协议进行单独设置。

（3）日志。

日志是每个防火墙软件必不可少的主要功能，它记录着防火墙软件监听到发生的一切事件，如入侵者的来源、协议、端口、时间等。日志的实现比较简单，将监听到的事件信息写入文件即可。

**2．个人防火墙的设置**

个人防火墙一般都提供普通设置和高级设置两种。前者主要是提供给普通用户使用，而后者则是提供给对于网络安全有着相当了解的专业级用户使用。究竟选择哪一种取决于用户对自己的定位。

在普通设置中，个人防火墙提供几个档次选项。在最高选项的时候，个人防火墙将关闭所有端口的服务，其他人无法通过端口的漏洞来入侵用户的计算机，而且就算是计算机中已经存在有木马的客户端程序，也不会受到入侵者的控制。用户可以用浏览器访问 WWW，但无法使用 QQ、MSN 等软件。如果需要使用聊天类服务，或者安装有 FTP Server、HTTP Server 的话，那么请不要选择此选项。在选择中档选项的时候，个人防火墙将关闭所有 TCP 端口服务，但 UDP 端口服务还开放着，别人无法通过端口的漏洞来入侵计算机。这个选项阻挡了几乎所有的蓝屏攻击和信息泄露问题，而且不会影响普通网络软件的使用。在选择低档选项的时候，个人防火墙阻挡了某些常用的蓝屏攻击和信息泄露问题，但不能够阻挡后门、木马软件，所以不推荐使用。如果是高级用户，需要自定义配置的话，则需进入高级设置中进行配置。

在高级设置中，个人防火墙一般会提供许多具体的选项。考虑到复杂性问题，只对简单常见的选项进行介绍，其他选项可参考相应软件的使用说明来进行配置。

（1）禁止 ICMP 服务。

关闭时无法进行 PING 的操作，即别人无法用 PING 的方法来确定用户计算机的存在。当有 ICMP 数据流进入计算机时，除了正常情况外，一般是有人利用专门软件进攻用户计算机，这是一种在 Internet 上比较常见的攻击方式之一，主要分为 Flood 攻击和 Nuke 攻击两类。ICMP Flood 攻击通过产生大量的 ICMP 数据流以消耗计算机的 CPU 资源和网络的有效带宽，使得计算机服务不能正常处理数据，进行正常运作。ICMP Nuke 攻击通过 Windows 的内部安全漏洞，使得连接到互联网络的计算机在遭受攻击的时候出现系统崩溃的情况，不能再正常运作，也就是常说的蓝屏炸弹。该协议对于普通用户来说是很少使用到的，建议关掉此功能。

（2）禁止 IGMP 服务。

和 ICMP 差不多的协议，除了可以利用该协议发送蓝屏炸弹外，还会被后门软件利用。当有 IGMP 数据流进入计算机时，有可能是 DDOS 的宿主向计算机发送 IGMP 控制的信息，如果计算机上有 DDOS 的 Slave 软件，这个软件在接收到这个信息后将会对指定的网站发动攻击，这个时候计算机就成了黑客的帮凶。

（3）禁止 TCP 监听服务。

TCP 监听服务关闭时，计算机上所有的 TCP 端口服务功能都将失效。这是一种对付木马客户端程序的有效方法，因为这些程序也是一种服务程序，由于关闭了 TCP 端口的服务功能，外部几乎不可能与这些程序进行通信。而且，对于普通用户来说，在互联网上只是用于 WWW 浏览，关闭此功能不会影响用户的操作。但要注意，如果计算机要执行一些服务程序，如 FTP、HTTP 服务时，一定要使该功能正常。而且，如果用户用 ICQ 来接收文件，也一定要将该功能恢复正常，否则将无法收到别人的 ICQ 信息。另外，关闭了此功能后，也可以防止大部分的端口扫描。

（4）禁止 UDP 监听服务。

UDP 监听服务关闭时，计算机上所有的 UDP 服务功能都将失效。不过通过 UDP 方式进行蓝屏攻击比较少见，但有可能会被用来进行激活木马客户端程序。注意，如果用户使用了 ICQ，就不可以关闭此功能。

（5）禁用 NetBIOS 协议。

当有人在尝试使用微软公司网络共享服务端口（139 端口）连接计算机时，如果没有做好安全措施，可能会使该用户在自身不知道和未被允许的情况下，计算机里的私人文件在网络上被任何人在任何地方控制，进行打开、修改或删除等操作。将 NetBIOS 设置为失效时，计算机上所有共享服务功能都将关闭，其他用户在资源管理器中将看不到该用户计算机的共享资源。注意：如果在失效前，其他连接用户已经打开了该用户计算机上的资源，那么他仍然可以访问那些资源，直到他断开了这次连接。建议：在局域网中打开该功能，在互联网中关闭。

### 3．个人防火墙的安全记录

当运行了个人防火墙并且想检测一下它的效果的话，可以查看一下个人防火墙的安全记录。在安全记录中，个人防火墙会提供它所发现的所有进入计算机的数据流的来源 IP 地址、使用的协议、端口、针对数据进行的操作、时间等基本信息。如果需要更为详尽的解释的话，可以双击相应的记录来查看详细信息，从中可以获得大量的网络安全信息。

## 课 后 习 题

**一、选择题**

1．一个数据包过滤系统被设计成允许用户要求服务的数据包进入，而过滤掉不必要的服务。这属于（　　）基本原则。

    A．最小特权　　　　　　　B．阻塞点

    C．失效保护状态　　　　　D．防御多样化

2．针对数据包过滤和应用网关技术存在的缺点而引入的防火墙技术是（　　）防火

墙的特点。

    A．包过滤型　　　　　　　B．应用级网关型

    C．复合型防火墙　　　　　D．代理服务型

3．（　　）不属于传统防火墙的类型。

    A．包过滤　　　　　　　　B．远程磁盘镜像技术

    C．电路层网关　　　　　　D．应用层网关

4．在防火墙技术中，内网这一概念通常指的是（　　）。

    A．受信网络　　　　　　　B．非受信网络

    C．防火墙内的网络　　　　D．互联网

5．Internet 接入控制不能对付以下（　　）入侵者。

    A．伪装者　　　　　　　　B．违法者

    C．内部用户　　　　　　　D．外部用户

6．对网络层数据包进行过滤和控制的信息安全技术机制是（　　）。

    A．防火墙　　　　　　　　B．IDS

    C．Sniffer　　　　　　　　D．IPSec

7．下列不属于防火墙核心技术的是（　　）。

    A．包过滤技术　　　　　　B．NAT 技术

    C．应用代理技术　　　　　D．日志审计

8．应用代理防火墙的主要优点是（　　）。

    A．加密强度更高

    B．安全控制更细化、更灵活

    C．安全服务的透明性更好

    D．服务对象更广泛

9．防火墙最主要被部署在（　　）位置。

    A．网络边界　　　　　　　B．骨干线路

    C．重要服务器　　　　　　D．桌面终端

10．下列关于防火墙的错误说法是（　　）。

    A．防火墙工作在网络层　　B．对 IP 数据包进行分析和过滤

    C．重要的边界保护机制　　D．部署防火墙就解决了网络安全问题

11．防火墙能够（　　）。

    A．防范恶意的知情者　　　B．防范通过它的恶意连接

    C．防备新的网络安全问题　D．完全防止传送已被病毒感染的软件和文件

12．在一个企业网中，防火墙应该是（　　）的一部分，构建防火墙时首先要考虑其保护的范围。

    A．安全技术　　　　　　　B．安全设置

    C．局部安全策略　　　　　D．全局安全策略

13．包过滤型防火墙原理上是基于（　　）进行分析的技术。

    A．物理层　　　　　　　　B．数据链路层

    C．网络层　　　　　　　　D．应用层

14. 为了降低风险，不建议使用的 Internet 服务是（　　　）。

  A．Web 服务　　　　　　　　B．外部访问内部系统

  C．内部访问 Internet　　　　　D．FTP 服务

15. 对 DMZ 而言，正确的解释是（　　　）。

  A．DMZ 是一个真正可信的网络部分

  B．DMZ 网络访问控制策略决定允许或禁止进入 DMZ 通信

  C．允许外部用户访问 DMZ 系统上合适的服务

  D．以上 3 项都是

16. 对动态网络地址交换（NAT），不正确的说法是（　　　）。

  A．将很多内部地址映射到单个真实地址

  B．外部网络地址和内部地址一对一的映射

  C．最多可有 64 000 个同时的动态 NAT 连接

  D．每个连接使用一个端口

17. 以下（　　　）不是包过滤防火墙主要过滤的信息。

  A．源 IP 地址　　　　　　　　B．目的 IP 地址

  C．TCP 源端口和目的端口　　　D．时间

18. 防火墙用于将 Internet 和内部网络隔离，是（　　　）。

  A．防止 Internet 火灾的硬件设施

  B．网络安全和信息安全的软件和硬件设施

  C．保护线路不受破坏的软件和硬件设施

  D．起抗电磁干扰作用的硬件设施

19. 外部数据包经过过滤路由只能阻止（　　　）的 IP 欺骗。

  A．内部主机伪装成外部主机 IP　　　　B．内部主机伪装成内部主机 IP

  C．外部主机伪装成外部主机 IP　　　　D．外部主机伪装成内部主机 IP

20. 下面关于 DMZ 的说法错误的是（　　　）。

  A．通常 DMZ 包含允许来自互联网的通信可进入的设备，如 Web 服务器、FTP 服务器、SMTP 服务器、DNS 服务器等

  B．内部网络可以无限制地访问外部网络 DMZ

  C．DMZ 可以访问内部网络

  D．有两个 DMZ 的防火墙环境的典型策略是主防火墙采用 NAT 方式工作，而内部防火墙采用透明模式工作以减少内部网络结构的复杂程度

21. 包过滤防火墙工作在 OSI 网络参考模型的（　　　）。

  A．物理层　　　B．数据链路层　　　C．网络层　　　　D．应用层

22. 防火墙提供的接入模式不包括（　　　）。

  A．网关模式　　　B．透明模式　　　C．混合模式　　　D．旁路接入模式

二、填空题

1. 新型防火墙的设计目标是既有_____的功能，又能在_____进行代理，能从链路层到应用层进行全方位安全处理。

2. 防火墙只对符合安全策略的通信通过，也可以说具有_____性。

3．DMZ（Demilitarized Zone）的中文名称为_____，也称为_____。

4．DMZ在_____和_____之间构造了一个安全地带。

5．第一代防火墙是基于_____的防火墙；第二代防火墙是_____的防火墙；第三代防火墙是_____的防火墙；第四代防火墙是_____的防火墙。

6．NAT的实现方式有三种，即_____、_____和_____。

7．_____防火墙彻底隔断内网与外网的直接通信，内网用户对外网的访问变成防火墙对外网的访问，然后再由防火墙转发给内网用户。

8．网络边界保护中主要采用_____，为了保证其有效发挥作用，应当避免在内网和外网之间存在不经过其控制的其他通信连接。

9．防火墙虽然是网络层重要的安全机制，但是它对于_____缺乏保护能力。

三、简答题

1．防火墙的主要功能是什么？

2．防火墙的基本特性有哪些？

3．防火墙的主要缺点是什么？

4．DMZ网络访问控制策略有哪些？

5．防火墙的技术发展分为哪几代？

6．防火墙的种类有哪些？

7．包过滤防火墙的工作原理是什么？

8．包过滤技术的优缺点有哪些？

9．状态检测防火墙的优缺点有哪些？

10．防火墙硬件平台有哪些种类？各自的特点是什么？

11．你所知道的防火墙品牌有哪些？

12．应用代理防火墙怎样工作？

13．访问控制的功能主要有哪些？

14．个人防火墙的主要功能有哪些？

15．个人防火墙的高级设置中可以禁用哪些功能？

# 第7章 | 无线网络安全

无线网络的应用和普及是人类历史上最为重要的科技成果。经历了一百多年的发展，无线网络已经从初期的单一业务网络进化为当前涵盖各种无线通信技术、面向众多应用行业、提供多样化业务的智能化通信系统。利用它最终将实现任何人（Whoever）在任何时候（Whenever）、任何地点（Wherever）与任何人（Whomever）进行任何内容（Whatever）的通信。而在各种无线网络蓬勃发展的同时，它们所面临的安全与隐私问题也日益严峻，已经成为阻碍无线网络技术应用普及的关键问题。

## 7.1 无线网络安全概述

### 7.1.1 无线网络的分类

无线网络所采用的通信技术、覆盖规模及应用领域各不相同，因此存在多种分类方法。按照网络组织形式，可分为有结构网络和自组织网络。有结构网络具备固定的通信基础设施，负责无线终端的接入与认证，并提供网络服务，如无线蜂窝网和无线城域网等；自组织网络按照自发形式组网，不存在统一管理机制，各节点按照分布式策略来协同提供服务，包括移动 Ad Hoc 网络和传感器网络。相比较而言，由于缺乏网络架构和统一管理机制的支持，自组织网络（尤其是传感器网络）面临着更大的安全与隐私风险。按照覆盖范围、传输速率和用途的不同，无线网络又可以分为无线广域网、无线城域网、无线局域网和无线个人区域网。

（1）无线广域网（Wireless Wide Area Network，WWAN）。主要是指覆盖区域较大的蜂窝通信网络或卫星通信网络，可以实现远距离通信。代表技术有传统的 GSM 网络、GPRS 网络、3G 网络及 4G 网络。

（2）无线城域网（Wireless Metropolitan Area Network，WMAN）。指在城市中通过移动电话或车载电台进行通信的无线网络。它的服务区范围高达 50km。IEEE 为无线城域网推出了 802.16 标准。

（3）无线局域网（Wireless Local Area Networks，WLAN）。它是相当便利的数据传输系统，利用射频（Radio Frequency，RF）技术取代双绞铜线所构成的局域网络。

（4）无线个人区域网（Wireless Personal Area Network，WPAN）。一种小范围无线网，主要技术是 IEEE 802.11 和蓝牙，最大传输距离为 0.1～10m，最高数据传输速率为 10Mb/s。

### 7.1.2 WLAN 技术

WLAN 即采用无线传输介质的局域网，其主要目的是弥补有线局域网不便布线的不足，提高网络覆盖面积。WLAN 工作于 2.5GHz 或 5GHz 频段，是很便利的数据传输系统，它利用射频技术取代原有比较碍手的双绞铜线所构成的局域有线网络，使得 WLAN 能利用简单的存取架构让用户透过它。WLAN 是介于有线传输和移动数据通信网之间的一种技术，可提供给用户高速的无线数据通信。

WLAN 用户通过一个或多个无线接入器接入无线局域网。WLAN 最通用的标准是 IEEE 定义的 802.11 系列标准。由于 WLAN 是基于计算机网络与无线通信的技术，在计算机网络结构中，逻辑链路控制层（LLC）及其之上的应用层对不同物理层的要求可以相同，也可以不同，因此物理层和媒质访问控制层是 WLAN 标准的主要针对对象。在 WLAN 高速发展的同时，众多厂商和运营商非常关注的一个问题便是 WLAN 的标准，究竟 WLAN 最终会采取哪种技术作为主流标准直接影响到企业今后的决策走向。目前的 WLAN 产品所采用的技术标准主要有 Bluetooth、HomeRF、IrDA、IEEE 802.11 等。

**1. Bluetooth**

Bluetooth（蓝牙）是一个短距离的开放性无线通信标准，设计者的初衷是用隐形的连接线代替线缆。利用蓝牙技术能够有效地简化移动通信终端设备之间的通信，也能够成功地简化设备与 Internet 之间的通信，从而使数据传输变得更加迅速高效，为无线通信拓宽道路。蓝牙的目标和宗旨是保持联系，不靠电缆，拒绝插头，并以此重塑人们的生活方式。在发射带宽为 1MHz 时，其有效数据速率为 721kb/s，最高数据速度可达 1Mb/s。由于采用低功率时分复用方式工作发射，其有效传输距离大约为 10m，加上功率放大器时，传输距离可扩大到 100m。蓝牙数据在某个载频的某个时隙内传输，不同类型数据占用不同的信道。蓝牙不仅采用了跳频扩谱的低功率传输，而且还使用鉴权和加密等方法来提升通信的安全性。

蓝牙系统一般由天线单元、链路控制（固件）单元、链路管理（软件）单元和蓝牙软件单元 4 个功能单元组成。蓝牙技术支持两种连接方式：面向连接（SCO）方式，主要用于话音传输；无连接（ACL）方式，主要用于分组数据传输。

**2. HomeRF**

HomeRF（Radio Frequency）是专门为家庭用户设计的 WLAN 技术标准，是 IEEE 802.11 与 DECT 的结合，旨在降低语音数据成本。HomeRF 采用 FHSS（Frequency Hopping Spread Spectrum，跳频扩频）方式，可以同时使 4 个高质量的语音信道通信，可以使用 TDM（时分复用）进行语音通信，也可以通过 CSMA/CA 协议进行数据通信业务。

目前，HomeRF 标准工作频段为 2.4GHz，跳频带宽是 1MHz，最大传输速率是 2Mb/s。HomeRF 是对现在的无线通信标准的聚合和提升，数据通信时，使用 IEEE 802.11 规范中的 TCP/IP 传输协议；语音通信时，使用数字增强型无线通信标准。但是，HomeRF 也存在一些问题，如该标准与 802.11b 相互不兼容，并且使用了 802.11b 与蓝牙相同的频率段，因此在使用范围上有较大的限制，常用于家庭网络。

**3. IrDA**

IrDA（Infrared Data Association，红外线数据标准协会）是研究无线传输连接标准的国际非营利性机构，红外数据组织提出了利用红外线进行点对点通信的技术。IrDA 具有体积小、功率低等特点，适应设备移动的需求，而且 IrDA 成本低，传输数据速度快。在其他无线传输技术快速发展的同时，IrDA 也没有裹足不前。

IrDA 的传输速率由原来 FIR 标准（Fast Infrared）的 4Mb/s 提高到最新 VFIR 标准的 16Mb/s，接收角度也由传统的 30°扩展到 120°。然而，IrDA 也存在一些缺陷。首先，IrDA 是一种视距传输，传输过程中如果有障碍物阻挡，数据很容易传输失败。其次，红外线 LED 是红外数据组织设备的核心部件，然而它并不经久耐用，对于使用 IrDA 频率不高的设备而言并不会有太大影响，但是对于使用 IrDA 频率很高的设备来说就容易出现一些故障。

### 4. IEEE 802.11

IEEE 802.11 是在无线局域网领域内的第一个国际上被广泛认可的协议，其标准系列有 802.11a、802.11b、802.11d，一直到 802.11V。802.11 标准的不断完善推动着 WLAN 走向安全、高速、互联。

IEEE 802.11b 是无线局域网的一个标准，其载波的频率为 2.4GHz，传送速度为 11Mb/s。IEEE 802.11b 是所有无线局域网标准中最著名，也是普及最广的标准。它有时也被错误地标为 WiFi。实际上 WiFi 是无线局域网联盟（WLANA）的一个商标，该商标仅保障使用该商标的商品互相之间可以合作，与标准本身实际上没有关系。在 2.4-GHz-ISM 频段共有 14 个频宽为 22MHz 的频道可供使用。IEEE 802.11b 的后继标准是 IEEE 802.11g，其传送速度为 54Mb/s。

IEEE 802.11g 于 2003 年 7 月通过了第三种调变标准，其载波的频率为 2.4GHz（跟 802.11b 相同），原始传送速度为 54Mb/s，净传输速度约为 24.7Mb/s（跟 802.11a 相同）。802.11g 的设备与 802.11b 兼容。802.11g 是为了更高的传输速率而制定的标准，它采用 2.4GHz 频段，使用 CCK 技术与 802.11b 后向兼容，同时它又通过采用 OFDM 技术支持高达 54Mb/s 的数据流，所提供的带宽是 802.11a 的 1.5 倍。从 802.11b 到 802.11g，可以发现 WLAN 标准不断发展的轨迹：802.11b 是所有 WLAN 标准演进的基石，未来许多的系统大都需要与 802.11b 后向兼容；802.11a 是一个非全球性的标准，与 802.11b 后向不兼容，但采用 OFDM 技术，支持的数据流高达 54Mb/s，提供几倍于 802.11b/g 的高速信道，如 802.11b/g 提供非重叠信道可达 8～12 个。可以看出，在 802.11g 和 802.11a 之间存在与 WiFi 兼容性上的差距，为此出现了一种桥接此差距的双频技术——双模（Dual Band）802.11a+g（=b）；它较好地融合了 802.11a/g 技术，工作在 2.4GHz 和 5GHz 两个频段，服从 802.11b/g/a 等标准，与 802.11b 后向兼容，使用户简单连接到现有或未来的 802.11 网络成为可能。

总的来讲，IEEE 802.11 系列标准比较适于办公室中的企业无线网络，HomeRF 较适用于家庭中移动数据/语音设备之间的通信，而蓝牙技术则可以应用于任何可以用无线方式替代线缆的场合。目前这些技术还处于并存状态，从长远看，随着产品与市场的不断发展，它们将走向融合。表 7.1 是以上几种技术的对比。

表 7.1　常用无线技术对比

| 技术 | 最大数据速率 | 范围半径（米） | 成本 | 话音网络 | 数据网络 |
|---|---|---|---|---|---|
| IEEE 802.11b | 11Mb/s | 100～300 | 高 | 支持 | 支持 |
| 蓝牙 | 1Mb/s | 10～100 | 一般 | 支持 | 支持 |
| HomeRF | 11Mb/s | 50 | 一般 | 支持 | 支持 |
| IrDA | 16Mb/s | 2 | 一般 | 不支持 | 支持 |

### 7.1.3 无线网络存在的安全隐患

随着计算机无线网络的普及，计算机无线网络的实际应用中存在着各式各样的安全隐患，这些安全隐患严重地影响了人们对无线网络的应用和信任，给人们的生活、学习带来阻碍。下面具体分析计算机无线网络中存在的安全隐患。

**1．在无线网络具体应用中存在假冒攻击的隐患**

假冒攻击是计算机无线网络的应用中存在的一大安全隐患。假冒攻击指的是某个实体假装变成无线网络供另一个实体进行访问。假冒攻击是用来对某个安全防线入侵最常用的方法，会导致在无线信道中进行传输的身份信息随时遭遇窃听的危险。

**2．在无线网络具体应用中存在无线窃听的隐患**

由于人们所应用的计算机无线网络中所有的通信内容都是由无线信道传送出去的，这便造成这样一个现象：只要具有正确无线设备，所有具备相应设备的人都能从无线网络的无线信道所传送的信息中获取自己所需的信息，因此导致无线网络存在无线窃听的隐患。由于无线局域网是为全球统一公开的工业、医疗及科学行业服务的，因此无线局域网中的通信内容最容易被窃听。虽然无线局域网所具有的通信设备的发射功率并不是很高，但无线局域网所具备的通信距离却有限。

**3．在无线网络具体应用中存在信息篡改的隐患**

信息篡改是无线网络应用中最主要的安全隐患。所谓信息篡改指的是攻击者把自己所窃听到的全部信息或部分信息进行修改或删除等行为。另外，信息篡改者还会把篡改过的信息发送给原本该接收此信息的人。进行信息篡改只有两个目的：一是恶意破坏合法用户间的通信内容，阻止合法用户建立通信连接；二是攻击者把自己篡改过的信息发送给原本的信息接收者，从而致使接收者上当。

**4．在无线网络具体应用中存在重传攻击的隐患**

重传攻击指的是计算机无线网络的攻击者在窃听到信息一段时间后才把窃听到的信息发送给原本该接收此信息的人。重传攻击的主要目的是对曾经的有效信息在失效的情况下加以利用，从而达到攻击的目的。

**5．在无线网络具体应用中存在非法用户接入的隐患**

所有的 Windows 操作系统大多具备自动查找无线网络这个功能，因此对于那些安全级别低或是不设防的无线网络，只要黑客或未授权用户对无线网络有一般的基本认识，就能利用最普通的攻击或借助一些攻击工具来发现和接入到无线网络。一旦有非法用户接入网络，不仅会占用其他合法用户的带宽，而且有些非法用户还会恶意的更改无线网络的路由器设置，从而造成合法用户无法接入无线网络的现象，更有甚者还会入侵他人计算机窃取合法用户的相关信息。

**6．在无线网络具体应用中存在非法接入点的隐患**

由于无线局域网具有配置简单和访问简便的特点，因此导致任何用户的计算机都能利用自己的 AP，不经授权的接入网络。例如为了使用方便，有些企业员工常常会自己购买AP，不经允许就接入无线网络，这就是非法接入点，并且这些非法接入点只要是在无线信号覆盖的范围内，都能进入或连接企业网络，从而给企业带来巨大的安全风险。

无线网络安全

### 7.1.4 无线网络安全的关键技术

为了解决上述无线网络存在的隐患问题，各国研究机构和公司等已经投入大量的人力物力到无线网络安全的研究中。作为当今信息领域的研究热点和难点，无线网络安全涉及多个学科的交叉，包括密钥管理、安全路由、入侵检测等许多技术都需要深入的研究。其中，机密性保护、安全重编程、用户认证、信任管理、网络安全通信架构是影响无线网络成功实施的最为关键的安全技术，是许多安全业务的基础。

**1．机密性保护**

无线网络在实际应用过程中面临着严重的信息泄露或被篡改的危险。例如，在移动通信领域，手机通信信息可能被泄露；在军事领域，无线传感器被部署在重要区域进行监测，其收集的数据往往携带重要情报信息，如果数据被泄露或被篡改将带来严重威胁或决策失误；在医疗检测领域，使用无线传感器对病人的心率、血压等重要特征数据进行收集分析时，这些敏感信息可能被泄露。无线网络中数据泄露的威胁将严重影响无线网络的应用发展。因此，研究和解决机密性保护问题对无线网络的大规模应用具有重要意义。保证数据的机密性可以通过 WEP、TKIP 或 VPN 来实现。WEP 提供了机密性，但是这种算法很容易被破解。而 TKIP 使用了更强的加密规则，可以提供更好的机密性。

**2．安全重编程**

重编程指的是通过无线信道对整个网络进行代码镜像分发并完成代码安装，这是解决无线网络管理和维护的有效途径。因为无线网络通常布置在广阔并且环境恶劣的地方，如战场，攻击者可以利用重编程机制的漏洞发起一系列的攻击。例如，敌方可以通过注入伪造的代码镜像获取整个网络的控制权。安全重编程技术主要解决无线网络中代码更新的验证问题，其目的在于防止恶意代码的传播和安装。因此，安全重编程一直是一个研究热点。

**3．用户认证**

为了让具有合法身份的用户加入到网络并获取其预订的服务，同时能够阻止非法用户获取网络数据，确保无线网络的外部安全，要求网络必须采用用户认证机制来检验用户身份的合法性。用户认证是一种最重要的安全业务，在某种程度上所有其他安全业务均依赖于它。

对于无线网络的认证可以是基于设备的，通过共享的 WEP 密钥来实现。它也可以是基于用户的，使用 EAP 来实现。无线 EAP 认证可以通过多种方式来实现，如 EAP-TLS、EAP-TTLS、LEAP 和 PEAP。在无线网络中，设备认证和用户认证都应该实施，以确保最有效的网络安全性。用户认证信息应该通过安全隧道传输，从而保证用户认证信息交换是加密的。因此，对于所有的网络环境，如果设备支持，最好使用 EAP-TTLS 或 PEAP。

**4．信任管理**

作为对基于密码技术的安全手段的重要补充，信任管理在抵御无线网络中的内部攻击，鉴别恶意节点和自私节点，提高系统安全性、公平性、可靠性等方面有着显著的优势。以信任计算模型为核心的信任管理尤其对于没有构建网络基础设施的自组织网络来说，提供了一种新的有效的安全解决方案。

**5．网络安全通信架构**

网络通信架构包括网络接入协议及多种网络通信协议。无线网络应用领域多样性决定了其构成的复杂性。建设安全的无线网络离不开安全的网络通信架构。

# 7.2　WLAN 安全

由于无线媒体的开放性，窃听是无线通信常见的问题，使得无线网络的安全性比有线网络更受到关注。有线网络在一定程度上通过物理的方式限制对网络的访问。但是，如果没有慎重对待 WLAN 安全问题，入侵者便可以通过监听无线网络数据来获得未授权的访问。大多数 WiFi 认证的 802.11 a/b/g 无线网络设备提供 WEP、WPA/WPA2 加密。随着 WLAN 技术的快速发展，无线局域网市场、服务和应用的增长速度非常惊人，各级组织在选用 WLAN 产品时如何使用安全技术手段来保护 WLAN 中传输的数据，特别是重要数据的安全是非常值得考虑的问题，必须确保数据安全性。

网络的安全性主要体现在两个方面：数据加密，确保传送的数据只能被指定的用户所接收访问控制；保证敏感数据只能由授权用户进行访问。

## 7.2.1　WLAN 的访问控制技术

无线局域网具有的诸多优势显而易见，但无线局域网以无线电波为介质传输数据，传输范围易控制，为窃听者提供了可乘之机。因此，应该充分考虑其安全性，采用各种可能的安全技术。

### 1. SSID

SSID（服务集标识符）技术可将一个 WLAN 分为若干子网，这些子网必须经过独立的不同的身份验证，只有通过身份验证的用户才有接入目标子网的权限。SSID 是相邻的 AP（无线接入点）的区分标示，无线接入用户必须设定服务集标识符才能和 AP 通信。尝试连接到无线网络的系统在被允许进入之前必须提供 SSID，这是唯一标识网络的字符串。如果出示的 SSID 与 AP 的 SSID 不同，则 AP 将拒绝他通过本服务器上网。因此，SSID 是一个简单的口令，从而提供口令认证机制，实现一定的安全保障。但是，SSID 对于网络中所有用户都是相同的字符串，可以从每个信息包的明文里窃取到它，因此存在一定的安全漏洞。

### 2. MAC

MAC（Media Access Control，媒体访问控制）用来标识网络中独一无二的物理地址。在 WLAN 网络里，可以把其当作客户访问控制的源地址来使用。因为每一个网卡都有唯一的物理地址与其对应，使用媒体访问控制技术可在无线局域网的每个接入点加入一张有接入权限的用户的 MAC 地址列表，在请求接入目标网络时，如果 MAC 地址不属于列表清单，接入点将不允许其接入。虽然没有在 802.11 标准里得到定义，大多数无线设备制造商都给它们的产品增加了基于 MAC 地址的访问控制机制，以弥补 802.11 与生俱来的安全弱点。在使用这类机制的时候，网络管理员需要定义一个允许接入的客户 MAC 地址表，只有 MAC 地址被列在这个表里的客户系统才允许与相应的接入点建立连接。这对小型无线网络来说还算得上是一种灵活的访问控制机制，但因为它需要网络管理员追踪所有无线客户的 MAC 地址，在大型网络上就会是一种负担了。

MAC 地址并不能提供一种良好的安防机制，因为它很容易被探测和复制。攻击者只需简单地监控目标网络并等到某位合法用户成功地与接入点建立连接，就可以把他自己的 MAC 地址修改成与那位合法用户相匹配的 MAC 地址。

### 3. 端口访问控制

端口访问控制技术（802.1x）是由 IEEE 定义的，用于以太网和无线局域网中的端口访问与控制。802.1x 引入了 PPP（Point-to-Point Protocol）定义的扩展认证协议（Extensible Authentication Protocol，EAP），这些协议增强了网络的安全性。当无线工作站与接入点关联后，802.1x 的认证结果决定了可否使用接入点提供的服务。如果认证通过，该用户可以接入网络；如果认证失败，则不允许用户接入网络。802.1x 不仅具有端口访问控制能力，而且还具有基于用户的计费和认证系统功能，比较适用于无线接入解决方案。但是，802.1x 只使用用户名和口令作为用户认证参考，而用户名和口令在使用或认证过程中可能会泄漏，具有不安全的因素，而且无线接入点与服务器中间采用共享密钥进行认证，这些共享密钥属于静态手工管理，这种情况使得它的安全隐患更为严重。

## 7.2.2 WLAN 的数据加密技术

目前常用的加密方式有 WEP、WPA、WAPI。

### 1. WEP

WEP（Wired Equivalent Privacy，有线等效保密）协议可以保护无线局域网链路层数据安全。WEP 使用 64 位或 128 位密钥，使用 RC4 对称加密算法对链路层数据进行加密，从而防止非授权用户的监听及非法用户的访问。有线等效保密协议加密时采用的密钥是静态的，各无线局域网终端接入网络时使用的密钥是一样的。有线等效保密协议具有认证功能，当 WEP 加密启用后，客户端要连接到接入点时，AP 会发出一个 Challenge Packet 给客户端，客户端再利用共享密钥将此值加密后送回存取点以进行认证比对，只有正确无误才能获准存取网络的资源。无线对等保密是 802.11 标准下定义的一种安全机制，设计用于保护无线局域网接入点和网卡之间通过空气进行的传输。虽然 WEP 提供了 64 位或 128 位密钥，但是它仍然具有很多漏洞，因为用户共享密钥，当有一个用户泄漏密钥，将会对整个网络的安全性构成很大的威胁。而且由于 WEP 加密被发现有安全缺陷，可以在几分钟内被破解，因此现在的 WEP 已经不再是 WLAN 加密的主流方式。

### 2. WPA

WPA（WiFi Protected Access，WiFi 保护性接入）是继承了 WEP 基本原理而又解决了 WEP 缺点的一种新技术。WPA 的核心是 IEEE 802.1x 和 TKIP（临时密钥完整性协议），它属于 IEEE 802.11i 的一个子集。WPA 协议使用新的加密算法和用户认证机制，强化了生成密钥的算法，即使有不法分子对采集到的分组信息深入分析也于事无补，WPA 协议在一定程度上解决了 WEP 破解容易的缺陷。而 WPA2 是 WiFi 联盟发布的第二代 WPA 标准。WPA2 与后来发布的 802.11i 具有类似的特性，它们最重要的共性是预验证，即在用户对延迟毫无察觉的情况下实现安全快速漫游，同时采用 CCMP 加密包来替代 TKIP。WPA2 实现了完整的标准，但不能用在某些古老的网卡上。这两个协议都提供优良的安全能力，但也都有两个明显的问题：

（1）WPA 或 WPA2 一定要启动并且被选来代替 WEP 才有用，但是大部分的安装指引都把 WEP 列为第一选择。

（2）在家中和小型办公室中选用"个人"模式时，为了安全的完整性，所需的密钥一定要比 6～8 个字符的密码还长。

WPA 加密方式目前有 4 种认证方式：WPA、WPA-PSK、WPA2 和 WPA2-PSK。采用的加密算法有两种：AES 和 TKIP。

- WPA：WPA 加强了生成加密密钥的算法，因此即便收集到分组信息并对其进行解析，也几乎无法计算出通用密钥。WPA 中还增加了防止数据中途被篡改的功能和认证功能。
- WPA-PSK：WPA-PSK 适用于个人或普通家庭网络，使用预先共享密钥，密钥设置的密码越长，安全性越高。WPA-PSK 只能使用 TKIP 加密方式。
- WPA2：WPA2 是 WPA 的增强型版本，与 WPA 相比，WPA2 新增了支持 AES 的加密方式取代了以往的 RC4 算法。
- WPA2-PSK：与 WPA-PSK 类似，适用于个人或普通家庭网络，使用预先共享密钥，支持 TKIP 和 AES 两种加密方式。

一般在家庭无线路由器设置页面上选择使用 WPA-PSK 或 WPA2-PSK 认证类型即可，对应设置的共享密码尽可能长些，并且在经过一段时间之后更换共享密码，确保家庭无线网络的安全。

**3. WAPI**

WAPI（Wireless Authentication and Privacy Infrastructure，无线局域网鉴别与保密基础结构）是于 2003 年在中国 WLAN 国家标准 GB15629.11 中提出的针对有线等效保密协议安全问题的无线局域网安全处理方案。这个方案已经经过 IEEE 注册机构严格审核，并最终取得 IEEE 注册机构的认可，分配了用于 WAPI 协议的以太类型字段，这也是我国目前在该领域唯一获得批准的协议，同时也是中国无线局域网安全强制性标准。

与 WiFi 的单向加密认证不同，WAPI 双向均认证，从而保证传输的安全性。WAPI 安全系统采用公钥密码技术，鉴权服务器 AS 负责证书的颁发、验证与吊销等，无线客户端与无线接入点上都安装有 AS 颁发的公钥证书作为自己的数字身份凭证。当无线客户端登录至无线接入点时，在访问网络之前必须通过 AS 对双方进行身份验证。根据验证的结果，持有合法证书的移动终端才能接入持有合法证书的无线接入点。

2013 年，斯诺登曝光了美国棱镜门事件，同时也披露了美国包括 NSA、国土安全部、FBI、CIA 在内的十余家情报机构，通过与美国标准制定机构长期合作，将有明显技术缺陷的密码算法和安全机制方案埋入其主导并参与的国际标准，从而实施全球网络监控计划的技术标准控制路径。这为各国的网络与信息安全敲响了警钟，各国都开始重新审视 WiFi 安全性和美国阻击 WAPI 的真实用心，这也成为 WAPI 重获新生的机遇。

对于个人用户而言，WAPI 的出现最大的受益就是让自己的笔记本计算机从此更加安全。我们知道，无线局域网传输速度快，覆盖范围广，因此它在安全方面非常脆弱。因为数据在传输的过程中都暴露在空中，很容易被别有用心的人截取数据包。虽然 3COM、安奈特等国外厂商都针对 802.11 制定了一系列的安全解决方案，但总的来说并不尽人意，而且其核心技术掌握在别国人手中，他们既然能制定就一定有办法破解，所以在安全方面成了政府和商业用户使用 WLAN 的一大隐患。WiFi 加密技术经历了 WEP、WPA、WPA2 的演化，每一次都极大地提高了安全性和破解难度，然而由于其单向认证的缺陷，这些加密技术均已经被破解并公布。WPA 于 2008 年被破解，WPA2 则于 2010 年上半年被黑客破解并在网上公布。

而 WAPI 由于采用了更加合理的双向认证加密技术，比 802.11 更为先进，WAPI 采用国家密码管理委员会办公室批准的公开密钥体制的椭圆曲线密码算法和对称密钥体制的分组密码算法，实现了设备的身份鉴别、链路验证、访问控制和用户信息在无线传输状态下的加密保护。此外，WAPI 从应用模式上分为单点式和集中式两种，可以彻底扭转目前 WLAN 采用多种安全机制并存且互不兼容的现状，从根本上解决了安全问题和兼容性问题。所以我国强制性地要求相关商业机构执行 WAPI 标准能更有效地保护数据的安全。

## 7.2.3  WAPI 与 WiFi 的竞争

WAPI 是中国自主研发的，拥有自主知识产权的无线局域网安全技术标准。相比 WiFi，对于用户而言，WAPI 可以使笔记本计算机及其他终端产品更加安全。WAPI 的安全性虽然获得了包括美国在内的国际上的认可，但是一直都受到 WiFi 联盟商业上的封锁，一是宣称技术被中国掌握不安全，所谓的中国威胁论；二是宣称与现有 WiFi 设备不兼容。由于美国的阻击，WiFi 已主导市场。

市面上单纯应用 WAPI 安全协议标准的产品很少，无线路由器暂时没有，笔记本计算机只有联想、索尼和方正曾经推出过。在实际操作中，WAPI 一直处于未采用、边缘化的状态。实际上无线设备是可以同时支持 WiFi 和 WAPI 标准的，只需要软件上添加 WAPI 证书就可以了，不存在硬件成本或者所谓的分裂整个无线世界的问题。而采用有严重缺陷的 WiFi 标准建设将使国家公共基础设施网络存在极大的安全隐患和公共信息安全问题。

早在 2006 年，著名电信专家、北京邮电大学教授阚凯力就表示，WAPI 与 WiFi 的唯一区别就是在认证保密方面，WAPI 比 WiFi 强。虽然 WiFi 与 WAPI 不兼容，但应用 WAPI 标准的笔记本计算机或者其他终端产品可以自动切换并接收 WiFi 信号，拿到国外也一样。

WAPI 联盟的技术专家告诉记者，在国内全面推广 WAPI，并非需要购买单独的网卡才可以使用 WAPI。"只要英特尔愿意在网上公布迅驰笔记本的 WAPI 软件补丁或直接把驱动嵌入进操作系统中安装，迅驰笔记本或者采用 WiFi 标准的无线产品都可以应用 WAPI 标准的无线网络。"该专家表示，"这件事对于英特尔来说是轻而易举的事情。问题的关键是英特尔愿不愿意，而不是能不能。"

由于 WiFi 联盟的抵制，为了兼容他们生产的设备，即使支持 WAPI 的设备，事实上也仍然用的 WiFi 加密标准，因此 WAPI 也就成了摆设。例如，小米手机、iPhone 是支持 WAPI 加密信号的，但是真要用，需要无线路由器也按 WAPI 协议发射信号，否则在 WiFi 网络环境下，手机终端仍然执行 WiFi 协议，这也正是 WAPI 在国内没有存在感的原因。

WAPI 与 WiFi 的竞争早在 2004 年就开始了，2004 年中国曾宣布所有在华销售的国外厂商都要强制安装 WAPI，这一强制性的要求遭到英特尔等公司乃至美国政府的强烈抵制，随后，中国宣布这一要求无限期推迟。2005 年，法兰克福会议上美国人表示不会讨论 WAPI 问题（即 1N7506 提案），中国代表愤然退场。2006 年，国际标准化组织（ISO）压倒性的多数否决了 WAPI 成为国际标准的提议，IEEE 802.11i 完全胜出。不过，中国人并没有完全绝了念头，为了支持 WAPI，政府监管部门一直没有向任何一款带有 WiFi 的手机发放入网许可证，2009 年以前工信部明令禁止支持 WiFi 功能的手机在国内获得入网许可，洋品牌手机要想进入中国市场必须摘除 WiFi 模块或屏蔽该功能，成为被很多人戏称的"阉割版"手机，后来又采用了一种"市场扩张从而培育标准竞争力"的策略，要求以手机为主的设备生产商必须用"捆绑"的方式在接受 WiFi 的同时，也必须接受 WAPI。过去国外手机在中国销售（非水货）是不带 WiFi 功能的，以后带 WiFi 的话也要接纳 WAPI。2009 年 6 月，WAPI 首次获美、英、法等十余个国家成员的一致同意，将以独立文本形式推进为国际标准，同一时期 iPhone 手机顺利通过我国专门负责手机入网检测的"泰尔"实验室的检测，并报工信部电信管理局发放进网许可证。手机的 WiFi 功能在我国成为合法使用的标准。

在世界经济技术文化的综合竞争的大格局下，中国趁着自身影响力和国际地位上升的时候大力推行自己的标准，至少不用因专利等问题受制于人。WAPI 也好，WiFi 也罢，关键是尽快推广，让用户体验到它的好处和先进之处。

# 7.3  无线网络安全的防范措施

## 7.3.1  公共 WiFi 上网安全注意事项

在网上曾有人发帖声称"在星巴克、麦当劳，黑客只要用一台笔记本、一套无线热点和一个叫做 Wireshark 的软件，最少只要 15 分钟就能获取通过临时无线网络上网者的账号和密码"。国内某知名安全机构的工程师承认，这个真可以做到。其实，无论使用计算机、iPad，还是手机，只要通过 WiFi 上网，数据都有可能被控制这部 WiFi 设备的黑客计算机截获到，其实也未必一定是 Windows 系统，信息是有可能被窃取的，当然包括未经加密处理的用户名和密码信息。

一位荷兰记者讲述了亲身经历的黑客利用虚假接入点窃取用户个人信息的过程。整个获取信息过程的"简单"程度让人瞠目结舌。 据这位记者讲述，Wouter 是一名专门在人流密集的咖啡厅窃取上网用户个人信息的黑客。Wouter 首先会连上咖啡厅的 WiFi，利用局域网 ARP 就可以连接上咖啡馆里正在上网的设备，并拦截所有发送到周围笔记本、智能手机和平板计算机上的信号，随即设置出一个诱骗用户连接的虚假接入点名称，只等用户"蹭网"。对于不慎点进这个接入点的用户，他们的个人密码、个人身份信息、银行账户都能在短短几秒内被 Wouter 获取。不仅如此，Wouter 还可以用他手机上的 APP 去改变任意网站上特定的字来进行钓鱼攻击。

有新闻报道称余杭的周先生的银行卡在不到两天内竟交易 69 笔，6 万元不翼而飞。警方调查发现，这可能与他曾在公共场所连接 WiFi 有关。公共场所的 WiFi 按来源可分为两类：一种是商家提供的免费 WiFi；另一种是场内其他人搭建的 WiFi。商家的 WiFi 一般是用普通的无线路由器实现小范围的网络覆盖，并且公正网络验证密码，所有的顾客甚至周边的非顾客人群都能接入该网络。如果商家选择不设密码或者设密码但是采用 WEP 认证，则这种网络传输的数据基本是透明的，用户传输的数据很容易被同网络的黑客监听窃取。如果商家使用 WPA 或 WPA2 协议进行认证，数据传输是加密的，且每个用户的密钥不同，这种网络就会相对比较安全。但对于普通用户而言，很难判断网络的加密类型，所以如果在公共场所使用 WiFi，应尽量避免传输私密数据。

此外，有些商用 WiFi 在连接网络之前会跳转到账号登录页，要求用户输入手机号码，并通过短信验证下发上网账号密码，这一过程商家会记录用户的手机号码，可能导致二次广告推销行为，存在一定的消息泄露风险。

黑客在公共场所搭建一个免费的 WiFi 也很容易实现，只需要一部带无线热点发射的笔记本，或者是笔记本计算机和路由器，配合 3G/4G 上网卡就可以轻松实现。黑客可以搭建免费 WiFi，通过将 SSID 标识伪装成知名餐厅、咖啡厅类似的名称，并且不设密码来骗取用户连接。用户的数据在通过这种 WiFi 时会被监听和分析，账号密码若是明文传输则尽在黑客眼底。

更可怕的是，黑客还能通过 DNS 欺骗，让用户在访问网银、支付宝时跳转到虚假的钓鱼网站，通过网络钓鱼窃取到用户的支付账号和密码。黑客还可能利用手机系统漏洞、应用程序漏洞等直接获取用户的账号密码信息。

所以，当接入一个叫 Starbucks 的 WiFi 热点时，你无法完全认定这是星巴克提供的，还是"猩巴克"提供的，这也意味着公共场所的 WiFi 接入存在一定的安全隐患。

在接入公共 WiFi 前一定要注意以下事项。

**1．谨慎使用 WiFi**

官方机构提供的而且有验证机制的 WiFi，可以找工作人员确认后连接使用。其他可以直接连接且不需要验证或密码的公共 WiFi 风险较高，背后有可能是钓鱼陷阱，尽量不使用。

**2．避免使用网银**

除非能确认在一个非常安全的网络上，不然千万不要发送银行密码、信用卡号码、机密电子邮件，或是其他比较敏感的数据。如果在浏览器的底端右边看到有一个"锁"的图标，以及地址栏中的 URL 是以 https 开头，这样就能确定这些站点已经加密。使用公共场合的 WiFi 热点时，尽量不要进行网络购物和网银的操作，避免重要的个人敏感信息遭到泄露，甚至被黑客银行转账。

**3．养成良好习惯**

手机会把使用过的 WiFi 热点都记录下来，如果 WiFi 开关处于打开状态，手机就会不断向周边进行搜寻，一旦遇到同名的热点就会自动进行连接，存在被钓鱼风险。因此当进入公共区域后，尽量不要打开 WiFi 开关，或者把 WiFi 调成锁屏后不再自动连接，避免在自己不知道的情况下连接上恶意 WiFi。

**4．警惕钓鱼网站**

不少账户被盗的案例其实是因为访问了钓鱼网站。它们伪装成正规的银行页面或是支付页面，骗取用户所输入的账户名和密码，而这未必一定需要通过 WiFi 热点这种方式来实现，任何上网的方式都有可能上当。不过，公共的 WiFi 确实提供了植入钓鱼网站的潜力，利用 ARP 欺骗可以在用户浏览网站时植入一段 HTML 代码，使其自动跳转到钓鱼网站。从这个角度说，公共 WiFi 网络提供了一个便利的钓鱼环境。

避免被钓要注意使用安全。一方面，需要对别人发来的网络地址多留心，因为这个地址可能非常接近如淘宝、网上银行的域名地址，打开的页面也几乎和真实的页面完全一致，但实际用户进入的是一个伪装的钓鱼网站；另一方面，尽量选择具有安全认证功能的浏览器，这些浏览器能够自动提示打开的页面是否安全，避免进入钓鱼网站。对于智能手机用户，在下载和交易有关的客户端软件时尽量选择官方渠道下载，不要安装来路不明的客户端。

**5．安装安全软件**

不管在手机端还是计算机端都应安装安全软件。对于黑客常用的钓鱼网站等攻击手法，安全软件可以及时拦截提醒。如金山毒霸正在内测的"路由管理大师"功能，能有效防止家用路由器遭到攻击者劫持，防止网民上网"裸奔"。

**6．开启软件防火墙**

检查计算机的软件防火墙是否打开，以及 Windows 的文件共享特性是否已经关闭，在 Windows XP 的 SP2 中是默认关闭的。如果要检查这些设置，打开"控制面板"，选择 Windows 防火墙（如果是 XP 系统，首先要点击"安全中心"）。在 XP 系统中，选择"例外"选项卡，然后在"程序和服务"列表框中取消对"文件和打印机共享"复选框的勾选。

## 7.3.2　提高无线网络安全的方法

提高无线网络安全的方法有多种，针对不同的情况采用不同的方法，也可以多种方法相结合。

**1．使用高级的无线加密协议**

不要使用 WEP，大多数没有经验的黑客能够迅速地和轻松地突破 WEP 的加密。若使用 WEP，则立即升级到具有 802.1X 身份识别功能的 802.11i 的 WPA2（WiFi 保护接入）协议，有不支持 WPA2 的老式设备和接入点，要设法进行固件升级或者干脆更换设备。要破解 WPA2 协议需要很长的时间和复杂的配置，成功率也低很多。再结合其他的安全设置，可以提高网络的安全性。在设置加密方式时，可以使用 WPA2-PSK 加密。设置 PSK 可以降低拒绝服务攻击和防止外部探测。然而传统的 PSK 是共享给每个用户的，没法跟踪或对单独的来宾取消跟踪。但有些产品提供动态 PSK 给每个用户，如 Ruckus DPSK 和 Aerohive PPSK 可以解决这类问题。

**2．禁止非授权的用户联网**

无线网络和有线网络虽然都是计算机网络，但有很大的区别。无线网络是放射状的，不存在专有线路连接，比有线网络更容易识别和连接。因此，保障无线网络的安全比有线网络的安全更加困难。保证无线连接安全的关键是禁止非授权用户访问无线网络，即安全的接入点对非授权用户是关闭的，非授权用户将无法接入网络。

**3．禁用动态主机配置协议**

动态配置协议在很多网络中被普遍使用，给网络管理提供了便利条件，但会给网络带来安全风险，因此应该禁用动态主机配置协议。采用这个策略后，即使黑客能使用你的无线接入点，但不知道 IP 地址等信息，会增加黑客破解无线网络的难度。这样可以提高无线网络的安全性。

**4．禁止使用或修改 SNMP 的默认设置**

SNMP 是简单网络管理协议，如果无线接入点支持这个协议，那么应该禁用这个协议或修改初始配置，否则黑客可以利用这个协议获取无线网络的重要信息并进行攻击。

**5．尽量使用访问列表**

为了更好地保护无线网络，可以设置一个访问列表，使无线路由器只允许在规则内MAC值的设备进行通信，或者禁止黑名单中的 MAC 地址访问。启用 MAC 地址过滤，无线路由器会拦截禁止访问的设备所发送的数据包，将这些数据包丢弃。因此对于恶意攻击的主机，即使变换 IP 地址也无法进行访问。但这项功能并不是所有无线接入点都会支持，并且需要手动输入过滤的 MAC 值，工作量很大。支持访问列表功能的接入点设备可以利用简单文件传输协议（TFTP）定期自动地下载更新访问列表，从而减少管理人员的工作量。

**6．改变 SSID 号并且禁止 SSID 广播**

无线接入点的服务集标识（SSID）是无线接入的身份标识，是无线网络用于无线服务连接的一项功能，用户通过它连接到无线网络。为了能够连接成功并进行通信，无线路由器和访问设备必须使用相同的 SSID。这个身份标识是由通信设备制造企业出厂时设置的，都有其默认值。在使用出厂设置的默认值的情况下，在设备使用中无线路由器广播其 SSID号，任何在此设备覆盖范围内的无线访问设备都可以获得 SSID 信息，使用此 SSID 值对接入设备进行配置后，可以实现与无线路由器进行通信。黑客可以未经授权轻松连接无线网络。虽然大部分无线路由器都有禁用 SSID 广播功能，但仍需要将每个无线接入点设置一个唯一，并且难以推测的 SSID 值，同时禁止 SSID 广播。这样，无线网络就可以限制未授权的连接，只有知道 SSID 值的用户才能进行连接，而且功能使用正常，只是它不会出现在搜索到的名单中，需要手动设置来连接到无线网络。

**7．修改无线网络的管理账户和密码**

有很多用户在使用无线网络的时候自己修改了相关的安全设置，但是忽略了管理账户和密码的修改，这给网络安全带来了隐患。因此，在对无线网络安全设置的时候就要先对管理账号和密码进行修改。

**8．将 IP 地址和 MAC 地址绑定**

在设置安全策略时，可以使用静态 IP，并给 MAC 地址指定 IP 值，进行绑定，如 IP地址和 MAC 值不完全相同，设备会禁止访问，可以降低安全风险。

**9．修改接入点设备的接入 IP 地址**

路由器厂商在生产设备时会设置默认的 LAN 接入 IP 地址，很多设备的 LAN 接入 IP 是192.168.1.1 或 192.168.0.1，这样的接入 IP 如果不进行修改很容易被攻击者利用，通过嗅探和扫描很容易发现网络的漏洞。因此，在设置无线网络安全时，可以将这个 IP 地址修改成其他值，攻击者无法获取接入 IP，想攻击无线网络的难度增加。

**10．保护网络组件的物理安全**

计算机安全并不仅仅是最新的技术和加密，物理地保护网络组件的安全同样重要。要保证接入点放置在接触不到的地方，如假吊顶上面或者考虑把接入点放置在一个保密的地方，然后在一个最佳地方使用一个天线。如果不安全，有人会轻松来到接入点，并且把接入点重新设置到厂商默认值以开放这个接入点。

有了以上策略，无线网络可以放心安全的提供网络给用户、合作伙伴、客户，以及其他授权的来宾，而不用过多担心安全问题。

# 课 后 习 题

## 一、选择题

1. WLAN 利用（　　　）技术取代原有比较碍手的双绞铜线所构成的局域有线网络。
   A．射频　　　　　　　B．GSM　　　　　　　C．GPRS　　　　　　　D．蓝牙

2. 下面关于 SSID 说法不正确的是（　　　）。
   A．通过对多个无线接入点设置不同的 SSID，并要求无线工作站出示正确的 SSID 才能访问 AP
   B．提供了 40 位和 128 位长度的密钥机制
   C．只有设置为名称相同 SSID 值的计算机才能互相通信
   D．SSID 就是一个局域网的名称

3. WLAN 不适合应用在以下（　　　）场合。
   A．难以使用传统的布线网络的场所
   B．使用无线网络成本比较低的场所
   C．人员流动性大的场所
   D．保密性要求较高的网络

4. 无线个人区域网是一种小范围无线网，其最大传输距离为（　　　）。
   A．0.1～10m　　　B．1～100m　C．10～1000m　　　D．0.01～1m

5. IEEE 802.11b 是无线局域网的一个标准。其载波的频率为 2.4GHz，传送速度为（　　　）。
   A．54Mb/s　　　　　B．10Mb/s　　　　　C．100Mb/s　　　　D．11Mb/s

6. 以下不是目前常用的无线加密方式的是（　　　）。
   A．WEP　　　　　　　B．WLAN　　　　　　C．WPA　　　　　　　D．WAPI

## 二、填空题

1. 无线网络又可以分为无线广域网、无线城域网、_____ 和_____ 。

2. 无线网络按照网络组织形式可分为_____ 和_____ 。

3. WLAN 工作于_____ 或_____ 频段。

4. Bluetooth（蓝牙）的目标和宗旨是：保持联系，_____ ，_____ 。

5. Bluetooth（蓝牙）在发射带宽为 1MHz 时，其有效数据速率为_____ b/s，最高数据速度可达_____ b/s。

6. IEEE 802.11b 是无线局域网的一个标准。其载波的频率为_____ Hz，传送速度为_____ b/s。

7. WLAN 中常用的加密方式有 WEP、_____ 和_____ 。

8. WEP 使用_____ 位密钥或_____ 位密钥，使用_____ 对称加密算法对链路层数据进行加密，从而防止非授权用户的监听及非法用户的访问。

9. WPA 加密方式目前有 4 种认证方式：WPA、_____ 、WPA2、_____ 。采用的加密算法有两种：_____ 和_____ 。

10. WAPI 由于采用了更加合理的_____ 加密技术，比 802.11 更为先进。WAPI 采

无线网络安全

用国家密码管理委员会办公室批准的公开密钥体制的_____密码算法和对称密钥体制的_____密码算法。

### 三、简答题

1. 蓝牙系统一般由哪几个功能单元组成？
2. 无线网络存在哪些安全隐患？
3. 无线网络安全的关键技术有哪些？
4. 公共 WiFi 上网安全注意事项有哪些？
5. 提高无线网络安全的方法有哪些？

# 第8章  VPN 技术

## 8.1  VPN 概述

### 8.1.1  什么是 VPN

互联网的普及和信息通信技术的发展推动了信息的交流和沟通。在全球化经济浪潮的推动下,企业的生产经营组织逐步实现区域化,越来越多的企业逐步应用信息通信技术改变业务模式和管理模式。随着企业网应用的不断扩大,企业网的范围也不断扩大,从本地到跨地区、跨城市,甚至是跨国家的网络。目前很多单位都面临着这样的挑战:分公司、经销商、合作伙伴、客户和外地出差人员要求随时经过公用网访问公司的资源,这些资源包括公司的内部资料、办公 OA、ERP 系统、CRM 系统、项目管理系统等。但采用传统的广域网建立企业专网,往往需要租用昂贵的跨地区数字专线。同时 Internet 已遍布各地,物理上各地的 Internet 都是连通的,但 Internet 是对社会开放的,如果企业的信息要通过公众信息网进行传输,在安全性上存在着很多问题。那么,该如何利用现有的公众信息网建立安全的企业专有网络呢?为了解决上述问题,人们提出了虚拟专用网(Virtual Private Network,VPN)的概念。

VPN 利用隧道封装、信息加密、用户认证等访问控制技术在开放的公用网络传输信息。VPN 连接允许用户无论在家或是在路途中都可以通过如 Internet 的公网的路由基础设施以一种安全的形式连接到远程的内网服务器。在用户看来,VPN 连接就像是一个用户计算机与远程服务器的点到点的连接。网络间的介质对于用户来说是没有关系的,因为数据就像被传输在一个专用的连接上。VPN 技术同样允许一个公司通过公网(如 Internet)安全地连接分公司或是其他公司。通过 Internet 的 VPN 连接在逻辑上就像一个站点间的广域网(WAN)连接。在这些情况下,通过公网的安全连接对用户来说好像一个专用网络的通信,尽管通信实际上是在公网上进行的,这就是为什么叫做虚拟专用网络。

VPN 允许用户或公司在保持安全通信的前提下,通过公网来连接远程服务、分支结构或其他公司。传统的 VPN 业务单一,可以通过 MPLS 来部署多种业务。MPLS-VPN 是指采用 MPLS(多协议标记转换)技术在骨干的宽带 IP 网络上构建企业 IP 专网,实现跨地域、安全、高速、可靠的数据、语音、图像多业务通信,并结合差别服务、流量工程等相关技术,将公众网可靠的性能、良好的扩展性、丰富的功能与专用网的安全、灵活、高效结合在一起。利用 MPLS 构造的 VPN 不仅可以实现各种增值业务,而且可以通过配置将单一接入点形成多种 VPN,每种 VPN 代表不同的业务,使网络能以灵活方式传送不同类型的业务。在这些情况下,尽管通信是在公网上进行的,但是对于用户来说好像是在专用网络上进行通信。VPN 技术的目的是解决业务中日益增加的远程交换和广泛的全球分布式运营，在这些活动中，员工必须能够连接中央资源并互相联系。

## 8.1.2 VPN 的发展历程

VPN 是解决基于 Internet 的信息交流安全隐患的一种重要技术手段。VPN 的发展经历了几个关键阶段，随着市场需求的变化，VPN 技术也在逐步完善和扩展。传统的 VPN 组网主要采用专线 VPN 和基于客户端设备的加密 VPN 两种方式。

专线 VPN 是指用户租用数字数据网电路、ATM 永久性虚电路、帧中继 PVC 等组建一个两层的 VPN 网络，骨干网络由电信运营商进行维护，客户负责管理自身的站点和路由。基于客户端设备的加密 VPN 是指 VPN 的功能全部由客户端设备来实现，VPN 各成员之间通过公网实现互联。第一种方式的成本比较高，扩展性也不好；第二种方式对用户端设备及人员的要求较高。

随着 IP 数据通信技术的不断发展，IP VPN 逐渐成为 VPN 市场的主流。IP VPN 是基于 IP 网络基础设施（Internet）之上构建的专用虚拟通信网络，采用 IP 网络来承载，成本较低，能够提供令人满意的服务质量，并且具有较好的可扩展性和可管理性，因此越来越多的用户开始选择 IP VPN，运营商也建设 IP VPN 来吸引更多的用户。

20 世纪 90 年代初期，人们主要使用 L2TP 和 PPTP 来构建 VPN。PPTP 和 L2TP 都是 OSI 较早期的 VPN 协议。前者是微软公司在 1996 年制定，后者则由 Cisco 与微软公司在 PPTP 和 L2F 的基础上制定。20 世纪 90 年代中后期开始，基于 IPSec 协议的 VPN 模式受到人们重视，逐步成为企业 VPN 的主流。IPSec 是 IETF 完善的安全标准，而 MPLS VPN 也是由 IETF 制定的、与 IPSec 互补的 VPN 标准。MPLS VPN 广泛用于 ISP 直接向 VPN 客户提供专线 VPN 的服务。

进入 21 世纪，基于 SSL 协议的 SSL VPN 产品开始出现。然而 SSL 用户仅限于运用 Web 浏览器接入，它限制了非 Web 应用访问，使得一些文件操作功能难于实现，如文件共享、预定文件备份和自动文件传输。虽然用户可以通过升级、增加补丁、安装 SSL 网关或其他办法来支持非 Web 应用，但实现成本高且复杂，难以实现。而 IPSec VPN 能顺利实现企业网资源访问，仍是目前应用广泛的主流 VPN 模式。

## 8.1.3 VPN 的基本功能

虚拟专网的重点在于建立安全的数据通道，构造这条安全通道的协议必须具备以下功能：

（1）保证数据的真实性。通信主机必须是经过授权的，要有抵抗地址冒认（IPSpoofing）的能力。

（2）保证数据的完整性。接收到的数据必须与发送时的一致，要有抵抗不法分子篡改数据的能力。

（3）保证通道的机密性。提供强有力的加密手段，必须使偷听者不能破解所拦截到的通道数据。

（4）提供动态密钥交换功能。提供密钥中心管理服务器，必须具备防止数据重演的功能，保证通道不能被重演。

（5）提供安全防护措施和访问控制。要有抵抗黑客通过 VPN 通道攻击企业网络的能力，并且可以对 VPN 通道进行访问控制。

### 8.1.4　VPN 特性

（1）节省费用。由于使用 Internet 进行传输相对于租用专线来说费用极为低廉，因此 VPN 技术使得企业通过 Internet 实现既安全又经济的传输私有的机密信息成为可能。

（2）伸缩性。VPN 能够随着网络的扩张，很灵活的加以扩展。当增加新的用户或子网时，只需修改已有网络软件配置，在新增客户端或网关上安装相应软件并接入 Internet 后，新的 VPN 即可工作。

（3）灵活性。除了能够方便地将新的子网扩充到企业的网络外，由于 Internet 的全球连通性，VPN 可以使企业随时安全的与全球的商贸伙伴和顾客传递信息。

（4）易于管理。用专线将企业的各个子网连接起来时，随着子网数量的增加，需要的专线数以几何级数增长。而使用 VPN 时 Internet 的作用类似一个 Hub，只需要将各个子网接入 Internet 即可，不需要进行各个线路的管理。

（5）安全性高。采用国际最先进的标准网络安全技术，通过在公用网络上建立逻辑隧道及网络层的加密，避免网络数据被修改和盗用，以保证数据仅被指定的发送者和接收者了解，从而保证了用户数据的私有性和安全性。

（6）数据传输支持多种业务。可很好的支持新兴多媒体业务，VPN 服务能够支持多种类型的传输媒介；可以满足同时传输语音、图像和数据的需求，用户可根据需要加载各种应用软件，如办公自动化、财务、电子传真、数据报表等业务。VPN 可支持目前各种流行的高级应用，如 IP 语音、IP 视讯等。

## 8.2　常用 VPN 技术

常用 VPN 技术主要有 IPSec VPN、SSL VPN 和 MPLS VPN。这三种 VPN 技术各有特色、各有所长。下面分别对这三种技术进行介绍。

### 8.2.1　IPSec VPN

IPSec（Internet Protocol Security，因特网安全协议）是 VPN 的基本加密协议，它为数据通过公用网络（如因特网）在网络层进行传输时提供安全保障。IPSec 产生于 IPv6 的制定之中。鉴于 IPv4 的应用仍然很广泛，所以后续在 IPSec 的制定中也增添了对 IPv4 的支持。最初的一组有关 IPSec 标准由 IETF 在 1995 年制定，但由于其中存在一些未解决的问题，从 1997 年开始 IETF 又开展了新一轮 IPSec 的制定工作，截止至 1998 年 11 月主要协议已经基本制定完成。IPSec VPN 是目前较为流行的 VPN 技术，它采用的 IPSec 是目前应用广泛、开放的安全协议簇。

**1. IPSec 的安全特性**

（1）不可否认性。可以证实消息发送方是唯一可能的发送者，发送者不能否认发送过消息。"不可否认性"是采用公钥技术的一个特征，当使用公钥技术时，发送方用私钥产生一个数字签名随消息一起发送，接收方用发送者的公钥来验证数字签名。由于在理论上只有发送者才唯一拥有私钥，也只有发送者才可能产生该数字签名，因此只要数字签名通过验证，发送者就不能否认曾发送过该消息。但"不可否认性"不是基于认证的共享密钥技术的特征，因为在基于认证的共享密钥技术中，发送方和接收方掌握相同的密钥。

（2）反重播性。确保每个 IP 包的唯一性，保证信息万一被截取复制后，不能再被重新利用、重新传输回目的地址。该特性可以防止攻击者截取破译信息后，再用相同的信息包冒取非法访问权（即使这种冒取行为发生在数月之后）。

（3）数据完整性。防止传输过程中数据被篡改，确保发出数据和接收数据的一致性。IPSec 利用 Hash 函数为每个数据包产生一个加密检查和，接收方在打开包前先计算检查和，若包遭篡改导致检查和不相符，数据包即被丢弃。

（4）数据可靠性（加密）。在传输前对数据进行加密，可以保证在传输过程中，即使数据包遭截取，信息也无法被读出。该特性在 IPSec 中为可选项，与 IPSec 策略的具体设置相关。认证数据源发送信任状态，由接收方验证信任状态的合法性，只有通过认证的系统才可以建立通信连接。

IPSec 建立在终端到终端的模式上，这意味着只有识别 IPSec 的计算机才能作为发送和接收计算机。IPSec 并不是一个单一的协议或算法，它是一系列加密实现中使用的加密标准定义的集合。IPSec 的安全实现在 IP 层，因而它与任何上层应用或传输层的协议无关。上层不需要知道在 IP 层实现的安全，所以在 IP 层不需要做任何修改。

**2. IPSec 体系结构**

IPSec 体系结构的现用文档是 RFC2401，体系结构文档系统地描述了 IPSec 的工作原理、系统组成及各个组件是如何协同工作提供上述安全服务的。IPSec 安全体系包括三个基本协议：AH 协议为 IP 包提供信息源验证和完整性保证；ESP 协议提供加密机制；密钥管理协议（ISAKMP）提供双方交流时的共享安全信息。ESP 和 AH 协议都有相关的一系列支持文件，规定了加密和认证的算法。最后，解释域（DOI）通过一系列命令、算法、属性和参数连接所有的 IPSec 组文件。

（1）ESP（封装安全载荷）。

ESP 协议主要用来处理 IP 数据包的加密，对认证也提供某种程度的支持。ESP 是与具体的加密算法相独立的，几乎可以支持各种对称密钥加密算法，如 DES、Triple DES、RC5 等。为了保证各种 IPSec 实现间的互操作性，目前 ESP 必须提供对 56 位 DES 算法的支持。

ESP 协议数据单元格式由三个部分组成，除了头部、加密数据部分外，在实施认证时还包含一个可选尾部。头部有两个域：安全策略索引和序列号。使用 ESP 进行安全通信之前，通信双方需要先协商好一组将要采用的加密策略，包括使用的算法、密钥及密钥的有效期等。"安全策略索引"是用来标识发送方使用哪组加密策略来处理 IP 数据包的，当接收方看到了这个序号就知道了对收到的 IP 数据包应该如何处理。"序列号"用来区分使用同一组加密策略的不同数据包。加密数据部分除了包含原 IP 数据包的有效负载外，填充域（用来保证加密数据部分满足块加密的长度要求）包含其余部分在传输时都是加密过的。其中"下一个头部"用来指出有效负载部分使用的协议，可能是传输层协议（TCP 或 UDP），也可能还是 IPSec 协议（ESP 或 AH）。

ESP 协议有两种工作模式：传输模式和隧道模式。当 ESP 工作在传输模式时，采用当前的 IP 头部。而在隧道模式时，使整个 IP 数据包进行加密作为 ESP 的有效负载，并在 ESP 头部前增添以网关地址为源地址的新的 IP 头部，此时可以起到 NAT 的作用。

（2）AH（认证头）。

AH 协议为 IP 通信提供数据源认证、数据完整性和反重播保证，它能保护通信免受篡改，但不能防止窃听，适合用于传输非机密数据。AH 的工作原理是在每一个数据包上添加一个身份验证报头。此报头包含一个带密钥的 hash 散列（可以将其当作数字签名，只是它不使用证书），此 hash 散列在整个数据包中计算，因此对数据的任何更改将致使散列无效——这样就提供了完整性保护。

AH 只涉及认证，不涉及加密。AH 虽然在功能上和 ESP 有些重复，但 AH 除了可以对 IP 的有效负载进行认证外，还可以对 IP 头部实施认证。主要是处理数据时可以对 IP 头部进行认证，而 ESP 的认证功能主要是面对 IP 的有效负载。为了提供最基本的功能并保证互操作性，AH 必须包含对 HMAC（是一种 SHA 和 MD5 都支持的对称式认证系统）的支持。AH 既可以单独使用，也可以在隧道模式下，或者和 ESP 联用。

（3）IKE（Internet 密钥交换）。

Internet 密钥交换（Internet Key Exchange）协议是 IPSec 默认的安全密钥协商方法。IKE 通过一系列报文交换为两个实体（如网络终端或网关）进行安全通信派生会话密钥。IKE 建立在 Internet 安全关联和密钥管理协议（ISAKMP）定义的一个框架之上。IKE 是 IPSec 目前正式确定的密钥交换协议，IKE 为 IPSec 的 AH 和 ESP 协议提供密钥交换管理和 SA 管理，同时也为 ISAKMP 提供密钥管理和安全管理。IKE 具有两种密钥管理协议的一部分功能，并综合了 OAKLEY 和 SKEME 的密钥交换方案，形成了自己独一无二的受鉴别保护的加密协议生成技术。IKE 协议主要是对密钥交换进行管理，它主要包括三个功能：对使用的协议、加密算法和密钥进行协商；方便的密钥交换机制；跟踪以上这些约定的实施。

（4）DOI（解释域）。

为了 IPSec 通信两端能相互交互，通信双方应该理解 AH 协议和 ESP 协议载荷中各字段的取值，因此通信双方必须保持对通信消息相同的解释规则，即应持有相同的解释域。IPSec 已经给出了两个解释域：IPSec DOI 和 ISAKMP DOI，它们各有不同的使用范围。解释域定义了协议用来确定安全服务的信息通信双方必须支持的安全策略，规定所采用的句法，命名相关安全服务信息时的方案，包括机密算法、密钥交换算法、安全策略特性和认证中心等。

（5）加密算法和认证算法。

ESP 涉及这两种算法，AH 涉及认证算法。加密算法和认证算法在协商过程中，通过使用共同的 DOI，具有相同的解释规则。ESP 和 AH 所使用的各种加密算法和认证算法由一系列 RFC 文档规定，而且随着密码技术的发展，不断有新的加密和认证算法可以用于 IPSec。因此，有关 IPSec 中的加密和认证算法的文档也在不断增加和发展。

IPSec 提供基于电子证书的公钥认证方式，一个架构良好的公钥体系在信任状态的传递中不造成任何信息外泄，能解决很多安全问题。IPSec 与特定的公钥体系相结合，可以提供基于电子证书的认证。公钥证书认证在 Windows 2003 中适用于对非 Windows 2003 主机、独立主机，非信任域成员的客户端，或者不运行 Kerberos v5 认证协议的主机进行身份认证。

IPSec 也可以使用预置共享密钥进行认证。预共享意味着通信双方必须在 IPSec 策略设置中就共享的密钥达成一致。之后在安全协商过程中，信息在传输前使用共享密钥加密，接收端使用同样的密钥解密，如果接收方能够解密，即被认为可以通过认证。但在 Windows 2003 IPSec 策略中，这种认证方式被认为不够安全而一般不推荐使用。

（6）密钥管理。

IPSec 密钥管理主要是由 IKE 协议完成。IKE 是用于动态安全关联（SA）及提供所需要的经过认证的密钥材料。IKE 的基础是 ISAKMP、Oakley 和 SKEME 三个协议，它沿用了 ISAIMP 的基础、Oakley 的模式及 SKEME 的共享和密钥更新技术。更要强调的是，虽然 ISAKMP 称为 Internet 安全关联和密钥管理协议，但它定义的是一个管理框架。ISAKMP 定义了双方如何沟通，如何构建彼此间的沟通信息，还定义了保障通信安全所需要的状态交换。ISAKMP 提供了对对方进行身份认证的方法，密钥交换时交换信息的方法，以及有定义建立安全关联所需的属性。

IPSec 策略使用"动态密钥更新"法来决定在一次通信中新密钥产生的频率。动态密钥是指在通信过程中，数据流被划分成一个个"数据块"，每一个"数据块"都使用不同的密钥加密，这可以保证万一攻击者中途截取了部分通信数据流和相应的密钥后，也不会危及所有其余的通信信息的安全。动态密钥更新服务由 Internet 密钥交换提供。

IPSec 策略允许专家级用户自定义密钥生命周期。如果该值没有设置，则按缺省时间间隔自动生成新密钥。

密钥长度每增加一位，可能的密钥数就会增加一倍，相应地，破解密钥的难度也会随之成指数级上升。IPSec 策略提供多种加密算法，可生成多种长度不等的密钥，用户可根据不同的安全需求加以选择。

要启动安全通信，通信两端必须首先得到相同的共享密钥（主密钥），但共享密钥不能通过网络相互发送，因为这种做法极易泄密。

Diffie-Hellman 算法是用于密钥交换的最早、最安全的算法之一。DH 算法的基本工作原理是通信双方公开或半公开交换一些准备用来生成密钥的"材料数据"，在彼此交换过密钥生成"材料"后，两端可以各自生成完全一样的共享密钥。在任何时候双方都绝不交换真正的密钥。

通信双方交换的密钥生成"材料"长度不等，"材料"长度越长，所生成的密钥强度也就越高，密钥破译就越困难。除了进行密钥交换外，IPSec 还使用 DH 算法生成所有其他加密密钥。

（7）策略。

决定两个实体之间能否通信，以及如何通信。目前策略部分尚未成为标准组件。现在 IETF 专门成立了 IPSP（IP 安全策略）工作组，但目前只是提出了一些草案，尚未形成标准。

### 3．HMAC（Hash 信息验证码）

Hash 信息验证码（Hash Message Authentication Codes，HMAC）验证接收消息和发送消息的完全一致性（完整性）。这在数据交换中非常关键，尤其当传输媒介如公共网络中不提供安全保证时更显示出其重要性。

HMAC 结合 Hash 算法和共享密钥提供完整性。Hash 散列通常也被当成是数字签名，但这种说法不够准确，两者的区别在于：Hash 散列使用共享密钥，而数字签名基于公钥技术。hash 算法也称为消息摘要或单向转换。称它为单向转换是因为：

（1）双方必须在通信的两个端头处各自执行 Hash 函数计算。

（2）使用 Hash 函数很容易从消息计算出消息摘要，但其逆向反演过程以目前计算机的运算能力几乎不可能实现。

Hash 散列本身就是所谓加密检查和消息完整性编码（Message Integrity Code，MIC），通信双方必须各自执行函数计算来验证消息。例如，发送方首先使用 HMAC 算法和共享密钥计算消息检查和，然后将计算结果 A 封装进数据包中一起发送；接收方再对所接收的消息执行 HMAC 计算得出结果 B，并将 B 与 A 进行比较。如果消息在传输中遭篡改致使 B 与 A 不一致，接收方丢弃该数据包。

有两种最常用的 Hash 函数：

（1）HMAC-MD5。MD5（消息摘要 5）基于 RFC1321。MD5 对 MD4 做了改进，计算速度比 MD4 稍慢，但安全性能得到了进一步改善。MD5 在计算中使用了 64 个 32 位常数，最终生成一个 128 位的完整性检查和。

（2）HMAC-SHA。安全 Hash 算法定义在 NIST FIPS 180-1，其算法以 MD5 为原型。SHA 在计算中使用了 79 个 32 位常数，最终产生一个 160 位完整性检查和。SHA 检查和长度比 MD5 更长，因此安全性也更高。

**4．IPSec 基本工作原理**

IPSec 的工作原理类似于包过滤防火墙，可以看作是对包过滤防火墙的一种扩展。当接收到一个 IP 数据包时，包过滤防火墙使用其头部在一个规则表中进行匹配。当找到一个相匹配的规则时，包过滤防火墙就按照该规则制定的方法对接收到的 IP 数据包进行处理。这里的处理工作只有两种：丢弃或转发。

IPSec 通过查询 SPD（Security Policy Database，安全策略数据库）来决定对接收到的 IP 数据包的处理。它采取如下两种处理方法：一种是丢弃 IP 数据包，另一种是进行 IPSec 处理。上述两种处理方法提供了比包过滤防火墙更进一步的网络安全性。

进行 IPSec 处理意味着对 IP 数据包进行加密和认证。包过滤防火墙只能控制来自或去往某个站点的 IP 数据包的通过，可以拒绝来自某个外部站点的 IP 数据包访问内部某些站点，也可以拒绝某个内部站点方对某些外部网站的访问。但是包过滤防火墙不能保证自内部网络出去的数据包不被截取，也不能保证进入内部网络的数据包未经过篡改。只有在对 IP 数据包实施了加密和认证后，才能保证在外部网络传输的数据包的机密性、真实性、完整性，通过 Internet 进行安全的通信才成为可能。

**5．IPSec VPN 的优缺点**

1）IPSec VPN 的优点

（1）IPSec 是与应用无关的技术，因此 IPSec VPN 的客户端支持所有 IP 层协议。IPSec 在传输层之下，对于应用程序来说是透明的。当在路由器或防火墙上安装 IPSec 时，无须更改用户或服务器系统中的软件设置。即使在终端系统中执行 IPSec，应用程序一类的上层软件也不会被影响。

（2）IPSec 技术中，客户端至站点（Client to Site）、站点对站点（Site to Site）、客户端至客户端（Client to Client）连接所使用的技术是完全相同的。

（3）IPSec VPN 安全性能高。因为 IPSec 安全协议是工作在网络层的，不仅所有网络通道都是加密的，而且在用户访问所有企业资源时，就像采用专线方式与企业网络直接物理连接一样。IPSec 不单单将正在通信的很少一部分通道加密，对所有通道都会进行加密。另外，IPSec VPN 还要求在远程接入客户端适当安装和配置 IPSec 客户端软件和接入设备，这大大提高了安全级别，因为访问受到特定的接入设备、软件客户端、用户认证机制和预定义安全规则的限制。

2）IPSec VPN 的缺点

（1）IPSec VPN 通信性能低。由于 IPSec VPN 在安全性方面比较高，影响了它的通信性能。

（2）IPSec VPN 需要客户端软件。在 IPSec VPN 中需要为每个客户端安装特殊用途的客户端软件，用这些软件来替换或者增加客户系统的 TCP/IP 堆栈。在许多系统中，这就可能带来了与其他系统软件之间兼容性问题的风险。解决 IPSec 协议的这一兼容性问题目前还缺乏一致的标准，几乎所有的 IPSec 客户端软件都是专有的，这些软件互不兼容。在另一些情形中，IPSec 安全协议是运行在网络硬件应用中，在这种解决方案中大多数要求通信双方所采用的硬件是相同的，IPSec 协议在硬件应用中同样存在着兼容性方面的问题。并且，IPSec 客户端软件在桌面系统中的应用受到限制。其限制了用户使用的灵活性，在没有安装 IPSec 客户端的系统中，远程用户不能通过网络进行 VPN 连接。

（3）安装和维护困难。采用 IPSec VPN 必须为每一个需要接入的用户安装 VPN 客户端，因此支持费用很高。有些终端用户是移动的，这不像 IPSec VPN 最初设计主要用于连接远程办公地点。今天的用户希望能在不同的台式机和网络上自由移动。如果采用 IPSec VPN 就不得不为每一个台式机提供客户端。这些客户端因为环境和网络的不同而配置各异。那些要求从各个不同的地方访问公司的用户需要时常修改配置，这无形中提高了支持费用。部署 IPSec VPN 后，如果用户没有预先在计算机上安装客户端，他将不能访问所需要的资源。这就意味着对于办公地点经常变动的员工，当他们想从家里的计算机、机场提供的计算机或任何其他非本人的计算机上访问公司的资源时，或者无法成功，或者需要致电向公司寻求帮助。

（4）实际全面支持的系统比较少。虽然已有许多开发的操作系统提出对 IPSec 协议的支持，但是在实际应用中 IPSec 安全协议客户的计算机通常只运行于 Windows 系统，很少有能运行在其他 PC 系统平台的，如 Mac、Linux、Solaris 等。

（5）不易解决网络地址转换和穿越防火墙的问题。IPSec VPN 产品并不能很好地解决包括网络地址转换、防火墙穿越和宽带接入在内的复杂的远程访问问题。例如，如果一个用户已经安装了 IPSec 客户端，但他仍然不能在其他公司的网络内接入互联网，IPSec 会被那个公司的防火墙阻止，除非该用户和这个公司的网络管理员协商，在防火墙上打开另一个端口。同样的困难也出现在无线接入点。由于许多的无线接入点使用 NAT，非专业的 IPSec 使用者如果不寻求公司技术人员的支持，不去更改一些配置，常常不能建立连接。

## 8.2.2 SSL VPN

### 1. SSL

SSL（Secure Socket Layer）是 Netscape 研发的，用来保障在 Internet 上数据传输的安全。利用数据加密技术可确保数据在网络上传输的过程中不会被截取及窃听。目前一般通用规格为 40 位的安全标准，美国则已推出 128 位的更高安全标准，但限制出境。只要 3.0 版本以上的 IE 或 Netscape 浏览器即可支持 SSL。它已被广泛地用于 Web 浏览器与服务器之间的身份认证和加密数据传输。

SSL 协议位于 TCP/IP 协议与各种应用层协议之间，为数据通信提供安全支持。SSL 协议可分为两层：SSL 记录协议，建立在可靠的传输协议（如 TCP）之上，为高层协议提供数据封装、压缩、加密等基本功能的支持；SSL 握手协议，建立在 SSL 记录协议之上，用于在实际的数据传输开始前，通信双方进行身份认证、协商加密算法、交换加密密钥等。

（1）SSL 协议提供的服务主要有：

① 认证用户和服务器，确保数据发送到正确的客户端和服务器。

② 加密数据以防止数据中途被窃取。

③ 维护数据的完整性，确保数据在传输过程中不被改变。

（2）SSL 协议的工作流程：

① 客户端向服务器发送一个开始信息 Hello 以便开始一个新的会话连接。

② 服务器根据客户的信息确定是否需要生成新的主密钥，如需要则服务器在响应客户的 Hello 信息时将包含生成主密钥所需的信息。

③ 客户根据收到的服务器响应信息产生一个主密钥，并用服务器的公开密钥加密后传给服务器。

④ 服务器恢复该主密钥，并返回给客户一个用主密钥认证的信息，以此让客户认证服务器。

⑤ 经认证的服务器发送一个提问给客户，客户则返回（数字）签名后的提问和其公开密钥，从而向服务器提供认证。

从 SSL 协议所提供的服务及其工作流程可以看出，SSL 协议运行的基础是商家对消费者信息保密的承诺，这就有利于商家而不利于消费者。在电子商务初级阶段，由于运作电子商务的企业大多是信誉较高的大公司，因此这个问题还没有充分暴露出来。但随着电子商务的发展，各中小型公司也参与进来，这样在电子支付过程中的单一认证问题就越来越突出。虽然在 SSL3.0 中通过数字签名和数字证书可实现浏览器和 Web 服务器双方的身份验证，但是 SSL 协议仍存在一些问题，如只能提供交易中客户与服务器间的双方认证，在涉及多方的电子交易中，SSL 协议并不能协调各方间的安全传输和信任关系。在这种情况下，Visa 和 MasterCard 两大信用卡公司组织制定了 SET 协议，为网上信用卡支付提供了全球性的标准。

**2．HTTPS**

HTTPS（Secure Hypertext Transfer Protocol，安全超文本传输协议）由 Netscape 开发并内置于其浏览器中，用于对数据进行压缩和解压操作，并返回网络上传送回的结果，它提供了身份验证与加密通信方法。现在它被广泛应用于万维网上安全敏感的通信，例如交易支付方面。HTTPS 实际上应用了 Netscape 的完全套接字层（SSL）作为 HTTP 应用层的子层（HTTPS 默认使用端口 443）。SSL 使用 40 位关键字作为 RC4 流加密算法，这对于商业信息的加密是合适的。HTTPS 和 SSL 支持使用 X.509 数字认证，如果需要的话用户可以确认发送者是谁。

HTTPS 是以安全为目标的 HTTP 通道，简单来讲是 HTTP 的安全版。即 HTTP 下加入

SSL 层，HTTPS 的安全基础是 SSL。也就是说它的主要作用可以分为两种：一种是建立一个信息安全通道来保证数据传输的安全；另一种就是确认网站的真实性。凡是使用了 https 的网站都可以通过点击浏览器地址栏的锁头标志来查看网站认证之后的真实信息，也可以通过 CA 机构颁发的安全签章来查询。

由于 HTTPS 和 HTTP 是不同的协议，因此必须使用不同的端口。众所周知，HTTP 端口是 80，而 HTTPS 端口是 443。

**3．SSL VPN 的特性**

到目前为止，SSL VPN 是解决远程用户访问敏感公司数据最简单、最安全的解决技术。与复杂的 IPSec VPN 相比，SSL 通过简单易用的方法实现信息远程连通。任何安装浏览器的机器都可以使用 SSL VPN，这是因为 SSL 内嵌在浏览器中，它不需要像传统 IPSec VPN 一样必须为每一台客户端安装客户端软件。这一点对于拥有大量机器（包括家用机、工作机和客户机等）需要与公司机密信息相连接的用户至关重要。人们普遍认为它将成为安全远程访问的新生代。

一般而言，SSL VPN 具备两个最基本的特性：

（1）使用 SSL 协议进行认证和加密。由于 SSL 协议本身就是一种安全技术，因此 SSL VPN 就具有防止信息泄露、拒绝非法访问、保护信息的完整性、防止用户假冒、保证系统的可用性的特点，能够进一步保障访问安全，从而扩充了安全功能设施。SSL VPN 可以实现 128 位数据加密，保证数据在传输过程中不被窃取，确保 ERP 数据传输的安全性。多种认证和授权方式的使用能够只让"正确"的用户访问内部网络，从而保护了企业内部网络的安全性。没有采用 SSL 协议的 VPN 产品自然不能称为 SSL VPN，其安全性也需要进一步考证。

（2）直接使用浏览器完成操作，无须安装独立的客户端。SSL VPN 不需要安装客户端软件。远程用户只需借助标准的浏览器连接 Internet 即可访问企业的网络资源。这样，尽管购买软件和硬件的费用不一定低，但是 SSL VPN 的部署成本却很低。只要安装了 SSL VPN，基本上就不需要 IT 部门的支持了，所以维护成本可以忽略不计。对于那些只需进入企业内部网站或者进行 E-mail 通信的远程用户来说，SSL VPN 显然是一个物美价廉的选择。如果使用了 SSL 协议，但仍然需要分发和安装独立的 VPN 客户端（如 Open VPN）不能称为 SSL VPN，否则就失去了 SSL VPN 易于部署，免维护的优点了。

此外，SSL VPN 连接要比 IPSec VPN 更稳定，这是因为 IPSec VPN 是网络层连接，故容易中断。除此之外，在管理维护和操作性方面，SSL VPN 方案可以做到基于应用的精细控制，基于用户和组赋予不同的应用访问权限，并对相关访问操作进行审计。此外，SSL VPN 还提高了平台的灵活性，方便扩展应用和增强性能，尤其是在降低使用成本、最有效地保护用户投资这一敏感话题上，SSL VPN 赢得了用户最终的好感。

更值得一提的是，当今 Web 成为标准平台已势不可挡，越来越多的企业开始将系统移植到 Web 上。而 SSL VPN 通过特殊的加密通信协议，被认为是实现远程安全访问 Web 应用的最佳手段，能够让用户随时随地甚至在移动中连入企业内网，将给企业带来很高的利益和方便。无疑，伴随企业信息化程度的加深，远程安全访问、协同工作的需求会日益明显，SSL VPN 技术拥有更加全方位的优势。

#### 4．SSL VPN 的优缺点

1）SSL VPN 的主要优点

（1）无须安装客户端软件。大多数执行基于 SSL 协议的远程访问是不需要在远程客户端设备上安装软件的。只需通过标准的 Web 浏览器连接因特网，即可以通过网页访问到企业总部的网络资源。这样，无论是从软件协议购买成本上，还是从维护、管理成本上都可以节省一大笔资金，特别是对于大、中型企业和网络服务提供商。

（2）适用大多数设备。基于 Web 访问的开放体系可以在运行标准的浏览器下访问任何设备，包括非传统设备，如可以上网的电话和 PDA 通信产品。这些产品目前正在逐渐普及，因为它们在不进行远程访问时也是一种非常理想的现代时尚产品。

（3）适用于大多数操作系统。可以运行标准的因特网浏览器的大多数操作系统都可以用来进行基于 Web 的远程访问，不管操作系统是 Windows、Macintosh、UNIX 还是 Linux。可以对企业内部网站和 Web 站点进行全面的访问。用户可以非常容易地得到基于企业内部网站的资源并进行应用。

（4）支持网络驱动器访问。用户通过 SSL VPN 通信可以访问在网络驱动器上的资源。

（5）良好的安全性。用户通过基于 SSL 的 Web 访问并不是网络的真实节点，就像 IPSec 安全协议一样，而且还可代理访问公司内部资源。因此，这种方法非常安全，特别是对于外部用户的访问。

（6）较强的资源控制能力。基于 Web 的代理访问允许公司为远程访问用户进行详尽的资源访问控制。

（7）减少费用。基于 SSL 的 VPN 网络可以非常经济地为那些简单远程访问用户（仅需进入公司内部网站或者进行 E-mail 通信），提供远程访问服务。

（8）可以绕过防火墙和代理服务器进行访问。基于 SSL 的远程访问方案中，使用 NAT（网络地址转换）服务的远程用户或者因特网代理服务的用户可以从中受益，因为这种方案可以绕过防火墙和代理服务器访问公司资源，这是采用基于 IPSec 安全协议的远程访问很难或者根本做不到的。

2）SSL VPN 的缺点

（1）必须依靠因特网进行访问。为了通过 SSL VPN 进行远程工作，当前必须与因特网保持连通性。因为此时 Web 浏览器实质上是扮演客户服务器的角色，远程用户的 Web 浏览器依靠公司的服务器进行所有进程。正因如此，如果因特网没有连通，远程用户就不能与总部网络进行连接，只能单独工作。

（2）对新的或者复杂的 Web 技术提供有限支持。基于 SSL 的 VPN 方案是依赖于反代理技术来访问公司网络的。因为远程用户是从公用因特网来访问公司网络的，而公司内部网络信息通常不仅是处于防火墙后面，而且是处于没有内部网 IP 地址路由表的空间中。反代理的工作就是翻译出远程用户 Web 浏览器的需求，通常使用常见的 URL 地址重写方法。例如，内部网站也许使用内部 DNS 服务器地址链接到其他的内部网链接，而 URL 地址重写必须完全正确地读出以上链接信息，并且重写这些 URL 地址，以便这些链接可以通过反代理技术获得路由。当有需要时，远程用户可以轻松地通过点击路由进入公司内部网络。对于 URL 地址重写器完全正确理解所传输的网页结构是极其重要的，只有这样才可正确显示重写后的网页，并在远程用户计算机浏览器上进行正确的操作。

（3）只能有限地支持 Windows 应用或者其他非 Web 系统。因为大多数基于 SSL 的 VPN 都是基于 Web 浏览器工作的，远程用户不能在 Windows、UNIX、Linux、AS400 或者大型系统上进行非基于 Web 界面的应用。虽然有些 SSL 提供商已经开始合并终端服务来提供上述非 Web 应用，但不管如何，目前 SSL VPN 还未对其进行全面支持。

（4）只能为访问资源提供有限安全保障。当使用基于 SSL 协议通过 Web 浏览器进行 VPN 通信时，对用户来说外部环境并不是完全安全、可达到无缝连接的。因为 SSL VPN 只对通信双方的某个应用通道进行加密，而不是对在通信双方的主机之间的整个通道进行加密。在通信时，在 Web 页面中呈现的文件很难也基本上无法保证只出现类似于上传的文件和邮件附件等简单的文件，这样就很难保证其他文件不被暴露在外部，存在一定的安全隐患。

## 8.2.3　MPLS VPN

MPLS（Multi-Protocol Label Switch）是 Internet 核心多层交换计算的最新发展。MPLS 将转发部分的标记交换和控制部分的 IP 路由组合在一起，加快了转发速度。而且，MPLS 可以运行在任何链路层技术之上，从而简化了向基于 SONET/WDM 和 IP/WDM 结构的下一代 Internet 的转化。

MPLS VPN 是一种基于 MPLS 技术的 IP VPN，是在网络路由和交换设备上应用 MPLS 技术，简化核心路由器的路由选择方式，利用结合传统路由技术的标记交换实现的 IP 虚拟专用网络（IP VPN），可用来构造宽带的 Intranet、Extranet，满足多种灵活的业务需求。

### 1. MPLS VPN 接入技术

MPLS VPN 网络主要由 CE、PE 和 P 三个部分组成。

- CE（Customer Edge Router）。用户网络边缘路由器设备，直接与服务提供商网络相连，它"感知"不到 VPN 的存在。
- PE（Provider Edge Router）。服务提供商边缘路由器设备，与用户的 CE 直接相连，负责 VPN 业务接入，处理 VPN-IPv4 路由，是 MPLS 三层 VPN 的主要实现者。
- P（Provider Router）。服务提供商核心路由器设备，负责快速转发数据，不与 CE 直接相连。

在整个 MPLS VPN 中，P、PE 设备需要支持 MPLS 的基本功能，CE 设备不必支持 MPLS。MPLS VPN 的网络采用标签交换，一个标签对应一个用户数据流，非常易于用户间数据的隔离，利用区分服务体系可以轻易地解决困扰传统 IP 网络的 QoS/CoS 问题。MPLS 自身提供流量工程的能力，可以最大限度地优化配置网络资源，自动快速修复网络故障，提供高可用性和高可靠性。MPLS 提供了电信、计算机、有线电视网络三网融合的基础，是可以提供高质量的数据、语音和视频相融合的多业务传送、包交换的网络平台。因此，基于 MPLS 技术的 MPLS VPN 在灵活性、扩展性、安全性等各个方面是当前技术最先进的 VPN。此外，MPLS VPN 提供灵活的策略控制，可以满足不同用户的特殊要求，快速实现增值服务（VAS），在带宽价格比、性能价格比上，相比其他广域 VPN 也具有较大的优势。

就未来的发展趋势来看，MPLS 在光网络的扩展（Generalized MPLS，GMPLS）已经成为自动交换光网络 ASON 的基本控制协议组，从而使未来运营可以考虑架构在 GMPLS 基础上的一层或零层的 OVPN（Optical VPN）。

### 2. MPLS VPN 的应用

采用 MPLS VPN 技术可以把现有 IP 网络分解成逻辑上隔离的网络，这种逻辑上隔离的网络的应用可以是千变万化的：可以是用在解决企业互连、政府相同/不同部门的互连，也可以用来提供新的业务，如为 IP 电话业务专门开通一个 VPN。

例如，用 MPLS VPN 构建运营支撑网，利用 MPLS VPN 技术可以在一个统一的物理网络上实现多个逻辑上相互独立的 VPN 专网。该特性非常适合于构建运营支撑网。例如，目前国内很多省市的 DCN 网就采用华为的设备，在一个统一的物理网络上构建网管、OA、计费等多个业务专网。

（1）MPLS VPN 在与运营商城域网的应用。

作为运营商的基础网络，宽带城域网需同时服务多种不同的用户，承载多种不同的业务，存在多种接入方式，这一特点决定城域网需同时支持 MPLS L3VPN，MPLS L2VPN 及其他 VPN 服务。根据网络实际情况及用户需求开通相应的 VPN 业务，例如为用户提供 MPLS L2VPN 服务以满足用户节约专线租用费用的要求。

（2）MPLS VPN 在企业网络的应用。

MPLS VPN 在企业网中同样有广泛应用。例如，在电子政务网中，不同的政府部门有着不同的业务系统，各系统之间的数据多数是要求相互隔离的，同时各业务系统之间又存在着互访的需求，因此大量采用 MPLS VPN 技术实现这种隔离及互访需求。

MPLS VPN 引起了全球运营业的普遍关注。国外大的运营商如 AT&T、Sprint、Verizon、BellSouth、NTT 都已经开始应用 MPLS 网络。我国运营商中最早推出 MPLS VPN 业务的是中国网通，推出时间为 2002 年 6 月。随着市场前景的日益看好，中国电信、中国铁通也开始提供这项服务，后来国家对电信业重组改制，国家工信部批准了南凌科技、第一线通信、中企通信、天维信通这样的民营企业进入通信市场，引入竞争机制，使国内的 IP VPN 业务得到了良性的发展。此外，一些跨国运营商也开始关注中国市场，围绕 MPLS VPN 业务的竞争正在中国市场上逐渐升温。

2002 年，中国网通（现已并入联通）成为中国首个在全国范围内提供全程全网、端到端的宽带 MPLS VPN 业务的电信运营商。网通的统计数据表明，MPLS VPN 接入技术如今是中国网通所有国际产品中增长最快的业务，目前的业务量月均增长率在 25% 左右，年增长率高达 300%。

2004 年年初，美国全国性运营商 Sprint 推出针对企业用户的 MPLS VPN 业务。至此，Sprint 已经拥有了数据网互联方面所有的服务产品，包括原有的传统专用线、帧中继、ATM、IP 接入等。在接下来的两年里，Sprint 希望在自己的专有 IP 网和全球 IP 平台上都采用 MPLS VPN 接入技术，并且集成以前的 Internet 接入和远程接入服务。

## 8.2.4 SSL VPN、IPSec VPN、MPLS VPN 比较

### 1. 协议层次不同

IPSec 协议是网络层协议，是为保障 IP 通信而提供的一系列协议簇。SSL 是套接层协议，它是保障在 Internet 上基于 Web 的通信安全而提供的协议。MPLS VPN 是以标签交换作为底层转发机制的协议。

**2．加密方式不同**

IPSec 针对数据在通过公共网络时的数据完整性、安全性和合法性等问题设计了一整套隧道加密和认证方案。IPSec 为 IPv4/IPv6 网络提供能共同操作、使用的、高品质的、基于加密的安全机制，提供包括存取控制、无连接数据的完整性、数据源认证、防止重发攻击、基于加密的数据机密性和受限数据流的机密性服务。

SSL 用公钥加密通过 SSL 连接传输的数据来工作。SSL 是一种高层安全协议，建立在应用层上。SSL VPN 使用 SSL 协议和代理为终端用户提供客户端／服务器和共享的文件资源的访问认证和访问安全。SSL VPN 传递用户层的认证，确保只有通过安全策略认证的用户可以访问指定的资源。

MPLS 是一个可以在多种第二层媒质上进行标记交换的网络技术。不论什么格式的数据均可以第三层的路由在网络的边缘实施，而在 MPLS 的网络核心采用第二层交换，因此可以用一句话概括 MPLS 的特点："边缘路由，核心交换"。由于所有支持 TCP／IP 协议的主机进行通信时都要经过 IP 层的处理，因此提供了 IP 层的安全性就相当于为整个网络提供了安全通信的基础。

# 8.3 VPN 采用的安全技术

VPN 主要采用 4 项技术来保证安全，这 4 项技术分别为隧道技术、加密技术、密钥管理技术和使用者与设备身份认证技术。

## 8.3.1 隧道技术

隧道技术的早期使用与互联网络有关，但与 VPN 几乎没有关联。隧道概念最早在 1981 年 9 月的 RFC791 中提出，其应用场景是针对互联网络中制定路由设备的多点数据包传输加密设计。1994 年 10 月，RFC1700 发布它的分配编号——STD2。设计者定义一个 IP 到 IP 隧道方法。同月，作者进一步拓展 RFC1700 到 RFC1701，发布通用路由选择封装（GRE）。VPN 的隧道协议簇由一系列的协议组成。

隧道技术是一种通过使用互联网络的基础设施在网络之间传递数据的方式。使用隧道传递的数据（或负载）可以是不同协议的数据帧或包。隧道协议将其他协议的数据帧或包重新封装，然后通过隧道发送。新的帧头提供路由信息，以便通过互联网传递被封装的负载数据。

这里所说的隧道类似于点到点的连接。这种方式能够使来自许多信息源的网络业务在同一个基础设施中通过不同的隧道进行传输。隧道技术使用点对点通信协议代替了交换连接，通过路由网络来连接数据地址。隧道技术允许授权移动用户或已授权的用户在任何时间、任何地点访问企业网络。

通过隧道的建立可实现：

（1）将数据流强制送到特定的地址。

（2）隐藏私有的网络地址。

（3）在 IP 网上传递非 IP 数据包。

（4）提供数据安全支持。

近来出现了一些新的隧道技术，并在不同的系统中得到运用和拓展。为创建隧道，隧道的客户端和服务器双方必须使用相同的隧道协议。隧道技术可分别以第二层或第三层隧道协议为基础。第二层隧道协议对应于 OSI 模型的数据链路层，使用帧作为数据交换单位。PPTP（点对点隧道协议）、L2TP（第二层隧道协议）和 L2F（第二层转发协议）都属于第二层隧道协议，是将用户数据封装在点对点协议（PPP）帧中通过互联网发送。第三层隧道协议对应于 OSI 模型的网络层，使用包作为数据交换单位。IPIP（IP over IP）及 IPSec 隧道模式属于第三层隧道协议，是将 IP 包封装在附加的 IP 包头中，通过 IP 网络传送。无论哪种隧道协议都是由传输的载体、不同的封装格式及用户数据包组成的。它们的本质区别在于用户的数据包是被封装在哪种数据包中再在隧道中传输。下面分别介绍这几种常用的隧道协议。

**1. PPTP**

PPTP（Point to Point Tunneling Protocol，点对点隧道协议）提供 PPTP 客户端和 PPTP 服务器之间的加密通信。PPTP 是 PPP 协议的一种扩展，它提供了一种在互联网上建立多协议的安全虚拟专用网（VPN）的通信方式。远端用户能够透过任何支持 PPTP 的 ISP 访问公司的专用网。

通过 PPTP，客户可采用拨号方式接入公用 IP 网。拨号用户首先按常规方式拨到 ISP 的接入服务器（NAS），建立 PPP 连接；在此基础上，用户进行二次拨号建立到 PPTP 服务器的连接，该连接称为 PPTP 隧道，实质上是基于 IP 协议的另一个 PPP 连接，其中的 IP 包可以封装多种协议数据，包括 TCP/IP、IPX 和 NetBEUI。PPTP 采用了基于 RSA 公司 RC4 的数据加密方法，保证了虚拟连接通道的安全。对于直接连到互联网的用户则不需要 PPP 的拨号连接，可以直接与 PPTP 服务器建立虚拟通道。PPTP 把建立隧道的主动权交给了用户，但用户需要在其 PC 上配置 PPTP，这样做既增加了用户的工作量，又会给网络带来隐患。另外，PPTP 只支持 IP 作为传输协议。

**2. L2F**

L2F（Layer Two Forwarding Protocol，第二层转发协议）是由 Cisco 公司提出的可以在多种介质，如 ATM、帧中继、IP 网上建立多协议的安全虚拟专用网的通信。远端用户能通过任何拨号方式接入公用 IP 网，首先按常规方式拨到 ISP 的接入服务器（NAS），建立 PPP 连接；NAS 根据用户名等信息建立直达 HGW 服务器的第二重连接。在这种情况下，隧道的配置和建立对用户是完全透明的。

**3. L2TP**

L2TP（Layer Two Tunneling Protocol，第二层隧道协议）结合了 L2F 和 PPTP 的优点，允许用户从客户端或访问服务器端建立 VPN 连接。L2TP 是把链路层的 PPP 帧装入公用网络设施，如 IP、ATM、帧中继中进行隧道传输的封装协议。

Cisco、Ascend、Microsoft 和 RedBack 公司的专家们在修改了十几个版本后，终于在 1999 年 8 月公布了 L2TP 的标准 RFC2661。目前用户拨号访问 Internet 时必须使用 IP 协议，并且其动态得到的 IP 地址也是合法的。L2TP 的好处在于支持多种协议，用户可以保留原有的 IPX、Appletalk 等协议或公司原有的 IP 地址。L2TP 还解决了多个 PPP 链路的捆绑问题，PPP 链路捆绑要求其成员均指向同一个 NAS，L2TP 则允许在物理上连接到不同 NAS 的 PPP 链路，在逻辑上的终点为同一个物理设备。L2TP 扩展了 PPP 连接，在传统的方式中用户通过模拟电话线或 ISDN/ADSL 与网络访问服务器建立一个第二层的连接，并在其上运行 PPP，第二层连接的终点和 PPP 会话的终点均设在同一个设备上（如 NAS）。L2TP 作为 PPP 的扩充提供了更强大的功能，包括允许第二层连接的终点和 PPP 会话的终点分别设在不同的设备上。

L2TP 主要由 LAC（L2TP Access Concentrator）和 LNS（L2TP Network Server）构成。LAC 支持客户端的 L2TP，发起呼叫，接收呼叫和建立隧道；LNS 是所有隧道的终点。在传统的 PPP 连接中，用户拨号连接的终点是 LAC，而 L2TP 能把 PPP 协议的终点延伸到 LNS。

用户通过公用电话网或 ISDN 拨号呼叫本地接入服务器 LAC。LAC 接受呼叫并进行基本的识别过程，这一过程可以采用几种标准，如域名、呼叫线路识别（CLID）或拨号 ID 业务（DNIS）等。

L2TP 方式给服务提供商和用户带来了许多方便。用户不需要在 PC 上安装专门的客户端软件，企业网可以使用未注册的 IP 地址，并在本地管理认证数据库，从而降低了应用成本和培训维护费用。

与 PPTP 和 L2F 相比，L2TP 的优点在于提供了差错和流量控制；L2TP 使用 UDP 封装和传送 PPP 帧。面向无连接的 UDP 无法保证网络数据的可靠传输，L2TP 使用 Nr（下一个希望接收的信息序列号）和 Ns（当前发送的数据包序列号）字段进行流量和差错控制。双方通过序列号来确定数据包的顺序和缓冲区，一旦丢失数据，根据序列号可以进行重发。

作为 PPP 的扩展协议，L2TP 支持标准的安全特性 CHAP 和 PAP，可以进行用户身份认证。L2TP 定义了控制包的加密传输，每个被建立的隧道分别生成一个独一无二的随机钥匙，以便对付欺骗性的攻击，但是它对传输中的数据并不加密。

**4. GRE**

GRE（Generic Routing Encapsulation，通用路由封装）在 RFC1701/RFC1702 中定义，它规定了怎样用一种网络层协议去封装另一种网络层协议的方法。GRE 的隧道由两端的源 IP 地址和目的 IP 地址来定义，它允许用户使用 IP 封装 IP、IPX、AppleTalk，并支持全部的路由协议，如 RIP、OSPF、IGRP、EIGRP。通过 GRE，用户可以利用公用 IP 网络连接 IPX 网络和 AppleTalk 网络，还可以使用保留地址进行网络互联，或对公网隐藏企业网的 IP 地址。

GRE 的包头包含了协议类型（用于标明乘客协议的类型）；校验和包括了 GRE 的包头和完整的乘客协议与数据；密钥（用于接收端验证接收的数据）；序列号（用于接收端数据包的排序和差错控制）和路由信息（用于本数据包的路由）。

GRE 只提供了数据包的封装，它没有防止网络侦听和攻击的加密功能。所以在实际环境中它常和 IPSec 一起使用，由 IPSec 为用户数据加密，给用户提供更好的安全服务。

### 8.3.2 加密技术

加密技术是数据通信中一项比较成熟的技术，IPSec 通过 ISAKMP/IKE/Oakley 协商确定几种可选的数据加密算法，如 DES、3DES 等。DES 密钥长度为 56 位，容易被破译，3DES

使用三重加密增加了安全性。当然，国外还有更好的加密算法，但国外禁止出口高位加密算法。基于同样理由，国内也禁止重要部门使用国外算法。国内算法不对外公开，被破解的可能性极小。图 8.1 展示了隧道和加密技术在 VPN 中是如何应用的。

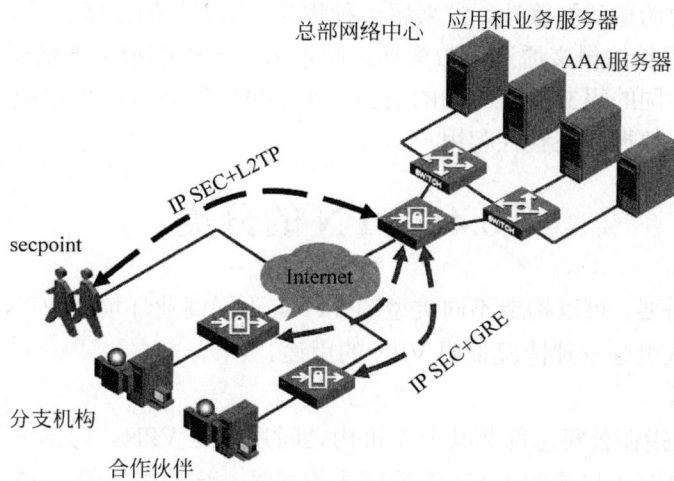

图 8.1　隧道与加密的应用

加密技术在 VPN 上的应用类型主要有以下几种：

（1）无客户端 SSL。SSL 的原始应用。在这种应用中，一台主机在加密的链路上直接连接到一个来源（如 Web 服务器、邮件服务器、目录等）。

（2）配置 VPN 设备的无客户端 SSL。这种使用 SSL 的方法对于主机来说与第一种类似。但是，加密通信的工作是由 VPN 设备完成的，而不是由在线资源完成的（如 Web 或者邮件服务器）。

（3）主机至网络。在上述两个方案中，主机在一个加密的频道直接连接到一个资源。在这种方式中，主机运行客户端软件（SSL 或者 IPSec 客户端软件）连接到一台 VPN 设备并且成为包含这个主机目标资源的那个网络的一部分。

（4）网络至网络。有许多方法能够创建这种类型加密的隧道 VPN。但是，要使用的技术几乎总是 IPSec。

## 8.3.3　密钥管理技术

密钥管理技术因加解密技术而存在，不可或缺，它的主要任务是如何在开放网络环境中安全地传递密钥而不被窃取。VPN 中密钥的分发与管理非常重要。密钥的分发有两种方法：一种是通过手工配置的方式；另一种采用密钥交换协议动态分发。手工配置的方法由于密钥更新困难，只适合于简单网络的情况。密钥交换协议采用软件方式动态生成密钥，适合于复杂网络的情况且密钥可快速更新，可以显著提高 VPN 的安全性。目前主要的密钥交换与管理标准有 IKE（互联网密钥交换）和 SKIP（互联网简单密钥管理）。

## 8.3.4　使用者与设备身份认证技术

可分为单因素认证和双因素认证两种，目前最常用的是用户名与密码或口令简单认证方式，复杂度强、安全性高的身份认证技术有硬件数字证书 USBKEY，动态密码（如令牌、密码卡、刮刮卡、短消息等），生物识别技术（如虹膜、指纹、声音等）。VPN 一般结合使用简单认证和扩展认证的双因素身份认证技术来确保 VPN 用户级和设备级的安全可信。认证技术防止数据的伪造和被篡改，它采用一种称为"摘要"的技术。"摘要"技术主要采用 HASH 函数将一段长的报文通过函数变换，映射为一段短的报文即摘要。由于 HASH 函数的特性，两个不同的报文具有相同的摘要几乎不可能。该特性使得摘要技术在 VPN 中有两个用途：验证数据的完整性和用户认证。

# 8.4 VPN 的分类

根据不同的需要，可以构造不同类型的 VPN。不同商业环境对 VPN 的要求和 VPN 所起的作用不同。这里分三种情况说明 VPN 的用途。

## 1. 内部 VPN

内部 VPN 是指在公司总部和其分支机构之间建立的 VPN。内部网是通过公共网络将某一个组织的各个分支机构的 LAN 连接而成的网络。这种类型的 LAN 到 LAN 的连接所带来的风险最小，因为公司通常认为他们的分支机构是可信的，这种方式连接而成的网络被称为 Intranet，可看作是公司网络的扩展。拓扑如图 8.2 所示。

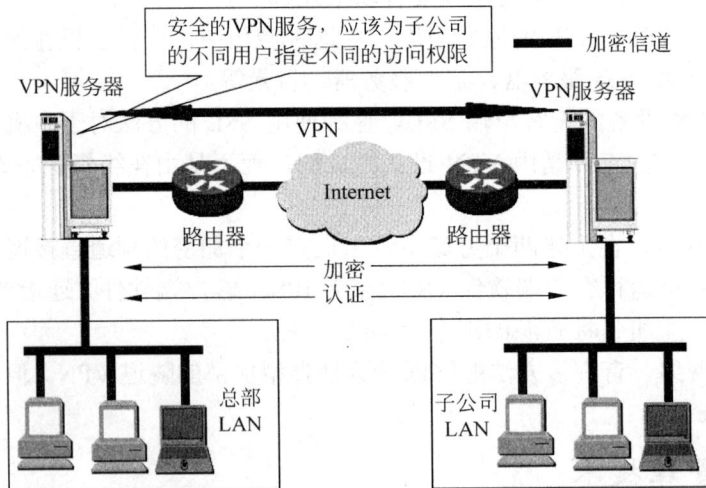

图 8.2　内部网 VPN 拓扑图

当一个数据传输通道的两个端点被认为是可信的时候，可以选择内部网 VPN 解决方案。安全性主要在于加强两个 VPN 服务器之间加密和认证的手段。

## 2. 远程访问 VPN

远程访问 VPN 是指在公司总部和远地雇员之间建立的 VPN。典型的远程访问 VPN 是用户通过本地的信息提供商（ISP）登录到 Internet 上，并在现在的办公室和公司内部网之间建立一条加密通道。有较高安全度的远程访问 VPN 应能截获特定主机的信息流，有加密、身份认证、过滤等功能。拓扑如图 8.3 所示。

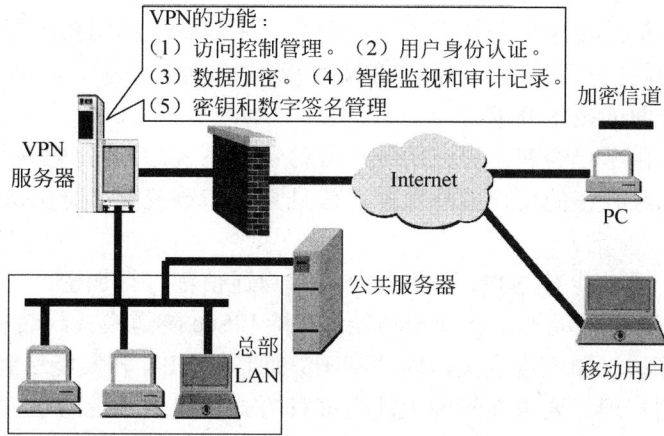

图 8.3　远程访问 VPN 拓扑图

### 3．外联网 VPN

外联网 VPN 是指公司与商业伙伴、客户之间建立的 VPN。外联网 VPN 为公司商业伙伴、客户和在远地的雇员提供安全性。外联网 VPN 的主要目标是保证数据在传输过程中不被修改，保护网络资源不受外部威胁。外联网 VPN 应是一个由加密、认证和访问控制功能组成的集成系统。通常将公司的 VPN 代理服务器放在一个不能穿透的防火墙之后，防火墙阻止来历不明的信息传输。所有经过过滤后的数据通过唯一的入口传到 VPN 服务器，VPN 再根据安全策略进一步过滤。拓扑如图 8.4 所示。

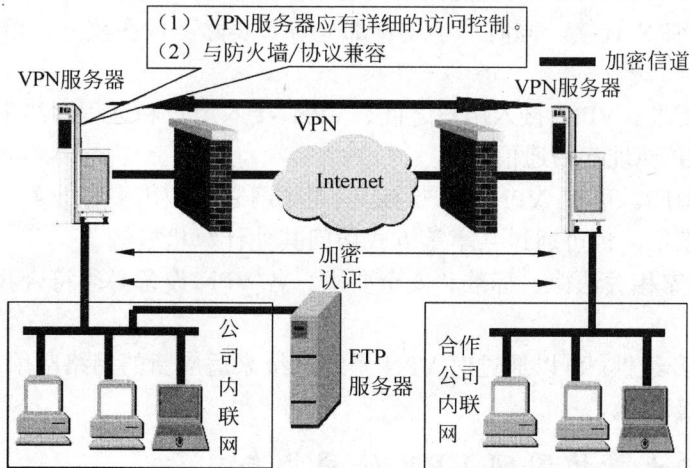

图 8.4　外联网 VPN 拓扑图

# 8.5　VPN 技术应用

## 8.5.1　大学校园网 VPN 技术要求

随着社会对高等教育的迫切要求和高校建设规模的不断扩展，大学的二级单位越来越多，校园之间及对外信息传递越来越多。这就存在一个问题：不同校区之间和学院之间如何安全地进行校园网的信息共享和交流？VPN 可以很好地解决这一问题。大学对 VPN 的应用一般具有以下方面的技术要求。

（1）身份验证。由于已经有了自己的统一身份认证系统，故在 VPN 方案中对用户的身份认证必须使用已经存在的用户信息数据，或是直接与该校统一身份认证系统对接进行认证。

（2）加密保护。要求能对 VPN 隧道建立和用户通信都进行加密，支持预共享密钥、数字证书的身份认证，提供动态密钥交换功能，支持 IPSec 隧道模式封装和传输模式封装，支持多种加密认证算法。加密速度快，能达到千兆通信，VPN 转发能达到 200Mb/s 以上。

（3）方便安全的管理。要求在管理上能有多种方式，提供本地网络管理、telnet 管理、远程管理等多种管理方式。在以上方式中能对 VPN 安全策略、访问控制策略等进行调整。

（4）DHCP 支持。要求能给每一个接入 VPN 的用户动态分配一个校内 IP 地址，地址池能在 2000 个 IP 以上，并且该动态地址可以与校内资源进行通信。

（5）多种用户环境支持。支持专线宽带接入、小区宽带接入、ADSL 宽带接入、CABLE MODEM 宽带接入、ISDN 拨号接入、普通电话拨号接入、GPRS 接入、CDMA 接入等多种因特网接入方式。

（6）VPN 星型互联。由于许多大学有多个校区，且各校区可能有自己的 VPN（或者一个校区内构建不止一个 VPN），在 VPN 建设中希望能将各 VPN 互联，用户通过接入一个 VPN 而共享并控制访问其他校区资源。

（7）本地网络和 VPN 网络智能判断。能根据客户端的访问请求自动选择使用客户本地连接还是使用 VPN 连接。同时，学校有部分资源实际上放在校外，但必须是以该校 IP 地址才能访问。

（8）联通性要求。VPN 接入用户之间、VPN 接入用户和远程网络中的用户间都可以通过虚拟得到的 IP 地址互相通信。

（9）应用范围广。可在 VPN 用户与远程局域网之间应用多种业务，如语音、图像和数据库、游戏等应用，也可通过共享等方式访问其他计算机资源。

（10）符合国家相关法律、标准和安全要求。各 VPN 设备必须符合我国的技术标准和安全标准。

（11）系统可升级性。可以通过对 VPN 系统升级来适应新的网络应用或是 VPN 上相关协议或标准的升级。

## 8.5.2　某理工大学校园网 VPN 使用指南

首先登录 VPN 服务网站 http:// melon.dlut.edu.cn/，使用本人学校邮箱（以 @dlut.edu.cn 后缀结尾）用户名及密码，获取当日 VPN 密码。当日该密码只在当天有效，如忘记可到 VPN 服务网站按照上述方法操作，将提示当日密码。第二天（以零点为准）需重新生成当日密码，用新密码连接。登录界面如图 8.5 所示。

您今天第一次申请VPN服务

您今天的VPN服务密码为：　uxz8HRUV

请按照□□理工大学校园网VPN服务操作指南设置连接VPN服务

图 8.5　VPN 服务界面

当需要访问校内资源时，就可以使用当日密码连接校园网 VPN 了。在连接之前要确认自己的主机可以正常接入到 Internet 中，如果主机不能正常上网是无法使用 VPN 的。第一次使用校园网 VPN 需要建立 VPN 连接，方法如下：右键单击"网上邻居"图标，从弹出的快捷菜单中选择"属性"命令，将打开"网络连接"窗口。在该窗口左侧的"网络任务"面板中单击"创建一个新的连接"链接，启动"新建连接向导"，如图 8.6 所示。

单击"下一步"按钮，选择网络连接类型，这里需要选择"连接到我的工作场所的网络"单选按钮，连接到一个商业网络（拨号或 VPN），如图 8.7 所示。

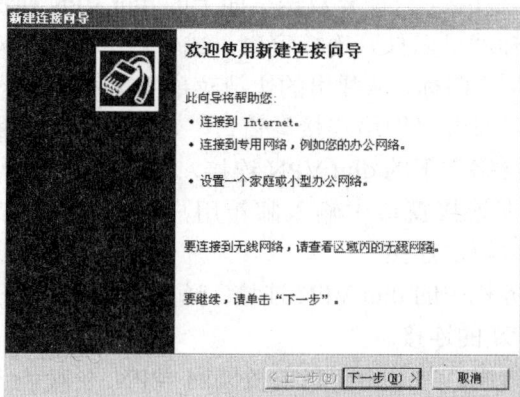

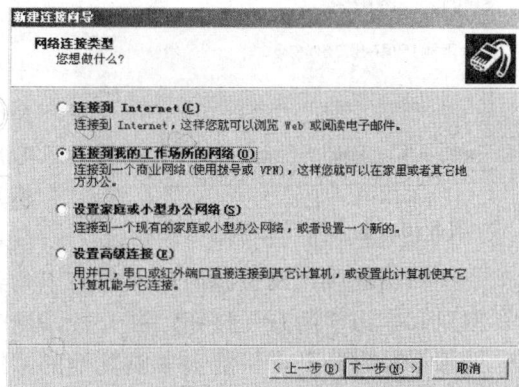

图 8.6　新建连接向导　　　　　　　　　　图 8.7　连接到我的工作场所的网络

单击"下一步"按钮，选择"虚拟专用网络连接"单选按钮，即使用 VPN 通过 Internet 连接到网络，如图 8.8 所示。

单击"下一步"按钮，要求输入连接名，输入方便自己记忆的名字即可，这里给连接命名为 dlut VPN。单击"下一步"按钮，设置共用网络，选择"不拨初始连接"单选按钮，单击"下一步"按钮，输入 VPN 服务器地址，校园网 VPN 服务器的地址为 VPN.dlut.edu.cn，如图 8.9 所示。

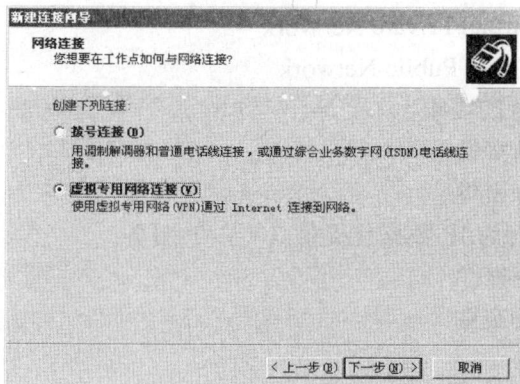

图 8.8　虚拟专用网络连接　　　　　　　　　图 8.9　输入 VPN 服务器地址

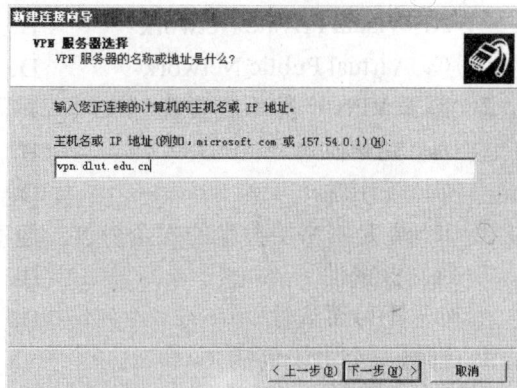

单击"下一步"按钮，显示正在完成新建连接向导，勾选"在我的桌面上添加一个到此连接的快捷方式"复选框，然后单击"完成"按钮，这样就完成了 VPN 连接的建立。这

时会出现"连接 dlut vpn"窗口，在此窗口中输入邮箱的用户名和从 VPN 服务网页上获得的当日密码，如图 8.10 所示。然后单击"连接"按钮即可连接到校园网 VPN 服务器，这时就可以访问校内资源。因为每天 VPN 的当日密码都要重新生成，所以不要勾选"为下面用户保存用户名和密码"复选框来保存用户名和密码。

在第一次建立完 VPN 连接后，以后不需要再建立连接，只需要双击桌面上的 dlut VPN 快捷键图标就可以打开连接窗口。或者右键单击"网上邻居"图标，从弹出的快捷菜单中选择"属性"命令，打开"网络连接"窗口，双击其中"虚拟专用网络"下的 dlut VPN 连接，打开连接窗口，然后在连接窗口中输入邮箱用户名和当日密码就可以再次连接。

图 8.10  输入用户名和当日密码

当不再访问校园网资源时则双击右下角任务栏中的 dlut VPN 连接，弹出"dlut VPN 状态"窗口，单击"断开"按钮，断开校园网 VPN 的连接。

如果不及时断开，可能会影响其他的网络访问。并且由于目前校园网 VPN 负载能力有限，因此对每个用户每天使用的时间限定在两小时，不及时断开将一直记录使用时间。如果当天需要再访问校内资源时，可能已经超出了时间限定而无法访问。在 VPN 服务网站生成当日密码处可以查看当日使用时间，当日使用时间超出两小时将无法连接 VPN，请不要再做过多的连接尝试。

# 课 后 习 题

## 一、选择题

1．VPN 是（    ）的简称。

    A．Visual Private Network　　　　B．Virtual Private NetWork

    C．Virtual Public Network　　　　D．Visual Public Network

2．部署 VPN 产品不能实现对（    ）属性的需求。

    A．完整性　　　　B．真实性

    C．可用性　　　　D．保密性

3．IPSec 是网络层典型的安全协议，但不能为 IP 数据包提供（    ）服务。

    A．保密性　　　　B．完整性

    C．不可否认性　　　　D．真实性

4．网络安全协议包括（    ）。

    A．SSL 和 IPSec　　　　B．POP3 和 IMAP4

    C．SMTP　　　　D．TCP/IP

5．属于第二层的 VPN 隧道协议有（    ）。

    A．IPSec　　　　B．PPTP

C. GRE　　　　　　　　　　　D. 以上皆不是

6. VPN 的加密手段为（　　　）。
　　A. 具有加密功能的防火墙
　　B. 具有加密功能的路由器
　　C. VPN 内的各台主机对各自的信息进行相应的加密
　　D. 单独的加密设备

7. 将公司与外部供应商、客户及其他利益相关群体相连接的是（　　　）。
　　A. 内联网 VPN　　　　　　　B. 外联网 VPN
　　C. 远程接入 VPN　　　　　　D. 无线 VPN

8. PPTP、L2TP 和 L2F 隧道协议属于（　　　）协议。
　　A. 第一层隧道　　　　　　　B. 第二层隧道
　　C. 第三层隧道　　　　　　　D. 第四层隧道

9. 不属于隧道协议的是（　　　）。
　　A. PPTP　　　　　　　　　　B. L2TP
　　C. TCP/IP　　　　　　　　　D. IPSec

10. 不属于 VPN 的核心技术是（　　　）。
　　A. 隧道技术　　　　　　　　B. 身份认证
　　C. 日志记录　　　　　　　　D. 访问控制

11. 目前，VPN 使用了（　　　）技术保证通信的安全性。
　　A. 隧道协议、身份认证和数据加密
　　B. 身份认证、数据加密
　　C. 隧道协议、身份认证
　　D. 隧道协议、数据加密

12. L2TP 隧道在两端的 VPN 服务器之间采用（　　　）来验证对方的身份。
　　A. 口令握手协议 CHAP　　　B. SSL
　　C. Kerberos　　　　　　　　D. 数字证书

二、填空题

1. VPN 利用隧道封装、_____、_____等访问控制技术在开放的公用网络传输信息。

2. VPN 允许用户或公司在保持安全通信的前提下，通过公网来连接远程服务、_____或_____。

3. 传统的 VPN 组网主要采用_____VPN 和基于客户端设备的_____VPN 两种方式。

4. VPN 常用技术主要有 IPSec VPN、_____和_____。

5. IPSec 安全体系包括三个基本协议：AH 协议、_____和_____。

6. AH 协议为 IP 通信提供数据源认证、_____和_____，它能保护通信免受篡改，但不能防止窃听，适合用于传输_____数据。

7. 在 IPSec VPN 中两种最常用的 Hash 函数是_____和_____。

8. SSL 记录协议建立在可靠的传输协议（如 TCP）之上，为高层协议提供数据_____、_____、加密等基本功能的支持。

9．SSL 握手协议建立在 SSL 记录协议之上，用于在实际的数据传输开始前，通信双方进行身份认证、_____、_____等。

**三、简答题**

1．VPN 的发展过程中出现了哪些类型？

2．VPN 的基本功能有哪些？

3．VPN 特性有哪些？

4．IPSec 的安全特性有哪些？

5．IPSec 安全体系包括哪几个基本协议？

6．IPSec 的基本工作原理是什么？

7．IPSec VPN 的优点有哪些？

8．IPSec VPN 的缺点有哪些？

9．SSL 协议提供的服务主要有什么？

10．SSL 协议的工作流程有哪些步骤？

11．SSL VPN 具备哪些特性？

12．SSL VPN 的优点有哪些？

13．SSL VPN 的缺点有哪些？

14．VPN 主要采用哪些技术来保证安全？

15．通过隧道的建立可实现哪些功能？

16．常用的隧道协议有哪些？

17．加密技术在 VPN 上的应用类型有哪几种？

18．VPN 的用途有哪些？

19．校园网 VPN 技术要求有哪些？

# 第 9 章    电子商务安全

## 9.1    互联网安全概述

随着电子商务技术的快速发展，信息安全的问题变得更加严重。竞争者未经授权而访问公司的信息所带来的后果是前所未有的。电子商务的出现则使安全成为所有人都关心的问题。网上购物的顾客最担心的问题就是信用卡号在网络上传输时可能会被上百万人看到。最近的一次问卷调查显示，80%以上的互联网用户都担心在电子商务交易时出现各种安全隐患。这个担心和多年来对在电话购物过程中申报信用卡号时的担心是一样的。现在人们对在电话中把自己的信用卡号告诉陌生人已不太在意，但还是有很多消费者不放心用计算机来传输信用卡号。人们担心通过互联网向公司传递的隐私信息，而且越来越怀疑这些公司保护客户隐私信息的意愿和能力。本章从电子商务角度详细介绍计算机安全方面的问题，讲述一些比较重要的安全问题及目前的解决方法。

### 9.1.1    风险管理

安全措施是指识别、降低或消除安全威胁的物理或是逻辑步骤的总称。根据不同的资产重要性不同，相应的安全措施也有多种。如果保护资产免受安全威胁的成本超过所保护资产的价值，就可以认为这种资产的安全风险很低或不可能发生。

这种风险管理模型应用在保护互联网或电子商务资产免受物理或逻辑的安全威胁的领域。这类安全威胁的例子有欺诈、窃听和盗窃，这里的窃听者是指能听到并复制互联网上传输内容的人或设备。

正如前面的章节提到的，网络攻击者是指利用自己的技术知识非法入侵计算机或网络系统的人，他们可能会窃取信息，或者破坏信息、系统软件甚至硬件。而黑客以前是指喜欢编复杂的程序来挑找技术极限的专业程序员。现在计算机人士仍然正面使用“黑客”这个词，但媒体和公众都用这个词来描述利用自己的技能从事非法勾当的人。有些 IT 人士用白帽黑客和黑帽黑客来区分好黑客和网络攻击者。

要实施安全计划，必须识别出风险，确定对受到安全威胁的资产的保护方式并算出保护资产的成本。本章的重点不是保护的成本或资产的价值，而是识别安全威胁并保护资产免受威胁的方法。

### 9.1.2    电子商务安全分类

安全专家通常把电子商务安全分成三类，即保密、完整和即需（也称为拒绝服务）。保密是指防止未授权的数据暴露并确保数据源是可靠的；完整是防止未经授权的数据修改；

即需是防止延迟或拒绝服务。电子商务安全中最重要的部分是保密。新闻媒体上经常有非法进入政府或企业的计算机或用偷来的信用卡号订购商品的报道。相对来说，完整性安全威胁不那么频繁地被人提及，因此大众对此领域比较陌生。例如，一个电子邮件的内容被篡改成完全相反的意思，就可以说发生了对完整性的破坏。即需性破坏的案例很多，而且频繁发生。延迟一个消息或出现拒绝服务往往会带来灾难性的后果。例如，某用户在上午10点向一家网上股票经纪商发一个电子邮件委托购买 1000 股股票。如果这封邮件被人延迟，股票经纪商在下午两点半才收到该邮件，这时股票已涨了 3 元，这个消息的延迟就使用户损失了 3000 元。

### 9.1.3　安全策略和综合安全

要保护自己的电子商务资产，所有的组织都要有一个明确的安全策略。安全策略是明确描述对所需保护的资产、保护的原因、谁负责进行保护、哪些行为可接受、哪些行为不可接受等的书面描述。安全策略一般要陈述物理安全、网络安全、访问授权、病毒保护、灾难恢复等内容，该策略会随时间变化而变化，公司负责安全的人员必须定期修改安全策略。

无论军事还是商务都要求组织必须保护自己的资产不受窃取、修改或破坏的威胁。军事安全策略不同于商务安全策略之处在于军事应用强调多级别的安全。公司的信息一般分成"公开"和"机密"，设计公司机密信息的安全策略很简单：不要将机密信息透露给所有无关的人员。

制定安全策略时，首先要确定保护的资产，如存储客户信用卡号码的公司会要求这些资产不被窃听者获取。其次是明确谁有权访问系统的哪些部分，不能访问哪些部分。再次是确定有哪些资源可用来保护这些资产。安全小组了解了上述信息后，制定出书面的安全策略。最后是要提供资源保证来开发或购买实现企业安全策略所需的软硬件和物理防护措施。例如，如果安全策略要求不允许未经授权的访问顾客信息，这时就要开发或采购为电子商务客户提供端到端安全保证的软件。

全面的安全策略应当保护系统的保密、完整和即需，并能确认用户的身份。具体到电子商务领域，这些要求是对大多数电子商务企业的最低安全要求。

## 9.2　客户端的安全

客户端（一般指 PC）必须实现一定的安全保护，不受来自某些软件和数据的安全威胁。本节将介绍以动态页面形式从网上传来的活动内容所带来的安全威胁。客户端面临的另一种威胁是伪装成合法网站的服务器。用户和客户端受骗向非法网站提供敏感信息的案例很多。本节解释这些威胁及原理，讨论防止或减少客户端安全威胁的保护机制。

### 9.2.1　Cookies

在 WWW 客户端与服务器之间的互联网连接是采用无状态连接。在无状态连接下，每次信息传输都是独立的。由于在客户端与服务器之间没有连续的连接，因此这个时候将使用到一种叫 Cookie 的文本文件来识别再次访问的客户身份。Cookie 使 WWW 服务器可以同 WWW 客户端进行连续的公开会话，从而完成对网上业务活动很重要的一些任务。例如，购物车与结算处理软件都离不开公开会话。在 WWW 出现的早期，为了解决无状态连接下公开会话的需求，就设计出 Cookie，用户从一组服务器——客户端信息切换到另一组保存用户信息，从而解决了无状态连接的问题。

Cookie 有两种分类方式，即按时间和来源进行分类。按时间分类有两类 Cookie：会话 Cookie（Session Cookie）在关闭浏览器后即被删除，永久 Cookie（Persistent Cookie）则可以永远存在。在电子商务网站上，两类 Cookie 都可以使用。例如，使用会话 Cookie 保存某个购物会话的信息，用永久 Cookie 存储识别用户身份的信息。浏览器每次转入商家网站的不同栏目时，商家的服务器都会要求客户端返回服务器上次在客户端存储的 Cookie。

第二种 Cookie 分类方式是按来源划分。由 WWW 服务器放在客户端上的 Cookie 叫做第一方 Cookie，由不是客户端访问的其他网站放在客户端上的 Cookie 叫第三方 Cookie。第三方 Cookie 通常是由在客户端所访问网站上发布广告的第三方网站生成。这些网站希望跟踪看到广告访问者的反应。如果这些网站在很多网站上发布广告，它会用第三方 Cookie 来跟踪不同网站的访问者。

最彻底的保护隐私，避免被 Cookie 跟踪的办法就是完全禁止 Cookie。这种方法的问题在于有用的 Cookie 也被禁用，访问者在每次访问同一个网站时需要不厌其烦地输入很多同样的信息。如果访问者禁用 Cookie，可能看不到有些网站的全部内容。例如，很多学校所用的远程教育软件在禁用 Cookie 时就可能无法使用。

访问者在网上浏览时会积累大量的 Cookie。另外，由于 Cookie 要反馈出客户端的信息给网站的服务器，然后服务器再决定是否开启相关权限给上网用户的 PC，如果 Cookie 为网络攻击者使用，则客户端中的私人信息和重要的数据就可能被盗窃。因此，同样要限制 Cookies 的权限。多数 Web 浏览器允许用户拒绝第三方 Cookie 或转载接受前查看每个 Cookie。如 IE 等浏览器都有复杂的 Cookie 管理功能。进入 IE 浏览器的"Internet 选项"对话框，在"隐私"选项卡中找到设置，然后通过滚动条来设置 Cookies 的隐私设置，从高到低划分为"阻止所有 Cookie"、"高"、"中高"、"中"、"低"、"接受所有 Cookie" 6 个级别，如图 9.1 所示。

一个更好的办法是第三方的选择性阻止 Cookie 的软件，这种软件叫做 Cookie 封锁软件（Cookie Blockers）。有些软件（如 WebWasher）是浏览器插件，可以禁止横幅广告的 Cookie；有些软件（如 Cookie Pal）可以按照 IP 地址对 Cookie 进行过滤，放过"好"的 Cookie，禁用其他 Cookie。Cookie Crusher 则可以在 Cookie 存储在客户主机前控制 Cookie。

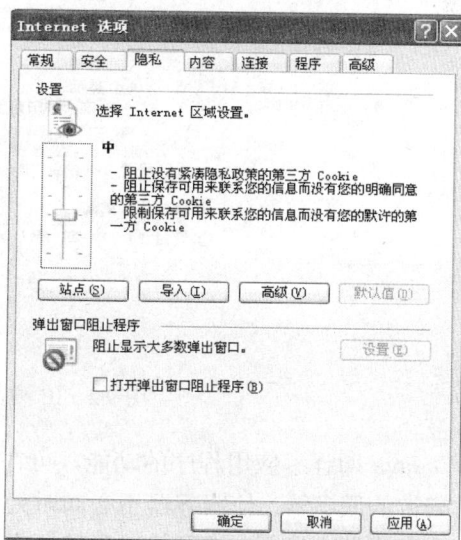

图 9.1　IE 浏览器限制 Cookies 的设置

### 9.2.2  Java 小程序

Java 是美国 Sun 公司开发的一种高级程序设计语言，现在广泛用于开发提供活动内容的网页。WWW 服务器将 Java 小程序随客户端所请求的页面一起发出。多数情况下，网站访问者可以看到 Java 小程序的运行。但是，Java 小程序也可以执行网站访问者无法识别的功能，这时客户端就在浏览器中运行这些程序。Java 也可以在浏览器之外运行。Java 是与平台无关的，可在任何计算机上运行。因为对所有计算机都只需维护一种原代码，所以这种"一次开发多处使用"的特点降低了开发成本。

Java 小程序在为用户浏览网站时提供服务的同时，一些网络攻击者在网页源文件中加入恶意的 Java 小程序，这样就给用户的上网造成了信息被非法窃取和上网的安全隐患。IE 等浏览器限制 Java 小程序的设置方法如下：在 IE 菜单栏中依次选择"工具"→"Internet 选项"命令，在打开的"Internet 属性"对话框中选择"安全"选项卡，在 Internet 区域的安全级别中单击"自定义级别"按钮，然后对"Java 小程序脚本"进行相关的设置。在这里可以对 Java 小程序安全选项进行选择性设置，如"启用"、"禁用"或"提示"，如图 9.2 所示。

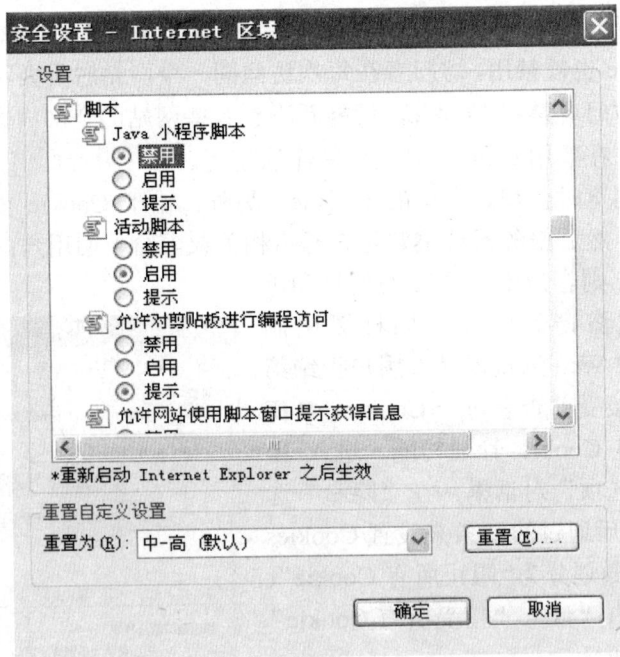

图 9.2  IE 浏览器限制 Java 小程序的设置

Java 增强了应用程序的功能，可在客户端处理交易并完成各种各样的操作，解放了非常繁忙的服务器，使服务器不必同时处理成千上万种应用。但嵌入的 Java 代码一旦下载就可在客户端上运行，这可能发生破坏安全的问题。为解决这个问题而提出了被称为 Java 运行程序安全区的安全模式。Java 运行程序安全区是根据安全模式所定义的规则来限制 Java 小程序的活动。这些规则适用于所有不可信的 Java 小程序。不可信的 Java 小程序意指尚未被证明是安全的 Java 小程序。当 Java 小程序在 Java 运行程序安全区限制的范围内运行时，它们不会访问系统中安全规定范围之外的程序代码。例如，遵守运行程序安全区规则的 Java 小程序不能执行文件输入、输出或删除操作，这就防止了破坏保密性（泄密）和完整性（删除或修改）。

### 9.2.3　JavaScript

JavaScript 是网景公司开发的一种客户端脚本语言，它支持页面设计人员创建活动内容。尽管名称与 Java 类似，但 Java 只是 JavaScript 的基础之一。各种流行浏览器都支持 JavaScript，它与 Java 语言具有同样的结构。当下载一个嵌有 JavaScript 代码的页面时，该代码就在用户的客户端上运行。

和其他活动内容的载体一样，JavaScript 会侵犯保密性和完整性，会破坏硬盘、把电子邮件的内容泄密、将敏感信息发给某个 WWW 服务器。另外，还可能记录用户所访问页面的 URL 并捕捉填入表中的任何信息。如果在租车时输入了信用卡号，有恶意的 JavaScript 程序就可能把信用卡号复制下来。JavaScript 程序和 Java 小程序的区别在于它不在 Java 运行程序安全区的安全模式限制下运行。

与 Java 小程序不同，JavaScript 程序不能自行启动。恶意的 JavaScript 程序只有在用户亲手启动后才会运行。例如为了诱导某用户启动这个程序，网络攻击者会把程序假扮成退休金计算程序，在用户单击按钮来查看自己的退休金收入时，JavaScript 程序就会启动，完成它的破坏任务。

IE 等浏览器限制 JavaScript 程序设置方法如下：在 IE 菜单栏中依次选择"工具"→"Internet 选项"命令，在打开的"Internet 属性"对话框中选择"安全"选项卡，在 Internet 区域的安全级别中单击"自定义级别"按钮，然后对"活动脚本"选项进行相关的设置。在这里可以对 JavaScript 程序安全选项进行选择性设置，如"启用"、"禁用"或"提示"。

### 9.2.4　ActiveX 控件

ActiveX 控件是一个对象，包含有页面设计人员放在页面来执行特定任务的程序和属性。ActiveX 的构件可用各种程序设计语言构建，最常用的是 C++或 Visual Basic。和 Java 或 JavaScript 代码不同的是，ActiveX 控件只能在安装 Windows 的计算机上运行。

当基于 Windows 的浏览器下载了嵌有 ActiveX 控件的页面时，它就可以在客户端上运行。控件的其他例子有 WWW 支持的日历控件及各种各样的 WWW 游戏。

ActiveX 控件的安全威胁是一旦下载，它就能像计算机上的其他程序一样执行，能访问包括操作系统代码在内的所有系统资源，这是非常危险的。一个有恶意的 ActiveX 控件可格式化硬盘，向邮件通讯簿里的所有人发送电子邮件或关闭计算机。ActiveX 控制启动后不能终止，但可被管理。如果浏览器安全特性设置正确，当下载 ActiveX 控件时浏览器就会提醒用户。IE 等浏览器限制 ActiveX 控件的设置方法如下：在 IE 菜单栏中依次选择"工具"→"Internet 选项"命令，在打开的"Internet 属性"对话框中选择"安全"选项卡，在 Internet 区域的安全级别中单击"自定义级别"按钮，然后对"ActiveX 控件和插件"选项进行相关的设置。在这里可以对"ActiveX 控件"选项进行选择性设置，如"启用"、"禁用"或"提示"，如图 9.3 所示。

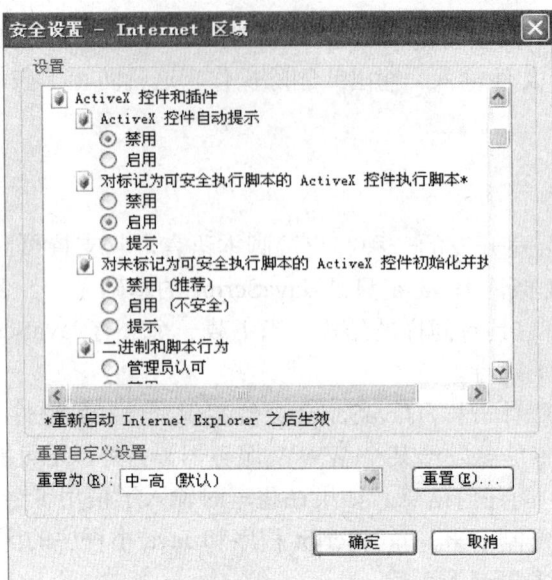

图 9.3　IE 浏览器限制 ActiveX 控件的设置

但是这样设置后会影响我们对某正常站点的访问，因为很多站点采用了 JavaScript，针对这种情况可以将自己经常访问的站点添加到"受信任的站点"中。在 IE 菜单栏中依次选择"工具"→"Internet 选项"命令，在打开的"Internet 属性"对话框中选择"安全"选项卡，选中"可信任的站点"，单击"站点"按钮，取消"对该区域中的所有站点要求服务器验证"复选框的勾选，然后在"将该网站添加到区域中"文本框中输入站点网址，单击"添加"按钮即可，如图 9.4 所示。

## 9.2.5　图形文件与插件

图形文件、浏览器插件和电子邮件附件均是可存储可执行的内容。有些图像文件的格式经过专门设计，包含确定图像显示方式的指令。这就意味着带这种图形的任何页面都是潜在的安全威胁，因为嵌入在图形中的代码可能会破坏计算机。同样，浏览器插件（Plug-Ins）是增强浏览器功能的程序，即完成浏览器不能处理的页面内容。插件通常都是有益的，用于执行一些特殊的任务，如播放音乐片段，现实电影片断或动画图形。例如，Apple 公司的 QuickTime 可下载并放映特殊格式的电影片段。

用于显示特殊内容的浏览器插件程序也给客户端带来了安全威胁。用户可下载这些插件程序并安装，这些浏览器就可以显示无法以 HTML 标注的内容。最常用的插件有 Macromedia 公司的 Flash Player 和 Shockwave Player、Apple 公司的 QuickTime Player、RealNetworks 公司的 Real Player。

许多插件都是通过执行相应媒体的指令来完成其职责的。这就为某些企图破坏计算机的人打开了方便之门，他们可在看起来无害的视频或音频片断上嵌入一些指令。这些隐藏在插件程序所要解释对象的恶意指令，可通过删除若干或全部文件来实施破坏活动。IE 等浏览器限制 Active X 控件的设置方法如图 9.5 所示。

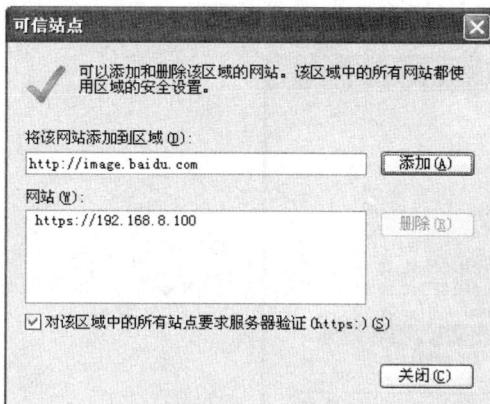

图 9.4　可信站点设置

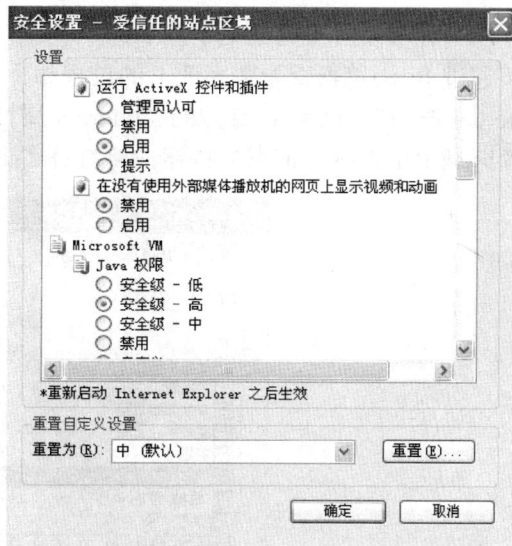

图 9.5　IE 浏览器限制插件的设置

## 9.2.6　数字证书

　　数字证书是控制活动内容威胁的方法之一。数字证书可以是电子邮件附件或网页上所嵌的程序，用来验证用户或网站的身份。另外，数字证书还有向网页或电子邮件附件原发送者发送加密信息的功能。如果下载的程序内有数字证书，就可识别出软件出版商并确认证书是否有效。数字证书是签名（Signed）的消息或代码。签名消息或签名代码的用途与驾驶执照或护照上照片的用途相同，用来验证持有人是否为证书指定人。证书并不保证所下载软件的功能或质量，只是证明所提供的软件是真实而非伪造的。使用证书意味着：如果用户相信某软件开发商，证书可以帮助用户确认签名的软件确实来自该开发商。

　　数字证书可用于多种在线交易，包括电子商务、电子邮件和电子资金转账。数字证书可以为购物者验证网站，有时也用于为网站验证购物者。网站的数字证书可以向购物者保证它是真正的网站而不是伪装的网站，因为数字证书的机制使其很难伪造。浏览器或电子邮件在交易中被要求证明彼此的身份时，可以自动地交换数字证书而不需要用户介入。

　　软件开发商不必是证书签署者。证书只表明对这段程序的认同，而无须表明作者是谁。签署软件的公司需要从若干一级或二级的认证中心处得到软件出版商证书。认证中心（CA）可向组织或个人发行数字证书。申请数字证书的实体要向认证中心提供相应的身份证明。如果符合条件，认证中心就会签署一个证书。认证中心以私钥的方式来签署证明，收到软件出版商程序上所附证书的人可用公钥打开这个程序。

　　数字签名很难伪造。数字证书包括 6 项主要内容：

　　（1）证书所有者的身份信息，如姓名、组织、地址等。

　　（2）证书所有者的公钥。

　　（3）证书的有效期。

　　（4）证书编号。

　　（5）证书发行机构的名称。

（6）证书发行机构的电子签名。

通过 IE 浏览器查看数字证书的过程如下：依次选择 IE 浏览器菜单栏中的"工具"→"Internet 选项"命令，在打开的"Internet 属性"对话框中选择"内容"选项卡，在"证书"选项区域中单击→"证书"按钮，将打开"证书"对话框，如图 9.6 所示。

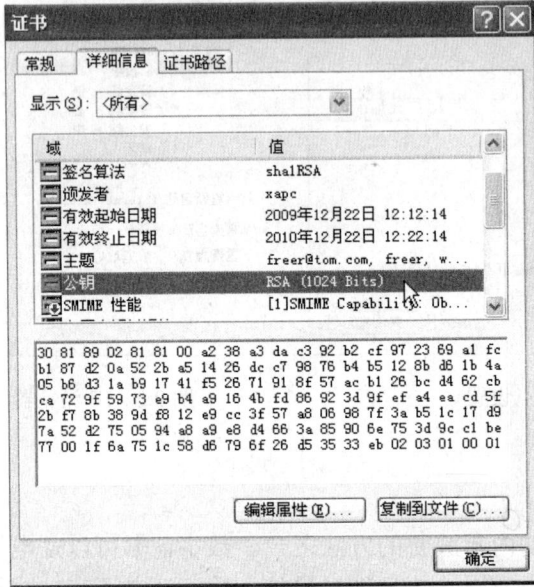

图 9.6　数字证书的详细信息

密钥就是一个简单的数字，通常是一个很大的二进制数字，它和特定的加密算法一起使用就可把想保护的字符串"锁"起来，让别人无法看到其内容。加密密钥越长，保护效果越好。实际上，认证中心就是保证提交证书的个人或组织与其声明的身份相符。

各认证中心对证件的要求都不一样。某家认证中心可能要求个人申请者提供驾驶执照，而另一家认证中心则可能要求提供公证书或指纹。认证中心通常会公布对证件的要求，这样就让各认证中心收到证书的人了解到该认证中心的验证手续的严格程度。认证中心数量不多，在国内客户最多的两家认证中心是上海数字证书认证中心和中国金融认证中心。

与身份证一样，数字证书也有有效期（一般为一年）。这种限制既保护了用户，又保护了企业。对期限的要求迫使企业或个人必须定期成交自己的证明以供重新评估。在证书上或者有证书的网页打开的对话框里显示有效期。过了有效期的数字证书可以废弃。如果认证中心发现公司曾经发送过恶意的代码，就可以单方面拒绝发放新证书或撤销现在的证书。

## 9.2.7　信息隐蔽

信息隐蔽（Steganography）是指隐藏在另一片信息中的信息（如命令），其目的可能是恶意的。一般情况下，计算机文件中都有冗余的或能为其他信息所替代的无关信息。后者一般驻留在背景中无法看到。信息隐蔽提供将加密的文件隐藏在另一个文件中的保护方式，粗心的观察者看不到后者中含有重要的信息。在这个两步处理中，加密文件是让其不能被阅读，而信息隐藏是使信息不被人看到。

很多安全分析家认为网络攻击者采用信息隐藏技术将攻击指令和其他信息藏在图片里，并贴在同伙可以看到的网站上。采用信息隐蔽技术隐藏起来的信息很难被发现。

# 9.3 通信的安全

互联网是买方（通常是客户端）和卖方（通常是服务器）之间的电子连接。在学习通信安全时，要时刻注意的是互联网的设计目标并未考虑安全。虽然互联网起源于军事网络，但是建造网络的主要目的不是为了安全传输，而是提供冗余传输，即为防止一个或多个通信线路被切断。换句话说，它最初的设计目的是提供多条路径来传输关键的军事信息。军方计划以加密形式传送敏感信息，保证在网络上传输的任何信息都是在保密状态。但在网络上所传输信息的保密性是通过将信息转化为不可识别字符串（称作密文）的软件来实现的。在互联网发展演变的过程中也没有特别增加安全机制。

目前互联网的不安全状态与最初相比并没有太大改观。在互联网上传输的信息，从起始节点到目标节点之间发送信息时，每次所用的路径都可以不同。由于用户根本无法控制传输路径，也不知道数据包经过的节点，因此某个中间节点就可能会读取信息、加以篡改或删除。在互联网上传输的信息都会受到对安全、完整和即需的侵犯。

## 9.3.1 对保密性的安全威胁

保密是网络使用者经常提及的一种安全威胁。和保密紧密相关的问题是隐私，隐私也很受大众关注。人们每天都会读到侵犯隐私的消息。保密和隐私虽然很相似，但却是不同的问题。保密是防止未经授权的信息泄露，而隐私是保护个人不被曝光的权利。某些有关隐私保护的组织机构专门帮助企业制定隐私保护策略，其网站上有大量隐私保护资料，涉及企业策略与法律问题。保密要求繁杂的物理和逻辑安全技术，隐私则需要法律的保护。阐述保密与隐私的区别的一个经典例子就是电子邮件。

公司的电子邮件可通过加密技术来防护对保密性的破坏。在加密时信息编码成为不可识别的形式，只有制定的接受者才能把它还原成原来的消息。保密措施是用来保护向外发送的消息。电子邮件的隐私问题则涉及是否允许公司主管阅读员工的消息，争端集中在电子邮件的所有权属于谁，是公司还是发电子邮件的员工。本节讨论保密问题，即不让未经授权的人阅读不想让他们阅读的信息。

开展电子商务的一个很大的安全威胁就是敏感信息或个人信息（包括信用卡号、名字、地址或个人喜好方面的信息等）被窃。这种事会发生在某人在网上填表来提交信用卡信息的时候，有恶意的人想从互联网上记录数据包（即破坏安全性）并不困难。在电子邮件传输时也会发生同样的问题。sniffer 软件能够侵入互联网并记录通过某台计算机或路由器的信息。sniffer 软件类似于在电话线上搭线并录下一段对话。探测程序既可以阅读电子邮件信息，也可以记录电子商务信息，如用户注册名、口令和信用卡号。

安全专家经常会发现电子商务软件上的漏洞，也叫做"后门"。这些漏洞是软件开发人员有意或无意留下来的。知道"后门"存在的网络攻击者可以利用它窥视交易，删除数据或窃取数据。

窃取信用卡号是大家很关心的问题，但发给分公司的关于公司专利产品的信息或不公开的数据也可以被轻易地中途截取，而公司的保密信息可能比信用卡更有价值。因为信用卡往往有消费额度限制，而公司被窃取的信息可能是数以百万的价值。

下面讲一个窃听者截取机密信息的例子。假定某用户登录一个网站，该网站上有一个表要用户填写姓名、地址和电子邮件地址。当用户填完这些表格后用鼠标单击 Submit 按钮，这时信息就会被发送给 WWW 服务器去处理。有些 WWW 服务器获取数据的办法是收集用户在编辑框中的回答信息，把它放在目标服务器 URL 地址的末端，这个加长的 URL 地址就会加入到客户同该网站的服务器来回传输的所有 HTTP 请求与应答的消息中。

如果该用户临时改变主意，决定不再等待该网站服务器的反应，跳到另一个网站，那么第二个网站的服务器可能会收集 WWW 的使用统计，并记录用户刚访问的 URL。使用这种记录 URL 技术来识别客户访问是完全合法的。但是，第二个网站的管理员就可以读取此 URL，他记录了用户在第一个网站的文本框里输入的信息，包括保密的信息。

在使用 WWW 的同时，用户也在不断地暴露自己的信息，其中包括 IP 地址和所用的浏览器，这也是破坏保密性的例子。很多网站提供一种"匿名浏览"的服务，可使用户所访问的网站看不到用户的个人信息。其中之一是美国的 Anonymizer 网站将自己的地址放在用户要访问的 URL 地址前，这就使其他网站只能看到 Anonymizer 网站的信息而不是用户的信息。这样就实现了匿名浏览。但是比较麻烦，因为每次都需要在 Anonymizer 主页的文本框里输入要访问网站的 URL。为了方便访问，Anonymizer 及类似的公司都提供浏览器插件供消费者下载，但是需要一定的成本。

## 9.3.2　对完整性的安全威胁

对完整性的安全威胁也叫主动搭线窃听，当未经授权就更改了信息流时就构成了对完整性的安全威胁。未保护的银行交易（如在互联网上传输的储蓄交易）很容易受到针对完整性的攻击。当然，破坏了完整性也就意味着破坏了保密性，能改变信息的网络攻击者肯定能阅读此信息。完整性和保密性之间的差别在于：对保密性的安全威胁是指某人看到了其不该看到的信息，而对完整性的安全威胁是指某人改动了关键的传输。

破坏他人网站就是破坏完整性的例子。破坏他人网站是指以电子方式破坏某个网站的网页，这种行为相当于破坏他人财产或在公共场所涂鸦。当某人用自己的网页替换某个网站的正常内容时，即发生了破坏他人网站的行为。近来媒体有多起破坏网页的报道，如某些商业网站的内容被他人用黄色内容或其他不堪入目的内容替代。

电子伪装也是破坏网站的例子。电子伪装是指某人伪装成他人或将某个网站伪装成另一个网站。这些破坏利用了域名服务器的一个安全漏洞，将一个真实网站的地址替换成自己网站的地址，欺骗这些网站的访问者。

例如，网络攻击者用 DNS 的安全漏洞将某电子商务公司的 IP 地址用自己的 IP 地址替换，这就将网站的访问者引到一个虚假网站。这样网络攻击者就可以改变订单中的订购量，并改变送货地址。这种对完整性侵犯的订单被发给一家公司的电子商务网站，这家电子商务网站并不知道已经发生了对完整性的破坏，它只简单验证顾客的信用卡后就开始履行订单。近年来很多著名的电子商务网站都曾遭受电子伪装的攻击，其中包括 Amazon、eBay 和 PayPal 等。有些攻击还将垃圾邮件和电子伪装结合起来。诈骗犯发出数百万电子邮件，这些电子邮件看起来像是著名公司发出的，在这些电子邮件中连接所指向的网页非常类似著名公司的网站。然后诱导受害人输入用户名、口令甚至信用卡号码。这种诈取客户机密信息的行为称为钓鱼攻击。钓鱼攻击的受害人往往都是网上银行或结算系统等网站。

### 9.3.3 对即需性的安全威胁

对即需性的安全威胁也叫延迟服务安全威胁或拒绝服务安全威胁（DoS），其目的是破坏正常的计算机处理或完全拒绝处理。破坏即需性后，计算机的处理速度会非常慢。如果一台自动取款机的交易处理速度从一两秒慢到 30s，用户就可能会放弃自动取款机交易。同样，降低互联网服务的速度会把顾客赶到竞争者的网站，再也不会回来。换句话说，降低处理速度会导致服务无法使用或没有吸引力。

拒绝攻击会将一个交易或文件中的信息全部删除。媒体曾报道过一次拒绝攻击，受到攻击的 PC 上的理财软件将钱都汇到别的银行账户，这就使合法所有者无法提取这些钱。另一次有名的拒绝攻击的受害者是 Amazon 和 Yahoo 等知名的电子商务网站。攻击者从被控制的计算机上发出大量数据包，淹没了这些电子商务网站，使合法用户根本无法登录这些网站。在攻击前，罪犯先寻找到一些安全措施比较差的计算机，将发起攻击的软件上传到这些计算机上，使这些计算机成为僵尸主机，通过这些僵尸主机来发起攻击。

### 9.3.4 对互联网通信信道物理安全的威胁

互联网设计的初衷是抵御对物理通信连接的威胁。导致互联网出现的美国政府研究项目的目的就是协调军事行动的抗攻击技术。因此，基于包的网络设计使互联网不会受到网上一条线路攻击的影响。

但是，个人上网服务会受到对此人接入互联网的线路进行破坏的影响。没有人上网是与 ISP 进行多路连接的。然而，大公司及 ISP 自己一般都有多条连接，而且每条连接来自多个 ISP。如一条连接断开，服务商可将访问转入到另一个访问服务商的连接，以保证组织、企业或 ISP 能够连入互联网。

### 9.3.5 对无线网的威胁

网络可用无线访问点（WAP）向数百米内的计算机和移动设备提供网络连接。如果不加保护，物联网覆盖范围内的任何人都可以登录，访问网上的所有资源，包括连接到网上的计算机所存储的数据、网络打印机、网上发送的信息，甚至免费接入互联网。这种连接的安全依赖 WiFi 保护性接入协议（WPA），即在无线设备与 WAP 之间传输加密信息的规则集。

有大型无线网络的公司必须启动设备的 WPA，小公司或家里安装了无线网络的个人一般也需要启动 WPA 安全功能。许多 WAP 出厂时就设置了缺省的账户与口令，公司在安装时往往不更改，结果就留下了一个新的入侵路径。

在无线网使用率很高的城市里，攻击者驾车用计算机笔记本上网搜索可访问的网络，这种攻击者是攻击驾驶员。他们一旦发现一个开放的网络（或使用缺省账户与口令的 WAP），就向其他网络攻击者提供容易进入的无线网络。有些人甚至建了网站，公布世界各大城市无线访问地点的地图。所以要求公司启动访问点设备上的 WPA 并更改缺省的账户与口令，以此避免成为目标。

### 9.3.6　加密

在前面的章节曾经提到过加密的相关问题，而且已经知道数据加密方法包括对称加密与非对称加密两种。与对称密钥系统相比，非对称系统有若干优点。首先，在多人之间进行保密信息传输所需的密钥组合数量很小。在 $n$ 个人彼此之间传输保密信息，只需要 $n$ 对公开密钥，远远小于私有密钥加密系统要求的数量。其次，密钥的发布不成问题。最后，公开密钥系统可实现数字签名。这就意味着将电子文档签名后再发给别人，而签名者无法否认。也就是说，采用公开密钥技术，除签名者外他人无法以电子方式进行签名，而且签名者事后也不能否认曾以电子方式签过文档。

非对称加密系统也有若干缺点，其中之一是加密和解密过程比对称加密系统的速度慢得多。如果用户和顾客在互联网上进行商务活动，加密和解密需要的时间会很多。公开密钥系统并不是要取代私有密钥系统，相反，它们相互补充。因此，可用公开密钥在互联网上传输私有密钥，从而实现更有效的安全网络传输。安全商务服务器可用多种加密算法。很多国家规定某些加密算法只能在本国境内使用，而有些功能较差的算法可以流传到境外。由于安全商务服务器必须同浏览器进行通信，因此通常要采用多种不同的加密算法来适应不同浏览器的不同版本。

第二个和加密相关的安全技术是安全套接层协议（SSL）和安全超文本传输协议（S-HTTP）。安全套接层协议由网景公司提出，安全超文本传输协议由 CommerceNet 协会指定，这是用互联网进行安全信息传输的两个协议。SSL 和 S-HTTP 支持客户端和服务器对彼此在安全 WWW 会话过程中的加密和解密活动的管理。

SSL 和 S-HTTP 有不同的目标。SSL 是支持两台计算机间的安全连接，而 S-HTTP 则是为了安全地传输信息。SSL 和 S-HTTP 都是透明地自动完成发出信息的加密和收到信息的解密工作。

在电子商务过程中，SSL 在客户端和服务器开始交换一个简短信息时提供一个安全的"握手"信号。在开始交换的信息中，双方确定将用的安全级别并交换数字证书。每台计算机都要正确识别对方。确认完成后，SSL 对在这两台计算机之间传输的信息进行加密和解密。这将意味着对 HTTP 请求和 HRRP 响应都进行加密，所加密的信息包括客户端所请求的 URL、用户所填的各种表（如信用卡号）和 HTTP 访问授权数据（如用户名和口令）等。简而言之，SSL 支持的客户端和服务器间的所有通信都加密了。在 SSL 对所有通信都加密后，窃听者得到的是无法识别的信息。

除了 HTTP 外，SSL 还对计算机之间的各种通信提供安全保护。例如，SSL 可为 FTP 会话提供安全保护，支持敏感的文档、电子报表和其他数据的安全上传和下载。SSL 能保证 Telnet 会话的安全。在此会话中，远程计算机用户要登录公司主机并传输口令和用户名。实现 SSL 的协议是 HTTP 的安全版，名为 HTTPS。在 URL 前用 HTTPS 协议就意味着要和服务器之间建立一个安全的连接。

SSL 有多种安全级别：40 位、56 位、128 位和 168 位。这是指每个加密交易所生成的私有会话密钥的长度。会话密钥是加密算法为在安全会话过程中将明文转成密文所用的密钥。密钥越长，加密对攻击的抵抗就越强。进入 SSL 会话的浏览器会有指示（很多浏览器的状态条会有一个图标）。一旦会话结束，会话密钥将被永远抛弃，不再使用。

下面了解一下客户端和电子商务服务器之间在信息交换时 SSL 的工作方式。SSL 需要认证服务器，并对两台计算机之间所有的传输进行加密。客户端的浏览器在登录服务器的安全网站时，服务器将要求发给浏览器（客户端），浏览器以客户端来回应。这些握手交换使两台计算机确定它们支持的压缩和加密标准。

接着，浏览器要求服务器提供数字证书。作为响应，服务器发给浏览器一个认证中心签名的证书。浏览器检查服务器证书的数字签名与浏览器所存储的认证中心的公开密钥是否一致。一旦认证中心的公开密钥得到验证，签名也就证实了。此动作完成了对商务服务器的认证。

由于客户端和服务器需要在互联网上传输信用卡号、发票和验证代码等，因此双方都同意对所交换的信息进行安全保护。使用非对称加密和对称加密来实现信息的保密。虽然公开密钥非常方便，但速度较慢，这也就是 SSL 对几乎所有的安全通信都使用对称密钥加密的原因。由于使用对称密钥加密，SSL 需要让客户端和服务器共享一个对称密钥，而同时不让窃听者得到。实现的方法是在浏览器为双方生成一个对称密钥，然后由浏览器用服务器的公开密钥对此对称密钥进行加密。公开密钥存储在服务器，认证是发给浏览器的数字证书上。对对称密钥加密后，浏览器把它发给服务器，服务器用其私有密钥对它解密，得到双方共用的对称密钥。

所以就不再使用公开密钥了，只需用对称密钥加密。现在，在客户端和服务器之间传输的所有消息都用共享的对称密钥进行加密，此密钥也叫会话密钥。会话结束后，此密钥就被丢弃。客户端和安全服务器重新建立连接时，从浏览器和服务器握手开始的整个过程将重复一遍。根据客户端和服务器间的协议，可使用 40 位或 128 位的加密，以确定所用的加密算法。

安全 HTTP（S-HTTP）是 HTTP 的扩展，它提供了多种安全功能，包括客户端与服务器认证、加密、请求/响应的不可否认等。S-HTTP 提供了用于安全通信的对称加密、用于客户端与服务器认证的公开密钥加密。客户端和服务器能单独使用 S-HTTP 技术。也就是说，客户端的浏览器可用对称密钥得到安全保证，而服务器可用公开密钥技术来请求对客户端的认证。

在客户端和服务器开始的握手会话中完成 S-HTTP 安全的细节设置。客户端和服务器都可指定某个安全功能为必需（Required）、可选（Optional）还是拒绝（Refused）。当其中一方确定了某个安全特性为"必需"时，只有另一个（客户端或服务器）同意执行同样的安全功能时才能开始连接，否则就不能建立安全通信。假定客户端的浏览器要求用加密来实现所有通信的保密，这就好比一个流行时装设计师从某纺织厂所采购的所有丝绸交易都是保密的，让竞争者无法探听到下一个季节会流行什么样的纺织品。另外，这家纺织厂可能会要求保护信息的完整性，以便向采购者提供的数量和价格是完整的。而且，纺织厂还会要求能够确认采购者身份，以确认不是假冒者。所谓"不可否认"的安全属性提供了客户端发出消息的正面确认。也就是说，该客户端无法否认它曾提供此消息。

S-HTTP 与 SSL 的不同之处在于 S-HTTP 建立了一个安全会话。SSL 通过客户端与服务器的"握手"建立了一个安全通信，而 S-HTTP 则通过在 S-HTTP 交换包的特殊头标志来建立安全通信。头标志定义了安全技术的类型，包括使用私有密码加密、服务器认证、客户端认证和消息的完整性。头标志的交换也确定了各方所支持的加密算法，不论客户端或服务器（或双方）是否支持这种算法，也不论是必需、可选还是拒绝此安全技术（如保密性）。一旦客户端和服务器同意彼此之间安全措施的实现，那么在此会话中的所有信息将封装在安全信封里。安全信封（Secure Envelope）是通过将一个消息封装起来以提供保密性、完整性和客户端与服务器认证。换句话说，安全信封是一个完整的包。在网络或互联网上传输的所有信息都可用它进行加密以防止他人阅读。信息被改变会立即察觉，因为完整性机制提供了能标示消息是否被改变的探测码。客户端和服务器认证是通过认证中心所签发的数字证书来实现的，安全信封组合所有这些安全功能。现在很多网站不再使用S-HTTP，SSL 已成为客户端与服务器之间安全通信的事实标准。

现在已经了解了如何用加密来保证消息的保密性，也了解了数字证书如何实现向客户端认证服务器及向服务器认证客户端，但还不知道如何实现消息的完整性。下面介绍如何防止更改传输过程中的消息。

### 9.3.7 用散列函数保证交易的完整性

电子商务最终都要涉及客户端浏览器向商务服务器发出结算信息、订单信息，然后结算指令人及商务服务器需向客户端返回订单确认信息。如果侵入者改变了所传输订单的任何内容，就会带来灾难性的后果。例如，侵入者可能会改变收货地址或订购数量，这样就能够收到客户订购的产品。这是一个破坏完整性的例子，消息在发送者和接收者之间传输时被改变了。

虽然要防止罪犯改变消息非常困难，而且成本也很高，但有很多技术能够让接收者检测消息是否被破坏。接收者如果发现消息被破坏了，只需要求发送者重发此信息。除了消息被改变使双方操作出现麻烦外，这个被破坏的消息并没有带来任何实际的破坏后果。只有当信息的接收者没有发现这种未经授权的消息变更时才会发生实际的破坏。

可用多种技术的组合来创建能防止被修改同时能认证的消息。另外，这些技术还提供了不可否认的功能，即消息的发出者无法声称此消息不是由他发出的。为消除因消息被更改而导致的欺诈和滥用行为，可将两个算法同时应用到消息上。首先用散列算法，散列算法是单向函数，即无法根据散列值得到原消息。这一点很重要，因为一个散列值只能用于与另一个散列值的比较。

加密程序将文本转换成消息摘要，散列算法不需要密钥，所生成的消息摘要无法还原成原始信息，其算法和信息都是公开的，而且散列冲突也很少发生。由散列函数计算出散列值后，就将此值附加到这条消息上。假定此消息是内有客户地址和结算信息的采购订单，当商家收到采购订单及附加的消息摘要后，就用此消息（不含附加的消息摘要）计算出一个消息摘要。如果商家所计算出的消息摘要与消息所附的消息摘要匹配，商家就知道此消息没有被篡改，即侵入者未曾更改商品数量和送货地址。如果侵入者更改了消息，商家计算出的消息摘要就会和客户计算并随订单发来的消息摘要不同。

### 9.3.8 用数字签名保证交易的完整性

单靠散列算法还不行。散列算法是公开的，任何人都可中途拦截采购订单，更改送货地址和商品数量后重新生成消息摘要，然后将新生成的消息摘要及消息发给商家。商家收到后计算消息摘要，会发现这两个消息摘要相匹配，这时商家就受到了愚弄，以为此消息是真实的。为防止这种欺诈，发送者要用自己的私有密钥对消息摘要加密。

加密以后的消息摘要称为数字签名。带数字签名的采购订单就可让商家确认发送者的身份并确定此消息是否被更改过。由于要对消息摘要用公开密钥加密，这就意味着只有公开/私有密钥的所有者才能对消息摘要进行加密。这时商家就用客户的公开密钥对消息进行解密并计算出消息摘要，如果结果匹配，就说明消息发送者的身份真实。另外，散列值匹配说明的确是发送者制作了此消息（不可否认），因为只有他的私有密钥所生成的加密消息才能用其公开密钥解开。这样就解决了欺骗问题。

如果需要的话，除数字签名所提供的消息完整性和认证之外，交易双方还可要求保证交易的保密性。只要对整个字符串（数字签名和消息）进行加密，就可保证消息的保密性。同时使用公开密钥加密、消息摘要和数字签名能够为互联网交易提供可靠的安全性。

### 9.3.9　保证交易传输

本章前面已经见过，拒绝或延迟服务攻击会删除或占用资源。加密和数字签名都无法保护数据包不被盗取或速度降低。TCP/IP 中的传输控制协议（TCP）负责对信息包的端到端控制。当 TCP 在接收端以正确次序重组包时，还会处理包丢失问题。TCP/IP 的职责会要求客户端重新发来丢失的数据。也就是说，在 TCP/IP 之上不再需要其他安全协议来处理拒绝服务的问题，TCP 在数据里加入校验位，这样就能知道数据包是否被改变、丢失或出现其他问题。

# 9.4　服务器的安全

客户端、互联网和服务器的电子商务链上的第三个环节是服务器。对企图破坏或非法获取消息的人来说，服务器有很多弱点可被利用。其中一个入口是 WWW 服务器及其软件，其他入口包括任何有数据的后台程序，如数据库和数据库服务器。尽管没有系统能够实现绝对的安全，但电子商务服务器管理员的工作就是制定出安全措施，并考虑电子商务系统每个部分的安全措施。

### 9.4.1　对 WWW 服务器的安全威胁

WWW 服务器软件可响应 HTTP 请求进行页面传输。虽然 WWW 服务器软件本身并没有内在的高风险性，但其主要涉及目标是支持 WWW 服务和方便其使用，所以软件越复杂，包含错误代码的概率就越高，安全漏洞的出现概率也越高。安全漏洞是指破坏者可因之进入系统的安全方面的缺陷。

如果 WWW 服务器允许自动显示目录，其保密性就会大打折扣。如果一个服务器的文件夹名能让浏览器看到，其保密性就会被破坏。例如，当用户为查看 FAQ 子目录的缺省页面而输入 http://www.somecompany.com/FAQ/时就可能发生这种情况。通常服务器显示的缺省页面为 index.htm 或 index.html，如果目录中没有这样的文件，WWW 服务器就会显示出此目录下所有的文件夹名。这时用户就可随便点击其中一个文件夹名，从而访问到本应是限制访问的某些文件夹。细心的网站管理员会将文件夹名显示功能关闭，当某人试图浏览这种文件夹时，WWW 服务器就会警告此目录不能访问。

当 WWW 服务器要求用户输入用户名和口令时，其安全性也会大打折扣。输入用户名来获得进入 WWW 特定区域的允许，其行为本身并不会破坏保密性或隐私性。但当用户访问同一 WWW 服务器上受保护区域的多个页面时，用户名和口令就可能被泄露。引起这种情况的原因之一是某些服务器要求用户在访问安全区域中的每个页面时都要输入用户名和口令。因为 WWW 是无状态的，记录用户名和口令的最方便方式就是将用户的保密信息存在他计算机上的 Cookie 里，这样服务器就可以请求计算机发出 Cookie 的方式来请求得到确认。虽然 Cookie 本身并非不安全，但 WWW 服务器无法要求不加保护地传输 Cookie 里的信息。

WWW 服务器上最敏感的文件之一就是存放用户名和口令的文件。如果此文件没有得到保护，任何人就都能以他人身份进入敏感区域。如果没有对用户信息加密，侵入者就能得到用户名和口令信息。大多数 WWW 服务器都会把用户认证信息放在安全区里。

用户所选的口令也会构成安全威胁。有时用户所选的口令很容易被猜出，因为口令可能是父母或孩子的名字、电话号码或身份证等很容易想到的内容。所谓字典攻击程序就是按电子字典的每个单词来验证口令。一旦用户口令泄露，就会给非法进入服务器打开方便之门，这种非法侵入可能长时间不被发现。为了对付这种字典攻击，许多企业在口令分配软件中采取字典检查措施。当用户选择一个新口令时，口令分配软件会在字典里查找，如果找到的话就不同意用户使用这个口令。企业口令分配软件所用的字典内有常见单词、姓名（包括宠物名）、常用的缩略语、对用户有特定意义的单词或字符/数字，如企业会禁止员工以员工号作为口令。

### 9.4.2　对数据库的安全威胁

电子商务系统以数据库存储用户数据，并可从 WWW 服务器所连的数据库中搜索产品信息。数据库除了存储产品信息外，还可能保存有价值的信息或隐私信息，一旦被更改或泄露则会给公司带来无法弥补的损失。现在大多数大型数据库都使用基于用户名和口令的安全措施，一旦用户获准访问数据库，就可查看数据库中的相关内容。数据库安全是通过权限实施的，而有些数据库没有以安全方式存储用户名与口令，或没有对数据库进行安全保护，仅依赖 WWW 服务器的安全措施。如果有人得到用户的认证信息，他就能伪装成合法的数据库用户来下载保密的信息。隐藏在数据库系统里的特洛伊木马程序可通过将数据权限降级来泄露信息，甚至可以改变数据权限，使所有用户都可以访问这些信息，其中当然包括那些潜在的侵入者。

### 9.4.3　对其他程序的安全威胁

另一个对 WWW 服务器的攻击可能来自服务器上所运行的程序。通过客户端传输给 WWW 服务器或直接驻留在服务器上的 Java 或 C++程序需要经常使用缓存。缓存是指定存放从文件或数据库中读取数据的单独的内存区域。在需要处理输入和输出操作时就需要缓存，因为计算机处理文件信息的速度比从输入设备上读取信息或将信息写到输出设备上的速度快得多，缓存就用做数据进出的临时存放区。把即将处理的数据库信息放在缓存中，等所有信息都进入计算机内存后，处理器操作和分析所需的数据就准备完毕。缓存的问题在于向缓存发送数据的程序可能会出错，导致缓存溢出，即溢出的数据进入到指定区域之外。通常情况下，这是由程序中的错误引起的，但有时这种错误是有意的。1988年的互联网蠕虫就是这样的程序，它引起的溢出会消耗掉所有资源，直到被感染的计算机停机。

另一种影响力更大的溢出攻击就是将指令写在关键的内存位置上，侵入程序占有并完成覆盖缓存内容后，WWW服务器通过载入记录攻击程序地址的内部寄存器来恢复执行。这会使WWW服务器遭受严重破坏，因为恢复运行的程序是攻击程序，它会获得很高的超级用户权限，让每个程序都可能被侵入的程序泄密或破坏，完善的编程可以降低缓存溢出带来的问题。有些计算机还用硬件辅助操作系统来限制恶意破坏的缓存溢出所导致的问题。

还有一种类似的攻击是将多余的数据发给一个服务器，一般是邮件服务器。这种攻击叫做邮件炸弹（Mail Bomb），即数以千计的人将同一消息发给一个电子邮件地址。攻击可能是一群组织严密的黑客发起，也可能只是一个黑客用特洛伊木马或类似程序控制了别人的计算机，然后发起攻击。邮件炸弹的目标电子邮件地址会收到大量的邮件，超出了所允许的邮件区域限制。

## 9.4.4 对WWW服务器物理安全的威胁

WWW服务器及所连的计算机（如用于向电子商务网站提供内容和交易处理的数据库服务器和应用服务器等）必须保护，使其不受物理破坏。很多公司都用这些计算机存储了重要数据，如客户、产品、销售、采购、结算等信息，它们已成为公司业务的重要组成部分。作为关键的物理资源，这些计算机和相关设备需要严格保护不受物理安全的威胁。

许多公司自己有服务器和服务器维护人员，有的大公司也将这些计算机托管给ISP。多数情况下，ISP对这些物理设施的维护要强于公司在自己办公场所提供的安全措施。

公司可以采取额外措施保护自己的WWW服务器。许多公司在远程维护服务器内容的备份。如果WWW服务器对业务非常关键，公司可以在远程备份整个WWW服务器。一旦发生自然灾害或者恐怖袭击，网站的运作在几秒钟之内就可切换到备份服务器上。这种要保证物理安全的关键业务WWW服务器例子有民航订票系统、证券经纪公司的交易系统和银行账户清算系统等。

## 9.4.5 访问控制和认证

访问控制和认证是指控制访问商务服务器的人及其所访问的内容。想要在电子商务环境下访问WWW服务器，多数人都不可能直接使用这台服务器的键盘，而要通过客户端。前面讲过认证就是验证期望访问计算机的人的身份。就像用户可认证其所交互的服务器一样，服务器也能够认证各个用户。当服务器要求识别客户端和其用户时，它会要求客户端发出一个证书。

服务器可用多种方式对用户进行认证。首先，证书是用户的许可证。如果服务器使用用户的公开密钥无法对证书的数字签名进行解密，就知道此证书不是来自真正的所有者；反之，服务器就可确认证书来自所有者。此过程防止了为进入安全服务器而伪造的证书。

其次，服务器检查证书上的时间标记以确认证书未过期，并拒绝为过期证书提供服务。最后，服务器可使用回叫系统，即根据用户名和为其制定的客户端地址清单来核对用户名和客户端地址。这种方法对那些客户端地址得到严格控制和系统管理的内部网非常有用。而对互联网进行系统管理是非常困难的，因为用户可能在不同的地点上网。不过无论如何，可信的认证中心所颁发的证书对客户端及其用户进行身份确认时起到非常关键的作用。证书的不可否认特性对安全问题也有好处。

用户名和口令的方法也提供了一定程度的保护。服务器要采用用户名与口令对用户进行认证的话，就必须维护合法用户的用户名与口令的数据库。许多 WWW 服务器系统都用文件来存储用户名和口令。对大的商务网站来说，一般会用独立的数据库来存储用户名和口令，并对此数据库严加保护。

最常见也是最安全的存储方法是以明文形式保存用户名，而用加密方式来保存口令。在明文的用户名和加密的口令方式下，当用户登录时，系统根据数据库中所存储的用户名清单来检查用户名以验证用户的合法身份。登录系统时用户所输入的口令已进行加密，系统将用户口令的加密结果通过数据库中所存储的加密口令进行比较。如果指定用户的两种加密口令相互匹配，就接受登录。这就是为什么在大多数系统下，即使用户忘记口令，系统管理员也无法找到被遗忘的口令。这时管理员会给用户一个临时口令，然后用户可改成自己选定的口令。

# 9.5 电子商务安全实例

当了解数据加解密技术及身份认证技术以后，下面将体会一下在互联网上诸如网络银行这类电子商务应用是通过什么过程保证数据安全的。在图 9.7 中，用户 A 要把数据安全地传递给用户 B。整个过程既需要实现数据的保密性，又要求对发送方的身份进行认证。用户 A 和用户 B 首先由自己或通过第三方认证机构生成一个密钥对，而这个密钥对又被称为证书。

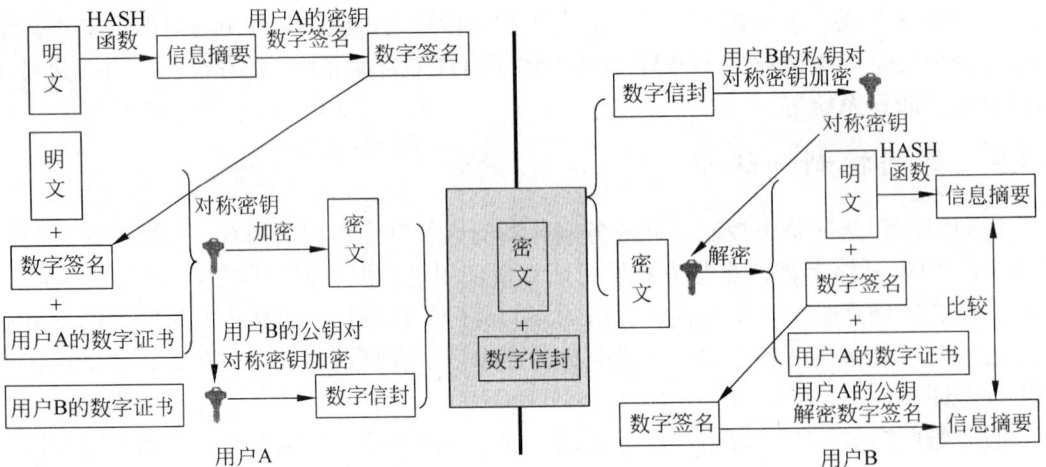

图 9.7 电子商务安全实例

用户传出的数据初始为明文的形式，接着该明文通过 Hash 函数快速地生成一个明文的摘要，Hash 函数的单向型使得任何人都无法通过摘要反向推出该明文。然后系统将使用用户 A 的私有密码对摘要进行数字签名。

当数字签名的操作结束后，发送方将要传递的明文、数字签名和发送方用户 A 的公钥做成一个整体，由系统随机选择某个对称加密算法进行数据的加密，也就是说迅速地把明文转成了密文。这里有两点要说明：第一，用户 A 的公钥是以用户 A 数字证书的形式出现；第二，在绝大多数情况下，这个步骤中所做的操作对一般的用户是透明的，不需要用户的参与，由系统自动选定算法和密钥。

如果想保证上述的加密操作成功，关键就是要保护好加密时用的对称密钥。可以使用接收方用户 B 的公钥对该对称密钥再进行加密。注意：用户 B 的公钥以用户 B 数字证书的形式出现。这样通过用户 B 的公钥完成了一次非对称加密，最终形成了数字信封。

将密文放入数字信封后利用网络进行通信。在通信过程中如果网络攻击者对该数据进行监听，并且监听到了之后想破解该数据的内容就必须拆开该数据的电子信封。这其实就等于与强大的非对称加密进行对抗。

接收方用户 B 正确收到该数据后，首先要做的事情是拆开信封。因此用户 B 用自己的私钥对数字信封进行解密并还原对称密钥。用户 B 的私钥保存在用户 B 的 PC 上，并没有出现在网络通信中，由此可以看到非对称密钥体系的安全性是比较好的。

使用对称密钥对密文进行解密，还原明文、数字签名及用户 A 的数字证书。到此为止，用户 B 可以看到用户 A 传过来的明文。但是新的问题是用户 B 能否信任这个明文，这个明文在传输过程中有没有错误或者被恶意篡改。所以用户 B 用 Hash 函数生成一个信息摘要，然后用用户 A 的公钥对数字签名进行解密。若整个通信的环节没有出现任何问题，那么解密的结果就是用户 A 发出数据的时候所做的信息摘要。如果这两个摘要完全一致，那么就说明数据通信的过程是一个安全的过程。

# 课 后 习 题

**一、选择题**

1. 下列选项中属于非对称密钥体制特点的是（　　）。

    A. 算法速度快　　　　　　　　　　B. 适合大量数据的加密

    C. 适合密钥的分配与管理　　　　　D. 算法的效率高

2. 硬件安全是指保护计算机系统硬件的安全，保证其自身的（　　）和为系统提供基本安全机制。

    A. 安全性　　　　B. 可靠性　　　　C. 实用性　　　　D. 方便性

3. 身份认证的主要目标包括确保交易者是交易者本人、避免与超过权限的交易者进行交易和（　　）。

    A. 可信性　　　　B. 访问控制　　　C. 完整性　　　　D. 保密性

4. 网络交易的信息风险主要来自（　　）。

    A. 冒名偷窃　　　B. 篡改数据　　　C. 信息丢失　　　D. 虚假信息

5. SSL 产生会话密钥的方式是（　　）。

A. 从密钥管理数据库中请求获得

B. 每一台客户端分配一个密钥

C. 随机由客户端产生并加密后通知服务器

D. 由服务器产生并分配给客户端

6.（　　）属于 Web 中使用的安全协议。

    A. PEM、SSL                B. S-HTTP、S/MIME

    C. SSL、S-HTTP             D. S/MIME、SSL

7. 传输层保护的网络采用的主要技术是建立在（　　）基础上的（　　）。

    A. 可靠的传输服务，SSL 协议

    B. 不可靠的传输服务，S-HTTP 协议

    C. 可靠的传输服务，S-HTTP 协议

    D. 不可靠的传输服务，SSL 协议

**二、填空题**

1. 电子商务安全可分为_____、_____和_____三个方面。

2. Cookie 文本文件的主要作用是_____。

3. 客户端受到来自_____、_____、_____、_____、_____、_____和_____等多方面的安全威胁。

4. 数字证书可用于_____、_____和_____多种在线交易。发行数字证书的机构是_____。在国内客户最多的认证中心是_____和_____。

5. 网络攻击者利用安全漏洞针对电子商务进行_____、_____和_____等非法操作。

6. 网络攻击者利用探测程序（Sniffer）可以实现_____的目标。

7. SSL 由_____公司提出，S-HTTP 是_____协会指定，这是用_____进行安全信息传输的两个协议。SSL 和 S-HTTP 支持客户端和服务器对彼此在安全 WWW 会话过程中的_____活动的管理。

**三、简答题**

1. 数字证书包括的主要内容有哪些？

2. 简述利用电子伪装攻击电子商务网站的实施过程。

3. 简述商家和消费者之间进行数据传输时进行信息摘要的过程。

4. 网络攻击者给电子商务带来的安全隐患和安全问题有哪些？

# 第10章 | 校园网网络安全解决方案设计

　　校园网作为学校网络化建设不可缺少的支撑平台，承担着学校教学、管理、科研及软件资源库、应用服务群、一卡通等应用的环境支持，也是学校内外资源共享、交流访问的重要方式。作为学校数字信息传输最重要的载体，校园网的安全自然就面对着各种威胁，主要威胁有网络设备的破坏及网络中传输的数据信息的危害。前者主要是破坏设备的软件系统、干扰运行；后者则是越权非法访问、假冒合法用户、木马与病毒、窃听数据等。除此之外，对校园网的另外一个威胁体现在无法对网络数据进行自主识别与过滤，如电信网络上面有大量的资源，这些资源鱼龙混杂、良莠不齐，我们却无法进行有针对性的处理，以至占用大量网络带宽，造成数据堵塞，严重影响用户体验。同时由于目前我国的网络管理制度还有待完善，网站上充斥着众多严重影响学生身体健康、心理成长的内容，诸如暴力、反动、色情之类，导致非常恶劣的后果。

　　校园网在学校的数字化、信息化、自动化中发挥着越来越重要的作用，直接影响到学校管理水平的提高与教学质量提升，同时也是学校之间实力竞争的一个关键点。但是，由于意识与资金方面的原因，许多学校常常只是在内部网与互联网之间放一个防火墙就了事，直接面对互联网，随着校园网规模日趋扩大、应用环境日趋复杂，从而成为病毒、木马及黑客的目标，导致校园网内木马病毒泛滥、黑客入侵攻击时有发生、信息被篡改、服务遇拒绝等均呈现增多趋势。可见，针对各种安全事故，采取行之有效的措施去应对是十分必要的。针对网络安全进行主动防范，从而确保校园网安全、稳定、高效、可靠运转是每个学校迫切需要重视的问题。

　　本章首先拿目前流行的各种安全防护技术，结合学校的实际，提出学校的目标，构建一个安全、可靠、高效、稳定的校园网。在此基础上，应用多种安全技术，构建学校网络安全防御体系，为学院信息化、办公自动化、数字资源化提供坚实的硬件平台。在具体实现中，应用了 ACL、VLAN、VRRP 技术，IDS 与防火墙联动，出口策略路由技术，以及 DES 技术在身份认证中的具体应用，实现一个"可看、可管、可控"的安全网络。

## 10.1　校园网现状分析

　　先虚构一所学校名为英才大学，针对这所学校来进行分析。当前学校有两个校区，一个在大学东路，占地近千亩，建设有覆盖全院所有区域的校园网，多媒体教室 121 间，计算机机房 34 间，教学计算机 1500 多台，教职工 1200 人，在校学生达 8000 人。目前校园网注册用户为 9000 人，其中活跃的在线用户达 4000 多人，大二以上的学生基本上人手一台计算机。另外一个校区在大学西路，占地 800 多亩，目前已经完成土地平整，实现三通一平，正在建设，很快就可以投入使用。

目前，学校已经建成自己的 Web 主页、内部使用的 FTP 服务器、DNS 服务器等基础应用服务。另外还开发了科研管理系统、学生评优评先系统、成绩管理系统、学生评教选课系统等一系列实用的应用服务。有为了师生教学与学习的方便，还开发了精品课程系统，图书管理系统等电子资源。学校和其他高校类似，也是采用多出口互联，分别为 CERNET 和 CHINANET 两种方式接入，其中一条为 50M 的电信链路，另一条为 100M 的教科网链路。

## 10.1.1 校园网网络安全现状分析

由于计算机网络自身开放性、共享性和互联性的特点，当学院的网络接入互联网以后，自然而然会遇到来自互联网上的各种攻击与威胁。具体体现为病毒泛滥、数据破坏、入侵攻击，以及信息的篡改、恶意软件对网络性能的影响等，这些事件时常发生，严重影响师生的日常使用，有时网络甚至出现瘫痪。这些威胁活跃在校园网内部，如漏洞入侵、拒绝服务攻击、假冒合法用户、密码破解和恶意木马等形形色色的威胁。

现在学院开发了大量的软件资源，如精品课程系统、学生评优评先系统、学生评教系统、成绩管理系统等，这些网络业务全部集成到协同办公平台上，统一认证，这样给师生带来极大方便的同时，也带来了不少的安全问题，如访问控制设置不严谨，密码口令不安全，很多师生还是用默认密码，系统补丁不及时更新、对各种攻击缺乏应对手段等，这些构成了办公平台的安全薄弱环节，是网络整体安全的短板。

通过对学院网络现状的分析，可将当前校园网的安全问题归纳如下。

### 1. 校园网内的安全问题

随着学校招生规模的不断扩大，当前学校师生员工已经超过了 9200 人。其中据不完全统计，目前师生开户用户已达 9000 人，高峰期活跃在线用户达 4000 人。用户分散在各个区域，大大增加了管理与日常维护的工作量。学校目前建设开发有大量的校园网资源，包括 FTP、Web 服务器、学生选课评教系统、学生成绩管理系统、精品课程资源库、学生评奖评优信息系统等，这些资源在校学生用户经常需要使用。由于学生计算机安全性不高，存在各种漏洞，当他们上网下载资料、玩游戏、看电影时很容易感染病毒。当他们中毒后，很容易充当攻击源，对校园网的各种服务器进行攻击，而这些服务器很多都没有防护手段，因此很容易就引起病毒肆虐、信息破坏、系统篡改、网络崩溃等后果，从而影响校园网安全。

### 2. 校园网内的威胁

在学院内部的学生对学院的网络拓扑结构、应用模式、软件资料等都非常了解，而理工科学生，特别是电子信息工程系、软件、计算机、网络技术专业的学生，他们对新知识充满求知欲，特别是学习完网络安全课程后，总是想尝试使用各种攻击工具来实践，而他们的目标首先选择的就是校园网。尽管他们都是有意或者无意的，但是却经常干扰了校园网的正常运行。因此，如何防范校园网的黑客攻击是我们必须面对的问题。

### 3. 校园网外的威胁

当前高校，为了享受计算机网络带来的便利与资源共享，无一不接入互联网，我们在体验互联网便捷高效的同时，也直接面对着种种来自校园网外的安全威胁。首先，大量的计算机病毒都是利用互联网传播，大量病毒在网络上泛滥，必然会引起网络性能的下降；

其次，在互联网上活跃着大量的黑客，他们经常想方设法入侵校园网的服务器，以获取各种有用的信息。

**4．校园网内盗版软件泛滥**

在学校根据调查可以发现，绝大部分学生使用的软件都是直接从网络上下载破解版，或者直接购买盗版软件，这些软件表面上看可以正常使用，但是大部分都不能升级，存在漏洞补丁无法修补，同时很多软件开发者在里面隐藏着后门程序、木马程序、恶意程序等，给校园网带来极大的安全隐患。同时在校园网建设中，多数学校只重视硬件的投入而忽略了软件的建设，许多服务器安装的网络操作系统均是盗版的，其中含有大量的安全漏洞，这给黑客的入侵与攻击带来了便利。

## 10.1.2 校园网威胁成因分析

由于校园网存在种种威胁，因此自然而然就出现各种上述的现象，通过对其原因分析，可得出主要是由以下原因造成的：

**1．缺乏身份认证机制**

现在一般大型的企事业单位都部署有相应的身份认证设备，对用户进行认证，从而实现内部网络可控可管。学校注册校园网用户达 9000 人，经常在线的师生员工也达 4000 人，但缺乏用户认证的机制，很多外来用户只要简单配置，在学校就能直接上网，很多用户通过更改端口地址就能入网，因此安全性很低，对用户管理难度很大。同时由于很多用户都是直接使用学号和默认密码，因此密码被盗后，账号就直接被盗用了。再次出现问题时，无法进行审计，不能直接定位到个人。另外，由于上述各种问题的存在，从而影响校园网的收费与运营。

**2．终端安全难保障**

学院的校园网是由师生员工的计算机作为节点构成，因此这部分终端安全性直接影响到校园网的整体安全。但目前的现实是，很多师生的计算机系统存在漏洞，Windows 漏洞补丁从来都不及时更新；很多用户没有安装正版杀毒软件、防火墙等安全软件，或是虽然安装了，但不能自动更新，有些用户甚至从来不更新，这些安全软件失去了安全防御功能，无法对病毒查杀与数据包过滤；还有部分终端用户不正确使用校园网，经常下载、使用各种非法软件，从事一些破坏校园网的活动。可见，接入的终端不安全会引起整个校园网攻击和病毒泛滥，影响正常的使用。

**3．缺乏安全控制手段**

当前互联网上虽然黑客很多，病毒也泛滥，但是由于大部分的学校均部署了防火墙，要实现成功入侵和攻击不是易事。据统计，80%成功的攻击行为都是出自局域网内部，所以在校园网内部如何防范攻击行为是校园网整体安全的重点。目前，在学院校园网中，由于没有相应的安全技术，防御能力极差，病毒攻击、木马泛滥；校园网内合法的用户做出越权的、非法的事情无法监管，危害很大；攻击行为时常发生，但用常规手段却难以发现，更谈不上阻断，发生的时候定位、追踪不到攻击源，不能进行及时、有效的处理。

## 10.1.3 校园网安全需求

校园网安全一定是全方位的安全。首先，网络出口、数据中心、服务器等重点区域要做到安全过滤；其次，不管接入设备还是骨干设备，设备本身需要具备强大的安全防护能力，并且安全策略部署不能影响到网络的性能，不造成网络单点故障；最后，要充分考虑全局统一的安全部署，需要能够从接入控制、对网络安全事件进行深度探测、现有安全设备有机的联动、对安全事件触发源的准确定位和根据身份进行的隔离、修复措施，从而能对网络形成一个由内至外的整体安全构架。所以，在对出口等重点区域进行安全部署的同时，要更加全面的考虑安全问题，让整个网络从设备级的安全上升一个台阶，摆脱仅仅局部加强某个单点的多种安全强度的手段。

根据前面介绍的校园网安全需求和现状，校园网建设在安全方面要满足以下几点需求：

（1）核心网络升级为双核心架构，汇聚层均以双链路与核心交换链接，实现骨干网的冗余和负载均衡。

（2）替换老旧交换机和部分接入层非网管交换机。

（3）校园网出口增加高性能路由器。

（4）加强网络边界安全，增加入侵防御系统等安全防御措施。

（5）校园网禁止外部非校园网用户未经许可访问内部的数据，实现内部网和重要服务器数据的安全防护。

（6）使用接入认证技术和准入控制技术，禁止非法用户和不安全客户端访问网络。

（7）对于各个 VLAN 的网络访问进行控制，各 VLAN 之间在未经授权的情况下不能相互访问，实现网络的隔离。

（8）加强网络监控，对用户的上网行为进行管理，实现对涉及重要服务器数据的攻击行为的记录与分析。

（9）加强网络病毒的防范。

（10）采用网络备份与恢复系统，实现数据库的安全存储及灾难恢复。

（11）加强安全管理，对内部网络访问行为进行规范化，制定完善的安全管理制度，并通过培训讲座等手段来增强教职工和学生的安全防范技术及防范意识。

# 10.2　校园网网络安全方案设计

## 10.2.1　校园网网络安全方案设计的原则

网络安全是整体的、动态的，网络安全方案应能覆盖校园网运行的各个环节。在校园网络安全系统方案设计中，要充分考虑学校校园网的运行和管理现状，综合校园网方案可行性、可管性、可控性、可扩展性等因素。总体上，网络安全方案应遵守以下主要原则：

### 1. 风险与需求间的代价均衡

对于任何网络，要想达到绝对的安全是不可能实现的，也是没有必要的。对于一个网络而言，首先应该对其承担任务、网络性能需求、网络结构、网络的可靠性、可维护性、可扩展性等因素进行实际分析，对网络有一个基本的总体认识。其次，要对网络可以面临的威胁、能够承担的风险进行了解，在不影响整个校园网性能的前提下，允许出现一些风险与威胁，制定相应的系统安全策略，确保网络安全。

### 2．方案的全面性、综合性

制定校园网安全方案时，应充分运用系统工程的理念、手段，对可能存在问题的地方进行分析、研究，从而得出行之有效的解决办法。主要的应用办法有以下三种：通过完善管理制度实现；加强专业技术应对措施的完整性；齐备各种法律法规。一个出色的网络安全设计方案往往是对各种安全技术、安全手段全面地、综合地融合、应用。在计算机网络中，用户、数据、设备等在网络安全中处于不同的地位，应该从系统整体安全的立场出发去分析，才能制定出行之有效的、合理的网络安全体系结构。

### 3．方案的一致性

一致性是指设计的安全方案应该与网络安全需求结合，力求两者能同步一致。例如，设计方案所针对的网络安全问题思考时，应结合整个网络的生命周期考虑；安全内容、安全措施应该在方案设计实施、测试验收、运行维护等地方都要有所体现。总之，结合网络安全需求，与安全问题保持一致性去思考网络安全设计的方案，与网络建设好后再去思考、建设，会容易很多，投入也减少很多。

### 4．方案的兼容性与灵活性

方案的制定中应该具有兼容性与灵活性。随着网络性能和安全需求的改变而进行相应调整，设备能做到兼容，迅速适应，改动容易，而且升级方便。

### 5．易操作性

安全防范策略一般都是由人设置，简单、易操作、方便执行的策略会给网络管理人员带来极大的便利。但假设安全策略太复杂，往往给设置、操作带来不便。如果网络管理人员对策略了解不深，专业水平有限，就容易设置出错，反而引起网络安全性的下降。此外，一切安全策略的使用均需要牺牲主机性能为代价，所以措施采用不是越多越好，而是够用、易操作，不影响系统的正常使用。

### 6．多重防护

高校校园网络庞大，指望采用一两种安全措施就能实现整体的、全局的安全是不可能的，因为安全是相对的，没有绝对的安全技术与防护措施，无论哪种安全技术或者防护措施都可能失效，从而影响校园网的稳定与安全。因此，应当综合多种安全技术手段，建立立体的多重防护的系统，这样各层间可以互相补充，当某层失效时，剩下的还可以保护网络信息的安全。

### 7．可升级、可发展

当前网络时刻都会变化，面对不断发展的形势，制定的校园网应该能够根据安全趋势，有针对性地制定、调整安全策略，同步跟进，以便能不断满足校园网的新情况、新需求。所以在方案设计中，可升级、可发展是必须考虑的原则。

### 8．统一规划，分步实现

由于方案设计时要受到政策规定、服务需求等不明朗因素影响，同时随着时间、环境的变化，攻击手段也在不断进步，网络的真实需求也在同步的不断变化，一步到位就建设好校园网显然是不现实的。所以正确的思路是统一规划、分步实现。首先在学校里建立最基础的安全体系，满足当前校园网用户，建立学校安全防御基本架构。另外，面对用户需求的多样化、网络规模的复杂化、攻击手段的多样化，需要在原有的校园网络上不断地升级、调整或者增强网络安全的手段及措施，从而确保网络安全。

校园网网络安全解决方案设计

## 10.2.2 安全设计遵循的标准

校园网络安全设计方案遵循的部分标准和法规：

（1）国家标准：GB 17859—1999《计算机信息系统安全保护等级划分准则》。

（2）公安部令第 82 号：《互联网安全保护技术措施规定》。

（3）国家标准：GB/T 20279—2006《信息安全技术网络和终端设备隔离部件安全技术要求》。

（4）国家保密局文件：《计算机信息系统保密管理暂行规定》（国保发[1998]1 号）。

（5）国务院 147 号令：《中华人民共和国计算机信息系统安全保护条例》。

（6）国家标准：GB 9361—1988《计算机场地安全要求》。

## 10.2.3 各层次的校园网络安全防范系统设计

校园网络系统是一个分层次的拓扑结构，因此校园网络的安全防护也需要采用分层次的综合防护措施，即一个完整的校园网络安全解决方案应该全面覆盖校园网络的各个层次，并且与安全管理制度及标准操作流程相结合。根据网络的应用现状和结构，下面分别从物理层安全、网络层安全、应用层安全、系统层安全和安全管理 5 个层次提出网络安全设计方案。

### 1．物理层安全设计

物理安全的主要目的是为了对网络中的计算机、服务器、网络连接设备等进行保护，使其不会因自然灾害、人为因素等受到损害，并且对线路的电磁辐射进行控制，防止各种偷窃与破坏活动的发生。保证校园网络系统中各种设备、线缆的物理安全是实现系统安全控制的基本前提。

物理安全包括通信线路的安全（防盗、抗干扰、防止电磁泄漏等）、物理设备的安全（防盗、防毁、防电磁信息辐射泄漏、抗电磁干扰等）、机房环境的安全（温度、湿度、烟尘、防水、防雷等）。在校园网安全体系构建时，要将服务器、路由器、交换机等核心设备进行集中放置与管理，并由专人负责看守，各种连接线路与设备应做好防护处理工作。对于网络线路中电磁辐射的控制是一项重要的内容，主要采用两种方式：一种是防护传导的发射源，选取性能优良的滤波器，尽可能减小传输的阻抗；另一种是采用电磁屏蔽手段，如选用有金属屏蔽层的网络连接线等，减少线路在传输时散发的辐射，必要时在保密部位利用干扰装置产生的伪噪声来淹没计算机系统在工作时的频率和信息特征。

针对校园网物理层存在的各种安全隐患，改善校园网的物理环境，主要需要做如下几项工作：

（1）保障和完善主机房电源供应。

（2）完善温度（恒温）、防尘控制，增加湿度（恒湿）控制。

（3）增设校园网主机房门禁、监控系统。

（4）完善防雷和防静电措施。

（5）与保卫等相关部门合作，保障通信线路的安全。

### 2．网络层安全设计

网络层的安全问题主要包括网络层身份认证、网络资源的访问控制、数据传输的保密性和完整性、远程接入（VPN）的安全、域名系统的安全、全网主干路由的安全、入侵检测/保护的手段、病毒防护等。其目的是限制非法用户通过网络远程访问和破坏系统数据，窃取传输线路中的数据，确保对网络设备的安全配置。

网络层主要的安全措施包括利用防火墙进行边界隔离与访问控制、利用入侵检测，在防火墙边界隔离的基础上进一步对数据进行全面的检测与分析，从而发觉潜在的攻击行为。

利用 VPN 设备实现数据的加密传输，并确保信息传输的机密性、完整性，利用防范 DDOS 攻击设备防范 DDOS 攻击。

在校园网的安全体系中，对于校园网内部不同局域网之间的隔离与控制是采用 VLAN 技术，通过对网络中交换机的设置，将整个校园网划分成几个不同的区域，实现不同网段之间的物理隔离，从而有效地防止一个网段中的攻击行为渗透到另一个网段中去。在校园网的服务器区域必须要建立入侵保护系统，而在学校的办公网区域应加强杀毒软件的更新与升级，在宿舍中建立上网行为监控。为了保证校园网中用户端的接入安全，通过访问控制列表对所有用户的接入进行控制。

**3. 操作系统层安全设计**

各类操作系统均不同程度的存在安全性问题，主要表现在三个方面：一是操作系统本身的缺陷带来的不安全因素，主要包括身份认证、访问控制、系统漏洞等；二是对操作系统的安全配置问题；三是病毒对操作系统的威胁。学校各业务系统中的办公用计算机大都采用微软公司操作系统，而大部分使用者是非专业用户，因操作系统安全漏洞而导致办公用机被攻击者控制，从而造成办公用机里的资料被非法窃取。针对操作系统存在的安全问题，从下列方面进行防范：

（1）及时安装操作系统补丁。

各类操作系统在投入商业运行后，各类漏洞不断被发现，部分漏洞会给校园网造成重大安全隐患，而安装补丁程序是弥补漏洞的主要补救措施。

为了保障 Windows 系列操作系统的安全，设置校园网 Windows Update 自动更新服务网站，保证校园网上计算机能够及时、快速的安装 Windows 各类补丁，维护全网操作系统免受网络蠕虫攻击，更新操作系统，修复系统漏洞，保护计算机安全。

（2）关闭多余的服务。

操作系统在安装的时候，默认启用了大量服务程序，其中许多服务是不必要的，这些服务程序的运行给系统增加了不安全因素，对于此类服务应予关闭。

（3）账户及口令安全。

制定强制的账户及口令使用制度，确保各类账户及口令的复杂度，并进行定期更新，杜绝因使用缺省账号（例如 root、admin、administrator、guest 等）、简单口令给系统造成的安全风险。

（4）采用网络杀毒软件。

采用网络杀毒软件系统，如瑞星、卡巴斯基、金山毒霸等，采用分布处理、集中控制的策略，构建协调一致的立体防病毒体系。

（5）系统日志审计。

定期审计系统日志，及时发现针对网络的攻击行为，同时可查看网络管理人员的操作行为。

#### 4．应用层安全设计

应用层安全是指应用系统的安全，即确保校园网内各应用系统（如 Web、FTP、教务管理系统、财务管理系统、学生管理系统等）安全、可靠地运行。

应用层安全主要包括应用系统访问控制安全、应用系统数据传输安全、应用系统的桌面安全。针对应用层的应用现状，加强应用层安全需要进行下列工作：

（1）加强日志审计。

定期对日志服务器进行审计，以便发现针对网络设备可能发生的攻击，或者可以查询管理人员操作的历史记录。通过详细记录用户行为，可以记录用户对路由器的配置管理的操作信息。定期对日志信息进行分析能够尽早发现可疑的网络行为，及时修补安全漏洞。

（2）建立数据中心。

对现有的关键数据进行存储整合，建立存储区域网，采用高性能的磁盘阵列做数据的集中存储；同时对关键服务器进行整改，进行统一管理。

（3）完善备份和恢复机制。

采用先进成熟的备份软件，为信息系统构建一套完善的数据保护方案，用来防止由于意外造成的数据损坏和丢失。

（4）数据保护。

采用 VPN 技术，对其重要的数据进行加密，采用密钥技术对网络中传输的数据进行加密和验证，从而保证数据的完整性，保证数据在传输的过程中不被非法篡改和破坏。

#### 5．管理层安全设计

管理层安全的实现主要是从非技术层面的角度出发，主要包括的内容有安全技术和设备的管理、安全管理制度、部门与人员的组织规则等。安全防范的技术再先进，如果在管理制度与管理人员的环节出现了问题，所有的措施都将毫无作用。严格的安全管理制度，明确的部门安全职责及合理的人员配置都会提升校园网的安全系数。

具体的管理层安全措施包括以学校分管安全的领导为主，成立校园网安全督导小组，成员包括各个网络节点的管理员，明确小组中各成员的职责，并将具体的责任落实到每一个人；明确每一个人的管理范围和设备；组成一个快速应急响应小组，由网络安全专家及相关的技术人员组成，以便在发生攻击事件时快速地做出反应，提供支持；对于每一项对校园网络服务器及相关设备配置与参数的修改都应至少两人同时在场，从而保证设置的正确性；对网络的管理人员执行定期培训和二次教育，以保证其在遇到安全方面的问题时能够有能力处理；实行职责分离及保密制度，对于安全工作以外的人员，不应告知相关的参数信息及设置信息等内容，除非经过上级部门的批准。

管理制度很大程度上影响着校园网络安全性，严格的安全管理制度、明确的部门职责划分、合理的人员角色配置都可以在很大程度上降低各类网络安全事故的发生。因此，给校园网制定完善的安全管理制度是十分必要的。安全管理制度应该包括下面一些主要方面的内容：

（1）机房安全管理制度。

（2）系统运行管理制度。包括系统启动／关闭控制制度、系统状态监控制度、系统维护制度等。

（3）人员管理制度。包括管理人员管理制度、设计人员管理制度、操作人员管理制度、人事调动管理制度等。

（4）软件管理制度。

（5）数据管理制度。

（6）密码口令管理制度。

（7）病毒防治管理制度。

（8）用户登记和信息管理制度。

（9）工作记录制度。

（10）网络风险分析制度。

（11）数据/信息备份制度。

（12）审计制度。

（13）执行灾害恢复计划制度。

（14）安全培训制度。

（15）合作制度。

（16）监督制度。

# 10.3　校园网出口安全设计

学校互联网出口设计中采用 CERNET 和 CHINANET 两种方式，其中一条为 50M 的电信链路，另一条为 100M 的教科网链路。新的出口方案是在原来的结构上部署一台 Cisco7604 高性能路由器，分别连接到 CERNET 和 CHINANET，其中防火墙主要负责数据包过滤及 NAT 转换功能，而数据包路由与转发功能全部交给出口边界路由器处理，这样大大减轻了防火墙的压力，同时通过应用策略路由技术实现不同需要的数据走不同的网络出口，提高访问速度。

根据学校实际情况，制定出口规则如下：

（1）当用户是教科网 IP，如果访问教科网资源则直接走教科网的出口，如果访问电信的资源则先 NAT 成电信合法 IP 后走电信出口。

（2）当用户是电信 IP 或者私有 IP，如果访问教科网则先 NAT 转换成教科网 IP 后走教科网，否则直接通过电信出口出去。

（3）定义默认路由，对于无法判断的 IP 一律通过电信出口出去。

# 10.4　统一身份认证系统的设计

在校园网安全环境中，通过多条件授权访问来控制用户准入准出的系统就是身份认证系统。该系统是基于内部数据库的策略对提出访问请求的用户决定允许还是拒绝。

由于终端用户位于接入点，通过身份认证可以有效拒绝非法用户访问，从而保障网络的安全。它主要由认证客户端、认证服务器和认证技术构成。

**1. 认证客户端**

在校园网上，各种应用服务器的资源如学生成绩管理系统、学生评优评先系统、精品课程系统等均需要通过认证机制保护，从而保障这些资源被合法的用户使用。因此，可以将这些资源的账号与校园网账户统一起来，一旦校园网认证通过，将有权限访问以上资源，实现统一身份认证。身份认证作为许多应用系统中安全保护的第一道防线，它的安全直接决定整个校园网接入安全。

身份认证客户端应该具有以下特点：

（1）终端接入用户进行控制，确保用户的合法性。

（2）禁止在终端设置各种代理共享服务。

（3）能够对终端接入用户的 IP 进行控制和管理（任意、静态、动态任意、动态 radius server 授权、上网时改动合法 IP 后立即下线）。

（4）终端接入用户多种因素的绑定（如用户密码、主机 Mac、接入 IP、交换机 IP、所属 Vlan）。

（5）多种计费控制功能（包月、卡用户、时长、流量、充值、内外网区别计费等）。

（6）在整个校园网使用统一的账号认证，利用账号可以上网，也可以访问成绩系统、选课系统、学生评教系统等应用资源。

### 2. 认证技术

认证技术能够确保通信双方身份的准确性、不可抵赖性，从而实现数据通信安全传输。在校园网上，安全的身份认证系统必须有严密、可靠的认证技术来提供保障，通过对不同安全技术比较，校园网采用 DES 技术进行认证，确保网络服务的安全与高效。DES 技术有很高的安全性，通过它对传输的数据加密，从而确保数据不在认证过程传输时被截取。另外，还对传输的数据采用数字签名技术，有效地防范重播攻击，确保身份认证系统的安全可靠。

认证的过程主要由以下 4 个步骤构成：

（1）客户端先向服务器发出认证请求。

（2）服务器收到请求后，马上生成一个随机数传送到客户端来应答。

（3）客户端收到随机数，用私钥对数据进行签名加密后传送回服务器。

（4）服务器对收到的签名数据解密验证，做出正确与否判断后把结果返回给客户端。

在认证过程中，服务器和客户端都必须拿数据包中加密的信息校验真实性，而加密的内容只有服务器和客户端知道，攻击者不懂该信息，因此不可能伪造，从而有效地防范了重播攻击。

### 3. 认证服务器

在校园网接入控制中，在服务器上对身份认证的统一可以实现统一身份管理，实现网络安全认证与授权，同时可以通过平台提供的接口与其他安全设备联系起来，直接管理防火墙、IDS、交换机等，从而构成整个网络的安全体系。

通过与其他安全设备联动，以及可视化界面，让网络管理员轻松实现对整个网络监管，确保网络安全。认证服务器因为能与其他安全防护设备联动，所以能够对整个网络设备运行情况了如指掌。同时实时对网络数据流量进行分析，结合 IDS 与防火墙组成的安防系统得到的信息，能准确了解性能状态及各种故障源，方便管理员进行相应的技术处理。

此外，认证服务器应具有用户管理模块、策略制定模块、营账模块、收费管理模块、网络运维模块、数据分析模块及提供统一的接口，供其他安全设备使用。

# 课 后 习 题

**一、选择题**

下面不属于校园网络中传输数据信息的危害的是（　　　）。

    A．越权非法访问　　　　　　B．假冒合法用户

    C．木马与病毒　　　　　　　D．干扰运行

**二、填空题**

1．对于网络线路中电磁辐射的控制是一项重要的内容，主要采用两种方式：一种是_____，另一种是_____。

2．网络层主要的安全措施是利用_____和_____设备进行相应的保护。

**三、简答题**

1．校园网安全要面对的主要威胁有哪些？

2．当前校园网的安全问题主要有哪些？

3．校园网在安全方面要满足哪些需求？

4．校园网网络安全方案设计的原则有哪些？

5．安全设计遵循的标准有哪些？

6．需在哪些层次上提出网络安全设计方案？

7．操作系统层安全设计主要有哪些内容？

8．应用层安全设计主要有哪些内容？

9．安全管理制度应该包括哪些主要方面的内容？

10．根据学校实际情况，出口规则应该包括哪些主要方面的内容？

11．身份认证系统的设计包括哪些方面？

12．技术支持方式有哪些形式？

13．安全技术培训一般有哪些内容？

# 第 11 章 实验 1 Sniffer 软件的使用

## 11.1 实验目的及要求

### 11.1.1 实验目的

通过实验操作掌握 Sniffer 软件的安装与基本功能的使用，对于监控软件原理有一定的了解。能够熟练使用 Sniffer 软件实现常用的监控功能。

### 11.1.2 实验要求

根据教材中介绍的 Sniffer 软件的功能和步骤来完成实验，在掌握基本功能的基础上，实现日常监控应用，给出实验总结报告。

### 11.1.3 实验设备及软件

两台磁盘格式配置为 NTFS 的 Windows 2000/XP 操作系统的计算机，局域网环境、FTP 服务器、Sniffer Pro 4.7.5 软件。

### 11.1.4 实验拓扑

实验拓扑如图 11.1 所示。

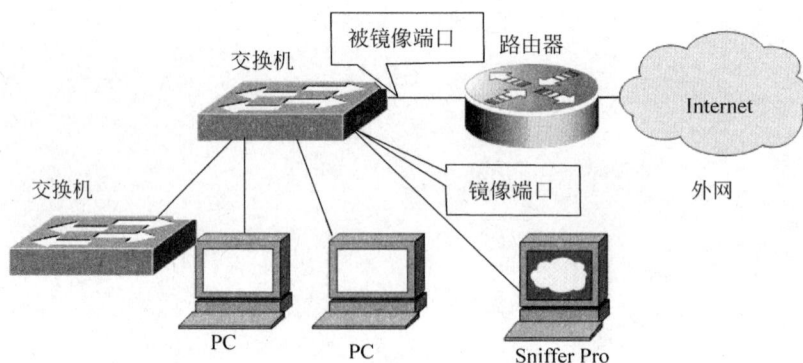

图 11.1　实验拓扑

### 11.1.5 交换机端口镜像配置

以锐捷交换机为例，fa0/2 端口监控 fa0/10 端口的步骤如下：

```
Switch >en
Switch #conf t      !进入全局配置模式
Switch(config)# monitor session 1 source interface fastEthernet 0/10 both
!设置被监控口
Switch(config)# monitor session 1 destination interface fastEthernet 0/2
!设置监控口
Switch(config)# end
Switch#wr
Switch# show monitor session 1 !查看当前配置
Switch(config)# no monitor session 1 !清除当前配置
```

# 11.2　Sniffer 软件概述

Sniffer Pro 软件是 NAI 公司推出的功能强大的协议分析软件。本实验利用 Sniffer Pro 软件的强大功能解决网络中的一系列故障问题。

## 11.2.1　功能简介

下面列出了 Sniffer 软件的一部分功能介绍，更多功能的详细介绍可以参考 Sniffer Pro 软件的在线帮助。

（1）捕获网络流量进行详细分析。

（2）利用专家分析系统诊断问题。

（3）实时监控网络活动。

（4）收集网络利用率和错误。

Sniffer 的安装非常简单，setup 后一直单击"确定"按钮即可。第一次运行时需要选择网卡，确定从计算机的哪个网卡上接收数据。选择"文件"→"选择设置"命令，如图 11.2 所示。

图 11.2　选择捕获网卡

选择网卡后才能正常工作。该软件如果安装在 Windows 98 操作系统上，Sniffer 可以选择拨号适配器对窄带拨号进行操作。如果安装了 EnterNet500 等 PPPOE 软件还可以选择虚拟出的 PPPOE 网卡。对于安装在 Windows 2000/XP 上则无上述功能，这和操作系统有关。

图 11.3 所示为 Sniffer Pro 中快捷键的位置。上面为捕获报文快捷键，下面为网络性能监视快捷键。

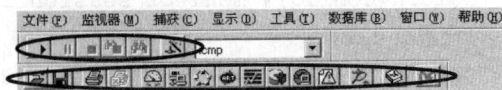

图 11.3　快捷键

## 11.2.2　报文捕获解析

### 1．捕获面板

报文捕获功能可以在报文捕获面板中进行设置，图 11.4 所示为捕获面板的功能图。按钮的功能从左到右分别为捕获开始、捕获暂停、捕获停止、停止并显示、显示、定义过滤器、选择过滤器等。

图 11.4　捕获面板快捷键

### 2．捕获过程报文统计

在捕获过程中可以通过捕获面板查看捕获报文的数量和缓冲区的利用率，如图 11.5 所示。

### 3．捕获报文查看

Sniffer Pro 提供了强大的分析能力和解码功能。如图 11.6 所示，对于捕获的报文提供了一个 Expert 专家分析系统进行查看分析，还有解码选项及图形和表格的统计信息。

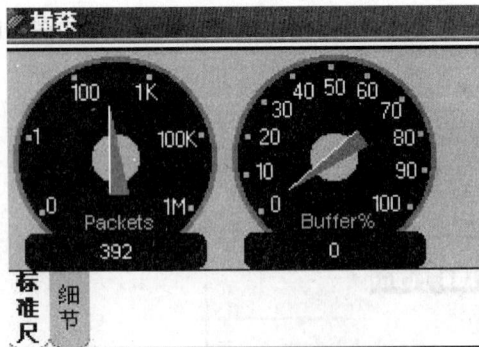

图 11.5　捕获过程报文统计面板

图 11.6　专家分析系统

### 4．专家分析

专家分析系统提供了一个分析平台，对网络上的流量进行一些分析，对于分析出的诊断结果可以通过查看在线帮助获得。

在图 11.7 中显示出在网络中 WINS 查询失败的次数及 TCP 重传的次数统计等内容，可以方便了解网络中高层协议出现故障的可能点。

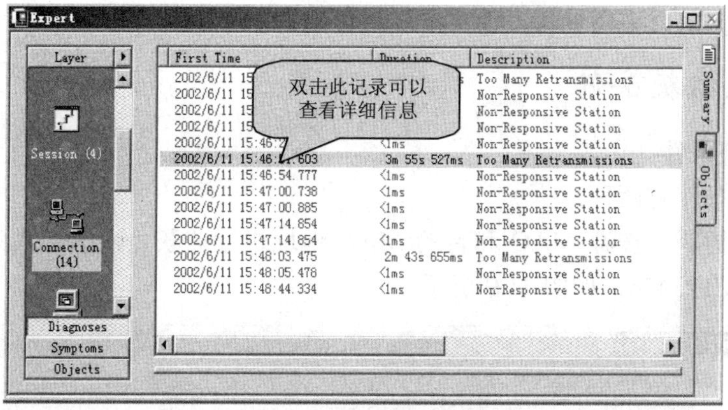

图 11.7　分析出的结果

对于某项统计分析，可以通过用鼠标双击此条记录来查看其详细信息，也可以对详细信息中的每一项做进一步查看。

**5．解码分析**

图 11.8 是对捕获报文进行解码的显示，通常分为三部分，目前大部分此类软件结构都采用这种结构显示。对于解码主要要求分析人员对协议比较熟悉，这样才能看懂解析出来的报文。使用该软件是很简单的事情，利用软件解码分析来解决问题的关键是要对各种层次的协议了解得比较透彻。工具软件仅能提供一个辅助分析的手段。

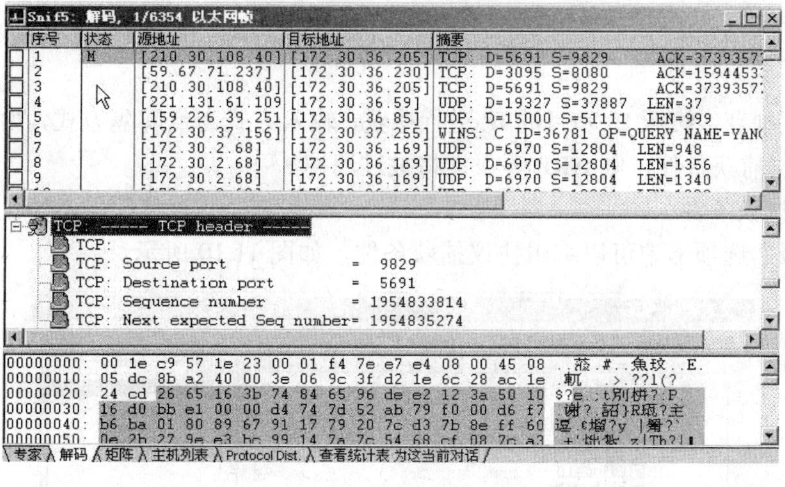

图 11.8　解码的显示

对于 MAC 地址，Sniffer Pro 进行了头部的替换，如 00e0fc 开头的就替换成 Huawei，这样有利于了解网络上各种相关设备的制造厂商信息。

功能是按照过滤器设置的过滤规则进行数据的捕获或显示。在菜单上的位置分别为"捕获"→"定义过滤器和显示"→"定义过滤器"。

过滤器可以根据物理地址、IP 地址和协议的选择进行组合筛选。

统计分析功能对于矩阵、主机列表、协议分类、统计表等提供了丰富的组合统计，操作起来比较简单，可以很快掌握，这里就不再详细介绍了。

## 11.2.3 设置捕获条件

**1．基本捕获条件**

基本的捕获条件有两种：

（1）链路层捕获。按源 MAC 和目的 MAC 地址进行捕获，输入方式为十六进制连续输入，如 00E0FC123456，如图 11.9 所示。

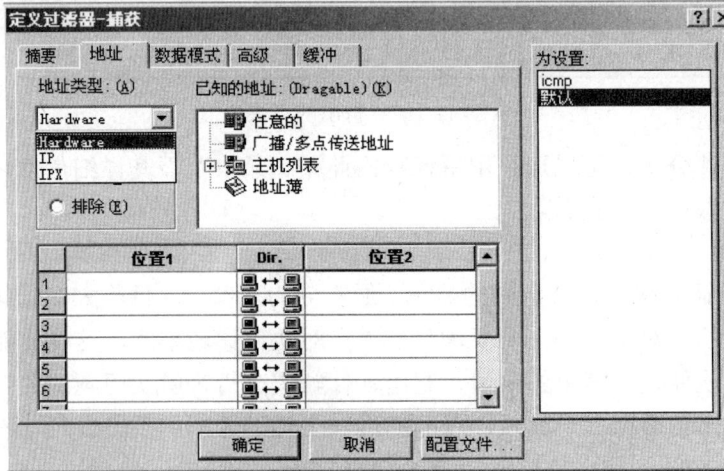

图 11.9　设置捕获条件

（2）IP 层捕获，按源 IP 和目的 IP 进行捕获，输入方式为点间隔方式，如 10.107.11.1。如果选择 IP 层捕获条件，则 ARP 等报文将被过滤掉。

**2．高级捕获条件**

在"高级"选项卡中可以编辑协议捕获条件，如图 11.10 所示。

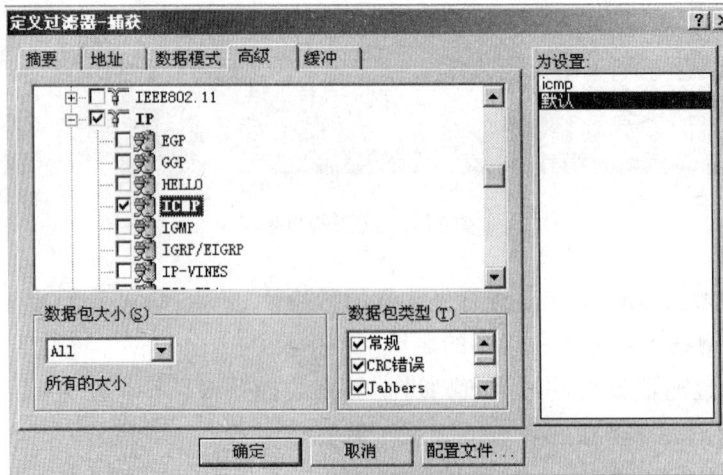

图 11.10　设置高级捕获条件

在协议选择树中可以选择需要捕获的协议条件，如果什么都不选，则表示忽略该条件，捕获所有协议。

在数据包大小条件下，可以选择捕获等于、小于、大于某个值的报文。

在数据包类型条件下，可以选择捕获网络上哪些种类的数据包。

单击"配置文件"按钮，可以将当前设置的过滤规则进行保存，然后在捕获主面板中就可以选择保存的捕获条件了。

**3．任意捕获条件**

在"数据模式"选项卡中，可以编辑任意捕获条件，如图 11.11 所示。

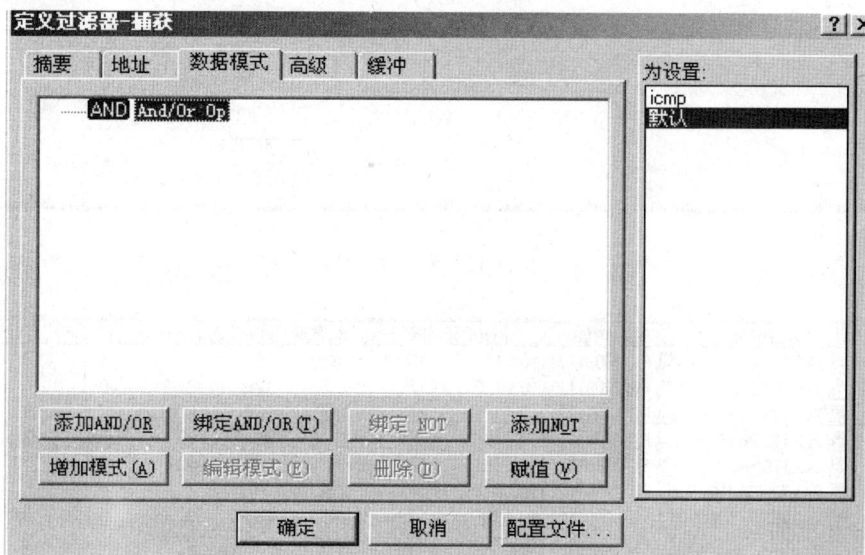

图 11.11　编辑任意捕获条件

用这种方法可以实现复杂的报文过滤，但很多时候得不偿失，有时截获的报文本就不多，还不如自己看看来得快。

## 11.2.4　网络监视功能

网络监视功能能够时刻监视网络统计、网络上资源的利用率，并能够监视网络流量的异常状况。这里只介绍一下仪表盘和 ART，直接使用即可，比较简单。

**1．仪表盘**

仪表盘可以监控网络的利用率、流量及错误报文等内容。通过应用软件可以清楚地看到此功能，如图 11.12 所示。

**2．应用响应时间**

应用响应时间（ART）可以监视 TCP/UDP 应用层程序在客户端和服务器的响应时间，如 HTTP、FTP、DNS 等应用，如图 11.13 所示。

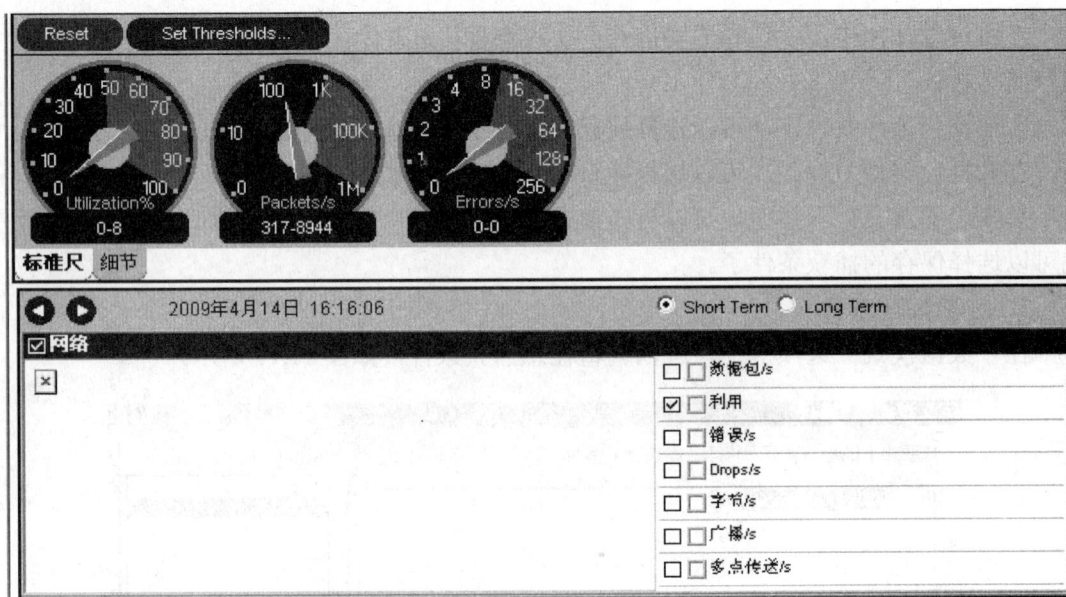

图 11.12　仪表盘界面

| 服务器地址 | 客户地址 | AvgRsp | 90%Rsp | MinRsp | MaxRsp | TotRsp | 0-25 | 26-50 |
|---|---|---|---|---|---|---|---|---|
| 119.75.213.50 | PC-200811211103 | 17 | 15 | 16 | 19 | 4 | 4 | 0 |
| 125.46.1.226 | PC-200811211103 | 128 | 126 | 127 | 129 | 2 | 0 | 0 |
| 202.108.23.61 | PC-200811211103 | 115 | 118 | 113 | 120 | 6 | 0 | 0 |
| 202.112.28.153 | PC-200811211103 | 42 | 46 | 37 | 49 | 78 | 0 | 78 |
| 202.116.160.92 | PC-200811211103 | 50 | 54 | 48 | 55 | 124 | 0 | 49 |
| 222.73.207.132 | PC-200811211103 | 319 | 323 | 296 | 337 | 4 | 0 | 0 |
| 222.73.207.136 | PC-200811211103 | 285 | 279 | 281 | 288 | 2 | 0 | 0 |
| 60.28.22.61 | PC-200811211103 | 140 | 136 | 140 | 140 | 2 | 0 | 0 |
| 74.125.153.100 | PC-200811211103 | 81 | 87 | 75 | 92 | 5 | 0 | 0 |

图 11.13　ART 界面

# 11.3　数据报文解码详解

本节主要对数据报文分层、以太报文结构、IP 协议解码分析做简单的描述，目的在于介绍 Sniffer Pro 在协议分析中的功能作用，并通过解码分析对协议进一步了解。

## 11.3.1　数据报文分层

如图 11.14 所示，对于四层网络结构，其不同层次完成不同功能。每一层次由众多协议组成。

如图 11.15 所示，在 Sniffer Pro 的解码表中分别对每一个层次协议进行解码分析。链路层对应 DLC；网络层对应 IP；传输层对应 UDP；应用层对应的是 NETB 等高层协议。Sniffer 可以针对众多协议进行详细结构化解码分析，并利用树型结构良好的表现出来。

| 应用层 | Telnet FTP和E-mail 等 |
| 传输层 | TCP和UDP |
| 网络层 | IP ICMP IGMP |
| 链路层 | 设备驱动程序及接口卡 |

图 11.14　四层网络结构图

```
⊞ ▦🖧 DLC: Ethertype=0800, size=229 bytes
⊞ 🐛 IP:  D=[10.65.64.255] S=[10.65.64.140] LEN=195 ID=4372
⊞ 🐛 UDP: D=138  S=138  LEN=195
⊞ 🖧 NETB: D=XXYC<1E> S=CWK2  Datagram, 105 bytes (of 173)
⊞ 🖧 CIFS/SMB: C Transaction
⊞ 🖧 SMBMSP: Write mail slot \MAILSLOT\BROWSE
⊞ 🖧 BROWSER: Election Force
```

图 11.15　分层协议解码分析

## 11.3.2　以太网帧结构

如图 11.16 所示，Ethernet_II 以太网帧类型报文结构为：目的 MAC 地址（6bytes）+源 MAC 地址（6bytes）+上层协议类型（2bytes）+数据字段（46～1500bytes）+校验（4bytes）。图 11.17 为以太网帧结构的显示。

Ethernet_II

| DMAC | SMAC | Type | DATA/PAD | FCS |

图 11.16　以太网帧结构

Sniffer Pro 会在捕获报文的时候自动记录捕获的时间，在解码显示时显示出来，在分析问题时提供了很好的时间记录。

源目的 MAC 地址在解码框中可以将前三字节代表厂商的字段翻译出来，方便定位问题。例如，网络上两台设备 IP 地址设置冲突，可以通过解码翻译出厂商信息方便地将故障设备找到，如 00e0fc 为华为，010042 为 Cisco 等。如果需要查看详细的 MAC 地址，用鼠标在解码框中单击此 MAC 地址，在下面的表格中会突出显示该地址的十六进制编码。

```
🖧 DLC:  ----- DLC Header -----
  📄 DLC:
  📄 DLC:  Frame 1 arrived at  16:25:18.0098; frame size is 1514 (05EA hex) by
  📄 DLC:  Destination = Station 00142A0B2F04
☑ 📄 DLC:  Source      = Station 0001F47EE7E4
  📄 DLC:  Ethertype   = 0800 (IP)
  📄 DLC:
🐛 IP:  ----- IP Header -----
```

```
00000000: 00 14 2a 0b 2f 04 00 01 f4 7e e7 e4 08 00 45 00   ..*./.  魚玫  .E.
00000010: 05 dc 2e bc a0 00 36 06 b6 67 76 e4 12 46 ac 1e   .粳?.6.杝v?F?
00000020: 24 b0 00 50 0c c5 2e da e5 4a ea 34 ee de 50 10   $?P.?阱J?袍P.
00000030: 16 d0 c3 4c 00 00 19 71 a4 78 0c d7 89 27   忻L..p?^%警?
00000040: 84 9b ea 4e 0d 03 c8 cc 1e 25 ca 7c 4b 52 18 89   圖闋.忍.%雫KR.|
00000050: 33 29 91 24 8d c1 70 0f 3b 92 b2 f8 63 d0 b3 1d 09   3)?糕?拂焏谐.
00000060: 69 0b bf fa 60 8c 87 ef 2f af 08 26 15 99 11 c8   i.窥 塞?%&.?
00000070: 7e 78 1a 07 bb a4 c0 16 f4 81 09 e3 cf 1b 2f 87   ~x.?护?赋 圇.
```

\专家\解码\矩阵\主机列表\Protocol Dist.\查看统计表\为这当前对话/

图 11.17　以太网帧结构的显示

对于 IP 网络来说，Ethertype 字段承载的是上层协议的类型，主要包括 0x800（IP 协议）、0x806（ARP 协议）。

IEEE 802.3 以太网报文结构如图 11.18 所示。

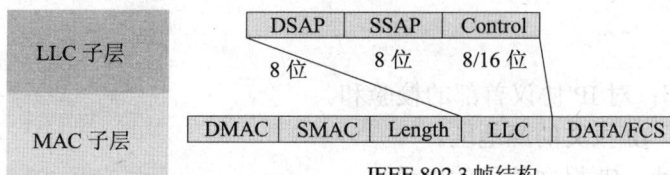

| LLC 子层 | DSAP | SSAP | Control |
| | 8 位 | 8 位 | 8/16 位 |
| MAC 子层 | DMAC | SMAC | Length | LLC | DATA/FCS |

IEEE 802.3 帧结构

图 11.18　IEEE 802.3 以太网帧结构

图 11.19 为 IEEE 802.3SNAP 帧结构，与 Ethernet_Ⅱ不同的是目的地址和源地址后面的字段代表的不是上层协议类型，而是报文长度，并多了 LLC 子层。

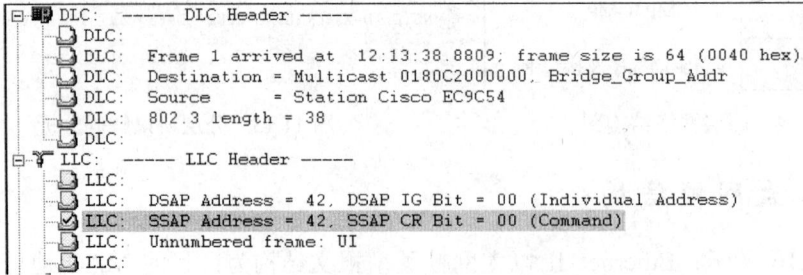

```
⊟ ▦ DLC:  ----- DLC Header -----
   ▯ DLC:
   ▯ DLC:  Frame 1 arrived at  12:13:38.8809; frame size is 64 (0040 hex)
   ▯ DLC:  Destination = Multicast 0180C2000000, Bridge_Group_Addr
   ▯ DLC:  Source      = Station Cisco EC9C54
   ▯ DLC:  802.3 length = 38
   ▯ DLC:
⊟ ▼ LLC:  ----- LLC Header -----
   ▯ LLC:
   ▯ LLC:  DSAP Address = 42, DSAP IG Bit = 00 (Individual Address)
   ☑ LLC:  SSAP Address = 42, SSAP CR Bit = 00 (Command)
   ▯ LLC:  Unnumbered frame: UI
   ▯ LLC:
```

图 11.19  IEEE 802.3SNAP 帧结构

## 11.3.3  IP 协议

IP 报文结构为 IP 协议头＋载荷，其中对 IP 协议头部的分析是分析 IP 报文的主要内容之一，关于 IP 报文详细信息请参考相关资料。这里给出了 IP 协议头部的一个结构。

- 版本：4——IPv4。
- 首部长度：单位为 4 字节，最大 60 字节。
- TOS：IP 优先级字段。
- 总长度：单位字节，最大 65 535 字节。
- 标识：IP 报文标识字段。
- 标志：占 3 位，只用到低位的两位。

MF（More Fragment）

MF=1，后面还有分片的数据包。

MF=0，分片数据包的最后一个。

DF（Don't Fragment）。

DF=1，不允许分片。

DF=0，允许分片。

- 段偏移：分片后的分组在原分组中的相对位置，总共 13 位，单位为 8 字节。
- 寿命：TTL（Time To Live）丢弃 TTL=0 的报文。
- 协议：携带的是何种协议报文。

1：ICMP

6：TCP

17：UDP

89：OSPF

- 头部检验和：对 IP 协议首部的校验和。
- 源 IP 地址：IP 报文的源地址。
- 目的 IP 地址：IP 报文的目的地址。

图 11.20 为 Sniffer Pro 对 IP 协议首部的解码分析结构，和 IP 首部各个字段相对应，并

给出了各个字段值所表示含义的英文解释。报文协议（Protocol）字段的编码为 6，代表 TCP 协议。其他字段的解码含义可以与此类似，只要对协议理解的比较清楚，对解码内容的理解将会变得容易。

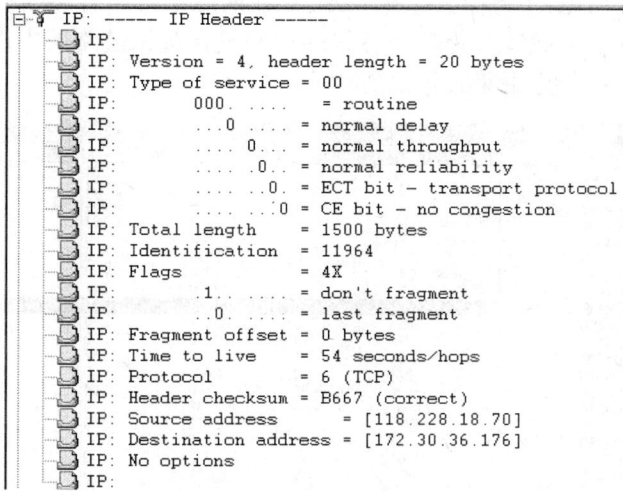

```
□-□ IP: ----- IP Header -----
   □ IP:
   □ IP: Version = 4, header length = 20 bytes
   □ IP: Type of service = 00
   □ IP:     000. ....    = routine
   □ IP:     ...0 ....    = normal delay
   □ IP:     .... 0...    = normal throughput
   □ IP:     .... .0..    = normal reliability
   □ IP:     .... ..0.    = ECT bit - transport protocol
   □ IP:     .... ...0    = CE bit - no congestion
   □ IP: Total length   = 1500 bytes
   □ IP: Identification = 11964
   □ IP: Flags          = 4X
   □ IP:     .1.. ....    = don't fragment
   □ IP:     ..0. ....    = last fragment
   □ IP: Fragment offset = 0 bytes
   □ IP: Time to live    = 54 seconds/hops
   □ IP: Protocol        = 6 (TCP)
   □ IP: Header checksum = B667 (correct)
   □ IP: Source address      = [118.228.18.70]
   □ IP: Destination address = [172.30.36.176]
   □ IP: No options
   □ IP:
```

图 11.20　IP 协议首部的解码分析结构

# 11.4　使用 Sniffer Pro 监控网络流量

## 11.4.1　设置地址簿

如何查询网关流量，这也是最为常用、重要的查询之一。

扫描 IP-MAC 对应关系。这样做是为了在查询流量时方便判断具体流量终端的位置，MAC 地址不如 IP 地址方便。

选择菜单栏中的"工具"→"地址簿"命令，单击左边的放大镜（autodiscovery 扫描）按钮，在弹出的窗口中输入要扫描的 IP 地址段，本例输入 172.30.37.1～172.30.37.255，单击"好"按钮，如图 11.21 所示，系统会自动扫描 IP-MAC 对应关系。扫描完毕后，选择"数据库"→"保存地址簿"命令，系统会自动保存对应关系，以备以后使用。

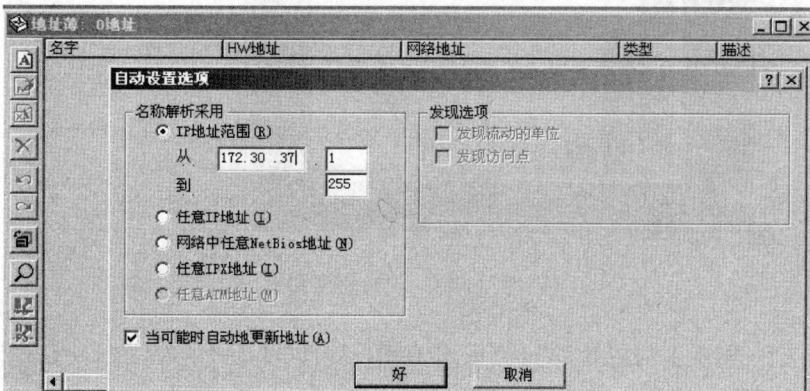

图 11.21　扫描的 IP 地址段选项

### 11.4.2　查看网关流量

选择"网络性能监视快捷键"→"主机列表"命令，然后选择"主机列表"界面左下角 MAC-IP-IPX 中的 MAC（为什么选择 MAC？在网络中，所有终端的对外数据，如使用 QQ、浏览网站、上传、下载等行为都是各终端与网关在数据链路层中进行的），如图 11.22 所示。其中数据流量最大的加深部分就是网关。

| Hw地址 | 入埠数据包 | 出埠数据包 | 字节 | 出埠字节 | 广播 | 多点传送 |
|---|---|---|---|---|---|---|
| 0001F4464DC8 | 0 | 2 | 0 | 294 | 0 | |
| 0001F4603A00 | 0 | 1 | 0 | 64 | 0 | |
| 000BD4014202 | 0 | 6 | 0 | 384 | 6 | |
| 000E0C4BA447 | 0 | 81 | 0 | 5,184 | 81 | |
| 00105CE95AB0 | 7 | 0 | 838 | 0 | 0 | |
| 00105CE96D21 | 24 | 0 | 3,946 | 0 | 0 | |
| 00105CEA25BC | 334 | 0 | 215,704 | 0 | 0 | |
| 0011091B4885 | 0 | 5 | 0 | 647 | 5 | |
| 0011091D449E | 78,426 | 0 | 110,273,179 | 0 | 0 | |
| 0011091D44C0 | 345 | 23 | 28,594 | 2,092 | 22 | |
| 0011091D44F8 | 0 | 1 | 0 | 247 | 1 | |
| 0011091D450B | 37 | 0 | 4,973 | 0 | 0 | |
| 0011091D4A1D | 0 | 99 | 0 | 9,504 | 99 | |
| 0011091D4ABF | 2,615 | 0 | 1,752,746 | 0 | 0 | |
| 0011091D4B1E | 178 | 0 | 12,570 | 0 | 0 | |
| 0011091D4B20 | 2 | 0 | 279 | 0 | 0 | |
| 0011091D4B69 | 1,438 | 0 | 787,771 | 0 | 0 | |
| 0011091DC249 | 46 | 0 | 5,351 | 0 | 0 | |
| 0011093DE403 | | | | | | |

图 11.22　查看流量

### 11.4.3　找到网关的 IP 地址

选择"条状图"（本例中网关 IP 为 172.30.37.1），172.30.37.1（网关）流量在 TOP-10 图中为最高的，如图 11.23 所示。右边以网卡物理地址方式显示，很容易定位终端所在位置。流量以 3D 柱形图的方式动态显示。本图中 MAC 地址 0011091d449e 与网关流量最大，且与其他终端流量差距悬殊，如果这个时候网络出现问题，可以重点检查此 MAC 地址是否有大流量相关的操作。

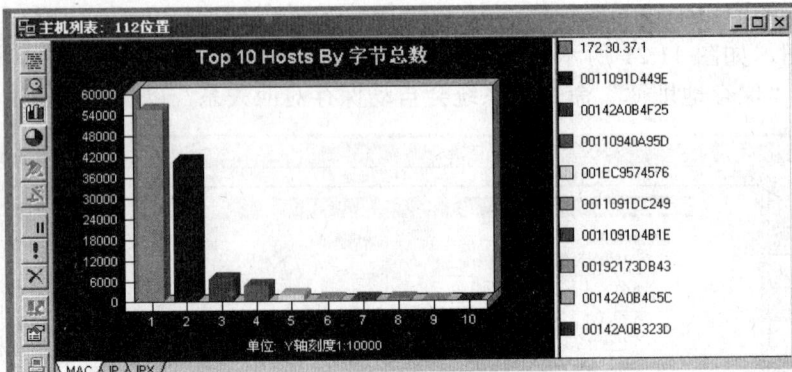

图 11.23　实时流量图

172.30.37.1（网关）与内部所有流量通信图，如图 11.24 所示，网关与内网间的所有流量都在这里动态显示。

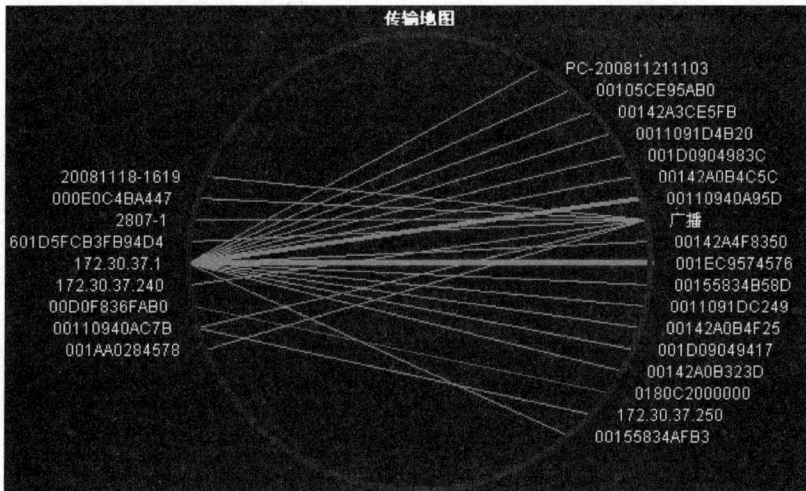

图 11.24　流量通信图

在实验中，绿色线条状态为正在通信中；暗绿色线条状态为通信中断。线条的粗细与流量的大小成正比。

如果将鼠标移动至线条处，程序显示出流量双方位置、通信流量的大小（包括接收、发送），并自动计算流量占当前网络的百分比。

## 11.4.4　基于 IP 层流量

（1）为了进一步分析 IP 的异常情况，切换至基于 IP 层的流量统计图中看看。选择菜单栏中的"网络性能监视快捷键"→"主机列表"命令，然后选择"主机列表"界面左下角 MAC-IP-IPX 中的 IP。

（2）找到数据量比较大的 IP 地址 172.30.36.84（可以用鼠标单击数据包排序，以方便查找），选择"主机列表"→"条状图"命令（如图 11.25 所示）。

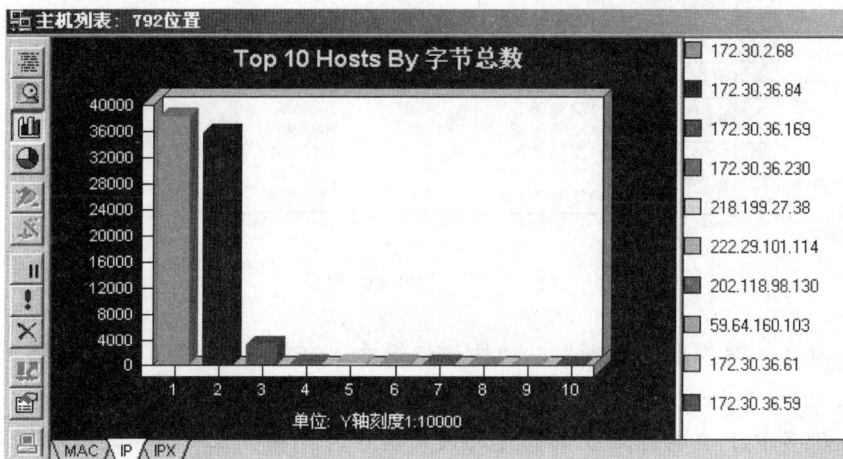

图 11.25　基于 IP 层的流量统计图

*实验 1　Sniffer 软件的使用*

（3）切换至"矩阵"图形来看看它与所有 IP 的通信流量图，如图 11.26 所示。

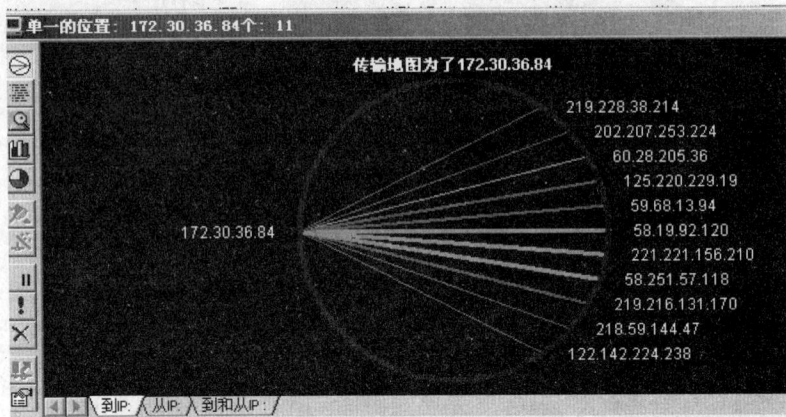

图 11.26　172.30.36.84 与所有 IP 的通信流量图

　　从 172.30.36.84 的通信图中可以看到与它建立 IP 连接的情况。图 11.25 中 IP 连接数据量非常大，这对于普通应用终端来讲显然不是一种正常的业务连接。可以猜测，该终端可能正在进行观看 P2P 类在线视频的操作。

　　为了进一步证明这种猜测，可以去看看 172.30.36.84 的流量协议分布情况。

　　（4）如图 11.27 所示，Protocol 类型绝大部分为其他。在 Sniffer Pro 中其他表示未能识别出来协议，如果提前定义了协议类型，这里将会直接显现出来。

图 11.27　Protocol 类型

　　通过选择"工具"→"选项"→"协议"命令，在第 19 栏中定义 14405（BT 的默认监听端口），取名为 bt，如图 11.28 所示。

　　注意：很多 P2P 类软件并没有固定的使用端口，且端口也可以自定义，因此使用本方法虽然不失为一种检测 P2P 流量的好方法，但并不能完全保证其准确性。具体端口号可根据实际情况进行调整。

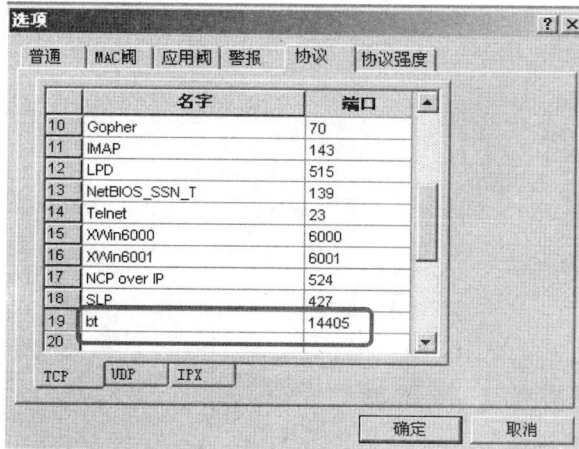

图 11.28　定义监听端口

# 11.5　使用 Sniffer Pro 监控"广播风暴"

## 11.5.1　设置广播过滤器

打开 Sniffer Pro 后，选择"监视器"→"定义过滤器"命令。首先来新建过滤器，并将其名定义为 Broadcast。定义好名称后，在"地址"选项卡中的"已知的地址：(Dragable)"列表框中展开"主机地址"，将其下的 FFFFFFFFFFFF（广播）拖入位置 1 中或直接输入，如图 11.29 所示。

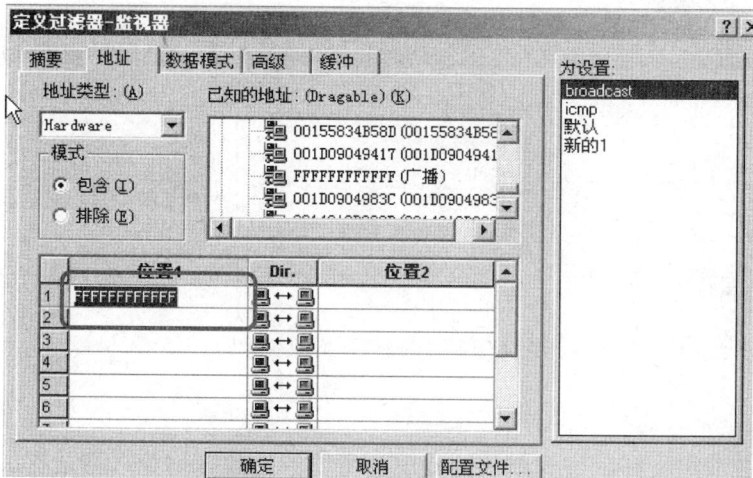

图 11.29　新建广播过滤器

## 11.5.2　选择广播过滤器

选择"监视器"broadcast 命令，如图 11.30 所示。

*实验1　Sniffer 软件的使用*

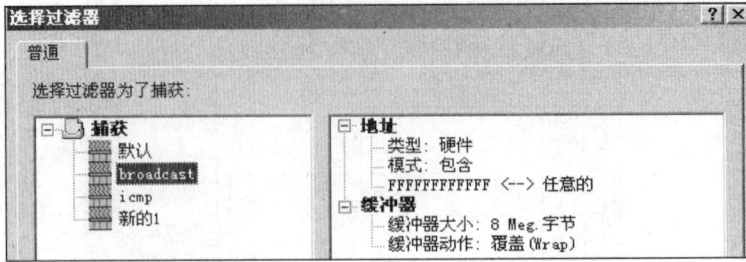

图 11.30 选择广播过滤器

### 11.5.3 网络正常时的广播数据

首先通过 Sniffer Pro 提供的"仪表盘"→"细节"来查看，以下分别是广播包合计统计（如图 11.31 所示）、广播包平均数统计图（如图 11.32 所示）。

图 11.31 广播包合计统计

图 11.32 广播包平均数统计图

说明：

（1）由于之前定义好了过滤器，因此现在所统计的数据均为广播数据。

（2）在仪表盘详细统计界面，除了统计网络相关数据外，还对数据包大小分布、错误数据包进行详细的分类，以供查看。

（3）错误数据包捕获和查看需要专用网卡的支持。

（4）图 11.31 为截止当前时间，广播数据包合计为 189 个。

（5）图 11.32 中显示当前每秒平均广播数据包个数为 8 个。

## 11.5.4 出现广播风暴时仪表盘变化

下面来看图 11.33 所示拓扑的情况,当虚线的网线连接时就会形成网络环路,在"环路"出现时就会形成"广播风暴"。

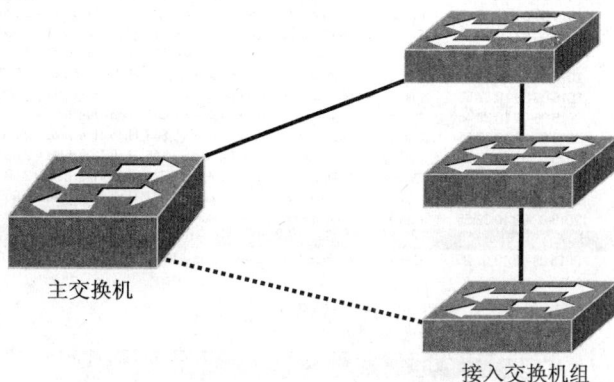

主交换机

接入交换机组

图 11.33   网络环路拓扑图

**注意**:如图 11.34 所示,平均广播数据包/秒的统计由刚才的 8 猛增为 2568,广播数据包中的字节数也由 742 字节增长为 255 742 字节,带宽占用提高了 1000 倍,已经影响了网络的正常运行,应及时查找数据包的来源并排除故障。

| 网络 | | 粒度分布 | | 错误描述 | |
|---|---|---|---|---|---|
| 数据包 | 2568 | 64字节 | 1 | CRCs | 0 |
| Drops | 0 | 65-127字节 | 7 | Runts | 0 |
| 广播 | 2568 | 128-255字节 | 0 | 太大的 | 0 |
| 多点传送 | 0 | 256-511字节 | 0 | 碎片 | 0 |
| 字节 | 255742 | 512-1023字节 | 0 | Jabbers | 0 |
| 利用 | 0 | 1024-1518字节 | 0 | 队列 | 0 |
| 错误 | 0 | | | Collisions | 0 |

标准尺 **细节**

图 11.34   网络流量统计

## 11.5.5   通过 Sniffer Pro 提供的警告日志系统查看"广播风暴"

图 11.35 所示为 Sniffer Pro 在"广播风暴"时的警告日志。可以通过选择"监视器"→"警告日志"命令查看。软件默认 Broadcasts 每秒 2000,超过设定的阈值软件会报警。

## 11.5.6   警告日志系统修改

警告日志系统默认阈值都可以修改,选择"工具"→"选项"命令,然后选择"MAC阈"选项卡即可,如图 11.36 所示。软件提供了 20 个可以修改的项目,如果觉得利用率在现有网络上 50%显得太小,可以将其更改为 80%(快速以太网一般利用率不超过 80%)。而广播 2000b/s 的数值又显得太大,都可以在这里做出更改。

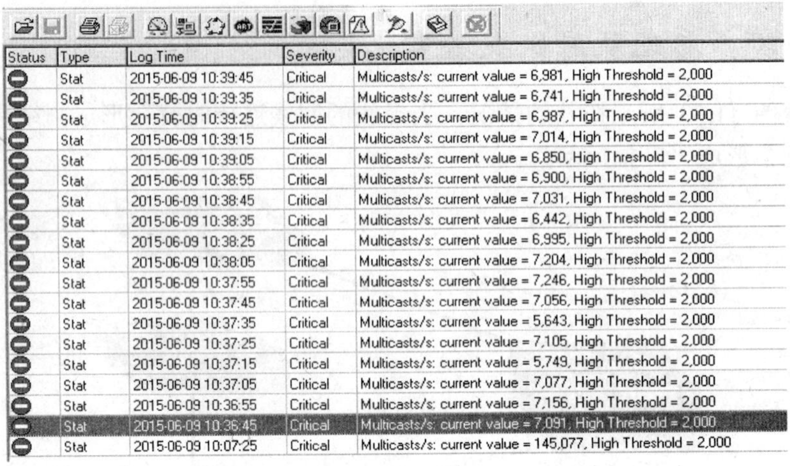

| Status | Type | Log Time | Severity | Description |
| --- | --- | --- | --- | --- |
| | Stat | 2015-06-09 10:39:45 | Critical | Multicasts/s: current value = 6,981, High Threshold = 2,000 |
| | Stat | 2015-06-09 10:39:35 | Critical | Multicasts/s: current value = 6,741, High Threshold = 2,000 |
| | Stat | 2015-06-09 10:39:25 | Critical | Multicasts/s: current value = 6,987, High Threshold = 2,000 |
| | Stat | 2015-06-09 10:39:15 | Critical | Multicasts/s: current value = 7,014, High Threshold = 2,000 |
| | Stat | 2015-06-09 10:39:05 | Critical | Multicasts/s: current value = 6,850, High Threshold = 2,000 |
| | Stat | 2015-06-09 10:38:55 | Critical | Multicasts/s: current value = 6,900, High Threshold = 2,000 |
| | Stat | 2015-06-09 10:38:45 | Critical | Multicasts/s: current value = 7,031, High Threshold = 2,000 |
| | Stat | 2015-06-09 10:38:35 | Critical | Multicasts/s: current value = 6,442, High Threshold = 2,000 |
| | Stat | 2015-06-09 10:38:25 | Critical | Multicasts/s: current value = 6,995, High Threshold = 2,000 |
| | Stat | 2015-06-09 10:38:05 | Critical | Multicasts/s: current value = 7,204, High Threshold = 2,000 |
| | Stat | 2015-06-09 10:37:55 | Critical | Multicasts/s: current value = 7,246, High Threshold = 2,000 |
| | Stat | 2015-06-09 10:37:45 | Critical | Multicasts/s: current value = 7,056, High Threshold = 2,000 |
| | Stat | 2015-06-09 10:37:35 | Critical | Multicasts/s: current value = 5,643, High Threshold = 2,000 |
| | Stat | 2015-06-09 10:37:25 | Critical | Multicasts/s: current value = 7,105, High Threshold = 2,000 |
| | Stat | 2015-06-09 10:37:15 | Critical | Multicasts/s: current value = 5,749, High Threshold = 2,000 |
| | Stat | 2015-06-09 10:37:05 | Critical | Multicasts/s: current value = 7,077, High Threshold = 2,000 |
| | Stat | 2015-06-09 10:36:55 | Critical | Multicasts/s: current value = 7,156, High Threshold = 2,000 |
| | Stat | 2015-06-09 10:36:45 | Critical | Multicasts/s: current value = 7,091, High Threshold = 2,000 |
| | Stat | 2015-06-09 10:07:25 | Critical | Multicasts/s: current value = 145,077, High Threshold = 2,000 |

图 11.35　警告日志系统

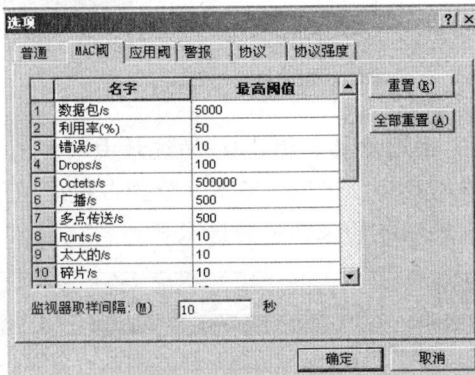

图 11.36　修改阈值

除了可以修改默认阈值外，在系统出现警告时可以选择通知方式，甚至可以使用 VB 程序自定义动作来打开第三方程序。如设置告警音，或者通过发送电子邮件等方式通知网络管理员。Sniffer Pro 将警告日志划分为不同级别：严重、重要、次要、警告、通知。可以在 Alarm 选项卡里做出调整。

## 11.6　使用 Sniffer Pro 获取 FTP 的账号和密码

使用 Sniffer Pro 程序的数据包分析功能可以方便、迅速的帮助定位 FTP 的账号和密码。由于 FTP 的账号和密码是以明文的形式在网络中传输的，因此可以直接查询到结果。

（1）选择菜单栏中的“监视器”→“定义过滤器”命令，定义需要的过滤器。在弹出的“定义过滤器”对话框中，单击“配置文件”按钮，然后单击“新建”按钮新建一个过滤器，在这里取名为 FTP，如图 11.37 所示。选择“高级”选项卡中 IP 协议下面 TCP 协议下的 FTP 协议作为监控。

（2）单击捕获面板上的“开始”按钮进行捕获，这时用客户端进行 FTP 的登录，如图 11.38 所示，选择使用用户名为 bob，密码为 123 的用户登录。登录成功后就可以停止捕获了。

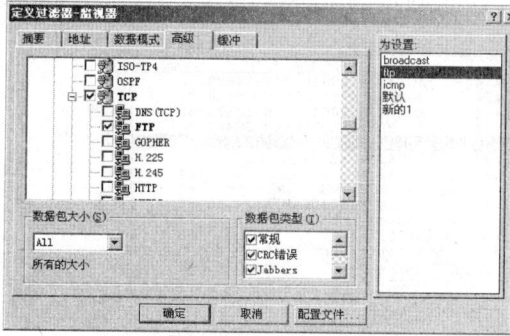

图 11.37 新建一个过滤器

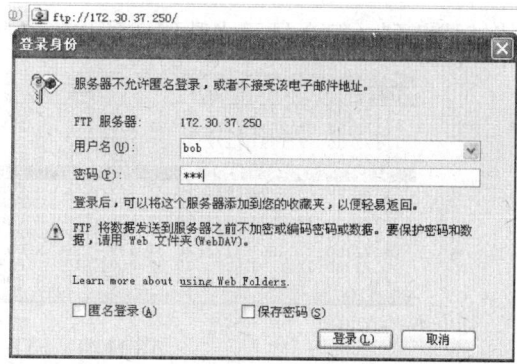

图 11.38 登录 FTP 服务器

（3）打开捕获的数据，在左下角的标签上选择解码，并在显示的数据上面单击鼠标右键，在弹出的快捷菜单中选择"查找帧"命令，如图 11.39 所示。

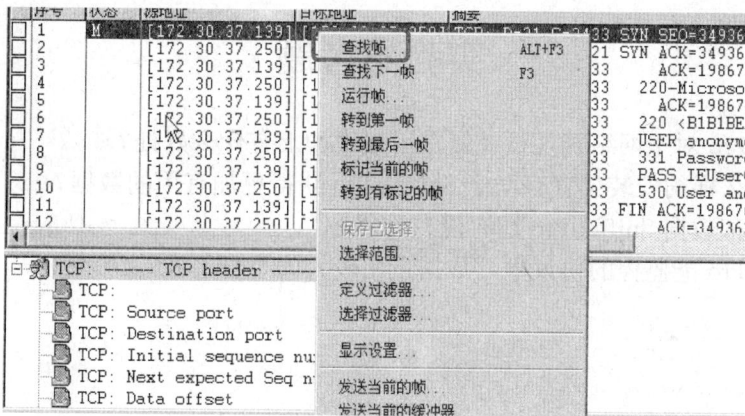

图 11.39 查找帧

（4）在弹出的"查找帧"对话框中的"搜寻文本"下拉列表框中输入 USER，并选择"摘要文本"单选按钮，如图 11.40 所示。

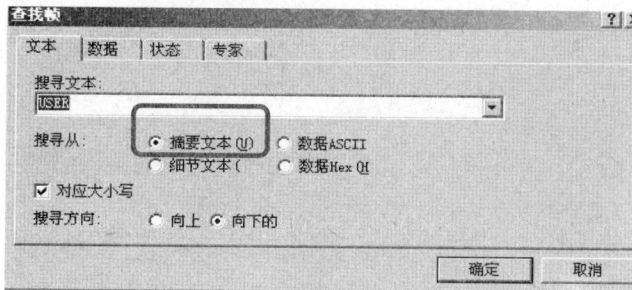

图 11.40 在对话框中输入 USER

（5）如果搜索到了匹配的结果就会看到图 11.41 所示的 USER bob 和 PASS 123。

通过以上几步就可以搜索到网上发布的所有明文的用户名和密码，对于加密的数据虽

269

第

11

章

实验1 Sniffer 软件的使用

然能够捕获到，但会显示成乱码，所以有效地保护了数据的安全性。

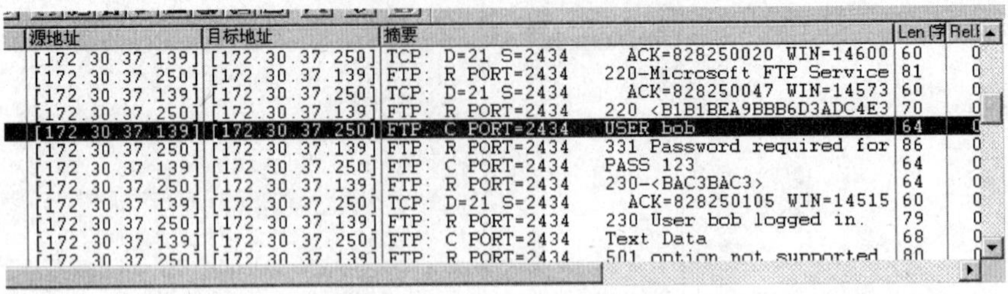

| 源地址 | 目标地址 | 摘要 | | Len 字 Rel ▲ |
|---|---|---|---|---|
| [172.30.37.139] | [172.30.37.250] | TCP: D=21 S=2434 | ACK=828250020 WIN=14600 | 60 | 0 |
| [172.30.37.250] | [172.30.37.139] | FTP: R PORT=2434 | 220-Microsoft FTP Service | 81 | 0 |
| [172.30.37.139] | [172.30.37.250] | TCP: D=21 S=2434 | ACK=828250047 WIN=14573 | 60 | 0 |
| [172.30.37.250] | [172.30.37.139] | FTP: R PORT=2434 | 220 <B1B1BEA9BBB6D3ADC4E3 | 70 | 0 |
| [172.30.37.139] | [172.30.37.250] | FTP: C PORT=2434 | USER bob | 64 | 0 |
| [172.30.37.250] | [172.30.37.139] | FTP: R PORT=2434 | 331 Password required for | 86 | 0 |
| [172.30.37.139] | [172.30.37.250] | FTP: C PORT=2434 | PASS 123 | 64 | 0 |
| [172.30.37.250] | [172.30.37.139] | FTP: R PORT=2434 | 230-<BAC3BAC3> | 64 | 0 |
| [172.30.37.139] | [172.30.37.250] | TCP: D=21 S=2434 | ACK=828250105 WIN=14515 | 60 | 0 |
| [172.30.37.250] | [172.30.37.139] | FTP: R PORT=2434 | 230 User bob logged in. | 79 | 0 |
| [172.30.37.139] | [172.30.37.250] | FTP: C PORT=2434 | Text Data | 68 | 0 |
| [172.30.37.250] | [172.30.37.139] | FTP: R PORT=2434 | 501 option not supported | 80 | |

图 11.41　FTP 的用户名和密码

在网络出现故障时，有经验的网络管理员通常都能够迅速发现故障并加以排除。但是在网络日益发展的今天，网络应用、规模、手段都在急速膨胀，仅仅依靠对环境的了解和经验显然是不够的。因此，使用 Sniffer Pro 程序来处理各类网络问题不失为一种快速有效的手段。

# 实验思考题

1. Sniffer Pro 对于网络管理员在日常网络维护上有什么好处？
2. 选择什么样的安装位置有助于 Sniffer Pro 获得更加有用的数据？
3. 对于加密数据 Sniffer Pro 还有没有作用？
4. Sniffer Pro 能监控的协议中，数据量比较大的是哪些？

# 第12章

# 实验 2　网路岗软件的应用

## 12.1　实验目的及要求

### 12.1.1　实验目的

通过实验操作掌握网路岗软件的安装与基本功能使用，对于监控软件的原理具有一定的了解。能够实现常用的监控功能。

### 12.1.2　实验要求

根据教材中介绍的网路岗软件的功能和步骤来完成实验，在掌握基本功能的基础上，实现日常监控应用，给出实验操作报告。

### 12.1.3　实验设备及软件

两台安装 Windows 2000/XP 操作系统的计算机，磁盘格式配置为 NTFS，局域网环境、ccproxy 代理服务器、准备网路岗软件。

### 12.1.4　实验拓扑

实验用的拓扑结构如图 12.1 所示。

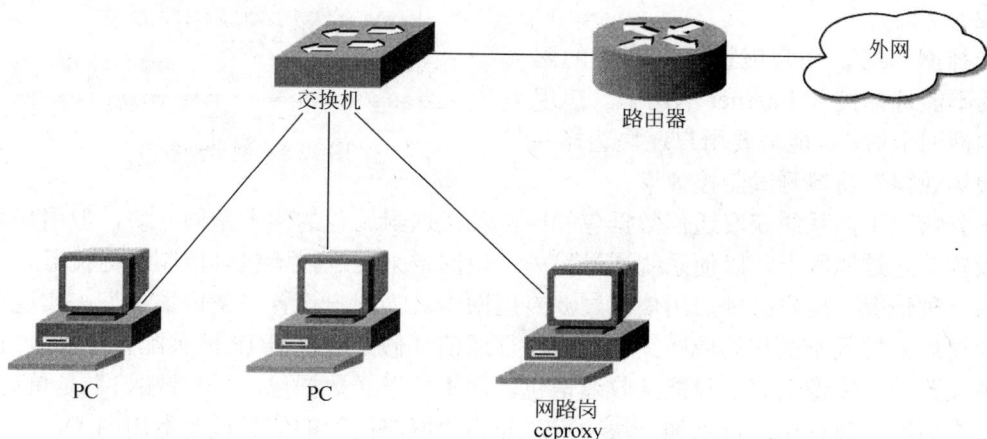

图 12.1　实验拓扑

# 12.2　软件的安装

## 12.2.1　系统要求

操作系统：Windows XP/2000/2003。

CPU：Pentium 4 或 赛扬 12.0GB 以上。

硬盘空间：建议硬盘空闲空间不低于 10GB。

监控机器越多，网络流量越大，需要的配置越高。根据以往的经验，P4 以上配置的 PC 上运行网路岗，监控的在线机器可达 500 台以上。

打开安装光盘，运行安装主监控程序 Sentry5Corp.exe（企业）或 Sentry5School.exe（学校），主程序安装完毕后，如果是第一次在本机上安装"网路岗"产品，还需要安装光盘中网路岗驱动程序 SentryDrv.exe。

## 12.2.2　重要子目录

下面介绍安装目录下几个重要的子目录。

ETC\子目录存放与系统有关的所有配置文件，如 PcInfo.map 是"基于网卡"网络监控模式的用户信息，UserInfo.map 是"基于账户"网络监控模式的用户信息，IpInfo.map 是"基于 IP"网络监控模式的用户信息。ShareArea.map 存放的是系统配置数据。

如果用户想备份系统配置，只需要备份 ETC 的所有文件即可。

CapLog\是系统默认的用来存放监控日志的目录（该日志存放目录可由用户自定义）。

CapLog\Activities\存放的是网络活动日志。

CapLog\WebFiles\存放的是外发资料日志。

## 12.2.3　绑定网卡

所谓绑定网卡，也就是选择从哪块网卡抓通信包。如果安装本产品的计算机有多块网卡，那么用户选择时需小心，一旦选错网卡，"网路岗"不但监视不了任何信息，同时也不能对目标机器进行任何控制。选择网卡如图 12.2 所示。

选择网卡时，用户应选择内网段的网卡，而不能选择接入 Internet 的网卡。出现多块内网网卡时，可能需要用户逐块选择并在"现场观察"窗口测试监控效果。

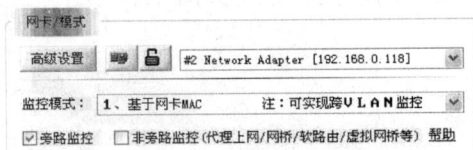

图 12.2　网卡选择界面

缺省情况下，系统获取通信数据包的网卡和发送封堵包的网卡是同一块，但用户可以通过设置信息过滤网卡，以便系统通过另外一块网卡来发送封堵包以控制目标机器。

有一种情况，用户必须启用信息过滤专用网卡。当用户设置"镜像端口"来实现对数据包监视后，发现不能和局域网其他机器进行通信（假定该机器 IP/网关配置正确），也就是说所设置的"镜像端口"只能接收通信包，而不能发送数据包，"镜像端口"是单向的。针对这类情况，建议用户再添加一块网卡，作为"网路岗"的信息过滤专用网卡。

"信息过滤网卡"在图 12.3 所示"高级设置"对话框中配置，配置时用户必须注意：信息过滤网卡、镜像端口和被镜像端口必须在同一交换机的同一 VLAN 中。

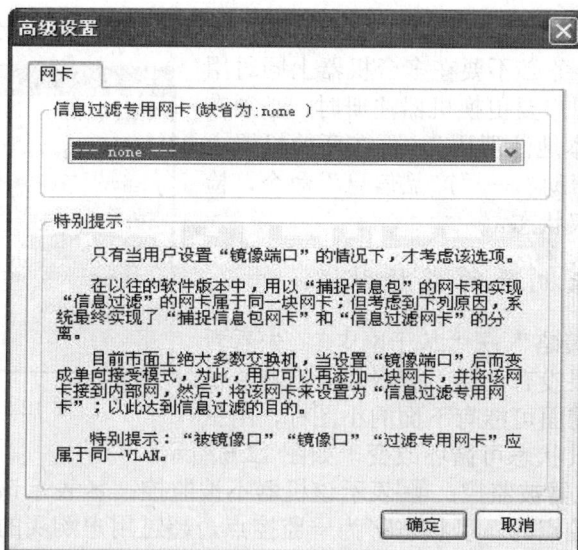

图 12.3　信息过滤网卡设置

# 12.3　选择网络监控模式

网路岗提供了多种网络监控模式：基于网卡/基于账户/基于 IP，一般建议监控点在 500 台以下的情况选择基于网卡的网络监控模式。用户测试监控效果时不要急于对被监控机器进行封堵，建议打开"现场观察"窗口，先观察能否实时监控到目标机器上网站页面的情况。

## 12.3.1　启动监控服务

进入"服务"栏目，启动所有的后台监控服务（双击要启动服务的图标），如图 12.4 所示。

图 12.4　服务栏目

## 12.3.2　检查授权状态

如果有"网路岗"并口加密狗，则接到打印机并口（同一并口不能级联多个加密狗）。如果监控机上原来有打印连线，则需要取下连线，等接好加密狗后，再将打印机线接到加密狗上。如果有"网路岗"USB 加密狗，则在已经安装软件后再将其接入 USB 插槽，单击"继续安装"按钮，则 USB 加密狗驱动程序自动成功安装。

**注意**：插入 USB 加密狗前，请先运行本产品的安装程序。如果先插入 USB 加密狗，再安装网路岗，可能导致无法获取加密狗授权信息。

273

第
12
章

如果用户有产品序列号，也可以通过注册序列号来获得授权。注册界面如图 12.5 所示。

用注册码注册时，务必不要在多台机器上同时用一个号码注册。如果用户要更换机器注册时，必须在原来的机器上"取消本地注册码"，再在新的机器上注册。最后，选择"帮助"→"产品信息"命令，检查授权的用户数和授权状态。

图 12.5　注册界面

### 12.3.3　检查目标机器的监控状态

选择项目"监控策略"→"基于网卡"，先看看是否有机器信息，如果没有，用"搜索邻居"功能试着搜索。每台机器的前面可能有下面的小图标，用鼠标直接单击小图标，其状态可循环改变，如图 12.6 所示。

其中 ☑ 表示该机器被监控；UIP 表示该机器不被监控；☒ 表示该机器不被监控，但也不允许上网。计算监控点时，以状态 ☑ 为一监控点，超过用户购买的监控点时系统自动将多余的机器标记为状态 UIP。如果被测试的机器是代理服务器，则应该选择其他机器测试。

### 12.3.4　检查被监控的机器上网情况

选择"文件"→"现场观察"命令，在确保被测试的机器处于 ☑ 状态后，让该机器登录网站，如 www.baidu.com 等，并留意"现场观察"窗口中是否有对应的信息。如果该窗口中能正确显示目标机器的上网情况，那么说明对该机器的监控是正常的，也说明对该机器的封堵将起作用。

### 12.3.5　封锁目标机器上网

选中被测试的机器，进入"封堵端口"子栏目，在 80 端口上打勾（注：如果用户网络采用代理上网，则上网端口可能不是 80，需要用户单击"添加"按钮选择新的端口并打勾），封锁时间段全绿，单击"更新规则=>ET"按钮，最后单击"保存设置"按钮使设置生效，如图 12.7 所示。

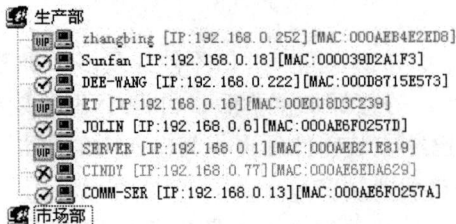

图 12.6　检查目标机器的监控状态

图 12.7　封堵端口

设置完毕后，再次让被测试的机器上网，并检查"现场观察"窗口下半部分的记录显示。

通过上述几个步骤的测试，可以有效地检测出产品安装是否成功。

# 12.4　各种网络监控模式

## 12.4.1　基于网卡的网络监控模式

（1）基于网卡监控的含义。

基于网卡监控就是以网卡 MAC 为依据，根据网卡 MAC 地址确定被监控的信息内容的身份。由于每台机器的网卡 MAC 相对固定，用户不易修改，因此建议将该网络监控模式列为首选。

在这种网络监控模式下，用户更换新的网卡后，"网路岗"会重新检测到新的 MAC，因此，新网卡将被当作新加入的机器来处理，在此提醒用户注意。

（2）基于网卡的网络监控模式的实施。

① 选择网络监控模式，如图 12.8 所示。

图 12.8　网络监控模式

② 设置监控对象，如图 12.9 所示。包括如下几方面功能：

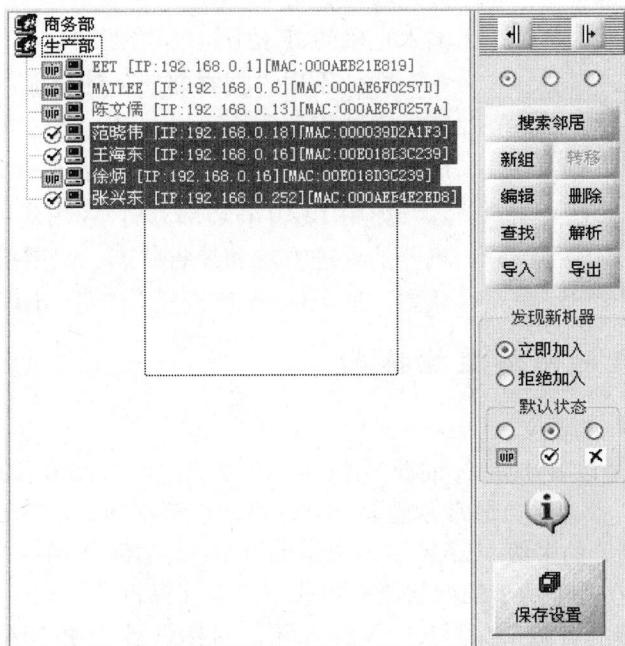

图 12.9　设置监控对象

- 搜索邻居：自动探测指定 IP 范围内的机器信息（IP 地址/网卡 MAC）。
- 新组：创建新的群组，以便对目标机器进行分组管理。
- 转移：将选中的机器转移到其他部门，用户也可以直接用鼠标将目标机器从一个部门拖到另外一个部门。
- 编辑：改变某一选中机器的机器名称或改变群组名称。
- 删除：删除选中的一个或多个目标，也可用来删除空的群组。
- 查找：如果目标机器太多，可以用此功能来找出要找的机器。
- 解析：当新机器被加入时，机器名默认为其 IP 地址，如想将 IP 地址转变成机器名，可使用此功能。
- 导出：将目标机器的信息及其对应的规则配置导出到自定义的文件中。
- 导入：将"导出"的机器及规则配置信息从指定的文件加入到当前机器列表中。
- 保存设置：保存用户对"目标机器信息/群组信息/上网规则"等信息的改动。
- <改变目标机器的排序方式>：单击"搜索邻居"上方的三个 Option 圆按钮，可分别以"机器名/IP 地址/MAC"的排序方式显示目标机器。
- <单选/多选>：单击目标机器，以选择单一目标；按下鼠标左键并拉动，以多选目标，也可用鼠标左键配合 Shift/Ctrl 键进行选择。
- <双击目标机器>：双击目标机器后将弹出编辑窗口。
- <更改目标机器监控状态>：在目标机器的状态小图标上单击，可改变其监控状态。

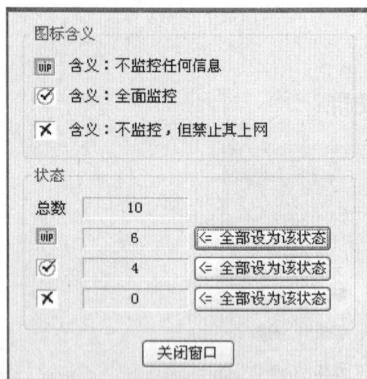

如果图 12.10 左边部分为空，则需要先启动监控服务，选择绑定正确的网卡，然后单击"搜索邻居"按钮，输入正确的 IP 范围，开始搜索。

即使不用"搜索邻居"的功能，如果有机器上网，新发现的机器同样可以自动加入。每一目标机器都有相应的目录，缺省情况下新机器都放入目录 New Folder 中。

如图 12.10 右边部分所示，用户可以设置针对新发现机器的处理方法和缺省状态。需要统计所有目标机器的状态，则单击"保存设置"按钮，出现图 12.10 所示界面。

图 12.10 保存设置

## 12.4.2 基于 IP 的网络监控模式

（1）基于 IP 监控的含义。

基于 IP 监控就是以 IP 地址为依据，并以此 IP 来确定所监控信息的身份。一个大的网络，如大学校园网，管理人员通常希望装一套网路岗来解决问题，尽管该网的机器有数千台甚至数万台，且划分的多级 VLAN 多达数十上百个。尽管基于网卡的网络监控模式可以跨 VLAN 监控，但在基于网卡的网络监控模式下，当计算机数量太多，如超过 1000 台，那么系统会花费较多的资源来探测其他 VLAN 下的目标机器 IP 和 MAC 地址对应情况，最终导致监控效率降低。而基于 IP 监控的方式下，用户可定义一个 IP 范围段来作为一个管理对象。目前，网路岗的客户如果监控点超过 1000，大多采用这种网络监控模式。

（2）基于 IP 网络监控模式的实施。

① 选择基于 IP 的网络监控模式，如图 12.11 所示。

② 设置监控对象，如图 12.12 所示。

除了"手动添加"之外，<监控对象图>与基于 MAC 地址的网络监控模式基本相同。

图 12.11　基于 IP 的网络监控模式

"手动添加"是指用户手工加入新的 IP 地址或某一 IP 范围。如果用户希望成批加入 IP 地址，那么可以先创建范围 IP，然后选中"拆散范围 IP"复选框，如图 12.13 所示。

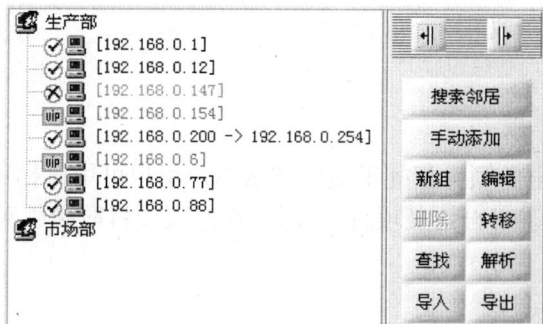

图 12.12　设置监控对象

图 12.13　添加监控对象

# 12.5　常见系统配置

## 12.5.1　网络定义

（1）定义内部网段，如图 12.14 所示。

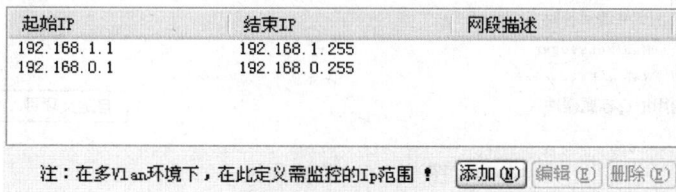

图 12.14　定义内部网段

只有出现多网段/多子网的情况才需要定义内部网段。定义网段时，一般要求用户定义每个需要监控的 IP 段，但是，用户也可采用简化的定义方式，如输入 192.168.0.1～192.168.1.255，以简化图 12.14 中的输入，这样只需要输入一次。

（2）设置代理 IP 或内网资源，如图 12.15 所示。

如果用户采用非透明代理服务器软件实现多机共享上网，那么必须在该处输入代理服务器的 IP 地址（内网 IP 范畴）。另外，如果网内有邮件服务器等内网资源，也需要在上面输入其 IP 才能监控到内网机器访问内网资源的情况。

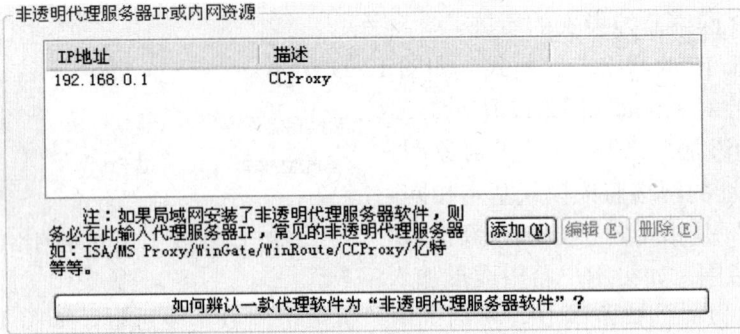

图 12.15　代理 IP 或内网资源的设置

## 12.5.2　监控项目

缺省情况下如图 12.16 所示，所有列出的项目都处于被监控状态，用户可用鼠标单击项目以"取消/选中"该项目。系统还提供了"自定义项目"，用户在定义项目时必须对 IP 通信有所了解，如图 12.17 所示。

- 项目名称：用以标识所定义的项目。
- 监控描述：将在现场观察窗口中显示并保存到对应的日志文件中。
- 通信类型：提供 TCP 和 UDP 两种，以后的版本中将增加其他通信类型。

图 12.16　监控项目

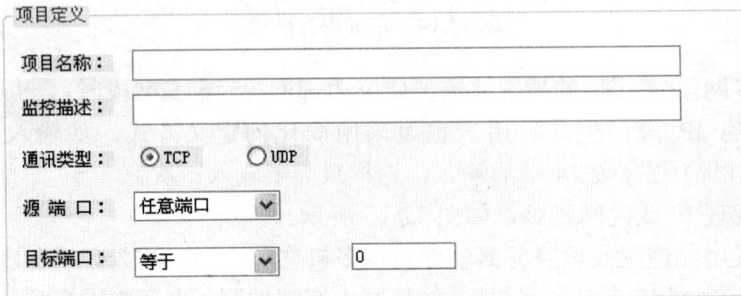

图 12.17　自定义项目

- 源端口：发出通信包的一方所占用的端口值。
- 目标端口：接收通信方所使用的端口值。

如果系统检测到符合上述条件的通信包，将在现场观察窗口中显示出来，并记录到日志文件中。如果用户了解某个病毒/游戏/聊天软件的通信包规律，端口比较固定，那么通过自定义项目，以让网路岗来提醒用户哪台机器做了什么敏感的事情。

## 12.5.3　监控时间

该处显示的监控时间是全局的，在非监控时间段，监控服务会完全不做任何控制，尽管服务还处于运行状态。

## 12.5.4　端口配置

监控项目和端口是息息相关的，系统是通过对特定端口数据的分析来实现对特定项目的监控。每一个项目可同时配置三个端口，如某网络有一天也许同时有 80、8080、3128 等访问网站端口的现象出现，这样就需要配置多个端口。

如果用户采用非透明代理服务器软件实现共享上网，且代理端口并非 80，那么就需要 HTTP 的端口 80 后面再增加一个端口值。

## 12.5.5　空闲 IP

通常网络管理员在给网内机器分配完 IP 后发现，有些 IP 范围段是空闲的，短期内用不上。同时网管也不想让这些 IP 被使用，那么利用空闲 IP 防止计算机 IP 被私下更改就非常有效。

## 12.5.6　深层拦截过滤

如果用户采用的是"非旁路"的监控方式，那么"深层拦截过滤"就会起作用。

（1）过滤时间安排。如图 12.18 所示，用户可根据需要设置过滤启用时间，该时间是针对所有过滤项目的总体控制。

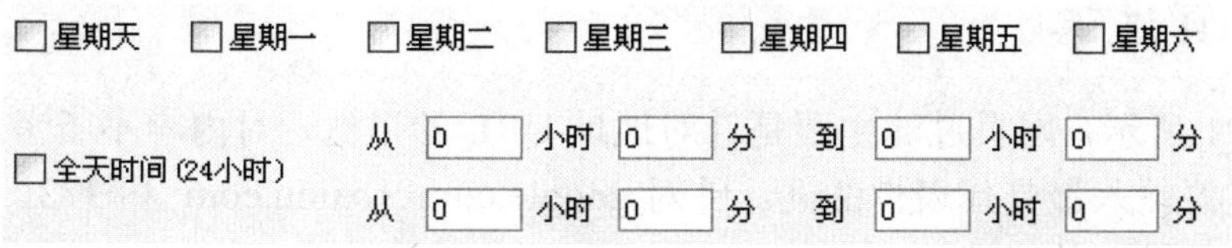

图 12.18　深层拦截过滤设置

（2）过滤项目定义。以过滤 UDP 登录方式的 QQ 为例：如图 12.19 所示，这里设置的 Port 8000-8001 是针对每条通信的外网端口的。其他通信端口的过滤设置方式类似。

除了上述过滤项目外，由于考虑到对 NAT 性能的影响，系统暂时不提供过多的过滤功能设置。

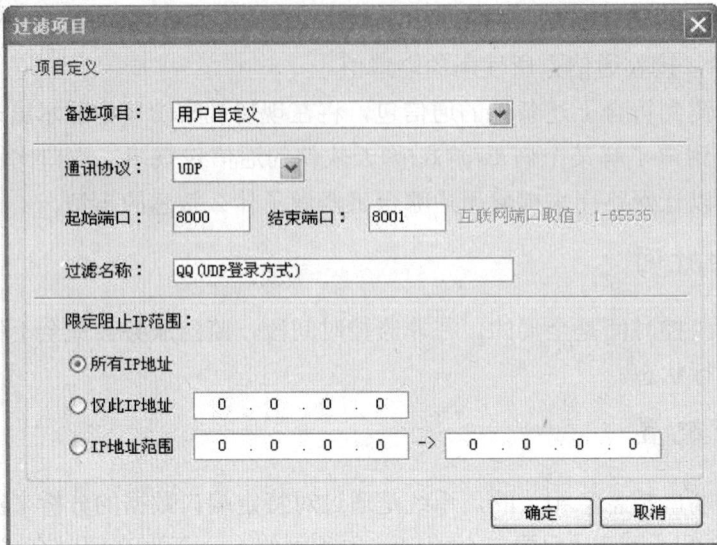

图 12.19　通信端口的过滤设置

# 12.6　上　网　规　则

## 12.6.1　上网时间

如图 12.20 所示，如果用户只是简单地控制目标机器的上网行为，在这里设置是最好的。图 12.20 中深色显示块表示允许，白色表示禁止。用鼠标控制选择深色/白色。

只有在白色时间段对 Web 端口的封堵选项才起作用。在黑色时间段是不是就一定可以上网还很难说，主要看后面的项目中是否设置了封锁，在如此多的上网规则中，只要有一处封堵就能起到封堵的作用。

如果用 outlook 收发 hotmail 邮件，图 12.20 中的选项将不起作用，因为 hotmail 邮件并非通过收发邮件的端口（110/25）发生通信，而是通过 HTTP 方式。

## 12.6.2　网页过滤

如图 12.21 所示，网页过滤主要是针对地址 URL 的过滤，对内容不予考虑。定义关键词的时候，建议输入最具代表性的词。针对 google.com、baidu.com 和 3721 等搜索网站，还支持对中文关键词的封堵。

举例说明：

（1）如果要禁止上 www.sina.com.cn 网站，则输入 sina.com.cn 比较合适。如输入 sina.com，则被控机器连同 www.sina.com 和 www.sina.com.cn 都不能上了。

（2）在禁止网站列表中输入"下载免费音乐"，以防被控机器在搜索网站上以该关键词来搜索。

（3）在"只允许访问列表"中输入 sohu 可让用户只能上 www.sohu.com。

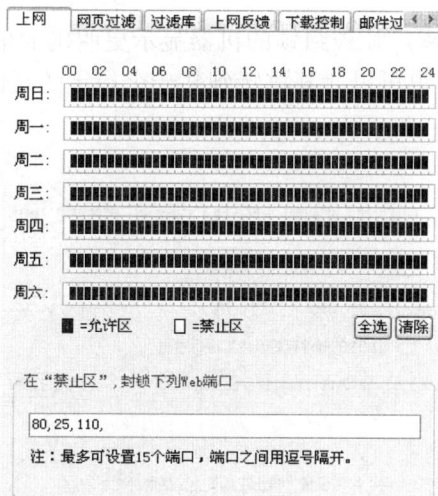

图 12.20　上网时间设置

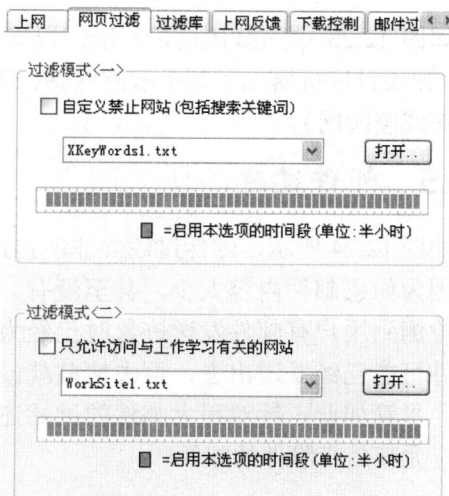

图 12.21　网页过滤

## 12.6.3　过滤库

如图 12.22 所示，为方便用户控制，"网路岗"收集了几类网站列表和端口库供选择。针对列表库，用户可进入"列表库管理工具"进行添加或删除操作。

"列表库管理工具"是专门针对网站列表库的工具，用户可以随意添加/删除/查询现有的列表库。如果用户有现成的列表文本文件，则可以导入到相应已打开的库中，那些被成功导入的网站将被显示出来，通过"导入"与"导出"功能，用户之间可以轻松交流自己收集的网址。

## 12.6.4　上网反馈

如图 12.23 所示，如果用户通过封堵端口的方式来禁止上网，则上述功能无效，必须通过关键词来封锁网站才有效。

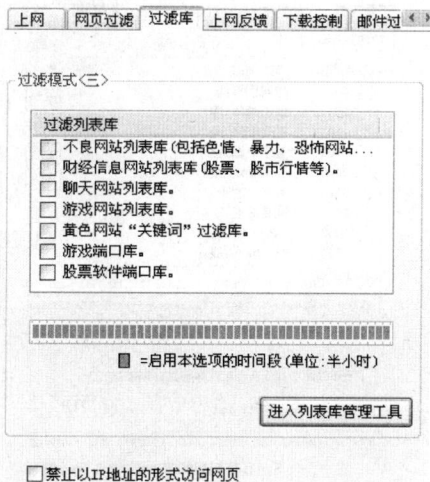

图 12.22　过滤库

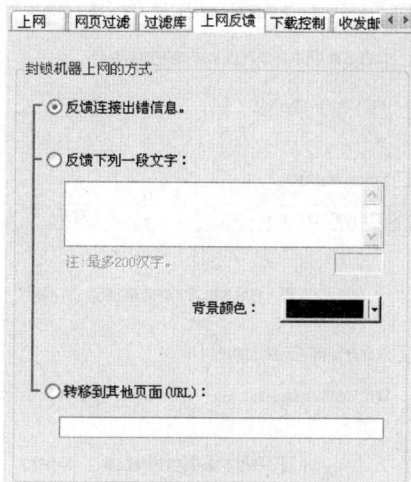

图 12.23　上网反馈设置

实验2　网路岗软件的应用

如图 12.23 中的默认设置所示，根据用户需求，让被封锁的机器显示更明确的信息。另外，如果目标机器上了某个敏感网站，通过设置也可以让其跳转到某一个指定的页面（如企业网或校园网）。

## 12.6.5 邮件过滤

如图 12.24 所示，邮件过滤并非严格过滤，这是因为如果邮件内容太少，甚至没有，那么系统检测到用户有邮件发送迹象时已经太迟，该邮件可能已经发送出去，再去堵截就没有意义了。尽管如此，针对稍大邮件的过滤还是有效的，尤其是带附件的邮件。

## 12.6.6 IP 过滤

如图 12.25 所示，IP 过滤是针对因特网上各类资源的 IP 地址的过滤，进行设置时需要对 IP 有全面的了解。事实上，全球 IP 地址的分配是有一定规则的，相关知识可在网上搜索到，搜索关键词用"IP 地址分配"。利用这些规律可以设置某些地区的网站禁止访问。某些大型网站，如 Yahoo!、Sina 等都具有很多的 IP 地址，因此不能简单通过一两个 IP 地址来封锁该网站。

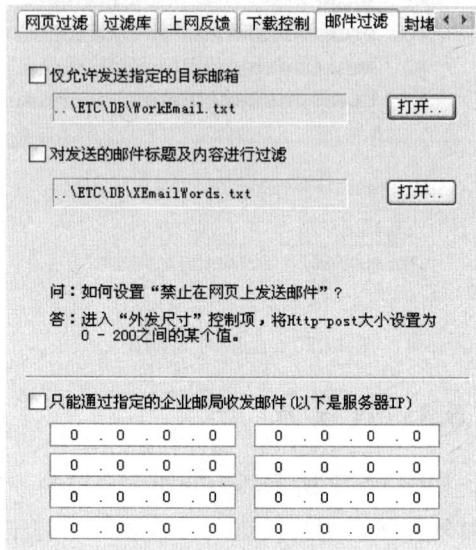

图 12.24　邮件过滤

## 12.6.7 封堵端口

如图 12.26 所示，任何一款网络软件，如果它建立在 TCP/IP 通信之上，都会用到"端口"，如股票软件、FTP 软件、收发邮件软件等都具备自己的开放端口。因此，通过"端口"来封锁上网行为是非常有效的。

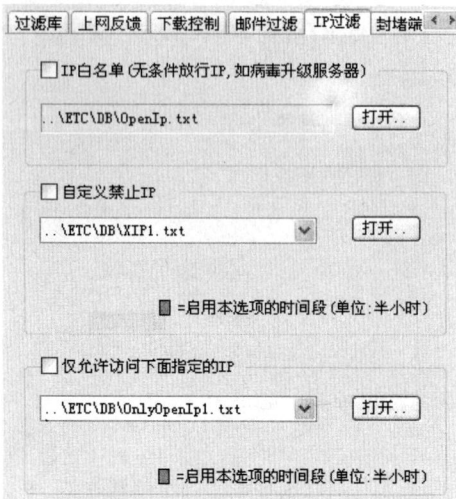

图 12.25　IP 过滤设置

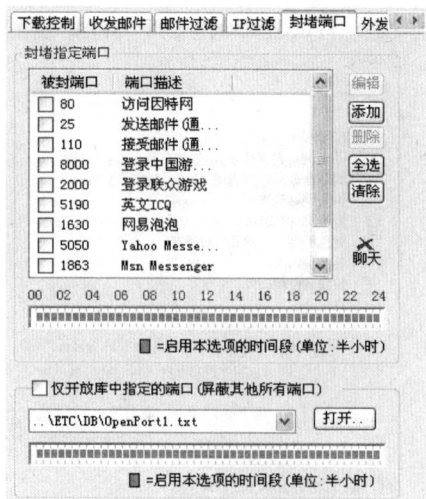

图 12.26　封堵端口设置

尽管很多软件的端口是软件开发者自定义的，但用户也不必担心软件改变自身的"开放端口"，因为"开放端口"一旦改变，该软件的客户端也必须随之更改，从市场角度看是不现实的。如果了解 IP 包的话，用户可利用本系统提供的工具"IP 包分析工具"来分析端口。

### 12.6.8　外发尺寸

如图 12.27 所示，这里对外发尺寸的控制是一种模糊控制，并不能精确到字节数，而且上述功能只有在用户购买的版本具备邮件内容的监控功能时才起作用。原因是没有内容监控的话，系统无法及时知道外发文件的大小，也就不能在中途进行堵截。

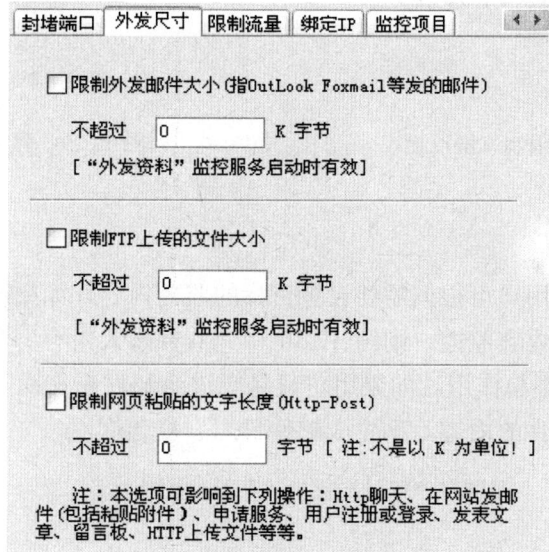

图 12.27　外发尺寸设置

### 12.6.9　限制流量

如图 12.28 所示，本软件只能检测到上网带宽数据，而不能实现对带宽的管理和分配。根据需求，提供了对流量的限制功能。例如，限制某台机器每天只能有多少兆字节的上网流量，超过这个数字系统会自动断网。

如图 12.28 所示的累计流量是动态的，便于用户及时观察到客户端的流量。如用户规定该机器每分钟的流量，则每隔一分钟累计流量就会自动变成 0。

### 12.6.10　绑定 IP

如图 12.29 所示，在单网段环境且是基于网卡的网络监控模式下，用户可以通过绑定 IP 的功能来防止目标机器私下更改 IP 上网。"IP 改变时，记录其变化情况"复选框被选中时，该网卡更改 IP 地址后会详细记录其更改情况。

284

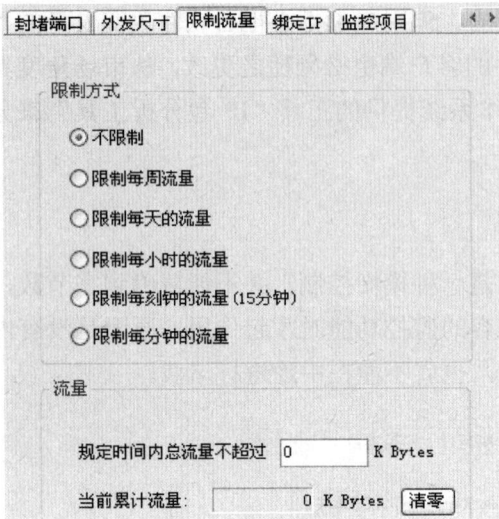

图 12.28　限制流量设置

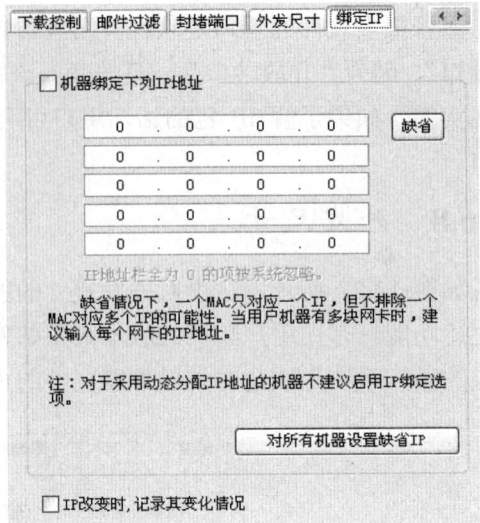

图 12.29　绑定 IP 设置

### 12.6.11　监控项目

如图 12.30 所示，用户可根据需要设置目标的监控内容。如果用户购买的版本没有邮件内容监控或没有聊天内容监控，则图 12.30 中"监控聊天内容"和"监控外发资料内容（附件+正文）"选项就不起作用。如果用户只是想过滤邮件正文而不记录邮件的话，则可以选择"只过滤发送邮件的内容，不生成邮件日志"复选框。

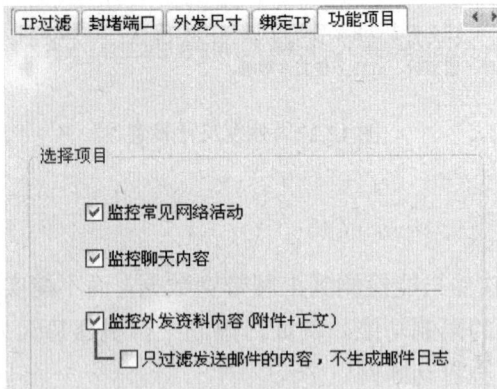

图 12.30　监控项目设置

## 12.7　日志查阅及日志报表

### 12.7.1　查阅网络活动日志

（1）选择目标机器，如图 12.31 所示。选中"所有对象"复选框，查询日志的时候是针对所有机器；相反，如果取消对"所有对象"复选框的勾选，用户可以随意双击目标机器，以显示对应的日志记录。粗黑显示的机器表明有与其相关的日志记录。

图 12.31 显示的"机器/账户/IP 地址"是和用户选择的网络监控模式直接关联的，查阅日志的时候根据选择的网络监控模式来选择"机器/账户/IP 地址"。

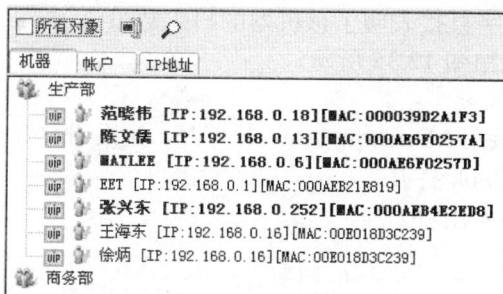

图 12.31 目标机器列表

- 按钮：刷新显示目标机器列表。
- 按钮：在目标机器列表中查找所要找的目标机器。

（2）选择查询范围，如图 12.32 所示。

图 12.32 选择查询范围

- 范围：单击后弹出快速选择日期范围的菜单。
- 刷新：更改范围或要查的目标机器后，重新查找并显示对应的日志记录。
- ：将显示的日志内容导出。
- ：查找匹配的日志记录条目。
- ：打印显示的日志内容。

（3）设置显示的行数，如图 12.33 所示。

（4）统计日志。

针对访问网站的日志和收发邮件的日志，提供简单的统计功能。

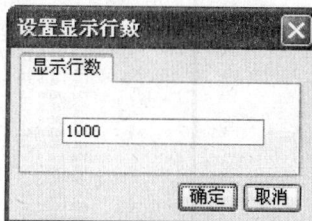

图 12.33 显示行数的设置

## 12.7.2 查阅外发资料日志

（1）选择目标机器，如图 12.34 所示。图 12.34 显示的"机器/用户/IP"是和用户选择的网络监控模式直接关联的，查阅日志的时候根据选择的网络监控模式来选择"机器/用户/IP 地址"。机器后面的数字直接表明了该机器的日志数量。

（2）显示日志内容，如图 12.35 所示。

- ⓪：是否存在附件。
- 🖼：该邮件可直接用 Microsoft Outlook 打开。如果用户发现图 12.35 下半部分显示乱码，建议用 Outlook 打开。
- ✉：单击后可显示附件。

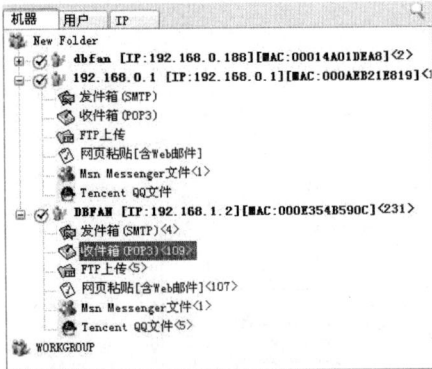

图 12.34　外发资料日志

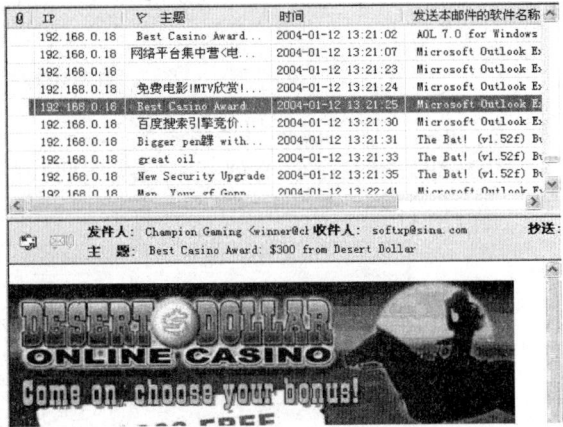

图 12.35　显示日志内容

（3）搜索邮件，如图 12.36 所示。在输入框中输入邮箱或关键词时都必须单行输入，对附件类型进行搜索时，如果同时搜索多个类型，那么用逗号分隔开。

图 12.36　搜索邮件

### 12.7.3 日志报表

日志报表分析能提供多种专业图形化报表，同时在报表结果中用户也可以查阅详细的日志内容，如图 12.37 所示（在统计数据上双击，可弹出要显示的内容）。

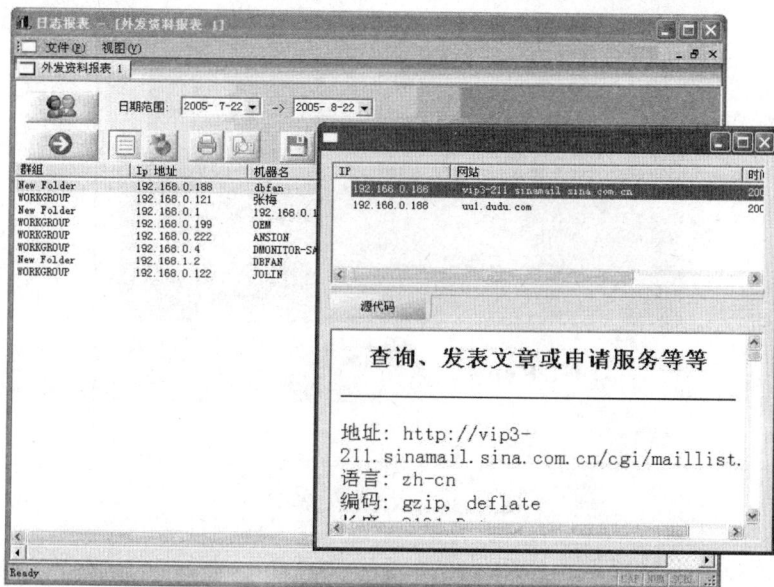

图 12.37 日志报表分析

# 12.8 代理服务器软件 CCProxy 的配置

代理服务器软件支持各类网络代理协议，如 http、socks、ftp、smtp、pop3、dns 等，并完全支持 qq、ftp、msn、outlook、foxmail 等客户端软件代理上网。在实现共享上网的同时可以很方便地对客户端进行严格的账号管理，如 IP+MAC 认证、限制上网时间、限制 QQ 和 MSN 聊天、过滤网站、连接数、带宽、流量限制等。如果想要实现网路岗的控制功能就必须让所有客户 PC 都通过网路岗服务器来上网，所以安装代理服务器软件是最好的解决方案。

CCProxy 于 2000 年 6 月问世，是国内最流行的下载量最大的国产代理服务器软件，主要用于局域网内共享宽带上网，ADSL 共享上网、专线代理共享、ISDN 代理共享、卫星代理共享、蓝牙代理共享和二级代理等共享代理上网。

总体来说，CCProxy 可以完成两项大的功能：代理共享上网和客户端代理权限管理。只要局域网内有一台机器能够上网，其他机器就可以通过这台机器上安装的 CCProxy 来代理共享上网，最大程度地减少了硬件费用和上网费用。只需要在服务器上 CCProxy 代理服务器软件里进行账号设置，就可以方便的管理客户端代理上网的权限。在提高员工工作效率和企业信息安全管理方面，CCProxy 充当了重要的角色。全中文界面操作和符合中国用户操作习惯的设计思路，CCProxy 完全可以成为中国用户代理上网首选的代理服务器软件。

## 12.8.1　CCProxy 的基本设置

（1）打开软件，界面非常简洁，演示版只支持三个用户，做试验够用了，如图 12.38 所示。

图 12.38　CCProxy 界面

（2）打开"设置"对话框，如图 12.39 所示进行设置，单击"确定"按钮。在实验中其他设置采用默认就可以了，不用限制任何内容，限制功能由网路岗来完成。

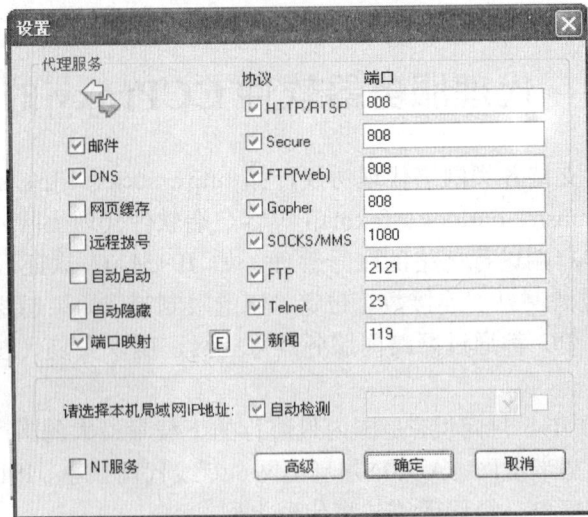

图 12.39　设置界面

## 12.8.2　客户端的设置

（1）打开浏览器，选择"工具"→"Internet 选项"命令，在打开的对话框中选择"连接"选项卡，单击"局域网设置"按钮，如图 12.40 所示。

（2）在"局域网（LAN）设置"对话框中的"代理服务器"选项区域中选中"为 LAN

使用代理服务器（这些设置不会应用于拨号或 VPN 连接）复选框，在"地址"文本框中填写 CCProxy 服务器的 IP 地址，在"端口"文本框中填写 808，如图 12.41 所示。单击"确定"按钮，即完成了客户端的设置。

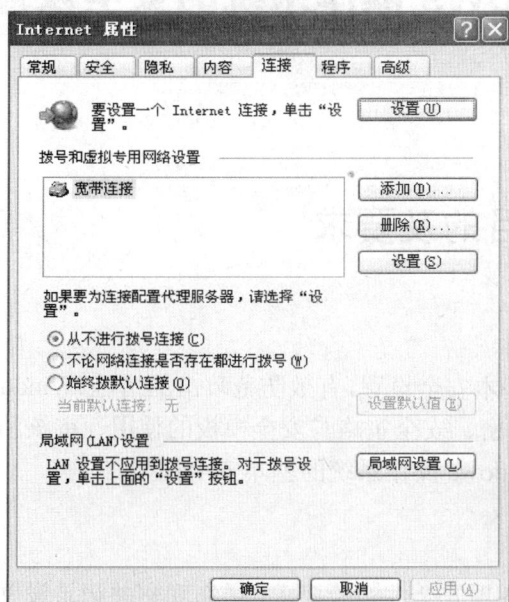

图 12.40　局域网设置

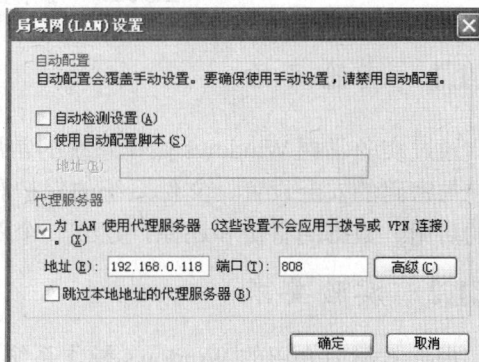

图 12.41　填写代理服务器信息

# 实验思考题

1．"网路岗"对于网络管理员在日常网络维护上有什么好处？
2．选择什么样的安装位置有助于"网路岗"获得更加有用的数据？
3．监控内容如何查阅并保存？
4．"网路岗"能监控的内容中，用处比较大的是哪些？
5．代理服务器的功能有哪些？
6．如何限制用户访问指定网站？
7．如何限制用户下载指定类型文件？

实验2　网路岗软件的应用

实验 3　Windows 操作系统的安全设置

## 13.1　实验目的及要求

### 13.1.1　实验目的

通过实验掌握 Windows 操作系统的常用基本安全设置,有效防范攻击的措施、Windows 账户与密码的安全设置、文件系统的保护和加密、安全策略与安全模板的使用、审核和日志的启用、数据的备份和还原,建立一个 Windows 操作系统的基本安全框架。

### 13.1.2　实验要求

根据教材中介绍的 Windows 操作系统的各项安全性实验要求,详细观察并记录设置前后系统的变化,给出分析报告。

### 13.1.3　实验设备及软件

一台安装 Windows XP 操作系统的计算机,磁盘格式配置为 NTFS。

## 13.2　禁止默认共享

**1. 什么是默认共享**

Windows 2000/XP/2003 版本的操作系统提供了默认共享功能,这些默认的共享都有$标志,意为隐含的,包括所有的逻辑盘(C$、D$、E$等)和系统目录(admin$)。

**2. 带来的问题**

微软公司的初衷是便于网管进行远程管理,这虽然方便了局域网用户,但对个人用户来说这样的设置是不安全的。如果计算机联网,网络上的任何人都可以通过共享硬盘随意进入别人的计算机,所以有必要关闭这些共享。Windows XP 在默认安装后允许任何用户通过空用户连接(IPC $)得到系统所有账户和共享列表,任何一个远程用户都可以利用这个空的连接得到目标主机上的用户列表。黑客就利用这项功能查找系统的用户列表,并使用一些字典工具对系统进行攻击。这就是网上较流行的 IPC 攻击。

**3. 查看本地共享资源**

选择“开始”→“运行”命令,在打开的对话框中输入 cmd,在命令行窗口中输入 net share,如图 13.1 所示,如果看到有异常的共享,那么应该关闭。但是有时关闭共享后,在下次开机的时候又出现了,那么就应该考虑一下,计算机是否已经被黑客控制了,或者中了病毒。

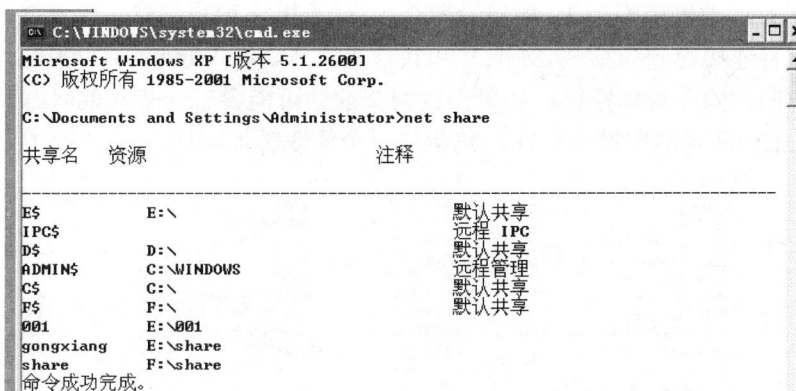

图 13.1　本地共享资源

**4. 删除共享（每次输入一个）**

```
net share admin$ /delete
net share c$ /delete
net share d$ /delete
net share e$ /delete
net share f$ /delete
```

（如果有 g、h 可以继续删除）

**5. 注册表改键值法——关闭默认共享漏洞**

选择"开始"→"运行"命令，在打开的对话框中输入 regedit，单击"确定"按钮，打开注册表编辑器，找到 HKEY_LOCAL_MACHINE\SYSTEM\CurrentControlSet\Service\lanmanserver\parameters 项，双击右侧窗口中的 AutoShareServer 项将键值设为 0，这样就能关闭硬盘各分区的共享。如果没有 AutoShareServer 项，可自己新建一个类型为 REG_DWORD、键值为 0 的 DWORD 值。然后还是在这一窗口中再找到 AutoShareWks 项，类型为 REG_DWORD，也将键值设为 0，关闭 admin$共享，如图 13.2 所示。

图 13.2　修改键值

最后到 HKEY_LOCAL_MACHINE\SYSTEM \CurrentControlSet \Control \Lsa 项处找到 restrictanonymous，将键值设为 1。如果设置为 1，一个匿名用户仍然可以连接到 IPC$共享，但限制通过这种连接得到列举 SAM 账号和共享等信息。在 Windows 2000 中增加了 2，限制所有匿名访问，除非特别授权。如果设置为 2 的话可能会有一些其他问题发生，建议设置为 1。如果上面所说的主键不存在，就新建一个修改键值，如图 13.3 所示。

| 名称 | 类型 | 数据 |
| --- | --- | --- |
| (默认) | REG_SZ | (数值未设置) |
| auditbaseobjects | REG_DWORD | 0x00000000 (0) |
| Authentication Packages | REG_MULTI_SZ | msv1_0 |
| Bounds | REG_BINARY | 00 30 00 00 00 20 00 00 |
| crashonauditfail | REG_DWORD | 0x00000000 (0) |
| disabledomaincreds | REG_DWORD | 0x00000000 (0) |
| everyoneincludesanonymous | REG_DWORD | 0x00000000 (0) |
| fipsalgorithmpolicy | REG_DWORD | 0x00000000 (0) |
| forceguest | REG_DWORD | 0x00000000 (0) |
| fullprivilegeauditing | REG_BINARY | 00 |
| ImpersonatePrivilegeUpgradeT... | REG_DWORD | 0x00000001 (1) |
| limitblankpassworduse | REG_DWORD | 0x00000001 (1) |
| lmcompatibilitylevel | REG_DWORD | 0x00000000 (0) |
| LsaPid | REG_DWORD | 0x000002a8 (680) |
| nodefaultadminowner | REG_DWORD | 0x00000001 (1) |
| nolmhash | REG_DWORD | 0x00000000 (0) |
| Notification Packages | REG_MULTI_SZ | scecli |
| restrictanonymous | REG_DWORD | 0x00000001 (1) |
| restrictanonymoussam | REG_DWORD | 0x00000001 (1) |
| SecureBoot | REG_DWORD | 0x00000001 (1) |
| Security Packages | REG_MULTI_SZ | kerberos msv1_0 schannel wdigest |

图 13.3　修改键值

**注意**：修改注册表后必须重启机器才能生效，但一经改动就会永远停止共享。

# 13.3　服 务 策 略

若 PC 没有特殊用途，基于安全考虑，打开"控制面板"→"管理工具"→"服务"命令，如图 13.4 所示。

图 13.4　服务选项

禁用以下服务：

- Alerter：通知所选用户和计算机有关系统管理级警报。
- ClipBook：启用"剪贴簿查看器"储存信息并与远程计算机共享。
- Human Interface Device Access：启用对智能界面设备（HID）的通用输入访问，它激活并保存键盘、远程控制和其他多媒体设备上预先定义的热按钮。
- IMAPI CD-Burning COM Service：用 Image Mastering Applications Programming Interface 管理 CD 录制。
- Indexing Service：本地或远程计算机上文件的索引内容和属性，泄露信息。
- Messenger：信使服务。
- NetMeeting Remote Desktop Sharing：使授权用户能够通过使用 NetMeeting 跨企业 Intranet 远程访问此计算机。
- Network DDE：为在同一台计算机或不同计算机上运行的程序提供动态数据交换。
- Network DDE DSDM：管理动态数据交换（DDE）网络共享。
- Print Spooler：将文件加载到内存中以便迟后打印。
- Remote Desktop Help Session Manager：管理并控制远程协助。
- Remote Registry：使远程用户能修改此计算机上的注册表设置。
- Routing and Remote Access：在局域网及广域网环境中为企业提供路由服务。黑客利用路由服务刺探注册信息。
- Server：支持此计算机通过网络的文件、打印和命名管道共享。
- TCP/IP NetBIOS Helper：允许对 TCP/IP 上 NetBIOS（NetBT）服务及 NetBIOS 名称解析的支持。
- Telnet：允许远程用户登录到此计算机并运行程序。
- Terminal Services：允许多位用户连接并控制一台机器，并且在远程计算机上显示桌面和应用程序。
- Windows Image Acquisition（WIA）：为扫描仪和照相机提供图像捕获。

如果发现机器开启了一些很奇怪的服务，如 r_server 这样的服务，必须马上停止该服务，因为这完全有可能是黑客使用控制程序的服务端。

# 13.4  关  闭  端  口

先看一下如何查看本机打开的端口和 TCP/IP 端口的过滤。选择"开始"→"运行"命令，在打开的对话框中输入 cmd，然后输入命令 netstat –a，如图 13.5 所示。

**1．关闭自己的 139 端口，IPC 和 RPC 漏洞存在于此**

开启 139 端口虽然可以提供共享服务，但是常常被攻击者利用进行攻击，如使用流光、SuperScan 等端口扫描工具可以扫描目标计算机的 139 端口，如果发现有漏洞，可以试图获取用户名和密码，这是非常危险的。关闭 139 端口的方法是在"网络连接"窗口中右击"本地连接"图标，在弹出的"本地连接属性"对话框中选中"Internet 协议（TCP/IP）"选项，单击"属性"按钮，在打开的"Internet 协议（TCP/IP）属性"对话框中单击"高级"按钮，进入"高级 TCP/IP 设置"对话框，在 WINS 选项卡中选中"禁用 TCP/IP 上的 NetBIOS"

单选按钮，如图 13.6 所示。

图 13.5　开放的端口

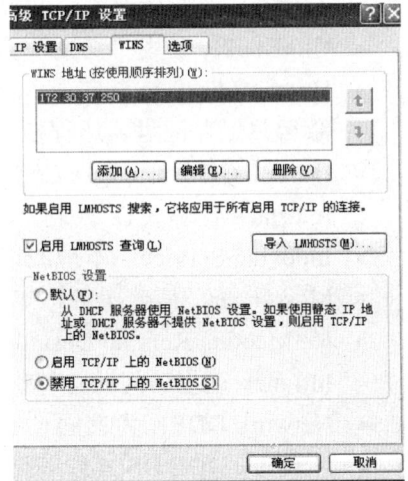

图 13.6　关闭 139 端口

### 2．445 端口的关闭

445 端口和 139 端口是 IPC$入侵的主要通道，通过 445 端口可以偷偷共享硬盘，甚至会在悄无声息中将硬盘格式化。所以关闭 445 端口是非常必要的，可以封堵住 445 端口漏洞。修改注册表，添加一个键值 HKEY_LOCAL_MACHINE\System \Current ControlSet \Services\NetBT\Parameters，在右边的窗口建立一个名称为 SMBDeviceEnabled 的 DWORD 值，类型为 REG_DWORD，键值为 0，如图 13.7 所示。

图 13.7　建立键值

### 3．禁止终端服务远程控制、远程协助

"终端服务"是 Windows XP 在 Windows 2000 系统（Windows 2000 利用此服务实现远程的服务器托管）上遗留下来的一种服务形式，用户利用终端可以实现远程控制。"终端服务"和"远程协助"是有一定区别的，虽然实现的都是远程控制，但终端服务更注重用户的登录管理权限，它的每次连接都需要当前系统的一个具体登录 ID，且相互隔离，并独立

于当前计算机用户的邀请，可以独立、自由登录远程计算机。

在 Windows XP 系统下"终端服务"是被默认打开的，也就是说，如果有人知道你计算机上的一个用户登录 ID，并且知道计算机的 IP，它就可以完全控制你的计算机。

在 Windows XP 系统里关闭"终端服务"的方法如下：右键单击"我的电脑"图标，从弹出的快捷菜单中选择"属性"命令，在"远程"选项卡中取消对"允许用户远程连接到此计算机"复选框的勾选，如图 13.8 所示。

在 Windows XP 上有一项名为"远程协助"的功能，它允许用户在使用计算机发生困难时向 MSN 上的好友发出远程协助邀请来帮助自己解决问题。

但是这个"远程协助"功能正是"冲击波"病毒所要攻击的 RPC（Remote Procedure Call）服务在 Windows XP 上的表现形式，建议用户不要使用该功能，使用前应该安装 Microsoft 提供的 RPC 漏洞工具和"冲击波"免疫程序。禁止"远程协助"的方法：右键单击"我的电脑"图标，在弹出的快捷菜单中选择"属性"命令，在"远程"选项卡中取消对"允许从这台计算机发送远程协助邀请"复选框的勾选。

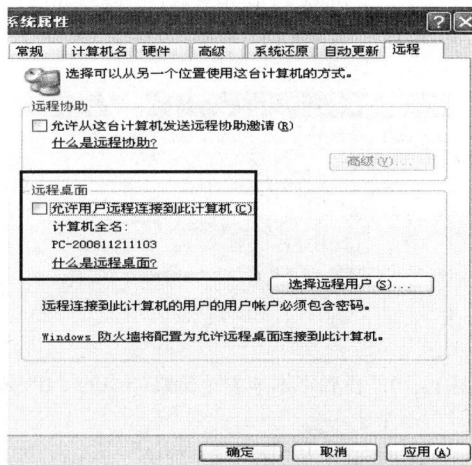

图 13.8　取消远程连接

### 4．屏蔽闲置的端口

使用系统自带的"TCP/IP 筛选服务"就能够限制端口，方法如下：在"网络连接"上单击右键，从弹出的快捷菜单中选择"属性"命令，打开"网络连接属性"对话框，在"常规"选项卡中选中 "Internet 协议（TCP/IP）"选项，然后单击下面的"属性"按钮，在打开的"Internet 协议（TCP/IP）属性"对话框中单击"高级"按钮，在弹出的"高级 TCP/IP 设置"对话框中选择"选项"选项卡，再单击下面的"属性"按钮，最后弹出"TCP/IP 筛选"对话框，通过 "只允许"单选按钮，分别添加 TCP、UDP、IP 等网络协议允许的端口，如图 13.9 所示，然后添加需要的 TCP 和 UDP 端口就可以了。如果对端口不是很了解的话，不要轻易进行过滤，不然可能会导致一些程序无法使用。 未提供各种服务的情况可以屏蔽掉所有的端口，这是最佳的安全防范形式，但是不适合初学者操作。

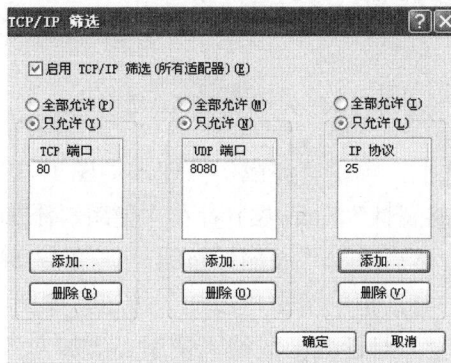

图 13.9　网络协议允许的端口

实验3　Windows 操作系统的安全设置

## 13.5  使用 IP 安全策略关闭端口

（1）打开"控制面板"→"管理工具"→"本地安全策略"，找到"IP 安全策略"，如图 13.10 所示。

（2）用鼠标右键单击右方窗格的空白位置，在弹出的快捷菜单中选择"创建 IP 安全策略"命令，如图 13.11 所示。

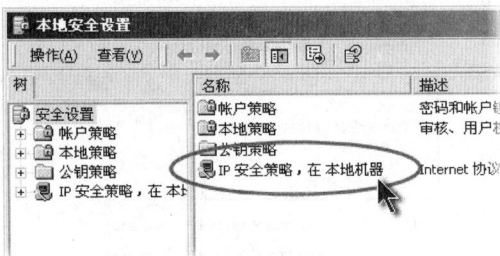

图 13.10　找到"本地安全策略"中的"IP 安全策略"　　　图 13.11　创建新的策略

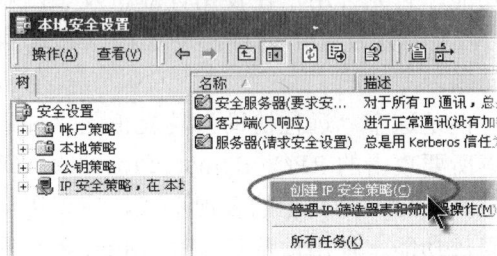

在向导中单击"下一步"按钮，到第二页为新的安全策略命名，或者直接单击"下一步"按钮。

（3）到达"安全通信请求"处，默认选中了"激活默认响应规则"复选框，将选中状态改成未选中状态，如图 13.12 所示，再单击"下一步"按钮。

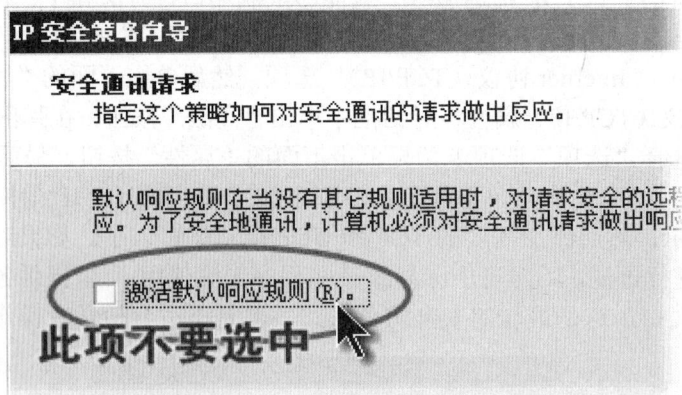

图 13.12　不要激活默认选中状态

选中"编辑属性"复选框，单击"完成"按钮，如图 13.13 所示。

（4）在"新 IP 安全策略属性"对话框中看看"使用'添加向导'"复选框有没有被选中，使之变成未选中状态，然后单击"添加"按钮，如图 13.14 所示。

（5）在"新规则属性"对话框中单击"添加"按钮，如图 13.15 所示。

（6）在"IP 筛选器列表"对话框中取消"使用'添加向导'"复选框的选中状态，然后单击"添加"按钮，如图 13.16 所示。

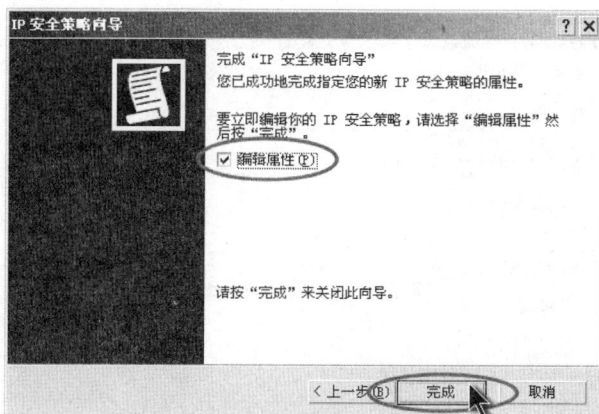

图 13.13　完成新策略添加

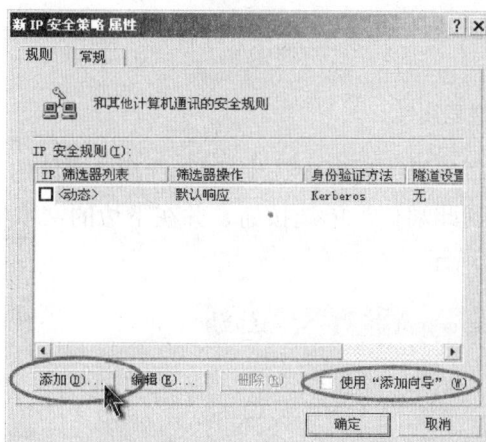

图 13.14　单击"添加"按钮，添加新的连接规则

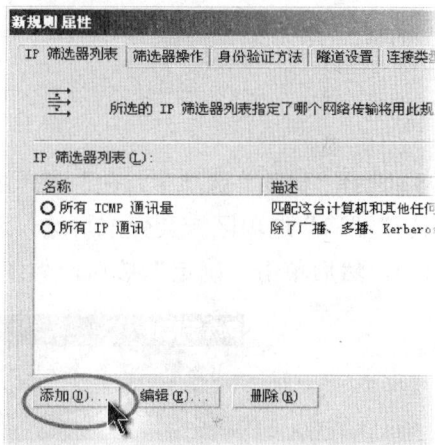

图 13.15　添加新的规则

（7）在"筛选器属性"对话框中，源地址选择"任何 IP 地址"，目标地址选择"我的 IP 地址"，如图 13.17 所示。

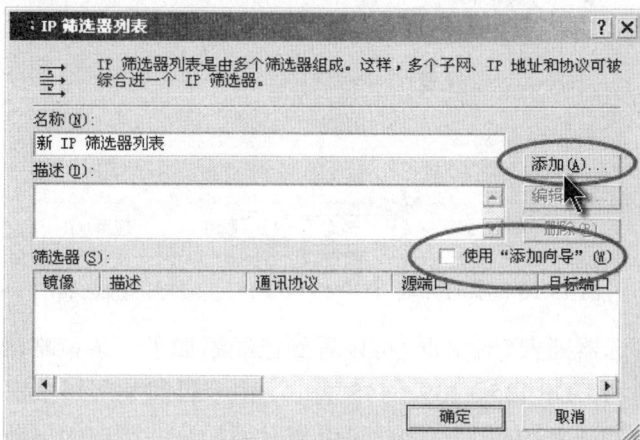

图 13.16　添加新的筛选器

实验 3　*Windows 操作系统的安全设置*

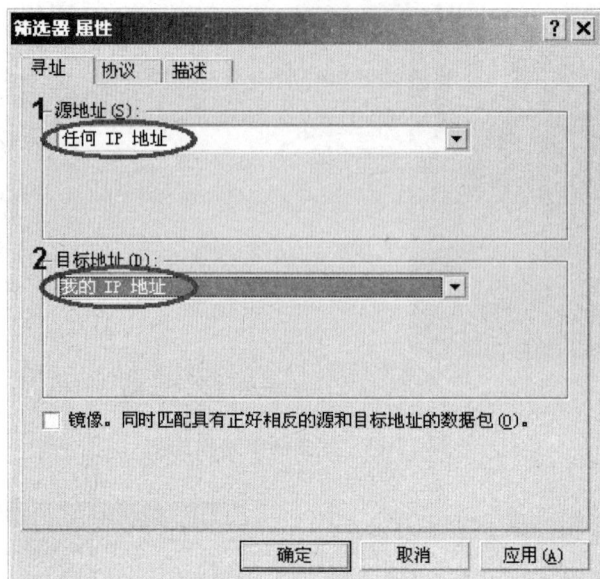

图 13.17　筛选器属性

（8）选择"协议"选项卡，在"选择协议类型"下拉列表中选中 TCP 选项，浅色的"设置 IP 协议端口"选项区域会变成可选，选中"到此端口"单选按钮，并在下边的文本框中输入 135，然后单击"确定"按钮，如图 13.18 所示。

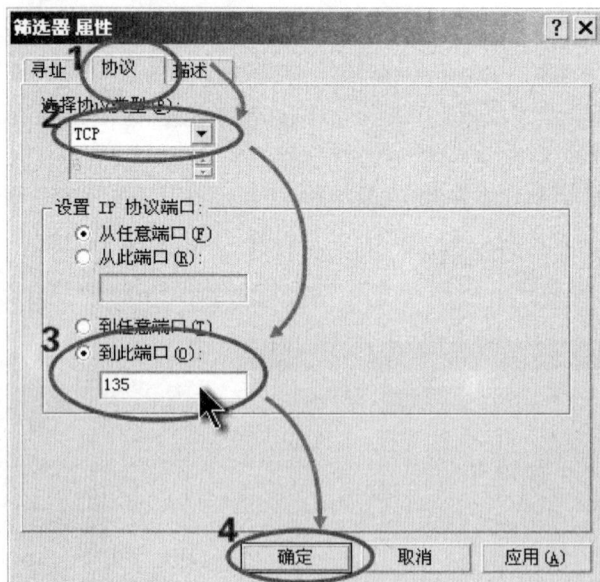

图 13.18　添加屏蔽 TCP 135（RPC）端口的筛选器

（9）回到"IP 筛选器列表"对话框，可以看到已经添加了一条策略，继续添加 TCP 137、139、445、593 端口和 UDP 135、139、445 端口。由于目前某些蠕虫病毒会扫描计算机的 TCP 1025、2745、3127、6129 端口，因此可以暂时添加这些端口的屏蔽策略，丢弃访问这些端口的数据包，不作响应，减少由此对上网造成的影响。单击"关闭"按钮，如图 13.19

所示。

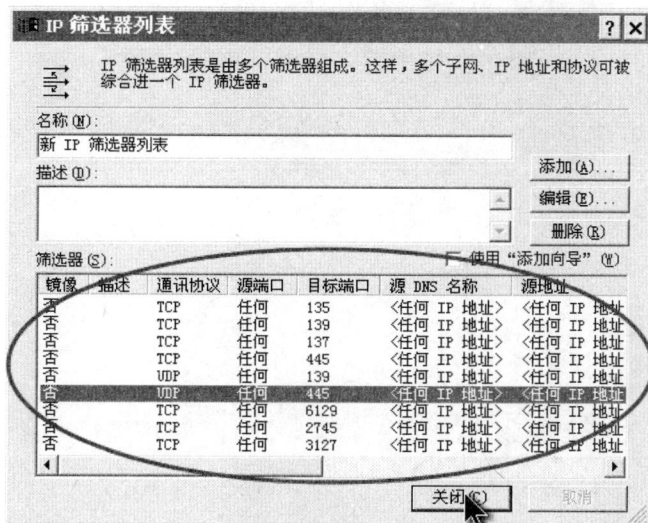

图 13.19　重复操作步骤，添加各端口筛选

（10）在"新规则属性"对话框中选择"新 IP 筛选器列表"单选按钮，然后选择"筛选器操作"选项卡，如图 13.20 所示。

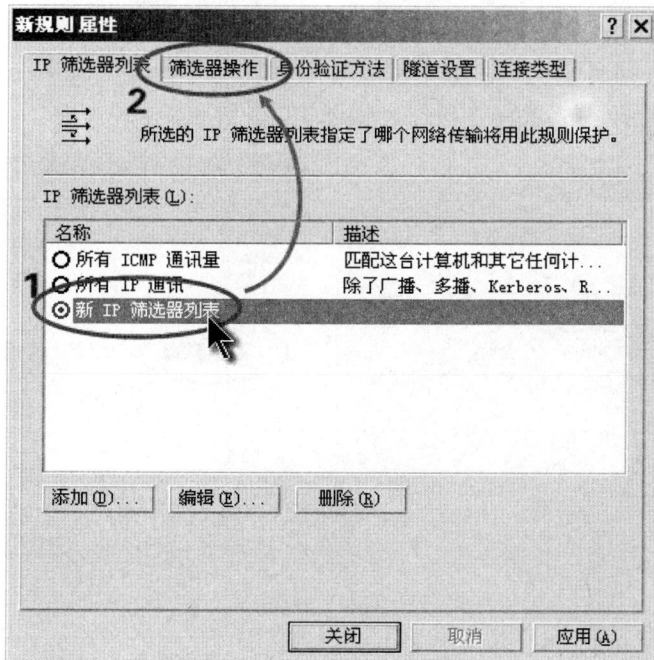

图 13.20　激活"新 IP 筛选器列表"

（11）在"筛选器操作"选项卡中，使"使用'添加向导'"复选框不被选中，然后单击"添加"按钮，如图 13.21 所示。

实验3　Windows 操作系统的安全设置

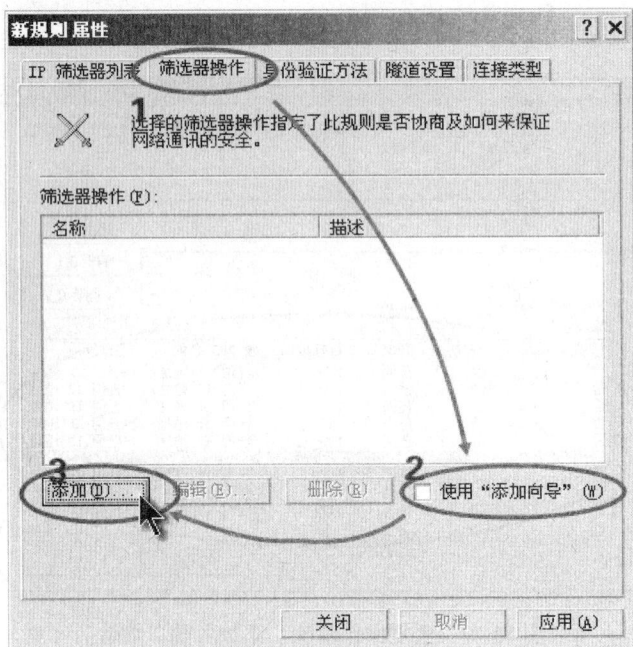

图 13.21　添加筛选器操作

（12）在"新筛选器操作属性"对话框中的"安全措施"选项卡中选择"阻止"单选按钮，然后单击"确定"按钮，如图 13.22 所示。

（13）在"新规则属性"对话框中可以看到有一个"新筛选器操作"单选按钮，选中这个单选按钮，然后单击"关闭"按钮，如图 13.23 所示。

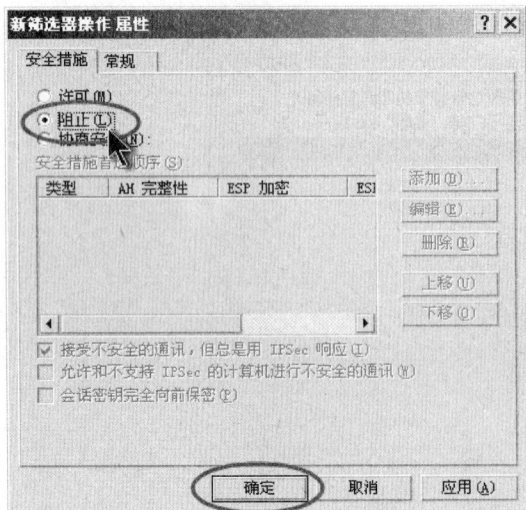

图 13.22　添加"阻止"操作

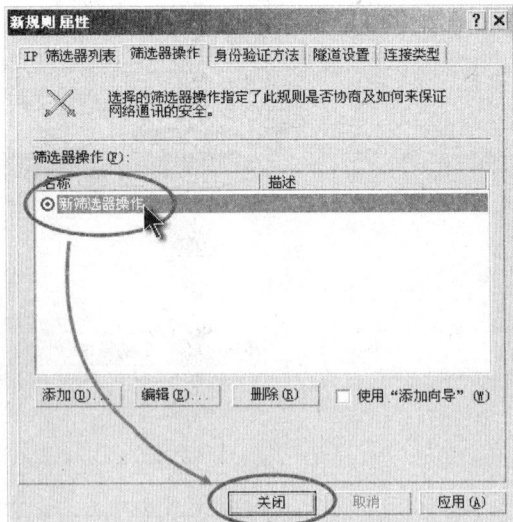

图 13.23　激活"新筛选器操作"

（14）回到"新 IP 安全策略属性"对话框，单击"关闭"按钮，如图 13.24 所示。

（15）返回到"本地安全设置"窗口，用鼠标右键单击新添加的 IP 安全策略，从弹出的快捷菜单中选择"指派"命令，如图 13.25 所示。

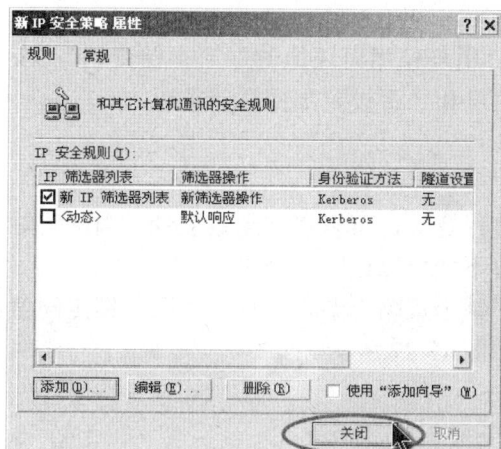

图 13.24　关闭"新 IP 安全策略属性"对话框

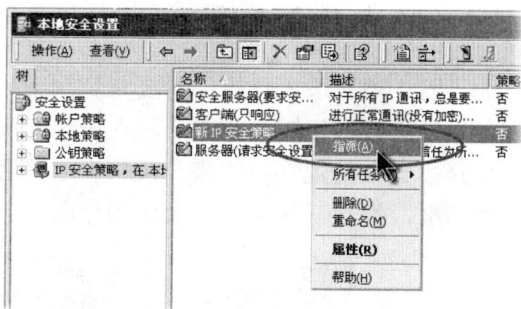

图 13.25　指派新的 IP 安全策略

# 13.6　本地安全策略设置

## 13.6.1　账户策略

在网络中，由于用户名和密码过于简单导致的安全性问题比较突出，当有些人在攻击网络系统时也把破解管理员密码作为一个主要的攻击目标，账户策略可以通过设置密码策略和账户锁定策略来提高账户密码的安全级别。

打开"控制面板"→"管理工具"→"本地安全策略"，选择"账户策略"，然后双击"密码策略"，用于决定系统密码的安全规则和设置，如图 13.26 所示。

其中，符合复杂性要求的密码是具有相当长度，同时含有数字、大小写字母和特殊字符的序列。双击其中每一项，可按照需要改变密码特殊的设置。

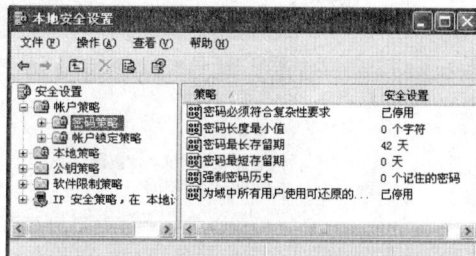

图 13.26　设置密码策略

（1）双击"密码必须符合复杂性要求"，选择"启用"。打开"控制面板"中的"用户账户"选项，在弹出的对话框中选择一个用户后单击"创建密码"按钮，在出现的设置密码窗口中输入密码，此时密码符合设置的密码要求。

（2）双击"密码长度最小值"，在弹出的对话框中可设置被系统接纳的账户密码长度最小值。一般为达到较高安全性，密码长度最小值为 8。

（3）双击"密码最长存留期"，在对话框中设置系统要求的账户密码的最长使用期限为 42 天。设置密码自动保留期，用来提醒用户定期修改密码，防止密码使用时间过长带来的安全问题。

实验 3　Windows 操作系统的安全设置

（4）双击"密码最短存留期"，设置密码最短存留期为 7 天。在密码最短保留期内用户不能修改密码，避免入侵的攻击者修改账户密码。

（5）双击"强制密码历史"和"为域中所有用户使用可还原的加密存储密码"，在相继弹出的类似对话框中设置让系统记住的密码数量和是否设置加密存储密码。

## 13.6.2  账户锁定策略

为了防止他人进入计算机时反复猜测密码进行登录，可以锁定无效登录，当密码输入错误达设定次数后便锁定此账户，在一定时间内不能再以该账户登录。

选择"安全设置"→"账户策略"→"账户锁定策略"节点，打开"账户锁定阈值属性"对话框，设置三次无效登录就锁住账号，如图 13.27 所示。

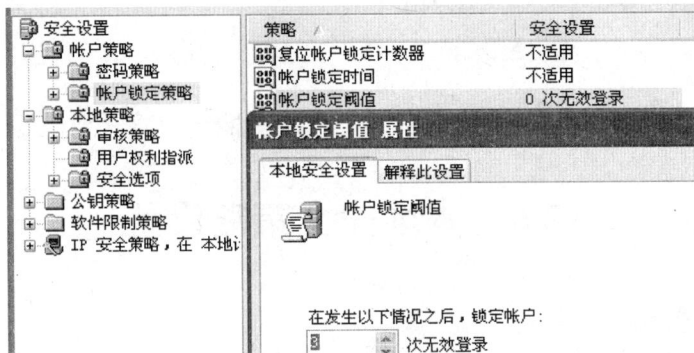

图 13.27  设置锁定阈值

复位账户锁定计数器（确定 30 分钟以后）、账户锁定时间（确定 30 分钟）如图 13.28 所示。

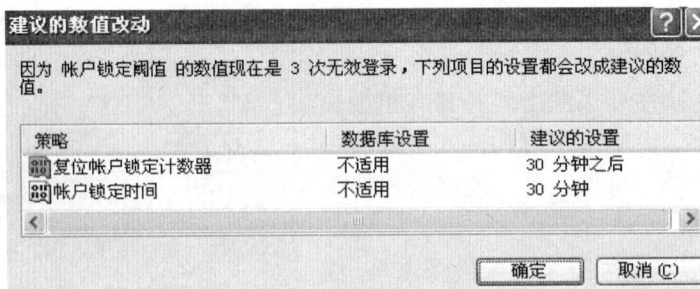

图 13.28  锁定计数器与时间

## 13.6.3  审核策略

审核策略可以帮助用户发现非法入侵者的一举一动，还可以作为用户将来追查黑客的依据。

选择"管理工具"→"安全设置"→"本地策略"→"审核策略"节点，把审核策略设置为图 13.29 所示内容。

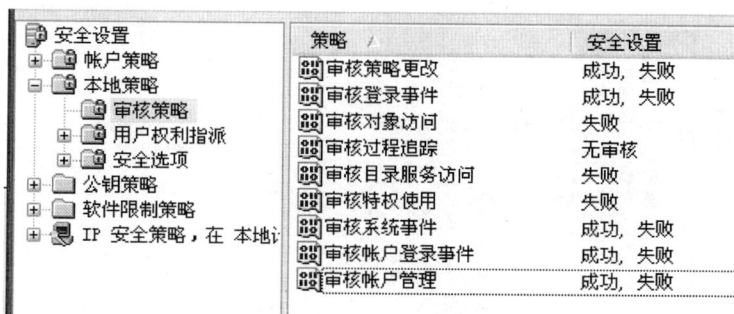

图 13.29 审核策略设置

然后再选择"控制面板"→"管理工具"→"事件查看器"。

应用程序设置：右键单击"应用程序"从弹出的快捷菜单中选择"属性"命令，将日志大小上限设置为 512KB，选择"不改写事件"单选按钮。

安全性设置：右键单击"安全性"，从弹出的快捷菜单中选择"属性"命令，将日志大小上限设置为 512KB，选择"不改写事件"单选按钮。

系统设置：右键单击"系统"，从弹出的快捷菜单中选择"属性"命令，将日志大小上限设置为 512KB，选择"不改写事件"单选按钮。

### 13.6.4 安全选项

安全选项是作为增强 Windows 安全的最佳做法，同时也为攻击者设置更多的障碍，以减少对 Windows 的攻击的重要系统安全工具。在"本地策略"→"安全选项"中进行如下设置：

- 交互式登录：不显示上次的用户名（设置为启用）。
- 网络访问：不允许 SAM 账户的匿名枚举（设置为"启用"）。
- 网络访问：让"每个人"权限应用于匿名用户（设置为关闭）。
- 网络访问：可匿名访问的共享（将后面的值删除）。
- 网络访问：可匿名访问的命名管道（将后面的值删除）。
- 网络访问：可远程访问的注册表路径（将后面的值删除）。
- 网络访问：可远程访问的注册表的子路径（将后面的值删除）。
- 网络访问：限制匿名访问命名管道和共享（将后面的值删除）。
- 网络安全：不要在下次更改密码时存储 LAN Manager 的 Hash 值（设置为"启用"）。
- 关机：清理虚拟内存页面文件（设置为"启用"）。
- 关机：允许在未登录前关机（设置为"关闭"）。
- 账户：重命名系统管理员账户（确定一个新名字）。
- 账户：重命名来宾账户（确定一个新名字）。

### 13.6.5 用户权利指派策略

选择"管理工具"→"本地安全策略"→"本地策略"→"用户权利指派"，如图 13.30 所示。

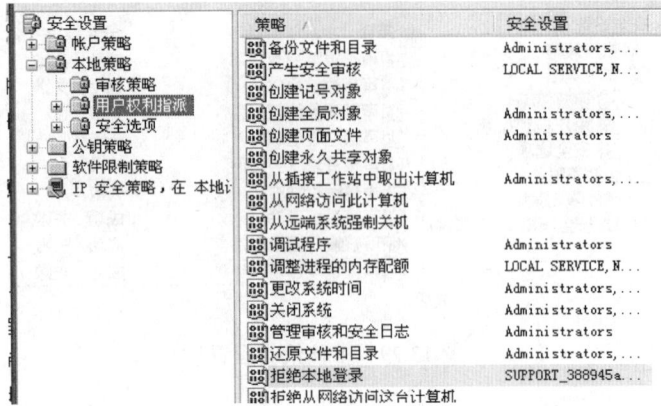

图 13.30　用户权利指派

（1）从网络访问此计算机：一般默认有 5 个用户，除 Administrators 外删除其他 4 个。当然，接下来还得创建一个属于自己的 ID。

（2）从远端系统强制关机：Admin 账户也删除，一个都不留。

（3）拒绝从网络访问这台计算机：将全部账户都删除。

（4）从网络访问此计算机：如果不使用类似 3389 服务的话，Admin 也可删除，其他全部账户都删除。

（5）允许通过终端服务登录：Admin 账户也删除，一个都不留。

# 13.7　用 户 策 略

选择"管理工具"→"计算机管理"→"系统工具"→"本地用户和组"→"用户"，如图 13.31 所示。

图 13.31　用户策略

## 1．停掉 Guest 账号

在"计算机管理"→"系统工具"→"本地用户和组"→"用户"里面把 Guest 账号停用掉，任何时候都不允许 Guest 账号登录系统。为了保险起见，最好给 Guest 加一个复杂的密码。如果要启动 Guest 账号，一定要查看该账号的权限，只能以受限权限运行。

打开"控制面板"中的"管理工具"，选中"计算机管理"→"系统工具"→"本地用户和组"→"用户"，右键单击 Guest 账户，从弹出的快捷菜单中选择"属性"命令，在弹出的对话框中选中"账户已停用"复选框。单击"确定"按钮，观察 Guest 前的图标变化，并再次使用 Guest 用户登录，记录显示的信息。

**2．限制不必要的用户数量**

删除所有的 duplicate user 账户、测试用账户、共享账号、普通部门账号等。用户组策略设置相应权限，并且经常检查系统的账户，删除已经不再使用的账户。这些账户很多时候都是黑客们入侵系统的突破口，系统的账户越多，黑客们得到合法用户的权限可能性也就越大。

**3．Administrator 账号改名**

把系统 Administrator 账号改名，Windows XP 的 Administrator 用户是不能被停用的，这意味着别人可以一遍又一遍地尝试这个用户的密码。尽量把它伪装成普通用户，如改成 usera。

**4．创建一个陷阱用户**

创建一个名为 Administrator 的本地用户，把它的权限设置成最低，什么事也干不了，并且加上一个超过 10 位的超级复杂密码。

# 13.8　安全模板设置

## 13.8.1　启用安全模板

启用前，先记录当前系统的账户策略和审核日志状态，以便于同实验后的设置进行比较。

（1）选择"开始"→"运行"命令，在打开的对话框中输入 mmc，打开系统控制台。

（2）选择"文件"→"添加/删除管理单元"命令，在打开的"添加/删除管理单元"对话框中单击"添加"按钮，在弹出的窗口中分别选择"安全模板"和"安全配置和分析"，单击"添加"按钮后关闭窗口，并单击"确定"按钮，如图 13.32 所示。

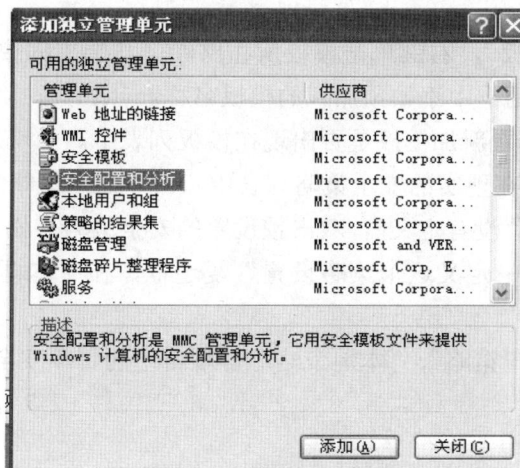

图 13.32　添加控制模块

305

（3）此时系统控制台中根节点下添加了"安全模板"和"安全配置和分析"两个文件

夹，打开"安全模板"文件夹，可以看到系统中存在的安全模板，如图 13.33 所示。右键单击模板名称，从弹出的快捷菜单中选择"设置描述"命令，可以看到该模板的相关信息。选择"打开"，右侧窗口出现该模板的安全策略，双击每个安全策略可以看到其相关配置。

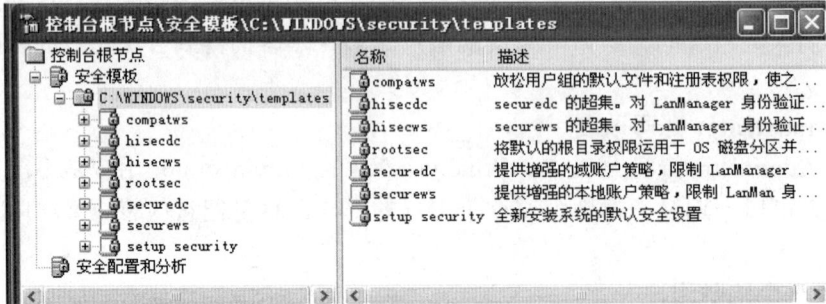

图 13.33　安全模板

（4）右键单击"安全配置和分析"，从弹出的快捷菜单中选择"打开数据库"命令，在弹出的对话框中输入预建安全数据库的名称，例如起名为 mycomputer.sdb，单击"打开"按钮，在弹出的窗口中根据计算机准备配置成的安全级别选择一个安全模板将其导入。

（5）右键单击"安全配置和分析"，从弹出的快捷菜单中选择"立即分析计算机"命令，单击"确定"按钮，系统开始按照步骤（4）中选定的安全模板对当前系统的安全设置是否符合要求进行分析，并将分析结果记录在实验报告中。

（6）右键单击"安全配置和分析"，从弹出的快捷菜单中选择"立即配置计算机"命令，按照第（4）步中所选的安全模板的要求对当前系统进行配置。

（7）在实验报告中记录实验前系统的缺省配置，接着记录启用安全模板后系统的安全设置，记录下比较和分析的结果。

### 13.8.2　新建安全模板

（1）展开"安全模板"，右键单击模板所在路经，从弹出的快捷菜单中选择"新加模板"命令，在弹出的对话框中添如预加入的模板名称 mytem，在"安全模板描述"文本框中填入"自设模板"，查看新加模板是否出现在模板列表中。

（2）双击 mytem，在现实的安全策略列表中双击"账户策略"下的"密码策略"，可发现其中任一项均显示"没有定义"，双击预设置的安全策略（如"密码长度最小值"）。

（3）选中"在模板中定义这个策略设置"复选框，在文本框中输入密码的最小长度为 7。

（4）依次设定"账户策略"、"本地策略"等项目中的每项安全策略，直至完成安全模板的设置。

## 13.9　组策略设置

组策略是管理员为用户和计算机定义并控制程序、网络资源及操作系统行为的主要工具。通过使用组策略可以设置各种软件、计算机和用户策略。

## 13.9.1　关闭自动运行功能

（1）选择"开始"→ "运行"命令，在打开的对话框中输入 gpedit.msc 并运行，打开"组策略"窗口。

（2）在左栏的"'本地计算机'策略"下选择"计算机配置"→"管理模板"→"系统"，然后在右栏的"设置"下双击"关闭自动播放"，如图 13.34 所示。

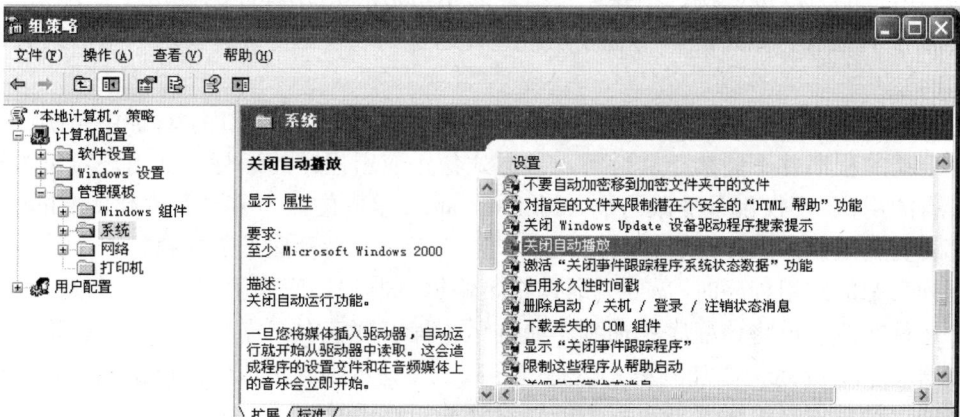

图 13.34　关闭自动播放

（3）在打开的对话框中选择"设置"选项卡，选中"已启用"单选按钮，然后在"关闭自动播放"下拉列表中选择"所有驱动器"选项，单击"确定"按钮，退出"组策略"窗口，如图 13.35 所示。

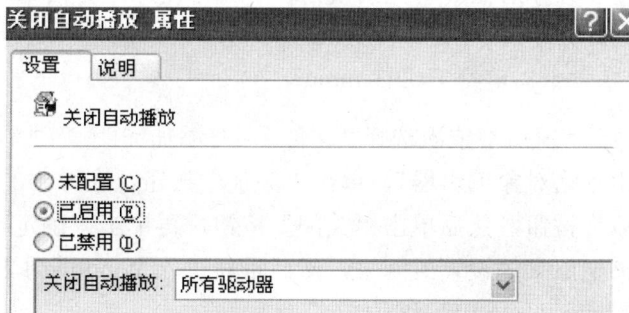

图 13.35　启动服务

在"用户配置"中同样也可以定制这个"关闭自动播放"，但"计算机配置"中的设置比"用户配置"中的设置范围更广，有助于多个用户都使用这样的设置。

## 13.9.2　禁止运行指定程序

系统启动时一些程序会在后台启动，这些程序通过"系统配置实用程序"（msconfig）的启动项无法阻止，操作起来非常不便，通过组策略则非常方便，这对减少系统资源占用

实验3　Windows 操作系统的安全设置

非常有效。通过启用该策略并添加相应的应用程序就可以限制用户运行这些应用程序。具体步骤如下：

（1）打开组策略对象编辑器，在左栏的"'本地计算机'策略"下选择"计算机配置"→"管理模板"→"系统"，然后在右边的窗格双击"不要运行指定的 Windows 应用程序"。

（2）双击"不要运行指定的 Windows 应用程序" 程序如 Wgatray.exe 即可。

当用户试图运行包含在不允许运行程序列表中的应用程序时，系统会提示警告信息。把不允许运行的应用程序复制到其他的目录和分区中仍然是不能运行的。要恢复指定的受限程序的运行能力，可以将"不要运行指定的 Windows 应用程序"策略设置为"未配置"或"已禁用"，或者将指定的应用程序从不允许运行列表中删除（这要求删除后列表不会成为空白的）。

这种方式只阻止用户运行从 Windows 资源管理器中启动的程序，对于由系统过程或其他过程启动的程序并不能禁止其运行。该方式禁止应用程序的运行，其用户对象的作用范围是所有的用户，不仅仅是受限用户，Administrators 组中的账户甚至是内建的 administrator 账户都将受到限制，因此给管理员带来了一定的不便。当管理员需要执行一个包含在不允许运行列表中的应用程序时，需要先通过组策略编辑器将该应用程序从不运行列表中删除，在程序运行完成后再将该程序添加到不允许运行程序列表中。需要注意的是，不要将组策略编辑器（gpedit.msc）添加到禁止运行程序列表中，否则会造成组策略的自锁，任何用户都将不能启动组策略编辑器，也就不能对设置的策略进行更改。

**提示**：如果没有禁止运行"命令提示符"程序的话，用户可以通过 cmd 命令，从"命令提示符"运行被禁止的程序。例如将记事本程序（notepad.exe）添加到不运行列表中，通过桌面和菜单运行该程序是被限制的，但是在"命令提示符"下运行 notepad 命令可以顺利的启动记事本程序。因此，要彻底的禁止某个程序的运行，首先要将 cmd.exe 添加到不允许运行列表中。如果禁止程序后组策略无法使用，可以通过以下方法来恢复设置：重新启动计算机，在启动菜单出现时按 F8 键，在 Windows 高级选项菜单中选择"带命令行提示的安全模式"选项，然后在命令提示符下运行 mmc。

在打开的"控制台"窗口中依次选择"文件"→"添加/删除管理单元"命令，单击"添加"按钮，选择"组策略对象编辑器"，单击"添加"按钮，在弹出的"选择组策略对象"对话框中单击"完成"按钮，然后单击"关闭"按钮，再单击"确定"按钮，添加一个组策略控制台，接下来把原来的设置改回来，然后重新进入 Windows 即可。

### 13.9.3　防止菜单泄露隐私

在"开始"菜单中有一个"我最近的文档"菜单项，可以记录用户曾经访问过的文件。这个功能可以方便用户再次打开该文件，但别人也可通过此菜单访问用户最近打开的文档，为安全起见，可屏蔽此项功能。具体操作步骤如下：

（1）打开"组策略对象编辑器"，在左栏的"'本地计算机'策略"下选择"用户配置"→"管理模板"→"任务栏和「开始」菜单"。

（2）分别在右侧窗格中双击"不要保留最近打开文档的记录"和"退出时清除最近打开的文档的记录"，打开目标策略属性设置对话框。

如果启用"退出时清除最近打开的文档的记录"设置，系统就会在用户注销时删除最近使用的文档文件的快捷方式。因此，用户登录时，"开始"菜单上的"我最近的文档"菜单总是空的。如果禁用或不配置此设置，系统就会保留文档快捷方式，这样用户登录时，"我最近的文档"菜单中的内容与用户注销时一样。

提示：系统在"系统驱动器\Documents and Settings\用户名\我最近的文档"文件夹中的用户配置文件中保存文档快捷方式。

当没有选择"从「开始」菜单删除最近的项目菜单"和"不要保留最近打开文档的记录"策略的任何一个相关设置时，此项设置才能使用。

# 13.10 文件加密系统

每个人都有一些不希望别人看到的东西，如学习计划、情书等，大家都喜欢把它们放在一个文件夹里，采用 Windows 自带的文件夹加密功能来实现对文件加密。NTFS 是 Windows NT 以上版本支持的一种提供安全性、可靠性的高级文件系统。在 Windows 2000 和 Windows XP 中，NTFS 提供诸如文件和文件夹加密的高级功能。

## 13.10.1 加密文件或文件夹

（1）选择"开始"→"所有程序"→"附件"→"Windows 资源管理器"命令，打开 Windows 资源管理器。

（2）右键单击要加密的文件或文件夹，从弹出的快捷菜单中选择"属性"命令。

（3）在弹出的对话框中的"常规"选项卡上单击"高级"按钮，在打开的"高级属性"对话框中选中"加密内容以便保护数据"复选框，如图 13.36 所示。

在加密过程中还要注意以下几点：

（1）只可以加密 NTFS 分区卷上的文件和文件夹，FAT 分区卷上的文件和文件夹无效。

（2）被压缩的文件或文件夹也可以加密。如果要加密一个压缩文件或文件夹，则该文件或文件夹将会被解压。

（3）无法加密标记为"系统"属性的文件，并且位于操作系统根目录结构中的文件也无法加密。

（4）在加密文件夹时，系统将询问是否要同时加密它的子文件夹。如果单击"是"按钮，那么它的子文件夹也会被加密，以后所有添加进文件夹中的文件和子文件夹都将在添加时自动加密。

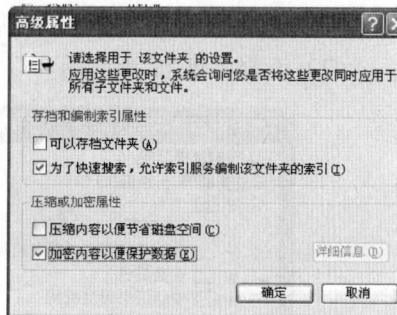

图 13.36　加密选项

加密后用不同用户登录计算机，查看加密文件是否能够打开。

## 13.10.2 备份加密用户的证书

用户对文件加密后，在重装系统或删除用户前一定要备份加密用户的证书，否则重装系统或删除用户后加密文件将无法被访问。

（1）以加密用户登录计算机。

（2）选择"开始"→"运行"命令，在弹出的对话框中输入 mmc，然后单击"确定"按钮。

（3）在"控制台"窗口选择"文件"→"添加/删除管理单元"命令，在打开的"添加/删除管理单元"对话框中单击"添加"按钮。

（4）打开"添加独立管理单元"对话框，在"可用的独立管理单元"列表框中选择"证书"，然后单击"添加"按钮，如图 13.37 所示。

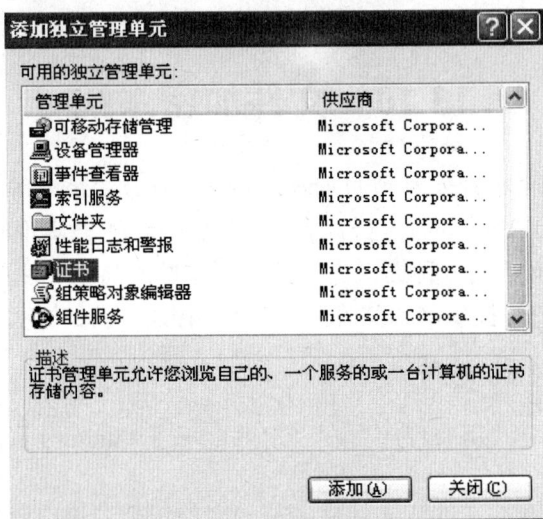

图 13.37　添加证书模块

（5）在弹出的对话框中选中"我的用户账户"单选按钮，然后单击"完成"按钮。

（6）单击"关闭"按钮，然后单击"确定"按钮。

（7）选择"证书-当前用户"→"个人"→"证书"，如图 13.38 所示。

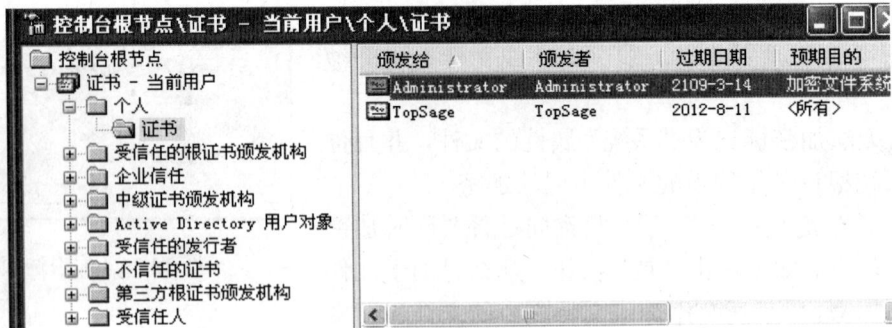

图 13.38　显示加密证书

（8）单击"预期目的"栏中显示"加密文件系统"字样的证书。

（9）右键单击该证书，从弹出的快捷菜单中选择"所有任务"→"导出"命令，如图 13.39 所示。

（10）按照证书导出向导的指示将证书及相关的私钥以 PFX 文件格式导出（注意：推

荐使用"导出私钥"方式导出,如图 13.40 所示,这样可以保证证书受密码保护,以防别人盗用。另外,证书只能保存到用户有读写权限的目录下)。

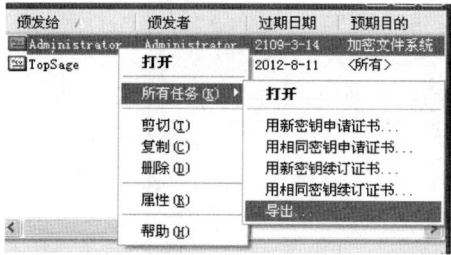

图 13.39　导出证书

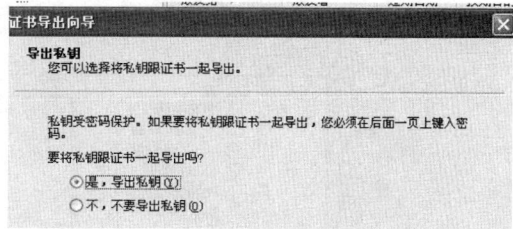

图 13.40　导出私钥

（11）保存好证书,将 PFX 文件保存好。以后重装系统之后无论在哪个用户下只要双击这个证书文件,导入这个私人证书就可以访问 NTFS 系统下由该证书的原用户加密的文件夹。

最后要提一下,这个证书还可以实现下述用途:

（1）给予不同用户访问加密文件夹的权限。

将证书按"导出私钥"方式导出,发给需要访问这个文件夹的本机其他用户。然后由其他用户登录,导入该证书,实现对这个文件夹的访问。

（2）在其他 Windows XP 机器上对用"备份恢复"程序备份的以前的加密文件夹恢复访问权限。

将加密文件夹用"备份恢复"程序备份,然后把生成的 Backup.bkf 连同这个证书复制到另外一台 Windows XP 机器上,用"备份恢复"程序将它恢复出来(注意:只能恢复到 NTFS 分区)。然后导入证书,即可访问恢复出来的文件了。

# 13.11　文件和数据的备份

为了保护服务器,用户应该安排对所有数据进行定期备份。建议安排对所有数据(包括服务器的系统状态数据)进行每周普通备份。普通备份将复制用户选择的所有文件,并将每个文件标记为已备份。此外,还建议安排进行每周差异备份。差异备份复制自上次普通备份以来创建和更改的文件。

## 13.11.1　安排进行每周普通备份

（1）选择"开始"→"运行"命令,在打开的对话框中输入 ntbackup,然后单击"确定"按钮,此时会出现"备份或还原向导"对话框,单击"下一步"按钮。

（2）在"备份或还原"页面中确保已选择"备份文件和设置"单选按钮,然后单击"下一步"按钮。在"要备份的内容"页面中选中"让我选择要备份的内容"单选按钮,然后单击"下一步"按钮。

（3）在"要备份的项目"页面上单击项目以展开其内容,选择包含应该定期备份的数据的所有设备或文件夹的复选框,然后单击"下一步"按钮,如图 13.41 所示。

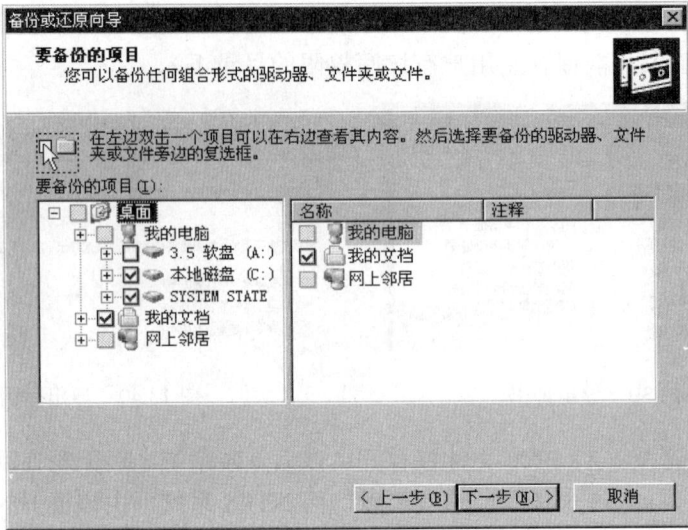

图 13.41　要备份的项目

（4）在"备份类型、目标和名称"页面中的"选择保存备份的位置"下拉列表中选择或单击"浏览"按钮以选择保存备份的位置。在"键入这个备份的名称"文本框中为该备份输入一个描述性名称，然后单击"下一步"按钮，如图 13.42 所示。

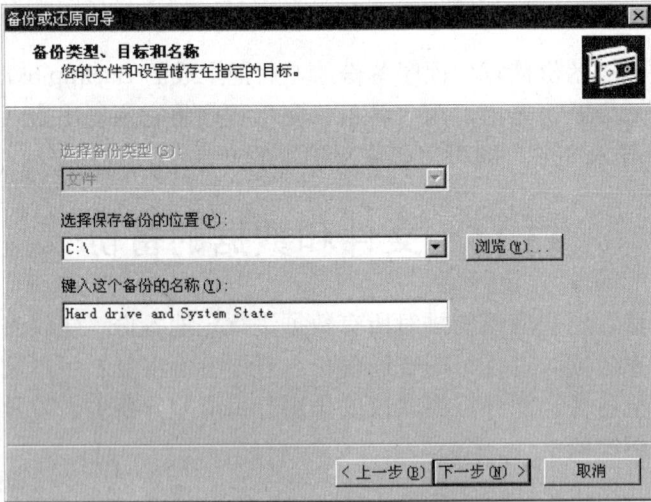

图 13.42　备份类型、目标和名称

（5）在"正在完成备份或还原向导"页面中单击"高级"按钮，在"备份类型"页面中的"选择要备份的类型"下拉列表中选择"正常"选项，然后单击"下一步"按钮，如图 13.43 所示。

（6）在"如何备份"页面中选择"备份后验证数据"复选框，然后单击"下一步"按钮。在"备份选项"页面中确保选择了"将这个备份附加到现有备份"单选按钮，然后单击"下一步"按钮，如图 13.44 所示。

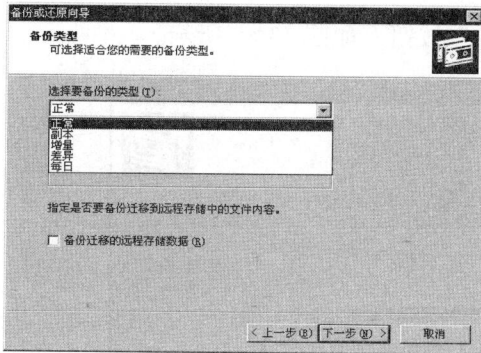

图 13.43　备份类型

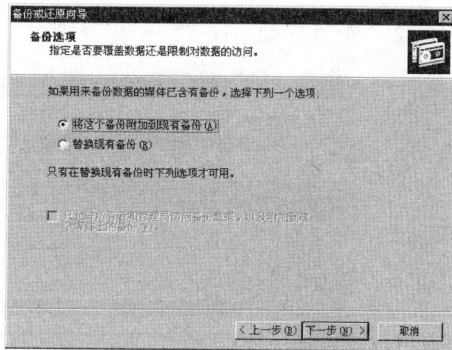

图 13.44　备份选项

（7）在"备份时间"页面中的"什么时候执行备份？"下选择"以后"单选按钮，在"计划项"选项区域中的"作业名"文本框中输入描述性名称，然后单击"设定备份计划"按钮，如图 13.45 所示。

（8）在"计划作业"对话框中的"计划任务"下拉列表中选择"每周"选项，在"开始时间"微调框中使用向上和向下箭头键选择开始备份的适当时间。单击"高级"按钮以指定计划任务的开始日期和结束日期，或指定计划任务是否按照特定时间间隔重复运行。在"每周计划任务"选项区域中，根据需要选择一天或几天以创建备份，然后单击"确定"按钮，如图 13.46 所示。

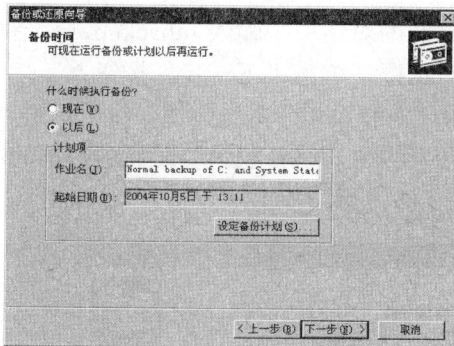

图 13.45　备份时间

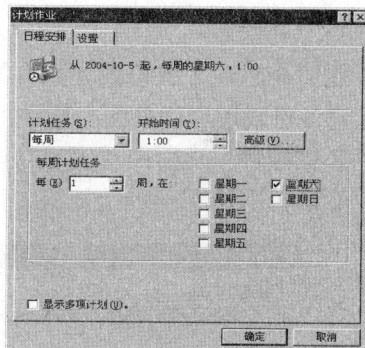

图 13.46　计划作业

（9）在"设置账户信息"对话框中的"运行方式"文本框中输入域、工作组和已授权执行备份和还原操作的账户的用户名，使用 DOMAIN \ username 或 WORKGROUP \ username 格式。在"密码"文本框中输入用户账户的密码。在"确认密码"文本框中再次输入密码，然后单击"确定"按钮，如图 13.47 所示。在"完成备份或还原向导"页面中确认设置，然后单击"完成"按钮。

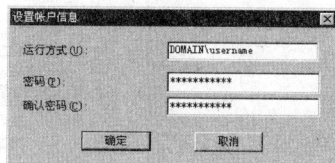

图 13.47　设置账户信息

## 13.11.2　安排进行每周差异备份

操作步骤与普通备份基本相同，只是在"备份类型"页面的"选择要备份的类型"列

313

表框中选择"差异"选项，然后单击"下一步"按钮，如图 13.48 所示。

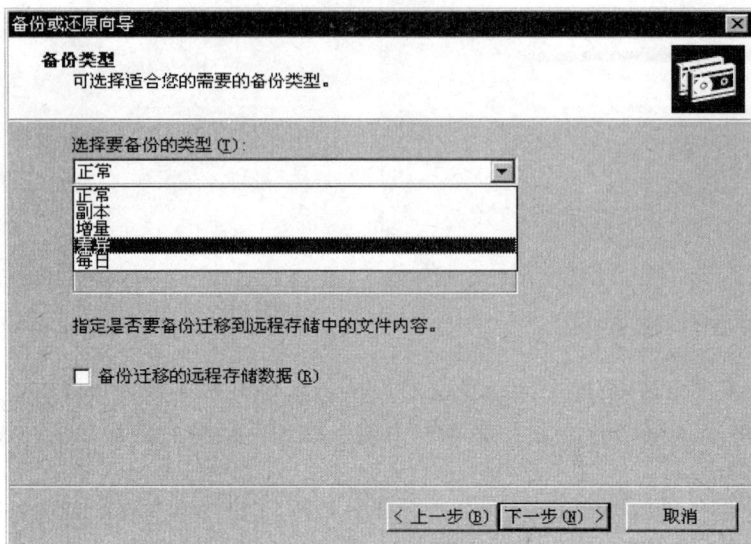

图 13.48　差异备份

### 13.11.3　从备份恢复数据

（1）选择"开始"→"运行"命令，在打开的对话框中输入 ntbackup，然后单击"确定"按钮，此时会出现"备份或还原向导"对话框，单击"下一步"按钮。

（2）在"备份或还原"页面中选中"还原文件和设置"单选按钮，然后单击"下一步"按钮。在"还原项目"页面中单击项目以展开其内容，选择包含要还原的数据的所有设备或文件夹，然后单击"下一步"按钮，如图 13.49 所示。

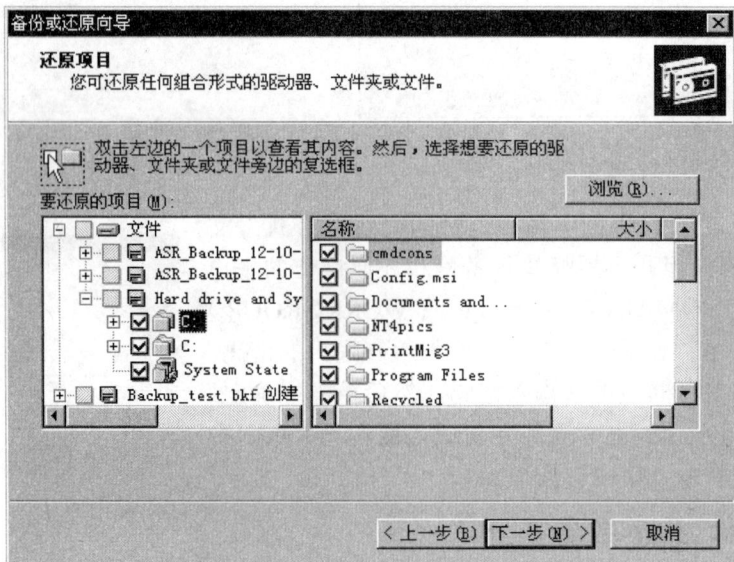

图 13.49　还原项目

（3）在"正在完成备份或还原向导"页面中，如果要更改任何高级还原选项，例如还原安全设置和交接点数据，则单击"高级"按钮。完成设置高级还原选项后，单击"确定"按钮，验证是否所有设置都正确，然后单击"完成"按钮。

# 实验思考题

1. 计算机中常用服务都使用了哪些端口？
2. 如何建立一个相对比较安全的共享？
3. 如何根据网络环境不同快速调整安全策略？
4. 加密证书如何保存才会安全？
5. 计算机中哪些数据需要定期备份？

# 第 14 章 实验 4 PGP 软件的安装与使用

## 14.1 实验目的及要求

### 14.1.1 实验目的

通过实验操作掌握 PGP 软件的安装与基本功能使用，对于加密软件的原理具有一定的了解。能够实现常用的加密功能。

### 14.1.2 实验要求

根据教材中介绍的 PGP 软件的功能和步骤来完成实验，在掌握基本功能的基础上，实现日常加密应用，给出实验操作报告。

### 14.1.3 实验设备及软件

两台安装 Windows 2000/XP 操作系统的计算机，磁盘格式配置为 NTFS，局域网环境、FTP 服务器、PGP 8.1 中文版软件。

## 14.2 PGP 简介与基本功能

PGP（Pretty Good Privacy）是一种在信息安全传输领域首选的加密软件，其技术特性是采用了非对称的"公钥"和"私钥"加密体系。由于美国对信息加密产品有严格的法律约束，特别是对向美国、加拿大之外国家散播该类信息，以及出售、发布该类软件约束更为严格，因此限制了 PGP 的发展和普及。现在该软件的主要使用对象为情报机构、政府机构、信息安全工作者（如较有水平的安全专家和有一定资历的黑客）。PGP 最初的设计主要是用于邮件加密，如今已经发展到了可以加密整个硬盘、分区、文件、文件夹，集成进邮件软件进行邮件加密，甚至可以对 ICQ 的聊天信息实时加密。用户双方只要安装了 PGP，就可利用其 ICQ 加密组件在用户双方聊天的同时加密或解密，和正常使用没有什么差别，最大程度地保证了网络两端用户的聊天信息不被窃取或监视。

### 14.2.1 安装

和其他软件一样，运行安装程序后，经过短暂的自解压准备安装的过程后进入安装界面。先是欢迎信息，单击 Next 按钮，然后是许可协议，这是必须无条件接受的。单击 Yes 按钮，进入提示安装 PGP 所需要的系统，以及软件配置情况的界面，建议阅读一下，继续单击 Next 按钮，出现创建用户类型的界面，如图 14.1 所示。

选择"No, I'm a New User"单选按钮，这是告诉安装程序是新用户，需要创建并设置一个新的用户信息。继续单击 Next 按钮，进入程序的安装目录窗口（安装程序会自动检测系统，并生成以系统名为目录名的安装文件夹），建议将 PGP 安装在安装程序默认的目录，也就是系统盘内，程序很小，不会对系统盘有什么大的影响。再次单击 Next 按钮，出现选择 PGP 组件的窗口，安装程序会检测系统内所安装的程序，如果存在 PGP 可以支持的程序，它将自动选中该支持组件，如图 14.2 所示。

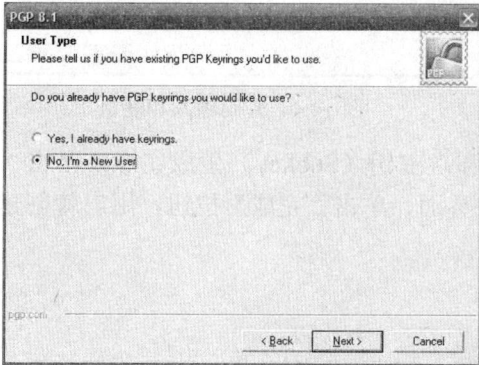

图 14.1　创建用户类型　　　　　　　　　　图 14.2　选择组件

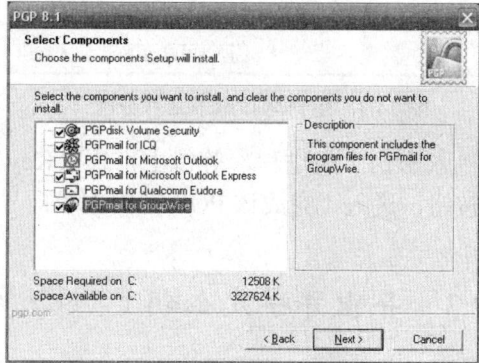

第一个是磁盘加密组件，第二个是 ICQ 实时加密组件，第三个是微软公司的 Outlook 邮件加密组件，第四个是 Outlook Express 加密组件，第五个 Qualcomm Eudora 是一套功能全面的 E-mail 客户端软件，第六个组件 GroupWise 是 Novell 公司的邮件服务器。后面的安装过程就只需一直单击 Next 按钮，最后再根据提示重新启动系统即可完成安装。

## 14.2.2　创建和设置初始用户

重启后，进入系统时会自动启动 PGPtray.exe，这个程序是用来控制和调用 PGP 的全部组件的，如果没有必要每次启动的时候都加载它，可以这样取消它的启动：选择"开始"→"所有程序"→"启动"命令，在这里删除 PGPtray 的快捷方式即可。接下来进入新用户创建与设置。启动 PGPtray 后，会出现一个"PGP 密钥生成向导"对话框，单击"下一步"按钮，进入"分配姓名和电子信箱"界面，在"全名"文本框输入想要创建的用户名，在"E-mail 地址"文本框中输入用户所对应的电子邮件地址，完成后单击"下一步"按钮，如图 14.3 所示。

接下来进入"分配密码"界面，在"密码"文本框中输入需要的密码，在"确认"文本框中再输入一次，长度必须大于 8 位，建议为 12 位以上。如果出现"Warning：Caps Lock is activated！"的提示信息，说明开启了 Caps Lock 键（大小写锁定键），按一下该键关闭大小写锁定后再输入密码，因为密码是要区分大小写的。最好别取消对"隐藏键入"复选框的勾选，这样就算有人在后面看着你输入，也不会那么容易就让他知道你的输入到底是什么，更大程度地保护密码安全。完成后单击"下一步"按钮，如图 14.4 所示。

实验 4　PGP 软件的安装与使用

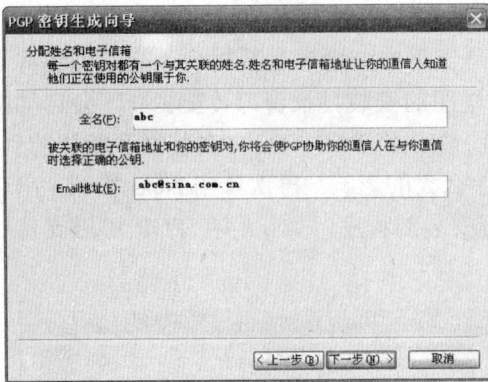

图 14.3  用户名和电子邮件分配          图 14.4  密码输入和确认

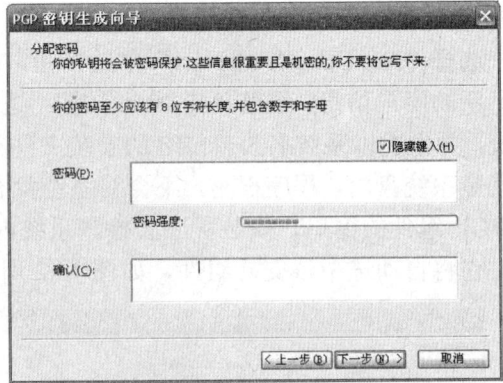

进入密钥生成进程，等待主密钥（Key）和次密钥（Subkey）生成完毕。单击"下一步"按钮，进入"完成该 PGP 密钥生成向导"界面，单击"完成"按钮，用户就创建并设置好了。

## 14.2.3  导出并分发公钥

启动 PGPkeys，在这里将看到密钥的一些基本信息，如有效性（PGP 系统检查是否符合要求，如符合则显示为绿色）、信任度、大小、描述、密钥 ID、创建时间、到期时间等（如果没有那么多信息，使用菜单组里的"查看"并选中里面的全部选项），如图 14.5 所示。

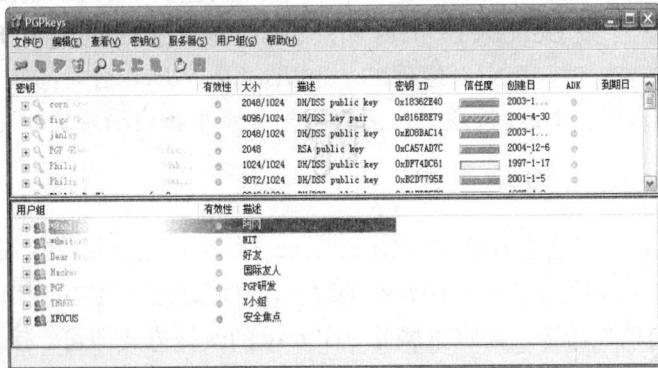

图 14.5  密钥基本信息

需要注意的是，这里的用户其实是以一个"密钥对"形式存在的，也就是说其中包含了一个公钥和一个私钥。现在要做的就是从这个"密钥对"内导出包含的公钥。选中并右击刚才创建的用户，从弹出的快捷菜单中选择"导出"命令，在出现的保存对话框中确认只选中了"包含 6.0 公钥"，然后选择一个目录，再单击"保存"按钮，即可导出刚才创建用户的公钥，扩展名为.asc。导出后就可以将此公钥放在指定的网站上，或者发给需要的用户，告诉对方以后发邮件或者重要文件的时候，通过 PGP 使用此公钥加密后再发送过去，这样做一是能防止邮件被人窃取后阅读而泄露个人隐私或者商业机密；二是能排查病毒邮件，一旦看到没有用 PGP 加密过的文件，或者是无法用私钥解密的文件或邮件，就能更有针对性地执行删除或者杀毒操作。虽然比以前的文件发送方式和邮件阅读方式麻烦一点，但却能更安全地保护隐私或公司的秘密。

## 14.2.4 导入并设置其他人的公钥

导入公钥：直接单击（根据系统设置不同，单击或者双击）对方发给你的扩展名为.asc的公钥，将会出现选择公钥的窗口，在这里能看到该公钥的基本属性，如有效性、创建时间、信任度等，便于了解是否应该导入此公钥。选好后单击"导入"按钮即可导入进PGP，如图14.6所示。

图 14.6　导入公钥

设置公钥属性：打开PGPkeys就能在密钥列表里看到刚才导入的密钥，如图14.7所示。

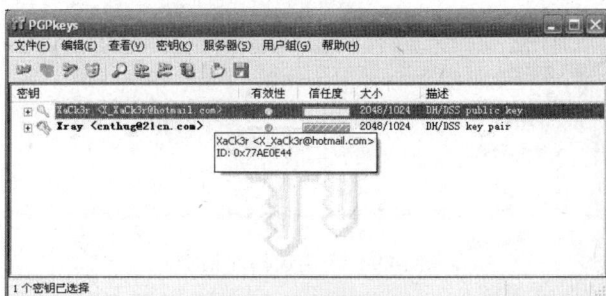

图 14.7　公钥属性

选中它，单击右键，从弹出的快捷菜单中选择"密钥属性"命令，这里能查看到该密钥的全部信息，如是否是有效的密钥、是否可信任等，如图14.8所示。

在这里，如果直接拉动"不信任的"的滑块到"信任的"将会出现错误信息。正确的做法应该是关闭此对话框，然后在该密钥上单击右键，从弹出的快捷菜单中选择"签名"命令，在出现的"PGP密钥签名"对话框中单击"确定"按钮，会出现要求为该公钥输入密码的对话框，这时输入设置用户时的那个密码，然后继续单击"确定"按钮即完成签名操作。查看密码列表里该公钥的属性，应该在"有效性"栏显示为绿色，表示该密钥有效。然后再单击右键，从弹出的快捷菜单中选择"密钥属性"命令，将"不信任的"处的滑块拉到"信任的"，再单击"关闭"按钮即可。这时再看密钥列表里的那个公钥，"信任度"处就

图 14.8　密钥的全部信息

不再是灰色了，说明这个公钥被 PGP 加密系统正式接受，可以投入使用了。关闭 PGPkeys 窗口时可能会出现要求备份的窗口，建议单击"现在备份"按钮选择一个路径保存，如"我的文档"（此备份的作用是防止下次使用的时候意外删除了重要用户，可以用此备份恢复）。

## 14.2.5　使用公钥加密文件

不用开启 PGPkeys，直接在需要加密的文件上单击右键，会看到一个叫 PGP 的菜单组，进入该菜单组，选择"加密"命令，将出现"PGP 外壳-密钥选择对话框"对话框，如图 14.9 所示。

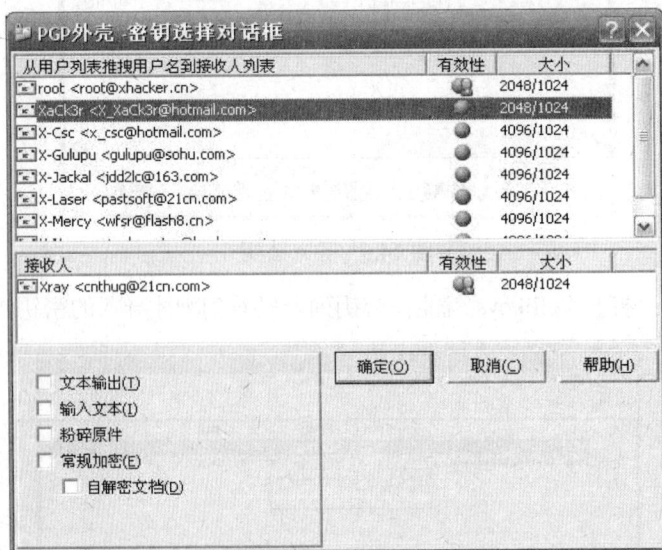

图 14.9　密钥选择对话框

在这里可以选择一个或者多个公钥，上面的窗口是备选的公钥，下面窗口是准备使用的公钥，双击备选窗口中的某个公钥即对其进行了加密操作，该公钥就会从备选窗口转到准备使用的窗口，已经在准备使用窗内的，如果不想使用它，也通过双击的方法使其转到备选窗口。选择好后单击"确定"按钮，经过 PGP 的短暂处理，会在想要加密的那个文件的同一目录中生成一个格式为"加密的文件名.pgp"的文件，这个文件就可以用来发送了。注意，刚才使用那个公钥加密的文件，只能发给该公钥的所有人，别人无法解密。只有该公钥所有人才有解密的私钥。如果要加密文本文件，如 txt 文件，并且想要将加密后的内容作为论坛的帖子发布，或者要作邮件内容发布，那么就在刚才选择公钥的窗口中选中"文本输出"复选框，这样创建的加密文件将是这样的格式："加密的文件名.asc"，用文本编辑器打开的时候看到的就不是没有规律的乱码了（不选择此复选框，输出的加密文件将是乱码），而是很有序的格式，便于复制。将"测试一下"这几个字加密后，显示结果如图 14.10 所示。

PGP 还支持创建自解密文档，只需要在刚才选择公钥的对话框中选中"自解密文档"复选框，再单击"确定"按钮，输入一个密码，单击"确定"按钮，再确认一次，出现保存对话框，选择一个位置保存即可。这时创建的就是 "加密的文件名.sda.exe" 这样的文件，这个功能支持文件夹加密，类似 WinZip 及 WinRAR 的压缩打包功能。值得一提的是，PGP 给文件进行超强的加密之后，还能对其进行压缩，压缩率比 WinRAR 小不了多少，非常利于网络传输。

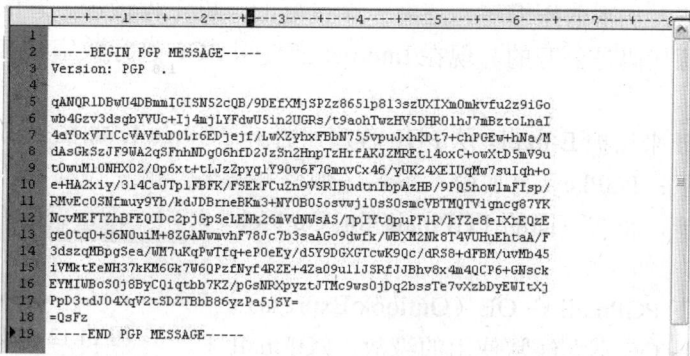

图 14.10　加密后的密文

### 14.2.6　文件、邮件解密

使用 PGPtray 解密：文本形式的 PGP 加密文件可以使用 PGPtray 的两种方式解密。先用文本编辑器打开，会看到类似图 14.10 里的字符，在右下脚找到 PGPtray 图标（锁的形状）右击，从弹出的快捷菜单中选择 "当前窗口" → "解密&校验" 命令，如图 14.11 所示。

根据提示输入密码，单击 OK 按钮，就会弹出文本查看器，显示出加密文本的明文内容，成功完成解密。还可通过复制加密文本的内容，然后在 PGPtray 图标上单击右键，从弹出的快捷菜单中选择 "剪贴板" → "解密和校验" 命令，也可以完成解密。

使用 PGPshell 解密：文本类型的加密文件可将内容复制后保存为一个独立的文件，例如 "解密.txt"，然后在文件上单击右键，从弹出的快捷菜单中选择 PGP→ "加密" 命令，在弹出的对话框中输入密码，弹出保存解密后文件的对话框，选择一个路径保存即可。其他类型的加密文件，重复上面 PGP→ "加密" 操作即可完成解密。

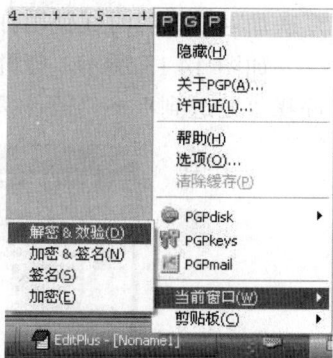

图 14.11　解密和校验

## 14.3　PGPmail 的使用

### 14.3.1　PGPmail 简介

PGPmail 是用来加密保护邮件信息和文件中的隐私，唯有接收者通过他们的私钥才能读取。还可以对信息和文件进行数字签名，保证其可靠性。签名可证实信息没有被任何方式的篡改。

PGP 是由公钥发展而来的，是一个基于 RSA 公钥加密体系的邮件加密软件，它可以用来对邮件加密以防止非授权者阅读，还能对邮件加上数字签名而使收信人可以确信邮件是谁发来的。它让使用者可以安全地和从未见过的人通信，事先并不需要任何保密的渠道用来传递密钥。它采用了审慎的密钥管理，一种 RSA 和传统加密的杂合算法，用于数字签名的邮件文摘算法，加密前压缩等，还有一个良好的人机工程设计。它的功能强大，速度很快，并且它的源代码是公开的。现在 Internet 上使用 PGP 进行数字签名和加密邮件非常流行。

使用 PGPmail 来保护 E-mail。从 PGP 程序组打开 PGPmail，如图 14.12 所示。PGPmail 中各功能依次如下：PGPkeys、加密、签名、加密并签名、解密校验、擦除、自由空间擦除。关于上述功能，将在下面的 PGPmail for Outlook 组件中进行实验。

图 14.12　PGPmail 界面

下面简述一下 PGPmail 在 OE（Outlook Express）中的使用。或许是 OE 不太经常使用的缘故，PGPmail 对 OE 附加的功能不是太完美，例如不支持在 OE 邮件中加密 HTML，当然可以作为附件的形式加密。

## 14.3.2　分发 PGP 公钥并发送 PGP 加密邮件

在使用 PGP 加密通信之前，首先要把自己的公钥分发给需要的人，这样，在他们给你发送加密邮件的时候使用你的公钥进行加密，然后才能用你的私钥进行解密读取。

如图 14.13 所示，打开 PGPkeys，在创建的密钥对上单击右键，从弹出的快捷菜单中选择"发送到"→"邮件接收人"命令，寄给对方 PGP 公钥。

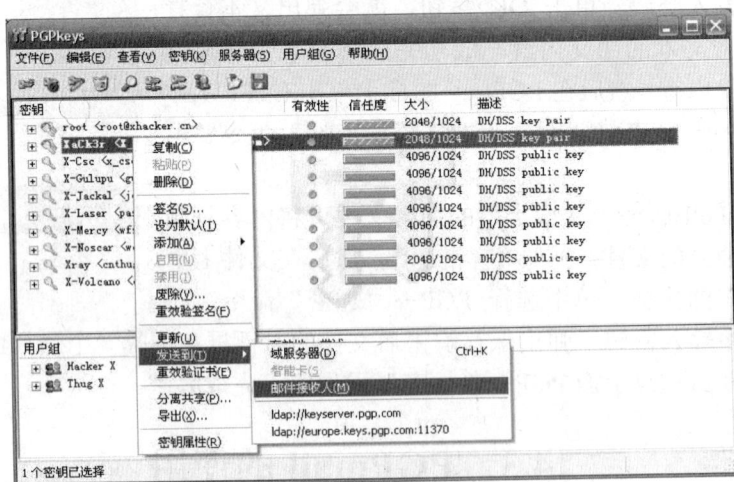

图 14.13　选择密钥并发送加密邮件

如果系统默认是采用 Outlook 来收发邮件的话，将会开启 Outlook 并附加了你的公钥，如图 14.14 所示。

填入对方的邮件地址，对方在收到此公钥后就能和你进行 PGP 加密通信了。同样，在你收到对方 PGP 公钥的时候，把附件（PGP Public key）.asc 导入到你的 PGPkey 里面。

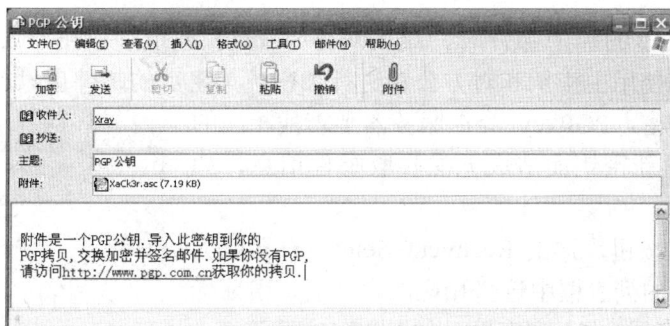

图 14.14 开启 Outlook 并附加公钥

在 OE 中，如果安装了 PGPmail for OutLook Express 的插件，就可以看到 PGPmail 加载到了 OE 的工具栏里（带有钥匙的按钮），如图 14.15 所示。

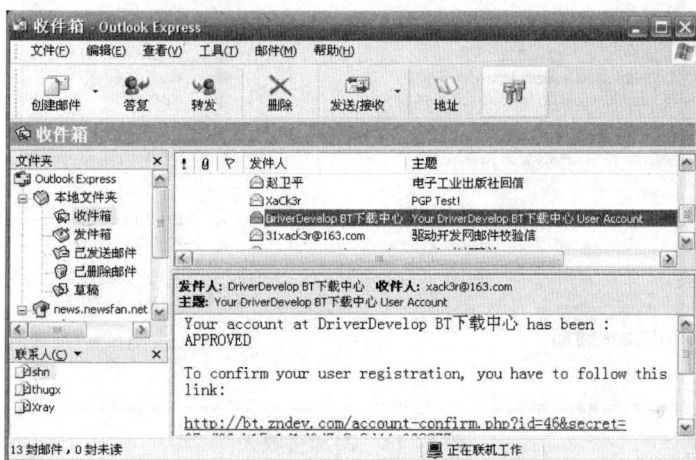

图 14.15 Outlook 收件箱

OE 创建新邮件时，检查工具栏中"加密信息（PGP）"和"签名信息（PGP）"按钮状态是否已经按下，如图 14.16 所示。

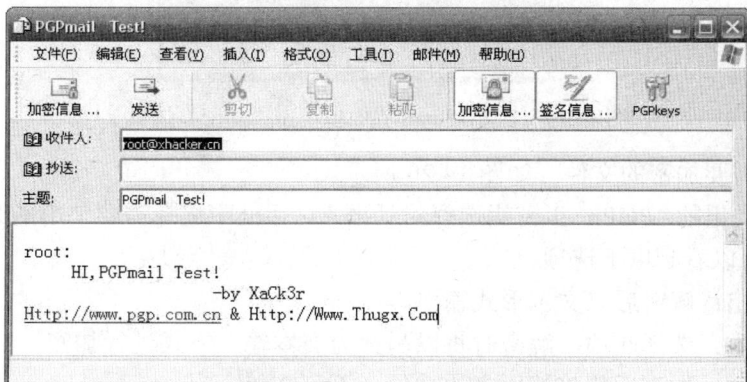

图 14.16 检查加密信息和签名信息

当书写完纯文本的加密邮件时，填入对方 E-mail 地址。单击"发送"按钮，这时 PGPmail 将会对其使用主密钥和对方公钥进行加密，加密后的邮件也只能由通信双方使用自己的私钥进行解密。PGPkey 会在服务器上查找相应的公钥，避免对方更新密钥而造成无法收取邮件信息，如图 14.17 所示。

图 14.17　连接服务器

单击"取消"按钮，弹出 Recipient Selection 接收人选择窗口，从上方的列表框中选择相应的接收者，用鼠标双击后添加到下面的接收人列表里，如图 14.18 所示。

图 14.18　添加接收人

设置好之后，单击"确定"按钮就可以发送通过 PGP 加密的邮件。

可能很多时候会以附件形式寄出邮件，这时打开 PGPmail，在 PGPmail 窗口中单击"加密"按钮，如图 14.19 所示。

图 14.19　在 PGPmail 界面中单击"加密"按钮

然后选择需要加密的文件，如图 14.20 所示。

确定后在弹出的"PGPmail-密钥选择对话框"对话框中选择需要使用的公钥进行加密。在图 14.21 中可以看到以下选项。

- 文本输出：解密后以文本形式输出。
- 输入文本：选择此项，解密时将以另存为文本输入方式进行加密。
- 粉碎原件：加密后粉碎掉原来的文件，不可恢复。
- 安全查看器：只有用户的眼睛才能查看。其实是使用了 TEMPEST 防攻击字体进行模糊化，是为了防止监视设备监视用户的显示器，应用到很多军方、政府领域。

- 常规加密：输入密码后进行常规加密，有点局限性。
- 自解密文档：继承于"常规加密"，此方式也经常使用，通常加密目录下的所有文件。

图 14.20  选择加密文件

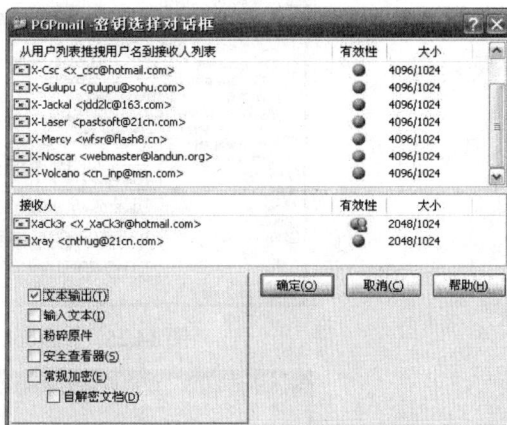

图 14.21  密钥选择对话框

这里以"文本输出"为例，选中后拖曳（或双击）对方的公钥到接收人列表里，单击"确定"按钮后，文件将以此公钥进行加密，对方使用密钥才能进行解密。加密后的文件*.asc如图 14.22 所示。

图 14.22  加密前后的文件图标

在邮件中加入此附件寄出就可以了。

如果选择"安全查看器"，将会弹出一个警告窗口，以此来确认使用"安全查看器"，如图 14.23 所示。

否则的话取消即可，解密时输入密码，显示如图 14.24 所示。

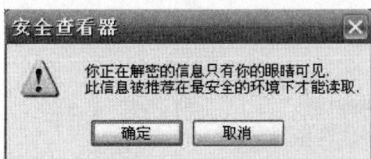

图 14.23  安全查看器警告窗口

图 14.24  安全查看器内容

### 14.3.3  收取 PGP 加密邮件

连接服务器并使用 Outlook 收取 PGP 加密邮件，打开时如图 14.25 所示。

看到的是乱码（PGP 加密后的信息），这时在任务栏右键单击 PGP 图标，在弹出的快捷菜单中选择"当前窗口"→"解密&校验"命令，如图 14.26 所示。

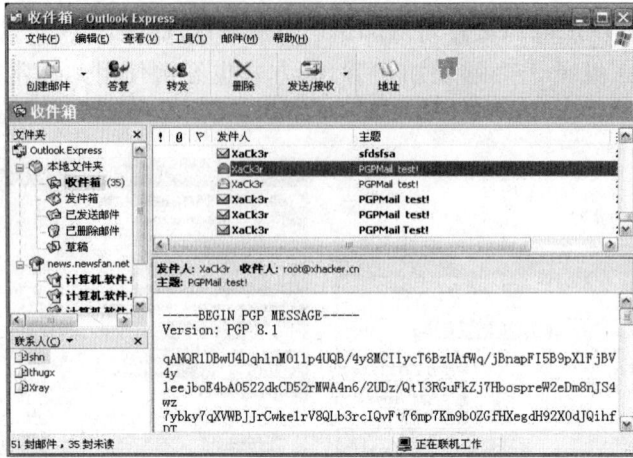

图 14.25　Outlook 收取 PGP 加密邮件

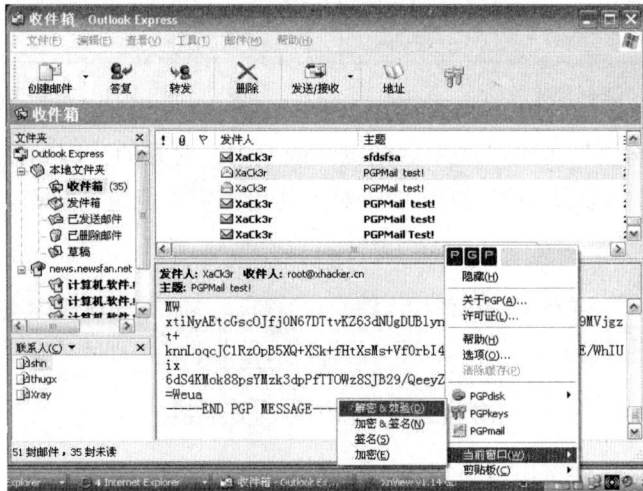

图 14.26　解密&校验

在弹出图 14.27 所示窗口中输入设定的密码。

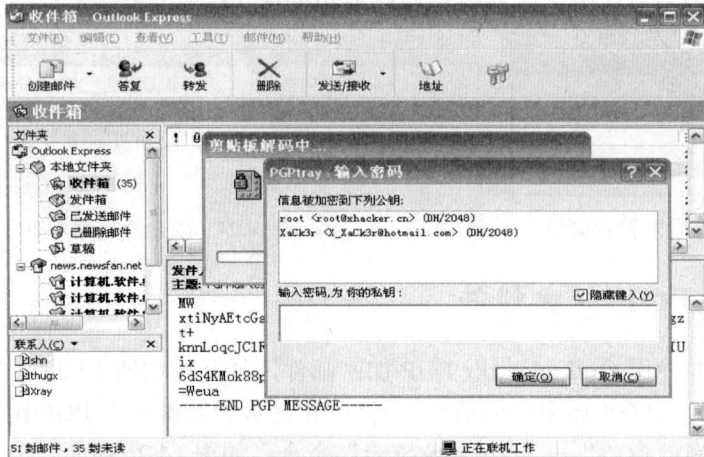

图 14.27　输入密码

成功后将会解密邮件信息，并弹出文本查看器窗口，这个时候已经看到解密后的信息了，如图 14.28 所示。

如果含有加密附件时，下载回来在本地打开，在图 14.29 所示对话框中输入相应的密码，即可对文件进行解密并保存。

图 14.28　文本查看器窗口

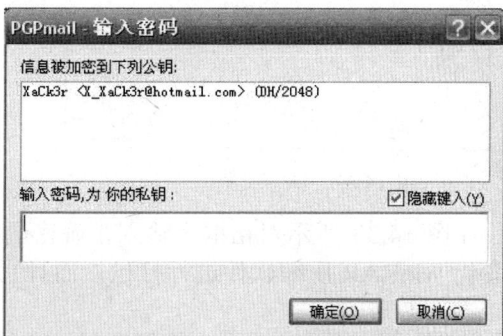

图 14.29　对文件进行解密并保存

有的时候一些重要的数据，用户不希望留在系统里面，简单的删除不能达到所希望的效果，为了防止被非授权的用户通过恢复来查看数据，可以采用 **PGPmail** 来安全擦除数据，进行多次反复写入，这样就可以达到无法恢复的效果，并且还可以对整个磁盘分区进行覆写。

## 14.3.4　创建自解密文档

这个功能经常被用到，在很多情况下用户收到了加密数据，但计算机中没有安装 PGP 软件，这个功能就起到了作用，创建自解密后的文件可以脱离 PGP 环境运行。在 PGP 环境下，在所需要加密的文件上单击右键，从弹出的快捷菜单中选择 PGP→"创建 SDA"命令，如图 14.30 所示。

然后在弹出的对话框中输入密码，如图 14.31 所示。

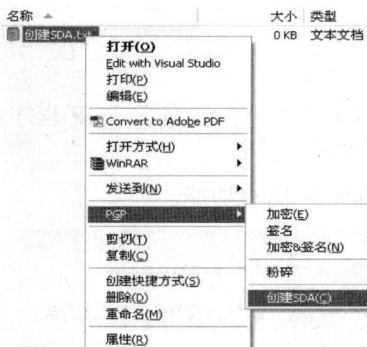

图 14.30　创建 SDA

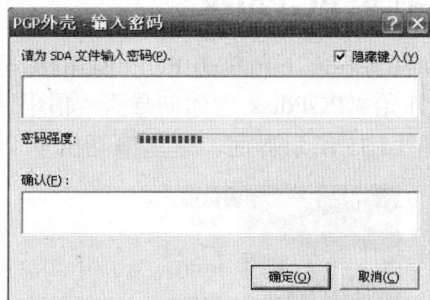

图 14.31　输入密码

确定后弹出选择保存文件的对话框，如图 14.32 所示。

单击"保存"按钮，所在目录下就会生成一个.exe 后缀的文件，如"创建 SDA.txt.sda.exe"，双击打开，如图 14.33 所示。

327

第 14 章

图 14.32　保存文件

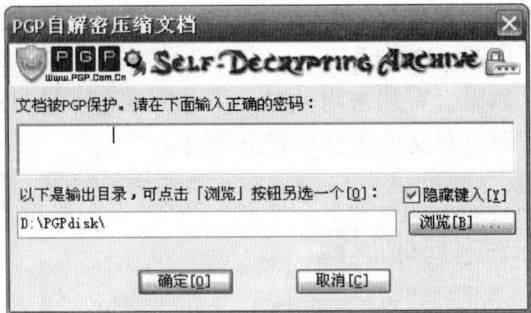

图 14.33　创建自解压文件

在图 14.33 所示对话框中输入正确密码就可以进行解密了。以后可以采用此加密方式来取代 WinRAR 压缩软件进行打包，而且它的压缩率也很高。

# 14.4　PGPdisk 的使用

## 14.4.1　PGPdisk 简介

PGPdisk 是一个使用方便的组件，能够划分出一部分磁盘空间来存储敏感数据。这个专用的空间用于创建一个叫做 PGPdisk 的卷。虽然它是一个单独的文件，一个 PGPdisk 卷却非常像一个硬盘分区来提供存储文件和应用程序。可以认为它是一个软盘或者一个外置的硬盘。以下把使用 PGPdisk 卷称为装配。

当一个 PGPdisk 卷被装配上去的时候，可以用它作为其他不同的盘。可以安装程序在此卷下或者移动、保存文件到卷里。当卷被反装配时，如果不知道密码，将无法访问它，它能使整个卷受到保护。它存储着加密的格式，除非一个文件或者程序正在使用。如果计算机遇到崩溃的情况，此卷的内容依然是加密着的。

很多时候，如果硬盘里存储着一些敏感的数据，而且不经常使用，那就可以创建一个 PGPdisk 卷来加密这些硬盘数据，需要时再装配它。

## 14.4.2　创建 PGPdisk

首先在任务栏右下角单击 PGPdisk 的图标，或者在“开始”菜单 PGP 程序组里面打开 PGPdisk，开始“PGPdisk 创建向导”，如图 14.34 所示。

出现图 14.35 所示界面，这里概括出了 PGPdisk 的基本功能。

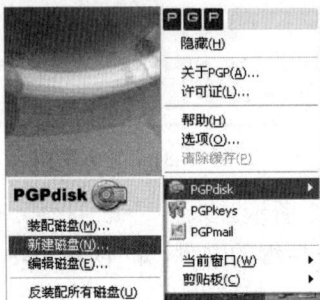

图 14.34　开始创建向导

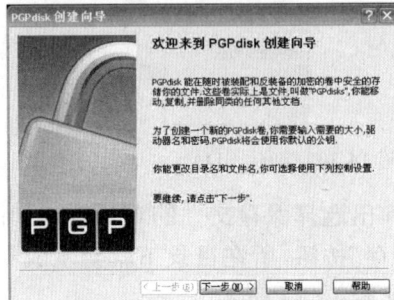

图 14.35　PGPdisk 介绍

单击"下一步"按钮，如图 14.36 所示，指定要存储这个*.pgd 文件的位置和容量大小。这个.pgd 文件将在以后被装配为一个卷，也可以理解为一个分区，需要时可以随时装配使用。

这里单击"高级选项"按钮进行配置，如图 14.37 所示。

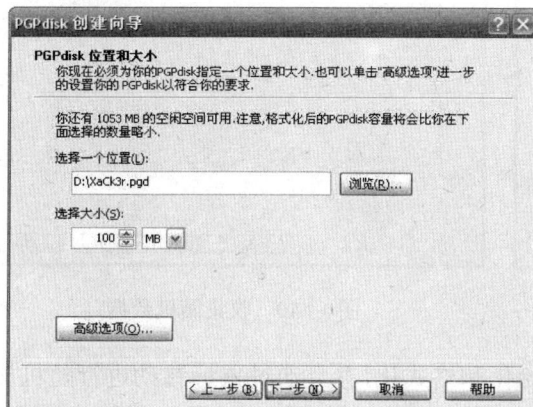

图 14.36　指定.pgd 文件的位置和容量　　　图 14.37　高级选项

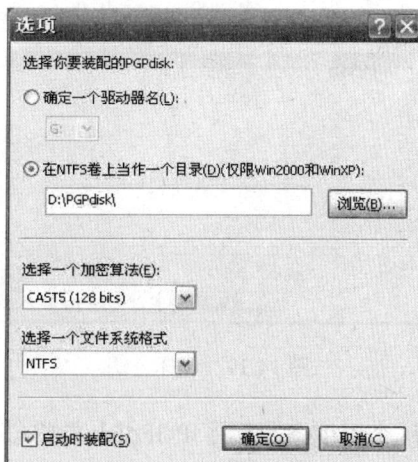

可以让它以一个分区形式存在，或者在 NTFS 分区上作为一个目录，这里作为一个目录。然后就是选择算法，有三种密码算法可供选择：AES（256 位）、CAST5（128 位）、Twofish（256 位）。接下来选择文件系统格式，可作为 FAT 或者 NTFS 装配使用。可以根据需要选择"启动时装配"复选框。单击"确定"按钮后返回到上一个界面，单击"下一步"按钮，确定保护方法，如图 14.38 所示。

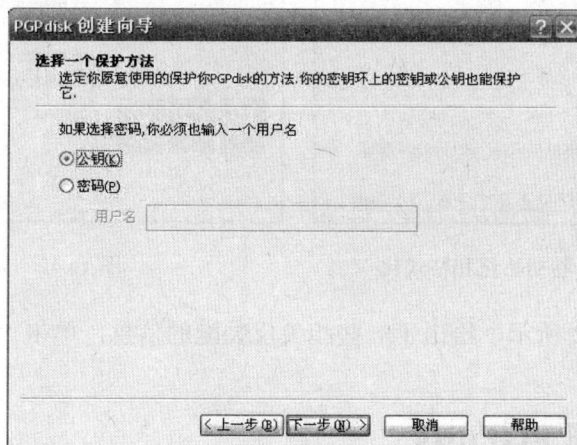

图 14.38　选择保护方式

在这里可以使用已经全面建好的密钥对，推荐就用自己的公钥进行加密保护，这里使用已建立的公钥对其进行加密保护。选择"公钥"单选按钮，单击"下一步"按钮，如图 14.39 所示。

如果已经建立过自己的密钥，列表中将会出现所建立的密钥信息，选中双击或者单击"下一步"按钮，如图 14.40 所示。

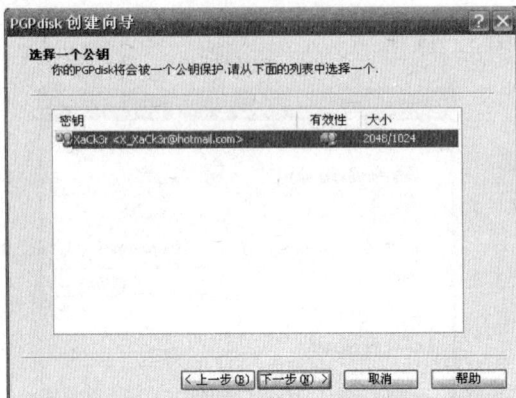

图 14.39　选择公钥　　　　　　　图 14.40　收集随机数据

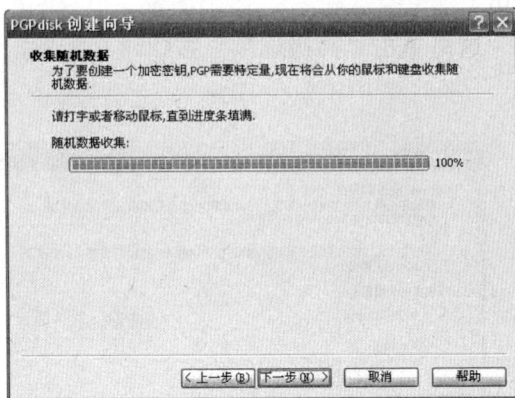

这个进度条显示了 PGPdisk 卷将被初始化和格式化，并且通过鼠标移动进行随机加密。单击"下一步"按钮，PGPdisk 为所指定的卷进行加密和格式化操作，这里可能需要花点时间，根据创建卷的大小而定，如图 14.41 所示。

至此基本上已经完成了 PGPdisk 的创建，单击"下一步"按钮，如图 14.42 所示。

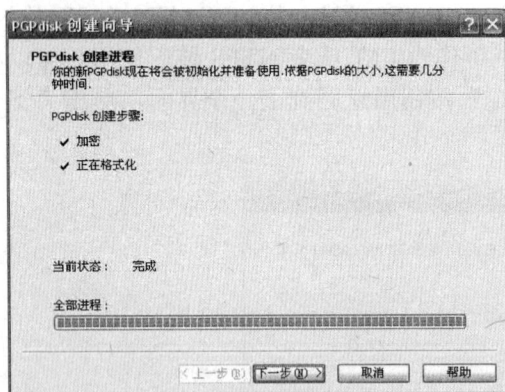

图 14.41　PGPdisk 卷初始化和格式化　　　　图 14.42　完成安装

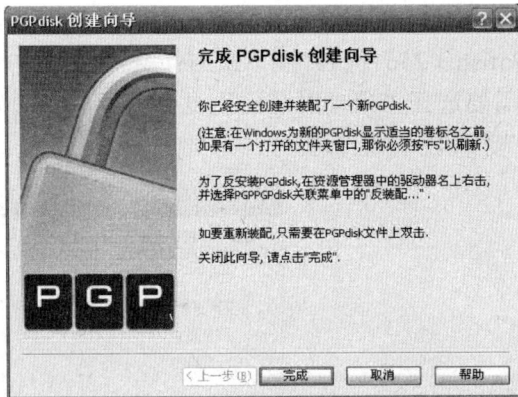

成功后如图 14.42 所示，给出了一些相关反装配的信息，单击"完成"按钮。下面进行装配使用。

## 14.4.3　装配使用 PGPdisk

前面已经创建了 PGPdisk 卷，双击"我的电脑"图标，可以在 D 盘中看到已经装配了一个新的文件夹（PGPdisk），以后机密数据都可以存储在该文件夹下。不使用的时候选择反装配，可以在卷上单击右键选择"反装配"，或者从 PGP 程序组里的 PGPdisk 中选择"反装配所有磁盘"，如图 14.43 所示。

PGPdisk 对用户组提供了强有力的支持，如果一些硬盘分区或者移动存储设备需要提供给别人使用而又不希望任何人轻易使用，这就可以针对个别用户进行权限分配。下面来使用 PGPdisk 的强大功能。

在图 14.43 所示菜单中选择 PGP→"编辑 PGPdisk"命令，或者在创建的*.pgd 文件上单击右键，从弹出的快捷菜单中选择 PGP→"编辑 PGPdisk"命令，还可以从 PGPdisk 中选择"编辑磁盘"，进入图 14.44 所示窗口。注意，在添加用户的时候必须进行反装配。

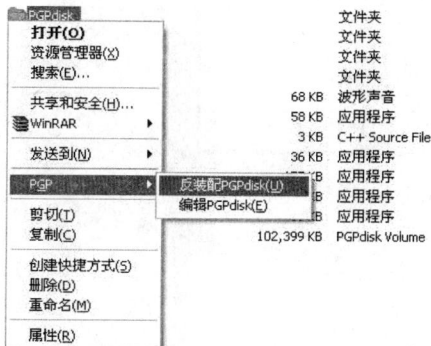

图 14.43　反装配所有磁盘

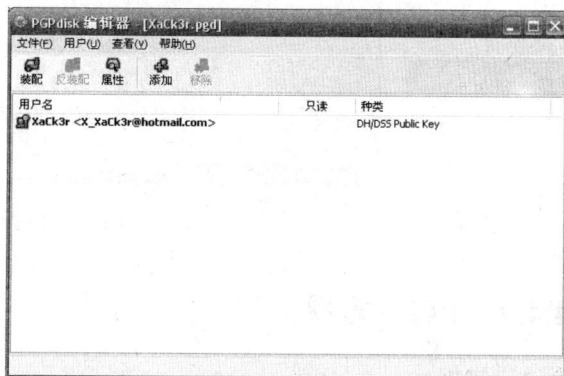

图 14.44　编辑 PGPdisk

在图 14.44 中单击"添加"按钮，这时将会弹出一个密码提示框，输入正确的密码进入"PGPdisk 用户创建向导"界面，如图 14.45 所示。

单击"下一步"按钮，采用对方公钥或者密码进行保护。但不同的是，可以指定用户的读写权限。这里选择公钥来加密保护。继续单击"下一步"按钮，出现所有 PGPkeys，如图 14.46 所示。

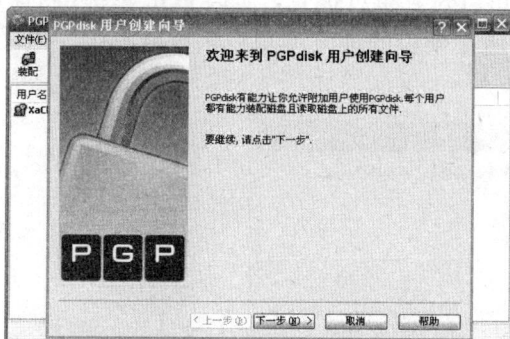

图 14.45　PGPdisk 用户创建向导

图 14.46　选择公钥

选择允许访问的用户，也可以通过 Ctrl 键多选，然后单击"下一步"按钮完成向导。单击"完成"按钮后回到 PGPdisk 管理界面，在这里可以管理用户组，对用户进行"移除"、"禁用"，"固定为只读"等操作，如图 14.47 所示。

还可以设置一个管理员来对其进行管理，前提是在添加一个新用户的时候选择加密保护方式为密码保护。

331

第

14

章

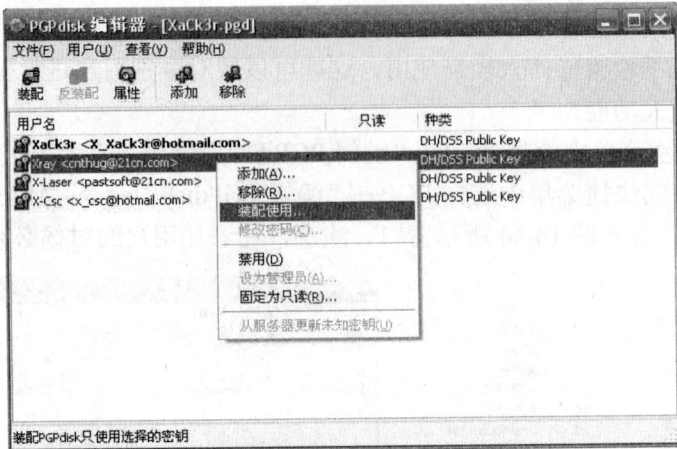

图 14.47　管理用户组

## 14.4.4　PGP 选项

### 1．常规

如图 14.48 所示，"总是用默认密钥加密"选项可根据实际需要选择，如果经常给其他用户传输文件，需要用其他用户的公钥进行加密，建议不要选择此复选框。

选中"更快的生成密钥"复选框可减少创建密钥所花的时间。

在"单一登录"下可根据自己的情况而设定，有的时候需要频繁地使用密钥进行加密、解密、验证、签名等，如果每次都这样重复输入会很麻烦，这个时候就可以使用密码缓存功能，这样短时间内就不需要重复地输入密码了。

"文件粉碎"主要针对的是一些反删除软件，在日常运用中的删除其实是简单意义上的删除，数据还是存在的，一些反删除软件就可以对其进行恢复，所以 PGP 里提供的"文件粉碎"是一个很不错的功能选择，它对文件所在硬盘的地方反复写入数据，让一些反删除软件无能为力。

图 14.48　PGP 选项

## 2．文件

如图 14.49 所示，这里是密钥环的位置，需要注意的是备份好密钥环文件，手动或者自动都可以。PGP 默认在系统盘的 My Document 下建议更改文件夹，以防止系统崩溃未能做到及时备份。这里有一个技巧，很多软件都会往"我的文档"中写入一些数据，如果把"我的文档"定向到其他分区就免去了每次转移的麻烦。

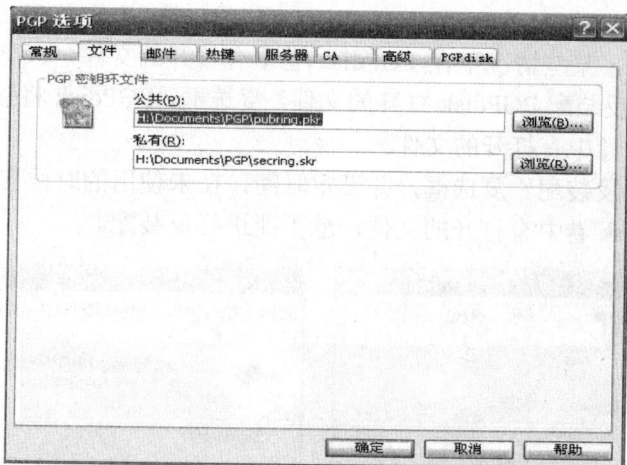

图 14.49　密钥环文件

## 3．邮件

如图 14.50 所示，选中"默认签名新消息"复选框可以在对方装有 PGP 的环境下验证邮件的有效性，确认是否是你发出的，或者在传输过程中被第三方篡改。

选中"打开信息时自动解密／校验"复选框将更快更方便地解密／校验邮件。

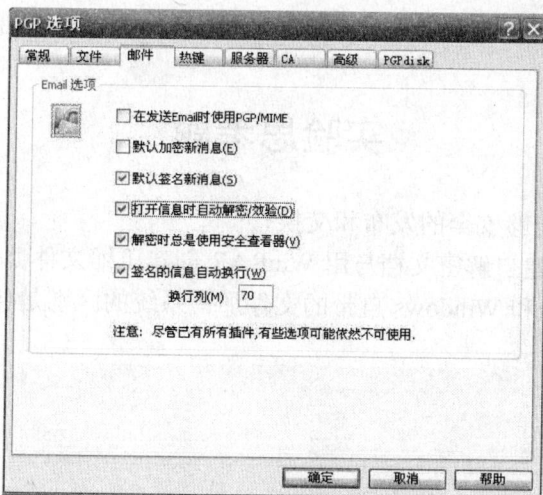

图 14.50　邮件的设置

## 4．高级

如图 14.51 所示的选项很容易理解，支持加密算法，需要注意的是前面提到的备份。

这里，选中"在 PGPkeys 关闭时自动密钥对备份"复选框，可以另外选择一个文件夹来做备份，如图中的 X:\用于有额外的硬盘空间。

另外补充一点，不要选中"软件更新"选项区域中的"自动检查更新"复选框，否则会总是提示升级到 9.0。毕竟现在 PGP 9.0 还非正式版本，会出现不稳定的情况，而 PGP 8.1 可长期免费使用。

### 5. PGPdisk

如图 14.52 所示，某些情况下在 PGPdisk 卷中有打开的文件，PGPdisk 就无法反装配它，选中"允许强制反装配 PGPdisk 打开的文件"复选框，PGPdisk 将强制反装配 PGPdisk 卷，即使在 PGPdisk 卷中有打开的文件。

建议选中"自动反装配"复选框，并设定时间，在未使用的时候自动进行反装配。但在这里，如果 PGPdisk 卷中有打开的文件，就不能进行反装配。

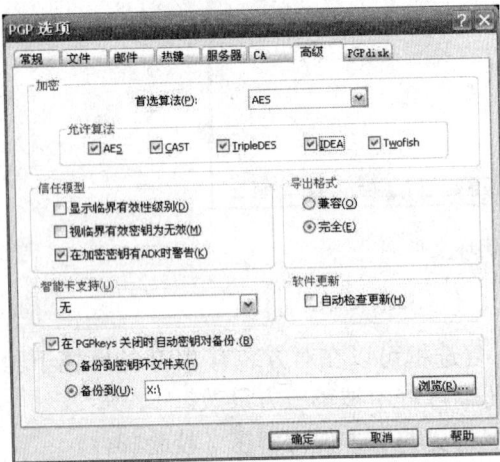

图 14.51　高级选项

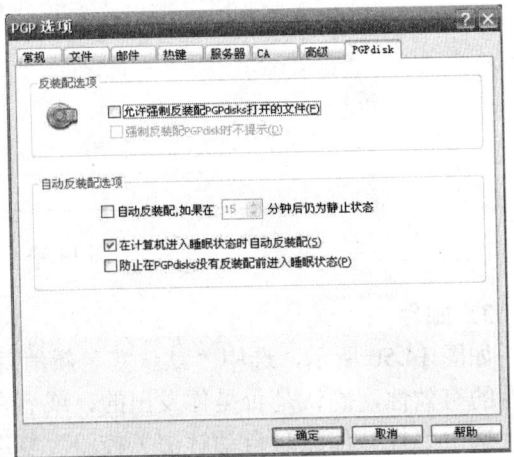

图 14.52　PGPdisk 选项

## 实验思考题

1. 如何保证密钥能够安全的发布和交换？
2. 比较用 PGP 创建自解密文档与用 WinRAR 创建压缩文件哪个压缩比高？
3. PGPdisk 的功能和 Windows 自带的文件加密系统的区别是什么？

# 第15章 | 实验 5 防火墙的安装与使用

## 15.1 实验目的及要求

### 15.1.1 实验目的

通过实验掌握防火墙的安装过程、登录防火墙 Web 界面的方式、身份认证的方式、管理员配置的主要内容、常用控制功能的实现等。

### 15.1.2 实验要求

根据教材中介绍的操作步骤完成实验内容，详细观察操作结果并记录设置的内容，理解设置的内容和原理，做出分析并写出实验总结报告。

### 15.1.3 实验设备及软件

三台安装 Windows 2000/XP 操作系统的计算机，一台锐捷防火墙、相关证书、私钥等。

## 15.2 登录防火墙 Web 界面

### 15.2.1 管理员证书

管理员可以用证书方式进行身份认证。证书包括 CA 证书、防火墙证书、防火墙私钥、管理员证书。前三项必须导入防火墙中，后一个同时要导入管理主机的 IE 中。

证书文件有两种编码格式：PEM 和 DER，后缀名可以有 pem、der、cer、crt 等多种，后缀名与编码格式没有必然联系。

CA 证书、防火墙证书和防火墙私钥只支持 PEM 编码格式，cacert.crt 和 cacert.pem 是完全相同的文件。管理员证书支持 PEM 和 DER 两种，因此提供 administrator.crt 和 administrator.der 证书，administrator.crt 和 administrator.pem 是完全相同的文件。*.p12 文件是将 CA、证书和私钥打包的文件。

导入证书：

选择 IE 浏览器中的"工具"→"Internet 选项"命令，在打开的"Internet 选项"对话框中选择"内容"选项卡，单击"证书"按钮，操作过程如图 15.1～图 15.5 所示。

在"证书"对话框中单击"导入"按钮，如图 15.2 所示。

图 15.1　选择证书选项

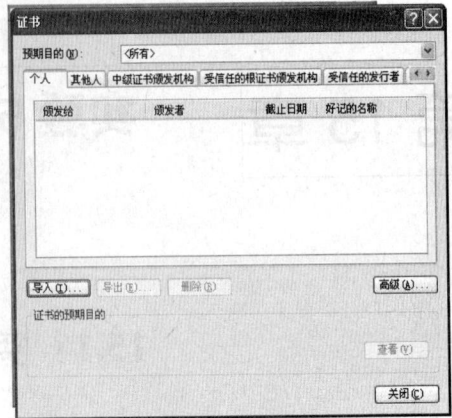

图 15.2　导入证书

在硬盘上找到证书所在目录，双击打开 admin.p12 文件，如图 15.3 所示。

在"证书导入向导"对话框中输入缺省密码（123456）后，单击"下一步"按钮，如图 15.4 所示。

图 15.3　选择证书

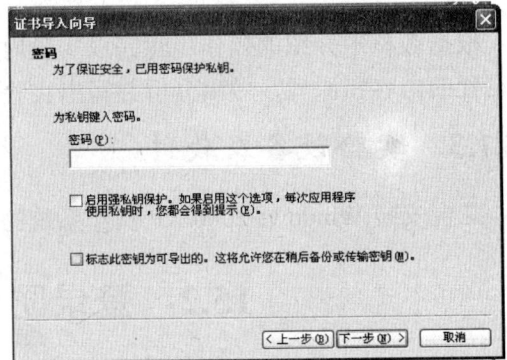

图 15.4　密码为 123456

导入成功后会出现图 15.5 所示对话框。

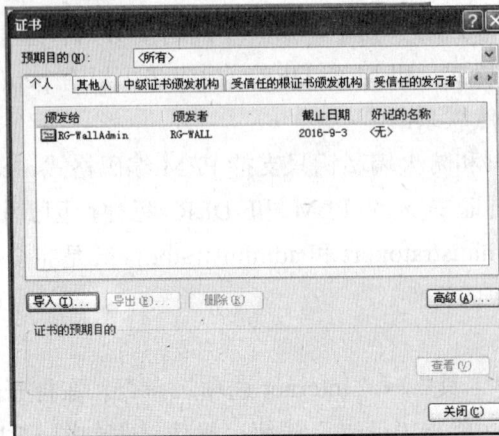

图 15.5　导入成功后的状态

## 15.2.2　管理员配置管理

在管理主机上，通过电子钥匙认证或管理员证书认证成功后才能访问防火墙，完成对防火墙的配置管理。

防火墙管理 IP 地址：管理员要在防火墙上定义防火墙可以被管理的 IP 地址，并指定管理主机可以进行的操作（如允许 PING、允许 TRACEROUTE 等）。未指定为管理 IP 的主机不能管理。

管理主机地址限制：只有管理主机才能对防火墙进行管理。防火墙系统指定管理主机的 IP，最多可以指定 256 个管理主机，不包括集中管理主机。

管理员身份认证方式：电子钥匙认证和证书认证。

管理员授权：管理员有不同的身份，分为超级管理员、配置管理员、审计管理员和策略管理员。其中，超级管理员可以增加、删除管理员账号；配置管理员可以设置系统配置、管理配置、网络配置；策略管理员可以配置对象定义、安全策略；审计管理员可以查看防火墙日志信息。

管理员访问信道加密：为防止管理员与防火墙之间的管理信息被非法者截取而利用，对防火墙的远程管理的通信应该实现加密。同时，防火墙可以防止对远程管理的重放攻击。CLI 界面命令行方式下支持 SSH 加密，Web 界面下支持 SSL 加密（使用 https 协议访问防火墙）。通过防火墙本地串口使用超级终端登录时通信不加密。

## 15.2.3　管理员首次登录

正确管理防火墙前，需要配置防火墙的管理主机、管理员账号和权限、网口上可管理 IP、防火墙管理方式。

默认管理员账号为 admin，密码为 firewall，默认管理口为防火墙 WAN 口。

可管理 IP：WAN 口上的默认 IP 地址为 192.168.10.100/255.255.255.0。

管理主机：默认为 192.168.10.200/255.255.255.0。

默认管理方式共有三类：

（1）管理主机用交叉线与 WAN 口连接。

（2）用电子钥匙进行身份认证。

（3）访问 https://192.168.10.100:6667（注：若用证书进行认证，则访问 https:// 192. 168. 10.100:6666）。

登录账号为默认管理员账号与密码，访问 Web 界面。此方式下的配置通信是加密的。

## 15.2.4　登录 Web 界面

将默认管理主机的网口用交叉连接的以太网线（两端线序不同）与防火墙的 WAN 口连接，管理主机的 IE 版本必须是 5.5 及以上版本。如果管理主机采用电子钥匙认证，需要将与防火墙匹配的电子钥匙插入管理主机上（USB 口），正确输入电子钥匙 PIN 码（初始 PIN 码为 12345678）后打开防火墙管理员身份认证程序。如果出现绿色图标表示认证通过，出现红色图标表示认证失败或未登录。认证成功后在浏览器中输入 https://192.168.

10.100:6667，如果管理主机是采用证书认证，选择要使用的数字证书，如图 15.6 所示，然后输入 https://192.168.10.100:6666。

登录成功后弹出下面的登录界面，如图 15.7 所示。

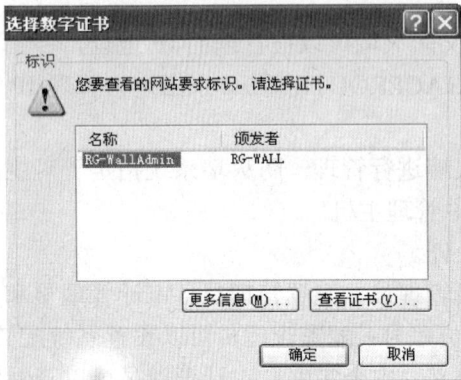

图 15.6　证书认证　　　　　　　　　　　图 15.7　登录界面

正确输入默认管理员账号与密码，进入防火墙配置管理界面，如图 15.8 所示。

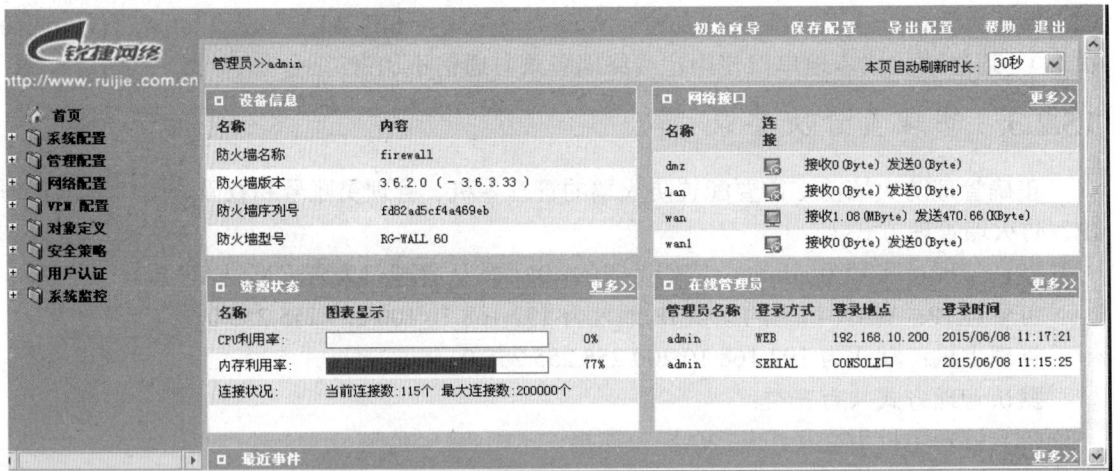

图 15.8　防火墙配置管理界面

在第一次登录成功后，管理员可以按需求变更管理员账号、管理主机、防火墙可管理 IP、管理方式或导入管理员证书。下次登录时，按变更内容进行认证与登录。

当管理员完成管理任务或者离开管理界面时，应主动退出 Web 管理界面。正确的操作方法是单击快捷菜单最右端的"退出"快捷图标，这将通知防火墙本管理员退出操作，然后关闭窗口。如果单击 IE 标题栏上关闭按钮的话，则只是关闭了窗口，并没有通知防火墙该管理员已退出管理。防火墙 Web 界面有超时机制，默认超时时间为 600s，如果防火墙持续（大于 600s）未接收到 Web 界面操作请求，则超时退出。

当管理员再次登录时，要使管理主机与防火墙的某个网口连接，并为其配置可管理 IP，同时管理员需要电子钥匙进行身份认证或者管理员证书方式认证。

管理员将与防火墙匹配的电子钥匙插入管理主机上，正确输入电子钥匙 PIN 码（初始 PIN 码为 12345678）后打开防火墙管理员身份认证程序。绿图标表示认证通过，红图标表示认证失败或未登录。认证成功后可以访问 https://防火墙可管理 IP:6667，在登录界面中输入管理员账号与密码，进入防火墙配置管理界面。

使用管理员证书方式时，需要在防火墙上导入管理员证书，在管理主机上导入管理员证书，访问 https://防火墙可管理 IP:6666，认证成功后进入防火墙配置管理界面。

# 15.3 防火墙实现带宽控制

## 15.3.1 背景描述

某学院老师发现，学院新开通的 100M 线路仍然经常性的无法打开网页，经查实是学院的学生利用 BT、FlashGet 等软件多线程下载，抢占可用带宽，造成其他人的访问不正常。老师要求必须在防火墙上解决该问题，让单个计算机可用带宽减少。

## 15.3.2 实验拓扑

实验拓扑结构如图 15.9 所示。

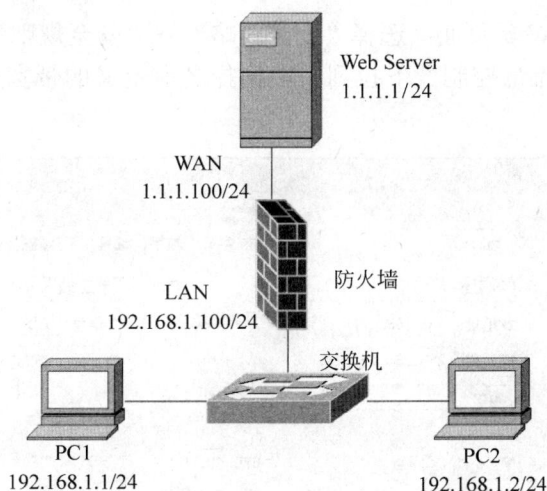

图 15.9 带宽控制实验拓扑

## 15.3.3 实验原理

利用防火墙中带宽控制功能将客户端对服务器的访问带宽控制在一定范围内，以达到既可以保证网站被正常访问，也可以作限制，限制每个 IP 可以使用一定数值的带宽。

## 15.3.4 实验步骤

（1）按照拓扑正确配置防火墙接口和 PC 的 IP 地址，具体如表 15.1 所示。

表 15.1　IP 规划表

| 设备名称 | IP 地址 | 子网掩码 | 默认网关 |
|---|---|---|---|
| PC1 | 192.168.1.1 | 2515.2515.2515.0 | 192.168.1.100 |
| PC2 | 192.168.1.2 | 2515.2515.2515.0 | 192.168.1.100 |
| Web Server | 1.1.1.1 | 2515.2515.2515.0 | 1.1.1.100 |
| 防火墙 LAN | 192.168.1.100 | 2515.2515.2515.0 | 192.168.1.100 |
| 防火墙 WAN | 1.1.1.100 | 2515.2515.2515.0 | 1.1.1.100 |

（2）进入防火墙 Web 页面：选择"对象定义"→"带宽列表"命令，创建带宽规则，如图 15.10 所示。

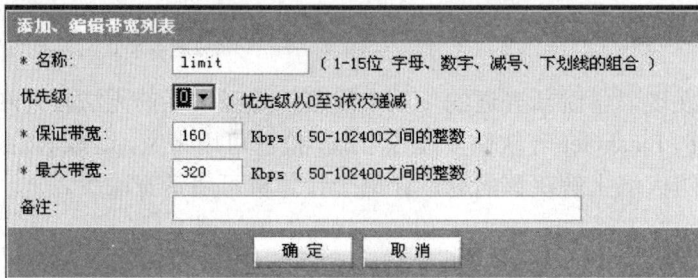

图 15.10　创建带宽规则

（3）进入防火墙 Web 页面：选择"安全策略"→"安全规则"命令，为 PC1 创建新的包过滤规则，在"流量控制"下拉列表中选择之前定义的带宽规则 limit，如图 15.11 所示。

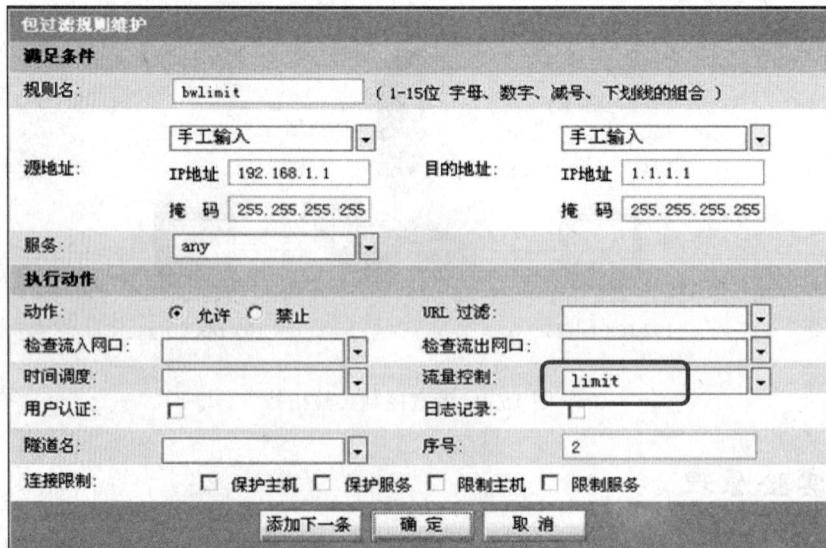

图 15.11　创建包过滤规则

（4）进入防火墙 Web 页面：选择"安全策略"→"安全规则"命令，为 PC2 创建新的包过滤规则，不限制带宽，如图 15.12 所示。

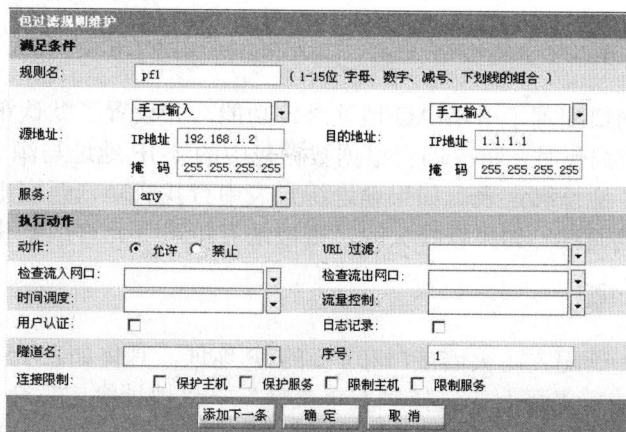

图 15.12  包过滤规则

## 15.3.5  验证测试

（1）在 1.1.1.1 服务器上架设 Web 服务器，在 192.168.1.1 上用 IE 下载大文件，计算可下载带宽，最大只能达到 320kb/s。

（2）在 192.168.1.2 上用 IE 下载大文件，计算可下载带宽，最大带宽大于 320kb/s。

# 15.4  防火墙实现地址绑定

## 15.4.1  背景描述

某学院老师发现，学院的某些学生经常盗用其他同学的 IP 地址，造成他人不能正常访问网络资源。老师要求必须在防火墙上解决该问题，避免盗用地址的情况出现。

## 15.4.2  实验拓扑

实验拓扑结构如图 15.13 所示。

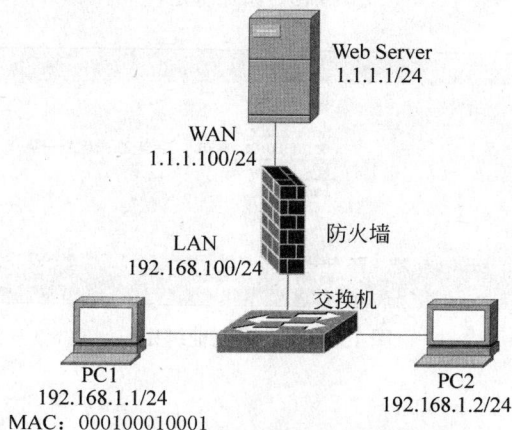

图 15.13  地址绑定实验拓扑

实验 5  防火墙的安装与使用

### 15.4.3　实验原理

如果防火墙某网口配置了 IP/MAC 地址绑定功能，并设置了默认策略（允许或禁止）后，当该网口接收数据包时，防火墙将根据数据包中的源 IP 地址与源 MAC 地址检查管理员设置好的 IP/MAC 地址绑定表。如果地址绑定表中查找成功，匹配则允许数据包通过，不匹配则禁止数据包通过。如果查找失败，则按缺省策略（允许或禁止）执行。

### 15.4.4　实验步骤

（1）按照拓扑正确配置防火墙接口和 PC 的 IP 地址，具体如表 15.1 所示。

（2）进入防火墙配置页面：选择"安全策略"→"地址绑定"命令，首先启用 LAN 接口的 IP/MAC 绑定功能，并设置默认策略为允许，即如果为查找到 IP/MAC 绑定条目，则允许数据包通过。配置完成后单击"确定"按钮，如图 15.14 所示。

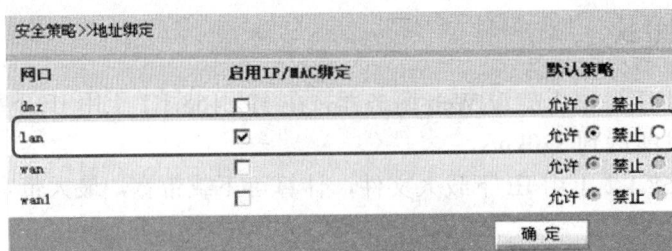

图 15.14　地址绑定

（3）单击页面中的"添加"按钮，如图 15.15 所示。为 PC1 手工添加 IP/MAC 地址绑定条目（假设 PC1 的 MAC 地址为 00-01-00-01-00-01），如图 15.16 所示。

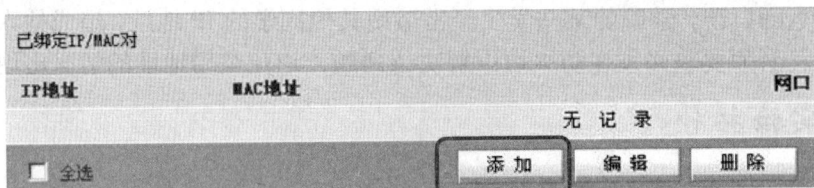

图 15.15　添加绑定

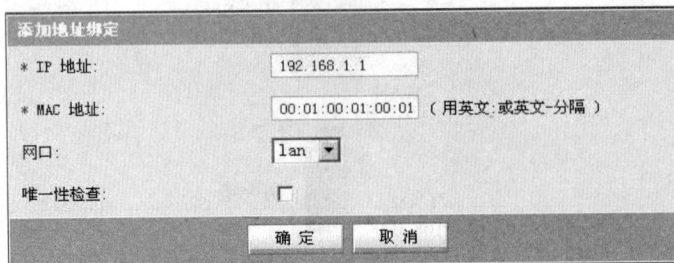

图 15.16　设置地址绑定

### 15.4.5　验证测试

在 PC1 上执行 ping 1.1.1.1，可 ping 通。更改 PC1 的地址为 192.168.1.10，再次执行

ping 1.1.1.1，则无法 ping 通。

# 15.5 防火墙实现访问控制

## 15.5.1 背景描述

某学院老师发现，学院内的学生经常利用上课时间浏览新闻网站、QQ 聊天、在线看电影等。老师要求网管针对该问题提供网络解决方案，严格限制学生上课时间随意上网的情况。

## 15.5.2 实验拓扑

实验拓扑结构如图 15.17 所示。

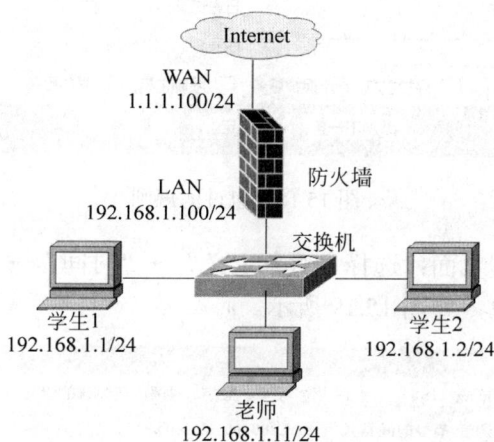

图 15.17 访问控制实验拓扑

## 15.5.3 实验原理

访问控制是防火墙的基本功能，可以基于 IP 地址、服务端口、时间、域名等因素进行严格的访问控制。

## 15.5.4 实验步骤

（1）正确配置防火墙和 PC 的 IP 地址，具体如表 15.2 所示。

表 15.2 IP 规划表

| 设备名称 | IP 地址 | 子网掩码 | 默认网关 |
|---|---|---|---|
| 学生 1 | 192.168.1.1 | 2515.2515.2515.0 | 192.168.1.100 |
| 学生 2 | 192.168.1.2 | 2515.2515.2515.0 | 192.168.1.100 |
| 教师 | 192.168.1.11 | 2515.2515.2515.0 | 192.168.1.100 |
| 防火墙 LAN | 192.168.1.100 | 2515.2515.2515.0 | 192.168.1.100 |
| 防火墙 WAN | 1.1.1.100 | 2515.2515.2515.0 | 1.1.1.100 |

（2）定义安全规则，配置教师的 IP 不限时间允许访问任意服务。进入防火墙配置页面：选择"安全策略"→"安全规则"命令，配置包过滤规则，如图 15.18 所示。

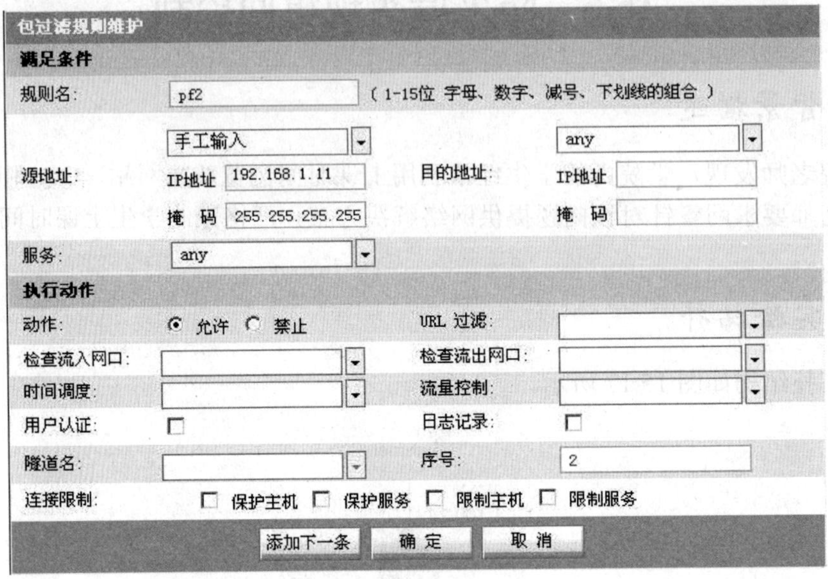

图 15.18　包过滤规则

（3）进入防火墙配置页面：选择"对象定义"→"时间"→"时间列表"命令，创建包括上课时间的时间对象，如图 15.19 所示。

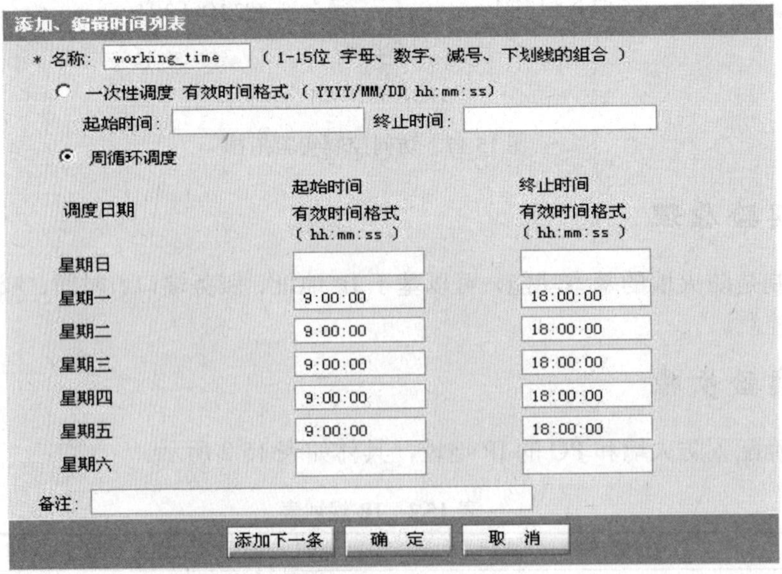

图 15.19　配置时间列表

（4）定义安全规则，限制学生在上课时间不能访问 Internet。

进入防火墙配置页面：选择"安全策略"→"安全规则"命令，配置包过滤规则，在"时间调度"下拉列表中选择之前创建的时间对象，过滤动作选择"禁止"，如图 15.20

344

所示。

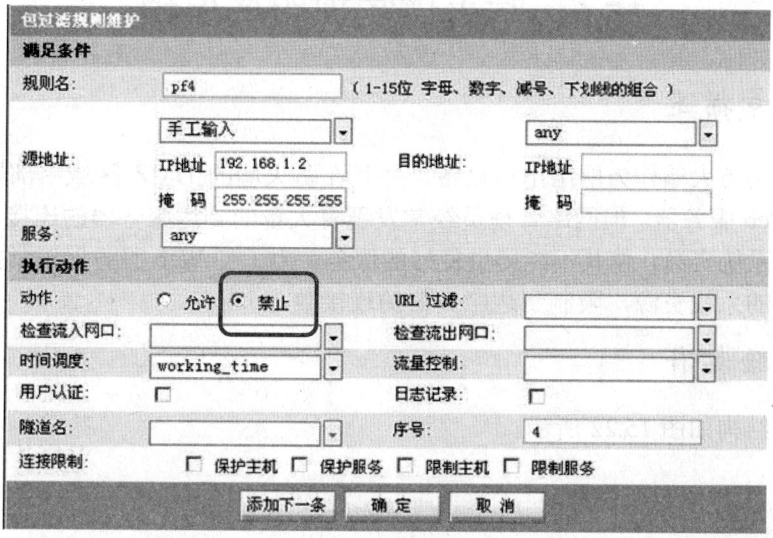

图 15.20　选择"禁止"

（5）定义最后匹配的安全规则，允许所有访问通过，即满足课余时间无限制的访问。
进入防火墙配置页面：选择"安全策略"→"安全规则"命令，配置包过滤规则，如图 15.21
所示。

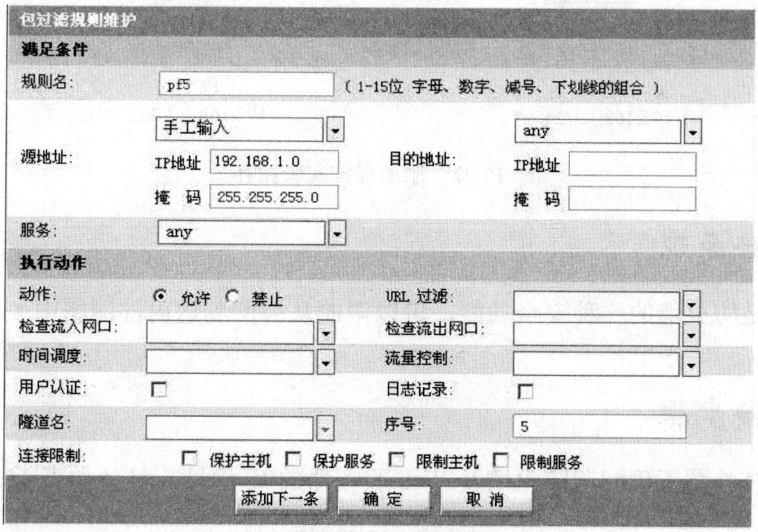

图 15.21　允许所有访问

## 15.5.5　验证测试

（1）老师任何时间可以做任何访问。
（2）学生上课时间不能访问其他网站。
（3）学生在下课时间可以访问任意网站的任意服务。

# 15.6　防火墙实现服务保护

## 15.6.1　背景描述

　　某学院使用防火墙作为网络出口设备，并且在防火墙的 DMZ 区域中部署了一台提供对外服务的 Web 服务器。但网络管理员经常发现有大量的到达服务器的连接，以致消耗了服务器大量的系统资源，使其不能提供良好的服务。为了使 Web 服务器正常提供服务，需要保护服务器的系统资源，限制到达服务器的连接数。

## 15.6.2　实验拓扑

　　实验拓扑结构如图 15.22 所示。

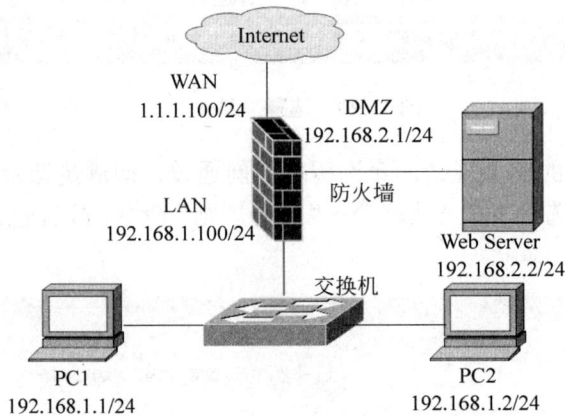

图 15.22　服务保护实验拓扑

## 15.6.3　实验原理

　　保护服务是防火墙的一种安全功能，可以限制从公网到达内部网络中主机或服务器的连接数。

## 15.6.4　实验步骤

　　（1）按照拓扑图正确配置防火墙及 Web 服务器的 IP 地址，具体如表 15.3 所示。

表 15.3　IP 规划表

| 设备名称 | IP 地址 | 子网掩码 | 默认网关 |
| --- | --- | --- | --- |
| PC1 | 192.168.1.1 | 2515.2515.2515.0 | 192.168.1.100 |
| PC2 | 192.168.1.2 | 2515.2515.2515.0 | 192.168.1.100 |
| Web Server | 192.168.2.2 | 2515.2515.2515.0 | 192.168.2.1 |
| 防火墙 LAN | 192.168.1.100 | 2515.2515.2515.0 | 192.168.1.100 |
| 防火墙 WAN | 1.1.1.100 | 2515.2515.2515.0 | 1.1.1.100 |
| 防火墙 DMZ | 192.168.2.1 | 2515.2515.2515.0 | 192.168.2.1 |

（2）配置连接限制。进入防火墙配置页面：选择"对象定义"→"连接限制"→"保护服务"命令，单击"添加"按钮添加规则。如图 15.23 所示，配置为：到达 Web 服务器 192.168.2.2 的并发连接数量达到 50 个时，防火墙不再允许新的连接请求通过。

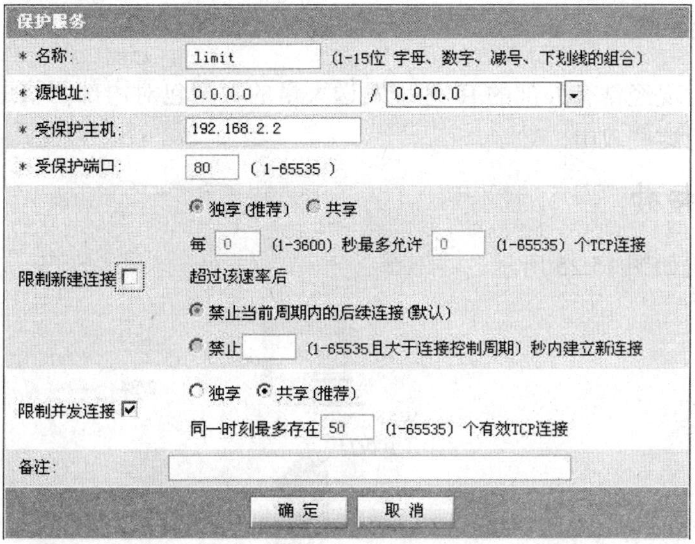

图 15.23　限制并发连接

（3）定义端口映射规则，使防火墙将 DMZ 中的 Web 服务器发布到公网中。进入防火墙配置页面：选择"安全策略"→"安全规则"→"端口映射规则"命令，在此规则中选中"保护服务"复选框，以启用此规则的服务保护功能，如图 15.24 所示。

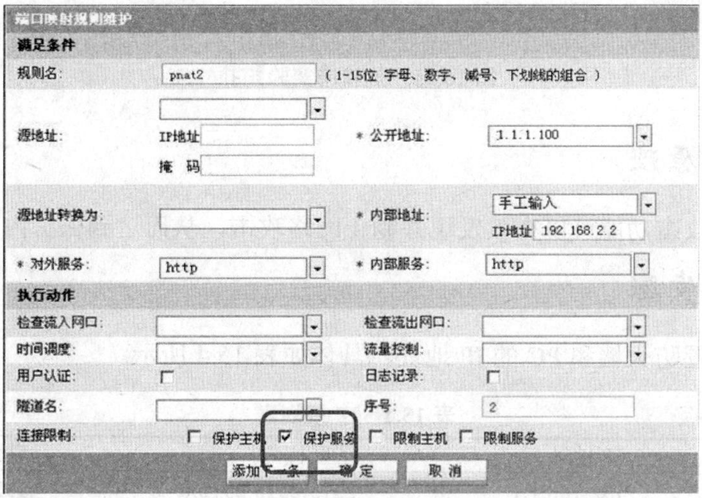

图 15.24　定义端口映射

## 15.6.5　验证测试

观察从公网到达 Web 服务器的连接，连接数将不能超过 50 个。

# 15.7 防火墙实现抗攻击

## 15.7.1 背景描述

某学院老师发现经常有外部的 IP 地址发送大量的数据包对内部网络进行扫描攻击，要求在防火墙上制止这些攻击。

## 15.7.2 实验拓扑

实验拓扑结构如图 15.25 所示。

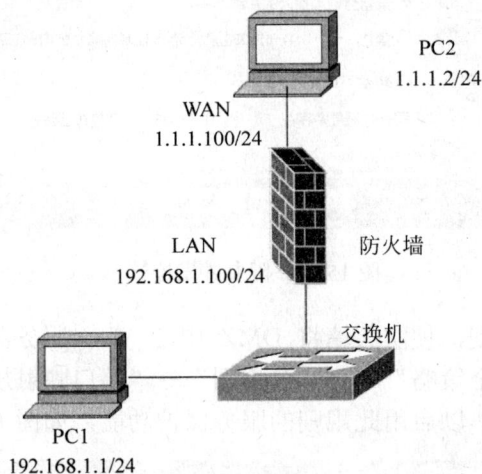

图 15.25 抗攻击实验拓扑

## 15.7.3 实验原理

防火墙的抗攻击功能可以有效发现并制止网络攻击，从而达到保护内部资源的目的。

## 15.7.4 实验步骤

（1）正确配置防火墙和 PC 的 IP 地址，具体如表 15.4 所示。

表 15.4 IP 规划表

| 设备名称 | IP 地址 | 子网掩码 | 默认网关 |
| --- | --- | --- | --- |
| PC1 | 192.168.1.1 | 2515.2515.2515.0 | 192.168.1.100 |
| PC2 | 1.1.1.2 | 2515.2515.2515.0 | 1.1.1.100 |
| 防火墙 LAN | 192.168.1.100 | 2515.2515.2515.0 | 192.168.1.100 |
| 防火墙 WAN | 1.1.1.100 | 2515.2515.2515.0 | 1.1.1.100 |

（2）定义安全规则，允许所有访问通过。进入防火墙配置页面：选择"安全策略"→"安全规则"命令，配置包过滤规则，如图 15.26 所示。

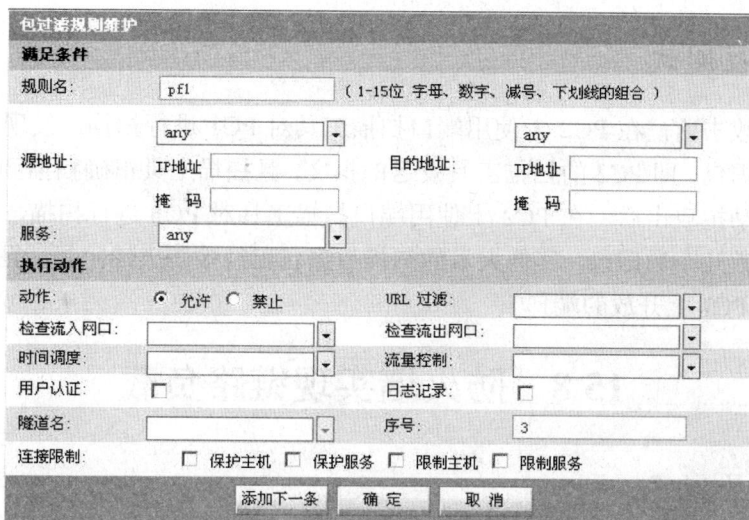

图 15.26 配置包过滤规则

（3）配置防火墙 WAN 接口的抗攻击功能。进入防火墙配置页面：选择"安全策略"→"抗攻击"命令，选择 WAN 接口，如图 15.27 所示。

图 15.27 抗攻击设置

（4）启用"抗攻击功能"，并开启端口扫描攻击，如图 15.28 所示。

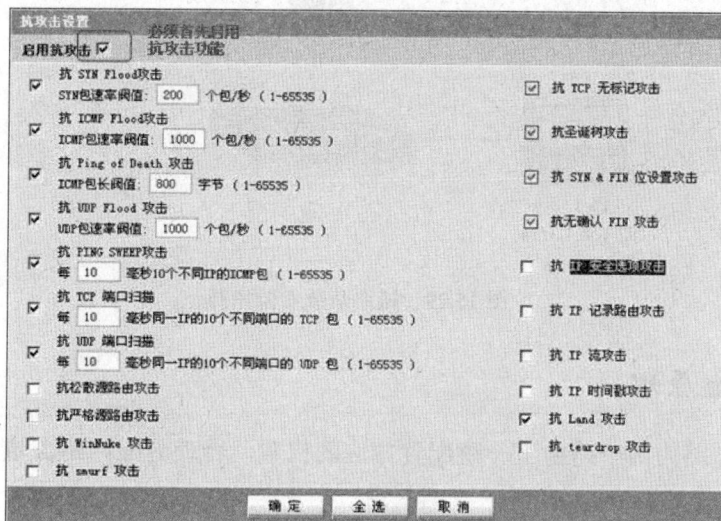

图 15.28 开启抗攻击

实验5 防火墙的安装与使用

### 15.7.5 验证测试

在启动抗攻击前，在 PC2 上使用端口扫描工具对 PC1 进行扫描，发现 PC1 的接口接收到大量的数据包，即 PC2 的扫描工具发送的报文，且扫描工具正确扫描到 PC1 上已开放的端口。在启动抗攻击后，在 PC2 上使用端口扫描工具对 PC1 进行扫描，发现 PC1 的接口只接收到少数几个数据包，其他大量的扫描数据包已经被防火墙阻拦，且 PC2 的扫描工具不能扫描到 PC1 上开放的端口。

# 15.8  防火墙实现链路负载

## 15.8.1  背景描述

某学校信息中心原来有一条 10M 线路，最近新申请了一条 10M 线路，要求防火墙同时使用新旧两条线路，并且将流量合理分摊。

## 15.8.2  实验拓扑

实验拓扑结构如图 15.29 所示。

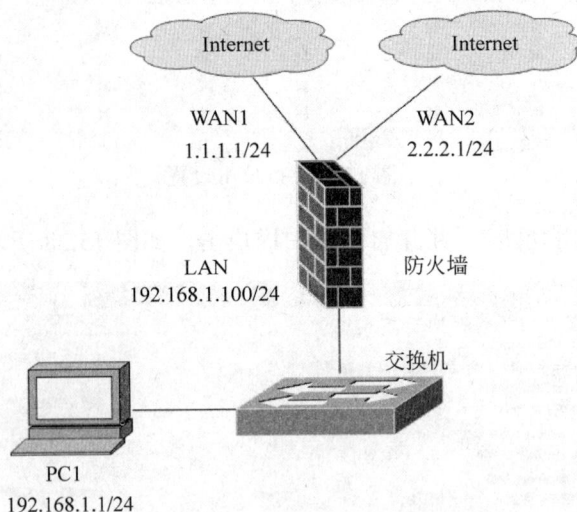

图 15.29  链路负载实验拓扑

## 15.8.3  实验原理

通过两条链路为两个路由下一跳配置相应的权重，合理分配网络流量。

## 15.8.4  实验步骤

（1）正确配置防火墙和 PC 的 IP 地址，具体如表 15.5 所示。

表 15.5　IP 规划表

| 设备名称 | IP 地址 | 子网掩码 | 默认网关 |
|---|---|---|---|
| PC1 | 192.168.1.1 | 2515.2515.2515.0 | 192.168.1.100 |
| 防火墙 LAN | 192.168.1.100 | 2515.2515.2515.0 | 192.168.1.100 |
| 防火墙 WAN1 | 1.1.1.1 | 2515.2515.2515.0 | 1.1.1.1 |
| 防火墙 WAN2 | 2.2.2.1 | 2515.2515.2515.0 | 2.2.2.1 |

（2）定义安全规则，允许所有访问通过。进入防火墙配置页面：选择"安全策略"→"安全规则"命令，配置包过滤规则，如图 15.30 所示。

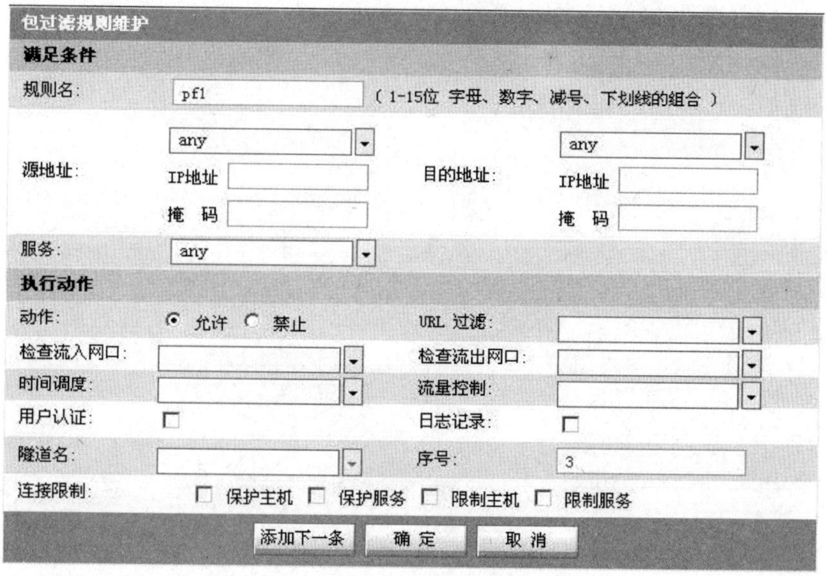

图 15.30　允许所有访问

（3）定义策略路由。进入防火墙配置页面：选择"网络配置"→"策略路由"命令，单击"添加"按钮，配置到公网的路由，并配置两个下一跳地址，分配相等的权重，即保证流量平分到两条链路上，如图 15.31 所示。

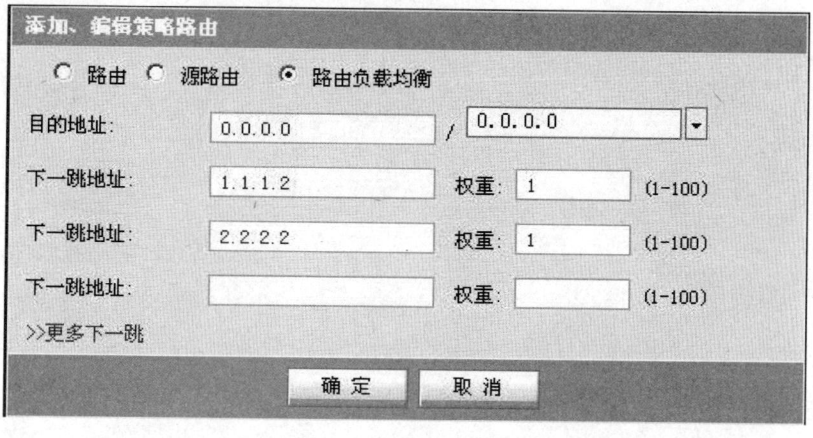

图 15.31　配置策略路由

实验5　防火墙的安装与使用

# 实验思考题

1．实验中你都学到了哪些内容？

2．硬件防火墙有哪些登录验证方式？

3．如何限制常用的网络功能，如 FTP、BT、QQ 等。

4．如果配置中有两条规则是互相矛盾的，如前一条是禁止某个端口，后一条是打开这个端口，请问会出现什么情况？

5．利用 Web 和超级终端登录分别有哪些优缺点？

# 第16章 实验6 VPN 服务的配置与使用

## 16.1 实验目的及要求

### 16.1.1 实验目的

掌握 VPN 服务的基本使用原理,学习通过虚拟机对 Windows Server 2003 中的 VPN 功能进行配置,学习 IPSec VPN 隧道,熟悉移动办公方式下的 VPN 隧道建立,理解 PPTP 和 L2TP 之间的区别。

### 16.1.2 实验要求

根据教材中介绍的操作步骤完成实验内容,详细观察并记录设置的内容,理解设置的内容和原理,做出分析并写出实验总结报告。

### 16.1.3 实验设备及软件

安装 Windows Server 2003 的虚拟机一台、PC 一台。

### 16.1.4 实验拓扑

实验拓扑图如图 16.1 所示。

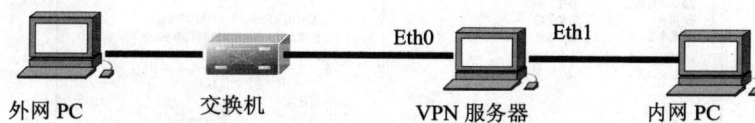

图 16.1 实验拓扑

## 16.2 实验内容及步骤

### 16.2.1 应用情景

可以设想一下情景:公司的总部在广州,有两个办事处分别在香港和上海,两个办事处的网络需要和总部连接,同时办事处之间也需要相互连接。解决这种问题以前只有一种办法,就是分别申请两条专线连接总部和两个办事处,两个办事处之间的通信通过总部转发。长途专线的费用是非常昂贵的,在以前只有银行、证券公司及大企业才有能力负担。

有了互联网和 VPN 技术之后，解决办法可以变成这样：总部通过一条专线和互联网连接，两个办事处分别在本地申请互联网的拨号连接，然后通过在互联网上建立两条 VPN 通道将三个网络连接起来。这样可以省去长途专线费用。不过互联网的专线连接也不便宜，这种解决方案暂时也只有大中型公司可以负担得起。

VPN 不但可以用于上述网络对网络的连接，也可以用于单台计算机到网络的连接。在使用 VPN 的时候需要规划一下应用环境。

首先需要列出需要连接的节点及节点的类型，以及之间的访问关系，即由谁发起连接和向谁发起连接的问题。这样可以确定哪些地方需要安装 VPN 服务器，哪些地方仅仅是配置客户端就可以了。

## 16.2.2    PPTP 协议实现 VPN 服务

要实现在异地通过 VPN 客户端访问总部局域网各种服务器资源，首先采用 PPTP 协议实现 VPN 服务功能。

### 1. 服务器端基本配置

（1）系统前期准备工作。

虚拟机服务器硬件要求：双网卡，一块接外网，一块接局域网。在 Windows 2003 中 VPN 服务称为"路由和远程访问"，默认状态已经安装，只需对此服务进行必要的配置，使其生效即可。

在虚拟机设置中添加双网卡，如图 16.2 所示，然后启动虚拟机中的 Windows Server 2003 服务器。

图 16.2    虚拟机中添加双网卡

（2）确定是否开启了 Windows Firewall/Internet Connection Sharing（ICS）服务，如果开启了 Windows Firewall /Internet Connection Sharing 服务的话，在配置"路由和远程访问"

时系统会弹出提示对话框，如图 16.3 所示。

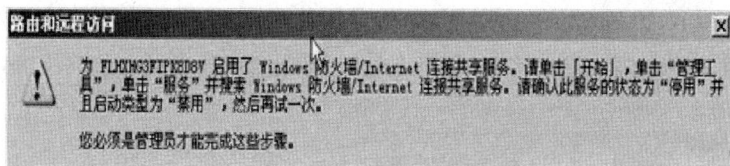

图 16.3　ICS 服务开启提示

（3）选择 "开始"→"所有程序"→"管理工具"→"服务"命令，停止 Windows Firewall/Internet Connection Sharing 服务，并设置启动类型为 "禁用"，如图 16.4 所示。

（4）虚拟机服务器上外网网卡 IP 地址设置为外网网段的地址 192.168.1.10，如图 16.5 所示。

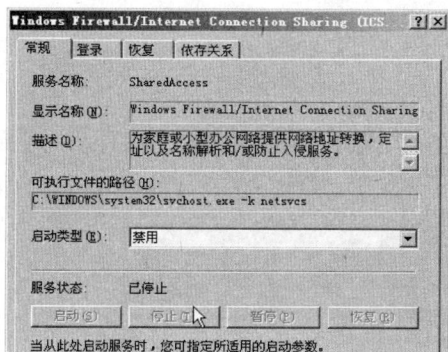

图 16.4　禁用 ICS 服务

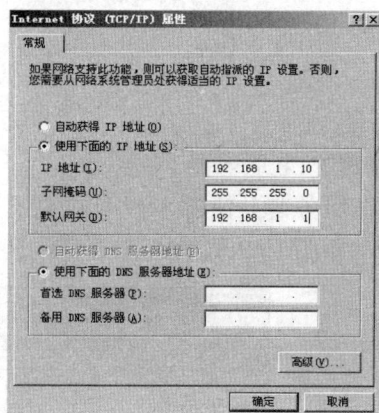

图 16.5　外网网卡 IP 地址

（5）虚拟机服务器上内网网卡 IP 地址设置为外网网段的地址 10.10.10.2，如图 16.6 所示。

（6）客户端上的 IP 地址设置为外网网段的地址 192.168.1.85，如图 16.7 所示。

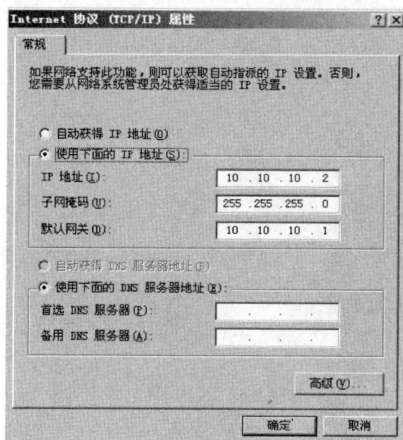

图 16.6　内网网卡 IP 地址

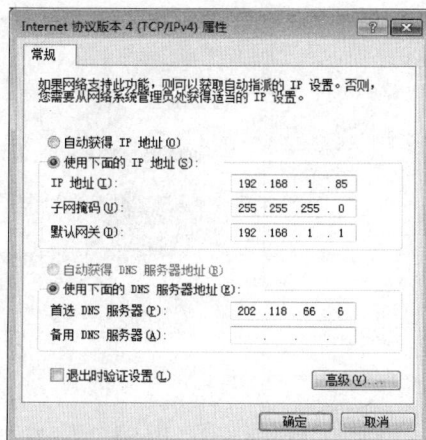

图 16.7　客户端网卡 IP 地址

实验6　VPN 服务的配置与使用

（7）在客户端上 ping 服务器上的 IP 地址 192.168.1.10，可以正常通信；在客户端上 ping 服务器上的 IP 地址 10.10.10.2，无法正常通信，这是因为内网 IP 目前不可访问，如图 16.8 所示。

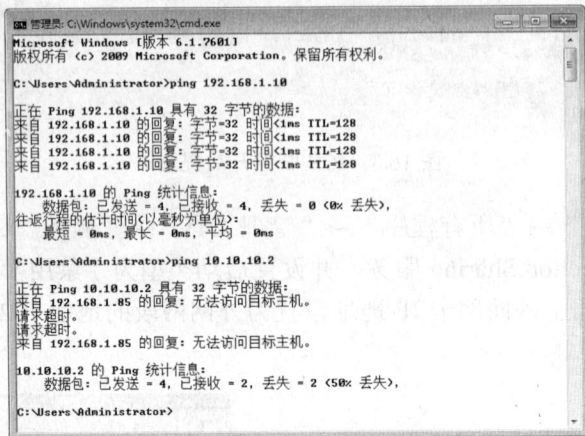

图 16.8　ping 服务器外网和内网地址

### 2. 搭建 FTP 服务器

（1）在服务器上使用 Serv-U 搭建 FTP 服务器，为用户提供 FTP 下载服务，选择 Serv-U 启动服务，如图 16.9 所示。

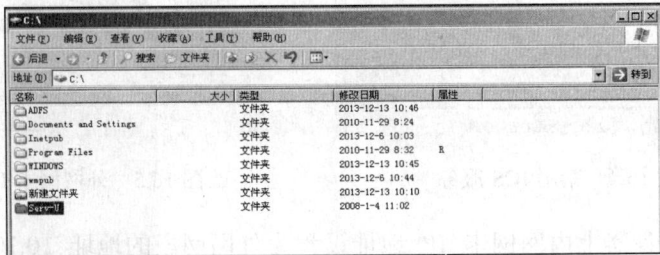

图 16.9　选择 Serv-U

（2）使用向导在 Serv-U 中搭建 FTP 服务器，如图 16.10 所示。

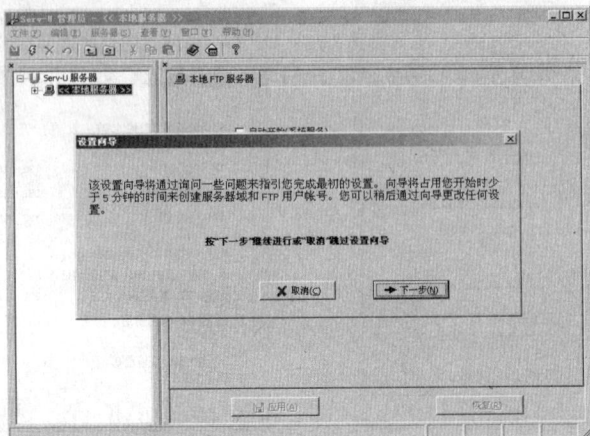

图 16.10　搭建 FTP 服务器设置向导

（3）开始本地服务器的设置，如图 16.11 所示。

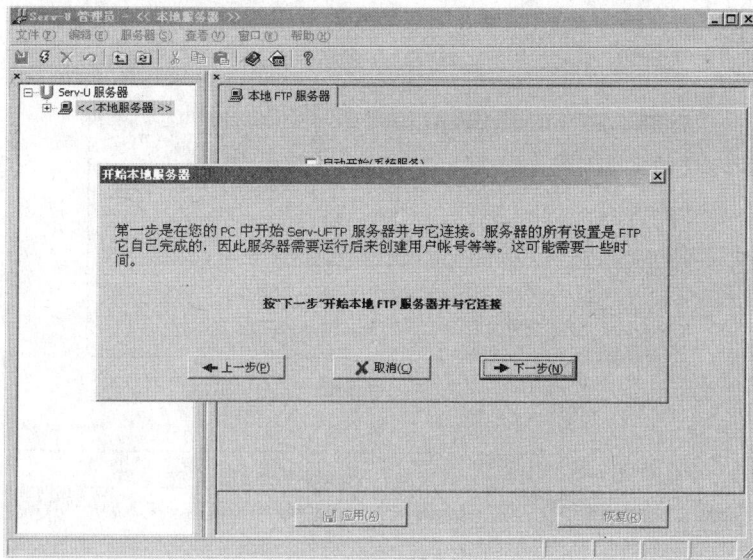

图 16.11　开始本地服务器的设置

（4）输入 IP 地址，如图 16.12 所示。如果自己有服务器，有固定的 IP，就输入 IP 地址。如果只是在自己计算机上建立 FTP，而且又是拨号用户，有的只是动态 IP，没有固定 IP，那这一步就省了，什么也不要填，Serv-U 会自动确定你的 IP 地址，单击"下一步"按钮。

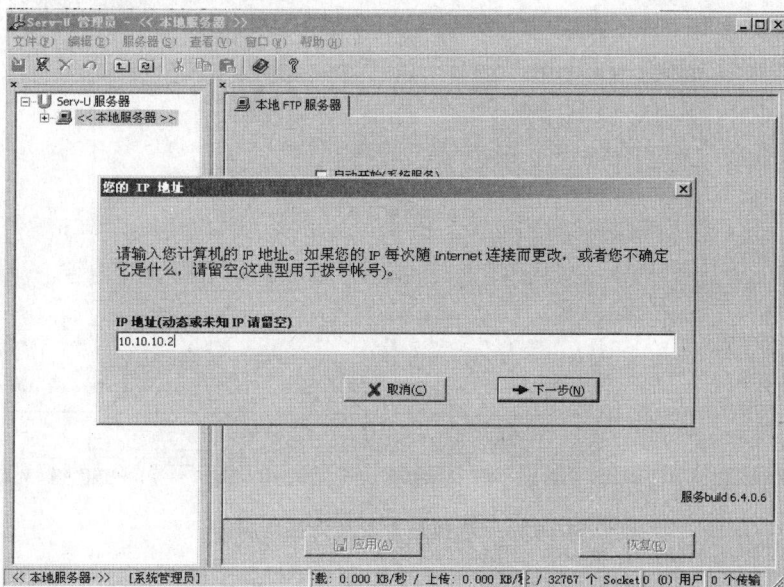

图 16.12　输入 IP 地址

（5）输入域名，如图 16.13 所示。如果有的话，如 FTP.abc.com 直接输入。没有的话，就随便填一个或用默认给定的域名也可以。

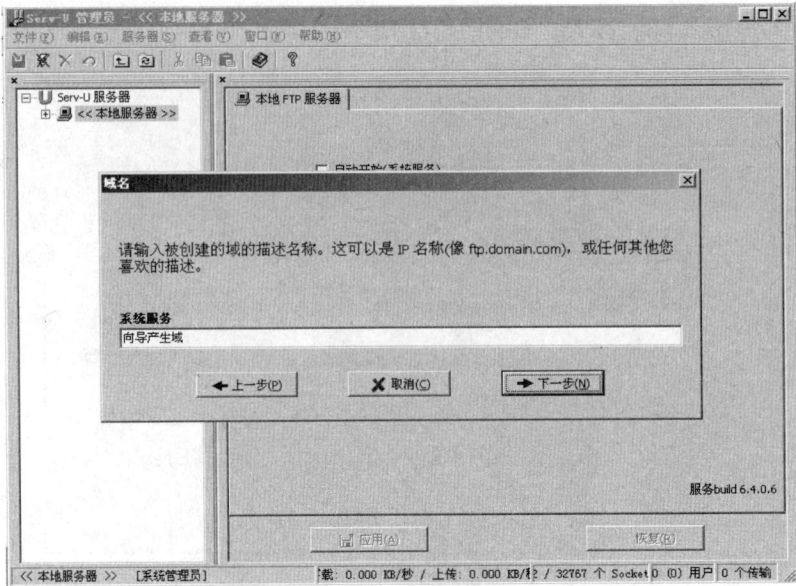

图 16.13　填写域名

（6）是否安装为系统服务，如果是系统服务，在下次开机时会自动启动 FTP 服务。在这里选择"否"单选按钮，不用作为系统服务，如图 16.14 所示。

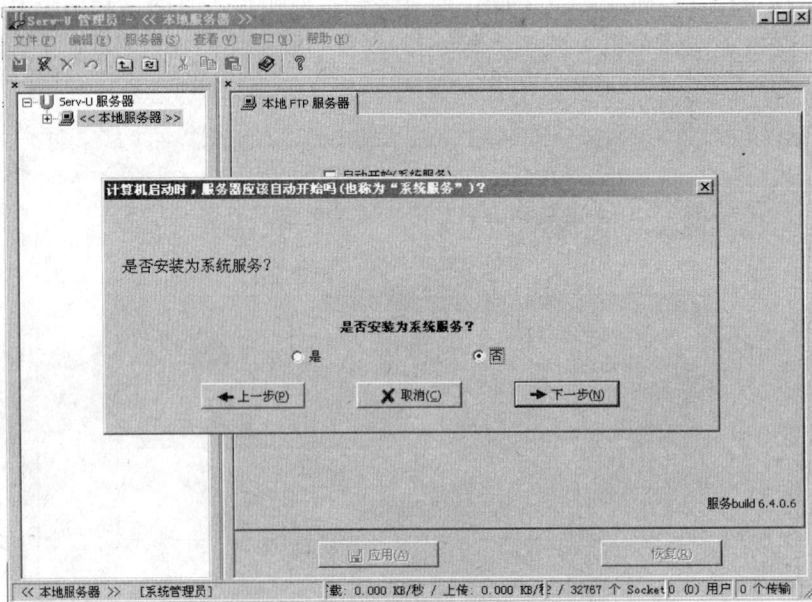

图 16.14　选择是否安装为系统服务

（7）询问是否允许匿名访问，如图 16.15 所示。一般来说，匿名访问是以 Anonymous 为用户名称登录的，无须密码。当然，如果想成立一个只允许会员访问的区域，就应该选择"否"单选按钮，不让随便什么人都可以登录，只有许可用户才行。在此选择"是"单选按钮，允许匿名访问。

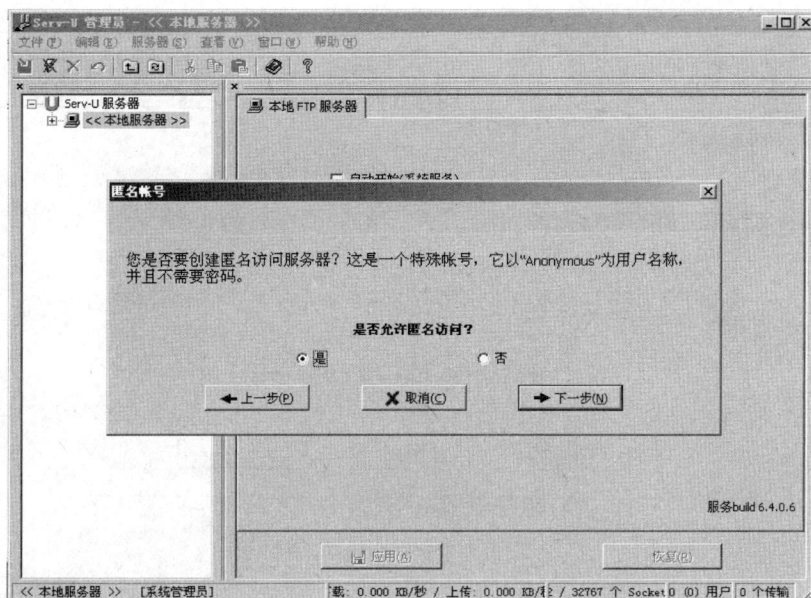

图 16.15　是否允许匿名访问

（8）选择匿名用户登录到你的计算机时的主目录，如图 16.16 所示。可以自己指定一个硬盘上已存在的目录，如 C:\新建文件夹。

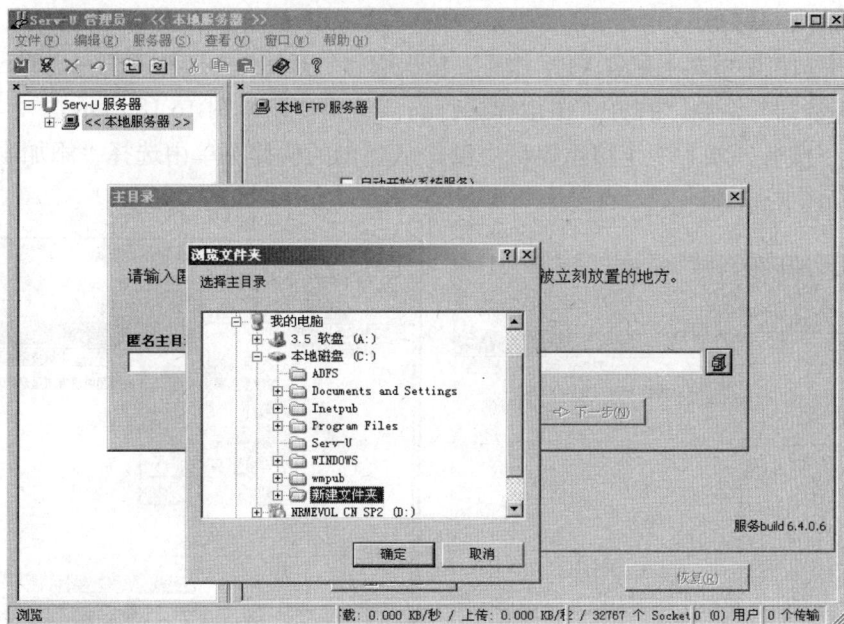

图 16.16　匿名用户登录时的主目录

（9）询问是否要锁定主目录（如图 16.17 所示），锁定后匿名登录的用户将只能认为指定的目录（C:\新建文件夹）是根目录，也就是说他只能访问这个目录下的文件和文件夹，这个目录之外就不能访问。对于匿名用户，一般选择"是"单选按钮。

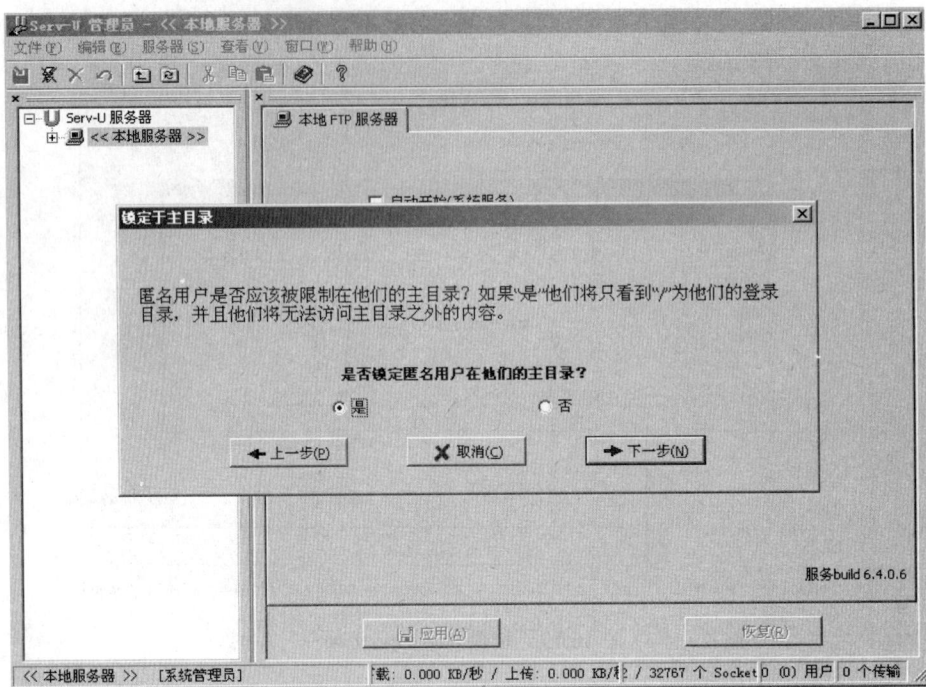

图 16.17　是否要锁定该目录

### 3．配置 VPN 服务

（1）在虚拟机服务器上配置 VPN 服务，依次选择"开始"→"程序"→"管理工具"→"路由和远程访问"命令，打开"路由和远程访问"窗口，如图 16.18 所示。

（2）在"服务器状态"上单击鼠标右键，从弹出的快捷菜单中选择"添加服务器"命令，如图 16.19 所示。

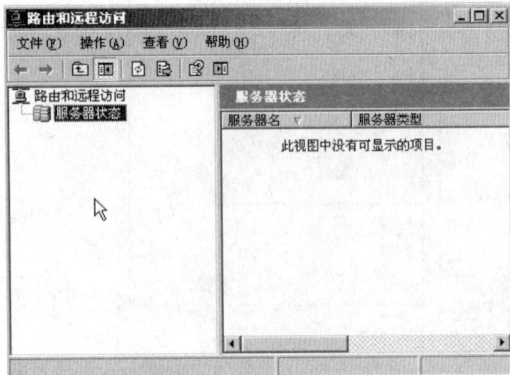

图 16.18　路由和远程访问

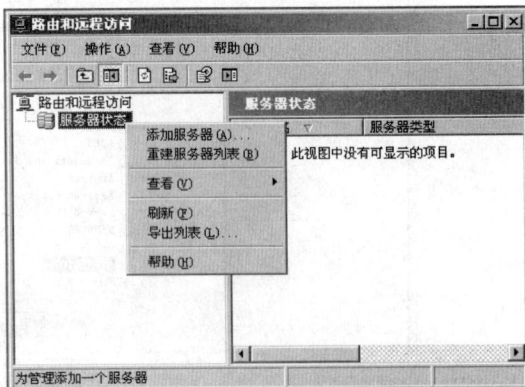

图 16.19　添加服务器

（3）在"添加服务器"对话框中选择"这台计算机"单选按钮，如图 16.20 所示。

（4）在左侧窗口中右击本地计算机名，从弹出的快捷菜单中选择"配置并启用路由和远程访问"命令，如图 16.21 所示。

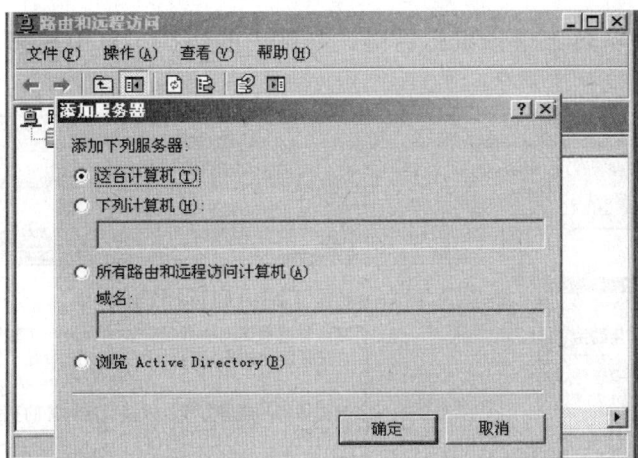

图 16.20  选择"这台计算机"

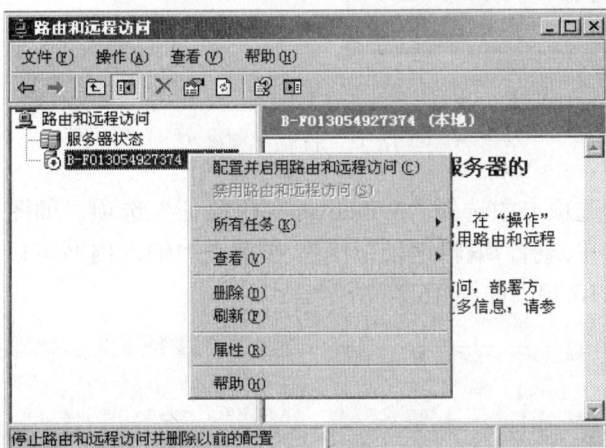

图 16.21  选择"配置并启用路由和远程访问"

（5）在配置向导中选择"自定义配置"单选按钮，如图 16.22 所示。

（6）在"自定义配置"向导中选择"VPN 访问"复选框，如图 16.23 所示。

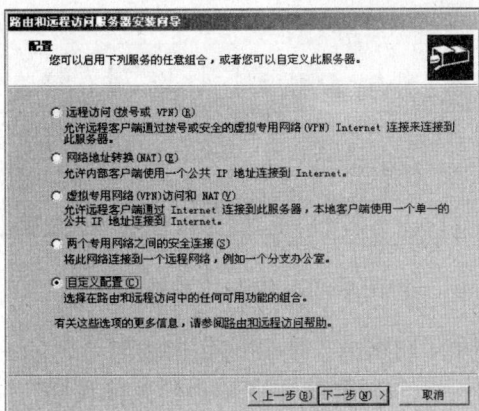

图 16.22  选择"自定义配置"

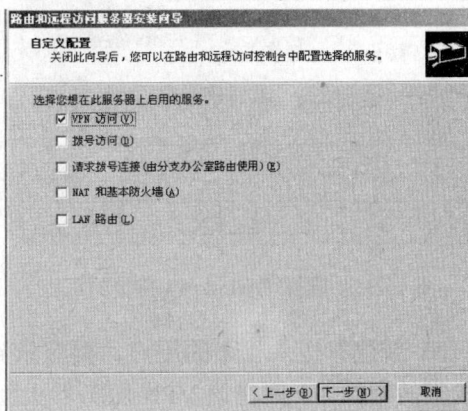

图 16.23  选择"VPN 访问"

实验6  VPN 服务的配置与使用

（7）在本地服务器上单击鼠标右键，从弹出的快捷菜单中选择"属性"命令，如图 16.24 所示。

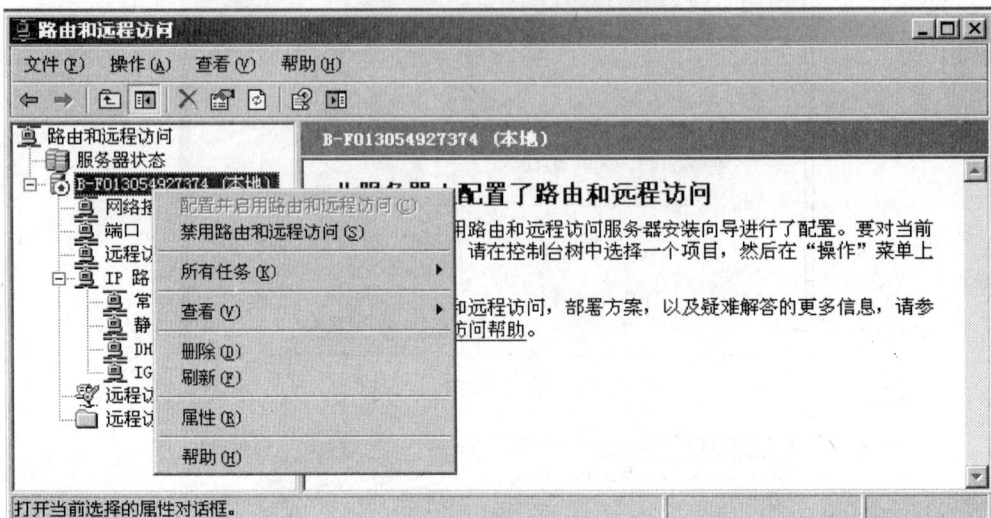

图 16.24　选择"属性"

（8）在"安全"选项卡中选择"Windows 身份验证"选项，如图 16.25 所示。

（9）在 IP 选项卡中选择"编辑地址范围"，在范围中输入内网可以分配的 IP 地址范围，如 10.10.10.20～10.10.10.30，如图 16.26 所示。

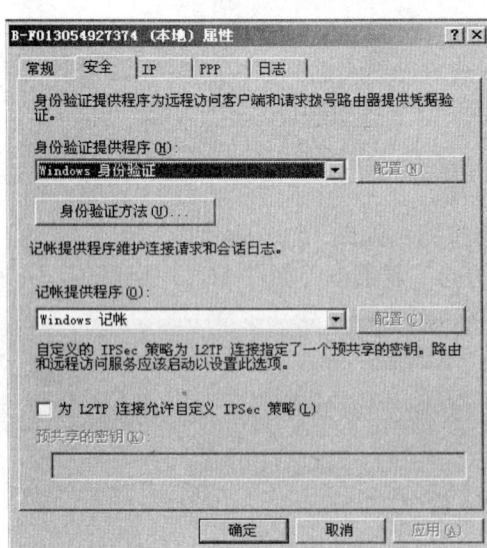

图 16.25　选择"Windows 身份验证"

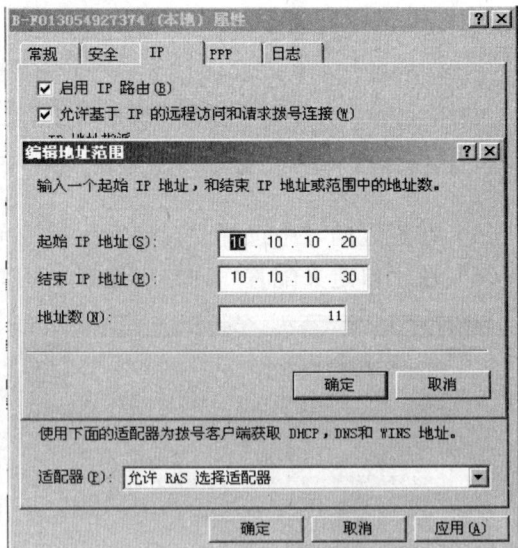

图 16.26　输入 IP 地址范围

（10）新建有拨入权限的用户。要登录到 VPN 服务器，必须要知道该服务器的一个有拨入权限的用户。下面在该 VPN 服务器上新建一个用户并赋予该用户拨入的权限，一定要在"远程访问权限"区域中选择"允许访问"复选框，不然就无法登录了。

新建用户：右键单击"我的电脑"图标，从弹出的快捷菜单中选择"管理"命令，如图 16.27 所示，弹出"计算机管理"窗口。

（11）在"计算机管理"中选择"本地用户和组"，右击"用户"，从弹出的快捷菜单中选择"新用户"命令，如图 16.28 所示。

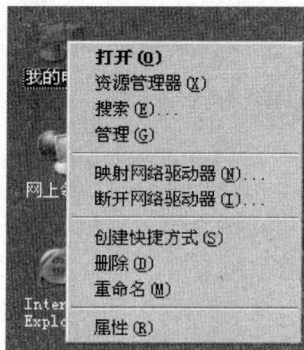

图 16.27　选择"管理"

图 16.28　选择"新用户"

（12）新建用户 a，密码也是 a，去掉用户下次登录时需更改密码选项，如图 16.29 所示。

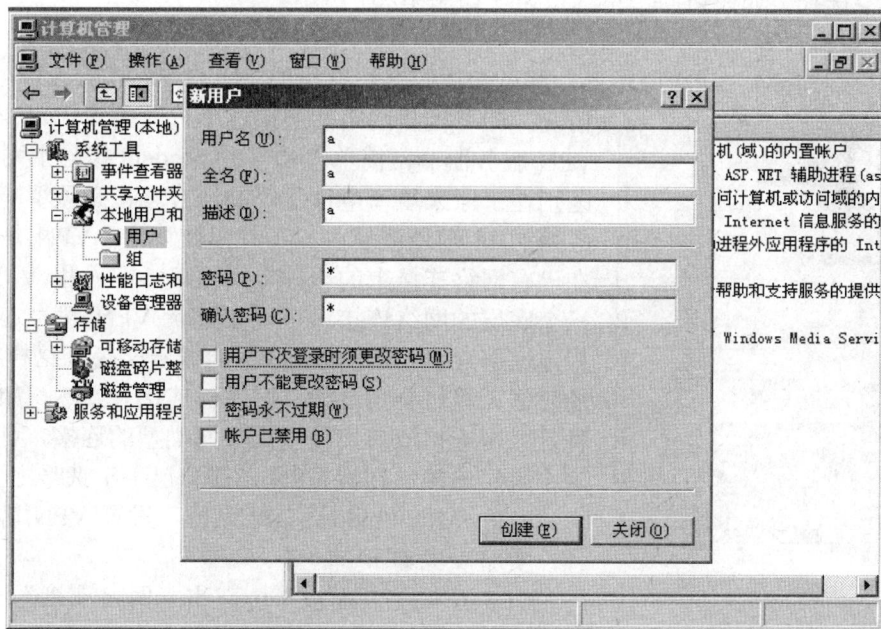

图 16.29　创建"新用户"

（13）在用户 a 上单击鼠标右键，从弹出的快捷菜单中选择"属性"命令，如图 16.30 所示。

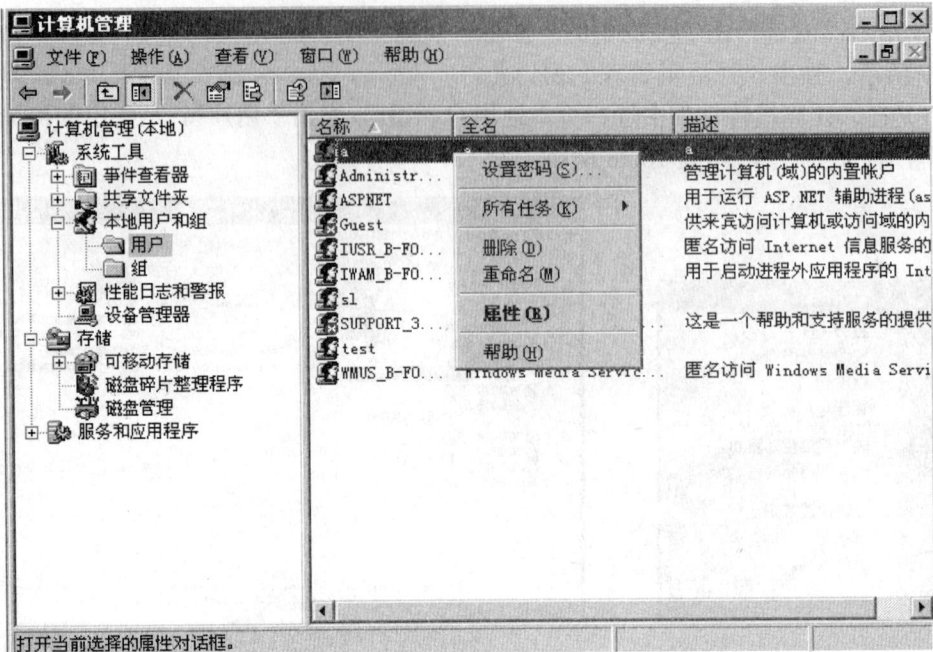

图 16.30　选择"属性"

（14）在"属性"对话框中选择"拨入"选项卡，在"远程访问权限（拨入或 VPN）"选项区域中选择"允许访问"单选按钮，如图 16.31 所示。

### 4．配置客户端

从客户端连接到 VPN 服务器，这里介绍的客户端指的是单台 PC 连接 VPN 服务器的

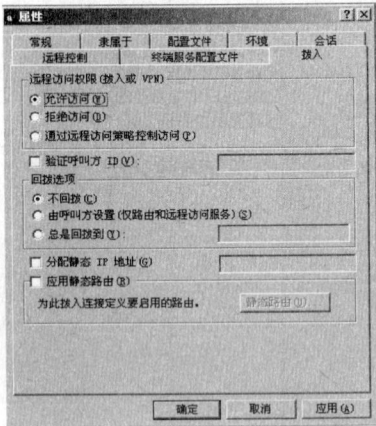

图 16.31　选择"允许访问"

情况，即单机和网络的连接。单机连接 Server 2003 做的 VPN 服务器非常简单，和平时 Modem 拨号上网差不多。区别在于原来填写电话号码的地方现在必须填写 VPN 服务器的 IP 地址或域名。另外需要记住，VPN 是一种建立在已有网络连接上的一种专用连接，即人和 VPN 都需要一个底层的网络连接，可以在建立 VPN 拨号连接的时候指定底层连接（如连接互联网的拨号连接），这样在拨 VPN 的时候计算机会自动拨互联网的连接。当然，如果使用多种互联网连接或直接使用局域网类型的连接，可以不指定这个底层连接，在拨 VPN 之前自己手工拨号上互联网。

首先介绍 Windows XP 系统下设置 VPN 客户端的过程，实验步骤如下：

（1）在"控制面板"中双击"网络连接"，在弹出的"网络连接"窗口中的"网络任务"面板中单击"创建一个新的连接"链接，打开"新建连接向导"对话框，单击"下一步"按钮，如图 16.32 所示。

（2）在"网络连接类型"向导中选择"连接到我的工作场所的网络"单选按钮，如图 16.33 所示。

（3）在"网络连接"向导中选择"虚拟专用网络连接"单选按钮，如图 16.34 所示。

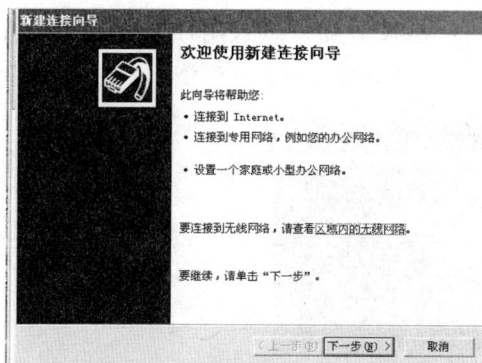

图 16.32　打开新建连接向导

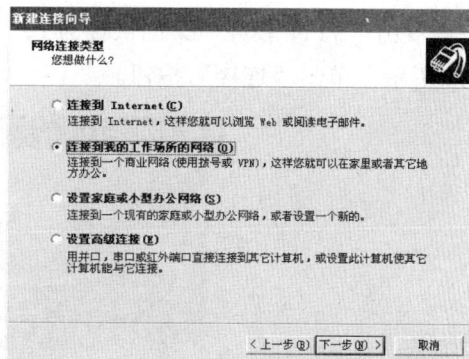

图 16.33　选择连接到我的工作场所的网络

（4）在"连接名"向导中的"公司名"文本框中输入"VPN 服务"进行标示，如图 16.35 所示。

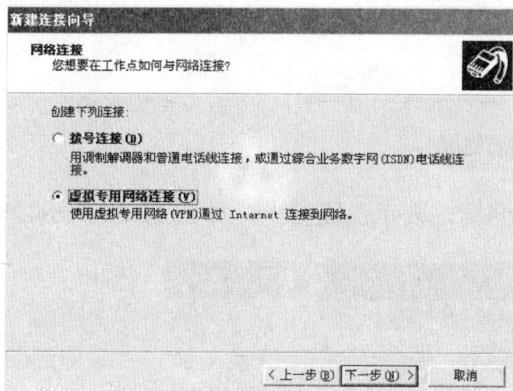

图 16.34　选择虚拟专用网络连接

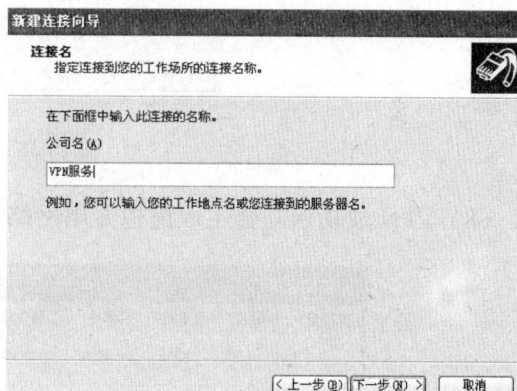

图 16.35　填写连接名

（5）主机名可以填写服务器里面的外网卡 IP 地址，如图 16.36 所示，单击"下一步"按钮完成向导。

（6）单击"完成"按钮，完成创建 VPN 客户端连接向导，并在桌面创建快捷方式，如图 16.37 所示。

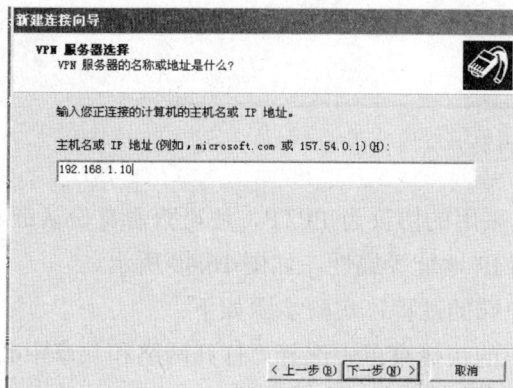

图 16.36　填写服务器网卡 IP 地址

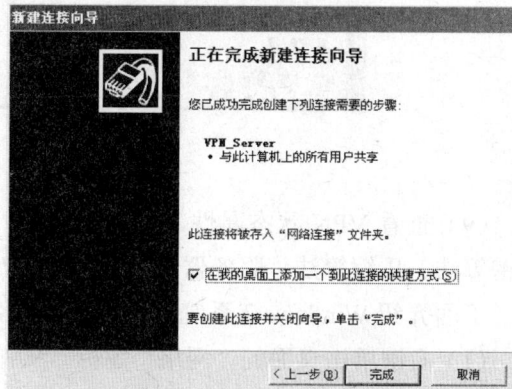

图 16.37　完成向导

实验 6　VPN 服务的配置与使用

（7）双击"VPN 服务"桌面快捷方式，进行 VPN 连接，输入用户名 a 和密码 a，如图 16.38 所示，单击"连接"按钮。

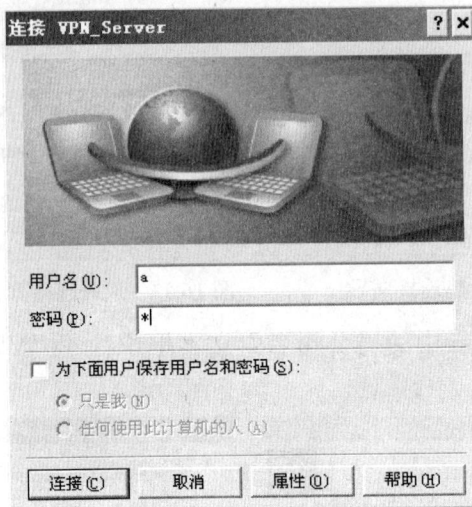

图 16.38　进行连接

（8）VPN 成功建立会生成虚拟专用网络的图标，表示已连接上，如图 16.39 所示。

图 16.39　已连接显示

（9）查看 VPN 状态属性，可以看到 VPN 采用的协议为 PPTP，还可查看身份认证、加密算法、压缩算法、服务器 IP 地址、客户端 IP 地址等属性，如图 16.40 所示。

下面介绍 Windows 7 系统下设置 VPN 客户端的过程，实验步骤如下：

（1）右键单击桌面的"网络"图标，从弹出的快捷菜单中选择"打开网络和共享中心"命令，在打开的窗口中单击"设置新的连接或网络"链接，如图 16.41 所示。

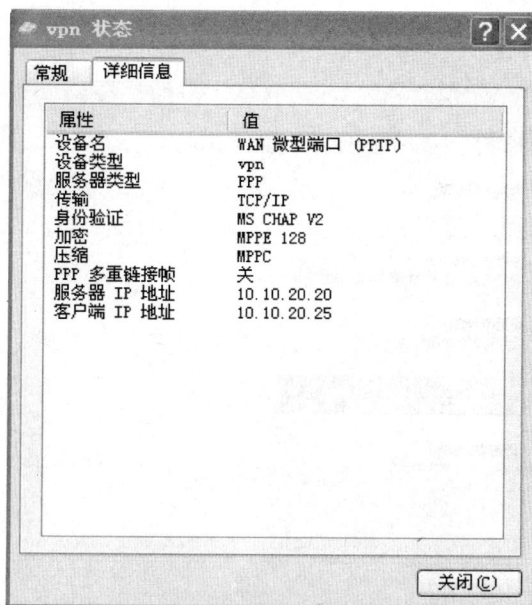

图 16.40　PPTP VPN 状态

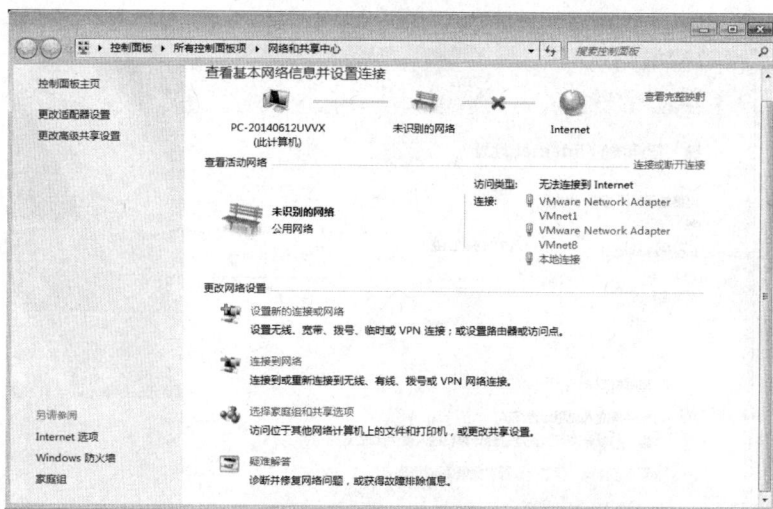

图 16.41　设置新的连接或网络

（2）选择"连接到工作区"选项，单击"下一步"按钮，如图 16.42 所示。

（3）选择"否，创建新连接"单选按钮，单击"下一步"按钮。

（4）单击"使用我的 Internet 连接（VPN）"，跳转到"键入要连接的 Internet 地址"窗口，如图 16.43 所示，在"Internet 地址"文本框中输入 VPN 服务器提供的 IP 地址，单击"下一步"按钮。

（5）这里是填入 VPN 的用户名和密码，输入前面创建的用户名 a 和密码 a，然后单击"创建"按钮，如图 16.44 所示。到这里就完成了 VPN 客户端的连接设置向导，单击"关闭"按钮。

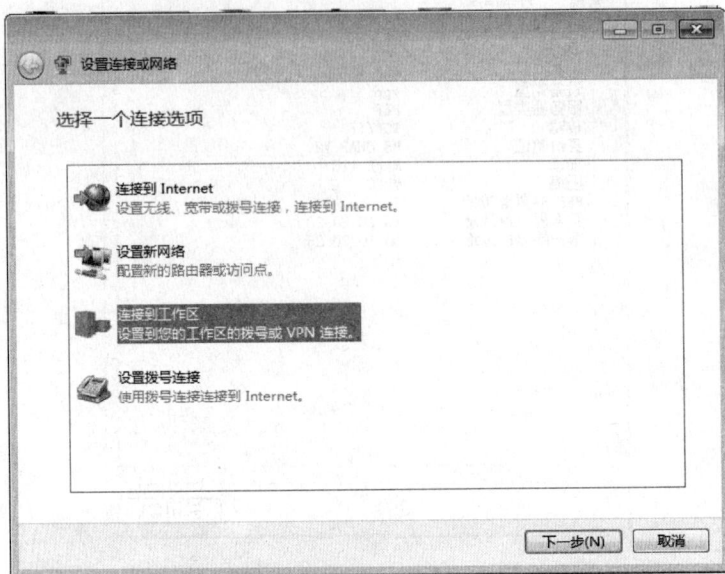

图 16.42　连接到工作区

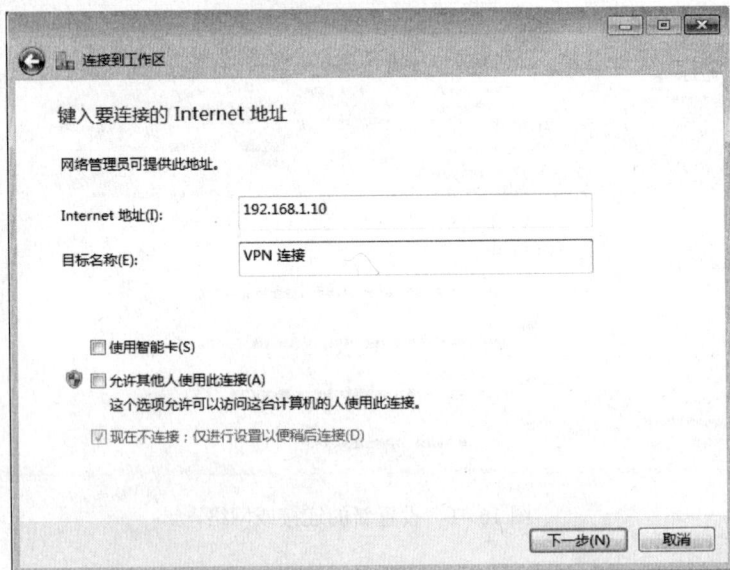

图 16.43　填写 VPN 服务器 IP 地址

（6）在桌面上找到刚才建好的"VPN 连接"图标双击打开，输入 VPN 提供的用户名和密码，"域"可以不用填写。至此，整个 Windows 7 下的 VPN 客户端的配置过程就设置完成了。现在单击"连接"按钮就可以实现 VPN 的连接。如果连接成功，选择"开始"→"运行"命令，在打开的对话框中输入 cmd，单击"确定"按钮，在命令窗口中输入 ipconfig/all，可以看到图 16.45 所示的信息。

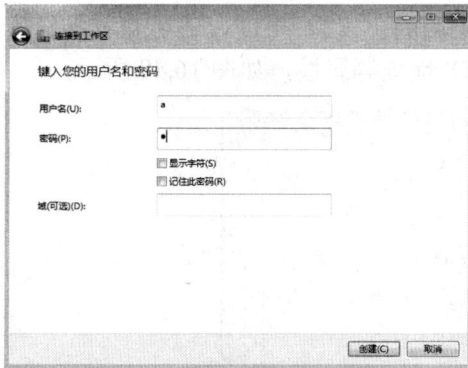

图 16.44　输入用户名和密码

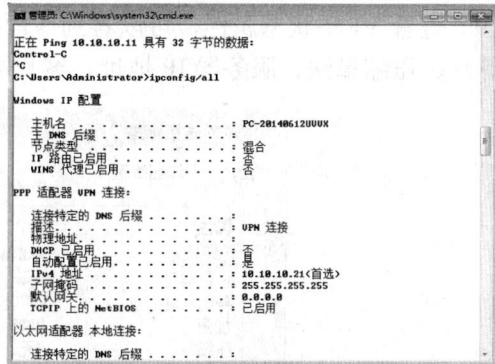

图 16.45　查看 VPN 连接信息

（7）查看是否能 ping 通 VPN 服务器的外网和内网 IP 地址，如能 ping 通会出现图 16.46 所示信息。

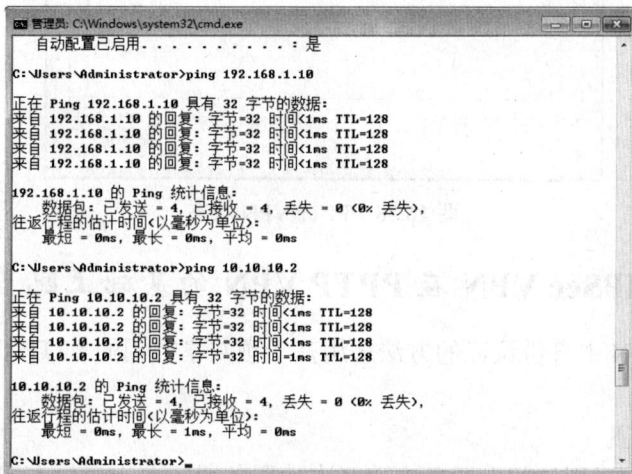

图 16.46　ping 通时的信息

（8）访问 FTP 服务器，看是否能查看到 FTP 服务器的资源，如能访问到资源会出现图 16.47 所示内容。

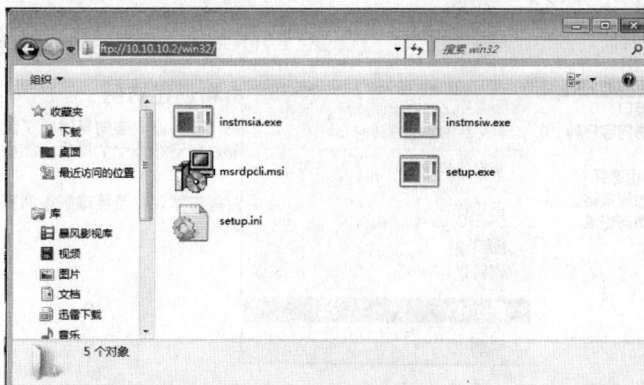

图 16.47　FTP 资源

实验6　VPN 服务的配置与使用

（9）查看 VPN 状态属性，可以看到 VPN 采用的协议为 PPTP，还可查看身份认证、加密算法、压缩算法、服务器 IP 地址、客户端 IP 地址等属性，如图 16.48 所示。

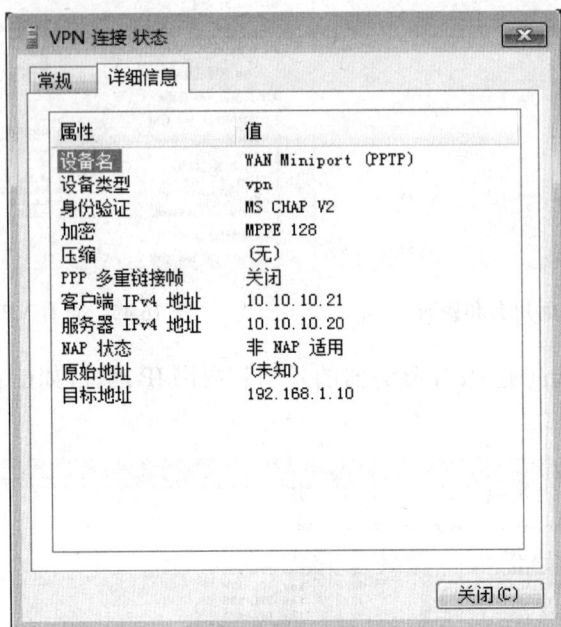

图 16.48　PPTP VPN 状态

## 16.2.3　L2TP/IPSec VPN 在 PPTP VPN 的基础上配置

L2TP/IPSec VPN 中身份认证的方法采用基于预共享密钥的 L2TP-IPSec 配置，具体配置过程如下。

### 1. 服务器端配置

（1）在"路由和远程访问"服务中选择本地服务器，单击鼠标右键，从弹出的快捷菜单中选择"属性"命令，如图 16.49 所示。

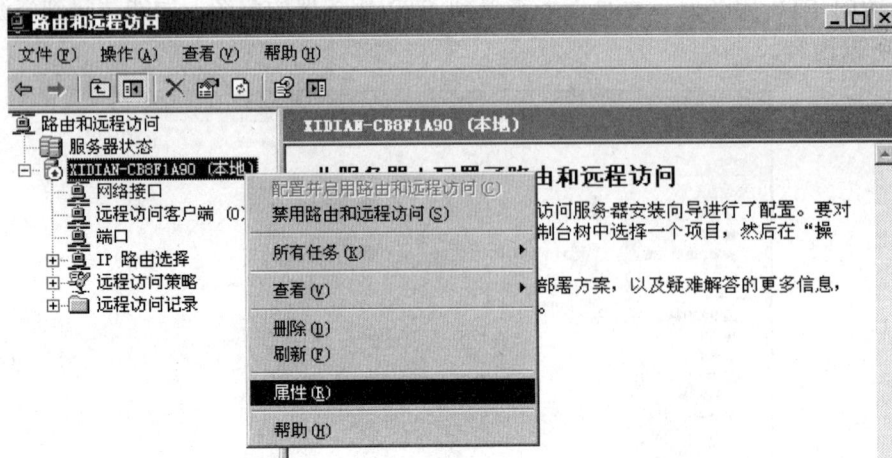

图 16.49　选择"属性"

（2）　在服务器端设置预共享密钥，该密钥必须与之后在客户端设置的预共享密钥相同，如图 16.50 所示。

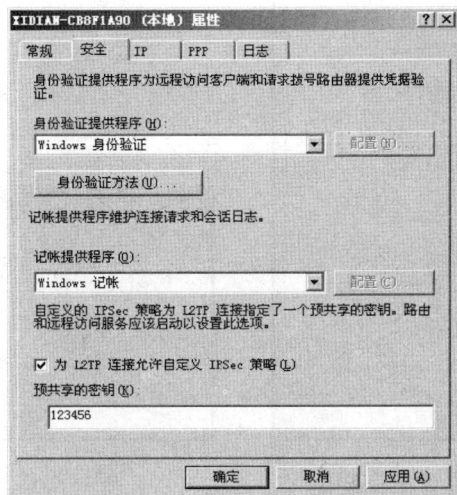

图 16.50　设置预共享密钥

**2．Windows XP 客户端配置**

（1）找到"网络连接"窗口中"VPN 连接"的图标，单击鼠标右键，从弹出的快捷菜单中选择"属性"命令，如图 16.51 所示。

图 16.51　选择"属性"

（2）在"VPN 连接属性"对话框中选择"安全"选项卡，单击"IPSec 设置"按钮，如图 16.52 所示。

（3）在"IPSec 设置"对话框中选中"使用预共享的密钥作身份验证"复选框，在"密钥"文本框中输入同服务器一致的预共享密钥，这里为 123456，如图 16.53 所示。

（4）在"VPN 连接属性"对话框中选择"网络"选项卡，在"VPN 类型"下拉列表中选择 L2TP IPSec VPN 选项，如图 16.54 所示。

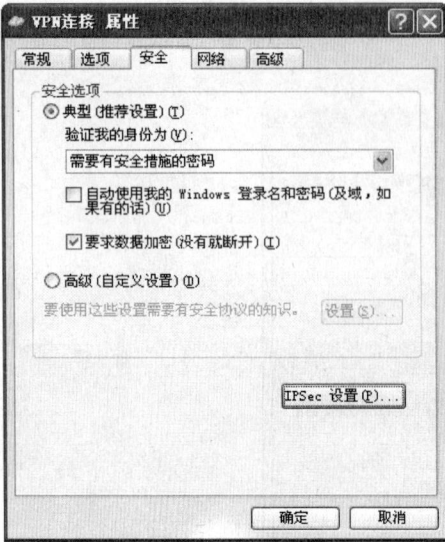

图 16.52　单击"IPSec 设置"按钮

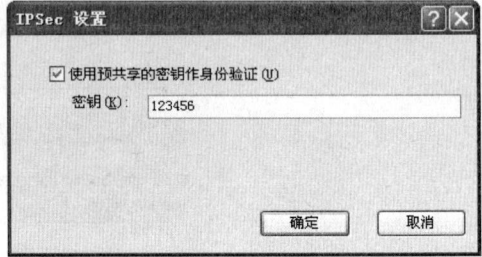

图 16.53　设置预共享密钥

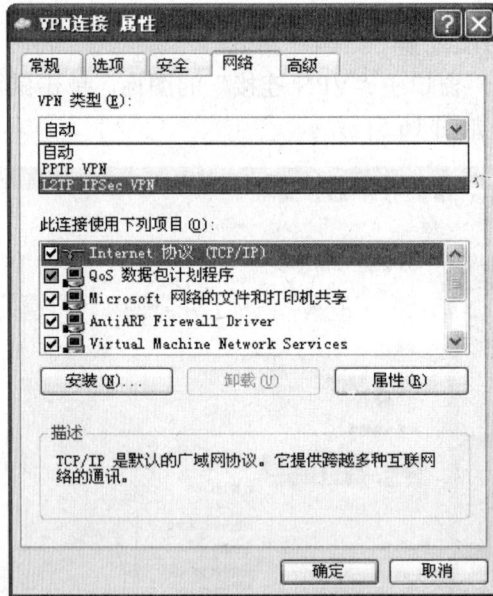

图 16.54　选择 L2TP IPSec VPN

### 3．客户端启用 IPSec 服务

（1）如果是加密的 L2TP VPN，那么需要启用系统的 IPSec 服务，启用方式：右击"我的电脑"图标，从弹出的快捷菜单中选择"管理"命令，在打开的"计算机管理"窗口中选择"服务和应用程序"选项，然后选择"服务"选项，找到 Windows XP 系统为 IPSec Services，确保状态为启动，如图 16.55 所示。

（2）设置好后，客户端的 VPN 图标显示该链接使用的是 L2TP 协议，如图 16.56 所示。

（3）重新单击"连接"进行拨号，连接成功后显示为已连接状态，如图 16.57 所示。

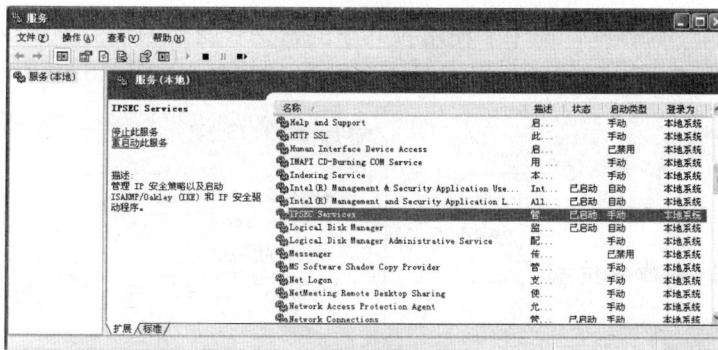

图 16.55　IPSec Services 状态

图 16.56　VPN 已断开状态

图 16.57　VPN 已连接上状态

（4）查看 VPN 状态属性，可以看到 VPN 采用的协议为 L2TP，加密算法变为 IPSec，ESP 3DES，还可查看身份认证、压缩算法、服务器 IP 地址、客户端 IP 地址等属性，如图 16.58 所示。

**4．Windows 7 客户端配置**

（1）在计算机桌面的右下角选择"打开网络和共享中心"，在"拨号和 VPN"中选择"VPN 连接"，单击鼠标右键，从弹出的快捷菜单中选择"属性"命令，如图 16.59 所示。

图 16.58　VPN 状态信息

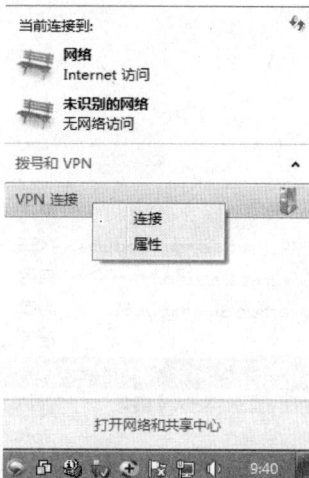

图 16.59　选择属性

（2）在"VPN 连接属性"对话框中选择"安全"选项卡，在"VPN 类型"下拉列表中选择"使用 IPSec 的第 2 层隧道协议（L2TP/IPSec）"选项，然后单击"高级设置"按钮，会弹出"高级属性"对话框，选中"使用预共享的密钥作身份验证"单选按钮，在"密钥"文本框中输入同服务器一致的预共享密钥，这里为123456，如图16.60所示。

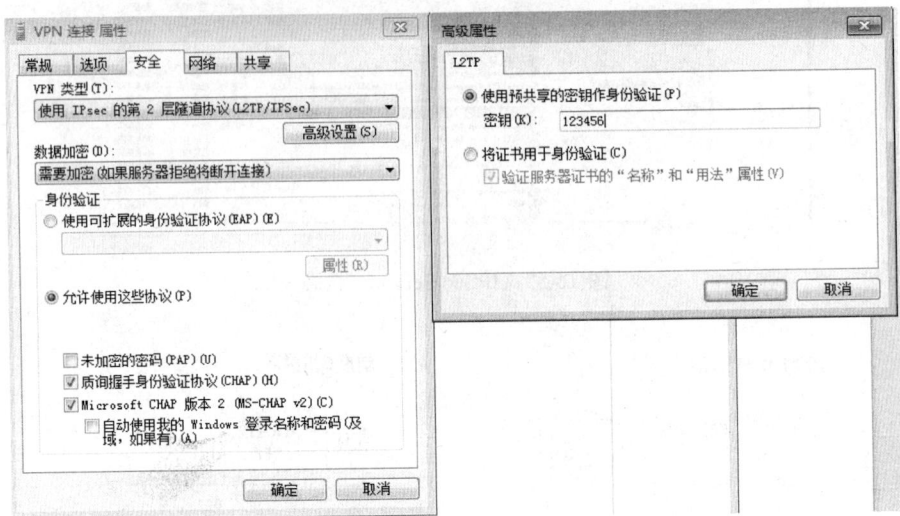

图 16.60　设置预共享密钥

（3）启用 IPSec 服务，如果是加密的 L2TP VPN，那么需要启用系统的 IPSec 服务，启用方式：右击"我的电脑"图标，从弹出的快捷菜单中选择"管理"命令，在打开的"计算机管理"窗口中选择"服务和应用程序"选项，然后选择"服务"选项，找到 IPSec Policy Agent，确保状态为启动，如图16.61所示。

（4）查看 VPN 状态属性，可以看到 VPN 采用的协议为 L2TP，加密算法变为 IPSec，ESP 3DES，还可查看身份认证、压缩算法、服务器 IP 地址、客户端 IP 地址等属性，如图16.62所示。

图 16.61　启动 IPSec Policy Agent 服务　　　　图 16.62　VPN 状态信息

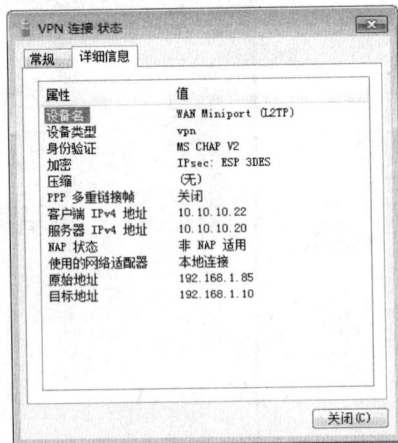

## 5. 查看服务器端的状态信息

（1）客户端连上后，可以看到服务器端有一个 WAN 微型端口（L2TP）的状态变成"活动", 如图 16.63 所示。

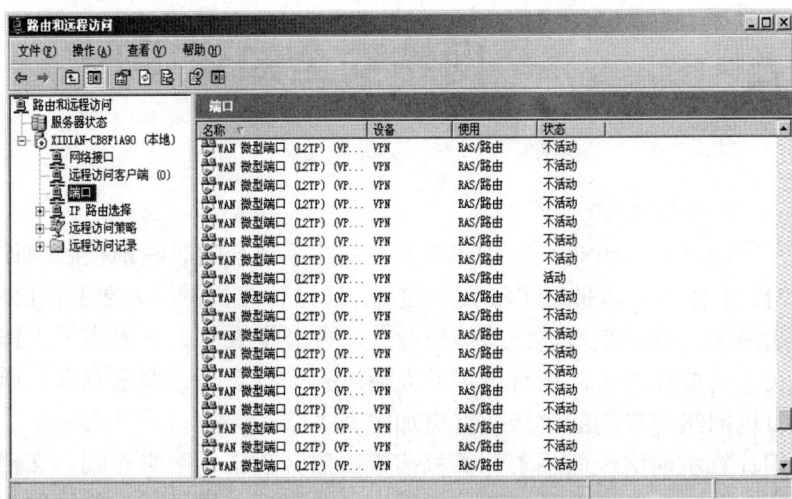

图 16.63　端口信息

（2）在远程访问客户端上可以看到是哪个用户连接到服务器, 如图 16.64 所示。

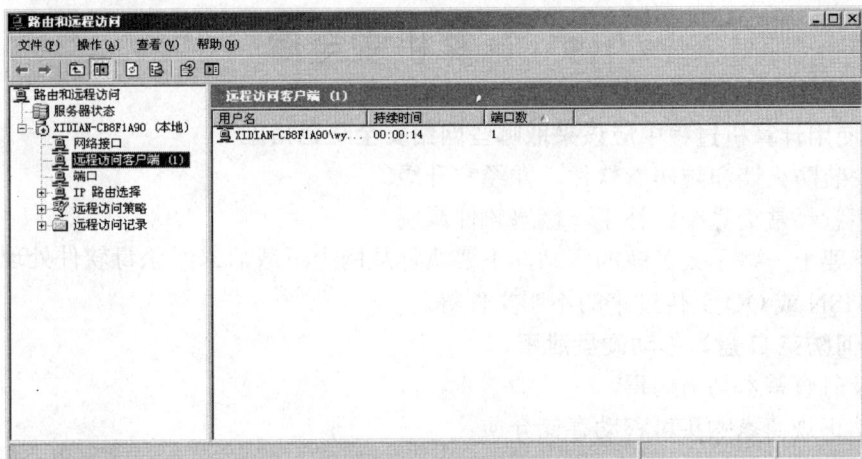

图 16.64　远程访问客户端信息

# 实验思考题

1. PPTP 和 L2TP 登录各有什么特点?
2. 在进行 VPN 拨号连接前是否能访问到内网资源? 为什么?
3. VPN 的配置服务器端主要配置什么内容?
4. VPN 的配置客户端主要配置什么内容?
5. 如何添加新的认证用户?
6. 如何在 Windows 7 客户端进行登录?
7. 预共享密钥的作用是什么?

实验6　VPN 服务的配置与使用

# 附录 A | 网络安全知识手册

当今社会，不同年龄、职业、生活环境的人们几乎都会随时随地接触到计算机网络，它为我们的学习、工作和生活带来了极大的便利。通过计算机网络，学生轻松地学习知识，股民方便地买卖股票，银行职员迅捷地操作业务，办公室人员大大提高了工作效率，旅行者免去了排队买票的劳顿之苦，还有更多的人通过它了解新闻、搜索查询、通信联络、聊天游戏等，计算机网络使我们的生活变得更加丰富多彩。

但是，使用计算机网络也面临着计算机病毒、黑客攻击、网络诈骗、文档丢失、个人信息泄露等危险和危害。本手册针对常见的网络安全问题，提供了一些简便实用的措施和方法，帮助大家提升网络安全防范意识，提高网络安全防护技能，遵守国家网络安全法律和法规，共同维护、营造和谐的网络环境。

## A1    计算机安全篇

**1．在使用计算机过程中应该采取哪些网络安全防范措施**

（1）安装防火墙和防病毒软件，并经常升级。

（2）注意经常给系统打补丁，堵塞软件漏洞。

（3）不要上一些不太了解的网站，不要执行从网上下载后未经杀毒软件处理的软件，不要打开 MSN 或 QQ 上传过来的不明文件等。

**2．如何防范 U 盘、移动硬盘泄密**

（1）及时查杀木马与病毒。

（2）从正规商家购买可移动存储介质。

（3）定期备份并加密重要数据。

（4）不要将办公与个人的可移动存储介质混用。

**3．如何设置 Windows 操作系统开机密码**

选择"开始"→"控制面板"命令，双击"用户账户"图标，选择账户后单击"创建密码"链接，输入两遍密码后单击"创建密码"按钮。

**4．如何将网页浏览器配置的更安全**

（1）设置统一、可信的浏览器初始页面。

（2）定期清理浏览器中的本地缓存、历史记录及临时文件内容。

（3）利用病毒防护软件对所有下载资源及时进行恶意代码扫描。

**5．为什么要定期进行补丁升级**

编写程序不可能十全十美，所以软件也免不了会出现 BUG，而补丁是专门用于修复这些 BUG 的。因为原来发布的软件存在缺陷，发现之后另外编制一个小程序使其完善，这种小程序俗称补丁。定期进行补丁升级，升级到最新的安全补丁，可以有效地防止非法入侵。

**6. 计算机中毒有哪些症状**

（1）经常死机。

（2）文件打不开。

（3）经常报告内存不够。

（4）提示硬盘空间不够。

（5）出现大量来历不明的文件。

（6）数据丢失。

（7）系统运行速度变慢。

（8）操作系统自动执行操作。

**7. 为什么不要打开来历不明的网页、电子邮件链接或附件**

互联网上充斥着各种钓鱼网站、病毒、木马程序。在不明来历的网页、电子邮件链接、附件中很可能隐藏着大量的病毒、木马，一旦打开，这些病毒、木马会自动进入计算机并隐藏在计算机中，会造成文件丢失损坏、信息外泄，甚至导致系统瘫痪。

**8. 接入移动存储设备（如移动硬盘和 U 盘）前为什么要进行病毒扫描**

外接存储设备也是信息存储介质，所存的信息很容易带有各种病毒，如果将带有病毒的外接存储介质接入计算机，很容易将病毒传播到计算机中。

**9. 计算机日常使用中遇到的异常情况有哪些**

计算机出现故障可能是由计算机自身硬件故障、软件故障、误操作或病毒引起的，主要包括系统无法启动、系统运行变慢、可执行程序文件大小改变等异常现象。

**10. Cookis 会导致怎样的安全隐患**

当用户访问一个网站时，Cookies 将自动储存于用户 IE 内，其中包含用户访问该网站的种种活动、个人资料、浏览习惯、消费习惯，甚至信用记录等。这些信息用户无法看到，当浏览器向此网址的其他主页发出 GET 请求时，此 Cookies 信息也会随之发送过去，这些信息可能被不法分子获得。为保障个人隐私安全，可以在 IE 设置中对 Cookies 的使用做出限制。

# A2　上网安全篇

**1. 如何防范病毒或木马的攻击**

（1）为计算机安装杀毒软件，定期扫描系统、查杀病毒；及时更新病毒库、更新系统补丁。

（2）下载软件时尽量到官方网站或大型软件下载网站，在安装或打开来历不明的软件或文件前先杀毒。

（3）不随意打开不明网页链接，尤其是不良网站的链接，陌生人通过 QQ 给自己传链接时尽量不要打开。

（4）使用网络通信工具时不随意接收陌生人的文件，若已接收可通过取消"隐藏已知文件类型扩展名"的功能来查看文件类型。

（5）对公共磁盘空间加强权限管理，定期查杀病毒。

（6）打开移动存储前先用杀毒软件进行检查，可在移动存储器中建立名为 autorun.inf 的文件夹（可防 U 盘病毒启动）。

（7）需要从互联网等公共网络上下载资料转入内网计算机时，用刻录光盘的方式实现转存。

（8）对计算机系统的各个账号要设置口令，及时删除或禁用过期账号。

（9）定期备份重要文件，以便遭到病毒严重破坏后能迅速修复。

**2．如何防范 QQ、微博等账号被盗**

（1）账户和密码尽量不要相同，定期修改密码，增加密码的复杂度，不要直接用生日、电话号码、证件号码等有关个人信息的数字作为密码。

（2）密码尽量由大小写字母、数字和其他字符混合组成，适当增加密码的长度并经常更换。

（3）不同用途的网络应用应该设置不同的用户名和密码。

（4）在网吧使用计算机前重启机器，警惕输入账号密码时被人偷看；为防止账号被侦听，可先输入部分账户名、部分密码，然后再输入剩下的账户名、密码。

（5）涉及网络交易时，要注意通过电话与交易对象本人确认。

**3．如何安全使用电子邮件**

（1）不要随意点击不明邮件中的链接、图片、文件。

（2）使用电子邮件地址作为网站注册的用户名时，应设置与原邮件密码不相同的网站密码。

（3）适当设置找回密码的提示问题。

（4）当收到与个人信息和金钱相关（如中奖、集资等）的邮件时要提高警惕。

**4．如何防范钓鱼网站**

（1）通过查询网站备案信息等方式核实网站资质的真伪。

（2）安装安全防护软件。

（3）警惕中奖、修改网银密码的通知邮件、短信，不轻意点击未经核实的陌生链接。

（4）不在多人共用的计算机上办理金融业务，如网吧等公共场所。

**5．如何保证网络游戏安全**

（1）输入密码时尽量使用软键盘，并防止他人偷窥。

（2）为计算机安装安全防护软件，从正规网站上下载网游插件。

（3）注意核实网游地址。

（4）如发现账号异常，应立即与游戏运营商联系。

**6．如何防范网络虚假、有害信息**

（1）及时举报疑似谣言信息。

（2）不造谣、不信谣、不传谣。

（3）注意辨别信息的来源和可靠度，通过经第三方可信网站认证的网站获取信息。

（4）注意打着"发财致富"、"普及科学"、"传授新技术"等幌子的信息。

（5）在获得相关信息后，应先去函或去电与当地工商、质检等部门联系，核实情况。

**7．当前网络诈骗类型该如何防范**

网络诈骗类型有如下 4 种：一是利用 QQ 盗号和网络游戏交易进行诈骗，冒充好友借钱；二是网络购物诈骗，收取订金骗钱；三是网上中奖诈骗，指犯罪分子利用传播软件随意向互联网 QQ 用户、MSN 用户、邮箱用户、网络游戏用户、淘宝用户等发布中奖提示信息；四是"网络钓鱼"诈骗，利用欺骗性的电子邮件和伪造的互联网网站进行诈骗活动，获得受骗者财务信息进而窃取资金。

预防网络诈骗的措施如下：

（1）不贪便宜。

（2）使用比较安全的支付工具。

（3）仔细甄别，严加防范。

（4）不在网上购买非正当产品，如手机监听器、毕业证书、考题答案等。

（5）不要轻信以各种名义要求先付款的信息，不要轻易把自己的银行卡借给他人。

（6）提高自我保护意识，注意妥善保管自己的私人信息，不向他人透露本人证件号码、账号、密码等，尽量避免在网吧等公共场所使用电子商务服务。

### 8．如何防范社交网站信息泄露

（1）利用社交网站的安全与隐私设置保护敏感信息。

（2）不要轻意点击未经核实的链接。

（3）在社交网站谨慎发布个人信息。

（4）根据自己对网站的需求选择注册。

### 9．如何保护网银安全

网上支付的安全威胁主要表现在以下三个方面：一是密码被破解，很多用户或企业使用的密码都是"弱密码"，且在所有网站上使用相同密码或者有限的几个密码，易遭受攻击者暴力破解；二是病毒、木马攻击，木马会监视浏览器正在访问的网页，获取用户账户、密码信息或者弹出伪造的登录对话框，诱骗用户输入相关密码，然后将窃取的信息发送出去；三是钓鱼平台，攻击者利用欺骗性的电子邮件和伪造的 Web 站点进行诈骗，如将自己伪装成知名银行或信用卡公司等可信的品牌，获取用户的银行卡号、口令等信息。

保护网银安全的防范措施如下：

（1）尽量不要在多人共用的计算机（如网吧等）上办理银行业务，发现账号有异常情况，应及时修改交易密码并向银行求助。

（2）核实银行的正确网址，安全登录网上银行，不要随意点击未经核实的陌生链接。

（3）在登录时不选择"记住密码"复选框，登录交易系统时尽量使用软键盘输入交易账号及密码，并使用该银行提供的数字证书增强安全性，核对交易信息。

（4）交易完成后要完整保存交易记录。

（5）网上银行交易完成后应单击"退出"按钮。使用 U 盾购物时，交易完成后要立即拔下 U 盾。

（6）对网络单笔消费和网上转账进行金额限制，并为网银开通短信提醒功能，在发生交易异常时及时联系相关客服。

（7）通过正规渠道申请办理银行卡及信用卡。

（8）不要使用存储额较大的储蓄卡或信用额度较大的信用卡开通网上银行。

（9）支付密码最好不要使用姓名、生日、电话号码，也不要使用 12345 等默认密码或与用户名相同的密码。

（10）应注意保护自己的银行卡信息资料，不要把相关资料随便留给不熟悉的公司或个人。

### 10．如何保护网上炒股安全

网上炒股面临的安全风险主要体现在以下几个方面：一是网络钓鱼，不法分子制作仿冒证券公司网站，诱导人们登录后窃取用户账号和密码；二是盗买盗卖，攻击者利用计算机"木马病毒"窃取他人的证券交易账号和密码后低价抛售他人股票，自己低价买入后再高价卖出，赚取差价。

保护网上炒股安全应采取如下措施：

（1）保护交易密码和通信密码。

（2）尽量不要在多人共用的计算机（如网吧等）上进行股票交易，并注意在离开计算机时锁屏。

（3）注意核实证券公司的网站地址，下载官方提供的证券交易软件，不轻信小广告。

（4）及时修改个人账户的初始密码，设置安全密码，发现交易有异常情况时要及时修改密码，并通过截图、拍照等保留证据，第一时间向专业机构或证券公司求助。

### 11．如何保护网上购物安全

网上购物面临的安全风险主要有如下方面：一是通过网络进行诈骗，部分商家恶意在网络上销售自己没有的商品，因为绝大多数网络销售是先付款后发货，等收到款项后便销声匿迹；二是钓鱼欺诈网站，以不良网址导航网站、不良下载网站、钓鱼欺诈网站为代表的"流氓网站"群体正在形成一个庞大的灰色利益链，使消费者面临网购风险；三是支付风险，一些诈骗网站盗取消费者的银行账号、密码、口令卡等，同时消费者购买前的支付程序烦琐及退货流程复杂、时间长，货款只退到网站账号，不退到银行账号等也使网购出现安全风险。

保护网上购物安全的主要措施如下：

（1）核实网站资质及网站联系方式的真伪，尽量到知名、权威的网上商城购物。

（2）尽量通过网上第三方支付平台交易，切忌直接与卖家私下交易。

（3）在购物时要注意商家的信誉、评价和联系方式。

（4）在交易完成后要完整保存交易订单等信息。

（5）在填写支付信息时，一定要检查支付网站的真实性。

（6）注意保护个人隐私，直接使用个人的银行账号、密码和证件号码等敏感信息时要慎重。

（7）不要轻信网上低价推销广告，也不要随意点击未经核实的陌生链接。

### 12．如何防范网络传销

网络传销一般有两种形式：一是利用网页进行宣传，鼓吹轻松赚大钱的思想，如网页上的"轻点鼠标，您就是富翁"、"坐在家里，也能赚钱"等信息；二是建立网上交易平台，靠发展会员聚敛财富，主要通过交纳一定资金或购买一定数量的产品作为"入门费"，获得加入资格，或通过发展他人加入其中，形成上下线的层级关系，以直接或间接发展的下线所交纳的资金或者销售业绩为计算报酬的依据。

防范网络传销需注意以下方面：

（1）在遇到相关创业、投资项目时要仔细研究其商业模式。无论打着什么样的旗号，如果其经营的项目并不创造任何财富，却许诺只要交钱入会，发展人员就能获取"回报"，请提高警惕。

（2）克服贪欲，不要幻想"一夜暴富"。如果抱着侥幸心理参与其中，最终只会落得血本无归、倾家荡产，甚至走向犯罪的道路。

**13．如何防范假冒网站**

假冒网站的主要表现形式有两种：一是假冒网站的网址与真网站网址较为接近；二是假冒网站的页面形式和内容与真网站较为相似。

不法分子欺诈的手法通常有三种：一是将假冒网站地址发送到客户的计算机上或放在搜索网站上诱骗客户登录，窃取客户信息；二是通过手机短信、邮箱等，冒充银行名义发送诈骗短信，诱骗客户登录假冒网站；三是建立假冒电子商务网站，通过假的支付页面窃取客户网上银行信息。

防范假冒网站的措施如下：

（1）直接输入所要登录网站的网址，不通过其他链接进入。

（2）登录网站后留意核对所登录的网址与官方公布的网址是否相符。

（3）登录官方发布的相关网站辨识真伪。

（4）安装防护软件，及时更新系统补丁。

（5）当收到邮件、短信、电话等要求到指定的网页修改密码，或通知中奖并要求在领取奖金前先支付税金、邮费等时务必提高警惕。

**14．如何准确访问和识别党政机关、事业单位网站**

按照党政机关、事业单位网站与其实体名称对应，网络身份与实体机构相符的原则，国家专门设立".政务"和".公益"中文域名，由工业和信息化部授权中央编办电子政务中心负责注册管理。

（1）通过中文域名访问党政机关、事业单位网站。

".政务"和".公益"域名是党政机关和事业单位的专用中文域名，其注册、解析均由机构编制部门进行严格审核和管理。通过在浏览器地址栏输入".政务"和".公益"中文域名，可准确访问党政机关和事业单位网站。

（2）通过查看网站标识识别。

党政机关和事业单位网站标识是经机构编制部门核准后统一颁发的电子标识，该标识显示在网站所有页面底部中间显著位置。单击该标识即可查看到经机构编制部门审核确认的该网站主办单位的名称、机构类型、地址、职能，以及网站名称、域名和标识发放单位、发放时间等信息，以确认该网站是否为党政机关或事业单位网站。网站标识分为党政机关和事业单位两类。

**15．如何防范网络非法集资**

非法集资的特点如下：一是未经有关部门依法批准，包括没有批准权限的部门批准的集资，以及有批准权限但超越权限批准的集资；二是承诺在一定期限内给出资人还本付息，还本付息的形式除以货币形式为主外，还包括实物形式或其他形式；三是向社会不特定对象及社会公众筹集资金，集资对象多为下岗职工、退休人员、农民等低收入阶层，承受经济损失的能力较低；四是以合法形式掩盖其非法集资的性质。

防范非法集资的注意事项如下：

（1）加强法律知识学习，增强法律观念。

（2）要时刻紧绷防范思想，不要被各种经济诱惑蒙骗，摒弃"发横财"和"暴富"等不劳而获的思想。

（3）在投资前详细做足调查，对集资者的底细了解清楚。

（4）若要投资股票、基金等金融证券，应通过合法的证券公司申购和交易，不轻信非法从事证券业务的人员和机构，以及小广告、网络信息、手机短信、推介会等方式。

（5）社会公众不要轻信非法集资犯罪嫌疑人的任何承诺，以免造成无法挽回的巨大经济损失。

**16. 使用 ATM 机时需要注意哪些问题**

（1）使用自助银行服务终端时，留意周围是否有可疑的人，操作时应避免他人干扰，用一只手挡住密码键盘，防止他人偷窥密码。

（2）遭遇吞卡、未吐钞等情况应拨打发卡银行的全国统一客服热线，及时与发卡银行取得联系。

（3）不要拨打机具旁粘贴的电话号码，不要随意丢弃打印单据。

（4）刷卡门禁不需要输入密码。

**17. 受骗后该如何减少自身的损失**

（1）及时致电发卡银行客服热线或直接向银行柜面报告欺诈交易，监控银行卡交易或冻结、止付银行卡账户。如被骗钱款后能准确记住诈骗的银行卡账号，可通过拨打 95516 银联中心客服电话的人工服务台，查清该诈骗账号的开户银行和开户地点（可精确至地市级）。

（2）对已发生损失或情况严重的，应及时向当地公安机关报案。

（3）配合公安机关及发卡银行做好调查、举证工作。

**18. 网络服务提供者和其他企事业单位在业务活动中收集、使用公民的个人电子信息应当遵循什么原则**

应当遵循合法、正当、必要的原则，明示收集和使用信息的目的、方式和范围，并经被收集者同意；不得违反法律、法规的规定及双方的约定来收集和使用公民个人电子信息。

**19. 当公民发现网上有泄露个人身份、侵犯个人隐私的网络信息时该怎么办**

公民发现泄露个人身份、侵犯个人隐私的网络信息，或者受到商业性电子信息侵扰，有权要求网络服务提供者删除有关信息或采取其他必要措施予以制止，必要时可向相关的网络安全事件处置机构进行举报或求援。

# A3　移动终端安全

**1. 如何安全地使用 WiFi**

目前 WiFi 陷阱有两种：一是"设套"，主要是在宾馆、饭店、咖啡厅等公共场所搭建免费 WiFi，骗取用户使用，并记录其在网上进行的所有操作记录；二是"进攻"，主要针对一些在家里组建 WiFi 的用户，即使用户设置了 WiFi 密码，如果密码强度不高的话，黑客也可通过暴力破解的方式破解家庭 WiFi，进而可能对用户机器进行远程控制。

安全地使用WiFi，要做到以下几个方面：

（1）勿见到免费WiFi就用，要用可靠的WiFi接入点，关闭手机和平板计算机等设备的无线网络自动连接功能，仅在需要时开启。

（2）警惕公共场所免费的无线信号为不法分子设置的钓鱼陷阱，尤其是一些和公共场所内已开放的WiFi同名的信号。在公共场所使用陌生的无线网络时，尽量不要进行与资金有关的银行转账与支付。

（3）修改无线路由器默认的管理员用户名和密码，将家中无线路由器的密码设置的复杂一些，并采用强密码，最好是字母和数字的组合。

（4）启用WPA/WEP加密方式。

（5）修改默认SSID号，关闭SSID广播。

（6）启用MAC地址过滤。

（7）无人使用时关闭无线路由器电源。

**2．如何安全地使用智能手机**

（1）为手机设置访问密码是保护手机安全的第一道防线，以防智能手机丢失时犯罪分子可能会获得通讯录、文件等重要信息并加以利用。

（2）不要轻易打开陌生人通过手机发送的链接和文件。

（3）为手机设置锁屏密码，并将手机随身携带。

（4）在QQ、微信等应用程序中关闭地理定位功能，并且仅在需要时开启蓝牙。

（5）经常为手机数据做备份。

（6）安装安全防护软件，并经常对手机系统进行扫描。

（7）到权威网站下载手机应用软件，并在安装时谨慎选择相关权限。

（8）不要试图破解自己的手机，以保证应用程序的安全性。

**3．如何防范病毒和木马对手机的攻击**

（1）为手机安装安全防护软件，开启实时监控功能，并定期升级病毒库。

（2）警惕收到的陌生图片、文件和链接，不要轻易打开在QQ、微信、短信、邮件中的链接。

（3）到权威网站下载手机应用。

**4．如何防范"伪基站"的危害**

今年以来出现了一种利用"伪基站"设备作案的新型违法犯罪活动。"伪基站"设备是一种主要由主机和笔记本电脑组成的高科技仪器，能够搜取以其为中心、一定半径范围内的手机卡信息，并任意冒用他人手机号码强行向用户手机发送诈骗、广告推销等短信息。犯罪嫌疑人通常将"伪基站"放在车内，在路上缓慢行驶或将车停放在特定区域，从事短信诈骗、广告推销等违法犯罪活动。

"伪基站"短信诈骗主要有两种形式：一是"广种薄收式"，嫌疑人在银行、商场等人流密集地以各种汇款名目向一定半径范围内的群众手机发送诈骗短信；二是"定向选择式"，嫌疑人筛选出手机号后，以该号码的名义向其亲朋好友、同事等熟人发送短信，实施定向诈骗。

用户防范"伪基站"诈骗短信可从如下方面着手：

（1）当用户发现手机无信号或信号极弱时仍然能收到推销、中奖、银行相关短信，则用户所在区域很可能被"伪基站"覆盖，不要相信短信的任何内容，不要轻信收到的中奖、推销信息，不轻信意外之财。

（2）不要轻信任何号码发来的涉及银行转账及个人财产的短信，不向任何陌生账号转账。

（3）安装手机安全防护软件，以便对收到的垃圾短信进行精准拦截。

**5．如何防范骚扰电话、电话诈骗、垃圾短信**

用户使用手机时遭遇的垃圾短信、骚扰电话、电信诈骗主要有以下4种形式：一是冒充国家机关工作人员实施诈骗；二是冒充电信等有关职能部门工作人员，以电信欠费、送话费等为由实施诈骗；三是冒充被害人的亲属、朋友，编造生急病、发生车祸等意外急需用钱，从而实施诈骗；四是冒充银行工作人员，假称被害人银联卡在某地刷卡消费，诱使被害人转账实施诈骗。

在使用手机时，防范骚扰电话、电话诈骗、垃圾短信的主要措施如下：

（1）克服"贪利"思想，不要轻信，谨防上当。

（2）不要轻易将自己或家人的身份、通信信息等家庭、个人资料泄露给他人，对涉及亲人和朋友求助、借钱等内容的短信和电话要仔细核对。

（3）接到培训通知、以银行信用卡中心名义声称银行卡升级、招工、婚介类等信息时要多做调查。

（4）不要轻信涉及加害、举报、反洗钱等内容的陌生短信或电话，既不要理睬，更不要为"消灾"将钱款汇入犯罪分子指定的账户。

（5）对于广告"推销"特殊器材、违禁品的短信和电话，应不予理睬并及时清除，不要汇款购买。

（6）到银行自动取款机（ATM机）存取钱时遇到银行卡被堵、被吞等意外情况，应认真识别自动取款机"提示"的真伪，不要轻信，可拨打95516银联中心客服电话的人工服务台了解查问。

（7）遇见诈骗类电话或信息，应及时记下犯罪分子的电话号码、电子邮件地址、QQ号及银行卡账号，并记住犯罪分子的口音、语言特征和诈骗的手段及经过，及时到公安机关报案，积极配合公安机关开展侦查破案和追缴被骗款等工作。

**6．出差在外，如何确保移动终端的隐私安全**

（1）出差之前备份好宝贵数据。

（2）不要登录不安全的无线网络。

（3）在上网浏览时不要选择"记住用户名和密码"复选框。

（4）使用互联网浏览器后，应清空历史记录和缓存内容。

（5）使用公用计算机时，当心击键记录程序和跟踪软件。

**7．如何防范智能手机信息泄露**

（1）利用手机中的各种安全保护功能，为手机、SIM卡设置密码并安装安全软件，减少手机中的本地分享，对程序执行权限加以限制。

（2）谨慎下载应用，尽量从正规网站下载手机应用程序和升级包，对手机中的Web站点提高警惕。

（3）禁用WiFi自动连接到网络功能，使用公共Wi-Fi有可能被盗用资料。

（4）下载软件或游戏时应详细阅读授权内容，防止将木马带到手机中。

（5）经常为手机做数据同步备份。

（6）勿见码就刷。

### 8．如何保护手机支付安全

目前移动支付上存在的信息安全问题主要集中在以下两个方面：一是手机丢失或被盗，即不法分子盗取受害者手机后，利用手机的移动支付功能窃取受害者的财物；二是用户信息安全意识不足，轻信钓鱼网站，当不法分子要求自己告知对方敏感信息时无警惕之心，从而导致财物被盗。

手机支付毕竟是一个新事物，尤其是通过移动互联网进行交易，安全防范工作一定要做足，不然智能手机也会"引狼入室"。

保护智能手机支付安全的措施如下：

（1）保证手机随身携带，建议手机支付客户端与手机绑定，使用数字证书，开启实名认证。

（2）最好从官方网站下载手机支付客户端和网上商城应用。

（3）使用手机支付服务前，按要求在手机上安装专门用于安全防范的插件。

（4）登录手机支付应用、网上商城时勿选择"记住密码"选项。

（5）经常查看手机任务管理器，检查是否有恶意程序在后台运行，并定期使用手机安全软件扫描手机系统。

# A4　个人信息安全

### 1．容易被忽视的个人信息有哪些

个人信息是指与特定自然人相关，能够单独或通过与其他信息结合识别该特定自然人的数据。一般包括姓名、职业、职务、年龄、血型、婚姻状况、宗教信仰、学历、专业资格、工作经历、家庭住址、电话号码（手机用户的手机号码）、身份证号码、信用卡号码、指纹、病史、电子邮件、网上登录账号和密码等。覆盖了自然人的心理、生理、智力，以及个体、社会、经济、文化、家庭等各个方面。

个人信息可以分为个人一般信息和个人敏感信息。个人一般信息是指正常公开的普通信息，如姓名、性别、年龄、爱好等。个人敏感信息是指一旦遭到泄露或修改，会对标识的个人信息主体造成不良影响的个人信息。各行业个人敏感信息的具体内容根据接受服务的个人信息主体意愿和各自业务特点确定，如个人敏感信息可以包括身份证号码、手机号码、种族、政治观点、宗教信仰、基因、指纹等。

### 2．个人信息泄露的途径及后果

目前，个人信息的泄露主要有以下途径：

（1）利用互联网搜索引擎搜索个人信息，汇集成册，并按照一定的价格出售给需要购买的人。

（2）旅馆住宿、保险公司投保、租赁公司、银行办证、电信、移动、联通、房地产、邮政部门等需要身份证件实名登记的部门、场所，个别人员利用登记的便利条件泄露客户个人信息。

（3）个别违规打字店、复印店利用复印、打字之便将个人信息资料存档留底，装订成册，对外出售。

（4）借各种"问卷调查"之名窃取群众个人信息，他们宣称只要在"调查问卷表"上填写详细联系方式、收入情况、信用卡情况等内容，以及简单的"勾挑式"调查，就能获得不等奖次的奖品，以此诱使群众填写个人信息。

（5）在抽奖券的正副页上填写姓名、家庭住址、联系方式等可能会导致个人信息泄露。

（6）在购买电子产品、车辆等物品时，在一些非正规的商家填写非正规的"售后服务单"，从而被人利用了个人信息。

（7）超市、商场通过向群众邮寄免费资料、申办会员卡时掌握到的群众信息，通过个别人向外泄露。目前，针对个人信息的犯罪已经形成了一条灰色的产业链，在这个链条中有专门从事个人信息收集的泄密源团体，他们之中包括一些有合法权限的内部用户主动通过 QQ、互联网、邮件、移动存储等各类渠道泄露信息。还包括一些黑客，通过攻击行为获得企业或个人的数据库信息。有专门向泄密源团体购买数据的个人信息中间商团体，他们根据各种非法需求向泄密源购买数据，作为中间商向有需求者推销数据，作为中间商买卖、共享和传播各种数据库。还有专门从中间商团体购买个人信息并实施各种犯罪的使用人团体，他们是实际利用个人信息侵害个人利益的群体。据不完全统计，这些人在获得个人信息后会利用个人信息从事 5 类违法犯罪活动：

（1）电信诈骗、网络诈骗等新型、非接触式犯罪。如 2012 年年底，北京、上海、深圳等城市相继发生大量电话诈骗学生家长案件。犯罪分子利用非法获取的公民家庭成员信息，向学生家长打电话谎称其在校子女遭绑架或突然生病，要求紧急汇款解救或医治，以此实施诈骗。

（2）直接实施抢劫、敲诈勒索等严重暴力犯罪活动。如 2012 年年初，广州发生犯罪分子根据个人信息资料，冒充快递，直接上门抢劫，造成户主一死两伤的恶性案件。

（3）实施非法商业竞争。不法分子以信息咨询、商务咨询为掩护，利用非法获取的公民个人信息收买客户，打压竞争对手。

（4）非法干扰民事诉讼。不法分子利用购买的公民个人信息，介入婚姻纠纷、财产继承、债务纠纷等民事诉讼，对群众正常生活造成极大困扰。

（5）滋扰民众。不法分子获得公民个人信息后，通过网络人肉搜索、信息曝光等行为滋扰民众生活。如 2011 年北京发生一起案件，男女双方由于分手后发生口角，闫某前男友将其个人私密照片在网上曝光，给闫某造成极大困扰。

**3. 如何防范个人信息泄露**

（1）在安全级别较高的物理或逻辑区域内处理个人敏感信息。

（2）敏感个人信息需加密保存。

（3）不使用 U 盘存储交互个人敏感信息。

（4）尽量不要在可访问互联网的设备上保存或处理个人敏感信息。

（5）只将个人信息转移给合法的接收者。

（6）个人敏感信息需带出公司时要防止被盗、丢失。

（7）电子邮件发送时要加密，并注意不要错发。

（8）邮包寄送时选择可信赖的邮寄公司，并要求回执。

（9）避免传真错误发送。

（10）纸质资料要用碎纸机销毁。

（11）废弃的光盘、U盘、计算机等要消磁或彻底破坏。

# A5 网络安全中用到的法律知识

**1. 违反《全国人民代表大会常务委员会关于加强网络信息保护的决定》的单位或者个人会被给予什么处罚**

对有违反本决定行为的，依法给予警告、罚款、没收违法所得、吊销许可证或者取消备案、关闭网站、禁止有关责任人员从事网络服务业务等处罚，记入社会信用档案并予以公布。构成违反治安管理行为的，依法给予治安管理处罚。构成犯罪的，依法追究刑事责任。侵害他人民事权益的，依法承担民事责任。

**2. 网上的哪些行为会被认定为《刑法》第二百四十六条第一款规定的"捏造事实诽谤他人"**

（1）捏造损害他人名誉的事实，在信息网络上散布，或者组织、指使人员在信息网络上散布。

（2）将信息网络上涉及他人的原始信息内容篡改为损害他人名誉的事实，在信息网络上散布，或者组织、指使人员在信息网络上散布。

（3）明知是捏造的损害他人名誉的事实，在信息网络上散布，情节恶劣的，以"捏造事实诽谤他人"论。

**3. 利用信息网络诽谤他人，在什么情形下应当认定为《刑法》第二百四十六条第一款规定的"情节严重"**

（1）同一诽谤信息实际被点击、浏览次数达到5千次以上，或者被转发次数达到500以上的。

（2）造成被害人或者其近亲属精神失常、自残、自杀等严重后果。

（3）两年内曾因诽谤受过行政处罚，又诽谤他人。

（4）其他情节严重的情形。

**4. 利用信息网络诽谤他人，在什么情形下应当认定为《刑法》第二百四十六条第二款规定的"严重危害社会秩序和国家利益"**

（1）引发群体性事件。

（2）引发公共秩序混乱。

（3）引发民族、宗教冲突。

（4）诽谤多人，造成恶劣社会影响。

（5）损害国家形象，严重危害国家利益。

（6）造成恶劣国际影响。

（7）其他严重危害社会秩序和国家利益的情形。

**5. 网上何种行为会被认定为寻衅滋事罪**

利用信息网络辱骂、恐吓他人，情节恶劣、破坏社会秩序的，依照《刑法》第二百九十三条第一款第（二）项的规定，以寻衅滋事罪定罪处罚。编造虚假信息，或者明知是编造的虚假信息，在信息网络上散布，或者组织、指使人员在信息网络上散布，起哄闹事，造成公共秩序严重混乱的，依照《刑法》第二百九十三条第一款第（四）项的规定，以寻衅滋事罪定罪处罚。

**6．网上何种行为会被认定为敲诈勒索罪**

以在信息网络上发布、删除等方式处理网络信息为由，威胁、要挟他人，索取公私财物，数额较大，或者多次实施上述行为的，依照《刑法》第二百七十四条的规定，以敲诈勒索罪定罪处罚。

**7．网上何种行为会被认定为非法经营罪**

违反国家规定，以营利为目的，通过信息网络有偿提供删除信息服务，或者明知是虚假信息，通过信息网络有偿提供发布信息等服务，扰乱市场秩序，属于非法经营行为"情节严重"，依照《刑法》第二百二十五条第（四）项的规定，以非法经营罪定罪处罚。

**8．非法经营认定的数额标准是多少**

（1）个人非法经营数额在5万元以上，或者违法所得数额在2万元以上。

（2）单位非法经营数额在15万元以上，或者违法所得数额在5万元以上。

实施前款规定的行为，数额达到前款规定的数额5倍以上的，应当认定为《刑法》第二百二十五条规定的"情节特别严重"。

**9．明知他人利用信息网络实施诽谤、寻衅滋事、敲诈勒索、非法经营等犯罪，为其提供资金、场所、技术支持等帮助的会构成什么性质的犯罪**

以共同犯罪论处。

**10．国家对经营性和非经营性互联网信息服务分别采取什么管理制度**

国家对经营性互联网信息服务实行许可制度；对非经营性互联网信息服务实行备案制度。未取得许可或者未履行备案手续的，不得从事互联网信息服务。

**11．互联网新闻信息及新闻信息服务包括哪些**

新闻信息是指时政类新闻信息，包括有关政治、经济、军事、外交等社会公共事务的报道、评论，以及有关社会突发事件的报道、评论。互联网新闻信息服务包括通过互联网登载新闻信息、提供时政类电子公告服务和向公众发送时政类通信信息。

**12．关于即时通信工具（如微信、腾讯QQ等）的公众信息服务有哪些管理规定**

国家互联网信息办公室2014年8月7日发布《即时通信工具公众信息服务发展管理暂行规定》，就上述问题做出如下规定：

第二条　在中华人民共和国境内从事即时通信工具公众信息服务，适用本规定。

本规定所称即时通信工具是指基于互联网面向终端使用者提供即时信息交流服务的应用。本规定所称公众信息服务，是指通过即时通信工具的公众账号及其他形式向公众发布信息的活动。

第三条　国家互联网信息办公室负责统筹协调指导即时通信工具公众信息服务发展管理工作，省级互联网信息内容主管部门负责本行政区域的相关工作。互联网行业组织应当积极发挥作用，加强行业自律，推动行业信用评价体系建设，促进行业健康有序发展。

第四条　即时通信工具服务提供者应当取得法律法规规定的相关资质。即时通信工具服务提供者从事公众信息服务活动，应当取得互联网新闻信息服务资质。

第五条　即时通信工具服务提供者应当落实安全管理责任，建立健全各项制度，配备与服务规模相适应的专业人员，保护用户信息及公民个人隐私，自觉接受社会监督，及时处理公众举报的违法和不良信息。

第六条　即时通信工具服务提供者应当按照"后台实名、前台自愿"的原则，要求即时通信工具服务使用者通过真实身份信息认证后注册账号。即时通信工具服务使用者注册账号时，应当与即时通信工具服务提供者签订协议，承诺遵守法律法规、社会主义制度、国家利益、公民合法权益、公共秩序、社会道德风尚和信息真实性等"七条底线"。

第七条　即时通信工具服务使用者为从事公众信息服务活动开设公众账号，应当经即时通信工具服务提供者审核，由即时通信工具服务提供者向互联网信息内容主管部门分类备案。

新闻单位、新闻网站开设的公众账号可以发布、转载时政类新闻，取得互联网新闻信息服务资质的非新闻单位开设的公众账号可以转载时政类新闻。其他公众账号未经批准不得发布、转载时政类新闻。

即时通信工具服务提供者应当对可以发布或转载时政类新闻的公众账号加注标识。

鼓励各级党政机关、企事业单位和各人民团体开设公众账号，服务经济社会发展，满足公众需求。

第八条　即时通信工具服务使用者从事公众信息服务活动，应当遵守相关法律法规。

对违反协议约定的即时通信工具服务使用者，即时通信工具服务提供者应当视情节采取警示、限制发布、暂停更新直至关闭账号等措施，并保存有关记录，履行向有关主管部门报告义务。

**13．现行《刑法》中，专门规定了哪两个关于计算机犯罪的罪名**

第二百八十五条【非法侵入计算机信息系统罪】违反国家规定，侵入国家事务、国防建设、尖端科学技术领域的计算机信息系统的，处三年以下有期徒刑或者拘役。

第二百八十六条【破坏计算机信息系统罪】违反国家规定，对计算机信息系统功能进行删除、修改、增加、干扰，造成计算机信息系统不能正常运行，后果严重的，处五年以下有期徒刑或者拘役；后果特别严重的，处五年以上有期徒刑。

**14．利用计算机或计算机网络实施的犯罪行为在《刑法》中如何定罪**

利用计算机实施金融诈骗、盗窃、贪污、挪用公款、窃取国家秘密或者其他犯罪的，依照本法有关规定定罪处罚。该条规定的犯罪侵害客体比较广泛，包括公司财产或国家秘密的拥有权等。

**15．禁止从事哪些危害计算机信息网络安全的活动**

《计算机信息网络国际联网安全保护管理办法》第六条规定，任何单位和个人不得从事下列危害计算机信息网络安全的活动：（一）未经允许，进入计算机信息网络或者使用计算机信息网络资源的；（二）未经允许，对计算机信息网络功能进行删除、修改或者增加的；（三）未经允许，对计算机信息网络中存储、处理或者传输的数据和应用程序进行删除、修改或者增加的；（四）故意制作、传播计算机病毒等破坏性程序的；（五）其他危害计算机信息网络安全的。

**16．利用信息网络侵害人身权益案件适用哪些法律规定**

2014年6月23日最高人民法院审判委员会第1621次会议通过了《关于审理利用信息网络侵害人身权益民事纠纷案件适用法律若干问题的规定》，就上述问题明确做出如下规定：

第二条　利用信息网络侵害人身权益提起的诉讼，由侵权行为地或者被告住所地人民法院管辖。侵权行为实施地包括实施被诉侵权行为的计算机等终端设备所在地，侵权结果发生地包括被侵权人住所地。

第三条　原告依据侵权责任法第三十六条第二款、第三款的规定起诉网络用户或者网络服务提供者的，人民法院应予受理。原告仅起诉网络用户，网络用户请求追加涉嫌侵权的网络服务提供者为共同被告或者第三人的，人民法院应予准许。

原告仅起诉网络服务提供者，网络服务提供者请求追加可以确定的网络用户为共同被告或者第三人的，人民法院应予准许。

第四条　原告起诉网络服务提供者，网络服务提供者以涉嫌侵权的信息系网络用户发布为由抗辩的，人民法院可以根据原告的请求及案件的具体情况，责令网络服务提供者向人民法院提供能够确定涉嫌侵权的网络用户的姓名（名称）、联系方式、网络地址等信息。网络服务提供者无正当理由拒不提供的，人民法院可以依据民事诉讼法第一百一十四条的规定对网络服务提供者采取处罚等措施。

原告根据网络服务提供者提供的信息请求追加网络用户为被告的，人民法院应予准许。

第五条　依据侵权责任法第三十六条第二款的规定，被侵权人以书面形式或者网络服务提供者公示的方式向网络服务提供者发出的通知，包含下列内容的，人民法院应当认定有效：

（一）通知人的姓名（名称）和联系方式；

（二）要求采取必要措施的网络地址或者足以准确定位侵权内容的相关信息；

（三）通知人要求删除相关信息的理由。

被侵权人发送的通知未满足上述条件，网络服务提供者主张免除责任的，人民法院应予支持。

第六条　人民法院适用侵权责任法第三十六条第二款的规定，认定网络服务提供者采取的删除、屏蔽、断开链接等必要措施是否及时，应当根据网络服务的性质、有效通知的形式和准确程度，网络信息侵害权益的类型和程度等因素综合判断。

第七条　其发布的信息被采取删除、屏蔽、断开链接等措施的网络用户，主张网络服务提供者承担违约责任或者侵权责任，网络服务提供者以收到通知为由抗辩的，人民法院应予支持。被采取删除、屏蔽、断开链接等措施的网络用户，请求网络服务提供者提供通知内容的，人民法院应予支持。

第八条　因通知人的通知导致网络服务提供者错误采取删除、屏蔽、断开链接等措施，被采取措施的网络用户请求通知人承担侵权责任的，人民法院应予支持。被错误采取措施的网络用户请求网络服务提供者采取相应恢复措施的，人民法院应予支持，但受技术条件限制无法恢复的除外。

第九条　人民法院依据侵权责任法第三十六条第三款认定网络服务提供者是否"知道"，应当综合考虑下列因素：

（一）网络服务提供者是否以人工或者自动方式对侵权网络信息以推荐、排名、选择、编辑、整理、修改等方式做出处理；

（二）网络服务提供者应当具备的管理信息的能力，以及所提供服务的性质、方式及其引发侵权的可能性大小；

（三）该网络信息侵害人身权益的类型及明显程度；

（四）该网络信息的社会影响程度或者一定时间内的浏览量；

（五）网络服务提供者采取预防侵权措施的技术可能性及其是否采取了相应的合理措施；

（六）网络服务提供者是否针对同一网络用户的重复侵权行为或者同一侵权信息采取了相应的合理措施；

（七）与本案相关的其他因素。

第十条　人民法院认定网络用户或者网络服务提供者转载网络信息行为的过错及其程度，应当综合以下因素：

（一）转载主体所承担的与其性质、影响范围相适应的注意义务；

（二）所转载信息侵害他人人身权益的明显程度；

（三）对所转载信息是否做出实质性修改，是否添加或者修改文章标题，导致其与内容严重不符及误导公众的可能性。

第十一条　网络用户或者网络服务提供者采取诽谤、诋毁等手段，损害公众对经营主体的信赖，降低其产品或者服务的社会评价，经营主体请求网络用户或者网络服务提供者承担侵权责任的，人民法院应依法予以支持。

第十二条　网络用户或者网络服务提供者利用网络公开自然人基因信息、病历资料、健康检查资料、犯罪记录、家庭住址、私人活动等个人隐私和其他个人信息，造成他人损害，被侵权人请求其承担侵权责任的，人民法院应予支持。但下列情形除外：

（一）经自然人书面同意且在约定范围内公开；

（二）为促进社会公共利益且在必要范围内；

（三）学校、科研机构等基于公共利益为学术研究或者统计的目的，经自然人书面同意，且公开的方式不足以识别特定自然人；

（四）自然人自行在网络上公开的信息或者其他已合法公开的个人信息；

（五）以合法渠道获取的个人信息；

（六）法律或者行政法规另有规定。

网络用户或者网络服务提供者以违反社会公共利益、社会公德的方式公开前款第四项、第五项规定的个人信息，或者公开该信息侵害权利人值得保护的重大利益，权利人请求网络用户或者网络服务提供者承担侵权责任的，人民法院应予支持。

国家机关行使职权公开个人信息的，不适用本条规定。

第十三条　网络用户或者网络服务提供者，根据国家机关依职权制作的文书和公开实施的职权行为等信息来源所发布的信息，有下列情形之一、侵害他人人身权益、被侵权人请求侵权人承担侵权责任的，人民法院应予支持：

（一）网络用户或者网络服务提供者发布的信息与前述信息来源内容不符；

（二）网络用户或者网络服务提供者以添加侮辱性内容、诽谤性信息、不当标题，或者通过增删信息、调整结构、改变顺序等方式致人误解；

（三）前述信息来源已被公开更正，但网络用户拒绝更正或者网络服务提供者不予更正；

（四）前述信息来源已被公开更正，网络用户或者网络服务提供者仍然发布更正之前的信息。

第十四条　被侵权人与构成侵权的网络用户或者网络服务提供者达成一方支付报酬，另一方提供删除、屏蔽、断开链接等服务的协议，人民法院应认定为无效。擅自篡改、删除、屏蔽特定网络信息或者以断开链接的方式阻止他人获取网络信息，发布该信息的网络用户或者网络服务提供者请求侵权人承担侵权责任的，人民法院应予支持。接受他人委托实施该行为的，委托人与受托人承担连带责任。

第十五条　雇佣、组织、教唆或者帮助他人发布、转发网络信息侵害他人人身权益，被侵权人请求行为人承担连带责任的，人民法院应予支持。

第十六条　人民法院判决侵权人承担赔礼道歉、消除影响或者恢复名誉等责任形式的，应当与侵权的具体方式和所造成的影响范围相当。侵权人拒不履行的，人民法院可以采取在网络上发布公告或者公布裁判文书等合理的方式执行，由此产生的费用由侵权人承担。

第十七条　网络用户或者网络服务提供者侵害他人人身权益，造成财产损失或者严重精神损害，被侵权人依据侵权责任法第二十条和第二十二条的规定请求其承担赔偿责任的，人民法院应予支持。

第十八条　被侵权人为制止侵权行为所支付的合理开支，可以认定为侵权责任法第二十条规定的财产损失。合理开支包括被侵权人或者委托代理人对侵权行为进行调查、取证的合理费用。人民法院根据当事人的请求和具体案情，可以将符合国家有关部门规定的律师费用计算在赔偿范围内。

被侵权人因人身权益受侵害造成的财产损失或者侵权人因此获得的利益无法确定的，人民法院可以根据具体案情在50万元以下的范围内确定赔偿数额。

精神损害的赔偿数额，依据《最高人民法院关于确定民事侵权精神损害赔偿责任若干问题的解释》第十条的规定予以确定。

### 17. 网络安全事件处置可以向哪些专业机构求援

| 类　别 | 机构名称 | 网　址 |
|---|---|---|
| 服务机构 | 国家互联网应急中心 | http://www.cert.org.cn/ |
| | 国家计算机病毒应急处理中心 | http://www.antivirus-china.org.cn/ |
| | 中国信息安全测评中心 | http://www.itsec.gov.cn/ |
| | 中国国家信息安全漏洞库 | http://www.cnnvd.org.cn/ |
| 违法和不良信息举报 | 中国互联网违法和不良信息举报中心 | http://net.china.com.cn/ |
| | 中国互联网协会反垃圾信息中心 | http://www.12321.org.cn/ |
| | 网络违法犯罪举报网站 | http://www.cyberpolice.cn/wfjb/ |
| | 网络不良与垃圾信息举报受理中心 | http://www.12321.cn/ |
| | UNT 统一信任网络 | http://www.trustutn.org/ |
| | 网络社会诚信网 | http://www.zx110.org/ |

# 第 1 章

一、选择题

| 1 | 2 | 3 | 4 | 5 | 6 | 7 | 8 | 9 | 10 |
|---|---|---|---|---|---|---|---|---|----|
| C | C | B | A | D | C | B | C | B | C |
| 11 | 12 | 13 | 14 | 15 | 16 | 17 | 18 | 19 | 20 |
| D | D | A | D | D | C | A | D | A | D |
| 21 | 22 | 23 | 24 | 25 | 26 | | | | |
| B | D | D | D | C | C | | | | |

二、填空题

1. 手机
2. 保护　更改　泄露
3. 网络信息安全　网络软件安全
4. 网管软件　路由器配置
5. 计算机网络安全　商务交易安全
6. 拒绝服务攻击　信息炸弹
7. 3　7
8. 主动攻击　被动攻击

三、简答题（略）

# 第 2 章

一、选择题

| 1 | 2 | 3 | 4 | 5 | 6 |
|---|---|---|---|---|---|
| C | D | B | D | A | A |

二、填空题

1. 监控硬件　监控软件
2. 监听模式　网关模式
3. 数据帧　网络通信
4. 内网监控　外网监控
5. 网络接口　数据报文
6. 总线

7. 路由器 有路由器功能

8. TCP/IP　IPX

三、简答题（略）

# 第 3 章

## 一、选择题

| 1 | 2 | 3 | 4 | 5 | 6 | 7 | 8 | 9 | 10 |
|---|---|---|---|---|---|---|---|---|---|
| A | D | D | D | C | C | A | A | B | C |
| 11 | 12 | 13 | 14 | 15 | 16 | 17 | | | |
| D | A | C | D | D | D | D | | | |

## 二、填空题

1. 1991　1993
2. 1985
3. 文件 用户
4. C1　C2
5. TCSEC
6. 文件夹　共享资源
7. 网络攻击行为 网络泄密行为
8. 用户 数据
9. Guest
10. Administrator
11. 系统审计保护级 安全标记保护级 结构化保护级
12. 明确的 文档化
13. 监视委托管理访问能力　抗干扰能力
14. 客体 控制策略
15. 访问控制表 访问控制矩阵
16. 更改 配置
17. 类库层　Linux 内核

三、简答题（略）

# 第 4 章

## 一、选择题

| 1 | 2 | 3 | 4 | 5 | 6 | 7 | 8 | 9 | 10 |
|---|---|---|---|---|---|---|---|---|---|
| B | B | C | C | A | D | D | C | D | B |
| 11 | 12 | 13 | 14 | 15 | 16 | 17 | 18 | 19 | 20 |
| C | C | C | B | C | D | B | A | A | C |
| 21 | 22 | 23 | 24 | 25 | 26 | 27 | 28 | 29 | 30 |
| A | A | B | B | B | C | A | C | C | C |

| 31 | 32 | 33 | 34 | 35 | 36 | 37 | 38 | 39 | 40 |
|----|----|----|----|----|----|----|----|----|----|
| C | D | B | A | D | D | C | C | C | A |
| 41 | 42 | 43 | 44 | 45 | 46 | | | | |
| A | A | D | C | D | A | | | | |

二、填空题

1. 加密　脱密

2. 隐密地

3. 体制

4. 错乱　代替　密本　加乱

5. 易位密码　代替密码

6. 映射　词（词组）

7. 密钥　算法

8. 密文　密钥　密码体制（或密码）

9. 信源　信宿

10. 代替　换位

11. 单密钥加密　双密钥加密

12. 分组加密　流加密

13. MD5　SHA-1

14. 电子邮件证书　客户端个人证书

15. 数字证书

16. 序列密码　分组密码

17. 初始密钥　会话密钥　主密钥

18. 对称　非对称

三、简答题（略）

# 第 5 章

一、选择题

| 1 | 2 | 3 | 4 | 5 | 6 | 7 | 8 | 9 | 10 |
|----|----|----|----|----|----|----|----|----|----|
| D | B | D | B | B | C | B | C | A | D |
| 11 | 12 | 13 | 14 | 15 | 16 | 17 | 18 | | |
| C | C | A | D | C | D | C | A | | |

二、填空题

1. 账号　肉鸡

2. 隐蔽性　非授权性

3. 客户端　服务端

4. 系统漏洞

5. 电子邮件　恶意网页

6. Internet 防火墙

7．网络操作异常　闪现拥挤异常

8．网上银行　网络支付

9．移动存储介质　电子邮件传播

10．网站浏览　网络聊天

11．未明确提示用户　未经用户许可

12．电子邮件　实时聊天工具

三、简答题（略）

# 第 6 章

## 一、选择题

| 1 | 2 | 3 | 4 | 5 | 6 | 7 | 8 | 9 | 10 |
|---|---|---|---|---|---|---|---|---|---|
| A | D | B | C | C | A | D | B | A | D |
| 11 | 12 | 13 | 14 | 15 | 16 | 17 | 18 | 19 | 20 |
| B | D | C | D | D | B | D | B | D | C |
| 21 | 22 | | | | | | | | |
| C | D | | | | | | | | |

## 二、填空题

1．包过滤　应用层数据

2．单向导通

3．隔离区　非军事化区

4．内部网络外部网络

5．路由器　用户化　建立在通用操作系统上　具有安全操作系统

6．静态转换　动态转换　端口地址转换

7．应用代理网关

8．防火墙

9．计算机病毒

三、简答题（略）

# 第 7 章

## 一、选择题

| 1 | 2 | 3 | 4 | 5 | 6 |
|---|---|---|---|---|---|
| A | B | D | A | D | B |

## 二、填空题

1．无线局域网　无线个人区域网

2．有结构网络　自组织网络

3．　2.5GHz　　5GHz

4. 不靠电缆　拒绝插头

5. 721k　1M

6. 2.4G　11M

7. WPA　WAPI

8. 64　128　RC4

9. WPA-PSK　WPA2-PSK　AES　TKIP

10. 双向认证　椭圆曲线　分组

三、简答题（略）

# 第 8 章

## 一、选择题

| 1 | 2 | 3 | 4 | 5 | 6 | 7 | 8 | 9 | 10 |
|---|---|---|---|---|---|---|---|---|---|
| B | C | C | A | B | C | B | B | C | C |
| 11 | 12 | | | | | | | | |
| A | A | | | | | | | | |

## 二、填空题

1. 信息加密　用户认证

2. 分支结构　其他公司

3. 专线　加密

4. SSL VPN　MPLS VPN

5. ESP 协议　密钥管理协议

6. 数据完整性　反重播保证　非机密

7. HMAC-MD5　　HMAC-SHA

8. 封装　压缩

9. 协商加密算法　交换加密密钥

三、简答题（略）

# 第 9 章

## 一、选择题

| 1 | 2 | 3 | 4 | 5 | 6 | 7 |
|---|---|---|---|---|---|---|
| C | B | B | D | C | C | A |

## 二、填空题

1. 保密　完整　即需

2. 识别再次访问的客户身份

3. Cookie　恶意 Java 小程序　恶意客户端脚本语言程序　恶意 Active X 控件　病毒木马　恶意图形文件　插件

4．电子商务　电子邮件　电子资金转账

5．窥视交易　删除数据　窃取数据

6．侵入互联网并记录通过某台计算机（路由器）的信息

7．网景　CommerceNet　互联网　加密和解密

三、简答题（略）

# 第 10 章

**一、选择题**

D

**二、填空题**

1．防护传导的发射源　　采用电磁屏蔽手段

2．防火墙　VPN

**三、简答题（略）**

# 参 考 文 献

[1] 百度百科 http://baike.baidu.com/.
[2] 百度文库 http://wenku.baidu.com/.
[3] 中国互联网络信息中心. 2013—2014 年中国移动互联网调查研究报告[R]. 2014.
[4] 中国互联网络信息中心 中国互联网络发展状况统计报告[R]. 2014.
[5] 谌玺，张洋.企业网络整体安全[M].北京：电子工业出版社，2011.
[6] 刘跃春. 大型校园网络的管理与监控[D]. 吉林大学学位论文，2010.
[7] 李青. 上海杉达学院校园网安全系统分析与实现[D]. 上海交通大学学位论文，2011.
[8] 柯元旦. Android 内核剖析[M]. 北京：电子工业出版社，2011.
[9] Christian Collberg Jasvir Nagra. 软件加密与解密[M]. 崔孝晨译.北京：人民邮电出版社，2012.
[10] 王昭，袁春. 信息安全原理与应用[M]. 北京：电子工业出版社，2010.
[11] 寇晓蕤，王清贤. 网络安全协议——原理、结构与应用[M]. 北京：高等教育出版社，2009.
[12] 袁珍珍，朱荆州. 基于 Pied 技术的数字签名在办公网上的实现[J]. 计算机与数字工程，2010（02）.
[13] 腾芳，韩建民. 面向 Web 页面的电子签章控件的实现[J]. 计算机系统应用，2011（04）.
[14] 杨宇. 基于 PKI 身份认证系统的研究和实现[D]. 电子科技大学硕士论文，2009（05）.
[15] 丁士杰. 基于 SSL 的电子商务安全技术研究[D]. 合肥工业大学学位论文，2010.
[16] 饶兴. 基于 SSL 协议的安全代理的设计[D]. 武汉理工大学学位论文，2011.
[17] 张健. 2011 年计算机病毒疫情调查报告[R]. 国家计算及病毒应急处理中心，2011.
[18] 舒心，王永伦，张鑫. 手机病毒分析与防范[J]. 信息网络安全，2012，(08):54-56.
[19] 张扬. 基于 IPSEC 的 VPN 研究[J]. 重庆工学院学报(自然科学).2008.1，22(1):115-117.
[20] 甘刚. 网络攻击与防御[M]. 北京：清华大学出版社，2008.
[21] 周宏斐. 防火墙技术及其发展思路初探[J]. 网络安全技术与应用. 2008，(6):14, 16.
[22] 姚东铌. 防火墙发展的新趋势[J]. 中国高新技术企业. 2010，(13):36,37.
[23] R Price. 无线网络原理和应用[M]. 北京：清华大学出版社，2008.
[24] 王家玮. 无线局域网安全认证技术研究[D]. 贵州大学硕士论文，2008.5.
[25] 文胜. 无线校园网络安全分析及方案设计[J]. 现代计算机. 2009（6）：63.
[26] 刘明华，杨蜜. 国外电子商务安全技术研究现状及发展趋势[J]. 信息网络安全，2009（8）:5.12.
[27] 邵霞琳. 基于 ASP. NET 的安全网上购物系统的设计与实现[D]. 电子科技大学硕士学位论文，2010.
[28] 深信服科技. SSL VPN 技术白皮书[M]. 2007（10）.
[29] 思科系统（中国）网络技术有公司. 下一代网络安全[M]. 北京：北京邮电大学出版社，2006.
[30] 葛秀慧，田浩，金素梅. 计算机网络安全管理[M]. 2 版. 北京：清华大学出版社，2008.

# 教 学 资 源 支 持

**敬爱的教师：**

感谢您一直以来对清华版计算机教材的支持和爱护。为了配合本课程的教学需要,本教材配有配套的电子教案(素材),有需求的教师请到清华大学出版社主页(http://www.tup.com.cn)上查询和下载,也可以拨打电话或发送电子邮件咨询。

如果您在使用本教材的过程中遇到了什么问题,或者有相关教材出版计划,也请您发邮件告诉我们,以便我们更好地为您服务。

**我们的联系方式：**

地　　址：北京海淀区双清路学研大厦 A 座 707

邮　　编：100084

电　　话：010－62770175－4604

课件下载：http://www.tup.com.cn

电子邮件：weijj@tup.tsinghua.edu.cn

教师交流 QQ 群：136490705

教师服务微信：itbook8

教师服务 QQ：883604

**（申请加入时,请写明您的学校名称和姓名）**

**用微信扫一扫右边的二维码,即可关注计算机教材公众号。**

扫一扫
课件下载、样书申请
教材推荐、技术交流